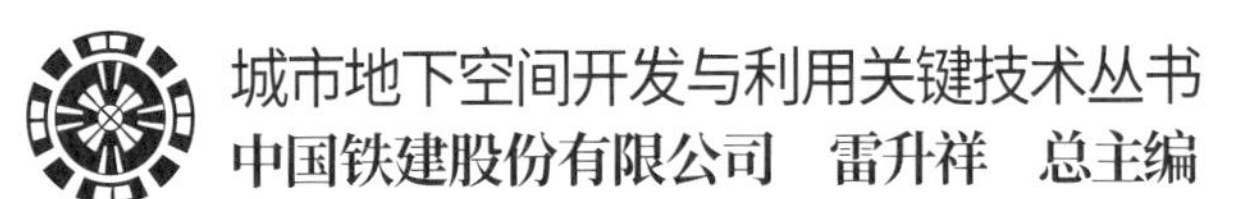

国家重点研发计划项目　编号：2018YFC0808700
2018YFC0808701

城市地下大空间
施工安全风险评估

雷升祥　谭忠盛　黄明利　丁正全　雷　可　著

人民交通出版社股份有限公司
北　京

内 容 提 要

本书为"城市地下空间开发与利用关键技术丛书"之一。针对我国当前城市地下大空间开发中存在的施工风险高、安全事故多发等问题，作者团队结合国内外城市地下大空间典型工程特点及相关事故案例，提出了城市地下大空间定义，分析了城市地下大空间施工安全风险特征，建立了城市地下大空间施工安全风险耦合演变分析模型。在此基础上，提出了城市地下大空间施工安全风险评估指标体系及量化标准，构建了施工安全风险动态评价体系。

本书旨在为城市地下大空间建设中的施工安全风险评估提供理论和技术支撑，可作为从事城市地下大空间建设、管理的专业技术人员的参考书，也可供隧道及地下工程相关领域的高等院校师生、科研人员参考。

图书在版编目(CIP)数据

城市地下大空间施工安全风险评估 / 雷升祥等著
. — 北京 : 人民交通出版社股份有限公司, 2021.6
ISBN 978-7-114-17318-9

Ⅰ.①城… Ⅱ.①雷… Ⅲ.①地下建筑物—城市规划—安全管理—研究—中国 Ⅳ.①TU94

中国版本图书馆 CIP 数据核字(2021)第 090426 号

Chengshi Dixia Da Kongjian Shigong Anquan Fengxian Pinggu

书　　名：城市地下大空间施工安全风险评估
著 作 者：雷升祥　谭忠盛　黄明利　丁正全　雷　可
责任编辑：张　晓
责任校对：孙国靖　魏佳宁
责任印制：张　凯
出版发行：人民交通出版社股份有限公司
地　　址：(100011)北京市朝阳区安定门外外馆斜街 3 号
网　　址：http://www.ccpcl.com.cn
销售电话：(010)59757973
总 经 销：人民交通出版社股份有限公司发行部
经　　销：各地新华书店
印　　刷：北京交通印务有限公司
开　　本：787 × 1092　1/16
印　　张：24
字　　数：555 千
版　　次：2021 年 6 月　第 1 版
印　　次：2021 年 6 月　第 1 次印刷
书　　号：ISBN 978-7-114-17318-9
定　　价：168.00 元

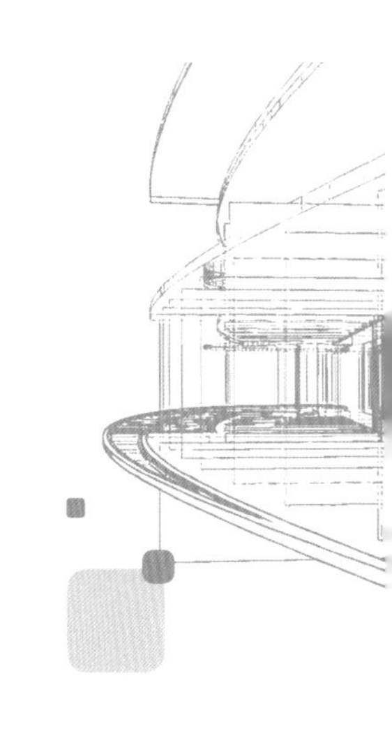

序 一

INTRODUCTION

地下空间开发与利用是生态文明建设的重要组成部分,是人类社会和城市发展的必然趋势。城市地下空间开发与利用是解决交通拥堵、土地资源紧张、拓展城市空间和缓解环境恶化的最有效途径,也是人类社会和经济实现可持续发展、建设资源节约型和环境友好型社会的重要举措。

我国地下交通、地下商业、综合管廊及市政设施在内的城市地下空间开发,近年来取得了快速发展。建设规模日趋庞大,重大工程不断增多,技术水平不断提升,前瞻性构想也在不断提出。同时,在城市地下空间开发与利用及技术支撑方面,也不断出现新的问题,面临着新的挑战,需通过创新性方式来破解。针对地下工程中的科学问题和关键技术问题系统开展研究和突破,对于推动城市地下空间建造技术不断创新发展至关重要。

在此背景下,中国铁建股份有限公司雷升祥总工程师牵头,依托"四个面向"的"城市地下大空间安全施工关键技术研究""城市地下基础设施运行综合监测关键技术研究与示范"和"城市地下空间精细探测技术与开发利用研究示范"三个国家重点研发计划项目,梳理并提出重大科学问题和关键技术问题,系统性地开展了科学研究,形成了城市地下大空间与深部空间开发的全要素探测、规划设计、安全建造、智能监测、智慧运维等关键技术。

基于研究成果和工程实践,雷升祥总工程师组织编写了"城市地下空间开发与利用关键技术丛书"。这套丛书既反映发展理念,又有关键技术及装备应用的阐述,展示了中国铁建在城市地下空间开发与利用领域的诸多突破性成果、先进做法与典型工程案例，相信对我国城市地下空间领域的安全、有序、高效发展，将起到重要的积极推动作用。

深圳大学土木与交通工程学院院长

中国工程院院士

2021 年 6 月

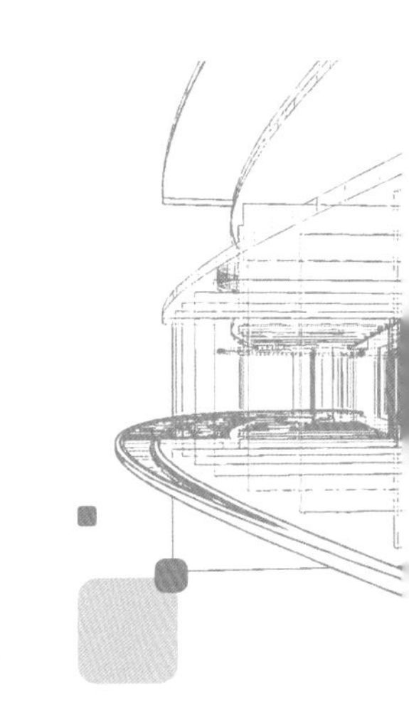

序 二

INTRODUCTION

2017 年 3 月 5 日，习近平总书记在参加十二届全国人大五次会议上海代表团审议时指出，城市管理应该像绣花一样精细。中国铁建股份有限公司深入贯彻落实总书记的重要指示精神，全力打造城市地下空间第一品牌。2018 年以来，中国铁建先后牵头承担了“城市地下大空间安全施工关键技术研究”“城市地下基础设施运行综合监测关键技术研究与示范”“城市地下空间精细探测技术与开发利用研究示范”三项国家重点研发计划项目，均为“十三五”期间城市地下空间领域的典型科研项目。为此，中国铁建组建了城市地下空间研究团队，开展产、学、研、用广泛合作，提出了“人本地下、绿色地下、韧性地下、智慧地下、透明地下、法制地下”的建设新理念，努力推动我国城市地下空间集约高效开发与利用，建设美好城市，创造美好生活。

在城市地下空间开发领域，我们坚持问题导向、需求导向、目标导向，通过理论创新、技术研究、专利布局、示范应用，建立了包括城市地下大空间、城市地下空间网络化拓建、深部空间开发在内的全要素探测、规划设计、安全建造、智能监测、智慧运维等成套技术体系，授权了一大批发明专利，形成了系列技术标准和工法，对解决传统城市地下空间开发与利用中的痛点问题，人民群众对美好生活向往的热点问题，系统提升我国城市地下空间建造品质与安全建造、运维水平，促进行业技术进步具有重要的意义。

基于研究成果，我们组织编写了这套“城市地下空间开发与利用关键技术丛书”，旨在从开发理念、规划设计、风险管控、工艺工法、关键技术以及典型工程案例等不同侧面，对城市地下空间开发与利用的相关科学和技术问题进行全面介绍。本丛书共有 8 册：

1.《城市地下空间开发与利用》

2.《城市地下空间更新改造网络化拓建关键技术》

3.《城市地下空间网络化拓建工程案例解析》

4.《城市地下大空间施工安全风险评估》

5.《管幕预筑一体化结构安全建造技术》

6.《日本地下空间考察与分析》

7.《城市地下空间民防工程规划设计研究》

8.《未来城市地下空间发展理念——绿色、人本、智慧、韧性、网络化》

这套丛书既是国家重大科研项目的成果总结,也是中国铁建大量城市地下空间工程实践的总结。我们力求理论联系实际,在实践中总结提炼升华。衷心希望这套丛书可为从事城市地下空间开发与利用的研究者、建设者和决策者提供参考,供高等院校相关专业的师生学习借鉴。丛书观点只是一家之言,限于水平,可能挂一漏万,甚至有误,对不足之处,敬请同行批评指正。

雷升祥

2021 年 6 月

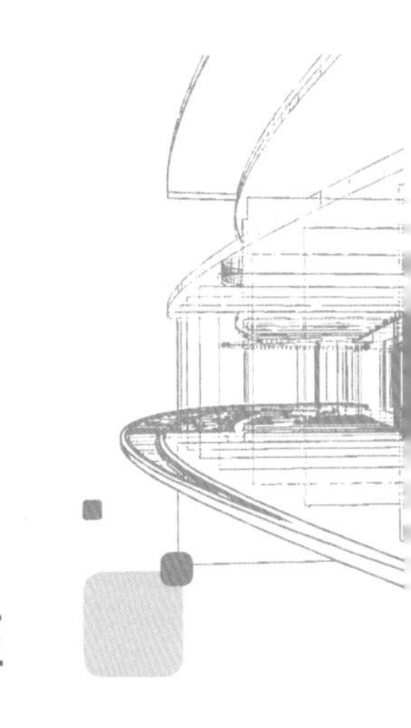

前　言
PREFACE

随着我国城市化率不断提高,城市土地资源日趋紧张,城市地下空间的开发与利用得到高度重视。近年来,城市地下空间开发正由点—线—面向区块化、网络化发展,工程结构相应地表现出空间多维化、尺度大型化、结构复杂化等特点,其建设难度、资源投入、周边环境影响度、组织管理复杂度和社会舆论关切度等方面都有别于以往一般单体地下工程。特别是在施工阶段,由于地下工程本身的复杂性,加之工程规模大、工期紧等所带来的技术难度指数级提升,城市地下工程在施工中存在安全风险大、事故多发等问题。为了将规模大、环境复杂、施工风险高的地下工程区别于一般地下工程,提出了城市地下大空间这一概念。目前关于城市地下大空间的安全风险尚缺乏系统性研究文献,因此,对城市地下大空间施工安全风险进行针对性系统研究十分必要。

城市地下大空间由于工程规模大,地质和周边环境复杂,施工工法、工艺特殊,导致其施工安全风险呈现出风险事件多元、成险机理复杂、致险因素繁多等特征。并且,城市地下大空间多是城市地下空间网络中的关键节点工程,或是对城市发展起到关键性引领作用的重要标志性工程,一旦出现安全生产事故,必然会导致巨大的经济损失和极其恶劣的社会影响。在总体国家安全观不断深化的当前形势下,安全生产的重要性被提高到了前所未有的高度。城市地下大空间的建设应把安全管理放在工程建设相关工作的首要位置,凭借先进的管理模式和不断成熟的技术体系,尽最大努力将施工安全风险控制在可接受的范围内。因此,建立一套成熟的城市地下大空间施工安全风险评价体系，形成完善的施工安全风险管控制度，是保障城市地下大空间安全、经济、高效开发的关键所在。

本书是作者近年来在参与城市地下大空间项目建设的过程中，对其施工安全风险管理工作中展现出的新问题、新特点以及风险管理方法方面的思考及研究成果的阶段总结。坚持“安全第一，生命至上”的原则，紧扣奋战在一线的城市地下大空间建设人员的实际需求，本书致力于解答城市地下大空间施工安全风险管理工作中的三大核心问题，即：城市地下大空间施工安全风险特征及分析方法、城市地下大空间施工多因素耦合风险形成及演变机理、城市地下大空间施工安全风险评价方法及动态安全评价体系。本书围绕这三大问题展开了深入研究，具体内容包括：①明确了城市地下大空间的概念，从工程体量和周边环境敏感度两方面界定了城市地下大空间的范围，对城市地下大空间施工安全风险的类型及特征做了详细归纳。②围绕着城市地下大空间施工安全风险的多因素耦合性和动态演变性这两大特征开展了理论研究，提出了风险因素耦合效应的概念和风险因素耦合系数的定义，建立了施工安全风险耦合演变分析模型，实现了对风险因素耦合效应及施工风险演变规律的定量化描述。③建立了城市地下大空间施工安全风险评价指标体系，确定了评价指标量化标准，为城市地下大空间施工安全风险评估提供了具体的、可操作的工作指南。本书有助于提高我国城市地下大空间施工安全风险评估工作的质量，为施工重大安全生产事故的预防提供理论与技术支持。

本书由雷升祥、谭忠盛、黄明利、丁正全、雷可共同撰写，共分8章。第1、2章在广泛调研国内外城市地下空间发展现状的基础上，提出了城市地下大空间的基本概念及其特征，并对国内城市地下大空间案例进行了梳理与统计；第3章主要统计了国内外295起地下空间施工事故的情况，并对数起典型城市地下空间重大施工安全事故进行了详细分析；第4章介绍了施工安全风险评估的基本理论，总结了城市地下大空间施工安全风险的分类、特征，提出了其施工安全风险分析方法；第5章围绕城市地下大空间施工多因素耦合风险形成机理这一科学问题开展研究，提出了风险因素耦合效应的概念并建立了量化研究理论；第6章着重研究了城市地下大空间施工安全风险的动态演变机理，建立了预测模型，总结了施工过程安全风险的演变规律；第7章建立了城市地下大空间施工安全风险动态评价体系，包括施工安全风险评估方法、评估指标体系及量化标准、风险分级标准及接受准则、风险评价流程和风险评价系统；第8章对全书内容进行了总结。在编写过程中，邹春华、李凤伟、杨会军等人提出了宝贵意见，得到了课题组成员王秀英、白明洲、王卫东、李小雪、姚宏安、田圆圆、王洪坤、冀国栋、郭亚娟、郑俊飞、余昆、丁勇、黄猛、张志恩、桂婞、任少强、黄欣、林志元的帮助，谨此表示衷心的感谢！

由于作者水平有限，书中难免存在不妥之处，恳请读者不吝指正。

编　者

2021 年 6 月

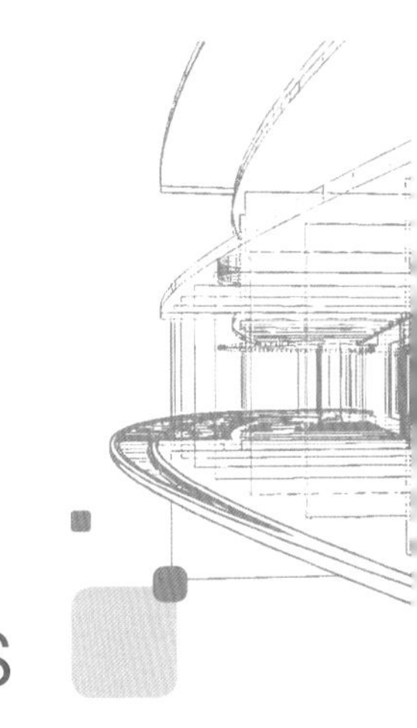

目　录

CONTENTS

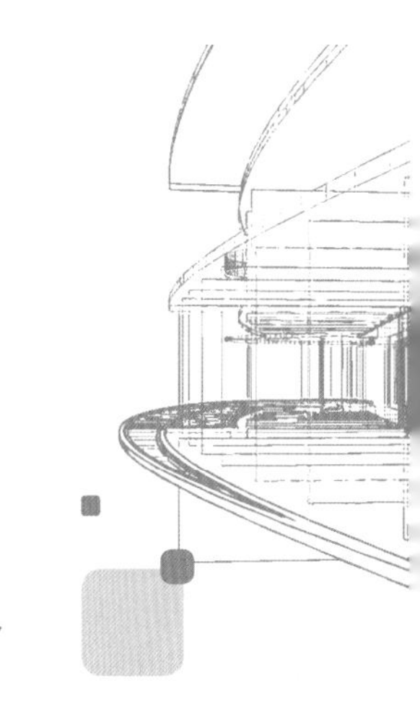

第1章 绪　论

随着我国城市化进程的不断加快，伴随而来的“城市综合症”也日益凸显。生存空间拥挤、交通阻塞、生态失衡、环境恶化等问题屡见不鲜，城市空间需求急剧膨胀与地面空间有限这一矛盾也日益突出。城市扩容、增加生活空间、合理利用和优化土地资源成为城市化进程中亟待解决的关键问题。纵观世界发达国家在解决这一难题的过程中给出的成功经验，向地下要空间、要土地、要资源，已成为现代化城市发展的必然趋势之一。

2016年5月中华人民共和国住房和城乡建设部编制的《城市地下空间开发利用“十三五”规划》指出，合理开发利用城市地下空间，是优化城市空间结构和管理格局，缓解城市土地资源紧张的必要措施，对于推动城市由外延扩张式向内涵提升式转变，改善城市环境，建设宜居城市，提高城市综合承载能力具有重要意义。2020年12月，中华人民共和国住房和城乡建设部印发了《关于加强城市地下市政基础设施建设的指导意见》，对加强城市地下市政基础设施体系化建设，加快完善管理制度规范、补齐规划建设和安全管理短板、推动城市治理体系和治理能力现代化、提高城市安全水平和综合承载能力等作出了具体部署。

在国家的高度重视和政策支持下，城市地下空间进行有规划地合理开发的进程不断推进，地下交通网、地下商业综合体、地下公共服务设施、地下民防工程的建设规模都在有序开展。截至2020年底，我国（中国大陆地区，不含港澳台）开通的地铁运营线路达6280.8km。2015年底完工的深圳福田综合地下交通枢纽是国内首座位于城市中心区的全地下火车站，集高速铁路、城际铁路、地铁交通、公交及出租等多种交通设施于一体的立体式换乘综合交通枢纽；其通过立体化分层布置，实现高铁、地铁快速换乘，总建筑面积为14.7万m^2。长沙都正街地下智能停车库可提供427个停车位，该地下停车库深达40m。河南濮阳市中医院公共停车场工程采用井筒式地下立体机械停车方式，地下建筑面积达472.70m^2。上海虹桥地下商业服务区地下空间开发面积达到260万m^2，其街区间通过20条地下通道以及枢纽连接国家会展中心

(上海)地下通道,将地下空间全部连通,可媲美加拿大蒙特利尔地下城。上述的地下空间工程实践案例进一步证明了地下空间的开发和合理利用,对解决城市空间需求和土地资源之间的矛盾、治理“城市综合症”具有重大的现实意义。

当前城市地下空间开发的主旨正朝着“上下统筹、科学布局、功能综合、互联互通、智能融入、空间多维”的方向发展。目前新型的地下工程在科学研究的基础上,已在使用功能、空间规模、结构形态等维度上不断地突破,为进一步推进城市地下空间的有序发展、建设生态城市、引导相关理论技术的针对性研发和产业升级夯实基础。

常言道“宜未雨而绸缪,毋临渴而掘井。”城市地下大空间的发展离不开先进的顶层设计和扎实的理论储备。2014 年,习近平总书记在中央国家安全委员会上第一次提出总体国家安全观。总体国家安全观阐明了发展和安全的辩证统一关系,即安全是发展的前提,发展是安全的保障,发展和安全相辅相成、不可偏废。在城市地下大空间的开发过程中,我们也必须深刻领会总书记的总体国家安全观重要思想,在发展中保安全,在安全中促发展,妥善处理好发展和安全的关系。城市地下大空间多是具有原创性、前导性、挑战性的城市重点工程,其全生命周期中的每一阶段都会面临极大的不确定性,对安全产生威胁。因此,城市地下大空间的建设应遵循“安全前置”的方针,将安全考量贯穿于建设的每一个环节之中。在城市地下大空间的全生命周期内,施工阶段无疑是不确定性最强、安全风险最高的一个阶段。由于工程规模大,地质和周边环境复杂,城市地下大空间的施工难度相较一般地下工程大大增加,施工安全风险随之急剧增大,处理不当极易造成灾难性事故,造成严重的经济损失和社会影响。可以说,施工安全问题是影响城市地下大空间建设总体安全局势的绝对主导性因素。

归根结底,解决城市地下大空间的施工安全问题,需要设计理论、施工技术、施工管理等方面的革新。但在此之前,需要先对施工安全风险有清晰的认识。施工安全风险评估是制定施工方案和管理策略的基础,在施工安全管理工作中占据着举足轻重的地位。城市地下大空间的施工安全风险亦有着区别于一般地下工程的独有特点,需要与之相匹配的风险评估理论和方法。本书较为系统地介绍了施工风险评估的基本理论,梳理出了城市地下大空间施工风险评估中亟待解决的核心问题,并围绕这些问题开展了深入研究,旨在为我国城市地下大空间施工安全风险评估提供理论支撑,提高风险评估工作的质量,保障城市地下大空间的安全高效发展。

1.1 城市地下空间的发展现状

1.1.1 城市地下空间的发展历程及主要成就

1)国外城市地下空间

英国作为工业革命的起源地,是世界上较早利用地下空间的国家。1861 年,伦敦修建了世界上第一条地下综合管沟,将煤气、上水、下水管及居民管线引入地下;1863 年修建了世界上第一条地铁(图 1-1);1927 年建成了世界上第一条地下邮政物资运输系统。而日本受国土狭小、人口稠密限制,东京于 1934 年建成了世界上第一条地下商业街,开启了全面探索地下综合开发利用的序幕。随着城市地下空间开发的全面推进,地下空间作为城市地表空间的有效补充得到了全面发展,包括地下交通、地下公共服务设施、地下市政工程等。

(1)地下交通

城市地下交通系统包括动态交通(如地铁、地下快速道路、地下步行系统等)及静态交通(如地下停车场等)。地铁作为有效缓解城市地表交通拥堵的重要举措,成为世界特大城市向地下索要空间的必然选择。截至2016年年底,世界上地铁运营总里程超过6000km,其中超过100km的大城市已达到52座,地铁输送量已占据城市交通工具运输总量的40%～60%,表1-1罗列了部分国外大型城市地铁线路统计情况。

图1-1　世界上第一条地铁:伦敦大都会地铁(图片来源于网络)

部分国外大型城市地铁线路统计表　　表1-1

城　　市	线网总长度(km)	线路数(条)	最早开通日期
纽约	443.2	27	1904年10月
伦敦	408.5	12	1863年1月
莫斯科	313.1	12	1935年5月
东京	304.5	13	1927年12月
首尔	286.9	10	1974年8月
马德里	284.4	13	1919年10月
巴黎	220.6	16	1900年7月
墨西哥城	201.7	11	1969年9月

地下步行系统配合地铁换乘点、地下商业中心进行布局,较好地解决了地下交通、商业与地表空间的连接问题,在世界范围内也得到广泛应用。最具代表性的有加拿大蒙特利尔地下步行系统和日本东京地下步行系统。通过地下步行系统将地铁站点、地下停车库、地下商场、地下物流仓储有效串联,实现城市中心资源高度整合,正成为大型城市地下交通发展重要组成部分。

随着城市汽车保有量的快速增加,人们对停车空间的需求日趋旺盛,城市停车难也成为世界各大城市发展的共同问题。大规模的地下停车场对于缓解该问题起到良好的作用,如法国于1954年规划完成41座专用地下停车场,拥有超过5万个车位;日本于20世纪70年代在大型城市系统规划地下公共停车场,全面缓解了地表停车空间压力。

地下停车的不便捷性与高成本成为制约其发展的重要瓶颈,世界各国在解决上述问题上做了诸多探索,如英国伦敦中心区建设地下高速公路并将地下停车场全部建于公路两侧,通过机械输送方式实现快速泊车,提升停车效率。此外,随着智能化水平的提升,智能化停车交通系统(ITS)、电子停车收费系统(ETC)、地下停车区位引导系统(DGS)等也在国外停车领域得到较为广泛应用,也为地下停车系统高效发展提供了新的思路。

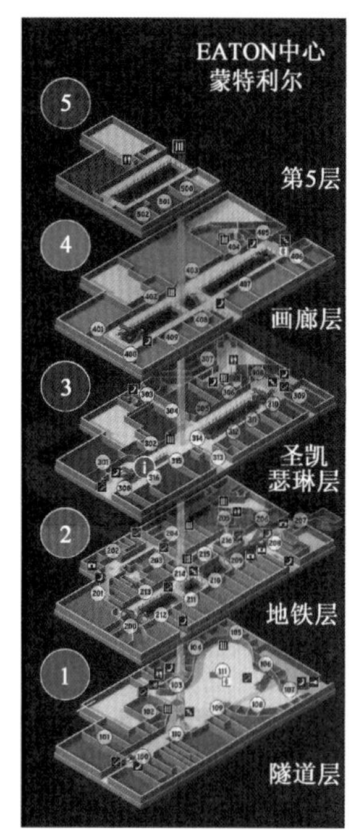

图1-2　蒙特利尔Eaton地下城布局
（图片来源于网络）

（2）地下公共服务设施

随着城市规模的扩大和集约化程度的提升，诸多城市公共服务设施（包括地下商业、地下文体娱乐设施、地下科教设施、地下仓储物流等）转入地下并得到长足发展。

地下商业最初起步于日本，并在世界各地得到广泛应用。目前，日本东京建设有地下商业街14处，总面积达到22.3万m^2；名古屋建有20多处，总面积为16.9万m^2；而日本各地大于1万m^2的地下街达到26处。此外，以地下商业为引导，世界各地出现了大量涵盖交通、商业、文娱、体育的多功能地下综合体，如加拿大蒙特利尔Eaton中心地下综合体系（图1-2、图1-3）包括地铁站、地下通道、地下公共广场、地下商业体、地下文娱等设施，并实现与地上50栋大厦连通；法国巴黎列阿莱地下综合体布局4层，总建筑面积达20多万m^2，通过与公共交通的有效衔接，实现了地下商业与交通的有机融合。

此外，为充分发挥地下空间恒温、恒湿、隔声、无大气污染等优势，越来越多的公共服务设施选择转入地下，如地下公共图书馆、地下博物馆、地下医院、地下科研实验室、地下健身中心、地下仓库、地下变电站等。例如：挪威充分发挥岩洞优势，建成了世界上首个约维克奥林匹克地下运动馆；新加坡2014年建成裕廊岛地下储油库（图1-4），该储油库耗资9.5亿新元，位于海床以下距离地表150m处，是新加坡迄今最深的地下公共设施工程。地下物流系统也在近年得到广泛的探讨，如德国自1998年起，从鲁尔工业区修建一条地下物流配送系统，该系统长约80km，采用CargoCap自动装卸运输集装箱，可实现物流高效配送。但总体而言，受传统观念认知影响，地下公共服务设施的建设在全球范围内仍有待提升。

图1-3　蒙特利尔Eaton地下城内部实景（图片来源于网络）

（3）地下市政公用工程

地下市政公用工程服务于城市清洁、高效运转，属于城市“里子”工程，其包括地下市政管线、共同沟（综合管廊）等。在国际大都市的建设过程中，一直非常重视地下市政公用工程的建设,并取得了诸多经典杰作。如法国巴黎老城区的地下排水系统总长 2347km,规模远超巴黎地铁,历经上百年仍高效发挥功能,堪称城市“良心工程”的代表,为巴黎国际化大都市进程提供了重要基础保障。

20 世纪以来,随着城市集中化程度的提升,对于地下市政公用工程的要求越来越高,出现将市政管网系统(如供排水、污水、电力、通信、供暖、燃气等)集中于同一沟道,以达到提升公用设施管理的高效性与便利性,称为“共同沟”。20 世纪 20 年代,东京在市中心的九段地区干线道路地下修建了第一条地下共同沟,将电力、电话线路、供水、煤气管道等市政公用设施集中在一条管沟之中。日本政府于 1963 年颁布《关于建设共同沟的特别措施法》,要求在交通流量大、车辆拥堵主要干线道路地下,建设容纳多种市政公用设施共同沟,从法律层面给予保障。目前,日本已在东京、大阪、名古屋、横滨、福冈等近 80 个城市修建了总长度达 2057km 的地下共同沟,为日本城市现代化科学化建设发展发挥了重要作用。此外,日本近年将垃圾分类收集系统与共同沟建设有机结合,提升了共同沟的有效服役水平及服务寿命。

图 1-4 新加坡裕廊岛地下储油库(图片来源于网络)

另外,英国、法国、德国、西班牙、美国、新加坡、俄罗斯等发达国家在大型城市建设过程中也尤为重视地下综合管廊工程建设,并完成了诸多卓有成效的工作。近些年,随着互联网、信息技术的提升,现代信息化技术[如人工智能、遥感、建筑信息模型(BIM)、地理信息系统(GIS)、增强现实/虚拟现实技术(AR/VR)技术等]正逐渐被用于对管廊运营的全过程监控、预警、调控等领域,更为全面地保障了其高效运转。

(4)地下民防工程

地下民防工程作为战时抵抗具有一定武器效应的杀伤破坏、保护人民生命财产安全的重要防护工程,贯穿于人类现代城市建设的整个过程。第一次世界大战之后,西方一些国家就非常重视民防工程与城市地下空间的结合利用,如瑞典斯德哥尔摩自 1938 年开始全面构建城市防空掩体,以确保城市居民快速进入防护工事。建成的“三防”斯德哥尔摩地下医院,总面积有 4000m^2,战时能保护 3000 人或容纳 150 张床位,可同时发挥民防与紧急救援的双重功效;其建成的连接市中心与机场的高速列车隧道,长达 40km,可实现战时城市人口的快速疏散,为典型的平战结合民防工程。目前,美国、俄罗斯、英国、法国、德国等国家城市民防工程建设已具相当规模。其中,俄罗斯在各大中心城市及重要工业区均构筑多个抗冲击地下民防工程;挪威利用其天然岩洞特色，在包括奥斯陆在内的大型城市建有多个岩洞型掩遮体，可有效保障居民战时安全。

新型战争武器（如钻地导弹、精准制导武器等）的进步对传统民防工程提出全新考验，处于地下浅表层的民防工程已然无法满足现代化战争的现实需要，向“深地、特种人防建设”发展成为城市民防工程的世界性课题。

2）中国城市地下空间

新中国成立初期，关于城市地下空间的利用起于民防空工程的建设，根据毛泽东主席20世纪70年代初提出的“深挖洞、广积粮、不称霸、备战备荒为人民”指导思想，全国大小城市开始了较为广泛的人民防空洞建设。而后根据实际形势的演变，经济建设成为社会的主旋律。1978年中央提出“全面规划、突出重点、平战结合、质量第一”的民防工程建设方针，但该阶段的城市地下空间利用仅局限于民防建设。1986年的全国民防建设与城市建设相结合座谈会上，提出民防工程“平战结合”的思路，民防工程应与城市建设相结合，为城市地下空间利用的发展指明了方向。而随着我国城市建设的高速发展，为缓解日趋严重的交通拥堵问题，各大城市开展了如火如荼的地铁建设，为城市地下空间的开发利用发展奠定了坚实的技术基础。进入21世纪以来，面对“大城市病”的问题趋于明显，对于城市地下空间的综合开发利用的需求达到了前所未有高度，包括地下综合体、地下综合枢纽、地下街区等新型地下空间利用设施不断涌现，为我国城市地下空间的综合利用掀开了新的篇章。

（1）地下交通

我国首条地铁是建于1965年的北京地铁，而1993年开通的上海地铁是世界上现今规模最大、线路最长的地铁系统。截至2020年12月，中国已开通地铁的城市达45个，北京、上海、广州、深圳等一线城市已建成完善的地铁轨道交通网络，南京、重庆、武汉、成都等城市建成轨道交通基本网络已全面完成，而诸如南通、石家庄、兰州等城市轨道交通骨干线基本建成，使我国地铁轨道交通的总体水平提升到一个全新高度。

我国轨道交通的快速发展也带动了大型地下交通枢纽的发展。北京西客站地下交通集散枢纽中心集铁路站、地铁、公交、停车场、商业广场为一体，有效缓解了首都西客站过去拥堵不堪的局面。

2015年年底完工的深圳福田综合地下交通枢纽是国内首座位于城市中心区的全地下火车站，集高速铁路、城际铁路、地铁交通、公交及出租等多种交通设施于一体的立体式换乘综合交通枢纽。其通过立体化分层布置，实现高铁、地铁快速换乘，总建筑面积为14.7万m^2，是目前亚洲最大的地下交通集散枢纽工程（图1-5）。部分大城市为更好地保持城市格局中湖泊、江河、山丘的原始风貌，选择采用地下城市隧道形式穿越完成，也在为城市地下交通的开发利用提出新的思路。如武汉东湖隧道全长约10.6km，其下穿东湖风景名胜区，也是目前国内最长的城中湖隧道。类似工程还包括杭州西湖隧道、南京玄武湖隧道、扬州瘦西湖隧道等。再如，山城重庆通过华岩隧道、两江隧道等将城市主城区有效连接，实现了城市功能的互联互通；杭州紫之隧道全长13.9 km，是迄今为止全国最长的城市隧道。

城市停车困难也正成为我国大城市发展的通病，地下停车库的建设在各大城市也在如火如荼发展之中，如长沙都正街地下智能停车库可提供427个停车位，并采用“智能泊车、App预约付费"等模式,实现了方便、快捷停车。此外,该地下停车库深达40m;河南濮阳市中医医院公共停车场工程采用井筒式地下立体机械停车方式,地下建筑面积达472.70m²,积极探索地下静态交通空间利用。此外,国内近年兴起的"共享经济"模式也在城市驻车领域得到初步发展,通过"互联网+驻车"模式实现地下停车位的高效利用,正成为改善停车困难的另一重要举措。

图1-5 深圳福田地下综合交通枢纽(图片来源于网络)

(2)地下公共服务设施

伴随我国地下交通工程的快速发展,地下公共服务设施在21世纪也得到迅速提升。目前,我国建成的超过1万m²的地下综合体达到200个以上,其中,上海虹桥地下商业服务区地下空间开发面积达到260万m²(图1-6)。其街区间通过20条地下通道以及枢纽连接国家会展中心(上海)地下通道,将地下空间全部连通,可媲美加拿大蒙特利尔地下城。北京王府井通过地下街形式将地铁车站、地下商场有效组合,配套步道系统、下沉式花园等空间转化形式构建王府井立体化地下商业系统。我国城市地下公共服务设施(如地下博物馆、地下医院、地下实验室、地下文娱中心、地下仓库等)也在积极探索之中,如陕西汉阳陵地下博物馆就地开发保护,并充分融合现代化技术,直观呈现出波澜壮阔的地下王国。地下的恒温恒湿特点也为医疗卫生设施提供了先天条件,依据《杭州市地下空间开发利用专项规划(2012—2020)年》,杭州将在未来修建一定规模的地下医疗空间;此外,早期民居地下室、民防工程发展起来的地下科研实验室、地下文娱健身中心、地下仓储中心也有少量报道。但总体而言,我国综合利用地下空间发展公共服务设施尚存在较大的发展空间。

(3)地下市政公用工程

每到夏秋季节,我国多个城市常出现"城市内涝",且存在蔓延之势;此外,因管网管理归口及反复开挖维修保养问题影响,"马路拉链"始终成为我国城市建设的顽疾,以上两大问题时刻拨动着城市建设者的敏感神经,据此,我国也加快了城市地下管网工程建设、改进的步伐。

我国于2015年出台了《国务院办公厅关于推进城市地下综合管廊建设的指导意见》(国办发〔2015〕61号),指出:到2020年建成一批具有国际先进水平的地下综合管廊,明显改善"马路拉链"问题,提升管线安全水平和防灾抗灾能力,逐步消除主要街道蜘蛛网式架空线,改善城市地面景观。此外,2015年住房与城乡建设部发布《城市综合管廊工程技术规范》

(GB 50838—2015),详细规定了给水、排水、雨水、污水、再生水、电力、通信、燃气、热力等城市工程管线敷设及安装技术要求及标准,为我国综合管廊工程建设提供了技术支持。此后,全国36个大中城市陆续启动地下综合管廊试点工程,为后续城市地下综合管廊建设提供重要参照。截至2016年年底,我国累计开工建设城市地下综合管廊总里程达到2005 km,并仍保持高速发展。如北京在建的通州曹园南大街、颐瑞东路地下综合管廊总长3.8km,是目前北京在建的综合性最强的地下管廊;西安在建总长为73.13km的干支线管廊,是我国规模最大的地下综合管廊项目。此外,在我国地下综合管廊建设的突飞猛进过程中,存在的一些问题也逐步凸显,如:①管廊相关标准及规范(如管网系统规划、廊内布置形式、管材管径等)有待进一步细化;②管廊规划与市政管线规划深入衔接问题;③多种管道入廊的相容性问题;④特殊管道高程与管廊高程协调问题等。随着我国地下综合管廊建设技术的不断发展,以上问题有望逐步得以解决。

图1-6 上海虹桥地下商业服务区(图片来源于网络)

(4)地下民防工程

新中国早期的民防工程建设缺乏整体规划与设计,采取的是“边创造、边设计、边建设”的群众路线,整体布局与城市发展相脱节,并造成了诸多地下空间的浪费问题。此后,开始全面贯彻“平战结合”方针,通过城市建设发展与民防工程协调发展的思路,但对当时城市地下空间开发利用尚缺乏系统认识,对于“平战结合”的地下协调规划与设计仍存在严重问题。进入21世纪后,随着城市地下空间开发的需求日益增加,对于地下空间统筹规划、协调发展的思路逐渐深入人心,并逐渐将城市交通枢纽、重要基础设施与地下停车场、地下商场等进行立体化设计,并开展专项的抗武器毁伤、战争避难生存概率评估分析,方从真正意义上开始体现出民防工程二元化作用。如2002年面积超2.2万m^2的上海火车站南广场地下民防工程启用,平时可停车561辆,有效缓解了火车站地区的停车难问题。截至2016年年底,全国的平战结合开发利用的民防工程面积已经超过1亿m^2,年产值300多亿元,总利润120多亿元,提供就业岗位约700万个。

此外,近年来民防工程由单纯防止“战争灾害”转向防止“人为灾害(含战争灾害)”和“自然灾害”的两防机制,其防灾广度及深度进一步加强,进一步扩大了民防工程的应急避难、机动疏散等核心功能。同时,随着我国城市地下空间综合利用力度增加,探讨以大型地下综合体为主导的多元化融合规划成为新的命题,即将民防功能融入多元化地下综合体中,实现城市地下空间开发具有较强的民防功能,确保战时的避难、救援、机动疏散的多元功能发挥。

但总而言之,我国民防工程平时利用在起步上比较晚,利用形态比较单一,地下设施类型较少。与国外相比,无论是在技术规模、经济还是社会、环境效益上都存在较大的差距。

1.1.2 城市地下空间发展中存在的主要问题

根据以上对国内外发展现状的分析,城市地下空间开发利用已取得长足的进步,但对我国而言,目前仍处于其发展前期阶段,尚存在诸多亟待解决的科学问题。对照国外发达国家发展状况,可详细概述为以下几个方面。

(1)全国各地区、城市间地下空间开发利用发展不平衡,对地下空间利用的认知不足。首先,东西部地区城市地下空间开发差距巨大。据陈志龙等统计,2015 年东部诸省份地下空间开发总投资额是西部的 1.43 倍,且东部地下空间开发转向地下市政工程等公共服务设施建设,而西部仍以地下轨道交通发展为主。其次,二、三线城市地下空间统筹规划、开发规模、建设运营水平及公众认知度仍较低,目前对地下空间利用仍局限在围绕地下交通、民防设施等设施单线规划;而地下空间属于典型的不可再生资源,一旦开发利用将不易重复循环利用,后期采取资源恢复及补救保护将花费高额代价。因此,树立前瞻性思维,统筹规划设计是未来城市地下空间利用的重要命题。

(2)地下空间利用形式单一,开发布局分散,综合管理机制不成熟。目前,城市地下空间开发利用涉及民防、建设、市政、环保、电力、交通、通信等诸多部门。由于国家在体制上并没有明确一个综合管理机构对其进行统一管理,且各部门之间对地下空间利用无统一规划,因此,各部门在开发、管理中相互间缺乏统一协调机制,处于条块分割、各自为战的状态,形成多头管理与无人管理并存的局面。如地铁建设过程往往未兼顾市政管线、通信电缆等功能,导致城市地下空间开发利用成为缺乏长远规划的自由、短期行为。此外,由于地下工程存在隐蔽性,其相关信息不如地上工程易于被获取。而不同地下空间的数据信息分散在多个部门,没有明确具体部门负责信息资源的整合。长期以来数据共享不足、沟通不畅、统计口径和标准体系不统一,地下空间调查进展不顺,给地下空间开发利用的规划、建设和管理带来诸多障碍。

目前,许多城市对地下空间开发利用管理进行了有益探索,分别采取了以规划管理、建设管理、民防管理、安全管理和协调管理为主导的管理模式,但都没有起到统一管理的效果。以致出现地下空间建设混乱,多头管理又都不管理的情况。地下空间开发利用项目规划、设计、施工和竣工验收等全过程以及材料、设备质量安全等各个环节没有明确的主体进行全过程、全方位监管,造成盲目建设和质量安全事故时有发生。因此,开展城市地下空间资源开发利用活动的有序管控,进行合理布局和统筹安排各项地下空间功能设施建设综合部署,是未来城市地下空间开发利用的基本前提。

(3)地下空间开发缺乏整体统一规划,缺乏分层化、地上地下协调化。近年来,我国很多城市虽然编制了各类地下空间规划,涵盖了总体规划、详细规划乃至城市设计等不同层次,但总体来看还处于探索阶段,城市地下空间规划编制普遍滞后于建设发展实践。

①规划组织编制主体不明确、规划体系不清晰、规划体系不完善、缺乏统一规范、关键要素管控失效,进而出现地下空间连通性较差,相邻项目之间缺乏联系和贯通,以及零星、分散、孤立开发等问题,导致地下空间开发利用普遍存在系统性缺乏问题。

②目前,城市地下空间开发仍集中于浅表层开发(<50 m),且缺少对不同地下构筑物分

层化规划思维，造成地下交通、市政管线、通信电缆出现在同一深度，由此引发的工程事故时有发生。因此，根据不同地下构筑物核心开发功能、实际布置深度地质要求等，开展不同竖向分层规划研究，考虑不同层级容纳对象及具体开发要求，恰当考虑深层地下空间的分阶段开发，将是后期地下空间开发必须考虑的研究课题之一。

③城市空间作为地表、地下联动的完整有机体，进行地上地下协调化开发利用很有必要。而目前受城市前期规划设计所限，地下空间开发被动适应地表建筑物实际需求，带来诸多现实困难。此外，单独编制的地下空间规划与地面规划脱节，地下功能定位与布局未与地面区位条件、用地功能和结构形态紧密联系，空间协调不足，缺乏衔接，甚至相互矛盾，这也是地下空间规划实施效果较差的因素之一。而在规划新区（如雄安新区、深汕合作区）、新城开发区，需树立联动规划设计理念。

（4）城市地下空间开发利用政策与立法存在严重滞后。虽然我国出台了不少城市地下空间开发利用方面的法律法规、政府规章和规范性文件，但还有许多立法问题没有得到解决：

①没有形成权威的国家立法。国家最高立法机构没有制定关于城市地下空间开发利用的专门法律或国务院的行政法规，建设部的《城市地下空间开发利用管理规定》只是一个政府部门的行政规章，缺乏足够的许可设定权限，法律效力比较低。现行为 2011 年 1 月 26 日修订版，部分规定已不满足发展需要，加上其规定不具体、内容不完备，在实践中难以有效地贯彻执行。

②没有解决基本的权属问题。《中华人民共和国物权法》仅停留在宏观层面，并没有从本质上确立地下空间权的概念及物权形态，没有确立地下空间权的取得方式、转让、抵押方法及权属管理等。

③没有制定专门的技术标准。地下空间建设的标准不统一，没有专业设计、施工、验收方面的标准，只是参照相关技术标准执行。

④没有提出具体的优惠政策。国家对民防工程给予了相应的优惠，而对其他地下空间开发利用在投融资、价格、税收等方面则无具体的优惠政策。

（5）科技水平相对较低。

我国实现了盾构、全断面硬岩隧道掘进机（TBM）的国产化，引进消化了多种先进材料。但与国外相比，尚有不少差距，大量关键设备及材料依赖进口，机理和性能研究不够充分，机械化、自动化程度低。施工机械种类不全、缺乏大型施工装备、产品质量水平低，如切割式连续墙设备、微型隧道盾构、含水粉细砂注浆钻机，以及信息化施工中的自动监控技术、微型隧道掘进中的遥控和全球定位系统（GPS）定位技术、预切槽及预切块技术、隧道掘进与衬砌同步施工（ECL）技术、数字化掘进技术的应用等。同时，建造设备和关键材料的国产化能力低，建筑材料寿命短，大断面、全断面施工工艺落后。

（6）勘察手段较为落后。

在勘察技术方面，我国与西方发达国家还存在一定差距，主要表现在勘察的机械物理手段上，如钻探机械、取土设备和测试分析手段比较落后，自动勘察数据处理、城市地理地质信息数据库等软件技术尚处于初创阶段。在区域地下岩土地质的勘察方面，如地下不同深度地下建筑物、地下管沟、古文物的分布等的勘察手段及评价方法、线性地下工程复杂地质地段以及地下渗流场的现代勘察技术等方面尚应进一步研究。

1.2 地下空间风险评估研究现状

1.2.1 地下空间风险评估方法研究现状

在地下工程风险管理体系方面，国内外学者开展了大量研究工作。风险分析起源于20世纪初，代表人物有美国的EINSTEIN H. H曾撰写多篇有价值的文献，主要贡献是指出了隧道工程风险分析的特点和应遵循的理念，诸如《Geological model for a tunnel cost model》(EINSTEIN，1974)、《Risk and risk analysis in rock engineering》(EINSTEIN，1996)、《Decision Aids for Tunneling》(EINSTEIN，1998)。STUZK(1996)对大型地下工程建设中的各种复杂因素和技术进行分析，指出地下工程中错误的决策将导致不必要的风险，因此需要对其决策流程进行研究，提出风险分析实用方法。

KAMPMANN(1998)以哥本哈根地铁工程为研究对象，运用风险评估技术，提出了地铁工程施工中存在的10多种风险类型，共40余种风险因素，还讨论了如何充分记录所采用的风险评估过程，以提供可辩护、可追溯性的记录，并建立了一套风险类型表。J REILLY(2000)教授分析了隧道施工事故发生的原因，提出了"隧道工程的建设过程就是全面的风险管理和风险分担的过程"，辨识出隧道施工过程中潜在的安全风险因素，总结出了4种风险类型，即引起隧道工程施工工期变长的风险、引起人员伤亡的风险、引起建设工程建设预算成本变化的风险和导致建设要求无法达到的风险，这为之后隧道工程建设中的风险决策者进行风险管理提供了理论参考。SMITH(2005)针对亚洲地铁建设过程中面临多样的岩土类型，根据实践经验总结出了包括33个风险因素的15个风险类型。MOLAG M(2006)给出了隧道设计和运营维护阶段危害识别(Hazard Identification)的适用方法，但未论述施工阶段安全风险识别方法。

SEJNOHA等(2009)提出在捷克共和隧道新奥法施工中采用故障树分析法(Fault Tree Analysis，FTA)和事件树分析法(Event Tree Analysis，ETA)进行隧道开挖过程风险定量评估，但文中仅识别出风险事件和3类主要原因，识别的风险数量过少。BU-QAMMAZ(2009)研究了跨国建设项目相关风险因素之间的影响关系，采用网络分析法推导风险因素的相对优先级并在投标决策中进行了应用，这种方法可以帮助决策者估计风险水平以便可以根据风险水平对替代项目进行排名，并且可以在给出投标决定之后定义适当的应变值。

国际隧道协会于2004年发表了《隧道风险管理指南》，为隧道与地下工程从业人员提供了风险识别及评估等理论指导。同年，《地下工程风险管理联合规范》在英国问世，规范对地下工程的风险分析方法、应用时需考虑的因素做了全面的解析，其目的在于为地下工程的风险管理提供一系列理论指导与准则。根据上述可知，国外在地铁隧道及地下工程方面的风险分析理论与应用研究已经相当成熟。AL-BAHAR在1988年提出风险的分类应当按照风险来源因素进行，共有6个风险种类：不可抗力风险、财政和经济风险、自然风险、政治和环境风险、设计分析、施工风险。CHOI HYUN-HO在2004年将其精简为不可抗力分析、财政和政治风险、与设计有关的风险和与施工有关的风险4种类型。英国学者TAH JHM从风险按管理资源和可控制性角度出发，将风险分为内部风险和外部风险。内部风险指的是参与项目的各方内部系统的风险，外部风险指的是外部环境引起的风险。

美国项目管理协会为了统一对风险分类的标准，对风险分类设定以下3种方式：一是根据风险的是否可知性来分类，可分为已知风险、已知未知风险、未知风险；二是根据风险对项目的作用影响来分类，可分为范围风险、质量风险、计划风险、费用风险；三是根据风险本质来分类，可分为可保险风险和商业风险。FORTEZA FRANCISCO J（2017）以事故为出发点研究和分析风险，取得了很多成果，他总结了地铁施工可能产生的事故类型，并制订出大量的风险措施。EMMANUEL CHIDIEBERE EZE（2018）等人在研究地下空间安全事故时强调，应该以事故为出发点来研究和分析风险，分析的结果再用来指导地下空间的安全作业。

相比之下，我国风险领域的研究处于较落后的状态。近几年，随着城市地下空间的大规模开发利用，风险分析理论研究才引起了国内学者的极大关注，也取得了一定的进展。国内风险分析领域的先行者主要有清华大学的郭仲伟教授，他在1987年撰写的《风险分析与决策》详细地介绍了国外的风险分析理论，对国内外研究成果做了全面的综述，时至今日仍有极大的参考价值。此外，同济大学教授丁士昭（2003）分析总结了我国地铁施工各阶段的各种风险因素，并且深入探讨了地铁施工阶段各类风险评价模型的优劣。

华中科技大学的丁烈云院士团队先后完成了“地铁施工风险自动识别及可视化安全预警系统”（2008）、“地铁工程施工安全风险识别及预警技术研究”（2009）、“复杂环境地铁工程施工安全风险控制研究”（2009）等多项科研成果，著有《武汉长江隧道工程盾构施工风险研究》（2007）、《地铁工程施工安全评价标准研究》（2011）、《长江地铁联络通道施工安全风险实时感知预警研究》（2013）等多篇地下工程安全风险方面论文。其开发的地铁施工风险自动识别及可视化安全预警系统在武汉、沈阳、郑州、昆明4座城市，9条地铁线路（包括首条地铁隧道穿越长江线），逾80个地铁施工项目部成功应用。

同济大学的黄宏伟教授团队在地下工程安全风险研究方面开展了大量的工作，代表性文献有《隧道及地下工程建设中的风险管理研究进展》（2006）、《对地铁项目全寿命周期风险管理的研究》（2006）、《工程风险分析与保险研究现状与进展》（2010）、《土木工程风险可视化的监测预警方法》（2015）、《长大隧道工程结构安全风险精细化感控研究进展》（2020）等。黄宏伟教授团队对地下工程风险管理、风险评估、风险控制和风险预警等多方面问题展开了系统的研究，研究对象涵盖城市地下轨道交通、长大山岭隧道、盾构隧道等各类地下工程，并在国内率先开发出了功能全面且实用的地下工程项目风险管理软件，已在诸多工程中推广应用。软件以一个风险数据库作为后台数据支持，将风险指标作为评价标准，实现了对隧道风险识别、风险评估和决策以及风险跟踪管理的基本流程，建立了一套较为完备的风险管理体系。

廖伟权、邓思泉（2004）在《施工进度的风险分析》中对影响施工进度的风险因素进行了辨识，并利用统计资料和决策树方法对工期风险进行估计和评价，并找出最大风险源。袁勇（2005）分析出了工程施工防水方面的主要风险因素，并阐述了防水风险的等级划分的概念。李锋（2007）根据工程施工的具体情况，以及周边因素的干扰情况，提出分等级的风险预防措施。

针对地铁车站施工，北京交通大学李兵（2007）通过对地铁车站施工事故分析，以各参与主体为目标，总结施工安全风险因素，运用模糊层次分析法进行风险评估，并提出防范对策，但只进行了风险源的定性描述,对各类风险源的重要程度未进行分类和定量研究。周红波等(2006)采用工作分解结构(Work Breakdown Structure, WBS)对上海某超长轨道交通基坑工程工作结构进行分解,采用故障树法对风险事件和风险因素进行识别,应用综合集成风险评估方法进行风险评估,得出各类基坑的风险等级,但对风险因素层识别相对简略。陈太红等(2008)总结了南京地铁2号线一期车站基坑工程的风险单元(例如:深基坑开挖风险、内支撑体系稳定性、地下连续墙接头影响等),针对四类主要风险列出了风险引发因素,应用风险指数法进行风险评估并提出预控措施,但未建立风险引发因素与基本风险的具体对应关系。

西南交通大学王华伟(2008)识别出物体打击、起重伤害、高处坠落、坍塌等风险事件,列举了地铁车站施工主要危险源,采用事故树方法分析起重脱钩风险事件,运用层次分析法和模糊评价法对施工现场安全状况进行评估,但对危险源的分析不细致。周红波等(2009)引入"工作分解—风险分解结构"(Work Breakdown Structure and Risk Breakdown Structure, WBS-RBS)将地铁基坑工程工作分解结构和风险源分解结构耦合判断并说明相应风险因素或风险事件,对风险因素进行敏感性分析,提出相应的预防措施。西南交通大学陈中(2009)定性列举了成都地铁盾构区间隧道施工孕险环境和致险因子,总结了10条风险事件,并采用$R=P\times C$(R表示风险,P表示风险事件发生的概率,C表示风险损失)法对施工风险进行定级评估,但未建立风险与致险因子之间的关系。郑知斌(2009)通过专家调查法总结出隧道施工的主要风险因素,采用$R=P\times C$法对施工风险进行评估,运用FLAC3D软件模拟隧道开挖对邻近桥梁、既有地铁线的影响。张博(2009)运用风险管理的基本理论与地铁盾构法施工实践相结合的方法,采用韦恩图对地铁盾构施工过程中的风险因素进行辨识,并应用改进后的模糊层次法分析模型(Fuzzy Analytic Hierarchy Process, FAHP)对北京铁路枢纽北京站至北京西站地下直径线工程进行了风险评估,验证了模型的实用性,并提出了相应的风险控制措施。

侯艳娟等(2009)按照事故发生的主要原因将近期北京地铁施工安全事故分为5种类型:地层过量变形引起坍塌、不良地质体突发灾害、施工诱发地下管线破坏、工程施工管理不力、施工设备及操作技术过失引发的事故,针对每一类事故,制订相应的防治对策及方案,但未对事故的致险因素做系统归纳整理。任强(2010)在其博士论文中针对北京水文条件和特殊的地质条件对地铁施工的影响,全面系统地研究分析了北京地铁4号线隧道施工过程中的各种风险因素,建立了定性或者半定量的风险分析模型,提出了降低风险发生率的控制措施。翟志刚(2011)从地铁施工安全本身所产生的风险和周边环境因素所造成的风险两方面对地铁施工风险进行研究。

吴贤国(2012)认为地铁风险评估太过于依赖业内人士的主观意见和效率不高等许多因素而研发了自动识别系统,这个系统具备了风险识别精确、快速和智能等多方面优势;杨乾辉(2013)以地铁工程建设项目安全风险管理为背景,提出构建WBS-RBS矩阵,加强了对地铁施工过程中风险因素的辨识。何美丽(2012)为减少人为因素对风险指标权重的影响,将信息熵理论引入评价方法中,同时又引入未确知测度理论,结合两种理论建立未确知测度模型,有效地解决了地下工程风险评价中诸多的不确定性问题。王粪(2018)以城市地铁浅埋暗挖隧道为主要研究对象,提出了一种基于贝叶斯网络的浅埋暗挖隧道施工动态风险评级方法,提出了基于三角模糊数的指数标度,并运用于网络层次分析法中,建立了隧道工程风险分析的一般方法,并在北京地铁6号线五路居—慈寿寺站区间下穿京门铁路线中进行了工程应用。

由上述内容可知,城市地下空间施工风险的应用及学术研究很早就在欧美等发达国家普及。但在城市地下空间施工风险研究、评估和安全施工等方面,虽然国外的研究起步较早,由于城市地下空间工程施工的复杂因素和未知因素太多,仍然存在大量不足和缺点。我国地下城市地下空间施工的安全管理和风险评估方面的研究与外国相比还比较落后,地铁施工风险的风险评价研究更是涉及不足,相对应的应用方面的研究也非常少。但是伴随着我国近年来地下空间大量的开发,城市轨道的大力发展,让地铁施工这一领域得到了广泛的关注,各大设计研究院、高校以及施工企业的科研人员都在近些年展开了与之有关的探索及研究。

1.2.2 风险耦合机理及理论研究现状

城市浅埋大跨暗挖工程、深大基坑、近接建(构)筑物工程等城市地下大空间施工,施工周期长、步序多,地质环境不确定性较大,工程结构复杂,施工风险因素众多且彼此交织,风险因素间存在显著的耦合效应。

风险耦合理论在国外很早就开展了相关的研究,现在仍然是研究的热点。国外的专家学者所研究的领域包括航空、煤矿、企业、生态、建筑工程、地铁施工等,研究内容涉及风险碰撞模型、系统动力学模型、人类—环境风险耦合系统模型等。GOMATHI S 等基于研究软件开发提出了一种描述互动耦合概念的方法,并用模型实例来验证方法的可行性。SAHIN O 等依据澳大利亚的水供需问题,通过建立系统动力学模型,将一系列影响水供问题的风险耦合因素进行研究,有助于决策者制订有效的、可持续的供水战略计划。MERCAT-ROMMENS C 等基于多准则决策辅助集成(Multiple Criteria Decision Aids, MCDA)和地理信息系统(Geographic Information System, GIS)的耦合,形成决策辅助工具,同时也是一个风险管理工具。YODZIS M 等提出了一种人类—环境风险耦合系统模型,来反映水污染对渔业和人类的身体健康带来危害的影响和评价。

国内针对风险耦合的研究也是近几年内兴起的,大多集中在煤矿、生态、航空及地铁建设等相关领域,且各种模型算法复杂程度不一。国内专家学者所研究的领域与国外相似。对风险耦合的种类划分、产生原因、耦合机理、发展趋势及在风险产生后解耦的方法都做了一定的研究。对城市地下大空间耦合演化应考虑人、机、环、管等综合因素,并对重大风险因素进行耦合,根据施工进程进行动态风险评估。但是国内对于城市地下大空间的风险耦合理论和方法研究还很少。地下大空间结构,采用了新的施工工法,新的结构形式,其灾害的演化过程、影响范围尚存在很多盲点,同时也存在极大的施工风险。吴贤国首先将 N-K 模型运用在地铁事故耦合概率统计上,后期针对地铁施工上的耦合仿真研究也逐渐增多。张福庆构建了区域经济产业生态化耦合评价模型及其指标体系。许奎以北京地铁实测数据为例,采用有限元方法,探寻已有地铁车站及车站自身的变形规律。胡兴俊等基于人为因素的角度,构建了建设项目施工安全风险耦合度模型。徐涛提出了地铁施工安全人—物风险耦合系统动力学模型,给出了控制风险建议。陈梦捷采用模糊熵理论求解各项地铁施工安全风险权重,用权重和功效函数计算"人、机、环、管"四大一级指标风险因素间的耦合值。乔万冠根据煤矿生产安全风险的耦合作用机理,运用耦合度模型定量计算煤矿安全生产系统的风险耦合度。任振建立了地铁车站基坑施工风险耦合指标体系,结合风险度、数值模拟、耦合度模型三种法评估地铁深基坑施工风险耦合演化趋势。王慧构建了包含"人为、机械、环境、管理"四大因素的地铁施工安全系统风险指标体系，建立耦合度模型。

综上所述，已有的研究主要是从管理学角度研究风险因素的耦合效应，这些理论在应用于城市地下大空间施工这一复杂的力学过程时难免存在诸多问题。城市地下大空间施工风险的耦合不仅是逻辑上的耦合、概率上的耦合，更是力学上的、物理层面的耦合。对于这种耦合效应，目前尚未有人提出明确的定义，更是缺乏相关的前导性研究。因此，研究城市地下大空间施工风险耦合需要从实际事故案例出发，从事故脉络中提炼风险耦合的概念内核，构建一套适合于城市地下大空间施工的风险耦合分析方法。

1.2.3　风险演变机理及理论研究现状

运动是事物的本质，风险也是如此。风险的演变并非一个新兴的课题，而是风险的一种内在属性。但由于风险这一概念自身的复杂性，人们对风险演变问题的关注和研究尚处于早期。由于不同学者对风险演变问题的理解不同，所处的学科领域也不尽相同，导致人们研究风险演变问题的理论和方法有着较大差异。

针对风险演变机理，近年来国内外学者进行了一系列相关研究，并取得了丰硕的研究成果。王成汤等(2019)采用故障树法对风险进行分析，构建了多态贝叶斯网络来计算基坑坍塌风险的概率，并根据贝叶斯网络正向推理对基坑施工过程中的风险进行动态评估。徐甜(2018)采用WBS-RBS法构建了深基坑施工风险评价体系。李宜城(2019)等引入动态权重概念，创建了一套新的风险动态评估方法。王勇胜(2011)从复杂系统理论出发，提出了基于“群”视角的风险管理理论框架。王帆(2013)构建了地铁盾构施工前馈控制模型，并通过整合各个子模型，建立了地铁施工安全风险动态演化模型(DRAFTs)。游鹏飞(2013)利用系统动力学的理论和方法对地铁隧道施工过程进行了系统分析，从力学和能量角度建立了系统动力学模型。赵贤利(2013)基于复杂网络模型，构建了机场飞行区风险演化数学模型以及风险演化拓扑结构模型，并提出了风险断链控制方案。江新(2015)采用Cobb-Douglas函数描述施工风险，构建了工程项目群施工风险演化的系统动力学(SD)模型。刘清(2016)通过分析三峡大坝通航风险与其影响因素间的因果关系和影响函数，构建了三峡坝区船舶通航风险演化的系统动力学(SD)模型。孟祥坤(2017)基于复杂网络理论，提出了针对管道系统泄漏演化的半定量风险演化评价方法。覃盼(2018)基于结构方程模型(Structural Equation Model，SEM)方法，建立了风险演化理论关系模型，研究了三峡坝区船舶通航安全风险演化规律。

综上所述，虽然研究风险演变的原理和方法百花齐放，但几乎所有研究者都是利用基于系统科学、管理科学的方法构建出的抽象模型进行研究，而对风险产生及演化的实在的、物理的机理涉及甚少。这导致大多数模型虽然看似在结构及算法等方面十分完善，却缺少客观原理和数据的支撑，在实际应用中困难重重。

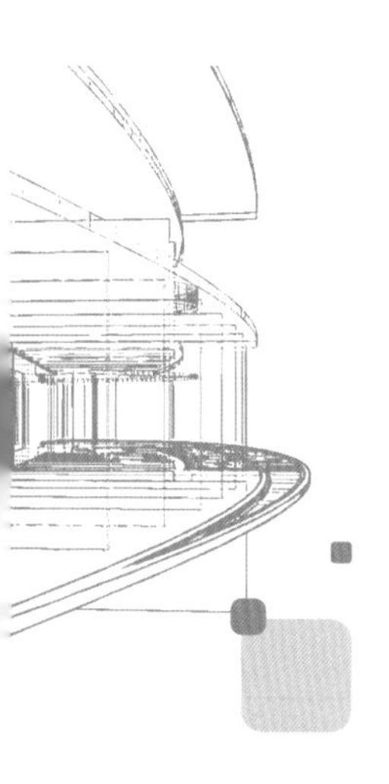

第2章 城市地下大空间定义

2.1 城市地下大空间基本概念

2.1.1 城市地下大空间概念的提出

1)城市地下空间的新特点

近年来,伴随着工程技术的进步和城市功能需求的提升,城市地下空间的开发开始向综合化、多元化、集成化的方向发展,催生了越来越多特色鲜明、功能强大、品质卓越的新建城市地下空间工程。这些工程主要具有以下特点。

(1)传统的地下空间多作为地上结构的附属物而存在,如地下车库、地下商场等。此类地下空间虽部分具有自身独立功能,但根本上还是服务于地上建筑。而如今,越来越多的城市设施开始将地下结构置于其主要地位,甚至是以地下空间为主要功能区域。如今的城市地下空间已同地上建筑一起成为城市空间的重要组成部分,其功能也在向着多样化、综合化的方向发展。

(2)地下空间的开发难度和开发成本都远高于地上空间,因此传统地下空间一般体量有限,空间较为狭窄。部分地下空间仅是为了行使某些特定功能而存在,无法作为人类的活动空间。如今,随着地下工程技术的发展,地下空间的开发难度逐步降低,修建大规模的地下工程变为了可能。加之城市地上可利用空间的逐渐枯竭,城市居民的活动空间开始向地下转移,越来越多的大型地下工程开始出现。

(3)传统地下空间的特点决定了其多是“相互分离、各自为政”的独立单元。而如今,城市地下空间逐渐呈现出整合连通的趋势,地下轨道交通之间基本实现地下无缝换乘,轨道交通的出口也越来越多地和商业设施直接相连，新建住宅小区开始采用一体式地下结构。可以说，如今的城市地下空间正在朝着四通八达、功能一体的方向发展。

(4)由于浅层地下空间开发难度相对较低，在城市地下空间的开发初期，大部分项目都建设于地下30m深以内的浅层地表，地下空间之间呈现出平面展布的形态。如今城市浅层地下空间已日趋紧张，新建地下空间的建设深度不断增加，超深基坑、下穿工程频繁出现。在许多地下轨道交通的换乘节点，车站与车站、线路与线路之间已经形成在竖向上彼此重叠的三维空间网络。在功能多元化、空间展拓化、网络结构化需求的推动下，今后城市地下空间的开发必然会向更深处的地层探索。

2)城市地下空间开发中的新问题

新的特点、新的需求往往伴随着新的挑战。在城市地下空间不断大型化、深层化、复杂化的现在，其建设过程中的安全问题越来越多地凸显出来。众多工程实践表明，大体量、大深度地下空间所采用的结构形式及施工方法与传统的小体量地下空间有极大的区别，工程施工难度和对周边环境的影响随其规模增大而迅速增加。

本书收集了国内86项明挖工程和85项暗挖工程的资料，对其空间体量和施工风险源等级进行了统计，统计结果如图2-1所示。从图中可以看出，随着空间体量的增加，每例工程施工风险源的平均数量呈非线性增加趋势，风险源等级也由Ⅲ级为主逐渐变为Ⅰ、Ⅱ级为主。由此不难发现，城市地下空间在工程规模方面的“量变”导致了施工难度上的“质变”，而施工难度的“质变”又进一步导致了施工风险水平及特征的“突变”。这对城市地下空间施工安全风险管理理念、管理方法和管理体系等方面都提出了更高的要求，需要进行更有针对性的研究。

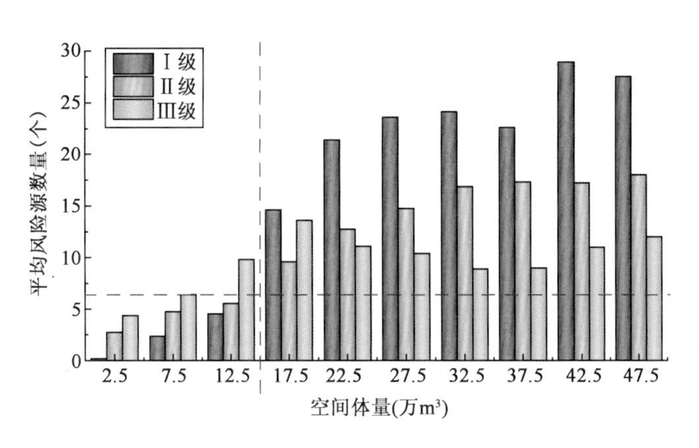

图2-1　城市地下空间施工风险源统计结果

为此，笔者在对我国城市地下空间进行广泛调研的基础上，结合自身在众多城市地下空间工程实践中的经验和与多名行业内专家的研讨结果，提出“城市地下大空间”的概念。

2.1.2　城市地下大空间的定义

城市地下大空间指城市行政区域内地表以下，在工程风险和成本可控的开发深度范围内，为满足特定生产、生活及防灾需求而修建的结构跨度大(18m 以上)或具有一定规模(15 万 m^3 以上)的地下单体大空间或网络化地下空间。

2.1.3 城市地下大空间分类

依据工程规模、施工方法、地下空间之间的连通性、周边环境设施重要性及近接程度,城市地下大空间分为明挖单体地下大空间、暗挖单体地下大空间、网络化拓建地下大空间三类。

1)明挖单体地下大空间

原则上满足以下条件的深大基坑工程属于明挖单体地下大空间工程。

(1)明挖法施工的地下四层及以上的地铁车站工程或同等规模地下工程。

(2)明挖法施工的地下三层地铁车站工程或同等规模的地下工程,且次要影响区以内存在较重要及以上的环境设施。

(3)开挖深度超过 30m,开挖量大于 150000m^3 的地下工程。

(4)开挖深度超过 25m,开挖量大于 100000m^3,且次要影响区以内存在较重要及以上环境设施的地下工程。

2)暗挖单体地下大空间

暗挖单体地下大空间工程的结构层数、跨度、断面大小等应满足以下条件。

(1)暗挖法施工的地下四层及以上地铁车站工程或同等规模的地下工程。

(2)暗挖法施工的地下三层地铁车站工程或同等规模地下工程,且次要影响区以内存在较重要及以上的环境设施。

(3)暗挖法施工的地下单跨地铁车站主体工程或同等规模地下工程,且次要影响区以内存在较重要及以上及环境设施。

(4)开挖断面大于 500m^2,且次要影响区以内存在较重要及以上环境设施的地下工程。

(5)开挖断面大于 300m^2,且次要影响区以内存在重要及以上环境设施的地下工程。

(6)开挖宽度单跨大于 18m,且主要影响区内存在重要及以上环境设施的地下工程。

3)网络化拓建地下大空间

网络化拓建工程是指为满足地下空间网络化要求,在既有地下空间基础上,通过连通、扩建、改建、增建、结建地下空间,使地下空间之间、地下空间与地面之间有机联系,形成平面相连、上下互通的网络化地下空间。城市地下空间拓建方式分为近接增建、连通接驳、竖向增层、以小扩大、多维拓展五种类型。

原则上满足以下条件的网络化拓建工程属于城市地下大空间工程。

(1)采用竖向增层方式拓建的地下空间,建成后不少于 3 层且高度不小于 20m 的地铁车站工程或同等规模的地下工程。

(2)采用以小扩大方式拓建的地下空间,建成后单体空间体积比原体积扩大 1 倍以上且总体积不小于标准 3 层地铁车站的地下工程或同等规模地下工程。

(3)采用近接增建、连通接驳、多维拓展方式拓建的地下空间,建成后空间体积不小于3倍标准单层地铁车站的地下工程或同等规模的地下工程。

2.1.4　城市地下大空间工程影响区及环境设施重要性分级

1)城市地下大空间工程影响区划分

城市地下大空间工程影响区,是指在工程建设过程中可能受到较明显扰动的地层及城市区域。大多数情况下,城市地下大空间的施工会在周边一定范围内形成被动土压力区和潜在滑移面,在此范围内的地层及地面建(构)筑物会在施工过程中产生附加位移。根据土压力理论,这一范围的大小主要与开挖深度和地层特性有关。为简明起见,城市地下大空间工程影响区按平面范围分为三级,见表2-1。

城市地下大空间工程影响区划分　　表2-1

施工方法	近接(主要影响区)	较近接(次要影响区)	一般近接(一般影响区)
明挖法	基坑周边0.7H(含)范围内	基坑周边0.7H~1.0H(含)	基坑周边1.0H范围外
暗挖法	隧道正上方及周边0.7H范围内	隧道周边0.7H~1.0H范围内	隧道周边1.0H范围外

注:H-基坑开挖深度或暗挖隧道仰拱至地表的距离。

2)周边设施重要性分级

周边环境设施的重要性依据环境设施的类型、功能、使用性质、特征、规模等综合确定,并分为极重要、重要、较重要三级,见表2-2。

环境设施重要性分级表　　表2-2

<table>
<tr><th>等级</th><th>基本条件</th><th>修正依据</th></tr>
<tr><td>极重要</td><td>(1)既有轨道交通线、铁路;
(2)国家级保护文物古建;
(3)国家城市标志性建筑;
(4)机场跑道及停机坪等</td><td rowspan="2">当遇下列情况时,可上调一级:
(1)环境对象有特殊保护要求;
(2)新建城市轨道交通结构下穿环境对象;
(3)河湖与地下水有水力联系;
(4)邻近存在季节性水位差的河湖水体且可能在汛期施工时等</td></tr>
<tr><td>重要</td><td>(1)市级保性文物古建;
(2)近代优秀建筑物,重要工业建筑物,10层以上高层或超高层民用建筑物,重要地下构筑物;
(3)直径大于0.6m的煤气总管或天然气总管,市政热力干线,雨水、污水管总管;
(4)交通节点的高架桥、立交桥主桥连续箱梁;
(5)城市快速路,高速路;
(6)500kV及以上高压线;
(7)重要河湖等</td></tr>
</table>

续上表

等级	基本条件	修正依据
较重要	(1)较重要工业建筑物,7~9层中高层民用建筑物,较重要地下构筑物; (2)直径大于0.6m的自来水管总管; (3)城市高架桥、立交桥主桥连续箱梁; (4)110~500kV高压线; (5)城市主干路,次干路; (6)较重要河湖等	当遇下列情况时,可上调一级: (1)环境对象有特殊保护要求; (2)新建城市轨道交通结构下穿环境对象; (3)河湖与地下水有水力联系; (4)邻近存在季节性水位差的河湖水体且可能在汛期施工时等

2.2 我国城市地下大空间统计分析❶

2.2.1 明挖单体地下大空间

本书共调研全国20个城市86例采用明挖法施工的地下工程资料,其中属于地下大空间的工程有71例。各工程信息见表2-3。

明挖城市地下大空间工程汇总　表2-3

序号	地区	车站名称	地下层数	尺寸(m)
1	北京	北京地铁13号线、15号线、17号线望京西站	地下四层	长228,宽27.7
2	北京	北京地铁10号线三元桥站	—	长149.5,宽23.4,深37.1
3	北京	北京地铁10号线角门西站	—	长86.9,深28.2
4	北京	北京地铁10号线芍药居站	—	长183.4,宽20.7,深18
5	北京	北京地铁8号线、14号线永定门外站	—	长139.2,宽24.7,深32
6	成都	成都地铁6号线玉双路站	地下三层	长206,宽22
7	成都	成都地铁6号线牛王庙站	地下三层	长339.7,宽22.5,深25.3
8	广州	广州地铁18号线石榴岗站	地下三层	长567,宽34
9	广州	广州地铁18号线广州东站	地下五层	长622.52,宽26.2
10	广州	广州地铁18号线南村万博站	地下四层	长296,宽35
11	广州	广州地铁18号线琶洲西区站	地下三层	长439,宽34.1
12	广州	广州地铁22号线白鹅潭站	地下五层	未开挖
13	广州	广州地铁7号线陈村北站	地下三层	长188,宽23
14	广州	广州地铁7号线广州南站	地下四层	长592.6,宽25.54,深32
15	广州	广州地铁7号线南涌站	地下三层	长176.2,宽20.1,深23.83
16	广州	广州地铁18号线沙溪站	地下三层	长465.35,宽34.1,深30

❶ 本节统计数据来源于中国铁建股份有限公司内部资料及其他面向社会公开的资料。

续上表

序号	地区	车站名称	地下层数	尺寸(m)
17	广州	广州地铁3号线、17号线、18号线、22号线番禺广场站综合体	地下五层	长540,宽52
18	昆明	昆明地铁6号线塘子巷站	地下三层	长465.9,宽22.9,深23
19	洛阳	洛阳地铁1号线上海市场站	地下二层	长275.6,宽21.2,深26.6
20	洛阳	洛阳地铁1号线王城公园站	地下三层	长169,宽24.3,深23.2
21	洛阳	洛阳地铁1号线周王城广场站	地下三层	长156.6,宽21.9,深23.55
22	洛阳	洛阳地铁1号线青年宫站	地下三层	长216,宽21.4,深23.56
23	洛阳	洛阳地铁1号线解放路站	地下三层	长315,宽23
24	洛阳	洛阳地铁1号线武汉路站	地下三层	长160.9,宽21.9,深25
25	洛阳	洛阳地铁2号线机场路站	地下三层	长223.3,宽22.1,深33.3
26	洛阳	洛阳地铁1号线牡丹广场站	地下三层	长649,宽84,深20.7
27	南京	南京地铁1号线、4号线鼓楼站	地下三层	长211.03,宽49.6
28	南京	南京地铁2号线、10号线元通站	地下三层	长219.282,宽21.2,深19.2
29	南京	南京地铁S8号线泰冯路站	地下三层	长523.2,宽22.1,深18.94
30	南京	南京地铁3号线、4号线鸡鸣寺站	地下三层	长178.26,宽22.3,深19.4
31	青岛	青岛地铁4号线崂山六中站	地下三层	长165,宽19.5,深28.0
32	青岛	青岛地铁1号线、4号线海泊桥站	明挖五层、暗挖两层	长192(明挖段长约57)
33	厦门	厦门地铁3号线洪坑站	地下一层、地上两层	长540.8,宽42.9
34	上海	上海地铁11号线、14号线真如站	地下三层	长383.1,宽20.44
35	上海	上海地铁11号线徐家汇站	地下四层	长204.8,宽21.6
36	上海	上海地铁13号线汉中路站	地下五层	长204,宽21.5
37	上海	上海地铁11号线上海西站	地下三层	长98,宽31
38	上海	上海地铁1号线、2号线、8号线人民广场站	地下三层	—
39	上海	上海地铁4号线世纪大道站	地下三层	—
40	上海	上海银行大厦地下室	地下三层	长112.5,宽104
41	上海	上海世博变电基坑	地下四层	圆筒直径130
42	上海	上海虹桥08地块D13项目基坑	地下三层	长313,宽179
43	上海	上海国际航空服务中心项目基坑	地下三层	长210,宽180
44	上海	上海中心大厦基坑	地下五层	200,宽200
45	深圳	深圳地铁16号线龙平站	地下两层	长192.48,宽22.4
46	深圳	深圳地铁1号线、3号线老街站	地下四层	长129.97,宽18.75,20.65
47	深圳	深圳地铁2号线大剧院站	地下三层	—
48	深圳	国铁深圳市福田站	地下三层	长1023,宽78.86,深32
49	深圳	深圳地铁2号线、11号线后海站	地下三层	长497.8,宽24.3
50	深圳	深圳地铁2号线、7号线华强北站	地下三层	—

续上表

序号	地区	车 站 名 称	地 下 层 数	尺寸(m)
51	深圳	深圳地铁4号线市民中心站	地下三层	长162.3,宽22,深16.69
52	深圳	深圳地铁6号线、9号线银湖站	—	长313.8,宽20.4,深32
53	深圳	深圳地铁5号线、7号线太安站	地下三层	长621.6,宽20.4,深32
54	深圳	深圳地铁12号线、20号线会展南站	地下两层	长364.3,宽43.3,深15
55	天津	天津地铁5号线津塘路	地下两层	长176,宽27.1
56	天津	天津地铁4号线六纬路站	地下四层	长196.2,宽21.3,深26.86
57	天津	天津地铁1号线陆家嘴金融广场站	地下四层	长348,宽154
58	天津	天津地铁2号线、5号线靖江路站	地下三层	长504,宽19.5
59	天津	天津地铁B1线欣嘉园东站	地上一层,地下一层	长454.0,宽21.2~40.3
60	天津	天津地铁5号线思源道站	地下三层	基坑直径为82、72、40
61	乌鲁木齐	乌鲁木齐地铁2号线碾子沟站	地下三层	长246.6,宽23.1
62	武汉	武汉地铁6号线唐家墩站	地下三层	长227.8,宽30
63	武汉	武汉地铁1号线、7号线三阳路站	地下两层	长273,宽26~80
64	武汉	天地"壹方"近江基坑	地下三层	周长1051,平均宽度90
65	武汉	武汉长江航运中心大厦	地下三层	长210, 宽170
66	武汉	武汉地铁3号线、6号线、7号线香港路站	地下三层	长290,宽25.1
67	武汉	武汉绿地中心	地下五层	长304,宽121
68	武汉	光谷广场综合体	地下四层	直径约200
69	西安	西安地铁6号线科技六路站	地下三层	长189,宽23,深23.94~22.95
70	西安	西安地铁3号线、4号线大雁塔站	—	长213.05,宽24.8,深20.63
71	郑州	郑州地铁5号线南阳路站	地下三层	长202,宽23

2.2.2 暗挖单体地下大空间

本书共搜集到全国10多个城市,共85例暗挖施工地下工程资料,其中属于地下大空间工程的有26例,各工程信息见表2-4。

暗挖城市地下大空间工程汇总 表2-4

序号	地区	车 站 名 称	换 乘 情 况	层 数	车站尺寸(m)
1	北京	北京地铁17号线潘家园西站	无	地下两层单跨	长265.6,宽14,高22.25
2	北京	北京地铁10号线公主坟站	1号线	地下三层	长202,宽13.45,高16.5
3	北京	北京地铁4号线西单站	1号线	地下两层	长222.3,宽22.7
4	北京	北京地铁5号线东单站	1号线	地下两层	长204.4,宽23.08
5	北京	北京地铁10号线国贸站	11号线	地下三层	长133.2,高12.57
6	北京	北京地铁8号线鼓楼大街站	2号线	地下三层	长242.2,高28
7	北京	北京地铁5号线雍和宫站	2号线	地下三层	长121.20

续上表

序号	地区	车站名称	换乘情况	层数	车站尺寸(m)
8	北京	北京地铁6号线朝阳门站	2号线	地下两层	长188,宽22.35,高23
9	北京	北京地铁5号线崇文门站	2号线	地下三层	长202.9,宽14,高21.8
10	北京	北京地铁4号线海淀黄庄站	10号线	地下两层	长216.70,宽23.10
11	北京	北京地铁4号线平安里站	6号线	地下两层	长225.45,宽25.1,高21.15
12	北京	北京地铁5号线东四站	6号线	地下两层	长197,宽26.2
13	北京	北京地铁10号线呼家楼站	6号线	地下两层	—
14	北京	北京地铁10号线双井站	7号线	地下三层	长237.6,宽23.1,高16.15
15	北京	北京地铁5号线蒲黄榆站	14号线	地下三层	长146,22.6,宽16.3
16	北京	北京地铁8号线奥林匹克公园站	15号线	地下三层	长205.5,宽23.3
17	北京	北京地铁4号线平安里站	6号线	—	长224.5,宽25.1,21.37
18	北京	北京地铁1号线南京站	3号线	地下三层	长282.86,宽24,高29
19	北京	北京地铁17号线东大桥站	6号线、28号线	地下两层	跨度49.7
20	北京	北京地铁16号线二里沟站	6号线	地下三层	长303,宽19.8,高8.57~9.67
21	北京	北京地铁19号线牛街站	无	三层双柱三跨	长239,宽23.3,高23.49
22	青岛	青岛地铁4号线内蒙古路站	无	地下两层单拱	高16.18
23	青岛	青岛地铁4号线昌乐路站	5号线	地下两层单拱	宽25.52,高19.886,深20.8~24.9
24	深圳	拱北隧道	无	单跨双层	宽18.8,高21.0
25	太原	迎泽大街下穿火车站工程	无	地下一层	长462,宽18.2,高10.5
26	重庆	重庆轨道交通3号线红旗河沟站	6号线	地下五层	宽25.55,高32.83

2.2.3 网络化拓建地下大空间

本书搜集到全国15个城市30例拓建地下工程资料,其中属于网络化拓建大空间的有24例,各工程信息见表2-5。

网络化拓建地下大空间工程汇总　　表2-5

序号	地区	车站名称	近接情况	地下层数	车站尺寸(m)	具体工法
1	北京	北京地铁6号线苹果园站	1号线、6号线、S1线三线换乘	地下三层	长324.4,宽23.5,高26.8	暗挖洞桩法(PBA法)+明挖法
2	北京	北京地铁16号线苏州街站	与10号线十字形交叉换乘	双层岛式	长260.65,宽23.5,高17.12	暗挖PBA法
3	北京	北京地铁3号线朝阳公园站	14号线与3号线换乘	地下两层	长295.6,宽23.1,高25.4	暗挖PBA法
4	北京	新机场线8号、9号装配式盾构检修井	无	—	—	—

续上表

序号	地区	车站名称	近接情况	地下层数	车站尺寸(m)	具体工法
5	成都	成都地铁6号线金府站	车站主体布置于长久机电城与既有下穿隧道之间	地下两层	长311.3,宽20	半盖挖顺筑法
6	成都	成都地铁5号线中医药大学省人民医院站	5号、2号、4号线三线换乘	两层分离侧式车站	长284.3,宽8.9~39.15	明挖顺作
7	成都	成都地铁10号线空港二站改造工程	无	—	—	暗挖
8	广州	广州地铁18号线南村万博站	无	地下四层	长289,宽42.1,高40.7	明挖+盖挖
9	广州	广州地铁10号线东湖站	10号线、12号线同期施工车站	地下五层	长199.8,宽54.2,高40.2	明挖
10	广州	广州地铁番禺广场暗挖隧道工程	18号线、22号线以及出入场线三线换乘	—	长259.287,断面面积为160m²左右	暗挖
11	济南	济南地铁R2线任家庄站	无	地下两层	长210.1,宽19.3,高16.5~18.0	明挖
12	兰州	兰州地铁1号线东方红广场枢纽站	无	—	—	明挖
13	青岛	青岛地铁1号线青岛站改造工程	1号线和3号线换乘	—	—	—
14	青岛	青岛地铁1号线开封路站	—	地下两层单拱	长218.3	暗挖
15	青岛	青岛地铁1号线江苏路站	1号线和4号线换乘	地下两层	长183.2,宽20.9,高17.26	暗挖
16	上海	上海站北广场综合交通枢纽工程	—	—	长138,宽69.4,高6.05	明挖
17	武汉	武汉火车站	与4号线、10号线、19号线、20号线地面换乘	地下三层	宽39.8,长241.5	明挖
18	武汉	武汉地铁5号线积玉桥站	与2号线积玉桥站平行换乘	—	长315,宽21.3,高17.5	明挖
19	西安	西安地铁5号线南稍门站	2号线和5号线换乘	地下三层	长178.75,宽23.1,高22.95	明挖
20	西安	西安地铁2号线纬一街站1号、2号风道改造	无	—	—	—

续上表

序号	地区	车站名称	近接情况	地下层数	车站尺寸(m)	具体工法
21	长春	长春地铁2号线袁家店站装配式地铁车站	无	地下两层	长310,宽19.7,高20	明挖
22	郑州	郑州地铁4号线会展中心站	与1号线会展中心站T形节点换乘	地下三层	长167.02,宽23.1	明挖顺作
23	重庆	沙坪坝铁路枢纽综合改造工程	无	—	长560,宽125	明挖
24	重庆	重庆西站铁路综合交通枢纽	西接一期工程,东临新风中路	三层(局部四层)	长700,宽140	明挖

2.3 城市地下大空间案例

2.3.1 武汉光谷广场综合体工程

1)工程概况

(1)工程简介

武汉市光谷广场综合体工程,位于武汉东湖高新区既有光谷广场下方,是集轨道交通工程、市政工程、地下公共空间于一体的综合项目。光谷广场综合体树立了城市更新和地下大空间综合开发的典范,五彩斑斓的超大型地下广场与富有韵律的璀璨“星河”已成为武汉城市新地标。建设完成的光谷广场综合体如图2-2所示。

图2-2　建设完成的光谷广场综合体

光谷广场为地下三层结构,建筑面积约16万m^2,土方开挖量180万m^2,是亚洲规模最大的城市地下综合体。包括:

①地铁工程:2号线南延线光谷广场站至珞雄路站区间及珞雄路站;9号线光谷广场站;11号线光谷广场站及其同步建设的部分区间;2号线光谷广场站换乘通道。

②市政配套工程:珞喻路、鲁磨路市政公路隧道。

③地下公共空间:圆盘区地下环形空间以及综合利用地铁车站、地铁区间、市政隧道施工范围内的地下公共空间。

光谷广场综合体工程各线路位置及总平面如图 2-3 所示。

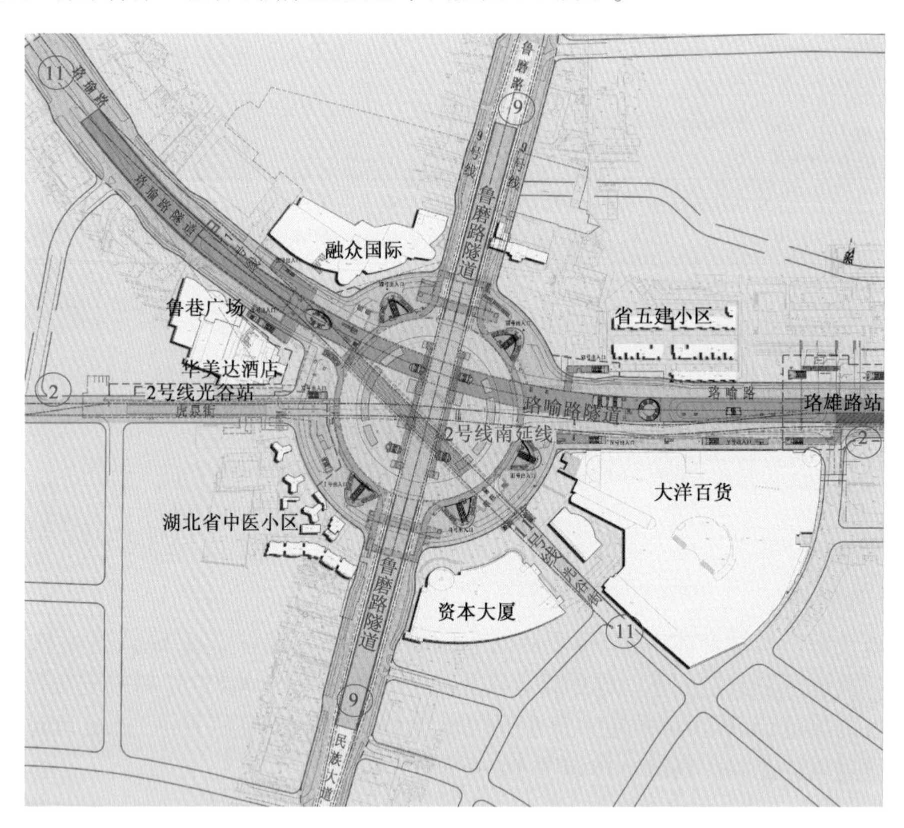

图 2-3　光谷广场综合体工程各线路位置及总平面图

(2)结构与功能布局

光谷广场综合体工程采用地下三层多跨框架结构,覆土厚度为 1.0 ~ 1.7m,规划地面比现状地面高约 1m。地下一层、地下二层和局部地下三层(11 号线),底板埋深分别约为 14m、21m、33m,采用明挖法施工,钻孔灌注桩围护。各层功能分布如下。

①地下一层夹层:鲁磨路市政隧道、9 号线站台(长 140m)。

②地下一层:圆形大厅,实现地铁换乘、人行功能,连通各线车站及周边商业地下空间。

③地下二层:珞喻路市政隧道、2 号线南延线区间。

④地下三层:11 号线站台(长 186m,宽 14m)。

光谷广场综合体工程地下空间结构如图 2-4 所示。

(3)主要组成部分简介

光谷广场综合体各组成部分如图 2-5 所示。

①珞雄路站

珞雄路站为地下三层岛式站台车站,车站长 250.30m、宽 34.35 ~ 36.20m,钢筋混凝土箱形框架结构，车站底板埋深22.47～29.20m。

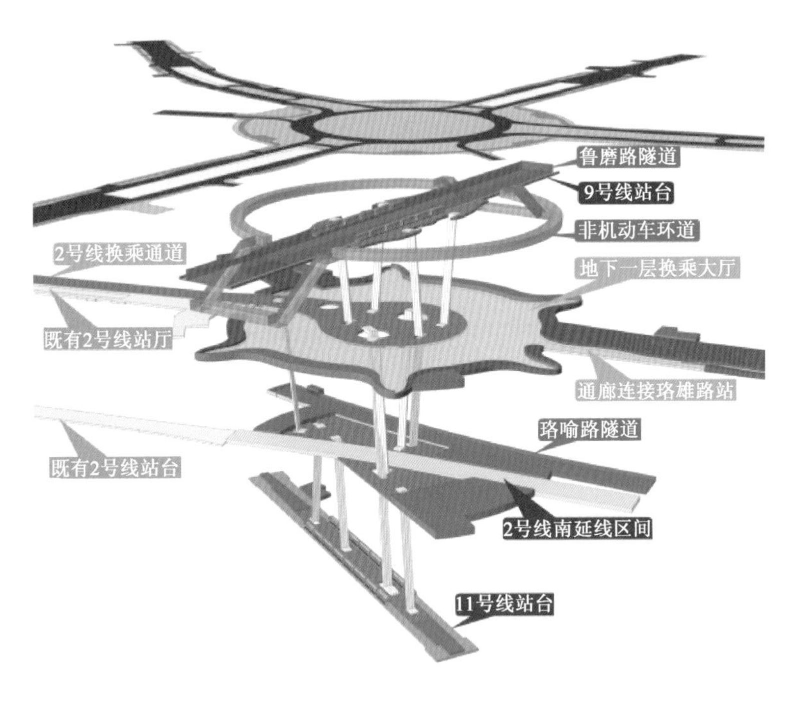

图2-4 光谷广场综合体工程地下空间结构示意图

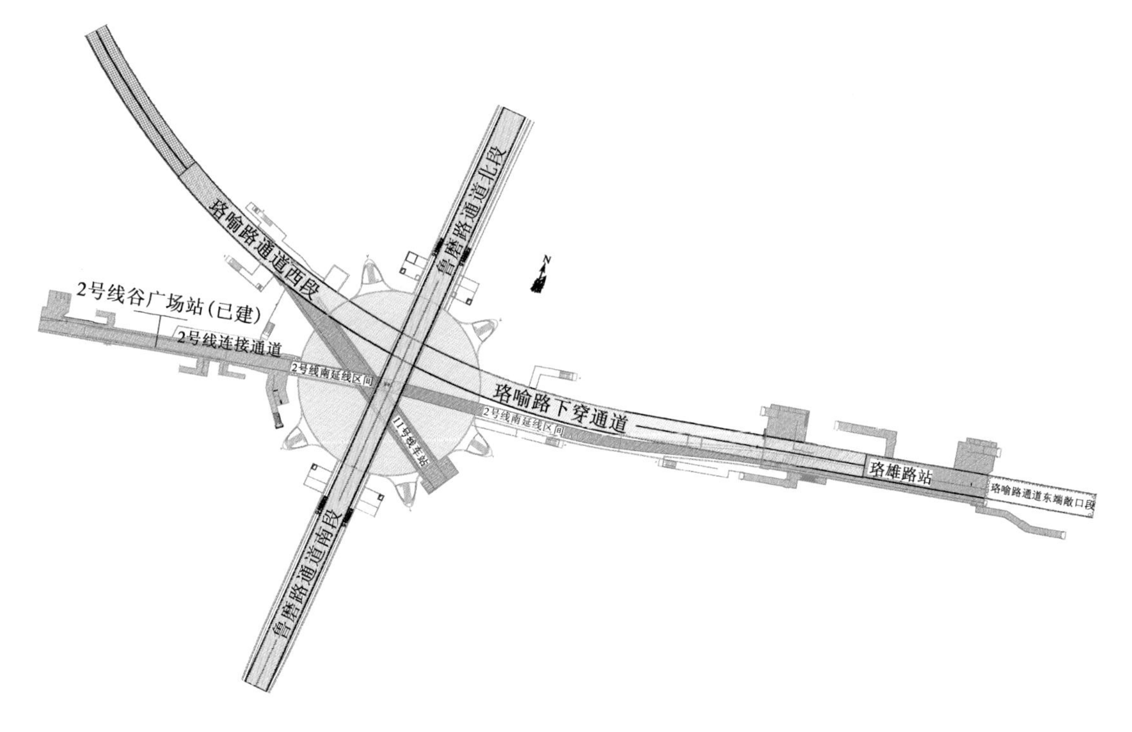

图2-5 光谷广场综合体各组成部分

②珞喻路隧道

珞喻路隧道西起鲁巷邮政局附近，东至华中科技大学东侧，全长1270m，红线宽度为60m，工程起点与止点均与现状珞喻路顺接。隧道为双向六车道双孔结构，采用钢筋混凝土框架结构形式。

③鲁磨路隧道

光谷广场综合体以外的鲁磨路隧道，南段长度为221.77m，北段长度为258.23m，南段对应敞口段长190m、220m，为双向六车道的双孔结构，采用钢筋混凝土框架结构形式。

④连通接驳

光谷广场综合体、2号线南延线及珞雄路站，与周边既有地下空间、商业广场、既有车站共连通接驳9处，如图2-6所示。

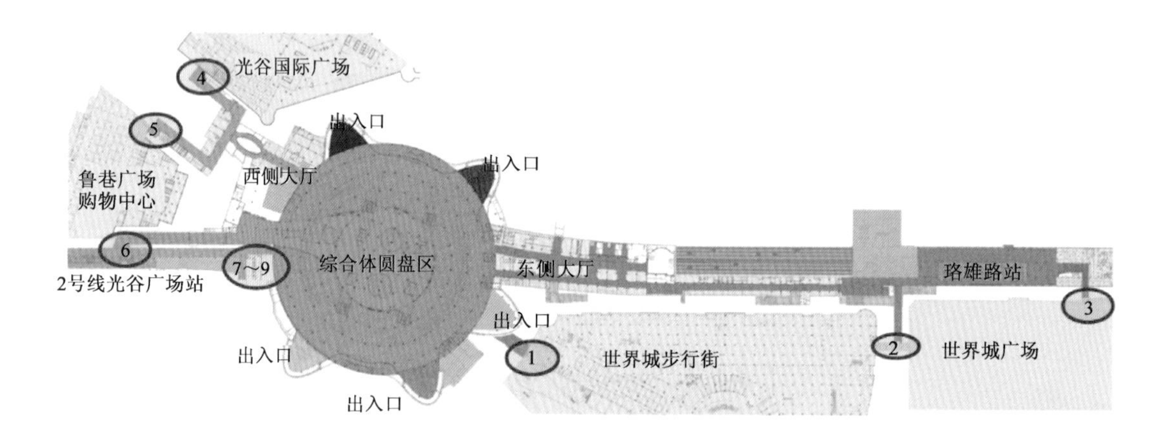

图2-6　综合体与周边地下空间连通接驳示意图

1-综合体↔世界城步行街；2-珞雄路站↔世界城步行街；3-珞雄路战↔世界城广场；4-西侧大厅↔光谷国际广场；5-西侧大厅↔鲁巷广场购物中心；6-综合体↔2号线光谷广场站（换乘）；7-综合体↔2号线光谷广场站（进出站）；8-综合体（2号线右线）↔2号线光谷广场站；9-综合体（2号线左线）↔2号线光谷广场站

（4）周围环境条件

①交通状况

综合体与广场衔接的道路有鲁磨路、民族大道、珞喻路、珞喻东路四条城市主干道，以及虎泉街和光谷街，形成一个六路相交的交叉路口，同时，非机动车和人行未构成整体连通系统，车流人流交织，交通压力大。

②周边建筑现状

光谷广场周边有鲁巷广场购物中心、华美达酒店、光谷国际广场、光谷世界城、光谷资本大厦、光谷广场等，均有独立的地下空间。光谷广场圆盘周边环境如图2-7所示。

2)工程特色

(1)内外环境融合

为营造舒适美观的地下空间环境,光谷广场主体工程采用大跨度结构,提高空间效果,并在空间布局上通过地下站厅高架站台、通高大厅等方式,解决了交通线路对地下空间的分隔问题,同时大大提升了空间感,有效避免了大空间、低净空的压抑感;通过大型下沉广场、采光天窗、大型中庭和2500m^2的采光天窗,将自然光引入地下,形成内外交融、有阳光绿植、舒适宜人的地下空间。光谷广场综合体地下一层大厅效果如图2-8所示。

图2-7　光谷广场圆盘周边环境

图2-8　光谷广场综合体地下一层大厅效果图

(2)上下结构一体

工程主体结构的布置根据主要客流通行方向合理布局,柱网结合客流方向综合比选采用环向、径向等新型布置形式,避免阻挡环向过街客流。柱网采用大跨度结构形式,尤其人流密集的核心区域,通过大跨度提高空间效果和舒适度。结构梁系结合主要设备管线走向优化布置,根据工程条件选用各类新型受力体系,灵活布置结构主梁和次梁,在主梁格间布设室内大型管线,节约空间净高。光谷广场综合体结构体系如图2-9所示。

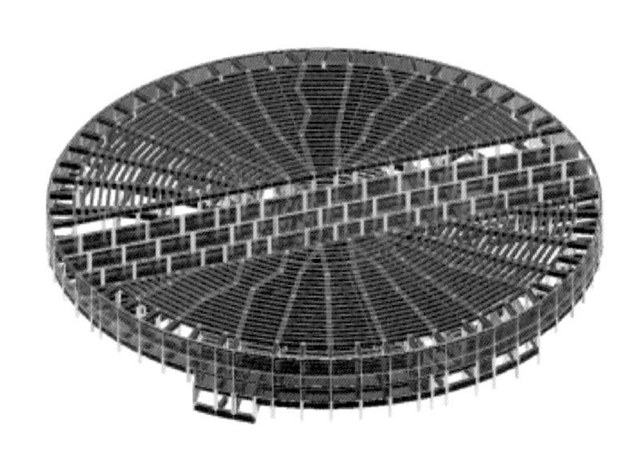

a)

b)

图2-9　光谷广场综合体结构体系

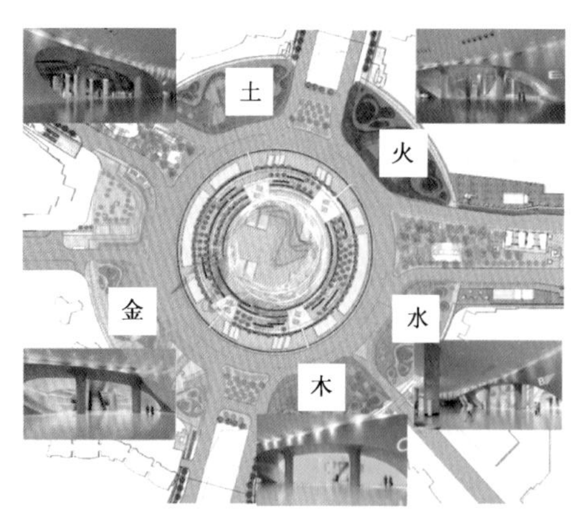

图 2-10　光谷广场综合体色标主题景观与导向

(3)景观导向融合

大型地下空间方向难以辨识,为导向明确,通过一体化的地下装修、地面景观和导向系统实现清晰导向。对于周边各象限的出入口装修及对应地面广场景观,分别以不同主题、不同色彩进行设计,对应地块业态特征,通过色标导向等创新手段实现地下空间的清晰导向和快速分流,辨识度清晰,视觉效果好,大大提高了空间的识别度和方向感,同时鲜明的色彩给大厅注入活力,营造出了优美的地下空间氛围。光谷广场综合体色标主题景观与导向如图 2-10 所示。

3)工程风险及重难点

(1)解决多线放射状城市中心交通瓶颈

光谷广场汇集 6 条道路的各类型交通,人车混行严重,交通堵塞频发,现有周边道路饱和度高,光谷圆盘区日均车流量达 13000 辆、客流量 23 万 ~26 万人次,高峰期车流量可达 19000 辆,客流量可达 30 万人次,交通异常繁忙。如何在多路汇集的城市中心节点有限空间内实现机动车、非机动车、地铁、行人顺畅通行,解决城市中心节点交通瓶颈,高效利用稀缺土地资源,实现城市中心节点交通功能最优化、资源利用集约化,并与周边各地块地下空间互联互通,是工程建设的重难点。

(2)大规模异型深基坑及复杂结构施工安全

六道五线(两条市政隧道线 + 三条地铁线)交汇的直径 200m 圆形基坑,内部平面交错、竖向错层、深度多变、结构空间关系复杂,荷载传递和受力状态呈现出复杂的空间特性;地铁及市政道路延伸部分基坑,整体平面异形,深度各区不一;圆盘周边外挂的多个出入口基坑,形状复杂。在高层建筑林立、地面交通拥堵、管线密集交错、环境条件复杂的城市中心交通节点,集中实施规模庞大、结构复杂的综合体工程,建设难度、安全保障难度均非常高。

(3)空间场地有限交通影响大

工程位于光谷转盘中心,周边商业密集,放射状连接六条城市道路,道路饱和度高,交通异常繁忙。由于施工场地占据了大部分车行、人行道路,施工前须制订详细的交通疏解方案,确保施工期间正常的车辆和人行交通;其次,施工过程中需严格控制基坑周边地面道路的沉降变形,杜绝施工安全引起的地表交通的阻断或长期拥堵造成的社会负面影响;此外,基坑近邻既有地铁 2 号线光谷广场站,工程建设期间需保障 2 号线的正常运营及 2 号线南延线按期开通。综上,施工对交通影响较大,现场交通疏解困难且地表沉降控制要求高。

(4)分期及拓建工程安全风险大

受管线迁改及交通疏解影响,圆形地下空间周边的出入口下沉式庭院结构、市政隧道结构,均需要在圆形核心部分建成,且部分投入使用后开始实施,涉及既有地下结构基础上的拓建问题。已开通运营的地铁 2 号线车站,拓建换乘连接通道,需要解决既有工程的改造、节点处理、施工影响等难题。因此,拓建施工中对既有主体结构的影响、拓建基坑支护体系的稳定性、拓建结构与既有结构之间的结构接缝处理，是需要解决的难点。

(5)连通接驳点多

综合体周边鲁巷广场购物中心、世界城步行街、世界城广场、光谷国际广场等建筑地下空间相互独立，未形成有效连通。光谷广场综合体共计有9处连通接驳，实现地下空间的相互串联。建设过程中既有围护桩局部破除、既有主体结构开洞及新老结构的连接等施工质量要求高，存在既有主体结构局部应力集中、差异沉降、接口结构渗漏水等风险。

2.3.2 重庆西站综合枢纽二期工程

1)工程概况

(1)工程简介

重庆西站铁路综合交通枢纽，是以铁路客运为主，集城市轨道(环线、5号线、12号线)、出租车、社会车辆等多种交通运输方式为一体的客运综合交通枢纽，主要功能是完成多种交通方式之间的零距离疏解。重庆西站铁路综合交通枢纽主要由铁路站房、站场和地方配套综合交通枢纽组成，其中地方配套综合交通枢纽工程分两期建设，一期工程于2018年1月完工并投入使用，二期工程于2018年8月开工，2020年底建成。建设中的综合交通枢纽二期工程如图2-11所示。

图2-11 建设中的综合交通枢纽二期工程

重庆西站综合交通枢纽二期工程位于重庆西站站前广场地下，西接一期工程，东临新风中路。工程南北长约700m，东西进深约140m。主体结构共分三层(局部四层，为12号线换乘通道)，其中地下三层为重庆西站地铁车站、5号线、环线轨道区间以及B2市政交通下穿道等结构，地下二层和地下一层为交通枢纽和市政工程，主体全部为地下工程，采取明挖法施工。工程平面位置关系如图2-12所示，工程空间位置关系如图2-13所示。

重庆西站综合交通枢纽二期工程施工内容含地铁工程、枢纽工程基础及主体结构施工，土建及一般安装施工工程总建筑面积为195850 m^2。位于地下四层的12号线换乘通道建筑面积1625.4 m^2；地下三层合计建筑面积33214m^2，其中地铁站建筑面积23605m^2，B2下穿道建筑面积2609.2m^2,5号线和环线明挖区间结构总长度约为920延米(四条线)、面积约7000m^2(此部分不含在总建筑面积内);地下二层为市政地铁站厅付费区和非付费区,枢纽社会车辆停车场,市政出租车待客区,层高5.2m,建筑面积85900m^2;地下一层为枢纽配套区,主要层高5.0m,建筑面积79700 m^2。

图2-12　工程平面位置关系图

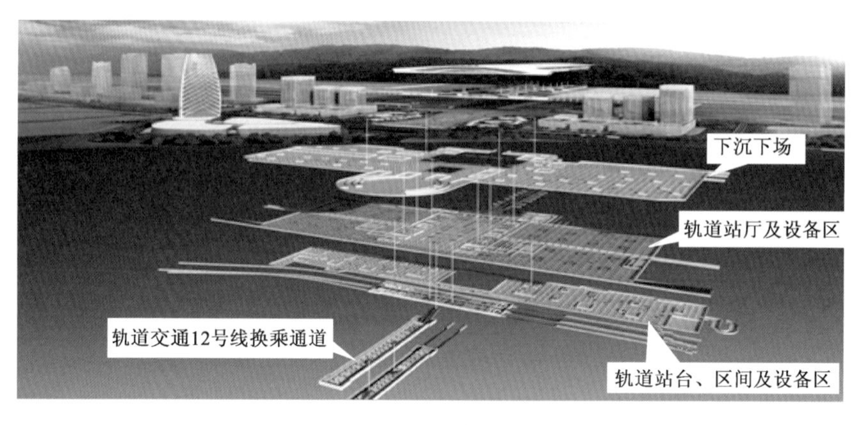

图2-13　工程空间位置关系图

(2)周边环境

该项目位于重庆市沙坪坝区和九龙坡区,其东侧为新凤中路下穿道,地表分布有西南药业物流公司、华岩普天物流市场及居民聚居区;西接枢纽一期工程,凤中路南北向横穿整个枢纽二期工地。地势总体上为西高东低,场地地形相对平坦,多为各类建筑场地,地表覆盖有厚度不等的人工填土和粉质黏土,场地内局部表现为斜坡基岩多出露。原始地面高程298.38~321.46m,相对高差23.1m,地形坡角一般为3°~8°,总体相对平坦;局部斜边坡坡度较陡,坡角可达15°~40°。

2）工程重难点

（1）一、二期工程大范围新老结构衔接施工

重庆西站综合交通枢纽工程一、二期界面平面划分，以轴线Q轴和R轴之间施工缝为界，垂直面划分从地下三层底板至地面层（±0.000）底板垂直贯通施工缝为界，新老结构衔接处理总长度约为2750m，作业面分界线位置如图2-14所示。其中一期工程于2018年1月完成并交付，交界面留置时间超过20个月后，二期工程前期各项施工准备工作就绪，展开结构主体拓建施工。

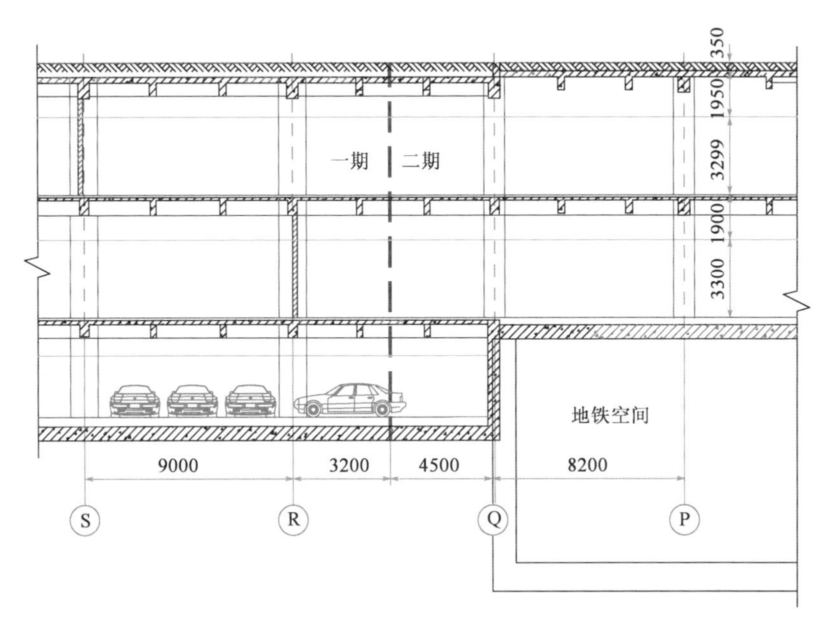

a)作业面分界剖面示意图（尺寸单位：mm）

b)作业面分界立面

图2-14　一、二期分界线位置

（2）大跨度梁板结构无黏结预应力施工

该工程地铁换乘大厅顶板最大跨度24m，采用无黏结预应力张拉施工，顶板梁采用有黏结

预应力张拉施工,专业化施工要求高。施工完成的大跨度梁板结构如图 2-15 所示。

图 2-15 施工完成的大跨度梁板结构

(3)大体积混凝土施工

该工程地铁站底板厚度为 1m,地铁转换梁的高度和宽度分别达到 2.5m 和 1.8m。地铁站墙体最大厚度为 1.0m。施工过程中采取有效措施保证大体积混凝土的质量尤为重要。

2.3.3 天津地铁 5 号线思源道站结建地下空间工程

1)工程概况

天津地铁 5 号线思源道站结建地下空间工程位于河北区思源道、群芳路、白杨道与红星路相交地块内。结建工程分布于既有地铁思源道车站(2014 年建成,地下双层岛式车站)主体结构东西两侧,为地下三层空间结构,总建筑面积 60307m^2,其中地下一层为机动车停车库,地下二层设置商场,地下三层为机动车停车库和设备用房。地下二层高程与既有地铁站站厅层高程一致,在地铁站厅层设置两个连接通道,实现结建地下空间与地铁站厅层之间的等高接驳;在结建地下工程及思源道站上盖开发,地面建筑为三层裙房与 6 栋高层建筑。结建地下工程如图 2-16、图 2-17 所示。

结建工程基坑为不规则形状,东侧基坑沿思源道站长 191.08m,垂直方向最宽 107.57m,基坑开挖面积约 1.25 万 m^2;西侧基坑沿思源道站最长 145.113m,垂直方向最宽 95.778m,开挖面积约 0.85 万 m^2。基坑平均深度 16m,围护结构采用地下连续墙加内支撑的支护形式,墙厚 800mm,地下连续墙深度 32m,墙顶设置钢筋混凝土冠梁,内支撑为三道混凝土支撑;裙楼局部电梯坑开挖较深处设置三轴水泥土搅拌桩,有效桩长 9m。结建工程地下连续墙与原地铁车站地下连续墙间冷缝处设置高压旋喷桩进行封闭。基坑支护结构平面及剖面如图 2-18、图 2-19 所示。

2)工程重难点

(1)超大超深异形基坑环形支护体系及开挖施工

该工程采用地下连续墙 + 环形内支撑的支撑方式,主支撑采用断面为 700mm × 1200mm(第一道)和 900mm × 1200mm(第二、三道)的混凝土支撑。零距离近接既有地铁站深基坑开挖,对既有地铁站主体结构易产生扰动,特别是在既有车站两侧开挖较深时,易造成既有车站主体结构变形;如两侧不对称开挖易造成既有结构偏压,严重时造成结构破坏。

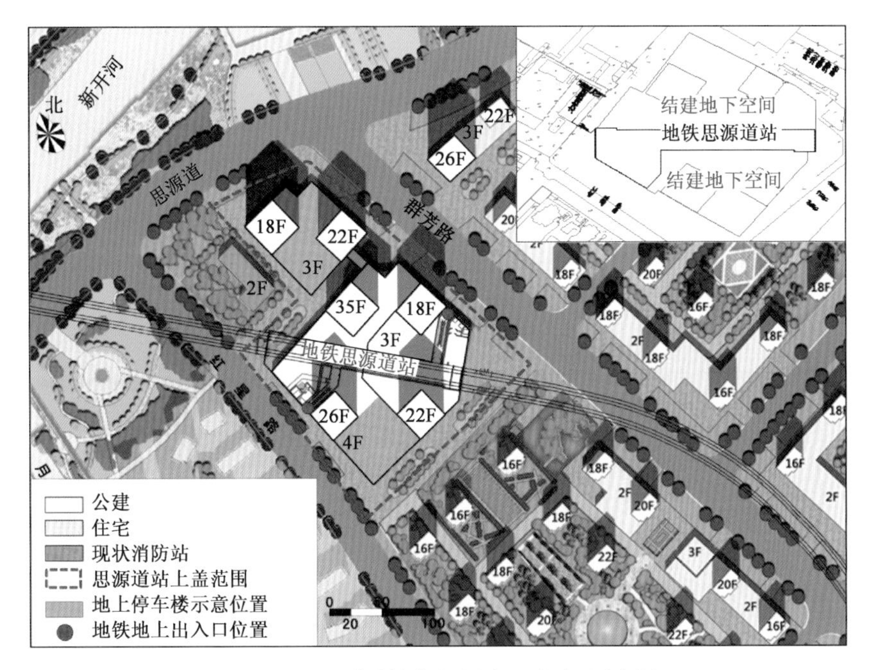

图 2-16　思源道站结建地下空间工程平面示意图

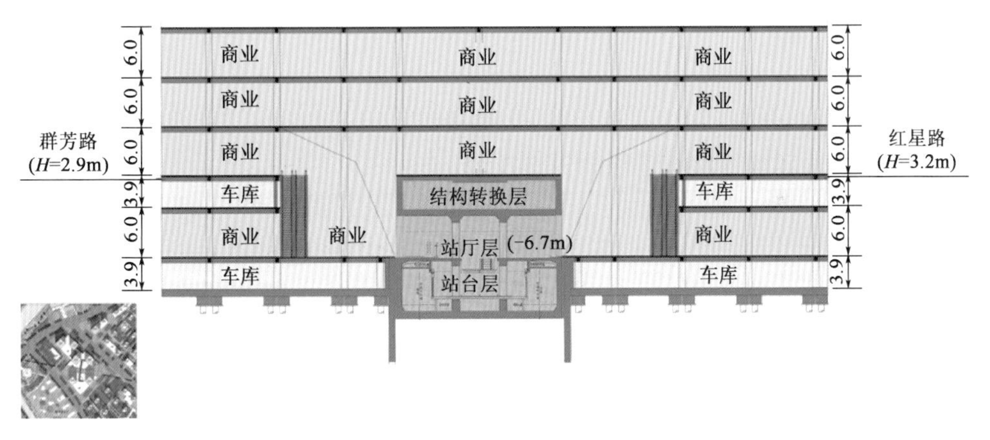

图 2-17　思源道站结建地下空间工程剖面示意图(尺寸单位:m)

(2)高承压水地层大面积基坑降水

基坑降水是基坑顺利开挖的前提和保障,该项目地下水类型为第四系孔隙潜水,赋存于第Ⅱ陆相层中,下部粉砂及粉土层中的地下水具有承压性,基坑底板位于第一层承压含水层上0.5～1.0m,第一层承压含水层水头高度为0.2m(原地面2.2m),承压水地层降水难度大;基坑面积大、局部深度不一,分级降水、按需降水一旦控制不好,极易造成涌水涌砂或周边结构不均匀沉降;为确保既有运营地铁车站结构安全,合理选择降水方式尤为重要。

(3)新旧地下连续墙冷缝处理

既有结构地下连续墙施工时间为2012年,结建项目围护结构施工时间为2016年,时间跨度较大,且新老地下连续墙相交部位位于既有结构阳角部位,此部位既有地下连续墙存在鼓包现象,新、旧结构的连接处极易形成冷缝,导致开挖过程中出现渗漏现象,进而可能出现涌水涌砂,严重威胁既有地铁运营安全,甚至造成结构破坏。如何处理冷缝、确保不漏水是本工程重点之一。

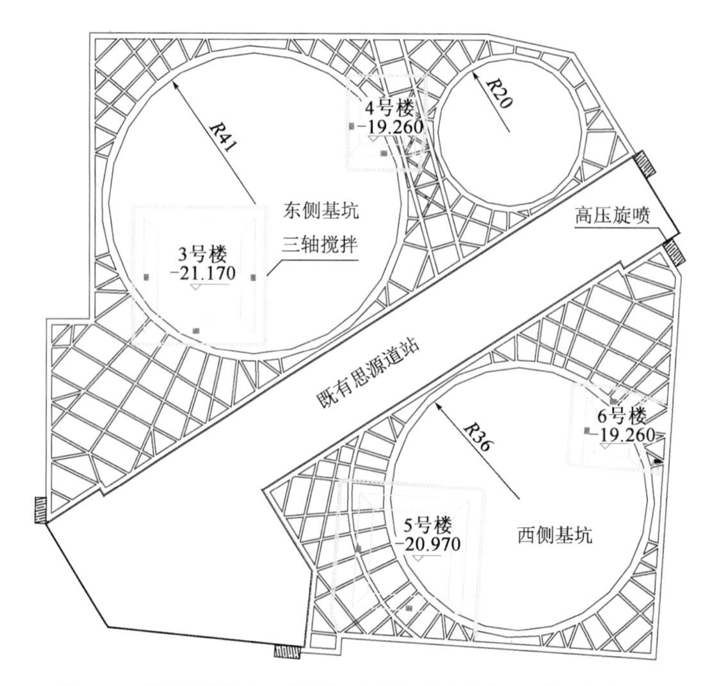

图2-18 思源道站结建工程基坑平面图(尺寸单位:m;高程单位:m)

2.3.4 重庆沙坪坝铁路枢纽综合改造工程

1)工程概况

(1)工程简介

重庆沙坪坝铁路枢纽综合改造工程位于重庆市沙坪坝中心区,是国内首个在高铁车站站场上加盖开发为城市综合体的典型案例(图2-20)。项目充分利用城市地下空间、高铁站场上部空间和城市道路空间,打造集高铁、城市轨道交通、道路交通、人行交通等为一体的现代化城市核心综合交通枢纽,以及集高端商业、酒店、写字楼、公寓等为一体的大型城市综合体。通过枢纽内换乘通道,实现高铁、城市轨道交通、城市地面交通及城市步行系统之间的便捷换乘,被业内人士评价为第三代高铁站。该工程对沙坪坝核心区的交通改善、商圈升级、核心区扩展,推动城市形象、提升地方经济具有重要意义,也是土地集约利用的典范,具有先导探索和典型示范意义。该工程于2013年4月28日开工,2018年8月31日竣工。

沙坪坝铁路枢纽综合改造工程项目,用地为沙坪坝火车站站区、铁路生活办公用地及城市建设用地。北靠城市主干道站东路、站西路,东西侧为规划中的东西连接道,南侧有规划的城市干道站南路。地铁9号线位于站东路、站西路地下,地铁环线位于天陈路地下,通过枢纽内换乘通道实现铁路客运专线、城市轨道交通、城市地面交通与城市步行系统间的便捷换乘。项目总平面如图2-21所示,纵剖面如图2-22所示。

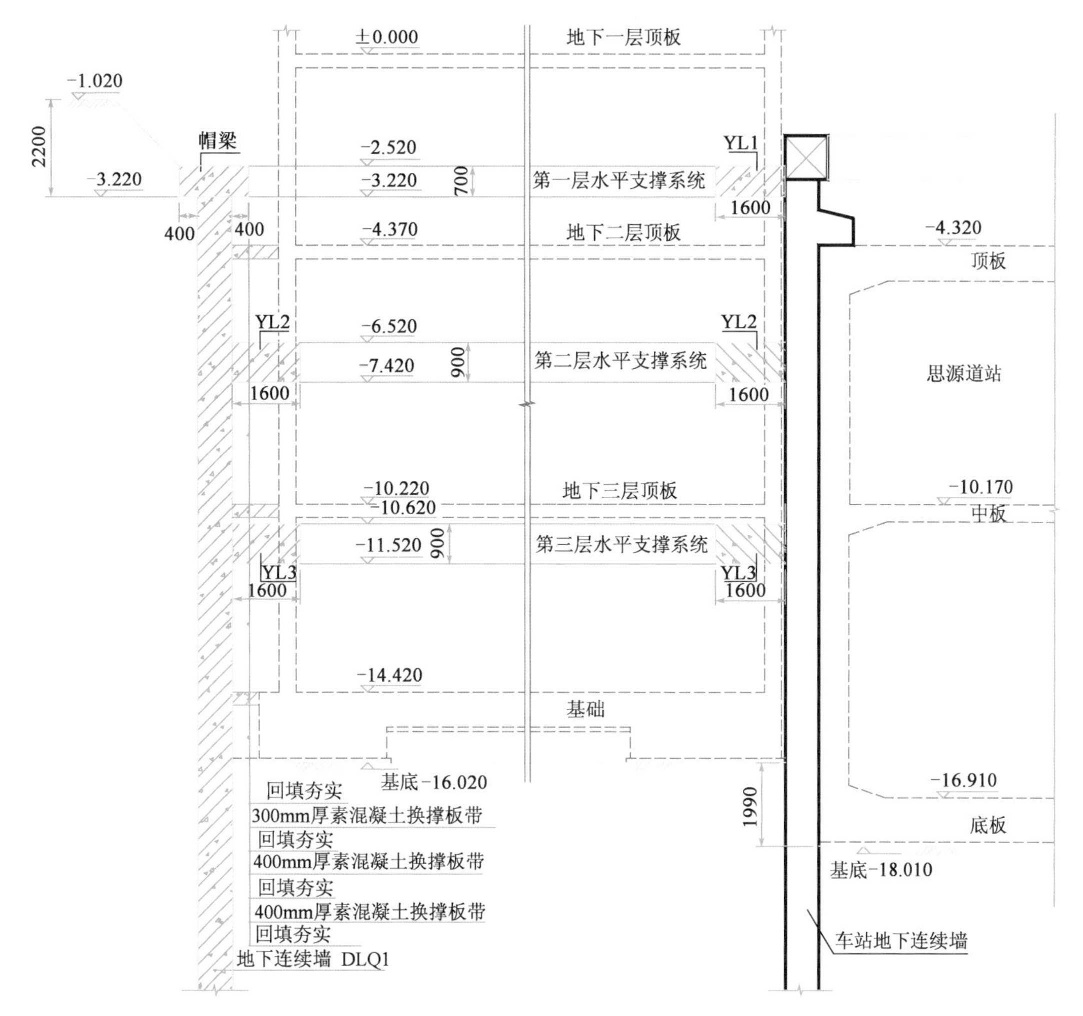

图2-19　思源道站结建工程基坑剖面图(尺寸单位:mm;高程单位:m)

图2-20　重庆沙坪坝铁路枢纽综合改造工程三维效果图

(2)功能布局

沙坪坝铁路枢纽综合改造工程的主要内容,按立体空间界面划分为四个部分。

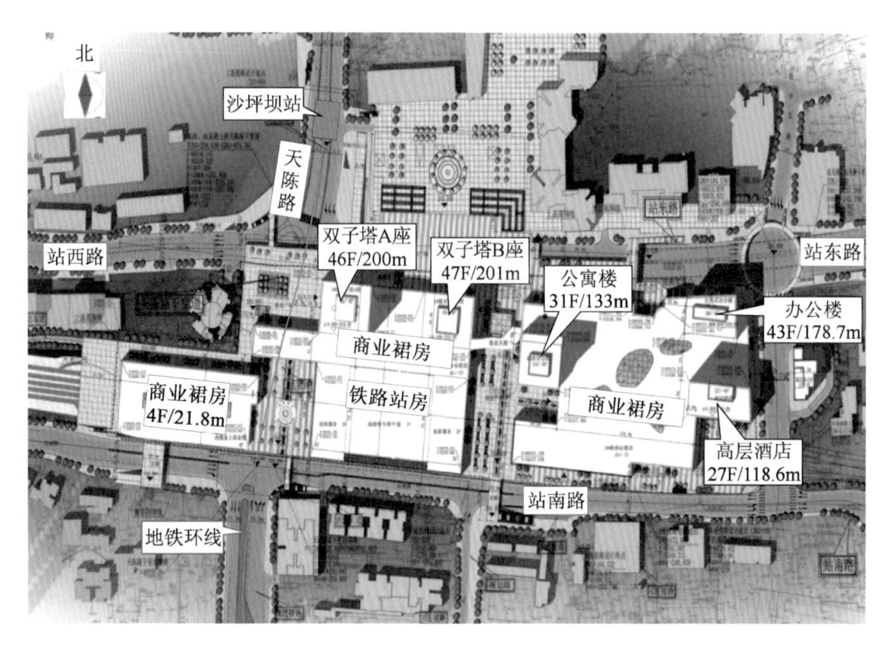

图 2-21　项目总平面示意图

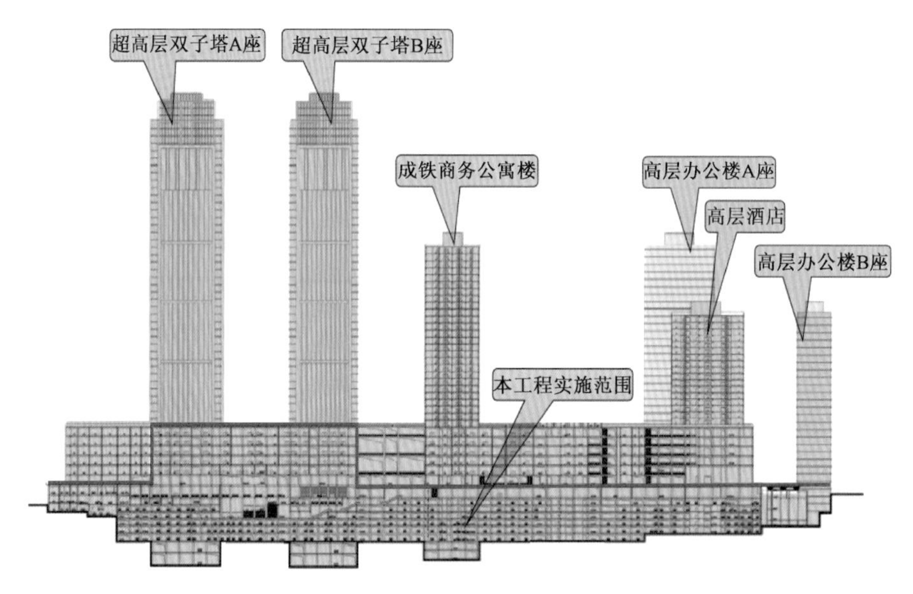

图 2-22　项目纵剖面示意图

①成渝客专沙坪坝站及相关工程：包括新建客运站房、铁路站场上盖、沙坪坝站站场改造等，建筑面积 13974m^2；铁路站场上盖建筑（包括上盖框架结构和上盖桥梁结构）东西向长 816m，南北向宽 71.5m，建筑面积 49095m^2；在既有沙坪坝站位置新建客运车场，线路长 1.319km，客运车场为 3 台 7 线布置。

②用地范围内的城市道路工程：该工程衍生的改建或新建城市道路共 8 段，其中改建道路 3 段，分别为站东路至站西路段、天陈路北段、天陈路南段；新建道路 5 段，分别为站东路至站

西路段下穿道、天陈路下穿道、东连接道、西连接道及站南路，改建及新建道路总长4.239km。城市道路布局如图2-23所示。

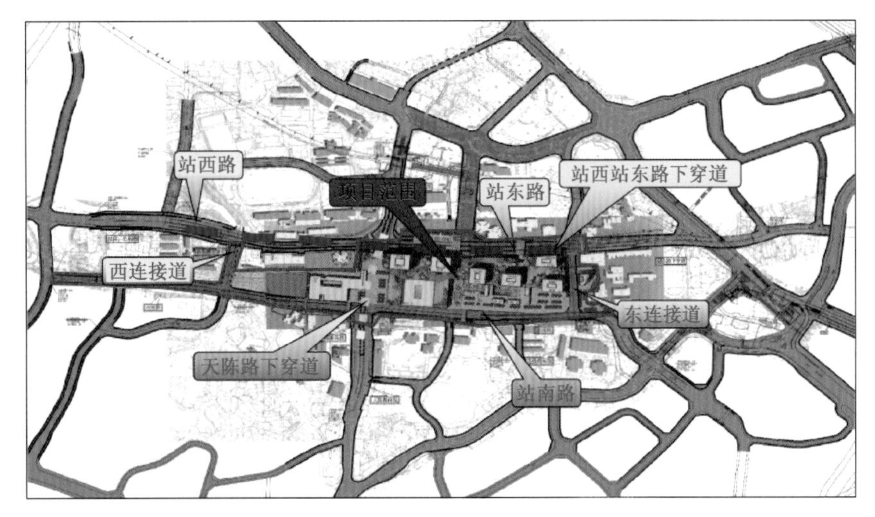

图2-23　城市道路布局示意图

③交通枢纽综合体：包括客专站房与城市交通间的换乘大厅和进出站通道；枢纽内新建公交车站、出租车站、地下车库，以及上盖物业开发配套工程等。换乘体系涵盖枢纽内部交通组织，成渝客专与城市轨道交通、城市公交、出租车等多种交通间的换乘以及人行体系等。枢纽立面布局如图2-24所示。

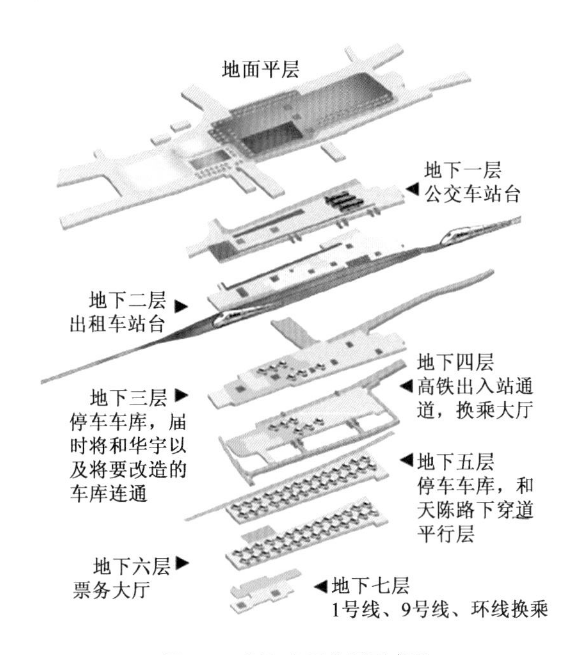

图2-24　枢纽立面布局示意图

④城市轨道交通工程：同步建设的城市轨道交通工程包括9号线沙坪坝站至小龙坎站区间、9号线沙坪坝站、环线与9号线共用2号风亭组工程、环线沙坪坝站2号出入口、9号线站厅

层至地面出入口、环线沙坪坝站3号出入口明挖段的土建工程。城市轨道交通布局如图2-25所示。

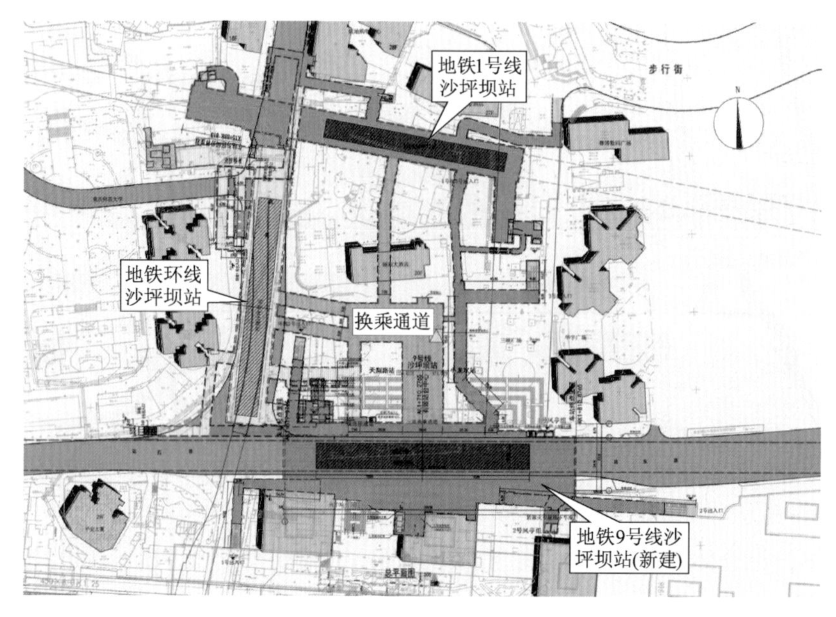

图2-25　城市轨道交通布局示意图

(3)周边环境

该工程位于重庆市沙坪坝区核心区域,周边环境极为复杂,四周楼房林立,人员活动密集。北侧由东向西主要建筑依次为华宇广场的多幢34层商住楼及商业街区、丽苑大酒店、翁达平安大厦,均为框架结构或框剪结构。深基坑边界距华宇广场正门的高层建筑约50m,开挖深度35.4m;与华宇广场高层商住楼(商业街区)的最小距离约16m,基坑开挖深度34.8m;距18层的丽苑大酒店57~85m,基坑开挖深度34.8m;开挖区边界距丽苑大酒店的地下水泵房、地下职工餐厅和地下停车场30~50m;与翁达平安大厦最小距离约14m,基坑形成两级台阶,基坑边坡长度为56m,基坑深度为8.5~17.5m。

南侧由东向西的主要建筑依次为学林佳苑A、B栋、宏华苑、电台村10层建筑、爱德华医院及上方的32层框剪结构商住楼。项目周边环境如图2-26所示。

2)工程重难点

(1)超大型深基坑周边环境复杂,爆破施工难度大

该工程基坑南北宽125m,东西长560m,开挖面积约5.6万m^2,基坑开挖深度为4~45m,开挖土石方总量约136万m^3,其中石方占比超过82%。基坑边坡距最近的32层华宇大厦地下室仅10m,距离爱德华医院95m,振速必须控制在0.5cm/s以下,城市复杂环境下深基坑石方浅孔控制爆破是基坑工程的难点之一。同时,由于工程位于三峡广场核心商业区,高楼林立,紧邻学校、医院,周边居民50余万人,如何将施工噪声、粉尘量降到最低也是一项难题。

a)既有沙坪坝站房原貌

b)西侧环境

c)北侧环境

d)南侧环境

图 2-26 项目周边环境

(2)周边建筑密集,基坑支护难度大、风险高

基坑周边分布有多座高层、超高层建筑,基坑变形及风险控制要求极高。受周边环境及地质条件影响,基坑支护形式多样,以衡重式挡土墙、板肋式锚杆挡土墙、喷锚网护坡为主,其中板肋式锚杆挡墙为直立混凝土现浇结构,无台阶单面墙最大墙高 31.35m,肋柱处设锚杆,锚杆最大长度 25m,由 1~7 根直径 32mm 的 HRB400 级钢筋组成,最大钻孔直径 250mm,钻孔设备需特制,锚杆施工是基坑工程的另一难点。

(3)改造道路周边环境复杂,施工和协调难度大

①站南路东段

站南路东段长 524m,起点接天陈路,终点位于学林佳苑 A 栋附近。主要工程内容包括 E、F、G、H 地下连接道,3 座人行疏散通道、站南路道路、桥梁、新建综合管网,以及既有管网迁改和相关配套工程。其中 E 连接道连接 1 号、2 号车行通道至枢纽地下四层,连接 F 连接道至站南路路面。H、G 连接道连接至枢纽地下五层。新建雨水管道采用 D1800mm 玻璃钢夹砂管,污水管道采用 D400~600mm 玻璃钢夹砂管,雨污管道开挖深度 3~8m。

道路范围既有雨污合流涵洞、污水管,最大埋深 7.5m;D500mm 给水管道,埋深约 1m;地面上方有 10kV 红台、红泵电力线通过。上述管线与 E 连接道、新建雨污水管道和站南路桥墩平面冲突,影响新建工程的施工,需进行迁改,施工期间需采取临时过渡措施。

站南路建成后,道路高度 1~5.8m,桥梁高度 5.8~8.1m,边缘距既有房屋最小距离 3~

5.7m。影响周边道路交通、小区商业门面营业、居民采光等,施工和协调难度大。

②站东路东段

站东路东段为改造道路,全长280m。改造道路北侧为利得尔大厦、华宇支路、华宇广场多栋商住楼及其商业街区、1号临时道路,路段内有华宇广场地下车库出口2个、家乐福超市出入口1个、小区出入口1个,其中深基坑挡墙距华宇大厦C栋约9m,开挖深度为34m;与华宇大厦E栋及其商业街区的最小距离约为7m,开挖深度为21m。改造道路南侧为新建东连接路、二期基坑。

道路改造工程主要内容包括:机械开挖土石方约20万m^3;轨道交通9号线沙坪坝站剩余段及上部结构,长约61.1m,采用明挖法施工,结构空间自下而上包括9号线沙坪坝站站台层、站厅层、站西路至站东路段下穿道、物业开发、站东路路面及上盖结构;站东路下穿道及上部结构,长238.9m,结构自下而上包括站西路至站东路段下穿道、车库层及站东路。双层双跨矩形框架结构段191.9m,采用明挖法施工;直中墙复合式连拱隧道段长47m,采用暗挖法施工,隧道埋深约7m。

道路改造工程范围内涉及既有管网包括给水、电力、通信、雨污管线等,需与工程同步实施迁改。既有站东路主要承载了从站西路、天陈路南、北段驶来车辆,交通繁忙,且该路段涉及公交线路1条、公交调度室5个、公交停车港2处。除基坑挡墙及管网迁改可在交通转换前实施外,其余工程均需待第三阶段交通转换后实施。

2.3.5 兰州地铁东方红广场枢纽站综合整治项目

1)工程概况

(1)工程简介

兰州地铁东方红广场枢纽站综合整治项目,东起平凉路,西至金昌路,北起广场主席观礼台,南至广场南路。工程内容主要包括东方红广场地下空间改扩建,广场周边市政配套设施建设及管线迁改,广场地面绿地、铺装、照明升级等。项目总用地规模12.09万m^2;总建筑面积5.83万m^2,其中地上0.35万m^2,地下5.48万m^2;新增停车位750个。

东方红广场枢纽站综合体工程,是基于地铁车站交通功能盘活并提升既有地下空间的典型案例,也是结合地下空间开发,对地面铺装、绿化美化、景观照明等进行提升改造的典型案例。工程完成后,地下商业与地铁车站无缝衔接,地下停车场显著改善核心区域的停车难问题;同时解决了周边建筑外立面混乱、广场地面铺装陈旧老化、出地面建筑影响视觉等问题,成为高品质的“城市会客厅”。东方红广场枢纽站综合体项目完成前后对比如图2-27所示。

(2)周边环境与功能布局

东方红广场地下拓建部分平面呈倒U形平面布置,全部采用明挖法施工。北侧A区为地下两层结构,紧邻庆阳路和地铁1号线、2号线换乘站,南侧中区为运营中的东方红地下商娱城,与商娱城既有地下一层相接;C区为地下三层(局部地下两层)结构,西侧紧贴东方红地下商业城,东侧紧邻国芳百货(地下一层,地上八层);B区为地下3层(局部地下两层)结构,东侧紧贴东方红地下商业城,西侧紧邻兰州体育馆。东方红广场枢纽站综合整治项目地下空间平面如图2-28所示。

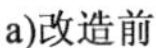

a)改造前

b)改造后效果(同济大学建筑设计研究院)

图 2-27 东方红广场枢纽站综合体项目完成前后对比

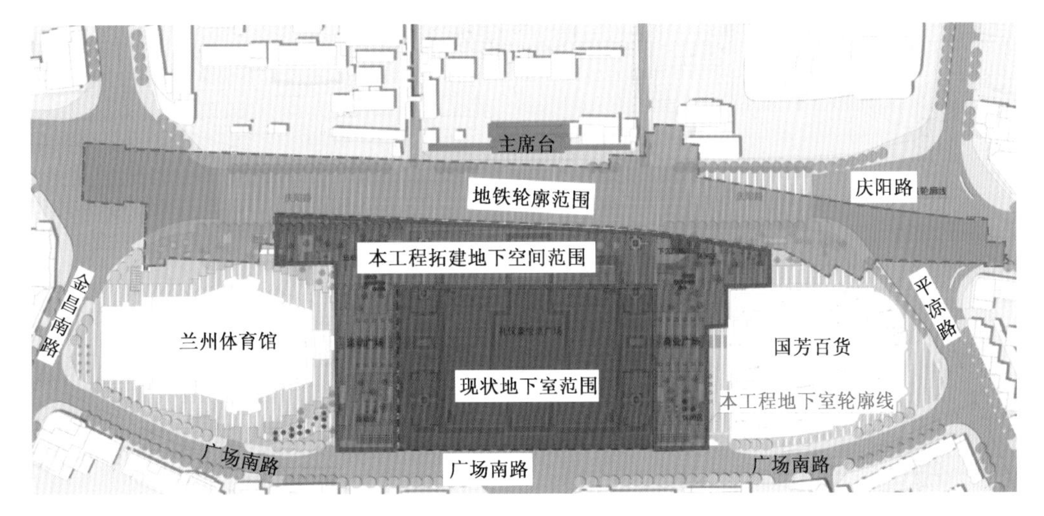

图 2-28 东方红广场枢纽站综合整治项目地下空间平面示意图

地铁 1 号线、2 号线换乘车站为两层三跨结构,结构高度 14.74m,覆土厚度约 3m,明挖法施工,基坑深度 17.24mm,采用 ϕ1000@750 钻孔咬合桩围护结构。东方红地下商娱城为地下一层结构,覆土厚度 1.5m,明挖法施工,结构底板埋深约 6.2m,放坡开挖。

根据建筑功能布置及地下室层数关系,地下拓建部分平面分为三个区域,东、西两侧为车库,地下一至三层结构作为民防,其中地下三层层高为 4.15m、地下两层层高为 3.5m,地下一层层高 4.25m,地面覆土约 1.4m;北侧为地下两层结构,其中地下两层层高为 4.70m,建筑功能布置为车库,并兼作民防使用,地下一层层高为 6.40m,建筑功能布置为商业、下沉广场活动区及设备机房等,地面覆土约 2.2m。拓建地下一层空间平面布置如图 2-29 所示,拓建地下空间剖面如图 2-30 所示。

新建地下一层空间北侧与地铁车站 4 处连通;在东、西、北三个方位与既有地下空间通过 6 处通道连通;C 区地下一层东侧与国芳百货地下商业连通;B 区西侧预留地下空间拓建连通条件。该项目完成后,地下空间总建筑面积(不含地铁车站)5.37 万 m^2,并与周边既有地下结构形成网络化地下空间体系。

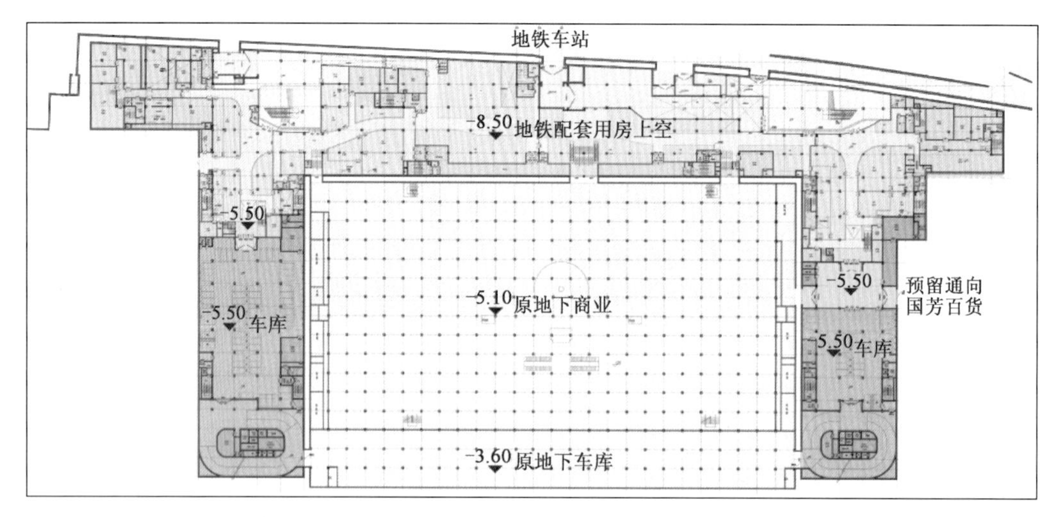

图 2-29 拓建地下一层空间平面布置示意图(同济大学建筑设计研究院)(高程单位:m)

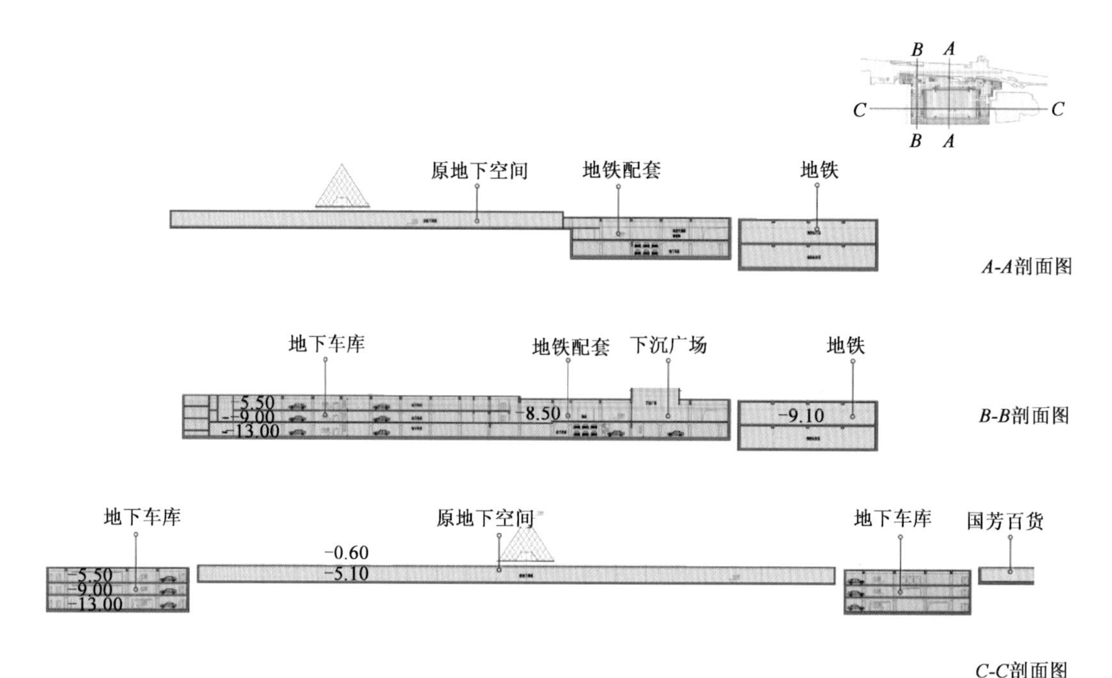

图 2-30 拓建地下空间剖面图(同济大学建筑设计研究院)(高程单位:m)

2)工程重难点

(1)基坑周边环境复杂且地质条件差,安全风险大

兰州地铁东方红广场枢纽站综合体工程施工区域被既有地铁车站、地下商业街、地表大型商场所环绕,周边环境复杂;地层中含有大量红砂岩,遭受扰动后强度及自稳能力会大大降低,且地下水位较高,基坑施工一旦处理不当极易诱发变形甚至坍塌,施工安全风险极大。

(2)零距离近接既有地下结构沉降及变形控制

东方红广场枢纽站综合体工程,地下空间基坑开挖深度14.3m,与运营地铁车站共用连续墙近接施工;既有地下商娱城结构底板埋深6.2m,新建地下工程近接施工;拓建深基坑开挖期间,地铁车站单侧土体卸载条件下,易发生侧向变形或隆沉降,而地铁运营线路要求轨道变形不能大于3mm;既有商娱城地下结构埋深较浅,且存在一定的结构缺陷,不均匀沉降会引起结构现状条件恶化,加剧开裂或渗漏水,可能影响正常使用。因此,需要严格控制基坑变形及近邻地下结构的沉降。

(3)既有地下结构连通接驳开洞加固及接口处理

根据新建地下结构功能需求,地下一层需要与既有地下商娱城结构及运营地铁多处连通接驳,既有地下结构修建时间较早,且存在一定病害缺陷,侧墙开洞、接驳施工,需要对既有结构进行加固、拆除及修复处理,其接口结构及防水节点处理是工程重难点之一。

2.3.6　北京地铁4号线宣武门站新增换乘通道工程

1)工程概况

(1)工程简介

北京地铁宣武门站位于北京市二环以内的中心老城区,宣武门东、西大街与宣武门内、外大街的交叉路口处,是地铁4号线与2号线的换乘车站。2号线车站东西向布置,修建于20世纪70年代初;4号线车站于2009年开通,南北向布置,呈十字状下穿2号线车站。2号线与4号线车站通过两座相对的"E"形通道实现换乘,改造前换乘通道为单向使用,如图2-31a)所示。2009年地铁4号线开通不久,两线之间换乘能力不足,早晚客流高峰期间换乘通道内严重拥挤,存在较大的安全隐患。经研究确定实施宣武门站新增换乘通道工程。

该工程的主要目的:扩大换乘能力、消除安全隐患、改善乘客体验、提升城市空间品质。

宣武门站新增换乘通道工程,按平面布置分为西北象限、西南象限、东北北象限、东北东象限及东南象限五个部分。在各象限均增设地下售检票厅并改造相关系统设备。在东北象限新建两个出入口解决原4号线在东北方向无出入口的问题。新建西北、东北、西南三条换乘通道实现4号线向2号线换乘,原有"E"形通道仅用于2号线向4号线换乘。在东南象限拆除原2号线出入口,结合新建的售检票厅合建出入口。通过拓建,提高2号线与4号线之间的换乘能力,以方便乘客出入车站、解决拥堵问题。拓建后车站平面如图2-31b)所示。

(2)结构形式及施工方法

西北与西南象限通过增设竖井及横通道,开挖地下暗挖换乘厅及换乘通道。

东北象限北在宣武门内大街东侧、大方胡同南侧明挖法施工售检票厅,通过明挖基坑,采用暗挖法施工出入口通道,利用既有空间连接4号线。

东北象限东沿宣武门东大街北侧辅路纵向布置出入口及售检票厅,明挖法施工,并从西侧明挖段西端头暗挖衔接4号线站厅和2号线出入口。

东南象限拆除原2号线出入口,采用明挖法新建售检票厅及出入口。

各方位结构形式及施工工法见图2-32及表2-6。

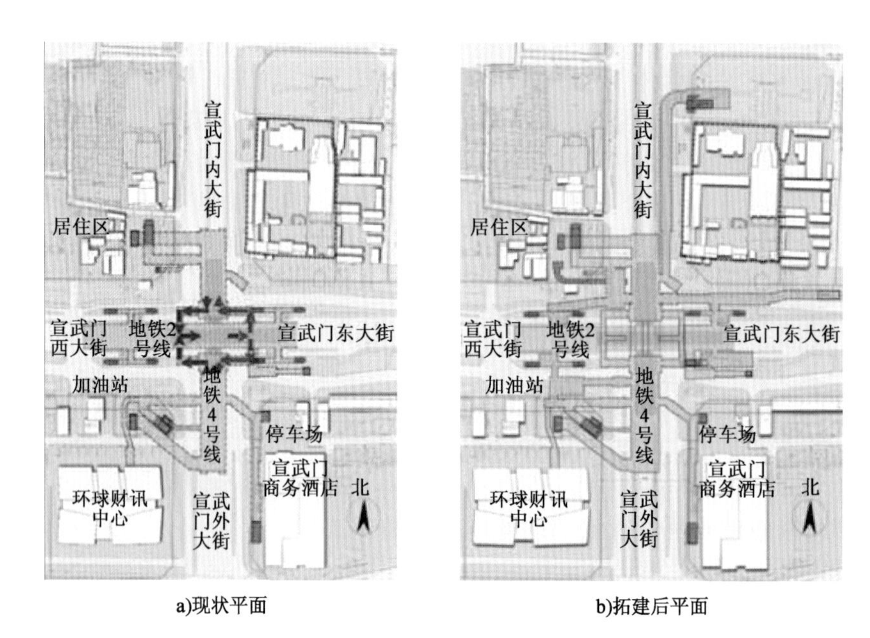

图 2-31　宣武门站新增换乘通道工程平面示意图

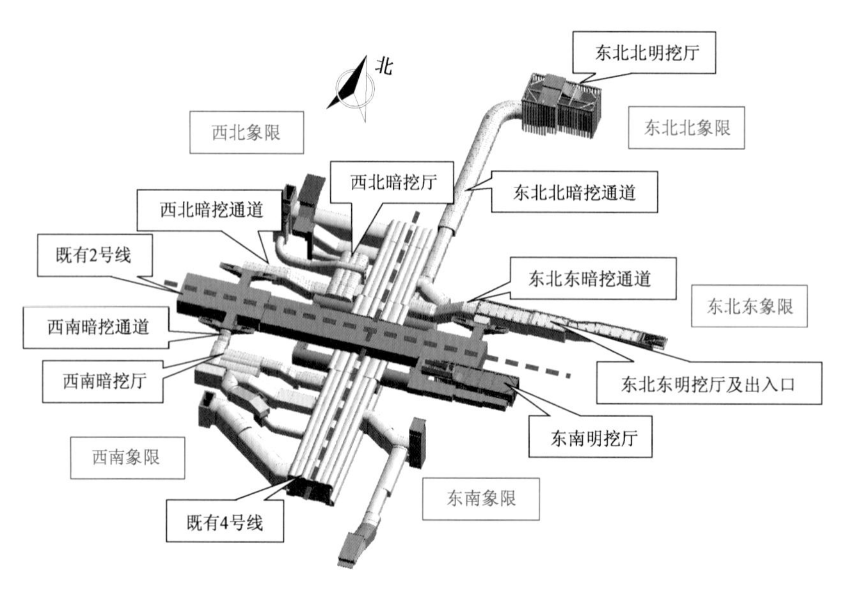

图 2-32　宣武门站新增换乘通道工程结构形式示意图

工程施工工法及结构形式　　表 2-6

场　　区	结构形式	施工工法	规　　模	备　　注
西北象限	地下厅:单层双跨拱顶直墙断面结构	暗挖中洞法	开挖宽度 15.5m,长度约 32.4m	单独增设竖井横通道
通道	换乘通道:单跨拱顶直墙断面结构	暗挖 CRD 法	开挖宽度 7.9m,长度约 53m	利用暗挖厅开挖

续上表

场　　区	结构形式	施工工法	规　　模	备　　注
西南象限	地下厅:单层双跨拱顶直墙断面结构	暗挖中洞法	开挖宽度15.1m,长度约32.1m	单独增设竖井横通道
通道	换乘通道:单跨拱顶直墙断面结构	暗挖CRD法	开挖宽度6.2~7.7m,长度约46m	利用暗挖厅开挖
东北象限北	地下厅:双层双跨矩形框架断面结构	明挖法	基坑规模:37.3m(长)×21.8m(宽)×17.1m(深)	
通道	出入口通道:单跨拱顶直墙断面结构	暗挖CRD法	开挖宽度7.4~10.1m,长度约139.9m	利用明挖段开挖
东北象限东	地下厅及出入口:单层单跨矩形框架断面结构(局部二层)	明挖法	基坑规模:105.3m(长)×7.2~12.1m(宽)×2.4~11.4m(深)	
通道	换乘通道:单跨拱顶直墙断面结构	暗挖CRD法	开挖宽度7.9~10.1m,长度约41.5m	利用明挖段开挖
东南象限	地下厅及出入口:单层矩形框架断面结构	明挖法	基坑规模:54.9m(长)×5.9~12.2m(宽)×2.4~8.0m(深)	

(3)周边环境

宣武门站周边附近存在多个重要建筑物,包括天主教爱国会南堂(文物保护单位)、西城区长安幼儿园、繁星戏剧村、环球财讯中心大厦、新华社、越秀大饭店、宣武门商务酒店及庄胜崇光百货等,如图2-33所示。车站附近地下管线密集,其中包括2000mm×2350mm电力隧道、2600mm×1500mm热力隧道、D1800mm上水管、D1250mm污水管、1800mm×1500mm雨水管沟、D500mm高压燃气管等多条大尺寸重要管线。

2)工程重难点

(1)多种形式连通接驳施工

新增换乘通道工程与既有地铁2号线、4号线接驳部位共计10处,既有结构各异、接口形式不同,最大破口断面7.2m×4.85m(宽×高),要求既有结构变形不大于2mm。结构破除施工如何减小振动、控制变形、保护既有结构、保障施工安全,同时控制烟尘、保证既有线正常运营是接驳施工的关键。既有2号线修建年代久远,防水材料与新建结构防水材料类型不同,性能相差较大,同时由于新旧结构防水搭接等问题,保证接口防水质量也是接驳施工的关键。

(2)周边建(构)筑物保护

东北象限暗挖出入口平行侧穿南堂,南堂基础位于该出入口侧上方,水平净距15.0~17.5m,131m长距离平行侧穿既有4号线区间隧道,局部密贴。

西北象限施工竖井北侧邻近既有4号线西北风道,净距8.05m;东侧邻近既有4号线E出入口,净距5.45m,竖井井底低于出入口底板10.32m;竖井西侧影响区范围有2栋年代较早的住宅建筑,净距7.3m。西北象限接2号线暗挖通道下穿宣武门西大街辅路,覆土厚度2.5m,且平行密贴既有2号线出入口。

a)天主教爱国会南堂

b)长安幼儿园

c)繁星戏剧村

d)新华社

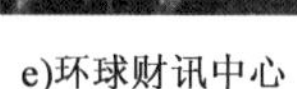
e)环球财讯中心

f)宣武门商务酒店

图2-33 宣武门站周边建筑物

西南象限施工竖井密贴既有4号线H出入口,井底低于出入底板4.9m;大跨度暗挖售检票厅及接4号线暗挖通道均邻近4号线H出入口,净距分别为1.85m、8.25m。要求车站主体及区间结构变形不大于2mm,附属结构变形不大于3mm,施工期间变形控制要求高;对文物保护风险大。

(3)大跨度暗挖洞室下穿重要市政管线的变形控制

西北、西南象限地下售检票厅为地下单层双跨拱顶直墙结构,埋深浅、跨度大、上方重要管线密集且年代久远,部分管线沉降允许值仅10mm;其中西南象限售检票厅接近平顶直墙结构,跨度14.9m、高度7.22m,顶板覆土5.95m,开挖面主要位于粉细砂层。浅埋大跨暗挖施工工序多、变形控制难度大、安全风险高。

(4)浅埋大坡度暗挖通道仰挖施工

西北、西南象限接2号线换乘通道采用CRD法30°仰挖施工,覆土浅、下穿市政道路和管线,部分管线沉降允许值仅10mm;其中西北象限接2号线换乘通道宽7.6m、高8.87m,最小覆土厚度2.5m,侧穿D1250mm污水管,水平净距仅0.9m,如何确保大坡度仰挖安全,同时控制地面沉降和管线变形是该工程难点。

2.3.7 北京地铁6号线西延工程苹果园站

1)工程概况

(1)北京苹果园交通枢纽简介

北京苹果园交通枢纽是集轨道交通、普通公交、快速公交、P+R停车于一体的特大型综合交通枢纽，地铁 1 号线、6 号线、磁悬浮 S1 线均在此换乘，多种交通方式出行的客流在枢纽内将实现高效便捷的立体换乘。其中，地铁 6 号线西延工程苹果园站为其中的重要组成部分，东西向穿越交通枢纽核心位置，衔接北侧的地铁 1 号线、普通公交，南侧的 S1 线、快速公交。以地铁 6 号线换乘厅为核心的地下换乘通道，将为 3 条轨道交通客流提供最便捷的换乘路径；经扩建改造的地铁 1 号线车站与交通枢纽北侧地下空间融为一体，利用地铁 6 号线同步建设的地下过街通道、车站出入口，地面城市公交、地下轨道交通、高架快速公交、地下停车场实现了无缝衔接；地铁 6 号线出入口均提供了南北两侧商业商务地下空间的接驳条件。苹果园交通枢纽效果如图 2-34 所示。

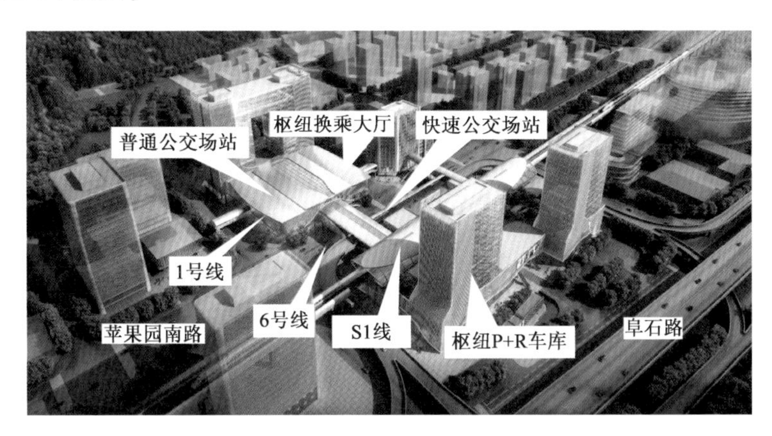

图 2-34　苹果园交通枢纽效果图

受地面交通、地铁 1 号线车站、地下管线、施工场地等因素控制，地铁 6 号线车站难以明挖施工，经综合分析，确定采用以暗挖为主的方法修建。考虑到地铁 6 号线车站在综合枢纽内所处位置以及换乘车站功能提升需求，选择贯通式站厅双层建筑方案，部分段落设计为三层，布置功能便利的换乘大厅。结合地铁 6 号线工期及施工竖井布置，施工筹划要求尽快贯通站台层结构，保证地铁 6 号线按期通行。苹果园交通枢纽平面和剖面分别如图 2-35、图 2-36 所示。

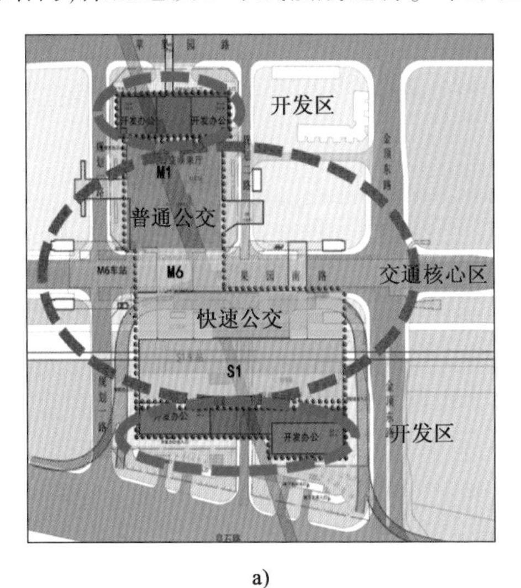

a)

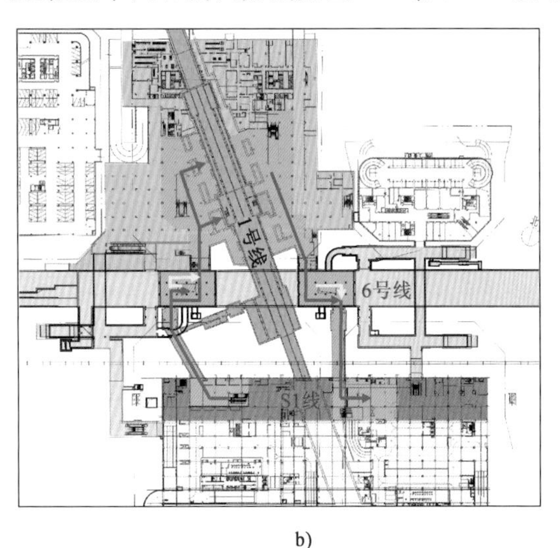

b)

图 2-35　苹果园交通枢纽平面示意图

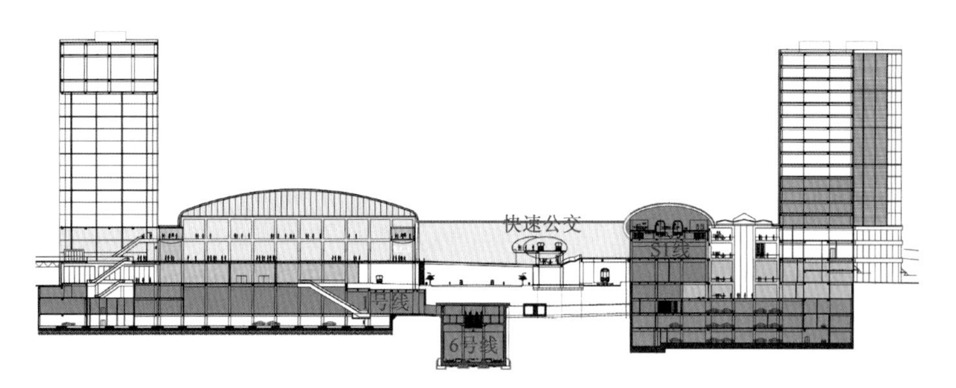

图 2-36 苹果园交通枢纽剖面示意图

(2)地铁 6 号线苹果园站简介

地铁 6 号线苹果园站主体结构全长 324.4m,共分为 5 个段落。

①东西两端标准段。长度分别为 145.5m、51.7m;断面为双层三连拱结构,宽 23.3m,高 17.14m,顶板覆土厚度约为 10m,底板埋深 26.8m。施工影响范围内,主要以卵石地层为主,且大粒径分布较多,受现有施工装备制约,确定采用 8 导洞 PBA 法施工,边桩、中柱均通过人工挖孔方式完成(下同)。

②中间段。全长 52.4m,斜交 70°密贴下穿既有地铁 1 号线车站,采用两层三跨箱形框架结构,最大开挖宽度 27.8m,开挖高度 16.24m,顶板埋深 11.8m,底板埋深约 27.0m。

③车站三层段。三层段分东西两部分,每段长 37.4m,分别位于下穿段与两端标准段之间,断面为三层三跨结构,宽 23.1m,高 22.50m,覆土厚度 4.31 ~ 4.83m,底板埋深约 27.5m。其中地下二、三层采用暗挖法施工,高度 14.82m,临时顶板为平顶结构;地下一层在 6 号线通车后采用明挖顺作法增层施工,明挖基坑深度 12.2m,围护结构采用围护桩 + 内支撑体系。

车站共设置 4 处出入口、2 座风亭、2 个紧急疏散通道、1 个安全出口;换乘大厅北侧设两座换乘通道与枢纽北地块地下室连接,南侧设两座换乘通道与 S1 线换乘;车站标准段顶部同期实施两条过街通道。地铁 6 号线苹果园站平面布置、地铁 6 号线苹果园站与 1 号线相对关系、地铁 6 号线苹果园站主体结构横剖面,分别如图 2-37 ~ 图 2-39 所示。

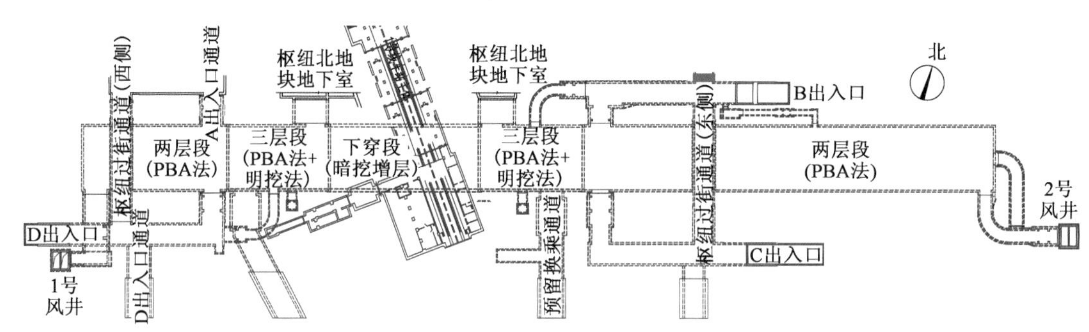

图 2-37 地铁 6 号线苹果园站平面布置示意图

(3)周边环境

地铁 6 号线苹果园站位于苹果园南路与阜石路交汇口东侧,沿苹果园南路北侧东西向设置,站位与既有地铁 1 号线苹果园站夹角约为 70°,并在拟建的苹果园枢纽南、北地块之间横穿。新建车站多处下穿或邻近既有地铁、重要管线及地下通道。

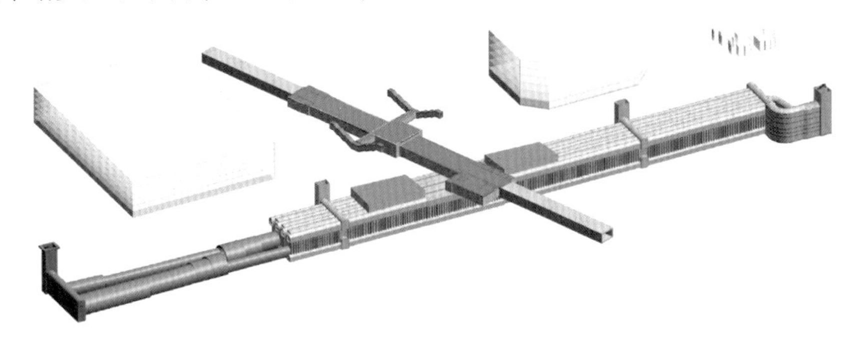

图 2-38　地铁 6 号线苹果园站与 1 号线相对关系

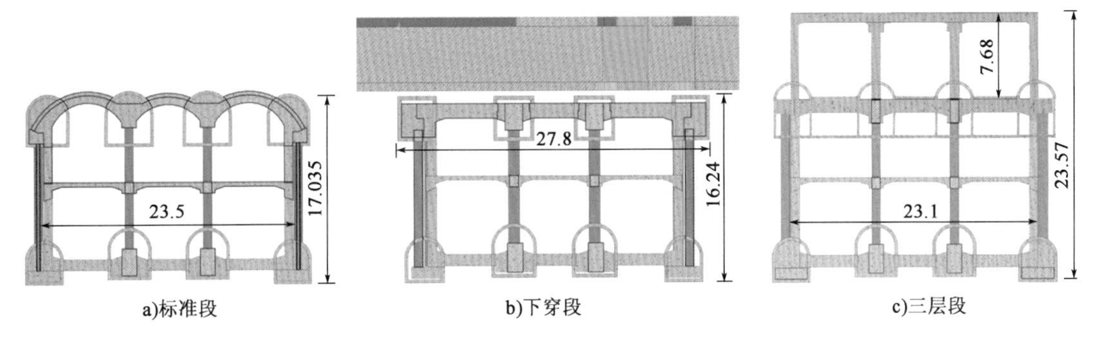

图 2-39　地铁 6 号线苹果园站主体结构横剖面示意图(尺寸单位:m)

站址位置苹果园南路南侧为 3 ~ 5 层商铺(共 4 栋,分别为 5 层、3 ~ 4 层、5 层和 3 层)和低矮平房;商铺南侧为东西向京门铁路,京门铁路南侧为拟建 S1 线苹果园站(高架站),站址南侧西段为使用中的公交场站;苹果园南路北侧西段为公园,中段为在建苹果园枢纽 J 地块建筑(地下室深 19.2m,上部结构与车站距离较远)、地铁 1 号线苹果园站及附属结构、拟建的苹果园枢纽北地块,东段靠近苹果园南路为在建苹果园枢纽商务区 I 地块建筑(地下室深 19.4m),继续向东为一栋 18 层的居民楼。

地铁 6 号线苹果园站施工期间,周边综合交通枢纽内多个基坑及建筑同期施工,因场地受限,相互干扰;苹果园南路通行多条公交线路,交通繁忙。苹果园站周边环境如图 2-40 所示。

图 2-40　苹果园站周边环境示意图

2）工程重难点

（1）下穿增层施工沉降控制精度高、既有地铁1号线沉降控制严格。

新建地铁6号线苹果园站顶板密贴下穿地铁1号线苹果园站主体结构，新建结构与既有结构之间的竖向净距仅0.27～0.50m，在开挖过程中，列车动荷载对下穿段开挖土体扰动很大；地铁1号线车站建成于1966年，地铁运营公司要求地铁1号线沉降控制在3mm以内，既要保证既有线路运营安全又要保证结构施工安全，稍有不慎均有可能对地铁正常运营造成影响，下穿运营车站为工程施工特级风险源。

地铁6号线车站同时下穿地铁1号线车站附属某通道、车站出入口附属结构、多条雨污水、给水管线，侧穿邻近地面建筑，涉及一级风险源8处，下穿段的施工安全、质量控制成为本工程的重难点。下穿增层段主要风险源如图2-41所示，详情见表2-7。

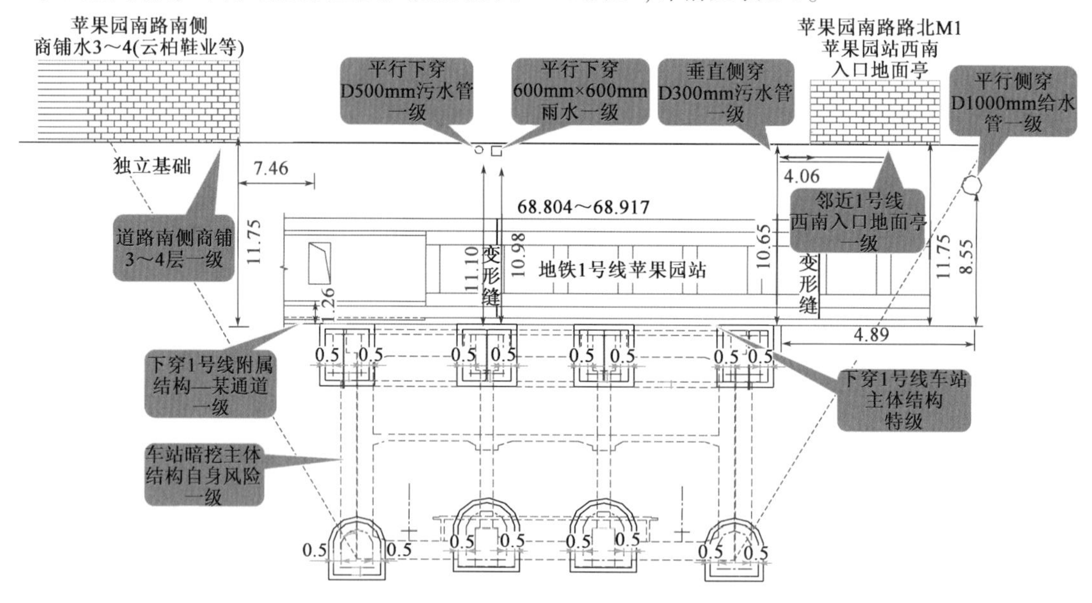

图2-41　下穿增层段主要风险源示意图（尺寸单位：m）

密贴暗挖向下增层施工主要风险源　　表2-7

序号	风险源名称	风险基本状况描述	风险等级
1	地铁6号线车站密贴地铁1号线车站向下增层	地铁6号线车站主体向下增层段采用两层三跨箱形框架结构，基于PBA工法施工。最大开挖宽度为27.8m，开挖高度为16.54m，底板埋深约27.0m。 地铁1号线车站为单层四跨或五跨框架结构，宽度为17.0～29.6m，高度为6.45～6.8m，最大覆土约4.9m，明挖法施工。 拓建地铁6号线车站顶板密贴下穿地铁1号线车站主体结构	特级
2	车站暗挖主体结构	平顶PBA工法暗挖施工，长度52.4m，全断面位于卵石层，最大开挖宽度为27.8m，开挖高度超过16.5m，上覆松散土体厚度约11.8m	一级

续上表

序号	风险源名称	风险基本状况描述	风险等级
3	车站暗挖主体下穿地铁1号线车站附属结构—军事通道	受影响的附属某通道断面有两处,一处断面宽8.2m,高6.4m;另一处断面宽7.55m,高4.4m,均为明挖法施工。地铁6号线车站主体下穿某通道,竖向最小净距1.26m	一级
4	车站主体向下增层段邻近地铁1号线车站西南入口地面亭	增层主体结构与既有出入口结构之间的水平距离4.60m,竖向距离11.75m	一级
5	车站主体向下增层段邻近苹果园南路路南3~4层商铺	邻近商铺建于1994年,框架结构,地上3~4层,无地下室,独立基础,车站主体结构与建筑物之间的水平距离为7.46m,竖向距离约11.75m	一级
6	车站主体侧穿 ϕ1000 上水管	管线至结构顶的最小距离8.55m,水平距离4.89m	一级

(2)运营车站结构上盖增层基坑施工。

受工程工期、实施条件等因素影响,该工程三层段分两阶段施工,第一阶段采用PBA工法暗挖完成地下二、三层结构,地铁6号线通车后,在其基础上明挖增层施工地下一层(两个换乘大厅),基坑开挖平面尺寸为38.8m×26.9m,开挖深度12.2m。因基坑开挖在已运营的车站结构上方进行,部分围护桩为“吊脚桩”形式,且增层明挖基坑邻近地铁1号线苹果园站南端主体结构及军事通道结构,共涉及一级风险源4种。施工过程中明挖基坑围护结构变形控制、邻近地铁1号线结构保护、下方运营地铁6号线的结构保护及变形(隆起)控制是该工程的另一重点。上盖曾层基坑及周边关系如图2-42所示,上盖增层段主要风险源如图2-43所示,详情见表2-8。

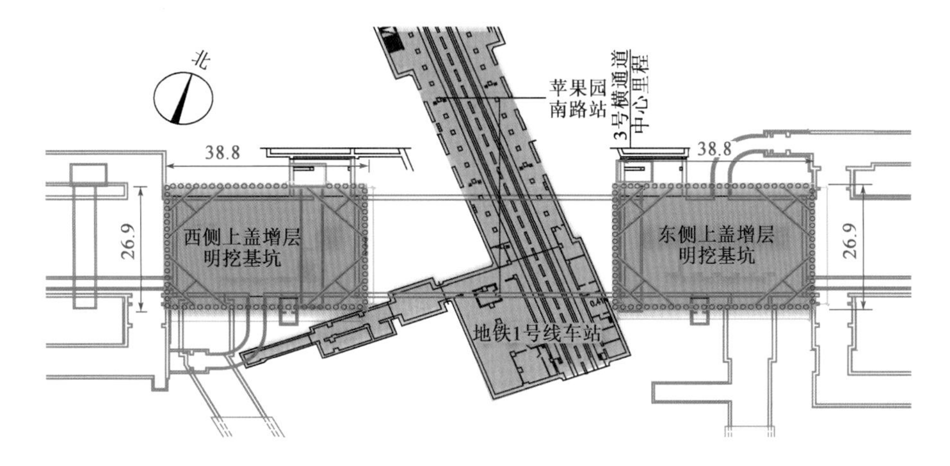

图2-42　上盖增层基坑及周边关系示意图(尺寸单位:m)

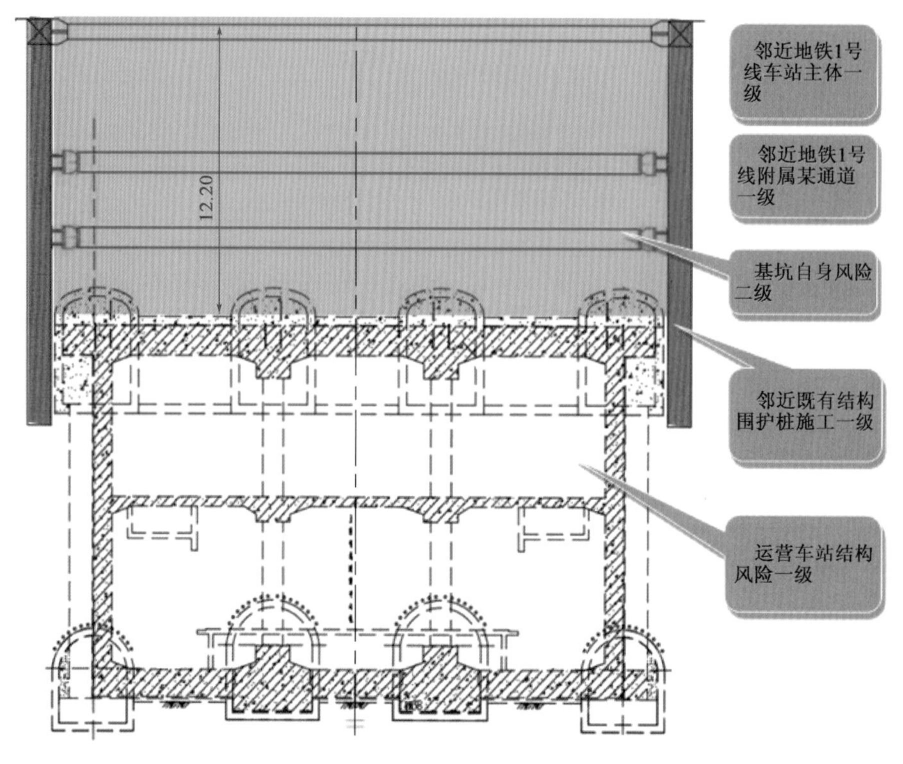

图 2-43　上盖增层段主要风险源示意图

明挖上盖增层施工主要风险源　　表 2-8

序号	风险源名称	风险基本状况描述	风险等级
1	西侧换乘厅明挖基坑	基坑长 33.8m,宽 26.9m,深约 12.2m,采用桩加内支撑的围护形式;东西两端围护桩落于车站顶拱;基坑范围地层主要为卵石层,基坑邻近军事通道,最小净距 2.3m	一级
2	东侧换乘厅明挖基坑	基坑长 33.8m,宽 26.9m,深约 12.2m,采用桩加内支撑的围护形式;东西两端围护桩落于车站顶拱;基坑范围地层主要为卵石层;基坑邻近地铁 1 号线主体,最小净距 1.5m	一级

2.3.8　北京地铁 17 号线东大桥站

1)工程概况

(1)工程简介

北京地铁 17 号线东大桥站为换乘车站,与既有地铁 6 号线东大桥站呈 T 形通道换乘,预留与规划 28 号线换乘接入条件。东大桥站位于东大桥路、工人体育场东路与朝阳门外大街、朝阳北路相交的交叉路口,车站共设置 4 个出入口、3 个安全出口、2 条换乘通道、2 组风亭。4 个出入口分别位于东大桥路和工体东路两侧 4 个象限。东大桥站平面布置如图 2-44 所示。

新建东大桥站为岛式车站,总长 336.8m,车站底板最大埋深 34.102m。车站轴线方向分为三个部分,分别为南侧标准段 250.6m、北侧标准段 49.7m、中间下穿段 36.5m,其中,标准段位于既有地铁6号线既有隧道两侧(中间岛式);下穿地铁6号线段分为2个单洞隧道(侧式站台),净间距为5.2m土体隔离,保证既有地铁6号线隧道安全。新建车站与既有地铁6号线区间隧道相对位置关系如图2-45所示。

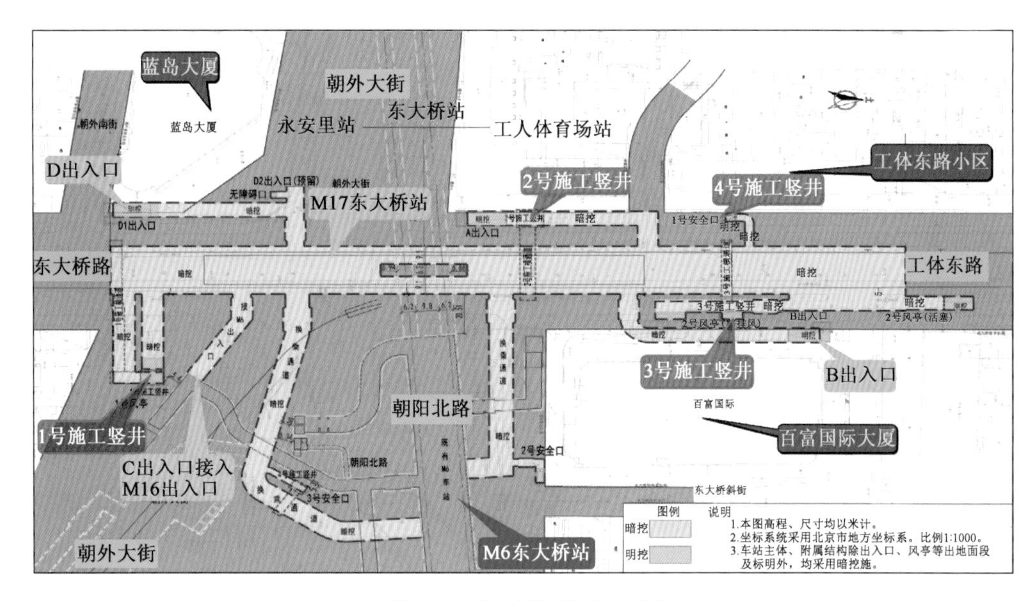

图2-44　东大桥站平面布置图

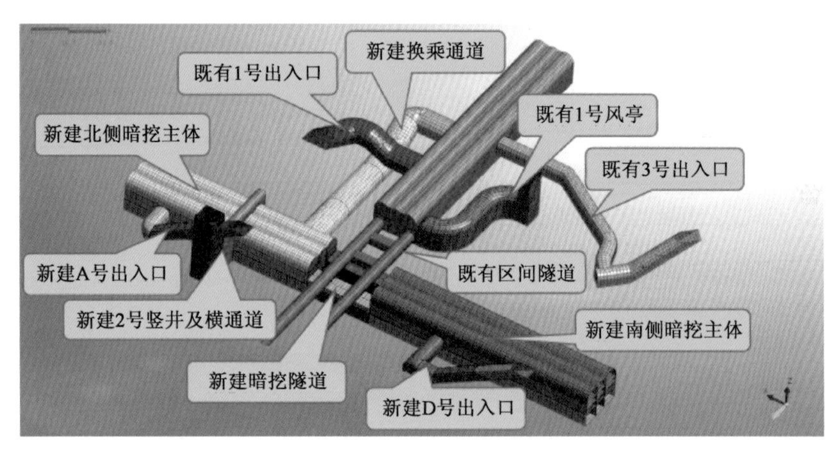

图2-45　地铁17号线东大桥站与地铁6号线朝东区间相对关系示意图

新建车站标准段为双层双柱三跨结构,宽24.5m、高17.85m,采用PBA工法施工,车站标准断面如图2-46所示。

中间下穿段为两条净间距为5.2m的单层单洞隧道,宽9.9m、高9.52m,以86°角下穿既有地铁6号线区间暗挖隧道,下穿最小净距仅为2.148m,采用交叉中隔壁法(CRD法)施工,下穿段车站结构断面尺寸如图2-47所示。施工期间采用管井降水方案,进行无水暗挖作业。

(2)周边环境

地铁17号线东大桥站西北象限有工人体育场东路小区,西南象限有蓝岛大厦,东北象限有百富国家大厦、公交站场,东南象限有东大桥东里小区。建筑物距下穿段距离较远(水平距离大于40m),对施工影响较小;东大桥站周边环境如图2-48所示。朝阳门外大街及东大桥路、工人体育场东路通行多条公交线路,交通繁忙。

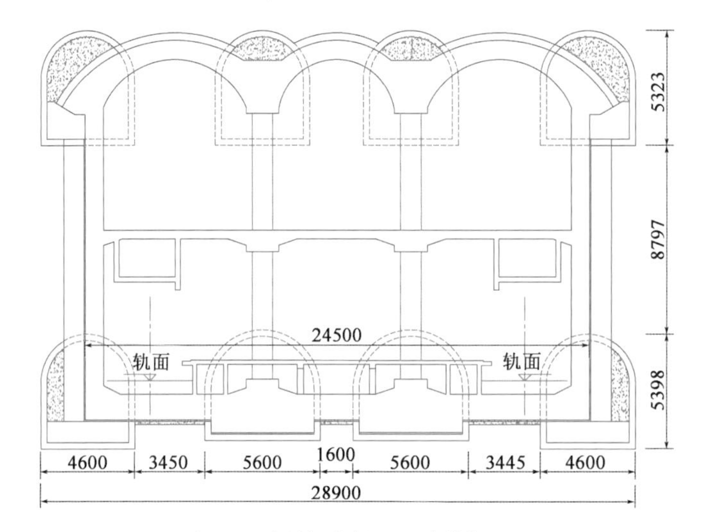

图2-46　车站标准断面(尺寸单位:mm)

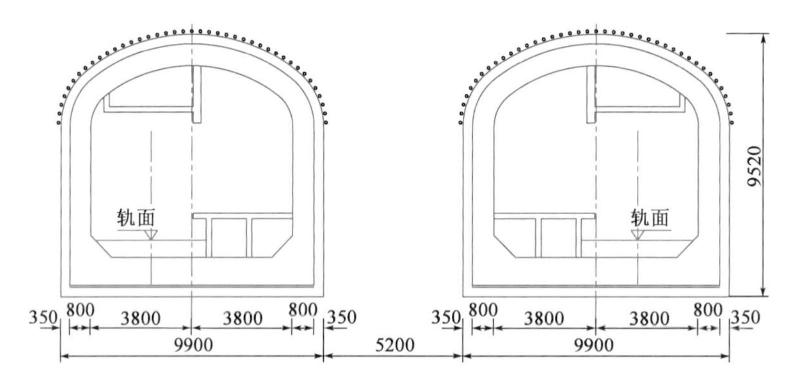

图2-47　车站中间下穿段断面(尺寸单位:mm)

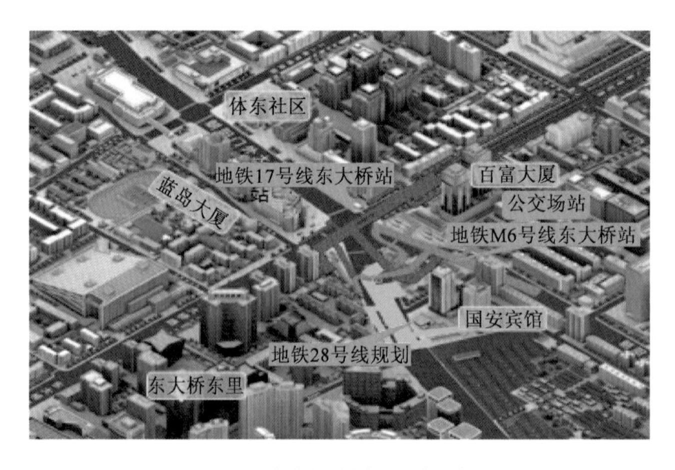

图2-48　东大桥站周边环境示意图

新建车站施工影响范围内市政管线较多,主要有:2000mm×2350mm 电力隧道;4500mm×2800mm 热力方沟,2600mm×2300mm 热力方沟,1600mm×950mm 热力方沟;D1050mm 污水管,D1350~1550mm 变径污水管;4500mm×3000mm 雨水方沟;D1750mm 上水管,D600mm 上水管;2 根 D500mm 的次高压天然气管,D300mm 低压燃气、D400mm 低压燃气、D406mm 次高压燃气、D508mm 中压燃气管道共 4 根。

2)工程重难点

(1)近接施工

新建地铁 17 号线东大桥站标准段邻近地铁 6 号线朝东区间隧道结构,两者之间的最小水平净距为 3.48m。

(2)多洞室多次扰动

因新建车站导洞、横导洞、挖孔桩、扣拱施工,多次扰动既有区间隧道周围土体并产生开挖卸荷效应,引起既有区间隧道变形(图 2-49、图 2-50),而既有运营区间隧道变形控制极其严格。减少新建车站隧道开挖对既有区间隧道的影响,确保既有区间隧道运营安全,是该工程的重点。

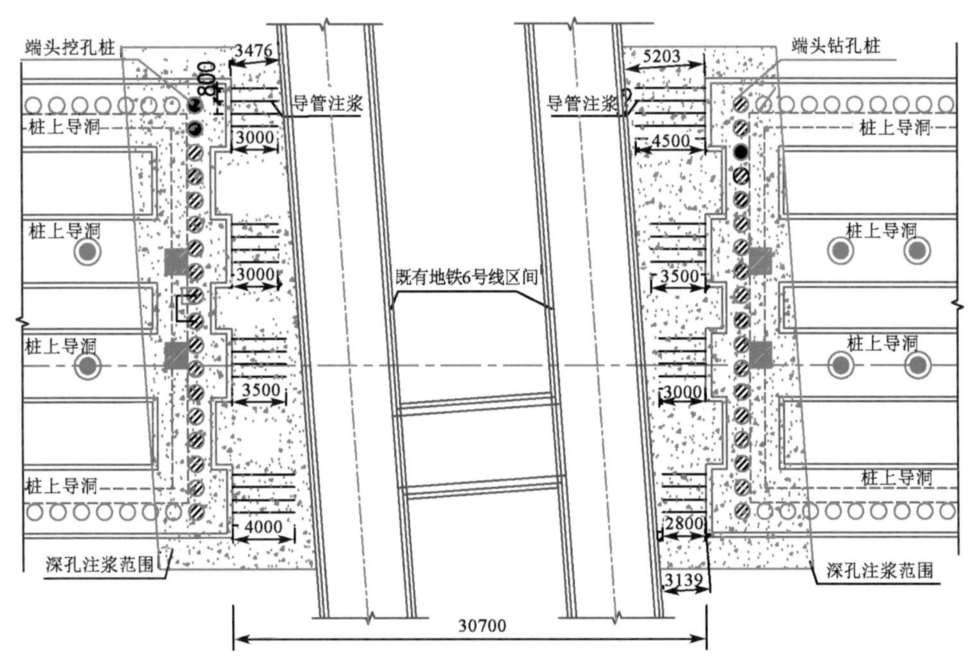

图 2-49 PBA 法车站结构与地铁 6 号线区间隧道平面关系(尺寸单位:mm)

(3)下穿施工

新建车站中间下穿段为两条净间距 5.2m 的单层单洞隧道,隧道净距小,施工过程中相互干扰大。同时两条车站隧道以 86°角下穿既有地铁 6 号线区间暗挖隧道,下穿最小竖向净距仅 2.15m,远小于 1 倍洞径,施工过程极易引起既有区间隧道变形,严重影响行车安全,工程环境风险等级为特级。因此,分离式小净距隧道近距离下穿既有运营隧道是该工程的重难点,如图 2-51、图 2-52 所示。

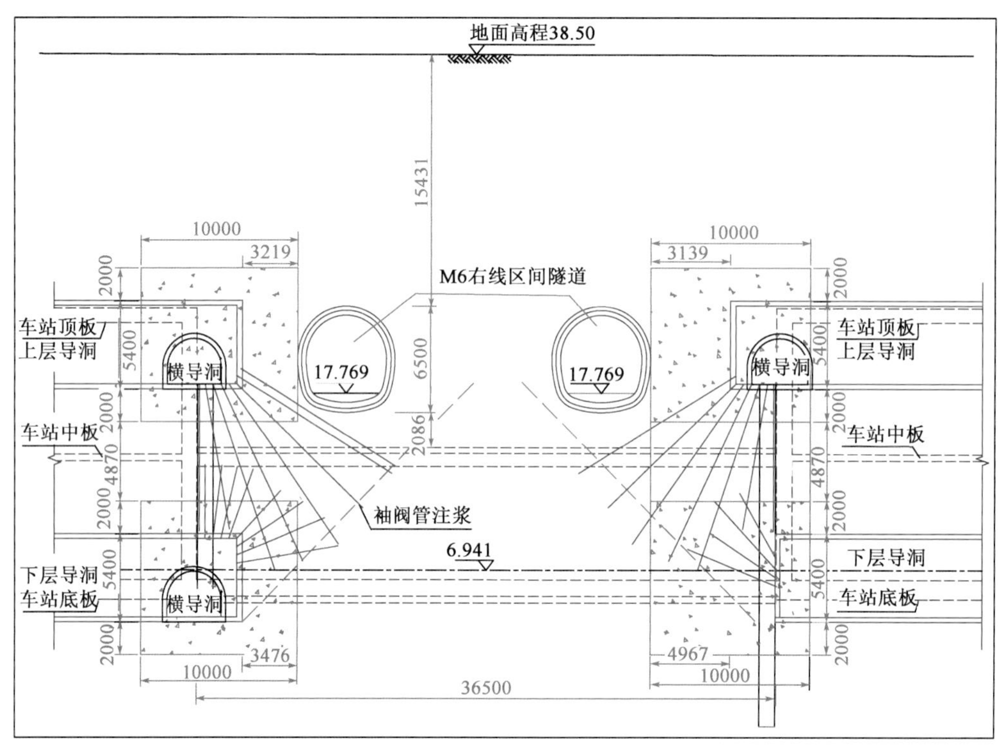

图 2-50　PBA 法车站结构与地铁 6 号线区间隧道剖面关系(尺寸单位:mm;高程单位:m)

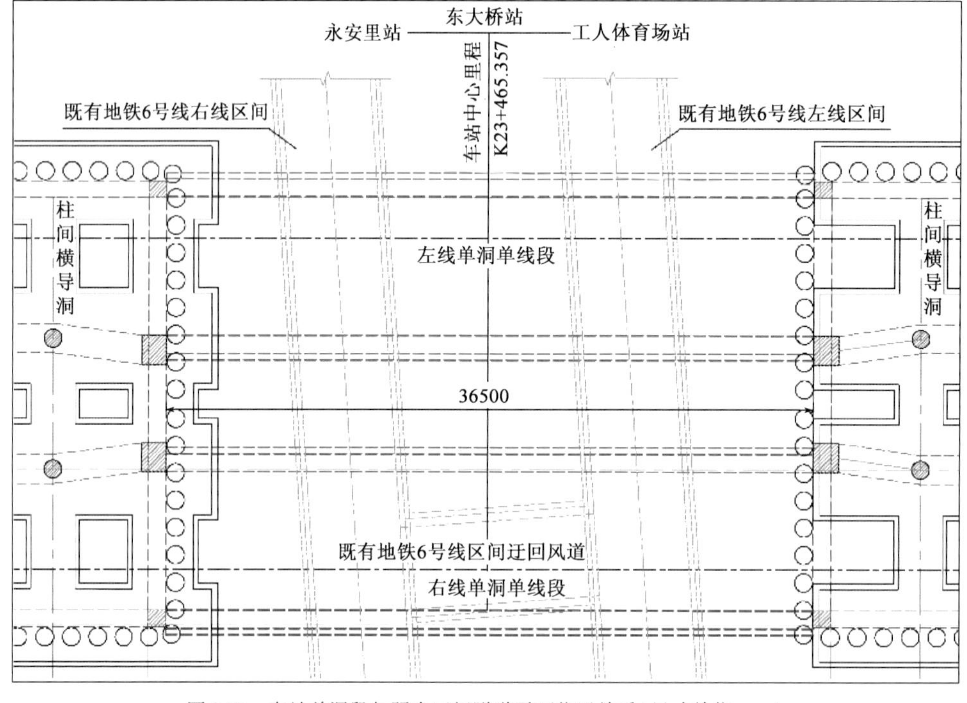

图 2-51　车站单洞段与既有区间隧道平面位置关系(尺寸单位:mm)

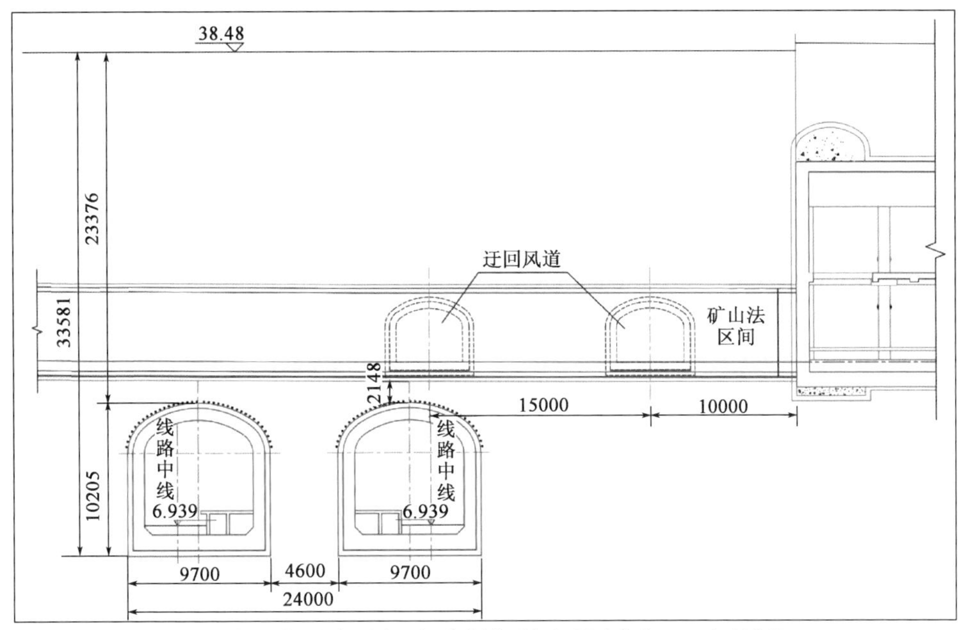

图 2-52　车站单洞段与既有区间隧道剖面关系(尺寸单位:mm;高程单位:m)

2.3.9　太原市迎泽大街下穿火车站通道工程

1)工程概况

(1)工程简介

太原市迎泽大街下穿火车站通道建设工程是迎泽大街东延的控制性工程,是太原市向东拓展的主通道之一。迎泽大街在太原火车站前分为上下行两幅道路,分别从车站南北两端雨棚柱间下穿。太原火车站为百年老站,属于特等火车站,连接石太客运专线、大西高速线、南北同蒲铁路、石太铁路等,每天有 140 多次列车发往全国各地,因此通道施工时不能影响太原站的正常运营。下穿火车站主要工程为 2 座 1 ×15m 车行通道,总长度 463m,其中管幕法施工段总长 210.1m(北侧车行通道管幕段长 102.5m,南侧车行通道管幕段长 107.6m),工程位置如图 2-53 所示。

图 2-53　工程位置示意图

(2)支护结构及施工方法

本工程下穿段采用20根直径2000mm、壁厚20mm的钢管作为主要支护结构,管间距为165~235mm。管幕段结构全宽18.2m,全高10.5m,设计车速近期为30km/h、远期为50km/h,管幕段横断面如图2-54所示。

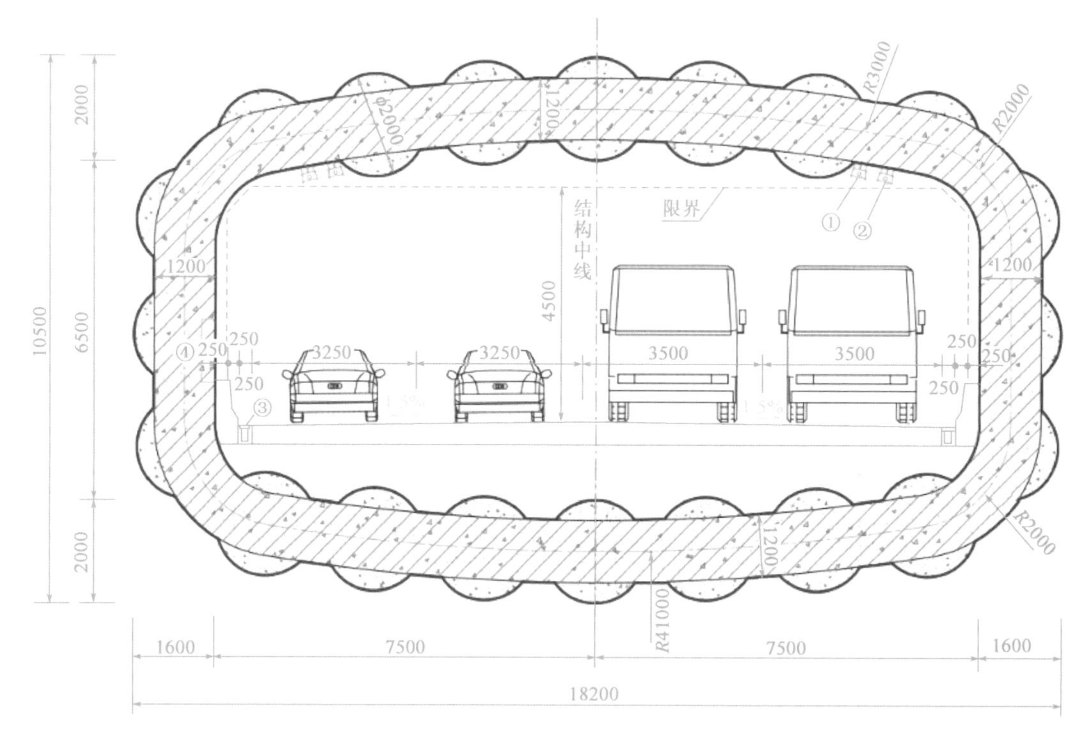

图2-54 管幕段横断面图(尺寸单位:mm)

本工程在下穿段施工中采用了首创的“新管幕法”。新管幕法是全新的暗挖工法,其主要施工步骤为(图2-55):

①在隧道净空轮廓以外,采用顶管机向土体内顶进大直径钢管,形成一圈钢管幕。

②在钢管内分层、分段进行钢管切割和管间焊接,使管幕形成一个连续、封闭的格构式钢结构。

③在钢管内绑扎钢筋、浇筑混凝土,形成大刚度一体化永久支护结构。

④在支护结构保护下进行土方开挖,最终完成全部地下结构。

新管幕法提出了以结构方式解决岩土问题的理念,实现了临时支护和永久主体结构的一体化施作,采用了先结构后开挖的颠覆性建造工序,是一种全新的支护结构一体化设计形式。

(3)周边环境

通道穿越太原火车站,通道周边的既有建(构)筑物密集,主要包括:

①铁路

太原火车站是石太客运专线、大西客运专线、南北同蒲铁路、石太铁路等多条铁路线的交汇点,站内有站台4座,正线、到发线10条,其中1、3、4、7~9道为到发线(P60轨、混凝土宽枕,道砟厚度0.35m),2、10道为大西线(P60轨、Ⅲ型枕,道砟厚度0.5m),5、6道为石太客专线(P60 轨、5 道为Ⅲ型枕,道砟厚度 0.5m;6 道为混凝土宽枕,道砟厚度 0.35m)。通道结构管幕顶距离钢轨顶面最小距离为 3.5 ~ 3.9m。通道纵断面如图 2-56 所示。

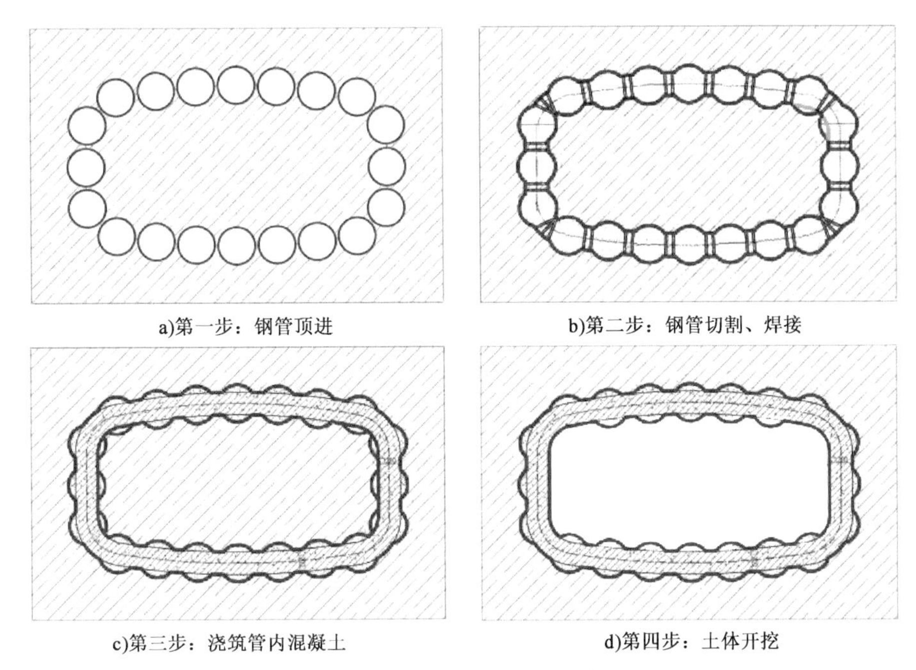

图 2-55　新管幕法施工步骤示意图

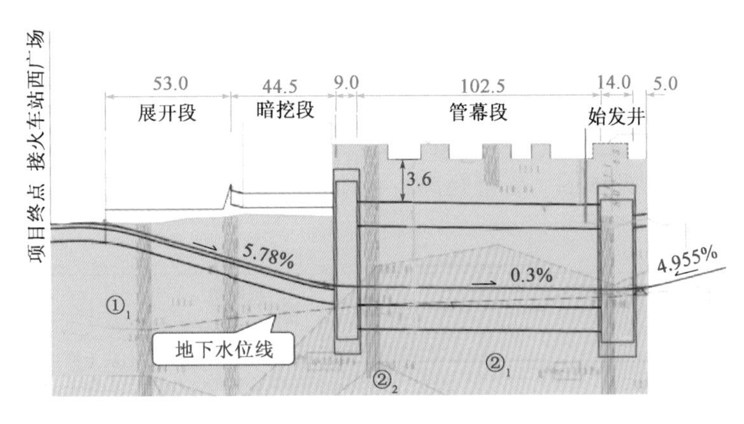

图 2-56　通道纵断面图(尺寸单位:m)

②雨棚基础

2008 年太原火车站改造后采用站台无柱雨棚,直径为 560mm 的双柱钢结构,柱下为 4 根直径 500mm 的预应力混凝土管桩,桩长 23m,其中单桩承载力特征值为 770kN,试桩加载单桩竖向极限承载力为 1540kN。受通道施工影响的雨棚基础主要为第 2 组 ~ 第 3 组(北通道)和第 10 组 ~ 第 11 组(南通道)。管幕结构距离柱下桩基础最小净距 1.35m。雨棚柱与下穿通道横断面关系如图 2-57 所示。

③废弃雨棚基础

太原火车站改造前,站台上为钢筋混凝土雨棚,雨棚柱基础采用 ϕ1200mm 挖孔灌注桩,桩深为10.0～13.8m，改造施工时，桩基础全部废弃并遗留在地层中。

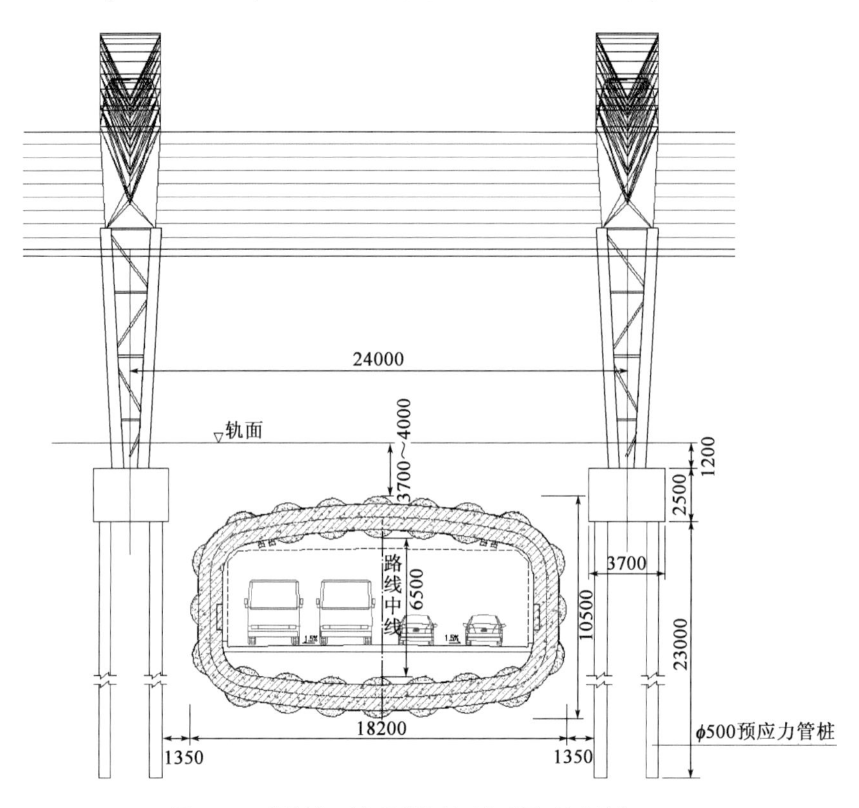

图2-57　雨棚柱与下穿通道横断面关系图(尺寸单位:mm)

④行包地道

南通道需下穿既有行包地道出入口敞口段。地道出入口敞口段采用放坡开挖，钢筋混凝土结构，结构侧墙、底板厚45cm。管幕距离行包地道结构最小净距1.22m。下穿通道与行包地道剖面关系如图2-58所示。

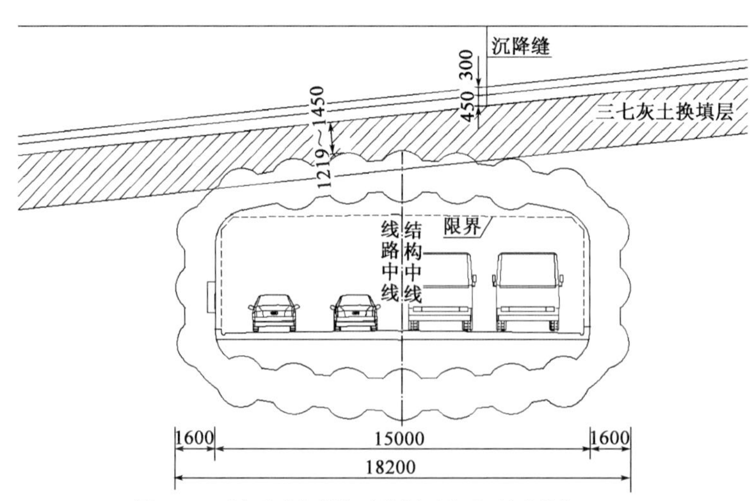

图2-58　下穿通道与行包地道剖面关系(尺寸单位:mm)

⑤站场排水暗涵

根据已有资料,站内的纵向排水沟收集雨水后,排入南、北两端垂直轨道方向的排水暗涵。南端排水暗涵位于第11、12组雨棚柱之间,测量检查井最深为6.2m(站台处);北端排水暗涵位于第2、3组雨棚柱之间,测量检查井最深处为4.6m(站台处),暗涵对北下穿通道有干扰。北侧暗涵为直径1.05m的钢筋混凝土圆管,管幕顶距暗涵底仅250mm,顶管施工前需对北侧暗涵进行迁改。站场排水暗涵与管幕结构剖面关系如图2-59所示。

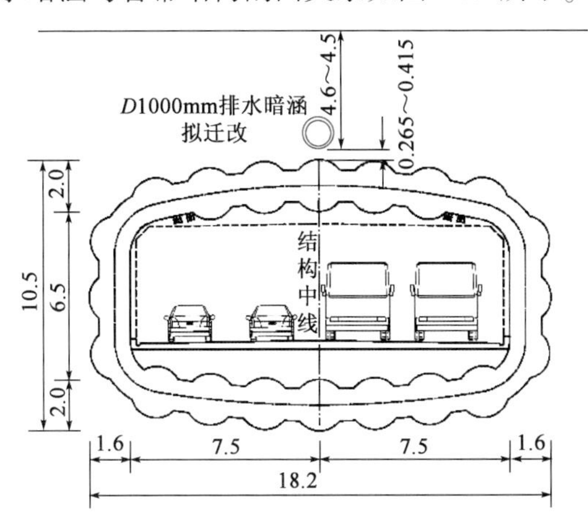

图2-59 站场排水暗涵与管幕结构剖面关系(尺寸单位:m)

⑥接触网及通信、信号、电力电缆及管道

第一站台处有通信、信号电缆、给水管、排水管、排水沟等管道,现场施工时须对其进行改迁并保护。

第2、3组雨棚柱间有2根既有接触网柱,在北通道管幕段施工影响范围内。第2组雨棚柱轴线对应的股道上有3根接触网柱、第11组雨棚柱轴线对应的股道上有5根接触网柱距离管幕段结构较近,平面最小净距为1.93m。

⑦车站改造前旧接触网柱基础

根据前期调查结果,下穿范围内可能存在旧接触网基础、钢筋混凝土基础,基础埋深3~4m。

⑧工作井周边的铁路运营建筑物

根据现场调查,南线车行通道、人行通道所经范围内车站建筑物主要有太原火车站机关楼、太原铁路房建段太原房建供热车间;北线车行通道所经范围内车站建筑物主要有太原站北行包房及中铁快运营业厅。以上建筑物需在工程施工前搬迁。

2)工程重难点

(1)工法新颖、工艺复杂、施工可借鉴的同类型工程案例少

下穿太原火车站通道工程采用管幕预筑法施工,在国内案例较少,下穿火车站尚属首次。管幕预筑法施工的关键问题是钢管埋置深度,根据设计方案,管幕实际覆土厚度仅2.7m。同时管幕预筑法隧道工艺复杂,顶管机顶进、置换泥浆套、钢管切割、钢板焊接、布置支撑柱、浇筑主体结构环环相扣,相互制约,施工难度大,技术含量高。施工现场如图2-60所示。

(2)运营铁路线及邻近运营线施工风险大

根据铁路运营部门相关规定,该项目部分工程在车站内进行,包括管线改移、线路加固,属

图 2-60　太原市迎泽大街下穿火车站通道工程施工现场

于营业线施工;部分工程如管幕工作井施工、明挖暗埋段施工及管幕预筑法施工,属于邻近营业线施工。鉴于太原火车站的重要地位,施工中首先要保证铁路运营线的安全,施工风险大。

(3)地面沉降控制严格

通道下穿站台4座、普通线路及客运专线正线/到发线10条,根据《高速铁路有砟轨道线路维修规则(试行)》要求,路基最大沉降10mm。如何控制地面沉降是该工程的关键。

(4)管幕穿越区障碍物多,穿越难度大

经调查,车站范围内已经确定的与管幕施工有影响的障碍物众多,部分障碍物能调查清楚具体位置及埋深,如北侧排水暗涵;有些障碍物能确定埋深及尺寸但不能确定具体位置,如旧雨棚基础、旧接触网基础;还有一些障碍物无法确定埋深及位置,如站改时可能埋入路基中的轨枕、钢轨等废弃建筑材料,无法确定位置的光电缆等。

在管幕顶进过程中,若遇到结构较小的障碍物,此类障碍物在地下的稳定性较差,如果强行通过刀盘掘进,障碍物在土中可能向不同方向翻滚,造成对既有铁路或既有雨棚基础的影响;若遇到旧接触网基础、钢筋混凝土暗涵等较大障碍物,需采取特殊措施处理。顶管机如何处理障碍物是该工程面临的最大问题。

(5)施工协调难度大

太原火车站经过多次改建、扩建,站内建(构)筑物、管线多,布置复杂,部分建(构)筑物、管线基础资料遗缺;施工需要避让雨棚基础、既有行包地道、接触网基础等。部分管线及建(构)筑物需要改移,部分需要加固或保护,迁改及保护施工涉及铁路部门多,协调难度大,施工风险高。

(6)施工条件有限,施工效率低

管幕预筑法隧道工艺技术复杂,顶管机顶进、置换泥浆套、钢管切割、钢板焊接、布置支撑柱、浇筑主体结构环环相扣,相互制约,同时工作环境狭小,工作条件差,施工效率低,无法开展大面积平行作业。

2.3.10　港珠澳大桥拱北隧道工程

1)工程概况

(1)工程简介

港珠澳大桥珠海连接线工程是港珠澳大桥的重要组成部分,是解决香港特别行政区与内地(特别是珠江西岸地区)及澳门特别行政区两岸三地之间的陆路客货运输要求,是建立连接珠江东西两岸大珠江三角洲地区、辐射泛珠江三角洲地区新的陆路运输的通道;是连接港珠澳大桥海中桥隧主体工程,完善国家高速公路网“珠江三角洲地区环线”和广东省高速公路网“珠江三角洲外环高速公路”的关键工程。

本项目的建设对完善国家及粤港澳三地的综合运输体系和高速公路网络,密切珠江西岸地区与香港地区的经济社会联系,改善珠江西岸地区的投资环境,提升珠江三角洲的综合竞争力,保持港澳地区的持续繁荣稳定,促进珠江两岸经济社会协调发展具有重大意义。路线总体呈东西走向。

港珠澳大桥珠海连接线拱北隧道是珠海连接线的控制性工程,拱北隧道暗挖段为双向六车道上下层叠层隧道,下穿拱北口岸限定区域,共设置2个工作井(东西两侧各设置一个)。工程地质条件复杂,周边环境敏感。拱北隧道暗挖段平面及横断面分别如图2-61、图2-62所示。

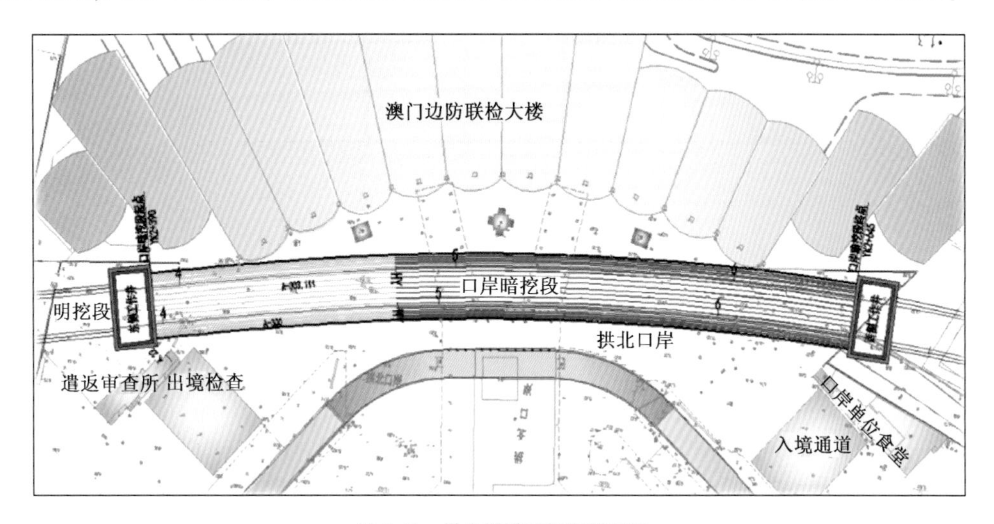

图2-61　拱北隧道暗挖段平面图

(2)支护体系及开挖方法

采用管幕进行超前预支护,管幕由36根ϕ1620mm钢管组成,其中半数钢管与初期支护连为一体;分区分段冻结法进行管幕之间止水,冻土帷幕设计最小厚度2m,最大厚度不超过2.6m;采用多台阶法分步开挖,开挖宽度18.8m;开挖高度21.0m,开挖断面面积336.8m^2;三次复合衬砌支护;管幕顶部覆土厚度4~5m。暗挖段位于曲率半径885.852~906.298m的缓和曲线和圆曲线上,设0.35%的纵坡。暗挖段管幕分步开挖顺序示意如图2-63所示。

(3)周边环境条件

口岸暗挖段下穿拱北口岸和澳门关闸口岸之间的狭长地带,近邻澳门边防联检大楼,隧道外轮廓与联检大楼净距最小处仅1.46m,隧道管幕工程距联检大楼的风雨廊结构桩基的最小净距更是只有0.46m。口岸每天出入境车辆平均10000辆,每天出入境的人流总量约30万人次。由于口岸通关任务繁重,拱北隧道的施工不能对口岸通关产生任何影响,施工难度极高。

2)工程重难点

(1)超浅埋大断面临海隧道暗挖施工

拱北隧道暗挖段跨度18.8m,断面面积高达336.8m^2,实际施工面积超过400m^2,接近一个标准篮球场的大小。然而相对于巨大的断面面积的是不足5m的埋深,覆跨比仅为0.25左右,是典型的超浅埋隧道。此外,拱北隧道为港珠澳大桥珠海连接线的海域明挖段和陆域明挖段的连接节点,紧邻拱北口岸海岸线,地质条件为临海软弱富水地层,这对于暗挖隧道的施工而言可谓是最极端的不利条件之一。因此,拱北隧道的施工不仅要克服超浅埋大断面带来的开挖难、支护难、地层难以成拱等问题,还要面对巨大水量和高额水压带来的地层泥化、突泥涌水等巨大风险。

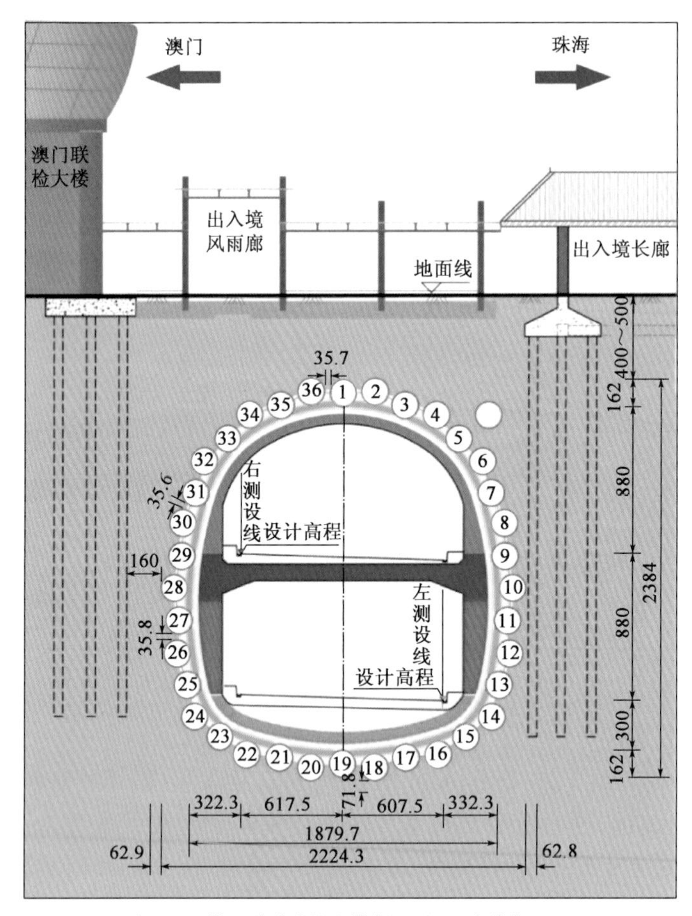

图 2-62　拱北隧道暗挖段横断面图(尺寸单位:cm)

(2)大直径长距离曲线管幕超前预支护施工

拱北隧道采用的管幕超前预支护的管径达到 1620mm,与一些采用顶管法修建的引水隧洞的管径相当,这意味着每根钢管的施工都相当于修建一条小直径隧道。此外,拱北隧道暗挖段为长达 255m 的曲线结构,且线形为组合曲线,管幕长度为目前国内最长,管幕组合形式为国内首创、世界罕见。在现有技术水平下,长距离曲线顶管在线形为圆曲线时施工精度基本可控,但对于组合曲线的顶进精度控制尚无成熟的解决方案。由于拱北隧道管幕相邻顶管间距仅为 355 ~ 358mm,若顶管精度控制不当,轻则影响后续冻结加固止水效果,重则占据相邻顶管位置,导致施工无法进行。如何控制大直径长距离曲线管幕的顶进精度成为拱北隧道施工需要攻克的重大难题。

(3)大范围管幕冻结法加固

拱北隧道是国内首个大规模实际应用管幕冻结法的工程。由于隧道为曲线,无法实施常规水平钻孔,故需要在冻结管布置在管幕钢管内部;同时为保证足够的刚度,管幕顶进后会在半数钢管中浇筑混凝土形成实心钢管,实心钢管和空心钢管交错布置。在这种状态下,冻结法能否形成足够厚度的冻土帷幕是一个需要验证的问题。此外,在施工止水和控制沉降的双重要求下,既要防止冻结不足导致的透水,又要防止过度冻结导致的冻胀隆起,这要求冻土帷幕的厚度不能过薄或过厚,并且要在开挖过程中反复的热扰动下保持稳定,这对冻结技术提出了极高的挑战。

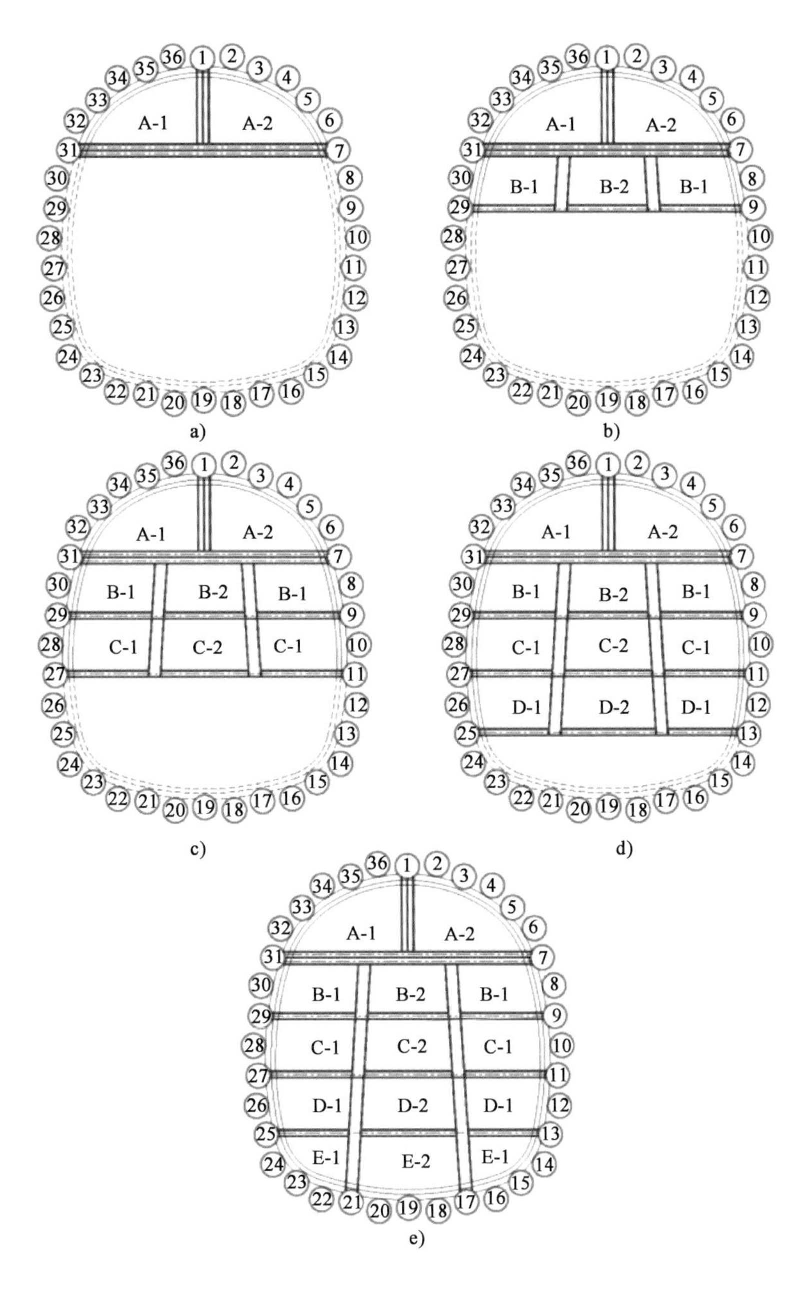

图2-63　暗挖段分部开挖顺序图

2.4 城市地下大空间主要特征

根据定义，城市地下大空间包括但不限于交通、市政、公共管理及服务、商业、物流仓储、防灾减灾等设施的新建工程及既有地下设施的连通拓建工程。这类工程一般都是社会高度关注的重点工程，对改善城市居民生活质量、提高居民满意度具有重大意义，有着极高的社会价值，其主要特征如下所述。

1）空间规模性

城市地下大空间的首要特征是其空间规模的庞大，这直接导致其施工过程中的土方开挖量、基坑开挖深度或暗挖断面面积远大于一般地下工程。例如：武汉光谷广场综合体工程建筑面积约16万m^2，土方开挖量超过180万m^3；重庆沙坪坝铁路枢纽综合改造工程基坑开挖深度最大达45m，土方开挖量约136万m^3；港珠澳大桥拱北隧道暗挖段单洞实际施工断面面积超过400m^2，约相当于一个标准篮球场的大小。

众所周知，地下结构物随着空间规模的扩大，其承担的荷载会显著增加，对开挖和支护的方法及工艺的要求也会明显不同；此外，地下结构物空间规模的扩大也会令其在施工过程中周边环境的影响范围扩大，进而使其规划和设计的难度也无法与小型地下结构物相提并论。可以说，正是因为在建设难度、建设投入以及风险等方面的显著差异，才使得将城市地下大空间从一般地下结构中区别开来变得极为必要。因此空间规模是城市地下大空间的最显著特征。

2）功能综合性

由于城市地上空间日益紧缺，未来的城市发展必然越来越多地向地下空间延伸。城市地下大空间作为这一趋势下的自然产物，必然也会承担更多的传统城市功能。武汉光谷广场综合体不仅作为武汉地铁2号线、9号线和11号线的换乘站，还同时整合了鲁磨路隧道、珞喻路隧道和非机动车通道的功能；天津地铁5号线思源道站经过接建改造后，形成了地下轨道交通、地下商业和地下车库的综合，有效利用了轨道交通带来的商业附加价值；重庆沙坪坝区铁路枢纽经改造后，形成了集高速铁路、城市轨道交通、道路交通、人行交通等为一体的现代化城市核心综合交通枢纽，并与现有高端商业、酒店、写字楼、公寓等直接连通，在功能上形成一体。可以预见，未来的城市地下大空间开发必然在功能综合性方向上进一步发展，除传统的交通、办公、商业功能外，还将承担起民防、医疗以及城市通信、能源及环境控制中心等多元化功能（图2-64）。

3）规划统一性

与地上空间相比，城市地下空间的开发历史较短，这决定了地下空间的开发并无太多的成功经验可以借鉴，需要“摸着石头过河”。此外，我国城市处于高速发展时期，伴随着人民对生活质量要求的提升，城市地下空间建设规模飞速扩大，使得早期地下空间开发中的诸多历史遗留问题逐渐暴露出来。由于技术水平的限制、规划设计理论的落后、城市管理职能条块的割裂等问题，早期的城市地下空间开发存在一定的无序性和盲目性，导致城市地下空间规划缺乏前瞻性和整体性、管线复杂交错、建构筑物连通性和整合性差，人为造成了日后新建工程建设中的诸多隐患。

图2-64　城市地下大空间的多元化功能

城市地下大空间是伴随着城市集约化发展应运而生的，也是城市资源高效利用和综合开发的集中体现，其突出特点是统一规划、综合开发、面向未来、上下协同、功能互补、配套建设、以人为本。例如在河北雄安新区东西轴线地下空间的综合利用规划中，地下一层设置布满整个区域的地下空间，以地下人行通道为主，连通所有区块，包括跨越外围道路，与邻近区块连接，沿人行道路根据规划需要，设置地下商业，形成连通的地下城市，如图2-65所示。人行系统为多层立体式，除两侧建筑结合高架的城市主干道设二层观光平台外，人民轴地面为景观、骑行、慢跑及观光，在地下一层设纵向人行系统，与轨道交通换乘厅及两边地块连接。考虑控

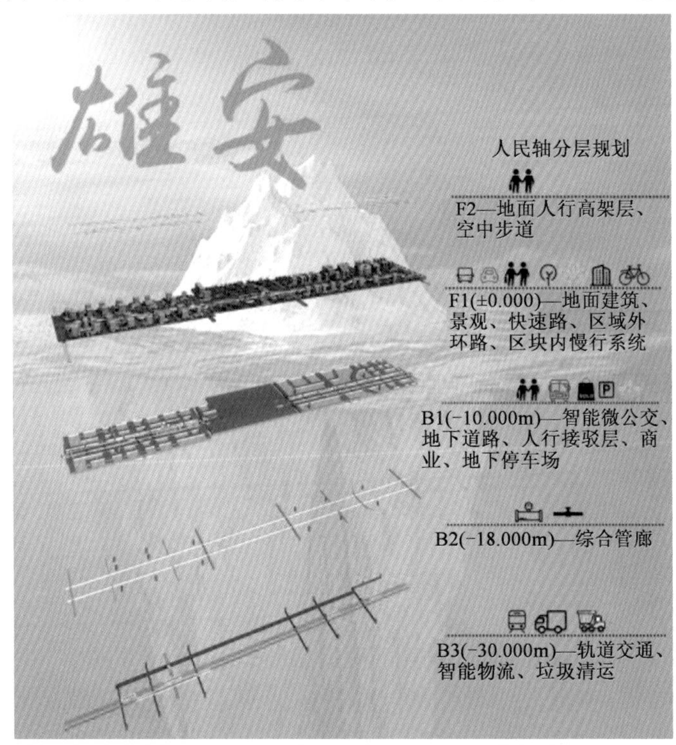

图2-65　雄安新区东西轴线地下空间综合利用规划

制规模及必要性，在两百米红线内纵向两侧各设60m宽，并沿纵向每500m设一条横向联系通道。在人行系统内考虑设置集中商业及公共服务设施。地下二层为综合管廊层，将电力、通信、燃气、热力、上下水等市政管线整合于一体，不仅避免了地下管线错乱布局对地下空间的无序分割和浪费，也方便了管线的运营维护。地下三、四层为智能物流线路及轨道交通层，承担起了区域交通的网络化高效连接功能。各层功能划分清晰，配合得当，地下空间功能与城市空间结构相协调，以轨道交通网络为支撑，形成"一轴、五心、多点"的城市地下空间布局结构。

可以看出，统一规划的城市地下大空间可有效强化中心区的城市功能，集中解决城市地面空间规划建设中的用地紧缺、空间拥挤、交通堵塞、环境恶化等一系列矛盾，避免了地下空间孤立开发、功能单一、设施不配套造成地下空间资源浪费以及开发效益低等弊端，充分发挥地下建筑功能集聚性优势。

4）网络拓展性

地下空间的固有特点决定了其必然是一个"易分难合、易阻难交"的空间体系。在过去的地下空间开发中，往往仅重视地下空间和地面的连通性，忽略了地下空间之间的联系。为满足更加多元化功能需求，提升地下空间的功能便捷性，城市地下大空间的设计必须摒弃传统的"各自独立"的模式，重视地下空间之间的互联互通，形成一个网络化的、可扩展的整体空间，称为打通空间阻隔的关键节点。例如武汉市光谷广场地下综合体除了作为多条地铁线路和市政工程的交通节点外，还设有多处接驳节点，形成了与周边既有地下空间、商业广场、既有车站等一站式互通的格局；北京地铁东大桥站是地铁6号线、17号线与规划的28号线的三线换乘节点。在整体建成之后，东大桥站将形成一个庞大的地下空间网络，各线之间可相互双向无障碍换乘，所有功能均可在地下完成，如图2-66所示。可以说，城市地下大空间的"大"不仅体现在其空间体量的庞大，也体现在其空间网络结构的庞大规模和便捷互联。

图2-66　东大桥站未来空间布局

5）高品质性

城市地下大空间是为人民的高质量生产生活服务的，因此必须遵循"以人为本"的理念，这要求地下大空间的品质应满足使用者对安全性、舒适性、高效性及绿色等方面的需求。由于地下大空间功能的综合性，人们往往会长时间待在地面以下，为了降低地下大空间环境对人类生理层面和心理层面的影响，城市地下大空间在设计中应十分重视地下空间品质的提升，包括创造良好的空气环境、光环境、声环境、视觉环境等高质量的室内环境。除此之外，通过智能化手段，综合监测、智能引导、终端可视化及信息发布等系统，城市地下大空间可提升局部空间要素的功能承载能力，满足安全、功能、经济、品质的综合需求。城市地下大空间品质需求如图2-67所示。

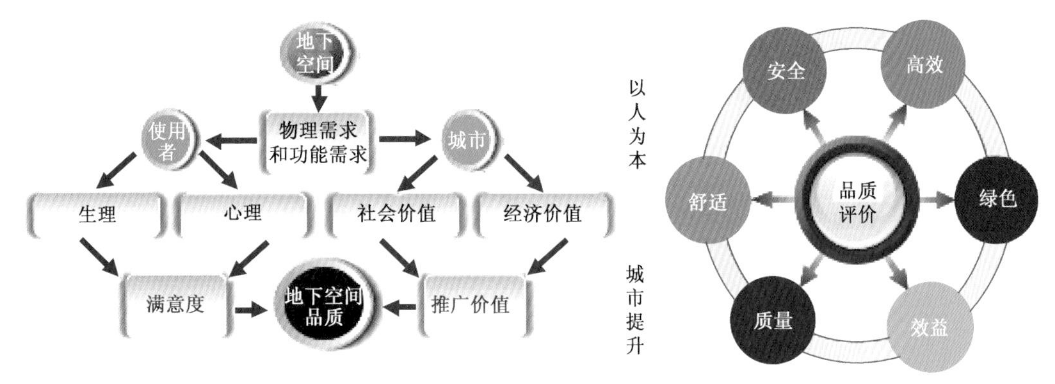

图2-67　城市地下大空间品质需求

6）施工复杂性

城市地下大空间的建设对于提升城市形象、城市功能价值和人民生活水平方面可发挥重要作用，具有巨大的经济和社会价值。但随之而来的代价，便是城市地下大空间极高的建设难度和施工复杂性。城市地下大空间的施工复杂性体现在以下方面：新建城市地下大空间体量巨大，使得整个空间很难一次成型，需要分多步序开挖，增加了施工的复杂性；如果是新建地下空间与既有地下空间相连通形成地下大空间，这需要对既有建筑进行不同形式的破口施工，对既有结构造成极大扰动，并且可能会对既有结构的原有传力体系造成影响，此外还需要关注接驳接口处的连接可靠性和密封防水等问题，施工工艺要求较高；城市地下大空间多具有较为复杂、不规则的空间几何形态，使得其结构体系往往较为特殊，需要采用新的工法、工艺实现。例如武汉市光谷广场综合体工程为直径200m的圆形基坑，且内部平面分区异形、竖向深度错层、结构空间关系复杂。对于这样一个独一无二的工程，现有的成熟施工方案均无法适用，最终通过将基坑分为南、北、中三个区（图2-68），各区分别施作围护结构，设置网架式支撑结构（图2-69），分层台阶式回退开挖的方式完成了整体结构。在这一过程中，支撑的架设、土方的开挖及运输、临时围护结构的爆破拆除、永久结构的分区浇筑和施工场地的规划调度都极为复杂。

图2-68　光谷广场施工分区

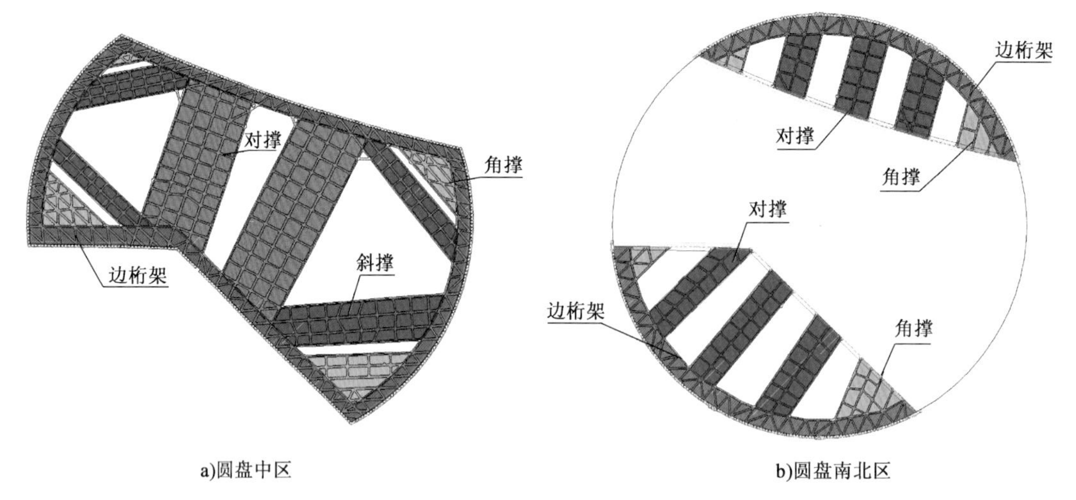

图 2-69　光谷广场基坑支撑布置

天津地铁 5 号线思源道站接建地下空间工程基坑为长宽各约 100m 的不规则形状基坑，且对角线方向被既有思源道站所分隔，因此采用了十分特别的分区异形支撑 + 环形内支撑的结构形式，同时在开挖后还要面对既有思源道站开挖卸载导致的上浮问题，处理步骤十分烦琐耗时。事实上，每一个城市地下大空间工程都是独一无二的，既有其自身独有的特点和优势，也要在施工中面对未知的困难和挑战。

7）高风险性

高风险性是城市地下大空间的上述特征所导致的必然结果。城市地下大空间的高风险性贯穿于其规划、设计、施工、运营的全生命周期。

（1）规划阶段

城市地下大空间的开发具有不可逆性，如此庞大的地下结构一旦修建完成将会半永久地影响周边环境，且无论是改建、拓建还是重复修建都将付出巨大的成本，一旦规划不当将会造成许多难以处理的遗留问题。因此城市地下大空间的规划必须慎之又慎，一方面妥善考虑结构与周边地上地下环境的统筹关系，另一方面对于部分层位开发功能定位不清晰的情况，要有"规划留白"的思维，为将来的进一步开发留下余地，尽可能避免出现"零距离密贴""破坏性破除增建""异形结构避让"等棘手问题。

（2）设计阶段

由于城市地下大空间的结构形式和施工方法或多或少地具有独特性和创新性，其设计往往无先例可循，许多既往的经验设计方法亦可能不再适用。此外，城市地下大空间的结构性能要求和功能品质要求均高于一般地下空间，对设计方案的可靠性及合理性要求极为严苛。因此，城市地下大空间在设计阶段亦存在较大风险，需要设计者具备扎实的理论基础、先进的设计方法和设计工具、详尽的现场情况把握和完善的设计方案论证。

（3）施工阶段

城市地下大空间施工阶段的高风险性体现在以下 3 个方面：①深大基坑、大断面暗挖地下结构和复杂拓建结构对开挖方法、结构施工工艺和辅助措施有着较为特殊和严格的要求，对施工队伍的专业程度依赖较大;②在巨大的地下空间施工扰动作用下,城市环境具有相对脆弱性,各类既有建构筑物、道路桥梁、市政管线乃至自然地形地貌均是施工中的潜在风险源;③漫长的施工过程、繁多的施工步序、巨大的人员和机械投入使得施工过程的组织管理工作极为复杂,任何一个环节的管理疏漏都有可能成为事故的导火索和催化剂。

(4)运营阶段

城市地下大空间是城市关键功能的载体,是城市居民和重要物资的地下集散中心,一旦其在运营期间瘫痪,轻则导致交通中断、停水、断电等问题,造成巨大经济损失,重则危害大量人员的生命安全。由于地下空间具有相对封闭性,加之城市地下大空间庞大的空间范围和复杂的网络拓扑,在发生险情时保证人员的安全、有序、快速疏散也是一大难题。此外,城市地下大空间工程结构复杂、各类机电设备繁多,运营期间的围护和检修也是十分繁杂且容易产生疏漏的工作。

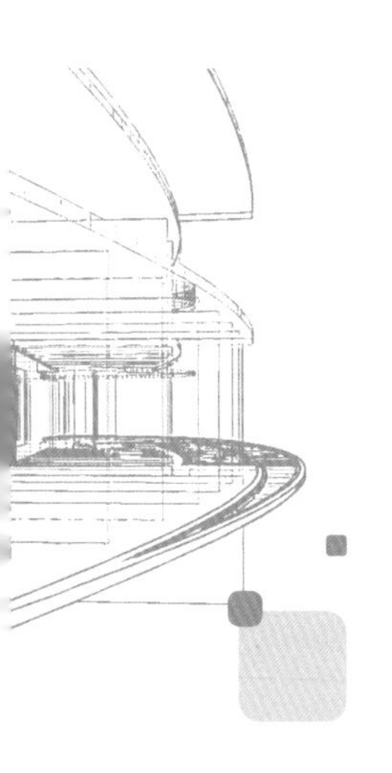

第3章 城市地下空间施工安全事故分析

风险包含风险源、风险因素和风险事件三要素，其中风险事件是三要素中的核心。风险事件与事故是一体两面的两个概念，风险事件是可能发生的事故，事故是风险事件的最终转化形式。因此，事故分析是风险研究的出发点，是剖析风险形成机理、影响因素和风险后果的基础。本章调研了2004—2019年间全国范围内包括北京、上海、深圳、广州在内的二十多个城市的295起城市地下空间施工安全事故和数例国外地下空间施工重大事故（不含运营阶段发生的事故，也不含非城区地下空间工程），其主要来源为国家安全生产监督管理总局（2018年3月撤销）、中华人民共和国住房和城乡建设部数据，以及公开发表的文献和新闻媒体报道等，对事故发生年份与地质区域、事故类型、风险源指向、事故发生机理等进行分析，为城市地下大空间施工安全风险的研究奠定基础。

3.1 事故规律统计分析

3.1.1 事故类型统计分析

参照《企业职工伤亡事故分类》（GB 6441—1986）中的事故类别，再结合城市地下空间施工风险事故的特点，将城市地下空间施工事故类型分为坍塌、高处坠落、透水透砂、物体打击、机械伤害、周边环境破坏、起重伤害、车辆伤害、火灾、触电、爆炸、中毒窒息、结构变形破坏和其他。坍塌包括明挖的基坑坍塌和暗挖的隧道塌方；周边环境破坏指在城市地下空间施工过程引起的周边建（构）筑物、周边各类管线、周边道路破坏事故；其他指不属于以上类型的小概率非典型事故，比如基坑内土体滑坡等。需要指出的是，总结一起事故可以有多个事故类型，比如施工过程引起周边管线破损，进而发生渗漏水，最终引起基坑坍塌，这起事故既包含周边环境破坏和透水流砂,也包含坍塌事故。将2004—2019年期间295起事故按照以上事故类型进行统计,如图3-1所示。

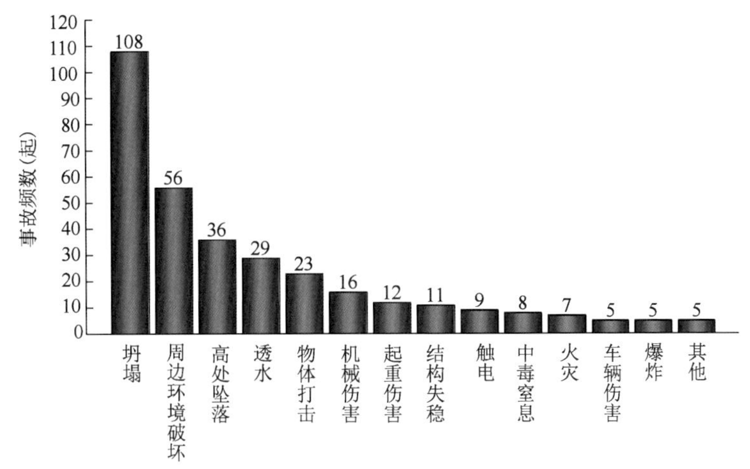

图3-1　2004—2019年所发生的事故按事故类型统计条形图

由统计结果可知,在城市地下空间施工所引发的各类安全事故中,坍塌事故发生次数最多,共计108起,占所有事故的33%;周边环境破坏次之,占比17%;再次是高处坠落、透水、物体打击和机械伤害,分别占11%、9%、7%和5%;其余类型事故总计占比约20%。另一方面,从事故的影响对象和影响规模方面,可将上述事故类型分为两类:①对施工进程产生严重干扰的大规模事故,包括坍塌、周边环境破坏、透水、结构失稳、火灾和爆炸;②对个别施工人员造成伤害的独立事故,包括高处坠落、物体打击、机械伤害等。在统计到的所有事故中,第①类事故共216起,占比65%,且仅坍塌和周边环境破坏两类最常见事故类型占比就高达50%。由此可见,与一般的工业生产安全事故不同,在城市地下空间施工安全事故中,后果严重、影响范围大的重大事故占主导地位。这一现象说明,城市地下空间的施工具有较高不确定性。即便前期规划、勘察、设计以及施工管理均十分完善,也无法保证施工过程万无一失。

3.1.2　事故发生区域地质条件统计分析

通过对不同城市的地质构造、地层特性、地形地貌、水文气象条件等地下工程资料进行分析,将全国分为软土地区、冲洪积土层地区、黄土地区、膨胀土地区、基岩或地质单元复杂地区五类区域。软土地区主要包括宁波、杭州、上海、无锡、天津等城市,地层以海相沉积和河湖淤积的淤泥、淤泥质土为主;冲洪积土层地区主要包括北京、石家庄、郑州、长春、沈阳、成都、呼和浩特等城市,地层以砂土、卵石、粉土、黏土为主;黄土地区主要包括西安、兰州、太原等城市,地层以风积黄土为主;膨胀土地区主要包括南宁、合肥等城市;基岩或地质单元复杂地区包括广州、深圳、重庆、大连、青岛、南京、济南、乌鲁木齐等城市,将事故按地质区域统计如图3-2所示。

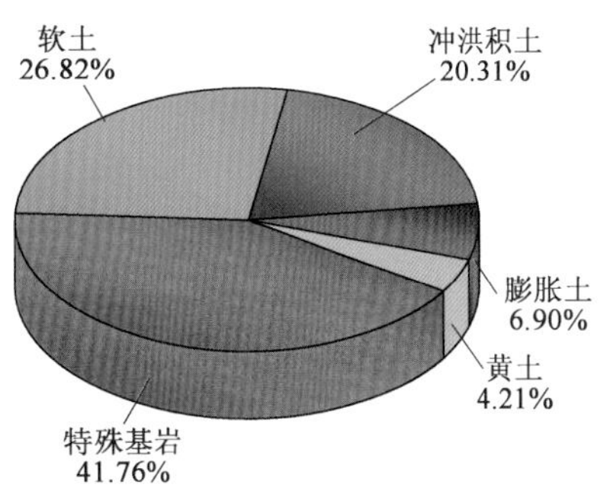

图3-2　事故发生地区饼状图

由图3-2可以看出,基岩或地质单元复杂地区的事故所占总事故比例最大,事故数为109起,占比约为42%。

受城市地下空间开发深度的影响,浅层基岩风化较强,岩体完整程度差,岩石强度不高,各个城市基岩岩性不同,岩体完整程度不同,带来的工程问题也不同。比如,大连的板岩遇水会崩解,有人将在该种情况下修筑城市地下空间比喻为在豆腐渣中打洞,足见其遇水后强度急剧降低。另外,大连还分布有石灰岩,石灰岩的岩溶水突涌会给城市地下空间施工带来灾难。

其次是软土地区发生事故70起,所占比例为27%。这是因为软土地区土体力学性质较差,同时地下水丰富,地层中含有多层地下水,其中承压水对工程影响突出。

冲洪积土层地区发生事故为53起,所占比例为20%。北方地区的突出特点是由于缺水,地下水位埋藏一般都很深,土层颗粒由粗到细、渗透性差异大、力学指标变异大。比如,北京西部漂石地层对于一般房屋建筑来说是良好的地基;但是对于修筑城市地下空间来说,会带来成孔成桩困难、盾构刀具磨损等一系列的施工难题。

膨胀土地区和黄土地区分别有18起和11起事故,占比分别为7%和4%。黄土地区和膨胀土地区事故案例较少,这和地区经济发展缓慢、土建工程数量较少、统计案例不足有关。黄土地区土层直立性和稳定性较好,对于工程建设十分有利,但黄土具有遇水湿陷的特点,容易出现城市地下空间和边坡失稳。另外,黄土地区的地裂缝会对地下空间结构产生影响;膨胀土地区膨胀土有吸水膨胀和失水收缩两重性能,开挖面遇大气降水易膨胀,使抗剪强度降低,物理力学性质发生较大改变,从而影响地基土的稳定性。

3.1.3 事故风险源指向统计分析

城市地下空间施工过程风险演变为事故,必然是不断累加的,而风险存在于整个工程建设的各个环节,包括勘察阶段、设计阶段、施工阶段等,而勘察、设计阶段的风险隐患往往在施工阶段才能显现出来,反映出来的就是施工事故的发生,因此,通过剖析与统计事故的风险源指向,可以有效揭露事故发生原因。由于客观条件所限,部分事故原因缺失,将缺失的事故剔除后,得到事故风险源指向统计如图3-3所示。

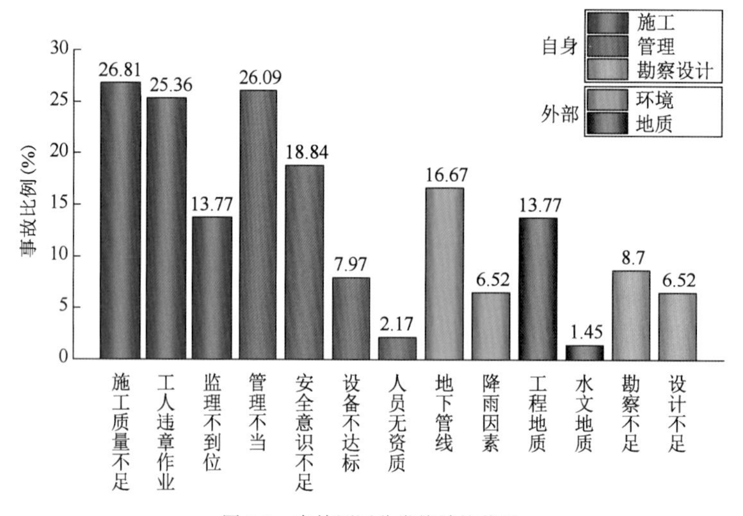

图3-3 事故原因分类统计柱状图

由图3-3可知,造成城市地下空间施工事故的主要原因有工程自身原因和外界因素两类,其中工程自身原因主要包括勘察设计、管理和施工三个方面,勘察设计类风险源主要为勘察不足和设计不足;管理类风险源主要有安全意识不足、管理不当、设备不达标和人员无资质、监理不到位、工人违章作业和施工质量不合格等;外界因素主要包括工程地质、水文地质、地下管线和降雨因素等。从风险源指向来看,占比最多的风险源是施工质量不合格、管理不当、工人违章作业、安全意识不足和地下管线影响,分别占26.81%、26.09%、25.36%、18.84%和16.67%,需指出的是一起事故可能由一个风险因素造成,也可能由多个风险因素造成,故此处统计的风险源总和大于1。

整体统计数据显示,在以往的城市地下空间工程建设过程中,施工安全事故较为多发,且事故发生后多伴随着人员伤亡,后果非常严重。城市地下大空间工程作为体量最大、施工过程最为复杂、对周边环境及社会舆论影响范围最大的一类地下工程,其施工安全风险的发生可能性和后果相较普通地下空间只会有过之而无不及。因此,本着"安全第一"的原则,城市地下大空间工程必须采取更加科学、完善、有效的针对性风险控制措施。然而城市地下空间工程施工安全风险种类繁多,原因错综复杂,风险发生机理极为复杂,这为制定相应的风险控制措施带来了极大困难。为明确城市地下大空间重大施工安全风险发生机理,本节从调研到的事故案例中遴选出具有代表性的重大事故进行进一步详细分析。

3.2 某地铁车站基坑坍塌事故分析

3.2.1 工程背景

1)工程概况

发生事故的基坑为某地铁车站主体明挖法施工基坑。车站主体结构建筑面积约36082.5m^2,为地下两层结构,总长约934.5m,标准段宽20.5m,为12m宽岛式站台车站,最大埋深约17.7m。事故坑长度为106m,宽度为20.5m,底板埋深16m,连续墙坑底入土深度约17m,车站主体结构顶板覆土1.8m。标准断面的基坑开挖深度为16.28m,采用厚度为800mm的地下钢筋混凝土连续墙围护结构,墙长度约为33m。在地表以下1.56m、5.26m、9.06m、12.76m处设置4道钢管内支撑。基坑封底后施作永久结构时,拆除最下一层(12.76m)支撑后在10.56m处加一道支撑,拆除9.06m处支撑后在6.46m加一道支撑。

2)工程地质条件

基坑范围内各地层土体的工程特性按地层次序由上至下叙述如下。

(1)①$_2$填土层(Q_{43}^{ml})。

(2)②$_2$黏质粉土(Q_{43}^{al})。

(3)③$_2$淤泥质黏土,滨海、海湾相(Q_{42}^{m}):饱和、流塑状态,含少量有机质,夹薄层粉土。物理力学性质较差,具有高压缩性。天然含水量50.6%,孔隙比1.430,平均锥尖阻力0.57MPa。全场分布,层厚2.10~23.60m。

(4)⑥$_1$淤泥质粉质黏土,浅海、溺谷相(Q_{41}^{m}):饱和、流塑状态,含少量有机质,夹薄层粉土。物理力学性质较差,具高压缩性。天然含水量46.7%,孔隙比1.353,平均锥尖阻力

0.85MPa。普遍分布,层厚2.00~17.07m。

(5)⑧$_2$粉质黏土夹粉砂,湖沼相沉积(Q_{32}^{1+k}):饱和、软塑状态,薄层状,含有机质、腐殖质。局部以粉细砂为主,含少量贝壳碎屑。天然含水量33.9%,孔隙比1.040,平均锥尖阻力1.46MPa。局部分布,层厚0.70~20.10m。40~50m以下为强风化到中等风化的粉砂岩。

3.2.2 事故过程

2008年11月15日,事故基坑西侧道路路面发生显著下沉,基坑基底随之失稳,导致基坑西侧连续墙断裂,基坑坍塌,倒塌长度约75m左右。东侧河水、西侧道路下的污水及自来水管破裂后涌出的大量流水立即涌进基坑,积水深达9m。坍塌现场情况如图3-4所示。

a)

b)

图3-4 坍塌现场照片

3.2.3 事故原因

1)高估基底承载力

原设计从基坑底部高程至底部以下3m用水泥搅拌桩加固,形成格构。可是在施工前经论证取消了这一坑底加固措施,认为在基坑内用井点降水可以达到加固基底土的目的,这是一个重大失误。

2)开挖不规范

基坑原设计分6个作业段(每段25m左右)进行开挖,在开挖到支撑以下0.5m高程设置钢管支撑,分期施工封底。但在事故发生前,基坑有3个作业段均已开挖至接近坑底位置且未施作第四层钢管支撑,开挖进度超前于支撑架设和封底。

3)设计指标错误

设计单位在计算地基土的抗滑力矩时,采用的是地基土的饱和重度γ_{sat}。然而,若地基土为正常固结黏土,则其在漫长的地质历史中受到的竖向有效固结压力为$\gamma' H$(γ'为地基土的浮重度),因此抗滑力矩必须用地基土的浮重度计算。采用饱和重度计算导致设计的实际安全系数偏低。

4)高灵敏性软土

工程所主要涉及的$④_2$淤泥质黏土和$⑥_1$淤泥质粉质黏土既是欠固结土,也属于高灵敏度软土。表3-1为事故发生以后由某设计院进行的灵敏度试验结果。可见主要土层$④_2$和$⑥_1$的未扰动土体灵敏度分别为6.6和9.1,这已经属于高灵敏性与极灵敏性软土。现场测试表明,坑内扰动后土体静探锥尖阻力最小值仅为原状土的35%。

现场各软土层的无侧限强度与灵敏度　　表3-1

地层层序	外围土无侧限抗压强度 q_u/灵敏度 S_t	坑外扰动区无侧限抗压强度 q_u/灵敏度 S_t	坑内土无侧限抗压强度 q_u/灵敏度 S_t
$④_2$	47.9/6.6	37.5/4.8	
$④_3$	58.2/3.8	38.4/2.4	
$⑥_1$	51.9/9.1	40.3/6.4	45.0/7.5
$⑥_2$	60.5/11.5	47.5/8.0	54.2/8.0
$⑧_1$	76.0/8.0	61.2/6.8	29.5/3.7

对于这类软土在强度的选用和施工安排上应予以足够的重视,然而在事故发生前,由于附近道路的整修,附近所有车辆均从基坑西侧的道路通过,对于高灵敏性软土产生了明显扰动。

该起事故的因果如图3-5所示。事故因果图的中的基本对象(方框)代表一个事件,这些对象间的有向连接线标明了其因果关系。图中,橙色方框代表导致事故发生的关键原因,称为关键致灾因素;橙色箭头代表事故形成和发展的关键因果链,称为关键致灾路径。

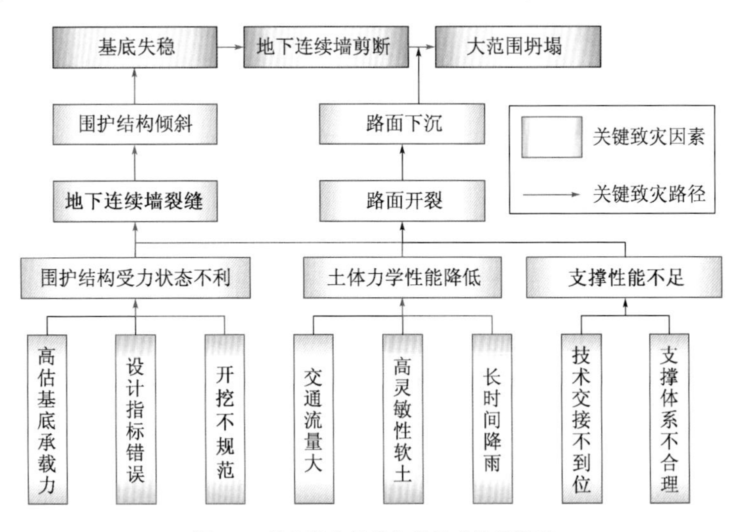

图3-5　某地铁车站基坑坍塌事故因果图

从图中可以看出,该起基坑坍塌事故并非一个简单、孤立的偶发事件,而是在许多不利因素影响下,由一些小的不利事件所引发,进而一步步发展、扩大,最终形成的重大安全事故。当错误的行为(如开挖不规范)与不利的客观条件(长时间降雨、高灵敏性软土)同时出现时,它们的不利影响迅速放大，沿着关键致灾路径发展为更为严重的安全隐患（围护结构受力不利、土体性能降低），进而发展为事故征兆（地下连续墙裂缝、路面下沉）。施工方在明知事故隐患存在的情况下未能采取有效的应对措施，野蛮施工，最终导致该严重事故的发生。

3.3 某地铁车站暗挖隧洞坍塌事故分析

3.3.1 工程背景

某地铁线路（图3-6中的黄线）全长12.5km，连接市中心和西部城区，共有四个换乘站。该线区间隧道的建设分为三个区段，区段1采用土压平衡盾构掘进，区段2采用新奥法进行掘进，区段3则采用明挖法。所有的地铁车站都是采用明挖法或新奥法进行建设。图3-7为沿线的地质情况，其中红框内为发生事故的车站。

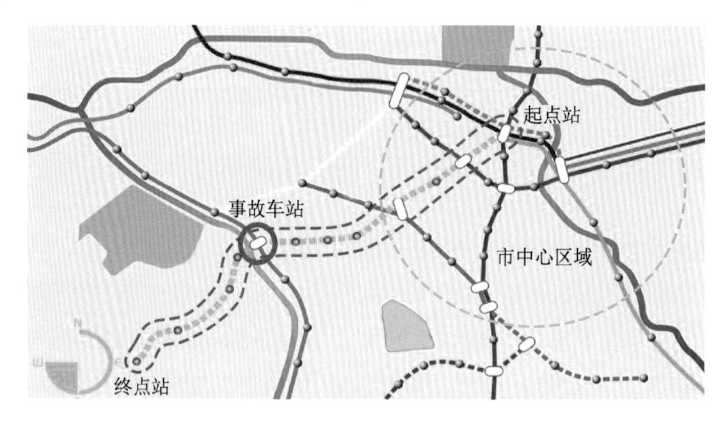

图3-6 某地铁线路图

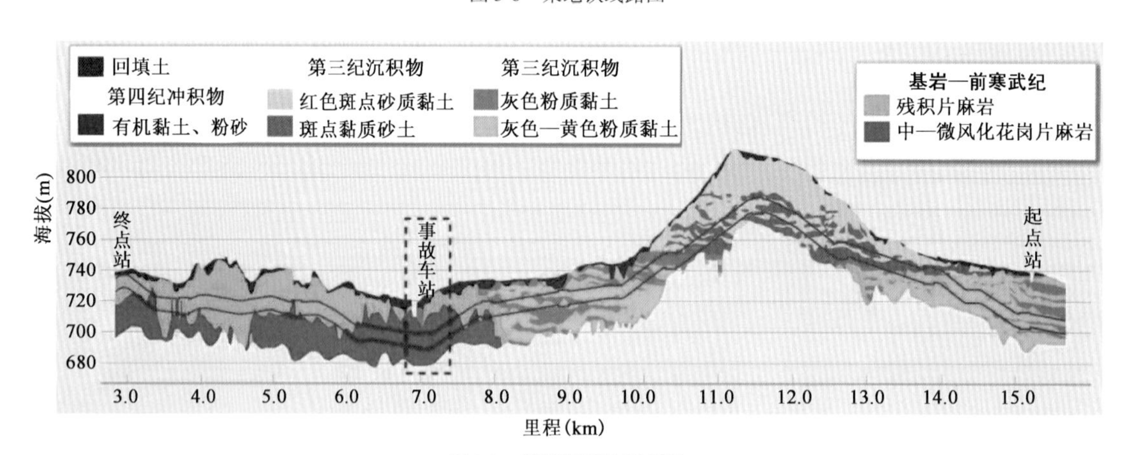

图3-7 隧道沿线地质情况

事故车站区段主要位于中等风化~微风化的花岗片麻岩地层。车站采用新奥法建造，包括一个大直径竖井、两条站台隧道（18.6m×14.2m ×46m），以及两条换乘通道。车站设有侧站台，以及一条双线隧道（直径9.6m）。隧道平面位置及三维示意如图3-8、图3-9所示。

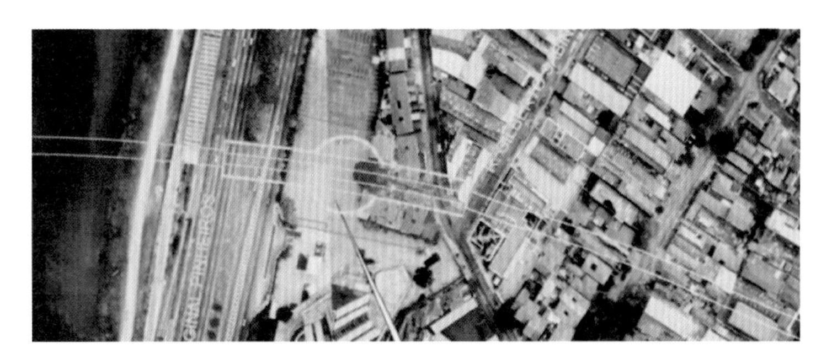

图 3-8 隧道平面位置示意图

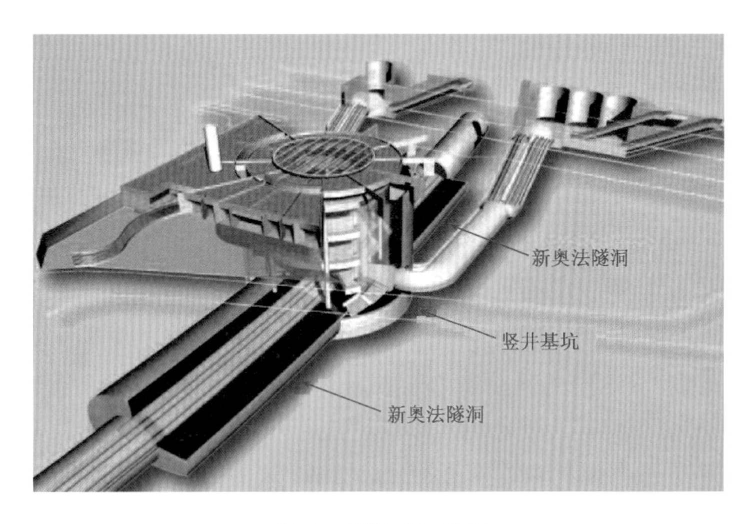

图 3-9 隧道三维示意图

站台隧道的典型横截面如图 3-10 所示。隧道拱部衬砌支护采用喷射混凝土(350mm 厚,后来增大到 580mm) + 间距为 830mm 的格构梁,侧壁则采用钢纤维加固的喷射混凝土(150mm 厚)。仰拱只有一层薄薄的喷射混凝土(70mm),没有结构功能。在分台阶开挖时,如有必要,会根据实际情况增设钢筋锚杆。

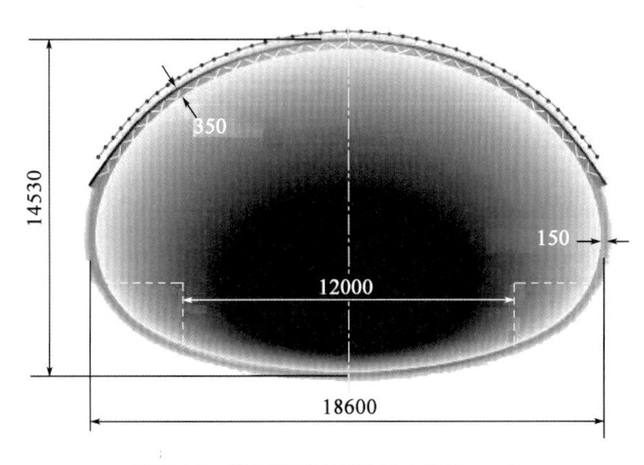

图 3-10 隧道横断面图(尺寸单位:mm)

3.3.2 事故过程

2007 年 1 月 12 日午后,事故车站隧洞长达 40m 的范围突然发生坍塌,紧接着邻近的车站竖井基坑随之倒塌,近一半已施工完成的竖井支护结构瞬时沉入地下。图 3-11 显示了隧洞塌方之前的情况,此时邻近竖井基坑隧洞里的台阶还没开始施工。在塔式起重机和树之间的是场地邻近的某街道。在里程 7080m(竖井基坑侧壁)与里程 7120m(倒塌后边缘)之间,大概标示了 40m 长的车站隧洞坍塌范围。

图 3-12 所示为坍塌发生之后的情况,约 1.5 ~2 万 t 节理发育、呈叶片状的高度风化的强风化岩石脊背在坍塌发生后急速坠落了近 10m,随之产生的巨大空气吸力将在附近地面上的遇难者吸入了较深处。坍塌的速度如此之快,导致正在施工的隧道发生空气爆炸,一名逃生的工人甚至被炸翻。

图 3-11 车站竖井鸟瞰图

图 3-12 坍塌现场状况

3.3.3 事故原因

1)地质勘探揭示的地层分布与实际存在差异

隧洞拱顶的平均深度为地表以下 21m。在隧洞中心附近钻的地质钻孔(8704 号)揭示出岩面绝对高程为 706m,与在其他四个邻近钻孔中揭示的平均岩面高程完全相同。图 3-13 展示了根据地质勘察结果而成的预想地质剖面图,由于钻孔揭露的岩面高程相近,一开始人们认为在区段中岩面应该是呈大致水平的。

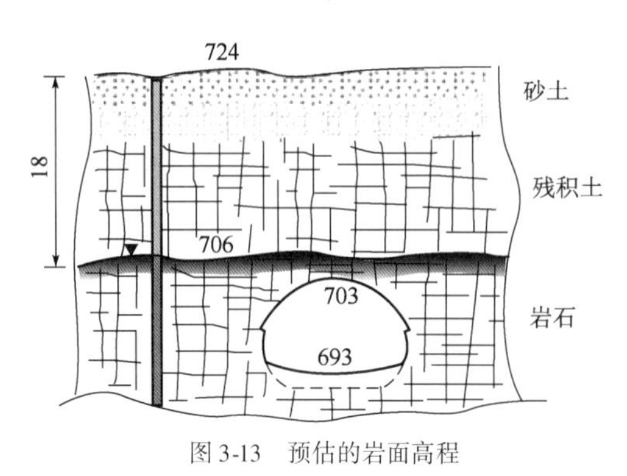

图 3-13 预估的岩面高程

然而,在隧洞坍塌后,随着塌方岩土体挖掘的深入,沿隧洞轴线方向发现了一个独特的、陡峭的岩脊。根据现场反推,这条岩脊比周围的岩面要高出 10 ~ 13m,沿隧洞和隧道延绵数十米(图 3-14、图 3-15)。由于 8704 孔位不偏不倚、正好落在了两个大岩脊中间的低凹位置,与凸出的岩脊擦肩而过,没有揭露岩脊,又正好揭露的岩面高程与最近的五个钻孔的平均岩面高程(706m)相同,从而使工程人员产生了错觉。

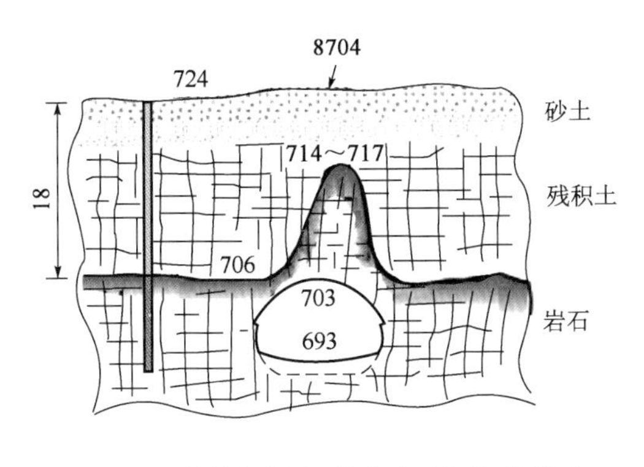

图 3-14　根据挖掘结果反推的岩面高程(横断面)

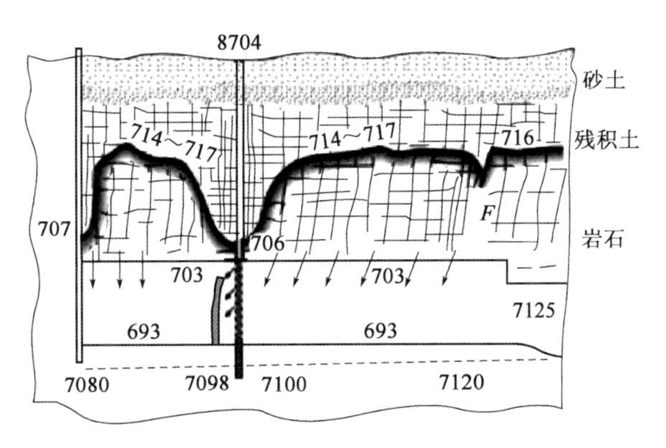

图 3-15　根据挖掘结果反推的岩面高程(纵断面)

2)采用开放式支护

隧道采用了较为罕见的开放式半断面支护,利用设置在两侧岩石的“象腿”作为拱架的支承,如图 3-16 所示。

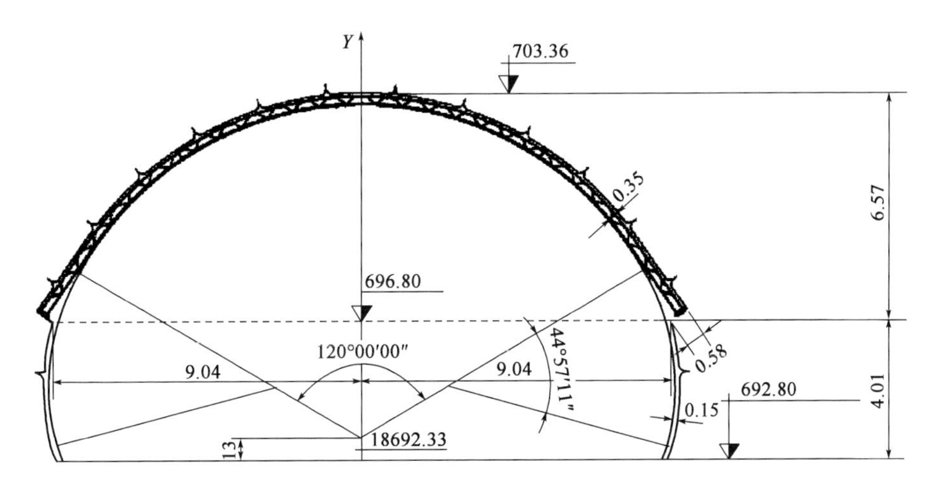

图 3-16　拱架布置示意图(尺寸单位:m)

部分学者通过数值仿真发现,在现场的围岩条件下,施加在支护结构上部的竖向荷载总值可达到惊人的 20000kN。在这种条件下,不仅支护结构会在开挖面通过后不久迅速发生屈服和软化,支撑支护结构的岩石“象腿”也会出现大量的裂缝而进入不安全的状态(图 3-17)。虽然理论上讲任何现有支护形式都不足以抵御本工程中出现的如此巨大的荷载,但有观点认为,采用封闭式的支护结构可以有效地延长破坏过程,使事故发生的前兆更加明显化并增加施工方做出反应的时间,从而降低事故造成的损失。

3)取消超前注浆

在事故发生之前的一段时间,地质工程师发现了越来越多质量等级为Ⅲ级(RMR = 44 ~ 48,RMR 是指由南非科学和工业研究委员会提出的岩体地质力学分类指标值)的围岩,位于隧洞的中部(图3-18)。图3-19展示了隧道断面上岩体质量的分级情况,上下两张图为随着开挖,不同时期的岩体质量在断面上的变化。很明显,沿着隧洞长度范围,岩石质量等级的分布模式几乎一样,即Ⅲ级的核心区被质量较差的Ⅳ级岩石(RMR=34~36)包围(A/B/A模式)。由于岩体质量呈现出逐渐变好的趋势,施工方取消了超前注浆。但实际上,这正是岩层差异风化现象出现的证据。

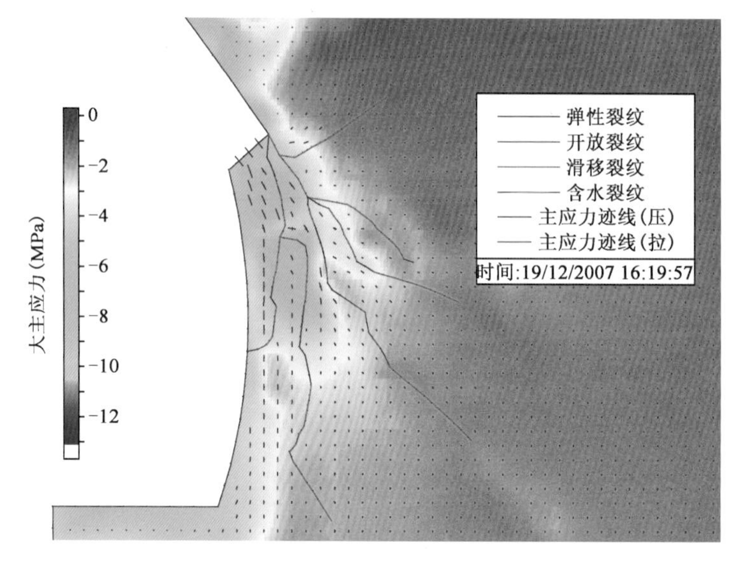

图3-17 岩石"象腿"的裂缝

图3-18 开挖面显示出"核心区"存在的迹象

4)附近区域的不利地形

在该工程中,一个岩体断层(图3-20)以一个几乎垂直的角度穿过隧洞,这在正常情况下本来是最有利的。然而,在20m以下的隧洞处,这一断层难以与光滑的岩石节理(裂缝)区别开来,导致其未引起足够重视。此外一条30年前修建的雨水管恰好穿过这一断层,且在穿过断层前管道横截面直径从1000mm缩小到700mm,这意味着过水断面面积减少了50%。在事故发生前几周,降雨量异常之大。可以推测,在高额水压及隧洞开挖导致的断层错动下,该雨水管产生了渗漏,加剧了岩脊周边风化土体的软化。

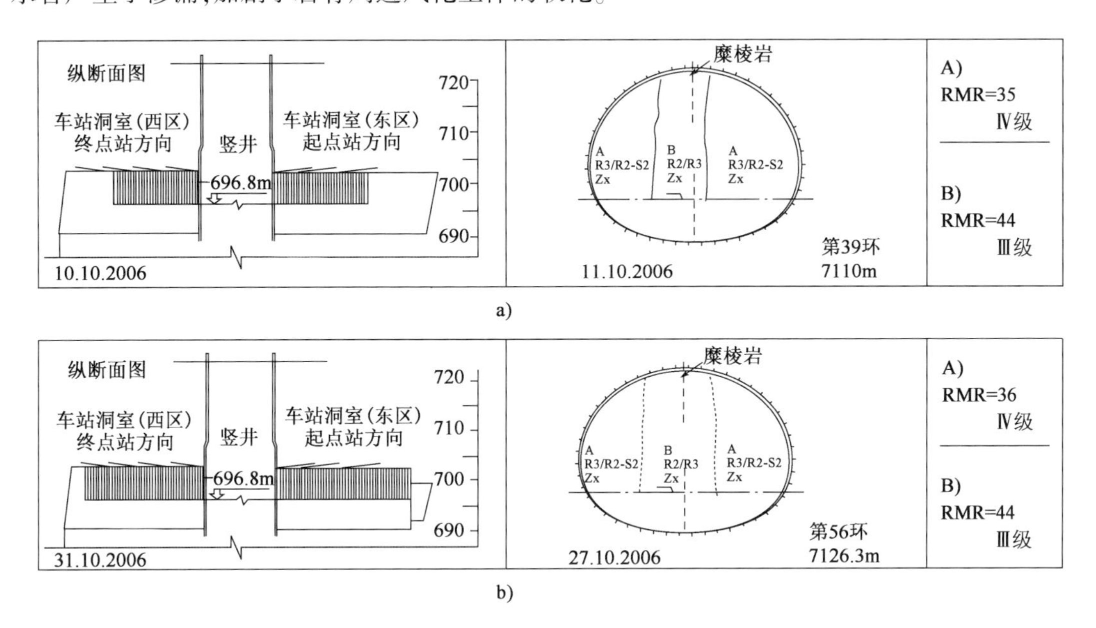

图3-19 开挖面岩石质量等级的变化

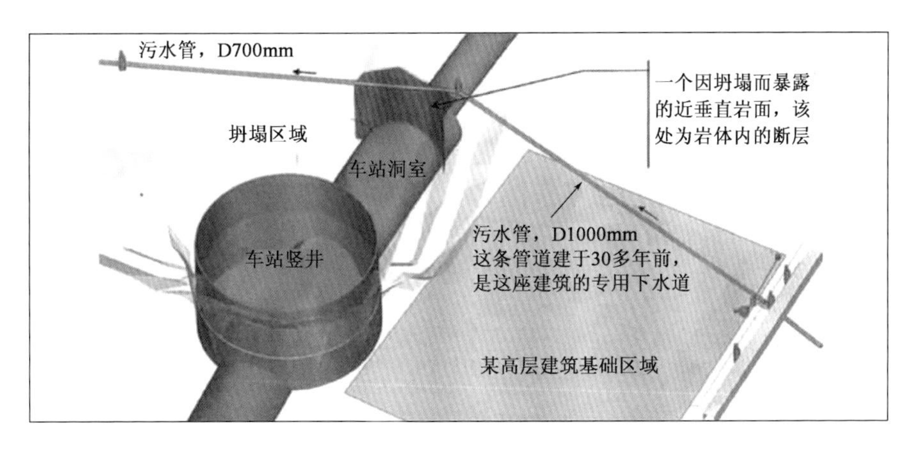

图3-20 坍塌区域附近的不连续面

根据事故资料,可梳理出该起地铁车站坍塌事故的因果如图3-21所示。

从上文分析可知,该事故的关键致灾环节是差异风化形成的岩脊所带来的高额荷载。首先,由于钻孔密度不足,间接导致了关键钻孔的位置错开了该岩脊,从而误判了岩面高度,将隧洞设置在了如此危险的位置。其次,由于对岩石差异风化机理认识不足,导致在掌子面揭示出核心区存在的迹象后也并未引起重视,甚至反而因此取消了超前加固。此外,该隧洞采用的开放式支护也是导致事故后果加重的重要原因之一。一般来说,如此巨大规模的坍塌在发生之前会先出现隧洞严重变形、支护结构破坏等征兆,但开放式的支护结构不具备足够的延性变形能力,巨大的荷载直接破坏了支护结构的支承部位,使支护结构丧失整体稳定性。另一方面,附近存在的断层和老旧雨水管亦成为该起事故的催化剂,而相应监测项目的缺失使这一深层不利因素的累积和发展处于隐蔽状态。这些不利因素单独存在时,或许还不至于导致如此严重的事故,但当这些条件同时具备时,事故的发生几乎成了必然,任何补救措施都难以逆转。该事故具有十分鲜明的特点和重要的警示意义。

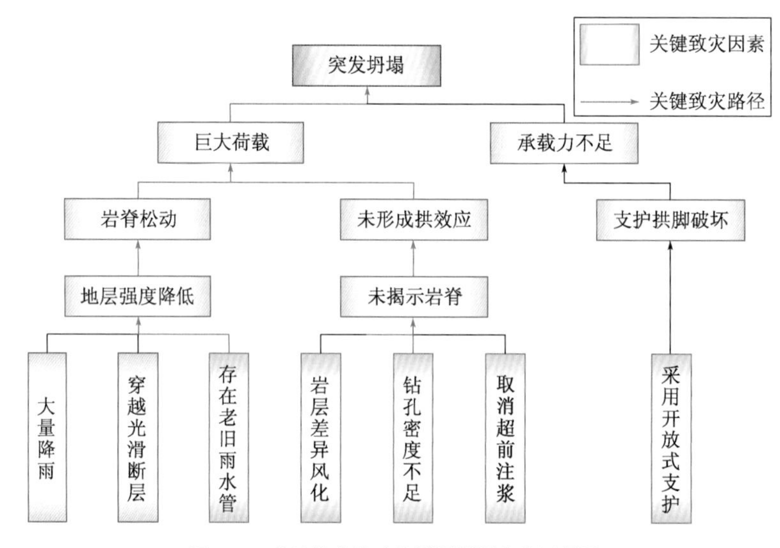

图 3-21　某地铁车站暗挖隧洞坍塌事故因果图

3.4 某盾构隧道透水坍塌重大事故分析

3.4.1 工程背景

1)事故区间位置及周边环境条件

发生事故的隧道为某地铁区间线路隧道,呈东~西走向,为双线隧道,位于城区主干道下方,下穿一立交桥和一公路小桥。区间隧道单线长度约1932m,采用盾构法施工。区间沿线地表下5m深度内敷设大量各类管线,对隧道施工有一定影响。区间隧道位置平面如图3-22所示。

2)工程地质条件

事故隧道主要穿行区域大部分岩土松散、承载力低、自稳定差,总体工程地质条件很差。事故段隧道底埋深约30.5m,由上至下分别为人工填土、淤泥质粉土、淤泥质土、淤泥质粉土、粉砂、中砂、圆砾以及强风化泥质砂岩。事发前,右线盾构机的中下部处于中砂和粉砂交界位置,盾构机隧洞顶是淤泥质粉土层、隧洞底是软弱的粉砂层,盾构机头的前方是粉砂和中砂的交界部位,中砂层的透水性处于中~强范围,含承压水。

图3-22　事故隧道位置平面图

3）工程水文条件

事故隧道下穿某河流，该河常年有水，且水量丰富。地下水主要为第四系松散层孔隙水和基岩裂隙水，孔隙水分为上部黏性土层中的潜水和下部砂、砾石层中的承压水。砂、砾石层连续分布广、水量丰富。

4）隧道设计概况

事故隧道左线长度为1929.702m，右线长度为1931.976m，区间线路纵断面为V形坡，最大坡度27‰，线路埋深为15.58～33.83 m，隧道顶覆土厚度为10.29～28.54m。盾构管片采用6分块方案，1块封顶块，2块邻接块，3块标准块，衬砌环间错缝拼装。

5）盾构机概况

事故隧道采用2台直径为6980mm的土压平衡式盾构机施工。

（1）盾尾密封结构情况

盾构机普遍采用在多道钢丝刷之间填充密封油脂的盾尾密封方式，一般每道钢丝刷由弹簧钢片、钢丝和尾端钢板构成（图3-23）。施工所用盾构机盾尾密封方式为盾尾刷+密封脂，采用2道钢丝刷+1道钢板钢丝刷+1道止逆板的结构形式，盾尾油脂通过安装在后配套系统中的一个气控油脂泵压注，采用注入压力和注入量双控方式。盾尾密封设计最大耐压为1.0MPa。

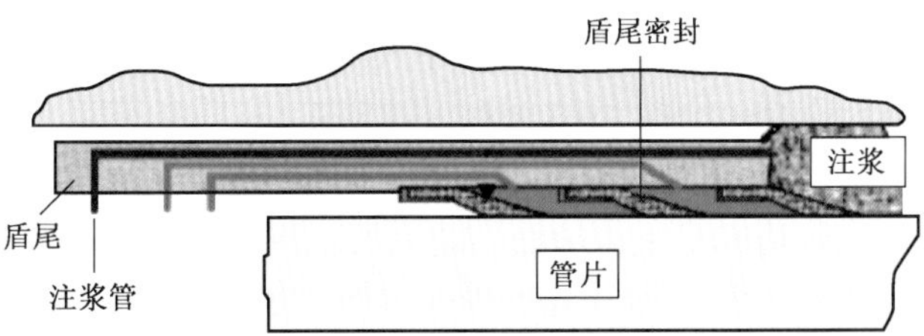

图3-23　盾尾密封原理示意图

(2)盾尾密封油脂使用情况

2018年2月4日至2月7日右线盾构机共使用盾尾油脂约10桶,共掘进30环(每环1.5m,下同),平均使用量约3环/桶。875至905环掘进过程中,油脂平均压力在2.0MPa以上。

6)施工进度

事故隧道右线盾构机于2017年5月10日始发,至2018年2月7日,右线累计完成施工904环1356m。事故发生时左线盾构掘进至1028环,左右线盾构机距离约177m。事故发生时左右线盾构机平面位置关系如图3-24所示。

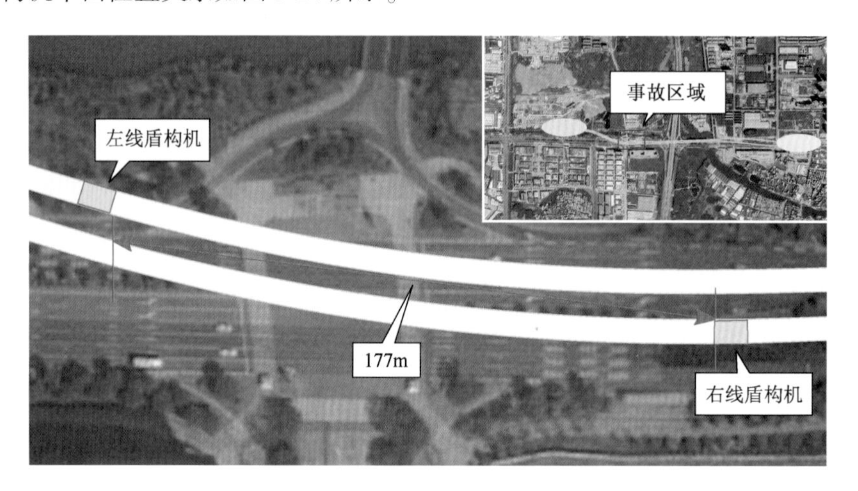

图3-24 事故发生时左右线盾构机平面位置关系

7)补充检验、检测及其他情况

调查组委托质量安全检测公司对区间右线管片质量进行检测,检测结果认为管片混凝土强度、钢筋直径、间距、保护层厚度及管片厚度均满足相关规范要求;委托地质工程勘察院对事故塌陷区周边进行补充钻孔勘察,未发现新的不利地质条件,邻近事故地段第四系上层潜水的水力联系微弱,与承压水没有直接水力联系。调查组还将管片螺栓送至质量监督检测中心进行试验,结果认为螺栓拉伸强度符合要求。经专家合规性审查,该工程的勘察、设计均符合规范要求。

3.4.2 事故过程

2018年2月7日,在右线905环的施工过程中,盾构机土仓压力突然上升约40kPa,即由233kPa上升至270kPa(图3-25),盾体后部俯仰角开始增大,盾尾出现下沉,与此同时盾尾内刚拼装好的第1块管片(A2块)右侧(约盾尾6点钟位置)附近突发向上冒浆。施工人员采取应急堵漏措施但未能奏效,浆液在隧道中迅速上升,盾构机盾尾竖向偏差不断增大。

涌泥涌砂开始约2h后,盾构机上方地面出现大面积坍塌,洞内突然涌出的大量泥砂推动盾构机台车向后滑冲约700余米。事故最终导致东西向约65m,南北向约81m,深度6~8m,面积约4192m^{2}的城市地表坍塌,坍塌体方量接近2.5万m^3。塌方区照片如图3-26所示。

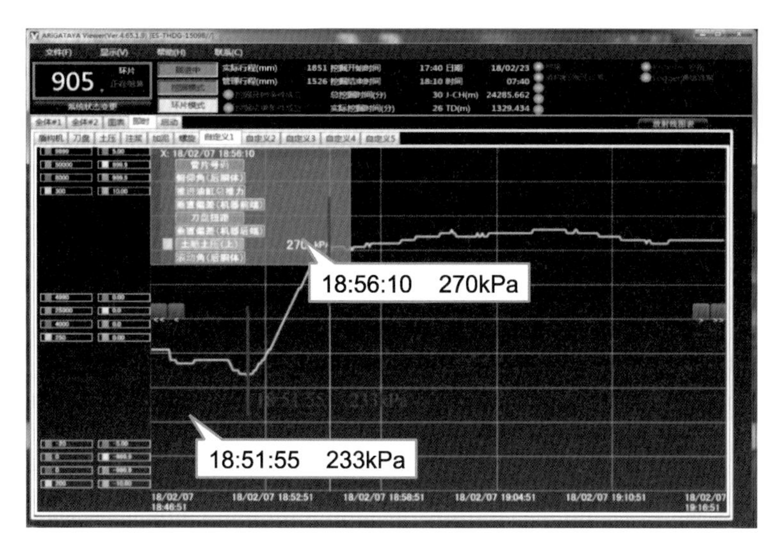

图 3-25　905 环土压力异常升高曲线

图 3-26　地面塌陷区航拍照片

3.4.3　事故原因

1)地层条件差

(1)事故段隧道位于淤泥质土和砂层,土体松散、承载力低、自稳性差、易塌陷,其中粉砂层属于液化土,分布连续、范围广、埋深大、透水性强、水量丰富,且上部淤泥质土形成了相对隔水层,下部砂层地下水具有承压性,水文地质条件差。

(2)事发时盾构机刚好位于粉砂和中砂交界部位,盾构机本身处于软弱的粉砂层,盾构机在这种交界位置停留时间越长则水压失衡而冲破防渗体系的风险就越大。而中砂及其下的圆砾层透水性强于粉砂层,并且水量丰富、具有承压性,这是非常不利的组合体,一旦粉砂层发生涌水,盾构机下的粉砂就会随涌水流失,极易产生管涌而造成粉砂流失。

2）盾尾密封装置性能下降

（1）事故发生前，右线盾构机已累计掘进约1.36km，盾尾刷存在磨损，盾尾密封止水性能下降。管片拼装期间盾尾间隙处于下大上小的不利状态，盾尾底部易发生漏浆漏水。

（2）盾构机正在进行管片拼装作业，管片拼装机起吊905环第2块管片时，盾尾外荷载加大，同时土仓压力突然上升约40kPa，对盾尾密封性不利。上述因素导致盾尾密封装置在使用过程耐水压密封性下降，导致盾尾密封被外部压力击穿。

3）撤离不及时

涌泥涌砂出现后，隧道内已有大量泥砂堆积，盾构机盾尾已发生明显下沉，激光导向系统已无法监测到盾尾竖向偏差。上述现象可判断出隧道已处于危险状态，施工人员向盾尾密封内打入应急堵漏油脂，并向盾尾漏浆处抛填沙袋反压后，盾尾透水涌泥涌砂现象仍在持续，表明抢险措施难以有效控制险情。在这种情况下，应立即放弃抢修并撤离隧道。

根据事故资料，可梳理出该事故的因果如图3-27所示。该事故的直接原因在于不利的水文地质条件以及盾构机盾尾刷长时间超强度使用导致的磨损。事故的发生存在一个明显的演化过程，盾尾刷的磨损导致盾尾密封性下降，盾构机出现下沉，使上部盾壳间隙进一步扩大，发展为渗水，此时事故的发生已难以避免。随后由于未能及时放弃抢险并撤离，在泥砂突涌导致的冲击下造成了本可以避免的人员伤亡。

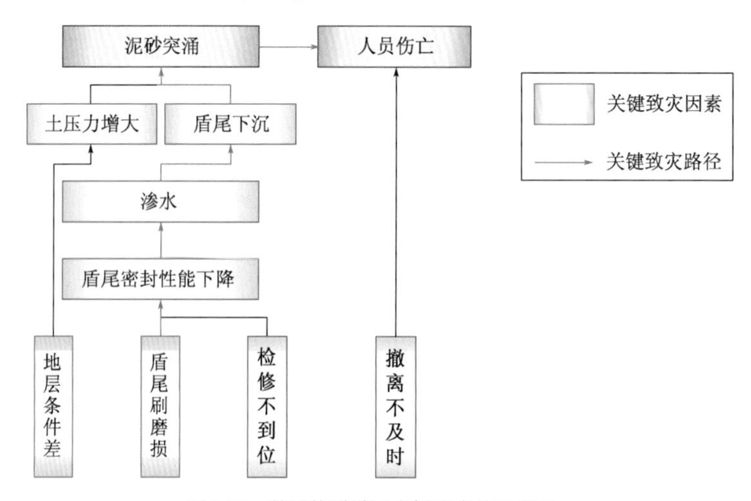

图3-27　某盾构隧道透水坍塌事故因果图

3.5 某地铁区间明挖基坑倒塌事故分析

3.5.1 工程背景

1）工程概况

事故基坑为某地铁环线的一段明挖区段隧道。该段线路总长约2.8km，包括两侧的地下三层车站及区间隧道。区间隧道中有800m位于某河底,采用盾构掘进施工,盾构始发井位于东侧站的端头,接收井位于河流的西侧,为直径34m的圆工作井,其他区段均采用明挖法施工。图3-28为事故发生区段的总体布置图。

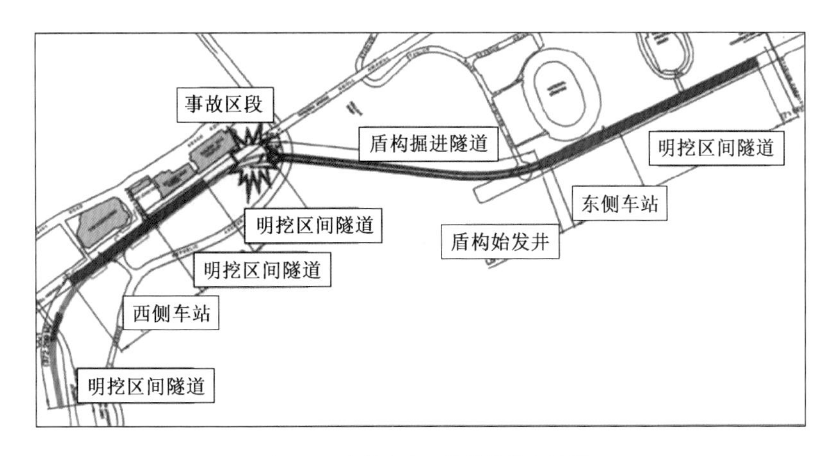

图3-28 事故发生区段的总体布置图

该段线路紧邻某快速路,在快速路的北侧是与之平行的海滩路。海滩路南侧的全部区域是分两次围海造地形成的。如图3-29所示,在20世纪40年代围海造地形成了海滩路和快速路之间陆地;快速路的北侧则是20世纪70年代围海形成,也就是说事故发生区段至今仅仅沉降固结了40年,是一片年轻的土地。

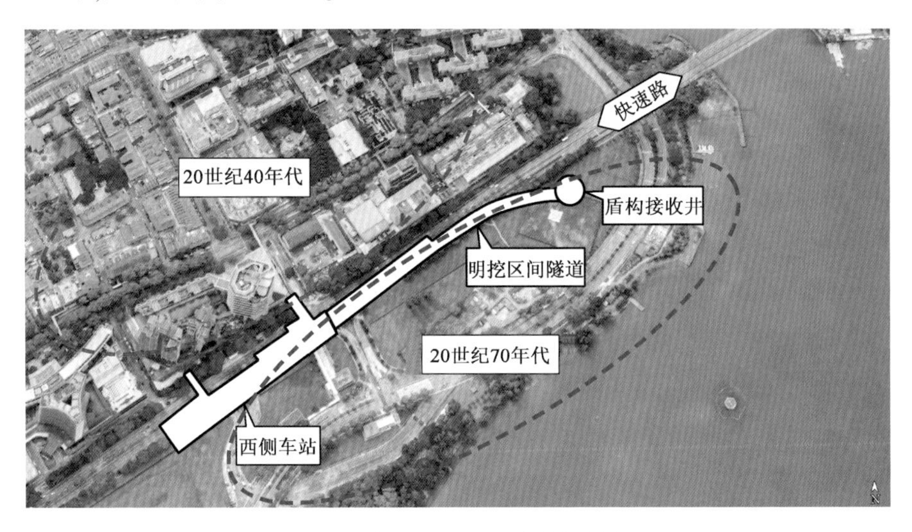

图3-29 事故发生区段地层年代示意图

事故基坑最大挖深约33m,宽度约20m。围护体系为0.8m厚的地下连续墙,从上到下共设十道钢支撑,中间设立柱桩。在第九道和第十道支撑之间有1.6m旋喷加固层作为暗撑,在最终开挖面的底部有3.0m厚的旋喷加固层作为施工阶段的底板。工程采用明挖顺作法施工,图3-30为发生事故的基坑平面图,其中M2、M3为事故发生区段。图3-31为事故基坑支护断面图。

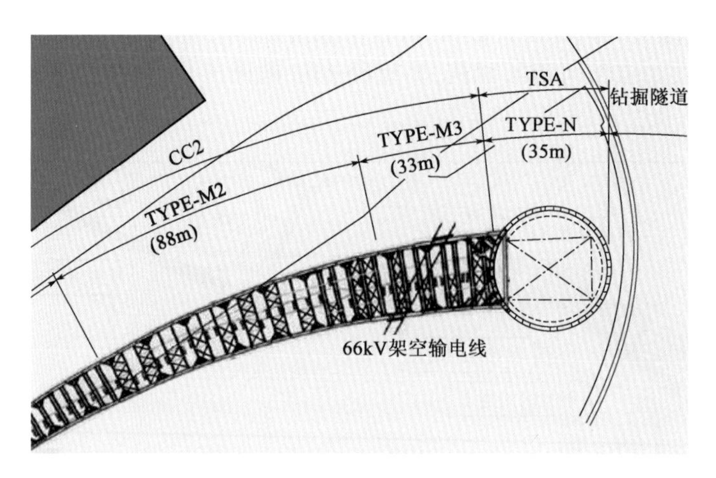

图 3-30　事故基坑平面图

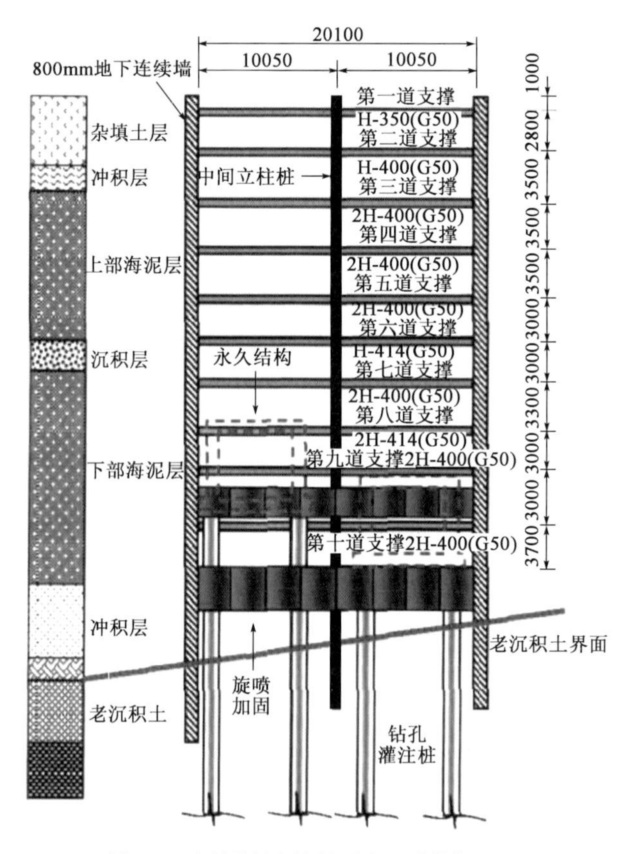

图 3-31　事故基坑支护断面图(尺寸单位:mm)

2)工程地质条件

地层的分布从上到下依次为:4~5m 厚的填土层;5~30m 为海泥层,在海泥层的中部有一薄层冲积层,海泥层的底部则是相对坚硬的老沉积土。地下连续墙一般要插入到老沉积土3~5m。在该事故区段这层老沉积土不是水平成层的,在快速路的一侧相对较浅。由土层分布的情况来看,整个开挖都是在海泥层内进行的,这层土总体表现为软弱、欠固结和透水性差,从而也导致基坑开挖过程中围护体系的变形具有显著的时空效应。

3.5.2　事故过程

2004 年 4 月 20 日,现场工程师在进行现场检查时听到两声响声,发现北侧围檩的加劲槽钢和翼缘出现屈服(图 3-32a),10 分钟后又发现南侧的围檩屈服(图 3-32b)。施工方在进行讨论后,决定在开挖面上浇筑 200mm 厚的素混凝土垫层作为临时支撑,在围檩的上部浇筑的混凝土作为对围檩上部的加强。此时的监测数据显示,地下连续墙的变形由 4 月 17 日的 349.81mm 发展到 4 月 20 日的 440.55mm,三天时间增加了 90mm(图 3-33a);第九道支撑的轴力开始下降,而第八道支撑的轴力则相应上升(图 3-33b)。

a)

b)

图 3-32　钢围檩屈服情况

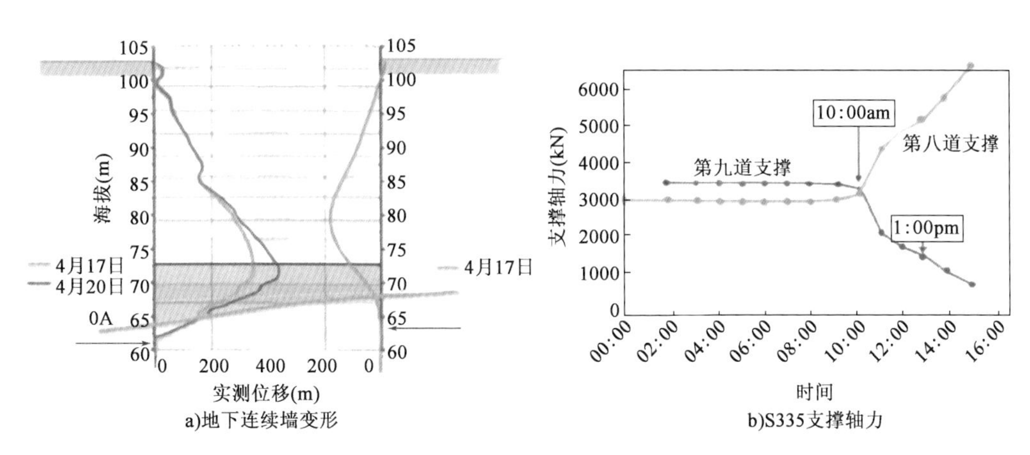

a)地下连续墙变形　　b)S335支撑轴力

图 3-33　事故发生前地连墙变形与支撑轴力的变化

当日下午,一名工人发现第九道支撑的围檩和支撑已经完全脱开,随后支撑开始相继失效,进而导致基坑发生整体坍塌。整个坍塌的区段长约 100m 左右,塌方的过程中有煤气管线断裂并起火,66kV 电缆损毁而导致部分区域断电等。事故现场照片如图 3-34 所示。

a)

b)

图 3-34 事故发生后的基坑

3.5.3 事故原因

1）新近沉积的海相淤泥土

事故基坑位于海边，地层为海相淤泥土，此类地层的变形模量和抗剪强度均较低，是十分不利的地质条件；基坑一侧更是为填海造地所形成的新近沉积地层，固结历史较短，土质松散。在这样的地层中修建基坑本就面临着较高风险，对基坑支护体系的刚度和强度有很高的要求。

2）错误的计算参数

（1）在土—结构相互作用的有限元模拟分析中，对饱和软土采用排水条件下的参数进行计算，使得分析模型中的水土荷载较实际情况偏低，进而低估了围护体系的变形和内力，导致围护体系的设计偏于不安全。

（2）支撑与围檩的连接细部设计中错误地选用了局部屈曲失稳的悬伸长度，导致大大高估了结构的屈曲失稳的极限荷载。

3）支撑连接节点强度不足

（1）采用槽钢代替加劲板，使得体系在极限承载力增加不大的情况下其延性大大降低。

（2）现场施工中部分支撑的八字撑被省略，使得原本天生不足的支撑体系雪上加霜，最终在短短数小时内体系彻底崩溃。

4）反分析存在技术错误

基于地下连续墙的变形实测数据进行的反演分析，简单地采取了折减参数拟合曲线的方法，没有对折减后的参数寻求物理意义和力学解释，未对整个围护体系的总体安全性进行评估。

该起事故的因果如图 3-35 所示。该事故的主要原因可以分为两方面：在客观原因方面，基坑附近地层较为特殊，一侧为软弱的海相淤泥土，一侧为沉积时间较短的人工造地，使基坑稳定性本就面临着较大考验；人为原因方面，由于设计参数错误，导致结构设计荷载偏低，再加上施工中对支撑连接节点强度的忽略导致支撑的稳定性遭到了削弱。可以说,在上述因素共同作用下,该基坑在施工时本就处于极其不安全的状态,外加施工方未能及时发现监测数据呈现出来的问题,导致基坑支护体系出现连环破坏,进一步诱发大范围停电、燃气管爆炸等次生灾害。

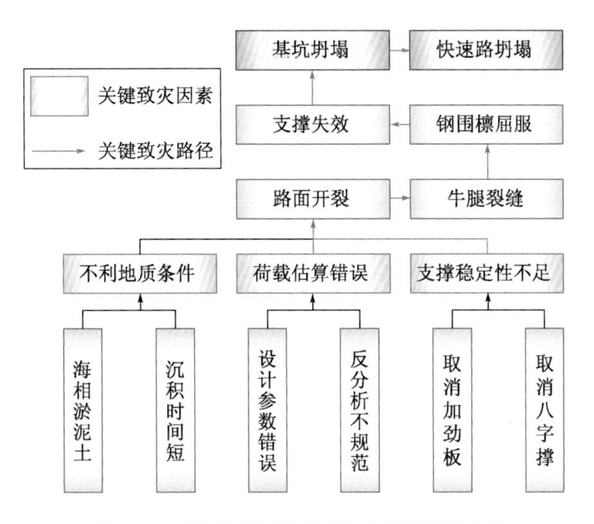

图3-35 某地铁区间明挖基坑倒塌事故因果图

3.6 某地铁区间越江隧道透水坍塌事故分析

3.6.1 工程背景

1)工程简介

事故隧道为某地铁区间隧道的越江段。该段区间隧道上行线全长约1998m,下行线总长约1982m,越江段总长440m,隧道底部最大埋深为37.35m。隧道采用盾构法修建,在江边一侧设有中间风井一座。

事故发生在靠近风井的位置。原设计计划先通过明挖法施作风井上半部结构,然后以盾构法穿越风井,并采用垂直冻结法加固,以矿山法施作连接隧道与风井的通道;风井下方设有旁通道,采用矿山法配合水平冻结进行施工。

2)周边环境情况

事故区域位于城区主干道及江边防汛墙之间,距防汛墙53m,防汛墙为高度6.7m的L形钢筋混凝土墙。西侧有一处批发交易市场及一座商务楼,北侧有一座饭店、两座商务楼(5层砖混结构)以及过江大桥的引桥,南侧有22层住宅小区、地方税务局、银行大楼及一座商务楼。事故区域周边主要道路的上、下方敷设有上水、电力、煤气、通信、电缆、雨污水等各类管线。西侧主干道交通十分繁忙,有数十条公交线路通过。

3)水文地质情况

(1)地质情况

根据岩土勘察报告,主要地层的物理力学性质见表3-2。

越江段地层物理力学性质表 表3-2

层号	地层名称	层厚(m)	底层高程(m)	含水率(%)	重度(kN/m³)	孔隙比	黏聚力(kPa)	内摩擦角(°)	标准贯入度
①	杂填土	2~6	-2.14~-2.23						
$②_2$	灰色黏质粉土	10.5~13.6	-11.37~-12.64	33.5	18.1	0.96	10	26.0	5
$⑤_1$	灰色黏土	3.5~5.1	-16.14~-16.47	42.1	17.4	1.20	14	13.5	
$⑤_2$	灰色粉质黏土	3.9~4.5	-20.37~-20.64	35.5	18.0	1.02	17	18.5	
⑥	暗绿色粉质黏土	4.3~4.4	-27.77~-24.94	24.4	19.4	0.72	38	22.0	
$⑦_1$	砂质粉土	12.30	-37.99	35.1	20.3	1.04	0	33,0	40
$⑦_2$	粉细砂	22.86	-60.85	28.2	19.8	0.78	0	37.0	50
⑨	粉细砂	未钻穿	未钻穿	25.2		0.71	0	35.5	50

(2)水文条件

①地下水类型

勘察资料表明,沿线地下水主要有浅部黏性土、粉质土层中的潜水及深部粉质土、砂土层中的承压水。第⑦层为该地区的第一承压含水层,第⑨层为该地区第二承压含水层,场区内第一、第二承压含水层相通。

②地下水水位

潜水位和承压水位随季节、气候、湖汐等因素有所变化。潜水水位埋深离地表约0.5~1.0m,第一承压含水层水位埋深为9m。

③地下水温度

地下水温度在4m埋深范围内受气温变化影响,4m以下水温一般稳定在16~18℃。

④水力联系

根据水力联系观测结果,由于该工程附近防汛墙下设有防汛板桩,潜水与江水无直接的水力联系。

⑤地下水参数

各地层的室内渗透试验结果见表3-3。

越江段地层渗透系数表 表3-3

层号	地层名称	渗透系数(cm/s)	
		竖直方向	水平方向
$②_0$	黏质粉土	4.53×10^{-4}	3.21×10^{-4}
④	淤泥质黏土	4.05×10^{-8}	6.40×10^{-8}
⑤	粉质黏土	5.72×10^{-8}	6.44×10^{-8}
⑥	粉质黏土	8.38×10^{-8}	9.51×10^{-8}

续上表

层　　号	地层名称	渗透系数(cm/s)	
		竖直方向	水平方向
$⑦_1$	砂质粉土	5.34×10^{-4}	6.34×10^{-4}
$⑦_2$	粉细砂	8.00×10^{-4}	1.07×10^{-3}
$⑨_1$	粉细砂	1.20×10^{-3}	1.96×10^{-3}
$⑨_2$	含砾细沙	2.13×10^{-3}	3.50×10^{-3}

4)隧道设计

该段区间隧道管片内径5500mm,外径6200mm,厚350mm。管片全环由小封顶块一块、标准块两块、临接块两块以及大封底块一块构成,环宽1200mm,采用通缝拼装。在管片截面中部设大凸榫以承受千斤顶推力,外弧侧设弹性密封垫槽,内弧侧设嵌缝槽。整个环面凹凸榫槽处密贴,环与环间以17根M30纵向螺栓连接,块与块间以2根M30的环向螺栓连接。管片材料为C55高强混凝土,抗渗等级为1.0MPa,钢筋型号为HPB235、HRB335。管片连接螺栓采用强度等级为5.6级、5.8级的钢材。

3.6.2　事故过程

事故发生前,盾构推进已经完成,中间风井明挖部分也已经完成,旁通道于2003年4月26日开始冻结,冻结工作面设在下行线隧道,至5月30日基本达到强度,开始由上行线向下行线开挖。计划6月20日完成旁通道,然后再逐段开挖垂直风道。

6月28日,由于向下行线冻结管供冷的一台小型制冷机发生故障,冻结停止了约7.5h。由于冻结体强度降低,施工方暂停了旁通道的掘进,并封闭了开挖面。7月1日,在没有检测补充冻结效果的情况下,施工方恢复了旁通道开挖,当开挖到距离对面隧道80cm位置时发现有液氮冻结孔产生渗漏,随后渗漏点逐渐扩大,砂质粉土、粉细砂层中的承压水迅速涌入旁通道,随之而来的还有大量流砂。涌入的水带来大量热量,导致冻结体快速消融,在短时间内即产生崩溃,上行线隧道周围水土大量损失导致隧道压力失衡,最终导致旁通道处隧道完全损坏。随后,涌入的水流入下行线隧道,地层损失区不断扩大,下行线隧道也逐渐破坏,上方已完成的风井迅速沉降,风井的地下连续墙将下方的隧道切断。大量的水土损失也导致周边地区地面出现不同程度的裂缝、沉降,并造成三幢建筑物严重倾斜,防汛墙由裂缝、沉降演变至塌陷,并导致了防汛墙围堰管涌等险情。事故区域情况如图3-36所示。

3.6.3　事故原因

1)长时间停止冻结

制冷设备故障导致停止冻结7.5h,如此长时间的中断冻结会使冻结体温度显著升高,外加事故发生时期正值夏季,冻结体本就处于较为薄弱的状态,与外界的热量交换速率也较快。在长时间停止冻结后,冻结体已局部失去加固和止水效果,形成了地下水涌入的条件。

a)地表塌陷

b)地表建筑严重倾斜

图 3-36　事故区域情况

2) 不利的水文地质条件

事故区域处于承压水地层中,此类地层具有巨大的压力势能,一旦施工过程中的止水出现问题,承压水便极有可能冲破地层引发流砂,进而导致地层的扰动和位移,引发隧道结构破坏,形成恶性循环,使险情迅速扩大。由于隧道位于江边,即便防汛墙的抗渗板桩切断了承压水与江水的水力联系,地层中的水量补给依然十分丰富,一旦发生渗漏便十分难以封堵。

3) 过早恢复开挖

根据冻结法施工方案要求,冻结时间需要达到 50 天方可进行开挖,而上行线 5 月 11 日开始冻结,至事故发生时才满足 50 天的冻结时间要求,但冻结设备故障导致实际冻结温度无法满足开挖要求。施工方为对冻结效果进行充分验证的情况下过早恢复开挖,最终导致事故的发生。

3.7 某地铁车站基坑局部垮塌事故分析

3.7.1 工程背景

1) 工程简介

发生事故的基坑为某个十字换乘站的施工基坑。车站位于两条城市主干道的交叉路口,地处城区繁华地段。车站为二层侧式车站,总长约 480.6m,宽 20.35 ~ 44.5m,地下一层为站厅层,地下二层为站台层。

2) 周边环境情况

车站附近地势东西向起伏较大、南北向较平坦,周围楼房密集。由于部分城区规划在车站施工时尚未实现,现况路边场地较为宽阔,道路下方地下管线密集。路口以南 350m 左右西侧为正在营业的商场,二层地下室,支护形式为桩加预应力锚索,因部分锚索已进入车站基坑内,在施工本基坑前将锚索凿除;东侧为一家汽车 4S 店,2 层钢结构,人工挖孔墩基础,埋深 6 ~ 8m。

3) 地质情况

根据岩土工程详勘报告,揭露深度范围内,站址区地层自上而下可分为以下几个单元层,各岩土层按不同岩性及工程性能分为若干亚层,其分布情况如下。

(1)〈1-1〉填土(Q_4^{ml});〈6-1〉粉质黏土(Q_4^{al})。

(2)〈10-1〉粉质黏土(Q_{2-3}^{al+pl})。

(3)〈10-1-1〉粉质黏土(Q_{2-3}^{al+pl});〈10-2〉黏土(Q_{2-3}^{al+pl})。

(4)〈11-1〉含黏性土细砂(Q_2^{al+pl});〈1-1〉填土(Q_4^{ml})。

(5)〈6-1〉粉质黏土(Q_4^{al});〈10-1〉粉质黏土(Q_{2-3}^{al+pl})。

(6)〈10-1-1〉粉质黏土(Q_{2-3}^{al+pl});〈10-2〉黏土(Q_{2-3}^{al+pl})。

(7)〈11-1〉含黏性土细砂(Q_2^{al+pl})。

4) 围护结构设计

围护采用 ϕ1000@1200 钻孔灌注桩,标准段采用 3 道支撑,其中第一道支撑为混凝土支撑,第二、第三道支撑为直径 800mm、壁厚 16mm 的钢支撑;在端头位置,因基坑深度较大,采用三道支撑,并换撑一道。

3.7.2　事故过程

2012 年 12 月 30 日,车站南端头井已开挖至 17m 左右深度,第一道钢筋混凝土支撑及第二、三道钢支撑已安装完毕。一名工人发现第一道混凝土表面出现微裂缝,且围护桩间抹平出现掉皮现象。不久后,车站南端头井坑壁发现渗水,伴随坑边地表下沉,路面开裂。约 0.5h 后,南端头支护桩突然在桩顶以下约 10m 处折断,靠近端头井侧壁部分支护桩受牵引发生较大变形,冠梁破坏,端头井基坑局部坍塌。坍塌现场如图 3-37 所示。

a)

b)

图 3-37　某地铁车站基坑局部垮塌现场

3.7.3　事故原因

1) 端头井外污水管漏水

基坑所处区域地层主要为粉质黏土,在无水条件下具有较好的稳定性。但发生事故的端头井附近存在一条污水管线,该污水管线的隐蔽性渗漏使粉质黏土层发生局部软化,进而导致围护结构承受了超过设计值的水土荷载。

2)钢腰梁可靠性欠佳,施工质量不达标

在端头井等角部位置(尤其不是扩大段的端头井),钢腰梁的可靠性欠佳,若采用混凝土腰梁则可以避免类似事故的发生;此外,施工单位在钢腰梁的抗剪蹬的施工中存在一定的疏忽,部分抗剪蹬被省略,导致钢腰梁稳定性被进一步削弱。

3.8 某地铁区间暗挖隧道塌方事故(一)

3.8.1 工程概况

1)工程简介

该区间隧道为左右分建的并行单线马蹄形隧道,位于两条城市道路下方,埋深约14m,采用台阶法施工。隧道周边存在多条管线,位于距隧道拱顶约10m处。施工期间设临时竖井一座,位于道路交叉口东南侧绿地内。在竖井与左右线之间设置横通道,横通道长约26.15m(含通过正线段)。竖井基岩以上采用 ϕ800@1200 钻孔灌注桩挡土,桩间采用 ϕ1200@1200 的旋喷桩止水,基岩以下采用直壁喷锚支护,明挖顺作法施工;横通道采用喷锚构筑法施工。区间隧道施工完成后,回填临时竖井及横通道,并恢复地面。

2)地质情况

(1)地层条件

通过钻探揭示,场区第四系地层厚度2.00~12.70m,主要由第四系全新统人工填土(Q_4^{ml})、全新统洪冲积层(Q_4^{al+pl})、上更新统洪冲积层(Q_3^{al+pl})组成。场区内基岩以粗粒花岗岩为主,煌斑岩、花岗斑岩呈脉状穿插其间,不同岩性接触带见有糜棱岩、碎裂状花岗岩等。

(2)水文地质条件

场区地下水主要有两种类型:一是第四系孔隙潜水,二是基岩裂隙水。第四系孔隙潜水主要分布于第四系洪冲积砂层中,为主要含水层。砂层之上的黏性土层厚度变化较大,水位埋深略有起伏,局部具有弱承压性,钻孔观测的地下水水位埋深2.80~6.50m,绝对高程9.20~12.53m。基岩裂隙水主要赋存于岩石强、中等风化带中。基岩的含水性、透水性受岩体的结构、构造、裂隙发育程度等的控制,由于岩体的各向异性,加之局部岩体破碎、节理裂隙发育,导致岩体富水程度与渗透性也不尽相同。岩体的节理裂隙发育地带、岩脉挤压裂隙密集带中,地下水相对富集,透水性也相对较好。总体上,基岩裂隙水发育具有非均一性。钻孔观测的地下水水位埋深3.50~6.00m,绝对高程14.11~17.46m。基岩裂隙水水量虽不大,但与第四系孔隙潜水水力联系明显,可按同一水头考虑。总体上,场地内地下水富水性中等,水量较大。

3.8.2 事故过程

事故发生前,竖井及横通道的开挖工作均已完成,支护结构部分施作完毕。隧道正线左线大里程方向开挖53m，右线大里程已开挖38m；左线小里程方向已开挖40m，右线小里程方向已开挖42m。

2011年7月17日，区间左线大里程方向掌子面附近在立钢拱架前拱顶上部出现破碎岩块及沙土坠落现象，施工单位立即组织进行喷射混凝土及沙袋封堵掌子面等措施，但由于涌水量过大，水压强劲，封堵沙袋被冲开，拱顶涌水现象加剧，险情不断恶化。不久后，掌子面上方路面塌陷，出现直径约5m左右的塌陷坑。塌方现场如图3-38所示。

图3-38　塌方现场照片

3.8.3　事故原因

1）地质原因

事故发生区段地质条件较差，围岩为强风化带，其厚度0.4～4m且蚀变严重，节理裂隙发育，其上为黏土层和砂层。基岩裂隙发育，透水性较好，地下水富集。

2）雨季地下水位高

事故发生期间正值雨季。据施工单位反映，事发前降雨量较大，地下水位高，水流量大。在下层砂层流失后，一条隧道附近的污水管断裂导致污水泄漏，随即在巨大的水土压力下，开挖后未支护区域的地层被泥砂冲破，导致此次塌方事故。

3）注浆加固方案不完善

在事故发生期间的富水条件下，施工单位采取的短距离钻孔压浆不能有效加固围岩和上层砂层，应采取超前长距离预压浆加固，其压浆孔的布置，压浆量、压浆的配比均要能起到止水、加固的作用。

3.9　某地铁区间暗挖隧道塌方事故（二）

3.9.1　工程概况

1）工程简介

本区间隧道位于城市主干道下方，左线全长1234.47m，右线全长1213.581m，双线间距在该线附近车站处为15m，经过两条半径为350m的平曲线渐变为13m。区间隧道在靠近车站处设置人防段，并设两处联络通道，一座区间泵站，一座施工竖井，施工竖井设置在右线。根据通风要求，本区间施工竖井及施工横通道为永久结构，运营期间作为活塞风井和活塞风道。施工竖井设置于某加油站北侧的绿地，施工场地位于该绿地内。

该区间隧道出该线附近车站后下穿一条河流暗渠及一条城市道路，随后下穿某医院4层建筑及附近的3栋6层建筑,经过另一条城市道路后下穿某住宅小区7栋6~7层建筑。事故发生地点位于两条城市道路的交叉口,距离医院建筑水平距离仅21m。事故发生地平面如图3-39所示,下穿医院处剖面如图3-40所示。

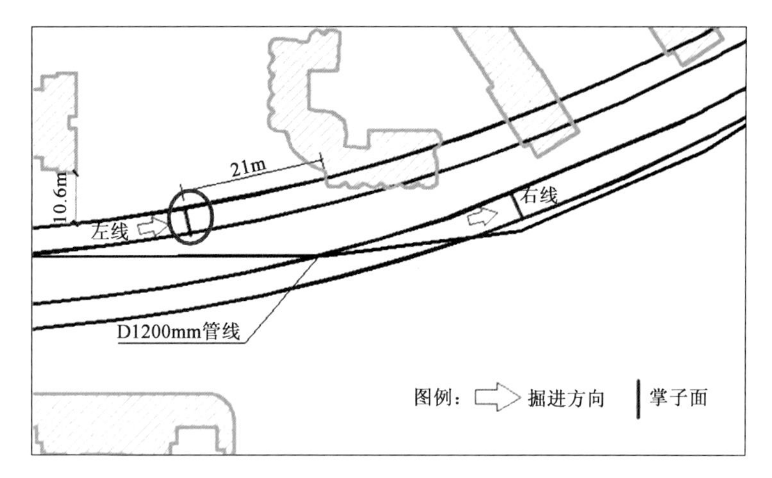

图3-39 事故发生地平面图

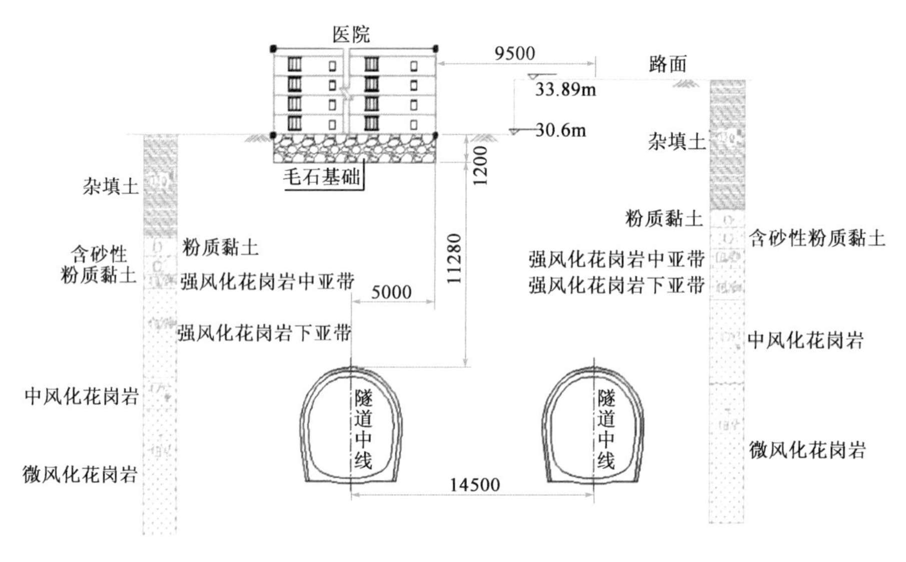

图3-40 下穿医院处剖面图(尺寸单位:mm)

2)地质条件及周边环境

事故发生地的地层条件:由上至下,依次为第四系土(杂填土,素填土、⑦粉质黏土、粗砂、⑪粉质黏土),强风化花岗岩,中风化花岗岩,微风化花岗岩。

沿线两侧主要为居民区和商铺,地面交通繁忙。现有地面高程26.9~36.9m。下伏基岩为中生代燕山晚期侵入岩,主要为花岗岩,见煌斑岩岩脉,局部强风化带厚度较大。花岗岩强风化带较厚处,含水较丰富。工程地质条件较为简单,花岗岩强风化带,具有遇水软化、崩解的特点;岩石中、微风化带,岩质坚硬,强度较高。围岩级别为Ⅱ级到Ⅳ级。

3.9.2　事故经过

2013 年 7 月 19 日，左线大里程进行爆破施工。爆破后，掌子面右侧拱部突然出现局部塌方并伴随大量黄泥水涌出，同时伴有破碎的砌筑砖块及陶制管道碎片。

根据现场观察，塌腔体顶口约 6m × 7m，深度约 13m，塌腔体积向下逐步减小，预测总体积超过 $50m^3$。由于此位置道路下发管线密集，有管道井存在，且近期降雨量较大，地下水位较高，此部位多被水填充，造成隧道内部实际观察到的塌方量较小。图 3-41 为事故现场图片。

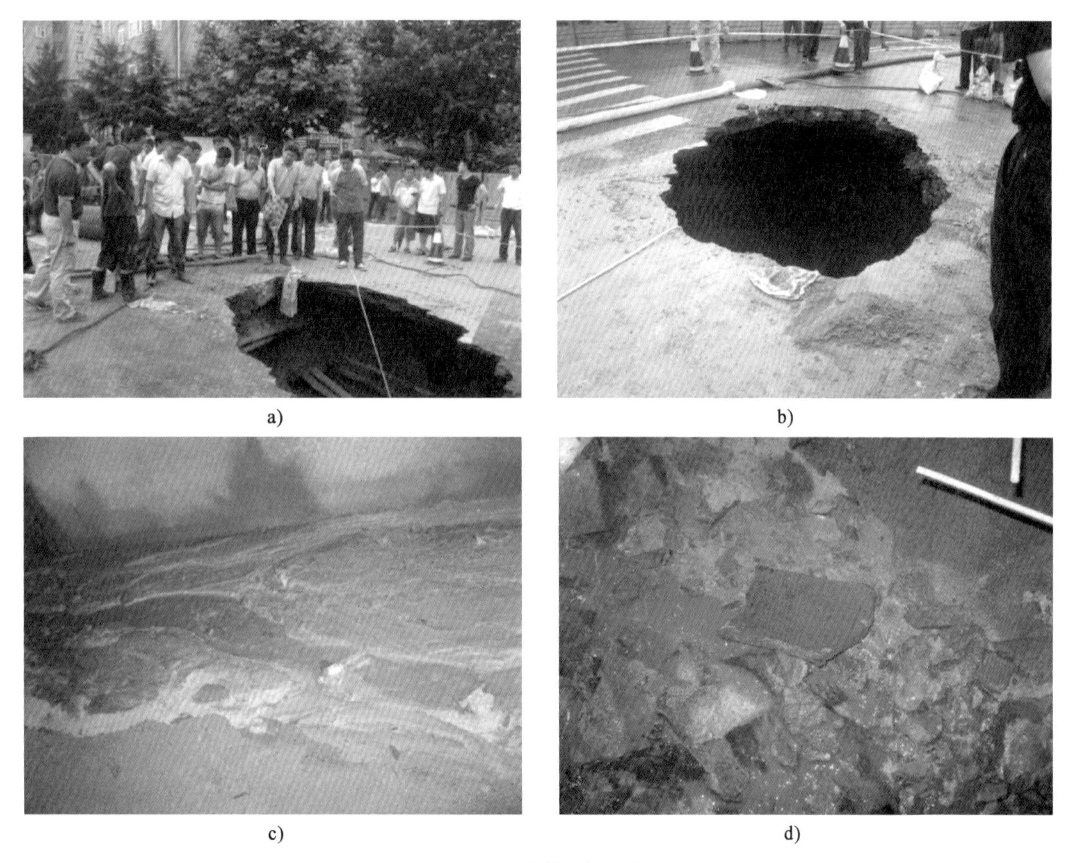

a)　b)　c)　d)

图 3-41　事故现场照片

3.9.3　事故原因

1）地质原因

施工部位地质发生突变，围岩从Ⅲ～Ⅳ级突变为Ⅵ级，掌子面前方出现较大范围流砂区，并且掌子面上方岩层较薄，爆破时扰动岩层，造成突水突砂现象。

2）周边环境原因

塌方部位位于城区道路交叉口下坡方向，周围管线复杂，存在未探明的管道井与废弃管线，且废弃管线埋深较深。

3)长时间暂停开挖

由于6月份炸药供应暂停,至7月15日方恢复供应,期间施工处于停止状态。在暂停开挖期间,现场实际情况发生了变化,导致了预料之外情况的发生。

3.10 其他城市地下空间施工安全事故简析

3.10.1 某地铁车站区间隧道盾构机出土口涌水涌砂事故

1)工程概况

发生事故的区间隧道为双线隧道,右线全长705.386m,左线全长708.835m;隧道埋深8.8~18.7m,最大线间距14m,区间共设4个半径400m的曲线,最大纵坡为15.79‰。

2)事故经过

事故发生前,左线管片拼装至+286环,右线管片拼装至+118环。2012年10月29日,管理人员进行现场巡查时,发现左线隧道内螺旋出土口涌砂,渣土池侧墙倒塌,同时左、右线隧道曲线段管片出现了多处破损。事故情况如图3-42所示。

a)盾构机螺旋出土口涌砂

b)渣土池侧墙倒塌

c)曲线段管片破损

图3-42 事故现场情况

3)事故原因

事故发生期间地下水头较高,外加渣土改良效果不理想,导致土仓内含水量过高,致使仓内土体泥化,造成涌水涌沙事故。

3.10.2 某轨道交通区间隧道斜井涌水事故

1)工程概况

(1)工程简介

事故隧道为双洞单线隧道,全长5633m,采用明挖、钻爆及复合式TBM相结合的施工方案。考虑安全和工期要求,复合式TBM由进口端施工至煤层及岩溶槽谷区之前,在此处施作1号斜井作为TBM拆卸和运输的永久通道,1号斜井全长611m,并由此向大里程方向钻爆开挖;同时在前方1470m处施作2号斜井作为临时通道,并由此向小里程方向钻爆开挖,2号斜井全长345m。工程平面示意如图3-43所示。

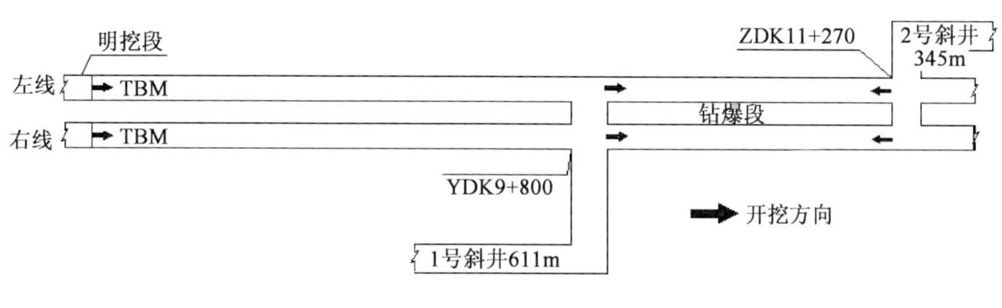

图3-43 工程平面示意图

(2)不良地质

在隧道区间内存在有石膏岩层、煤矿采空区及岩溶区。石膏岩层长度约为25m,煤矿采空区长度约为13m,岩溶间隔分布,总长度约为470m。不良地质条件对隧道施工影响较大。

(3)地下水

隧道区间内地下水主要为潜水、碎屑岩孔隙裂隙水、碳酸盐岩裂隙溶洞水,局部含承压水。隧址区总体属于背斜储水构造,背斜核部碳酸盐岩含水层、两个厚层砂岩含水层,构成相互之间越流补给不甚明显的三个相对独立的储水构造单元,接受大气降雨的补给。

2)事故经过

2012年7月1日,2号斜井主线右线掌子面进行地质超前探测施工,当钻杆钻进6m深时,孔内有微量水流流出,并有逐渐增大趋势;当钻杆钻进8m深时,孔内有水流继续加大,并有水压;钻进深度10m时,水量增大,水压增大,钻机无法钻进。

钻机无法钻进后,拔出钻杆,此时水头喷射距离约30~40cm,水流颜色为浑黄色,有泥砂、沉淀物较多;1h后,水流喷射距离约2~2.5m,水流仍为浑黄色,无较大变化;约6h后,水流喷射距离达到约9m,水流颜色逐渐稳定,颜色深黄色,涌水量达到约600m^3/h,掌子面出现明显裂缝。事故现场如图3-44所示。

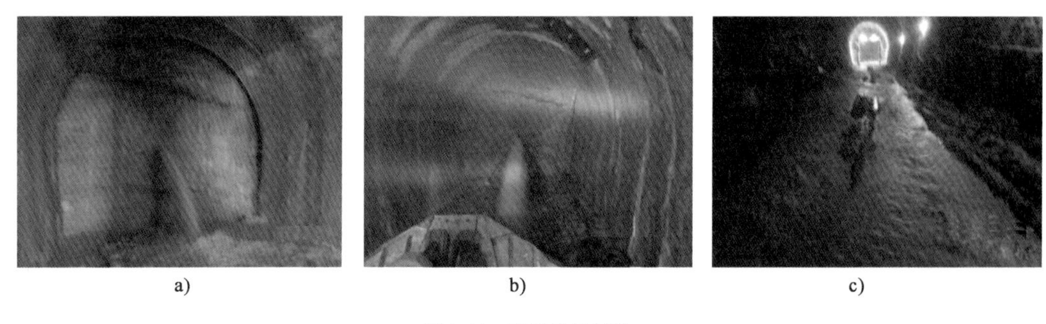

a) b) c)

图 3-44 事故现场照片

3.10.3 某地铁车站门式起重机倾倒事故

1) 事故过程

2013 年 7 月 11 日,某地铁车站施工现场门式起重机向西侧倒塌,设备碎片散落一地。一辆双龙 SUV 和一辆三菱轿车被门式起重机主体砸中,车辆严重变形。一辆现代轿车和一辆出租车分别在门式起重机内外空处,受损较轻。事故现场如图 3-45 所示。

a) b) c) d)

图 3-45 事故现场照片

2) 事故原因

事故发生时正值暴雨期间,阵风风力超过 12 级,且门式起重机未采取有效防风措施,受惯性影响,最终在大风的作用下发生倒塌。

3.10.4 某住宅楼地下室施工坍塌事故

2011年10月8日13时40分左右，在某工程地下车库浇筑施工过程中，发生模板坍塌事故，造成人员伤亡及财产损失。

1）工程概况

事故发生地点为某住宅楼底部地下车库。该区域为地下室外延部分、层高5.6m，采用现浇混凝土施工。施工应浇筑的混凝土面积$600m^2$，事故发生时，已完成$400m^2$的顶板混凝土浇筑作业。

2）事故过程

2011年10月2日，地下车库模板坍塌区域的模板支架开始搭设，10月4日完成。10月5日开始绑扎钢筋，10月7日钢筋绑扎工作结束。

10月8日，5名工人在模板下检查模板和堵漏工作；同时，21名工人在模板上进行混凝土浇筑施工。浇筑的顺序为剪力墙、柱帽，最后浇筑顶板。其间，有人发现浇筑区北侧剪力墙底部模板拉结螺栓被拉断，发生胀模，混凝土外流，随即13名工人开始清理混凝土和修复胀模。在修复工作期间，部分工人在模板支架间从胀模处向东，清理出两条可以通过独轮手推车的通道，拆除了支撑体系中的部分杆件，使用独轮手推车外运泄露的混凝土。与此同时，模板上部继续进行混凝土浇筑施工，当混凝土浇筑完成约$400m^2$时，顶板作业的工人感觉一振，已经浇筑完的顶板混凝土瞬间整体坍塌。

3）事故原因

现场工人为清运泄漏混凝土拆除支架体系中的部分杆件，使模板支架的整体稳定性和承载力大大降低，而此时没有停止混凝土浇筑作业，在混凝土浇筑和振捣等荷载作用下，支架体系承受不住上部荷载而失稳，导致整个新浇筑的地下室顶板坍塌。

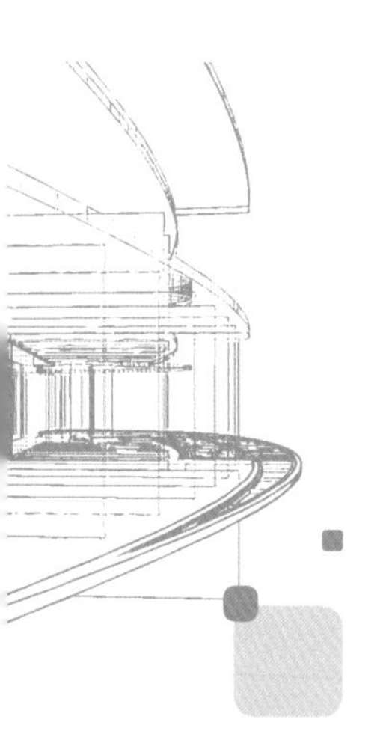

第4章 城市地下大空间施工安全风险评估基本理论

4.1 风险的基本概念

4.1.1 风险的定义

1)风险的一般定义

相对于大多数确定的实在事物,风险这一概念显得十分暧昧模糊。在对风险进行研究之前,明确风险的定义是十分重要的。对于风险的定义,目前尚存在着一些争议。有人认为,风险是某项活动导致一些不希望的后果的可能性;也有人认为,风险是指项目的实际收益达不到最低可接受水平的可能性;还有人认为风险是指行动所导致的实际结果与预期目标差异程度的大小。但不论个人理解如何,风险的定义中都会包含某种"可能"发生的事件,以及这一事件导致的后果这两大要件。因此广义来说,风险是指在某一特定环境下,在某一特定时间段内,某种事件发生的可能性及其所带来后果的综合。风险源于对未知事件的不确定性,也就是风险概率随机性。这一概念表明,风险是对于某项尚未进行的行动而言的,一项行动存在风险需要具备以下两个条件:行动的结果是不确定的;行动必然导致某种收益或损失。

2)风险的概率定义

(1)广义风险——某项活动所导致的后果及其可能性的综合

设某一活动所可能导致的某种结果的样本空间为 Ω,样本空间的元素为 ω。$\mathscr{F}$为定义在 Ω 上的一个 σ 代数,$\mathscr{F}$中的元素为f,f称为事件;P 为$(\Omega,\mathscr{F})$上的概率测度。则由此可定义概率空间:

$$(\Omega,\mathscr{F},P) \tag{4-1}$$

广义风险的定义中对活动所导致后果并无具体要求，故$\mathscr{F}$中任一元素都是该活动的后果。因此，概率空间$(\Omega,\mathscr{F},P)$即可构成广义风险的一般定义。此时f又可称为风险事件。

(2)狭义风险——导致负面后果的风险

设C是定义在概率空间$(\Omega,\mathscr{F},P)$上的随机变量：

$$\{\omega : C(\omega) \leqslant x\} \in \mathscr{F}, \forall x \in R \tag{4-2}$$

则C定义了一个风险的样本空间向实空间的映射。当采用某些特定的映射规则时，随机变量C会随之具有确定的现实含义。例如，令C代表Ω中某些事件发生后所导致的等价经济损失，则C即是我们所熟知的损失额。

在此基础上，狭义的风险事件定义如下：

$$\bar{\mathscr{F}} = \{\bar{f}\} = \{f : \forall \omega \in f, C(\omega) > 0\}, f \in \mathscr{F} \tag{4-3}$$

即狭义的风险事件特指发生后会导致损失的事件。记该类事件(狭义风险事件)为$\bar{f}$，其全集为$\bar{\mathscr{F}}$。$\bar{\mathscr{F}}$是$\mathscr{F}$的一个子集。一般而言，在工程领域，人们关注的正是这一类会导致灾难和损失的不利事件。故若不加以特别说明，下文中“风险”均指该类狭义风险。

(3)基本风险事件——定义风险的最小单元

对于一项具体的活动而言，其所能导致的结果是多种多样的。活动所导致的多个结果可能单独出现，也有可能多种结果同时出现；活动主体可能从中获利、蒙受损失或在蒙受损失的同时获利。因此在进行一项活动进行风险分析之前，有必要将其所有可能发生的结果拆分为最基本的逻辑单元，即基本风险事件。基本风险事件定义如下：

①基本风险事件是活动所导致结果的一个样本点，即其不可进一步分割成子事件，并且各基本风险事件之间存在互斥性；

②基本风险事件的发生必然会使活动主体蒙受损失；

③多个基本风险事件可组合成为一个新的事件。新的事件仍为风险事件。

通过上节分析，风险事件的全集$\bar{\mathscr{F}}$是$\mathscr{F}$的一个子集，而$\bar{\mathscr{F}}$中的那些单点集即为基本风险事件，其中的元素记为$\bar{\omega}$。显然，$\bar{\omega}$是样本空间Ω中的一个元素，记其全集为$\bar{\Omega}$。$\bar{\Omega}$是样本空间Ω的一个子集，其定义为：

$$\bar{\Omega} = \{\omega : C(\omega) > 0\}, \omega \in \Omega \tag{4-4}$$

另一方面，根据$\bar{\Omega}$的定义，$\bar{\Omega}$又是$\bar{\mathscr{F}}$中的一个元素，并且满足：

$$\forall \bar{f} \in \bar{\mathscr{F}}, \bar{f} \subseteq \bar{\Omega} \tag{4-5}$$

由于$\bar{\mathscr{F}}$是$\mathscr{F}$的子集，$(\Omega,\mathscr{F})$上的概率测度必然在$\bar{\mathscr{F}}$上有定义。因此，对于任一风险事件$\bar{f} \in \bar{\mathscr{F}}$，其概率测度$P(\bar{f})$及代表风险损失的随机变量$C(\bar{\omega})$，$\bar{\omega} \in \bar{f}$一同构成了风险的一般定义。

4.1.2　风险的要素

1)行动

风险永远是相对于某项行动而言的。从风险概念的外延角度来看，由于风险的普遍性，若不以一项具体的行动为依托，风险的分析便失去了边界，风险分析目标、风险评价参照系和风险分析路径的选择也将失去依据，这种语境下的风险是平凡且无意义的。从风险的内涵来看，风险是对未发生事件不确定性的一种度量。没有了行动，也就不存在与之相关的事物和状态的变化,不确定性的后果也自然无从谈起。

2)风险事件

“风险”这一概念永远是与某一具体事件相挂钩的。例如,某项经营活动可能使经营主体获利、亏损或盈亏平衡。这里“获利”“亏损”或“盈亏平衡”均是一个具体事件。根据风险的定义,由于“获利”“亏损”均是以一定概率出现且会为行动主体带来一定的收益或损失,因此可以定义“获利风险”“亏损风险”,相应的事件便称为“风险事件”。而“盈亏平衡”这一事件,在局限于财产角度的收益或损失时不存在风险,但若同时考虑经营行为所带来的时间、精力等的损耗,则该事件亦存在相应的风险。风险事件可以在不同层次下定义,例如对于“亏损”这一事件还可进一步细分为“亏损一万元以下”“亏损十万元以下”等事件。可见,风险事件的定义与研究的对象、研究的角度及研究的深度均存在关系。任何满足以下条件的事件均可作为风险事件。

(1)事件是待研究的行动所导致的直接或间接的结果;

(2)事件既不是不可能事件,也不是必然事件;

(3)在所研究的角度之下,事件的发生会对行动主体带来收益或损失。

风险事件与风险是一体两面的。风险事件是风险的具现化形式,决定着风险损失的尺度参考;另一方面,风险事件的成因对应着风险的形成机理。风险借助于风险事件转化为损失,同时风险也可以看作是风险事件的内在属性之一,是风险事件在考虑了不确定性条件下危害程度的一种度量。

3)风险因素(致险因素)

风险因素是风险事件发生的必要条件。从本质上讲,风险因素也是一个事件,根据分析对象的不同,一个风险事件的风险因素自身也可以作为一个风险事件,例如“滑坡”是一个风险事件,但对于“泥石流”这一风险事件而言是一个风险因素。进一步推广来看,风险事件的产生其实是一系列事件连锁反应的结果,这一系列事件构成一个“故障树”,如图4-1所示。故障树的顶上事件即为风险事件,而故障树中的其他事件即可以视为风险因素。根据风险因素在故障树中的位置不同,风险因素又可分为底层风险因素和间接风险因素。

4)致险路径

致险路径是连接风险因素与风险事件的桥梁。在故障树中,底层风险因素沿着致险路径不断向故障树的上层跃迁,最终到达顶层形成风险事件。如图4-1中,红色线条表示一条致险路径,同时蓝色线条也是另一条致险路径。致险路径和风险事件的形成路径有密切关联,当一个风险事件发生时,其形成路径是唯一的,但其对应的风险的致险路径可能并不唯一。换言之,致险路径是某一风险对应的风险事件的所有可能的形成路径的集合。

5)风险源

风险源可以理解为一个具体存在的事物,也可以指某个事物存在的状态。风险源是风险存在的根本,风险源决定了风险事件的类型、风险因素的存在状况及致险路径,或者说风险源决定着风险系统的结构。例如对于修建隧道这一工程行动,修建隧道这一行为自身是首要的风险源,其决定了该行动的风险有“冒顶”“掌子面失稳”“支护破坏”“瓦斯爆炸”等等,而风险因素则可能包括“围岩条件差”“高涌水量”“支护封闭不及时”“注浆质量不达标”“施工机具管理不到位”等等。若在此基础上又存在其他风险源，例如隧道上方存在建筑物，那么该行动的风险会相应地增加“建筑物倾斜”“建筑物开裂”“施工振动扰民”等等，风险因素也会随之增加。因此，风险源的识别是风险分析工作的第一步，风险事件、致险路径及风险因素都可根据风险源的状态通过逻辑推演得到。

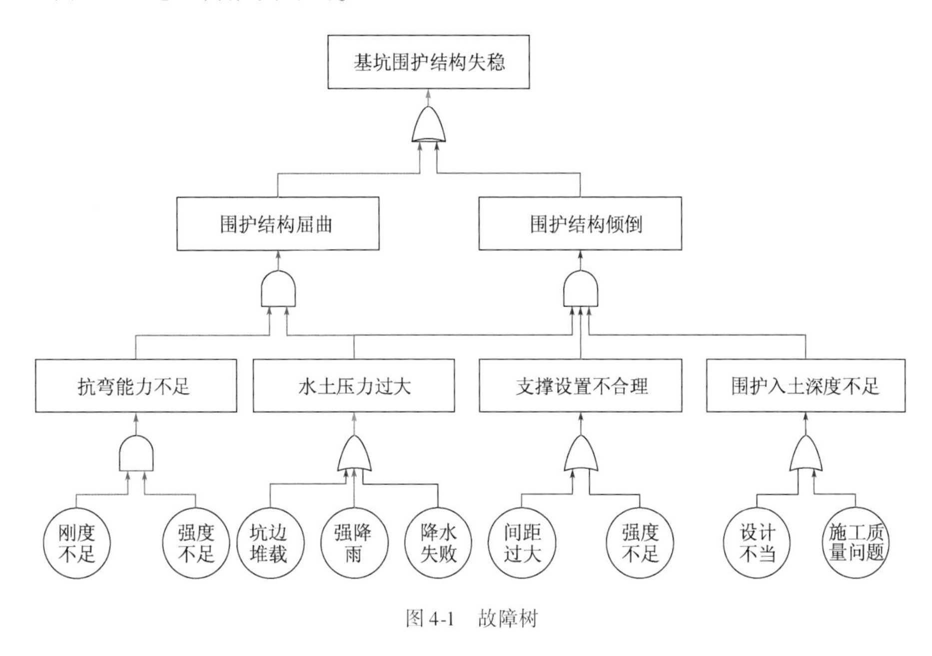

图4-1　故障树

6）风险系统

风险系统是包含风险源、风险事件、风险因素和致险路径，以及这一系列抽象概念所对应的物理实体等诸多要素在内的一个概念整体。风险系统的边界即是风险问题的边界，理论上来说，风险系统内包含着关于风险的一切信息。

4.1.3　风险的一般性质

风险具有以下一般性质。

（1）风险的不确定性

不确定性是风险的根本属性，也是由风险的定义所导出的直接推论。风险的不确定性并非指风险存在性的不确定或风险度量的不确定，而是指风险这一概念和不确定性是密不可分的。风险是定义在未发生的、结果不确定的行动之上的，若行动不存在不确定性，风险也就无从谈起。

（2）风险的客观与主观对立统一性

行动的客观性决定了风险的客观性。风险是客观存在的，是不以人的意志为转移的。而风险分析是人们通过主观意识活动去认识客观现实的过程，必然受个人的主观局限性影响，因此对风险的认知只能是一个不断趋近于客观事实的过程，而永远无法真正达到“客观的”风险。风险的这一性质，使得我们很难对风险进行严谨客观的研究。风险分析的结果紧紧地依赖于刻画风险所用的模型,这使得风险又具有了强烈的主观性。对于同一项行动,从不同的角度、由不同的模型所得到的风险往往是不同的,甚至可能是迥然相异的。并且,由于风险的本质是未知性和不确定性,因此随着行动的进行,随着已知信息的增加,有关于风险的信息处在一个不断减少的过程中,这便导致了风险在实际情形中几乎是不可被验证的(除非能在相同的条件下多次重复某一行动)。

(3)风险的恒常性

俗话说“万事皆有可能”。虽然“必然事件”和“不可能事件”存在于人们的直观经验和纯粹理性逻辑中,但从实证哲学的角度看,现实中不存在任何绝对会导致某一确定结果的行动。这也就是说,未进行的行动永远存在不确定性,而有了不确定性,也就有了风险。人们只能在一定的范围内改变风险形成和发展的条件,降低风险事故发生的概率,减少损失程度,而不能彻底消除风险。

(4)风险的普遍性

风险的普遍性是一切工程或者研究对象都具有的特征,从更广意义上说,人类历史就是与各种风险相伴的历史。自从人类出现后,就面临着各种各样的风险,如自然灾害、疾病、伤残、死亡、战争等。随着科学技术的发展、生产力的提高、社会的进步、人类的进化,又产生了新的风险,且风险事故造成的损失也越来越大。特别是城市地下工程由于其特殊的施工环境,一旦发生风险事故往往是恶性工程事故,将带来巨大的经济损失和重大人员伤亡,必须予以高度重视。从风险的普遍性研究城市地下工程施工风险的特殊性,进而控制这类特殊工程施工安全。

(5)风险事件的随机性

风险事件的发生及其后果都具有偶然性。风险事件是否发生?何时发生?发生之后会造成什么样的后果?这些问题都带有极强的不确定性。但人们通过长期的观察发现,在外界条件不变时,这些因素往往都遵循一定的统计规律,风险事件的这种性质称为随机性。

(6)风险的相对性

风险总是相对于行动主体而言的。即便是同一件行动可能导致的同样的结果,对于不同的主体而言,其风险也是不同的。这是由于风险的定义中不仅包含着“可能性”这一客观要件,也包含着“损失”这一主观要件。对于同样的后果,由于不同主体承受的收益、投入的大小和主体的地位及拥有的资源不同,故其对于风险后果的认知、立场及承受能力都不同。

(7)风险的可变性

任何事物都可在一定条件下向其自身的反面转化。这里的条件指活动所涉及的一切风险因素。当这些条件发生变化时,必然会引起风险的变化。风险的可变性包括风险性质的变化、风险后果的变化和出现新风险等。

(8)风险的可测性

风险的可测性是指其主观可度量性,这一度量可以是一种模糊的概念、一种定性的判断或是一个定量的数值。严格来讲,风险无法被验证,因此无论对于怎样的风险,我们总是能建立对它的某种度量方法。

(9)风险的发展性

风险的发展性体现为对象的风险随着自身条件的变化及外界环境的改变而呈现出不同的发展趋势。例如,城市地下工程会因长时间降雨导致地层强度变化使得风险等级提高,也会因施工队伍的变化使得风险等级增大或减小。

4.2 施工安全风险评估概述

地下空间作为一种自然资源，长期以来对其的开发利用一直受到国内外的关注与重视。随着城市的发展规模不断扩大、开发强度不断提高、环境承载能力日趋紧张及内部作用不断加强，在城市高度集聚发展获得巨大效益的同时，人口数量膨胀、空间容量不足、用地供给紧张、道路交通拥堵、生态环境恶化、历史文化风貌遭破坏、基础设施供给不足、防灾能力薄弱等一系列城市问题也随之出现，并对城市集约发展带来了严重的负面影响，迫使人们努力探求新的发展空间—地下空间。

地下空间的开发是一项有着较高技术要求的系统性工程。一个国家的地下空间开发程度与该国的科学技术水平、工业化程度、经济发展走势、技术人员数量密切相关。国外一些经济发达的国家和地区，由于较早实现了工业化和现代化，其地下空间的开发早在20世纪上半叶便已初具规模。进入21世纪后，各国城市化进程进一步加快，地下空间的开发也相继取得长足的发展，基本形成各具特色却又具有一定规律的地下空间利用模式，具体表现在以下几个方面。

(1)地下空间利用是国家可持续发展的重要途径，日益成为主要城市立体化建设的不二选择，与通行便利、保护环境、繁荣经济等社会发展体系因子，产生相互影响和联动效应。

(2)地下空间利用着眼于发挥其民生功能的趋势愈加明显。

(3)追求生活环境的安全舒逸性是地下空间利用得以发展的基石和保证。

我国地下空间研究发展起步相对较晚，始于20世纪六七十年代，经过几十年的艰苦探索，对于开发利用地下空间资源积累了一定经验和教训。特别是改革开放以来的经济转型时期，大量的规模化地下空间利用成为城市化建设的亮点。进入21世纪以来，我国地下空间开发利用呈现雨后春笋般遍及各大中城市，二线、三线城市及农村区域也在基础设施整体规划之时将其考虑在内，由地表向地下空间扩展已成为必然趋势。目前我国大型城市地下综合体建设项目多、规模大、水平高；地下空间建设开始向三维方向拓展，形成了联结网络，并在其中加载商业、存储、停车、娱乐、防灾、市政等功能，用以拓宽人们的活动空间和助推城市功能高效运转。

虽然地下空间的开发与利用具有诸多优越性，例如，在建设“资源节约型，环境友好型”社会理念的指引下，合理开发利用地下空间资源，能够扩充城市容量、缓解城市交通、优化城市环境等，但是由于地下空间工程规模庞大，地质和周边环境极为复杂且不确定性因素较多，施工难度较大，使得地下空间工程的设计与施工等各个环节均面临较大的安全风险，任一环节处理不当，甚至会导致灾难性事故，造成不可估量的重大损失。例如，通过对我国2004—2019年期间全国范围内的软土地区、冲洪积土层地区、黄土地区、膨胀土地区、基岩或地质单元复杂地区五类区域，包括北京、上海、深圳、广州在内的二十几个城市的地下空间发生事故的调研结果发现，共发生295起城市地下空间施工事故，包括坍塌、高处坠落、透水透砂、机械伤害、结构变形破坏等，其中坍塌事故发生率最高，并且事故引发的死伤人数也较多，平均每次坍塌事故会导致约2.23人伤亡，对地下空间工程的施工与运营安全带来了极大的威胁。在这一背景下，地下空间工程的风险管理和风险评估工作的重要性和紧迫性日益显现。

诸多地下空间工程事故的发生使得人们更加清醒地认识到地下空间工程中潜在的巨大风险,迫使人们去做一系列相关研究,以探寻风险事故发生的原因与过程,尝试寻找预测风险事故发生可能性以及事故发生后所造成损失的事先预估方法,并制订一系列风险管控措施来降低事故发生概率或风险发生后的损失。这些研究均离不开工程风险评估的研究范畴,因此,系统地开展地下空间工程风险评估问题的研究,研发具有可操作性的风险评估成套技术,制定施工风险评价指标及量化标准,建立完整可靠的风险评价体系,可显著提高地下空间施工风险防控水平,减少重大风险事故,减少施工灾害损失,具有重大而深远的意义。

4.2.1 施工安全风险评估的定义、目的及原则

1)风险评估的定义

所谓“风险评估”,就是通过风险识别、分析、评价,从而得到对某项行动的风险水平高低的定性或定量认知的过程。风险评估的宗旨在于“评”和“估”,具体来说,风险评估并非追求对风险水平的精确度量,而是借助一系列相对明确的思维流程和数学方法,对风险这一高度抽象的概念进行拆解和具象化,引导评估者建立起风险分析的逻辑,并利用评估者的知识、概念和一些客观数据对风险水平做出大致的判断。因此,风险评估是一项兼具主观性和客观性、融合了科学性和艺术性的工作。在国际隧道协会(International Tunnelling Association,ITA)的《隧道风险管理指南》中,风险评估被定义为一个包括风险识别、风险分析、风险估计、风险控制的集合名词。在国际隧道工程保险集团(International Tunnelling Insurance Group,ITIG)编写的《隧道工程风险评估操作标准手册》中,对风险评估的定义如下所述。

风险评估是一个系统的过程,包括以下内容。

(1)通过风险评估进行灾害及相关风险的区分,以及这部分支出对于项目费用和工程进度的影响,包括第三方的影响;

(2)对风险进行量化,尤其是与工程进度及费用相关的部分;

(3)提出明确的风险管理计划,包括排除或减轻风险的预控措施;

(4)确定具有可操作性的风险控制措施;

(5)将风险分配给参与项目的不同责任方。

2)风险评估的目的

从上述定义来看,风险评估不仅应是工程建设中的一项系统化、流程化的工作,更应是深入建设项目施工管理工作的基本理念。风险评估不仅是一种逻辑的思维模式、一套科学的分析理论、一系列合理可行的计算方法,更是一种指导施工管理和决策的哲学思想。风险评估可以帮助施工管理者实现以下目标:

(1)确定风险问题的级别,对症下药。在实际工作中,不同种类的工程项目所遇到的风险是不同的;同样的风险,对于不同的工程项目,其影响程度也不同。这就要求工程项目参与者在对所遇到的风险进行排序时,按照对工程项目的影响程度进行合理排序,分出轻重缓急,制定不同的策略,使用具有针对性的方法,以提高风险管理的成效。

(2)确定风险问题内部存在的关联。虽然工程项目风险因素多种多样,但是有些因素一般出现在内部链接之间,看似无关的多个风险性因素,可能来源于相同的机制。风险评价运用科学的计算方法,将外表关联并不明显或看似无关的风险因素集合在一起,找到其内部的关联,制订更安全、更经济、更高效的处置方案。

(3)对风险进行全面的判断与认识,争取将风险转变为积极因素。风险和机遇是并存的,有风险的地方就有机遇,有机遇的地方就有风险。施工安全风险评估运用合理科学的方法,让人们对风险有更加正确的认识,尽可能将其转变成机遇条件,以达到降低工程施工安全风险的目的。

(4)通过风险评估工作,可以一定程度上降低风险发生的可能性及发生后造成的损失,将风险控制在可承受的范围内,并配合工程保险等措施达到安全性和经济性的最佳平衡。

施工安全风险评估作为工程项目建设方和施工方进行施工组织方案、安全管理措施和应急管理方案的重要依据,目前已成为地下工程建设过程中的必备环节之一。施工安全风险评估的水平直接影响着工程项目建设的安全性、经济性,甚至会直接决定项目的成败。

3)地下空间施工安全风险评估的原则

地下空间工程施工安全风险评估的原则主要有:

(1)目标性原则

施工安全风险评估的目标性原则是指,为了降低风险发生的可能性或者风险发生后造成的损失程度,在工程总体框架目标范围内制订并实施风险评估方案,将风险控制在工程的可接受范围内,并通过建立风险动态跟踪与反馈机制来调整风险管控措施。从投资、安全及质量目标角度来看,风险评估是为实现工程目标服务的。风险评估目的是在尽可能保证工程施工安全、顺利完成的前提下,尽可能地降低项目的风险成本。

(2)综合性原则

施工安全风险评估的综合性原则体现在风险评估是一种综合性的技术活动,其综合性源于工程施工的风险因素、影响范围、发生机理的复杂性。正因这种复杂性的存在,施工安全风险评估需要综合运用自然科学、社会科学、工程技术、系统科学、管理科学等多学科的理论及相关技术,才能对工程中潜在的风险进行及时发现并有效地辨识与评估。

(3)动态性原则

施工安全风险评估的动态性原则,是指鉴于地下空间工程具有建设周期长、施工规模大、涉及范围广、风险因素数量及种类繁多且不同因素之间存在复杂的耦合等特征,使得在实际施工过程中,既要全面考虑已有风险对施工安全的影响,又要时刻应对不断出现的新风险的挑战。因此,需要建立对已有风险的实时跟踪机制和新风险的动态反馈机制,根据风险监测信息,对风险评估结果进行动态调整,最终实现动态的风险管理,以保障工程目标能够顺利实现。

(4)合理性原则

施工安全风险评估的合理性原则是指,风险评估方法需要依据工程的特点进行合理选用,使得风险评估更具针对性,提高风险评估的准确性。同时,风险评估方法还要考虑到实际工程中评估人员的知识层次和技术水平,符合施工现场的一般认知,过于复杂化、理论化的风险评估方法可能会令现场评估人员无从下手,反而不利于风险评估目标的实现。

(5)系统化与信息化原则

系统化原则体现在地下空间工程的风险评估过程中,需要对已有的工程理论及经验进行及时总结,并将其系统化、规范化。原因在于:在对风险评估实施中,人是掌握工程理论知识的主体,人的主观因素对风险评估的影响占据着较大的比重。信息化原则是指在风险评估过程中,需要考虑工程理论及已有经验的信息化。风险评估的前提是信息的快速有效传递与共享,信息流如若无法快速有效传递,必将导致风险评估难以实施。总而言之,工程理论及经验的系统化与信息化对风险评估具有重大的影响,需要给予重点关注。

4.2.2 施工安全风险评估的内容

风险评估的具体方法需要与其应用的领域、对象和评估者的知识水平相匹配。地下空间的施工安全风险评估主要需要回答以下几个问题:①评估对象是什么,即施工中存在何种类型的风险;②如何评估风险,即风险因素是什么、采用怎样的评估方法和评估指标进行评价;③风险有多大,即风险事件发生概率有多高,发生后会造成多大的损失或收益;④如何应对风险,即应该以何种态度对待风险,是选择规避、控制还是接受。针对上述问题,地下空间施工风险评估一般包括以下五项基本内容:

1)风险辨识

风险辨识的任务,是找出会对地下空间工程施工安全产生潜在影响的风险源(如岩溶、水囊、瓦斯、管线、地面及地下建筑物、河流湖泊等),并对可能由这些风险源引发的风险事件(如坍塌、爆炸、水灾、火灾等)进行辨识并分类,并通过风险发生机理分析找出风险因素,即回答“评估对象是什么”以及“风险因素是什么”的问题。一般来说,风险事件发生的直接原因包含以下几类:①人的不安全行为,如施工人员的主观疏忽导致的误操作或违规操作、管理人员因安全意识不足而对事故隐患的忽视、设计人员因技术水平或经验不足导致的设计缺陷等;②物的不安全状态,如建筑材料储存环境恶劣、施工机械老旧且缺乏检修、施工人员安全防护不到位等;③具有不利影响的偶发事件,如暴雨、台风、地震等。

风险辨识是风险管理分析的首要工作,并且在实际操作过程中具有较高的难度,需要辨识人员具备扎实的专业知识和现场经验。其原因在于:地下空间的施工是一个系统工程,人员、机具、环境、管理任一方面的不确定因素都可能成为孕育风险的源头,并且地下工程的施工可能涉及到起重吊装、高空作业、粉尘瓦斯等各类高危作业环境,使得地下工程施工中的风险事件类型十分多样,风险因素错综复杂且彼此交织,风险事件之间还可能存在连锁反应,使得风险辨识的实施难度剧增。

2)风险分析

风险分析的目标是根据评估项目的特点对项目实施过程进行沙盘推演,梳理识别出的风险事件、风险因素和风险源之间的逻辑联系,揭示风险形成和发展机理并为风险评估寻找证据支撑的过程。为实现这一点,风险分析的第一步可将项目划分为若干个风险评估单元,确定并筛选各评估单元内的风险事件和风险因素,以及相应的风险分级标准和接受准则。风险分析是地下空间工程施工风险评估中最重要的一个环节,由于地下空间工程的施工一般是多阶段、多工序、多目标的，每一阶段的工程任务、工程特点、风险类型和风险管理目标可能彼此相异，因此需要通过风险分析对评估对象和评估逻辑进行梳理，提高风险评估的针对性和准确度。

风险分析的另一大作用是筛选风险事件和风险因素。如前所述，地下空间工程的施工过程中存在多种类型的风险事件，但这些风险事件的重要性可能完全不同。例如塌方冒顶、结构破坏这类大范围的灾害性事故和机械伤害、物体打击这种局部事故相比明显更为重要。对于地下空间的施工环节，将所有风险事件进行事无巨细的评估不仅是无必要的，还会极大增加风险评估的复杂度和工作量，容易使风险评估流于形式，反而无法起到应有的作用。因此在进行风险分析时，需要根据评估单元的风险管理目标决定风险评估的粒度，抓住主要问题，如此才能确保实际工作中风险评估的可操作性。

3）风险估计

风险估计是采用定性或定量的方法，对风险事件发生的可能性及严重程度进行估算，给出风险水平的判断并对风险事件进行排序的过程。风险估计可细分为以下步骤。

（1）在进行风险估计之前，需要根据风险因素影响程度的大小、风险因素出现的可能性、风险评估的可操作性等对风险因素进行筛选，并进一步提出风险评估指标以及指标的评分依据。

（2）估算风险事件发生可能性。风险事件一般都是小概率事件，而人类的主观概念所能分辨的精度往往比风险事件发生概率的区间更大，这使得直接对风险事件进行概率估测是十分困难的。因此，风险事件发生可能性估算一般借助指标体系法、模糊综合评价法、事故树分析法、贝叶斯网络分析法等方法进行。

（3）估算风险事件发生后导致的损失。风险损失是指风险发生对工程目标造成的影响，包括人员伤亡、经济损失、工期延误、环境影响和社会舆论影响等。风险损失估测需要以具体的风险事件作为假想情景，对上述各类型的损失进行推算和量化，并采用一定的原则对多种类型损失进行综合。风险损失估算的常用方法有“就高原则”“加权平均法”“LEC 法”等。

4）风险决策

风险决策是风险评估的最终落脚点。无论风险估测的结论如何，风险始终是“可能发生而尚未发生的事”，而不是确定会发生的危险或事故，没有必要一味地采取规避或转移的态度，更没有必要因为存在风险而放弃行动。另一方面，风险也并非完全是负面的事物，风险常与机遇并存，很多时候人们通过承担风险而获利。风险决策即是以风险估测的结论为依据，根据行动主体对风险的接受程度和风险应对成本，对不同等级的风险采用不同应对策略的过程。地下空间工程施工中常见的风险应对策略分为以下几类：

（1）风险规避。即通过改变施工方案，消除或转化风险赖以存在的根源，从而避免承担风险。从安全的角度考虑，风险规避是最为有效的手段，但风险规避一般伴随着较大的代价。因此，一般仅对于那些发生后后果极其严重、不可承受，或者发生概率极高的风险，才会采取风险规避的策略。

（2）风险处置。即通过采取针对性措施，控制风险发生可能性或风险损失，使风险水平降低到可接受的程度。一般而言，地下空间施工中的大多数风险都可通过针对性的技术手段或增强安全管理予以控制，因此风险处置是地下空间施工中最常用的风险应对策略。采用风险处置时，应保证处置措施所带来的额外成本不高于接受风险所带来的期望损失，否则应优先考虑其他风险应对策略。

（3）风险转移。即通过保险等方式，将一些不愿意承担但又难以有效应对的风险转移给第三方。风险转移一般作为风险处置的替代策略或配合风险处置采用，亦是目前地下空间施工风险的常用应对策略。

（4）风险接受。即接受风险的存在，由行动主体自身承担风险。对于那些发生可能性低、后果较为轻微的风险，采用风险接受策略往往能达到最大的经济效益。

5）风险跟踪

风险跟踪是在决策付诸实施之后进行的，其目的是查明决策的结果是否与预期的相同，评价决策的合理性，并根据决策评价的结果找出细化和改进风险应对策略的机会，把信息反馈给有关决策者，以便将来的决策更符合实际、更具操作性。地下空间施工风险跟踪需要贯穿整个施工阶段，在风险事件发生时实施风险应对策略中预定的措施；而当情况发生变化时，及时反馈，重新进行风险评估，并制定新的应对策略。因此，施工风险跟踪是一个实时的、连续的过程，它应该围绕施工风险的特征，制定风险监控标准，采用系统的管理方法，建立有效的风险预警系统，实施高效的施工风险跟踪。

4.2.3 风险识别

1）风险识别的方法

风险辨识是风险评估的重要基础和前提，全面、系统地辨识各类风险对提高风险评估的准确性至关重要。风险辨识的主要目的是确定风险事件类型及相应的风险因素。风险识别是一个综合的、定性的判断过程，是将复杂的现实问题抽象为理论模型的第一步，因此风险识别要求识别者具有相应领域扎实的基础知识和丰富的实践经验，同时也需要遵循一定的基本方法和原则。对于风险识别，目前还没有一种固定的、普适的方法，但在工程建设风险领域，风险识别方法主要可分为以下两种类型。

（1）基于识别者的直觉判断。识别者在对工程客观情况建立起详细认知的前提下，根据以往的相关工程经验，尤其是处理事故和风险的经验，运用专业技能对现有工程可能出现的风险及其成因作出判断。

（2）基于系统理论、安全理论建立模型进行分析。现有的系统理论和安全理论已有许多成熟的模型。识别者可以运用模型引导自身的思维过程，更有条理地梳理分析目标及其相互作用，或借助模型中的固有结论进行风险识别。

前一种方法的优点是简单易行、可操作性强且容易抓住主要问题，但可能出现识别结果不全面、难以考虑现有工程的特殊情况、难以应对复杂的或者具有创新性的工程等问题，且对识别者具有一定的要求；后一种方法则对识别者要求较低，科学性和可推广性较强，但过程较为繁琐。在实际的风险识别工作中，常采用两者结合的方法。

2）风险识别的流程

风险识别的一般流程包括资料收集、风险源识别、风险事件识别、风险因素识别。

(1)资料收集

资料收集是风险辨识和风险评估的基础。资料收集不仅包含狭义上的文件资料收集,也包括风险评估参与者通过现场调查对实际情况建立直观认知的过程。资料收集以全面、准确、客观为宜。

(2)风险源识别

风险源识别是确定风险事件和风险因素的前提。风险源识别是根据前期收集到的资料、现场调查结果,配合专家咨询,筛选出存在安全隐患或可能诱发事故的风险源,包括分项工程施工、不利地质水文条件、周边环境设施以及施工管理中的薄弱环节等。风险源识别结果可作为划分风险评估单元的依据,在此基础上进行针对性的风险评估。

(3)风险事件识别

风险事件识别的目的是确定风险评估对象。风险事件与风险源直接相关,一般来说,有什么样的风险源就有什么样的风险事件,例如施工场地附近存在敏感建筑,就自然存在"建筑物变形过大"这一风险事件。因此风险事件往往可由风险源识别的结论自然推得。然而理论上来讲,大至严重的恶性事故,小至轻微的施工质量问题,都可以作为风险事件。但不同的风险事件定义适用的风险分析方法、风险量化标准和风险接受准则可能相差甚远。因此,在风险事件识别过程中应根据待评项目的特点、风险管理目标和风险分析技术水平合理制定风险事件的定义粒度,避免识别出的风险事件过大导致无法评估,或风险事件过小导致评估工作失去意义这两种极端情况的出现。

(4)风险因素识别

风险因素识别的目的是梳理评估逻辑,确定风险评估指标。风险因素是联系风险事件和风险源的桥梁,因此风险因素识别可通过"正推"和"反推"两条路径进行。

①由风险源正推,即分析风险源可能存在的各种危害施工安全的不安全状态或可能引发的不安全行为或不利事件。例如若存在"污水管线"这一风险源,则自然存在"污水管泄漏"这一可能诱发坍塌、环境污染等风险的因素。但需要注意的是,风险因素和风险事件是相对的、可以相互转化的。对于工程自身而言,"污水管线"是风险源,"污水管泄漏"是工程自身风险的风险因素;而对于"污水管线"而言,工程自身又成了风险源,工程施工扰动成了风险因素。

②由风险事件反推,即分析可能导致风险事件发生的原因,以此确定风险因素。反推的过程一般是基于以往的事故经验或是专业知识,不需要建立在风险源已知的前提下。因此在这一过程中识别出的风险因素可能并非皆是符合客观情况的、可能出现的风险因素,但相对的也可能会识别出新的风险源。

因此,风险因素识别应结合"正推"和"反推"两个方向同时进行。

3)常用风险识别方法

(1)事故树分析法

事故树分析(Fault Tree Analysis,FTA)法又称故障树分析法,是安全系统工程的重要分析方法之一,是一种演绎的安全系统分析方法。事故树分析法是1961年美国贝尔实验室对导弹发射系统进行安全分析时,由默恩斯(MEARNS WATSON)提出的一种对复杂系统进行分析方法。它的定义是"在系统设计过程中,通过对可能造成系统事故的各种因素(包括硬件、软件、环境、人为因素）进行分析，画出逻辑框图（即事故树），从而确定系统事故原因的各种组合方法或其发生概率，来计算系统事故概率并采取相应的纠正措施，以提高系统可靠性的一种设计方法”在建立事故树时，一般将最不希望发生的事故状态放在树的顶端，定义为顶事件，然后找出导致这一事件可能发生的直接因素和原因（定义为中间因素或中间事件），再继续推导出导致中间事故可能发生的基本原因（定义为底事件），由相应的代表符号和逻辑门将顶事件、中间事件和底事件连接成树形图，称之为事故树。建立事故树的方法主要有演绎法、计算机辅助建立合成法和决策表法。采用演绎法建立事故树，主要是通过人的思考去分析顶事件发生的过程。事故树分析法是从分析的特定事故或故障（顶上事件）开始，层层分析其发生原因，直到找出事故的基本原因（底事件）为止。这些底事件又称为基本事件，它们的数据已知或者已经有统计或实验的结果。典型的事故树（故障树）参见图 4-1。

（2）WBS-RBS 法

WBS-RBS 法是一种风险识别和分析中广泛运用的有效方法，其中工作分解结构（Work Breakdown Structure，WBS）是工程项目管理中比较成熟的工作分解结构，而风险分解结构（Risk Breakdown Structure，RBS）则是参考了 WBS 原理构建而成并与之结构相似的、以项目目标为导向的风险分解结构。通过将二者交叉构建 WBS-RBS 矩阵，从而实现对项目风险及其转化条件的分析判断。由于该方法既秉承了 WBS 深入于项目寿命周期各个环节的优点，又能够通过 RBS 对内外部环境的风险进行综合分析，因此比较适合于工程项目的风险识别工作。典型的 WBS-RBS 分解结构如图 4-2 所示。

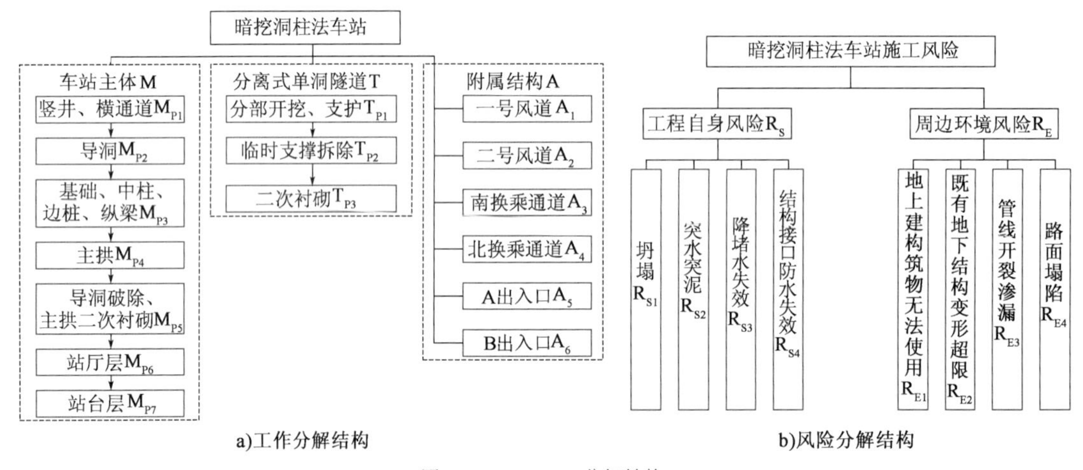

图 4-2 WBS-RBS 分解结构

4.2.4 风险分析

1）风险分析方法的发展历程

由人类建立的系统及其所处的环境在近几十年间不断发生变化：科学技术日新月异，新的危险层出不穷，事故本质不断改变，系统复杂性和耦合性不断增强，安全理念不断更新，安全要求日益提高等。这些变化使系统的建设和运营安全面临越来越多的新的复杂的挑战。虽然过去几十年科技水平有了很大进步，但是事故并未因此而湮灭，新事故仍然不断发生。为了提高系统的安全性，过去人们主要采用革新技术手段的方式来达到预期目的。然而，诸多研究发现，事故发生的根源在于管理和组织因素，两者在事故发生原因中所占比重高达5～9成。城市地下大空间的建设与发展经历了类似的过程。首先，城市地下大空间建设属于劳动密集型产业，组织管理等因素对施工安全有着举足轻重的影响；其次，城市地下大空间的建设下穿城市重要地层，水文地质条件等较为复杂，既有管线交错并存，诸多不确定因素使得建设风险升高，导致城市地下大空间建设发生重大安全事故的风险增加。

由此可见，从航空航天、化工、核电等行业到土木工程，为防范和减少事故的发生，均需运用新的、针对性强的安全施工技术和管理手段。研究普遍认为，为了降低事故的发生概率，分析研究组织对于安全的影响是上述行业未来发展的方向之一。从组织本身来看，其内部充满诸多未知变量，且变量间相互联系，从而构成一个复杂系统。其中值得关注的是，这些变量产生的反馈回路、非线性关系，以及涌现现象使其对系统安全产生异常复杂而多变的影响，最终导致组织的一般行为特点难以定义或预测。鉴于此，为了更好地对组织进行认识，需要以多学科交叉及系统思考为基础，融合复杂系统理论、组织理论等进行系统研究。

20世纪60年代初，英国塔维斯托克研究所提出了具有紧密依存关系的技术和社会表征的复杂社会技术系统概念，泛指积聚能量巨大、资金和技术密集的工业组织，显而易见，城市地下大空间建设是一个典型的复杂社会技术系统。在该系统中，技术和社会表征的相互作用决定了系统绩效，"系统安全"的基本思想便在此基础上被提出，即合理采用系统性和预见性的管理和技术手段，在项目的全生命周期内对安全风险进行识别与控制。在过去几十年间，诸多学者针对安全风险开展了相关研究，技术水平进步显著。有国外学者依据安全风险研究的思维范式，将风险分析理论和模型分为三类，并从时间角度出发，将研究安全风险分析的模型和理论划分为三代，如图4-3所示。

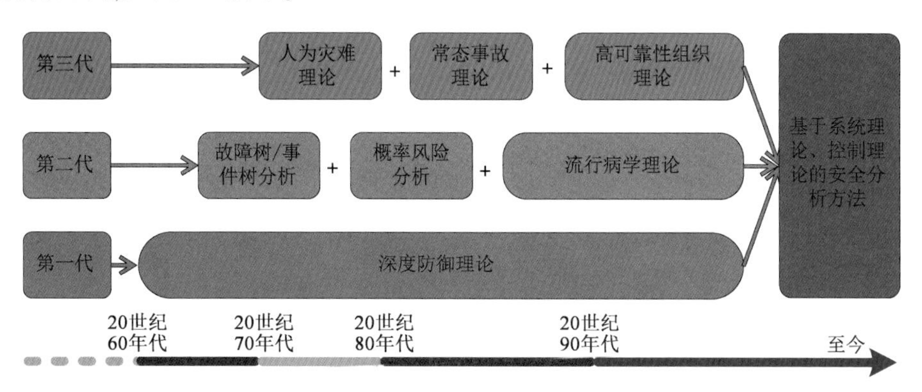

图4-3　风险分析理论及模型研究趋势

(1)第一代——深度防御理论模型

深度防御理论的主要思想，是通过标准化的工作流程对系统安全性进行改善，建立多层防御，提高系统的冗余性。需要说明的是，随着系统的冗余性的提高，系统的复杂性亦相应增加，并且系统功能在其建造或运行过程中，不可避免地会发生一定程度上的蜕变，使得系统发展到危险状态过程的隐蔽性有所增强，系统状态的可观察性减弱。随着技术的进步、系统复杂度的提高以及人们对风险管理精细化要求的提升，这一理论逐渐淡出历史舞台。

(2)第二代——事件解析理论模型

事件解析理论与模型认为,安全事故的发生原因是由某些特定事件所诱发的系统状态偏差,进而通过寻找事故发生过程中起支配作用的关键事件或关键路径,对安全风险进行分析和控制。事件解析理论抓住了安全事故发生的本质,符合人们的逻辑认知,可以借助成熟的数学方法进行分析,目前仍然是主流的安全风险分析理论模型。事件解析理论模型可分为如下两种类型。

①事件序列理论与模型

事件序列理论将事故阐释为一系列事件依次发生所诱发的结果,运用的是一种事件链的描述方式。事件序列模型通常运用演绎法或归纳法对事故发生的原因或事件导致的后果进行分析,如事件树和故障树等。

②流行病学理论与模型

流行病学理论以疾病传播为喻,认为事故发生是多因素耦合作用的结果,采取的是一种事件网的描述方式。与事件序列理论类似,流行病学理论也是以因果关系为基础来描述事件所产生影响的传播方式的。不同的是,流行病学理论在描述导致事故发生因素间更为复杂的作用关系时更具优势。除了对因素间的关系考虑更加复杂以外,流行病学模型还从导致事故的近端因素进一步扩大至远端因素,将单纯的技术因素扩展到组织管理等因素,考虑的因素的范围更加广泛,将事故发生的组织管理的影响得以合理体现。

"瑞士奶酪"模型是流行病学模型最著名的代表,以奶酪切片来表示系统的不同层面,切片上的孔洞则用来表示系统各个层面存在的缺陷,其提出是为了解释系统事故。系统事故是指在组织管理层面出现的潜在缺陷与个体层面出现的外在缺陷重合所形成的一种状态被某一事件触发后所导致的事故。由瑞士奶酪模型(图4-4)可以看出,当奶酪片上的孔洞依次相连形成一条直线时,事故既已发生。由于孔洞的位置、大小等是不断变化的,其连成一条直线发生事故亦十分困难。然而,系统性的事故一旦发生,通常会造成较为严重的后果。

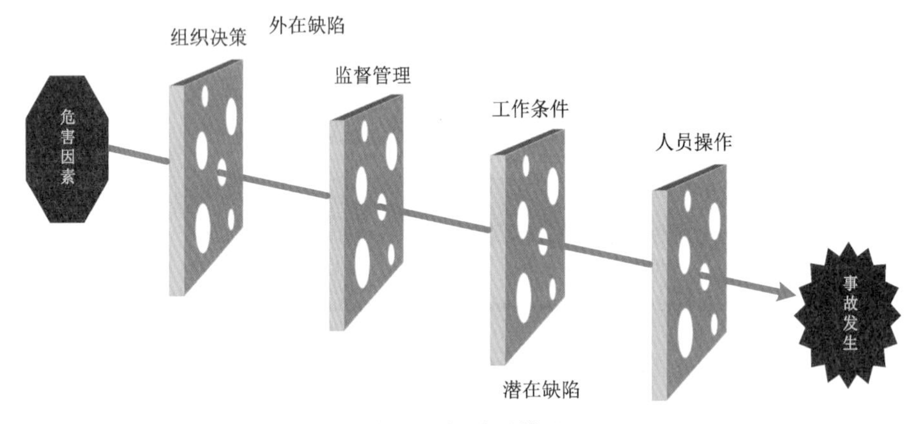

图4-4 瑞士奶酪模型

(3)第三代——系统视角理论与模型

第二代事件解析理论的最大缺陷,在于其引入的假设会对分析过程产生不可避免的制约。由于第二代理论的局限性,有学者开始尝试构建基于系统视角的新的描述性理论与模型。

①基于系统实际行为的描述性理论

基于系统实际行为的描述性理论,对拓展系统安全和事故发生原因的研究思路影响深远,如人为高可靠性组织理论、常态事故理论、灾难理论等。人为灾难理论首次将组织作为事故发生的因素,改变了之前人们对于事故的传统认识与理解:a.事故发生的关键因素是组织与管理;b.事故发生需经历较长的孵化期,需要考虑孵化期内一系列异常事件的累积;c.事故有共同的产生模式,对分析与提高系统安全性具有积极作用。

基于对三里岛核事故(美国历史上最严重的核电站安全事故)的分析研究,有学者建立了常态事故理论,并给出了决定系统安全与否的两个重要特征:系统交互的耦合程度和复杂程度。在复杂社会技术系统中,系统的高度复杂性和紧密耦合性常常会导致系统在建造或运行中遇到预期范围之外或超出原设计的事件。常态事故理论指出,事故的发生应当归结于管理问题。事故分析既要探究事故发生时刻的原因,又要回溯过去。

高可靠性组织理论的基本思想侧重点是高可靠性组织提高和确保复杂系统安全的途径。一个组织要从本质上限制事故的发生并实现尽可能高的系统绩效,通常须具备四个条件:a.广泛使用系统冗余;b.权力分散与权力集中的管理模式并存;c.较强的组织学习能力;d.组织内部应一致认同"安全与生产应同等重要"这一观念。

事故迁移模型是基于控制论、系统论分析系统安全的理论,其基本思想是,任何工作都会受到管理、功能和安全上的约束,工作目标与约束形成了个体行为,既定目标的达成需要个体适应约束或者改变约束来实现。在此过程中,个体提供了一个"效率梯度",而管理提供了一个"效益梯度"。因此,系统会在这两个梯度的共同作用下逐渐向安全边界迁移,直至观察或感觉到危险的存在。若未察觉到危险或察觉到危险但未采取措施,系统继续迁移越过安全边界从而导致事故发生。图4-5为用抽象函数形象地展示了事故迁移模型。

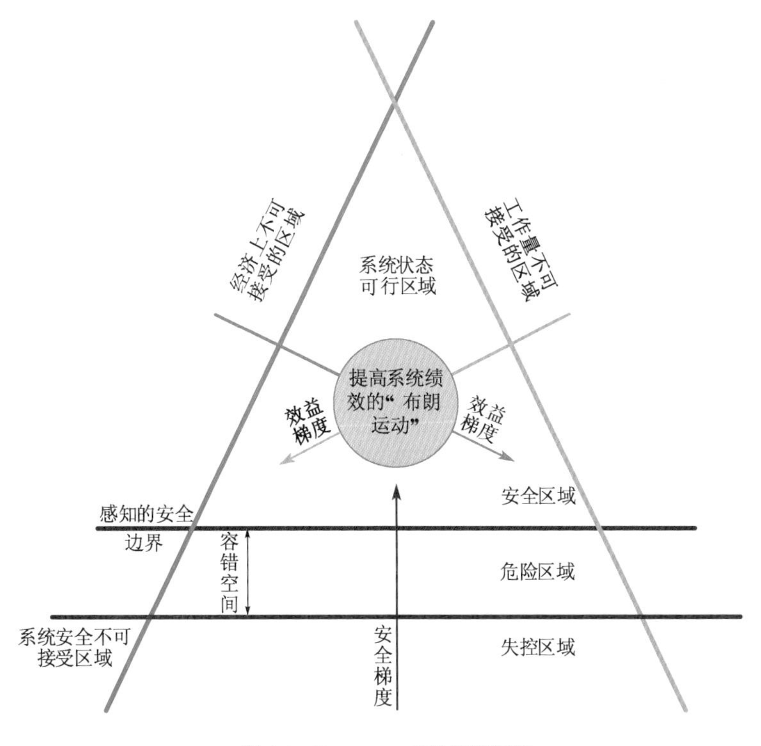

图4-5　Rasmussen事故迁移模型

②基于系统实际行为的描述性模型

第三代事故致因与系统安全分析模型主要代表有3个:STAMP(Systems-Theoretic Accident Model and Processes)模型、SoTeRiA(Social-Technical Risk Analysis)模型、TOPAZ(Traffic Organization and Perturbation AnalyZer)模型。

STAMP模型是借助系统仿真分析相关变量的动态轨迹,并通过改变模型设置来分析某些决策对于相关变量的影响的,但并未给出某个事件或事故发生的概率。由此可见,STAMP的侧重点在于事故中社会层面的因素,缺乏技术层面的风险分析。SoTeRiA模型是基于STAMP模型发展而来的,通过采用多种建模手段,系统地建立了组织与技术系统的联系,从而能够分析组织因素对于安全风险的影响程度,对最终事故的发生概率进行估计。然而,该模型分析的是复杂社会技术系统中社会系统对技术系统的影响,并没有分析两者的相互作用。TOPAZ模型采用基于"Agent动态风险建模技术"和蒙特卡洛(Monte Carlo)仿真技术,分析空中交通管制中空管人员、飞行员等对于事故发生的影响。该模型由于计算的复杂性,并不适用于诸如建筑业等劳动密集型行业。

2)风险分析方法的分类

任何风险事件从理论上来讲都有其发生的机理,因而可通过一系列状态方程,采用严格的概率分析方法对风险进行计算。然而,风险系统实际上往往是非常复杂的,在某些领域或某些活动中,采用概率方法研究风险不具有可行性。目前,风险分析方法主要分为以下两种类型。

(1)基于概率的分析方法

概率风险评估(PRA)是被广泛采用的一种风险评估方法,它最初在核工业领域被引入,然后逐步扩展到了诸如化工生产、航空管理、航天任务等其他复杂系统,其基本的分析工具是故障树分析(FTA)和事件树分析(ETA)。PRA既可以估计事故的可能性和后果,又能够识别可能发生的事故场景。

实际上,FTA是一种演绎法,从顶事件开始进行演绎分析,依据分析的深度逐级找出所有直接原因事件,不同基本事件或因素的相互关系通过逻辑关系如与门、或门进行表示,并能够基于基本事件发生概率和逻辑关系计算顶事件的发生概率。

ETA实际上是一种归纳法,从初始事件开始找出所有可能的后续事件,这些后续事件通常为阻止初始事件发展为事故的安全措施的状态,通过事件序列描述事故场景。如果能够获得初始事件和后续事件发生的概率,则可以基于每个事故序列计算事故发生的大小(图4-6)。

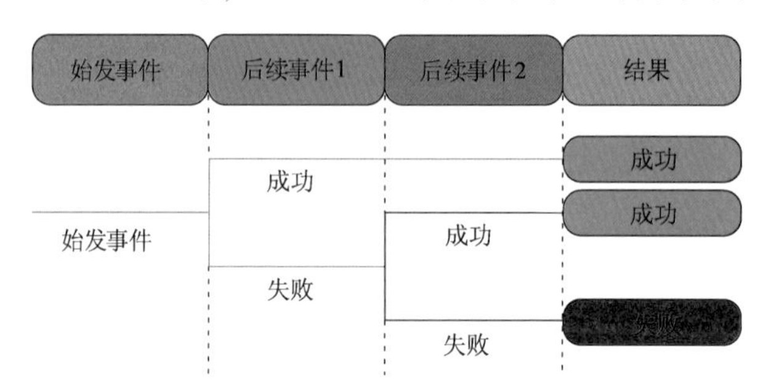

图4-6 事件树示意图

FTA/ETA 的优势在于能够描述风险的三个要素，且计算简便，因此在隧道、桥梁等土木领域被广泛应用。例如，FTA 被应用于对公路隧道施工对周围环境的破坏进行分析，ETA 被用来识别隧道开挖过程中可能遇到的不利事件并用于帮助盾构机选型设计，有学者基于 ETA 构建了一个自动识别桥梁施工中发生倒塌事故最可能失效场景的方法。此外，FTA/ETA 在相关领域的风险管理指南中也被推荐作为风险管理的工具。也有模型将 FTA 与 ETA 相结合，把故障树的顶事件作为事件树的起始事件，如图 4-7 所示。由于模型形状酷似“领带结”，因此也称为“领带结”模型，其主要目的是对导致关键事件（即顶事件或起始事件）的起因以及分析关键事件发生后安全措施的可靠性进行识别。“领带结”模型可以作为职业伤害风险评估的定性分析工具，能够为港口安全设计提供依据。

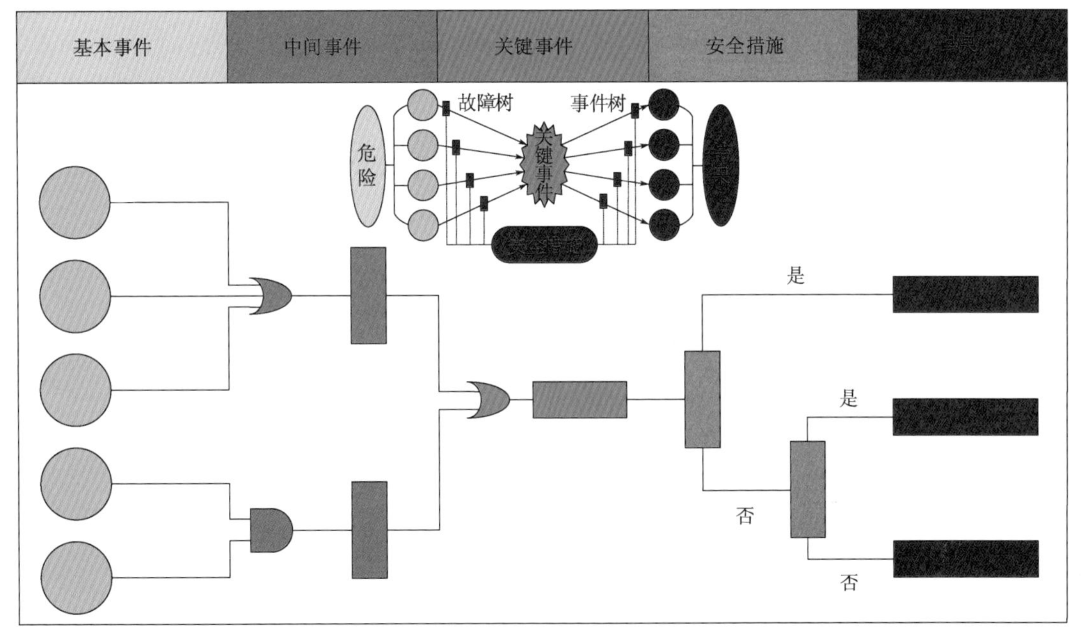

图 4-7　领带结模型示意图

FTA 与 ETA 的另一种结合方式是把事件树的每一个事件（包括起始事件和后续事件）都连接一个故障树。该模型曾被用于分析隧道火灾风险，通过对各个基本事件进行重要度和成本分析，识别出最需要消除的故障原因。有学者建立了用于分析交通疏导系统安全的类似模型（“原因—后果图”模型）。

采用基于 FTA/ETA 的风险分析方法来估计每个事件的发生概率需要大量的统计数据，然而城市地下大空间施工往往缺少这些数据。相比之下，城市地下大空间施工对经验知识较为依赖，因此专家判断常常作为客观数据的一种补充。

（2）基于指标的分析方法

以建立各种指标为主的分析方法比较适合于评估安全文化、安全管理等社会层面的安全影响因素，但这些方法的缺点是难以得出事故后果等分析结果。相反，以传统 PRA 为主的风险分析方法能够定量分析事故发生的概率、损失，但无法将安全文化等远端因素纳入模型中。

以安全文化为例,有国外专家将评估安全文化的方法总结为三种:人类学法、事故调查法和问卷调查法。人类学法注重质性研究,通常使用采访或观察法,能够反映组织实践中的实际具体情况,提供更多的信息,但该方法需要消耗大量的时间;事故调查法更多地通过分析事故调查过程中获得的文档、质询记录,能够很好地平衡分析效果和分析成本,但是城市地下大空间施工中这种重大事故相对较少,并且难以获得普通研究人员在其调查过程中的记录。目前,问卷调查法作为量性研究方法,其应用最为广泛,主要适用于分析态度、价值观等,但是这种方法不能反映一段时间内组织的动态变化过程,反映的只是组织当前时刻的状态,而且调查问卷表的通用性备受质疑。调查问卷通常需要针对特定组织来专门设计,难以重复使用,此外调查问卷分析得出的是一种关联度模型,而不是因果模型。举例来说,防晒油和冰激凌的销量都随着温度的上升而上升,如果对防晒油和冰激凌的销量进行调查会发现两者之间存在强烈的正相关性,但实际上两者之间没有任何因果关系,鉴于此,现在有些学者开始强调将问卷调查法与其他方法相结合使用。然而,无论采取哪种方法,对于诸如安全文化这样的组织因素本身主要都是通过构建指标来进行衡量评估的。而在建立组织社会层面因素对于系统安全影响的模型时,一些学者也尝试采取构建风险指标的方式来进行研究,例如通过构建组织安全风险指标来评估组织因素对于技术系统风险的影响。

然而,这种基于指标的分析方法往往需要假设指标之间是相互独立的,而实际上组织因素之间是存在相互作用关系的,最终的系统安全是这些因素共同作用所导致的涌现现象,基于指标的方法无法描述出系统中存在的反馈和延迟现象。因此,有学者认为要建立一套组织安全指标实际上是非常困难的,因为从组织因素到最后的事故发生之间存在较长的路径,而且组织本身也存在复杂性和动态性。

4.2.5 风险估计

1)风险的度量

(1)风险度量的性质

风险估计即是度量风险的过程。由以上定义可知,在风险的一般定义中包含着大量的信息,直接对风险的所有信息进行研究无疑是十分困难和低效的。因此需要为风险寻找某种度量方法。从方便研究的角度出发,这一度量需要满足以下的条件。

①度量的结果是一个非负实数;

②可以通过度量对风险作出直观认识,方便进行对比分析;

③具有某些性质,如正齐次性、弱可加性、平移不变性等。

风险是对某项具体的活动所导致的某种后果(事件)而言的,即风险的度量应是$\overline{\mathscr{T}}$至正实数集的某种映射。

设某项活动的样本空间中共有 n 个样本点,其中 m 个是基本风险事件的元素,按一定顺序排列可表示为:

$$\Omega = \{\overline{\omega}_1, \overline{\omega}_2, \cdots, \overline{\omega}_m; \eta_1, \eta_2, \cdots, \eta_{n-m}\}, m \leqslant n \tag{4-6}$$

式中,η_i为不是基本风险事件元素的样本点,即表征风险损失的随机变量 C 具有如下取值:

$$C=\begin{cases}c_i^{\bar{\omega}},\{\bar{\omega}_i\}\text{发生},i=1,2,\cdots,m,c_i^{\bar{\omega}}>0\\ c_j^{\eta},\{\eta_j\}\text{发生},j=1,2,\cdots,n-m,c_j^{\eta}\leqslant 0\end{cases} \tag{4-7}$$

设 C 的分布律为：

$$P\{C=c_i^{\bar{\omega}}\}=p_i^{\bar{\omega}},\ P\{C=c_j^{\eta}\}=p_j^{\eta} \tag{4-8}$$

则风险事件 $\bar{f}\in\bar{\mathscr{F}}$ 的风险可从以下角度去度量。

(2)绝对度量

绝对度量是指采用某种有着具体含义和单位的数值来度量风险。绝对度量的优点是度量结果含义明确,具有较好的运算性质,并且不同的风险事件之间的度量值具有可比性。风险的绝对度量可采用以下几种形式。

①根据风险事件发生的概率

$$R(\bar{f})=P(\bar{f})=\bigcup_{\bar{\omega}_i\in\bar{f}}P\{\bar{\omega}_i\}=\sum_{i,\bar{\omega}_i\in\bar{f}}p_i^{\bar{\omega}} \tag{4-9}$$

式中,R 为风险值。这一度量方法仅考虑了风险的一个方面,信息较不全面,只有当风险的损失不可接受时,这一度量才具有一定的实际意义。

②根据风险事件发生所导致的损失额

$$R(\bar{f})=\max\{C(\bar{\omega}_i),\bar{\omega}_i\in\bar{f}\} \tag{4-10}$$

该度量方法忽略了风险最重要的方面,因而很少被采用。

③根据风险损失的期望

$$R(\bar{f})=\sum_{\bar{\omega}_i\in\bar{f}}P\{\bar{\omega}_i\}\times C(\bar{\omega}_i)=\sum_{i,\bar{\omega}_i\in\bar{f}}p_i^{\bar{\omega}}\times c_i^{\bar{\omega}} \tag{4-11}$$

这一度量方式兼顾了风险发生的概率及其损失,是实际风险研究中最常采用的度量方式。

一项活动总体的风险,是指该项活动所导致的所有会令活动主体承担损失的事件发生的可能性及其损失的综合。所有会令活动主体承担损失的事件的集合,即为式(4-3)定义的风险事件的全集 $\bar{\mathscr{F}}$,而 $\bar{\mathscr{F}}$ 中的最大元素 $\bar{\Omega}$ 所代表的事件的含义即为“有风险事件”。因而活动的总体风险可由下式度量。

$$R(\bar{\Omega})=\sum_{\bar{\omega}_i}P\{\bar{\omega}_i\}\times C(\bar{\omega}_i)=\sum_{i=1}^{m}p_i^{\bar{\omega}}\times c_i^{\bar{\omega}} \tag{4-12}$$

(3)相对度量

由于对在实际的风险分析工作中,采用风险的绝对度量存在着许多困难,因此我们一般更倾向于对风险做出一个相对化的判断,例如“高风险”“低风险”等,这一判断实际上便是一种风险的相对度量。相对度量是一种定性结论和定量结论的结合,一个相对度量需要具备度量基准和度量标度两个基本要素。度量基准决定相对度量所代表的具体含义,度量标度决定相对度量的形式及与度量基准间的关系。

以风险分析中常用的风险矩阵(表4-1)为例,风险矩阵实质上是一种风险的相对度量。表4-1中的“1级”“2级”“3级”“4级”即为度量标度,而度量基准则是风险事件的发生概率和风险事件发生所导致的等价经济损失额。不难发现,表4-1所定义的风险相对度量定义了风险的相对标度和风险损失额的期望值之间的一种映射关系。

风险矩阵示例　　表4-1

风险事件发生概率	风险事件发生所导致的等价经济损失额(万元)			
	≥10000	5000～10000	1000～5000	<1000
>0.1	1级	1级	1级	2级
0.01～0.1	1级	1级	2级	3级
0.001～0.01	1级	2级	3级	3级
<0.001	2级	3级	3级	4级

度量标度可以是类似表4-1中采用的一般可数集合,亦可以是实数集的某个子集。正如字面意义,在度量基准恰当的情况下,相对度量数值的绝对大小并不重要,因此一般可采用$[0,1]\in R$或$[0,100]\in Z$作为度量标度。此时标度区间的下限和上限分别代表由度量基准所决定的最低风险水平和最高风险水平。相对度量具有较为统一的形式,并且方便人们对风险水平产生直观的了解,但相对度量的含义类似于风险水平的一个“分值”,无法直接进行运算,且不同风险事件的相对度量仅在度量基准一致时才具有可比性。

2)常用风险估计方法

(1)专家调查法

专家调查法又称“德尔菲法”。围绕某一主题或问题,征询有关专家或权威人士的意见和看法的调查方法。这种调查的对象只限于专家这一层次。调查是多轮次的。一般为3～5次。每次都请调查对象回答内容基本一致的问卷,并要求他们简要陈述自己看法的理由根据。每轮次调查的结果经过整理后,都在下一轮调查时向所有被调查者公布,以便他们了解其他专家的意见,以及自己的看法与大多数专家意见的异同。专家调查法是一种最常用、最简单、且易于操作的风险估计法。这种调查法最早用于技术开发预测,现在已被广泛应用于对政治、经济、文化和社会发展等许多领域问题的研究。该方法具体步骤如下:

①根据风险识别的结果,确定每个风险因素的权重,以表征其对风险影响程度。

②确定每个风险因素的等级值,等级值可分为很大、比较大、中等、不大、较小五个等级。这是一种主观划分,等级数量和分值可作调整。

③将每项风险因素的权重和相应等级分值相乘,求出该项风险因素的得分。得分高者对工程项目影响越大。

④逐项将各项风险因素的得分相加,可求得该工程项目风险因素的总分也叫风险度,总分越高,风险越大。

为进一步规范,可对专家的评价分权威确定一个权重值。该权威的取值在0.5～1.0之间。每位专家评定的风险度乘各自的权威性的权重,所得之积合计后再除全部专家权威性权重和,就是项目的最后风险度。

专家调查法主要依靠的是专家的经验,评估流程简单,评估结果可靠性较高,但是主观性强,对专家的依赖度过大。专家调查法可简可繁,一般配合其他定量估计方法使用。

(2)风险矩阵法

风险矩阵法的优点是综合考虑风险事件发生概率和风险损失后果确定风险等级。风险矩阵法的理论基础是根据风险损失的期望度量风险,具体可用$R=P\times C$表示,其中R表示风险,P表示风险事件发生概率，C表示风险事件发生后导致的损失等效值。采用此方法的步骤如下：

①通过概率分析或半定量评估的方法计算风险事件发生概率P。

②根据风险事件发生后可能产生的危害，计算损失等效值C。损失等效值C一般通过判断风险事件发生后对人、环境、工程本身和第三方、工期和社会各方面造成影响的程度，根据不同的转化标准进行换算得到。

③将P和C按一定分级标准换算为离散的等级。

④根据P和C的等级，查找风险矩阵中对应的行、列，确定风险等级。

(3)肯特法

肯特法(KENT)较早应用于输油管道类的工程风险评估。美国于20世纪70年代开始研究肯特危险指数评价方法，20世纪90年代该方法被成功地应用到油气管线的风险管理上。该方法的优点在于：不必建立精确的数学模型和计算方法，不必采用复杂的强度理论，而是在有经验的现场操作人员和专家意见的基础上，结合一些简单的公式进行打分评判。其评价的精确性取决于专家经验的全面性和划分影响因素的细致性和层次性。

以穿越既有隧道工程为例，典型的肯特法风险评估流程图如图4-8所示。其中各指数定义如下：

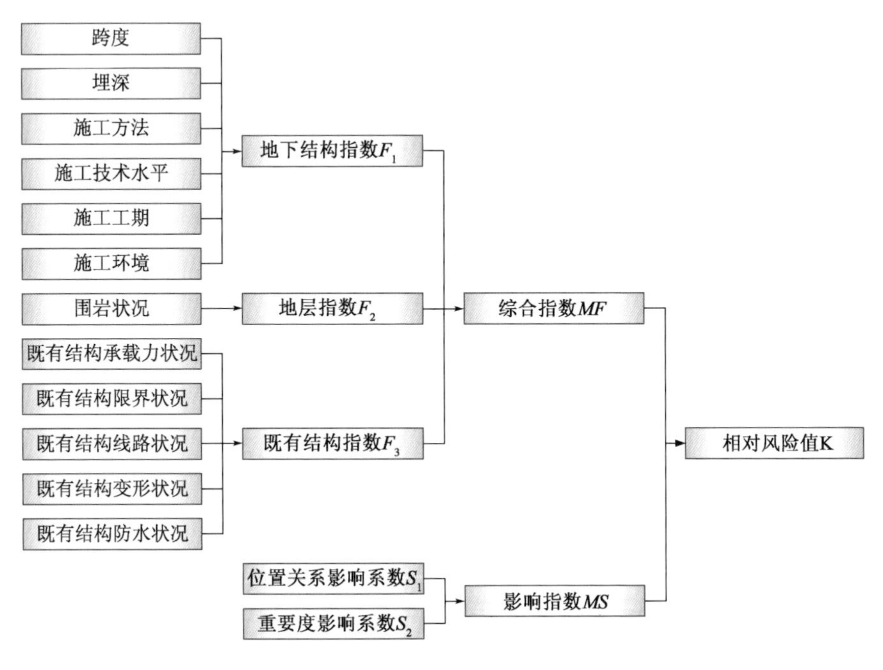

图4-8　肯特法风险评估流程图

①地下结构指数F_1

通常考虑影响地下结构的指数包括断面几何尺寸、埋深、施工技术水平、施工方法、工期、外界环境等。

②地层指数F_2

影响地层指数的因素可取为围岩分级。

③既有结构指数 F_3

影响邻近既有结构的主要因素有既有结构形式、既有结构现状、既有结构环境以及既有结构与新建结构的垂直间距等。

④影响指数 MS

影响指数 MS 由既有结构与新建结构的位置关系影响系数 S_1 和既有结构的重要度影响系数 S_2 共同决定。

⑤风险综合指数 TS

综合指数是指考虑地下结构指数 F_1、地层指数 F_2 及既有结构指数 F_3，得到基础指数，即：

$$\mathrm{MF} = F_1 F_2 F_3 \tag{4-13}$$

在此基础上对其进行影响系数的修正，即可得风险综合指数 TS，即：

$$TS = \frac{1}{1000} MS \cdot MF = \frac{1}{1000} S_1 S_2 F_1 F_2 F_3 \tag{4-14}$$

根据计算得到的 TS 值，即可按表 4-2 对地下工程施工风险进行分级。

肯特法施工风险等级　　表 4-2

TS	风险等级	TS	风险等级
<250	低度	400～550	高度
250～400	中度	>550	极高

(4)网络层次分析法(ANP)

网络层次分析法(ANP)是在层次分析法(AHP)的基础上提出的，对多因素、多准则问题的系统分析方法。在 AHP 中，系统被划分为若干层次，仅考虑上层元素对下层元素的支配作用，同一层次中的元素被认为是彼此独立的。而 ANP 的模型结构更为复杂，不仅存在类似于 AHP 的层次结构，且层次结构之间存在循环和反馈，每一层次结构内部也存在内部依存和相互支配的关系。因此，ANP 可体现系统中各元素相互作用、相互耦合的复杂关系，在对复杂系统进行评价时具有较大的优势。

典型的 ANP 网络层次结构分为控制层和网络层两大部分，如图 4-9 所示。

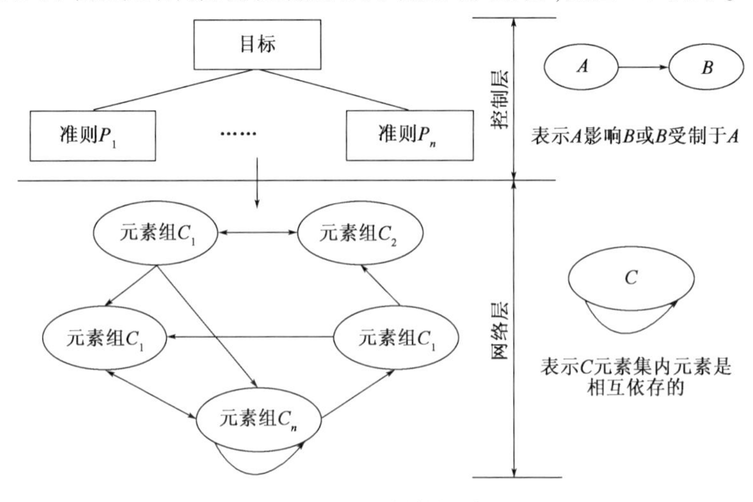

图 4-9　ANP 网络结构示意图

①控制层：包括一个问题目标以及若干决策准则。所有决策准则均被认为是彼此独立的，且只受目标元素支配。控制层实际上是一个典型的 AHP 层次结构。

②网络层：由所有受控制层支配的元素组成，元素之间相互依存、相互支配，元素和层次间内部不独立。如此，控制层中的各准则支配的不是一个简单的层次结构，而是一个各元素相互依存、相互反馈的网络结构。

网络层次分析法的分析步骤如下所述。

①分析问题并构造 ANP 结构

a. 确定网络组成部分：将问题进行系统的分析，确定评价目标，界定评价准则，并对影响问题的基本因素进行分类归纳，形成元素和元素集。

b. 构造控制层：采用 AHP 的方法构造评价目标和评价准则的层次关系，这一层次关系可以是多准则、多层次的，也可以仅包含单个评价目标。

c. 构造网络层：分析元素集和元素之间的相互影响关系，确定 ANP 网络结构图。

ANP 结构的构造是 ANP 分析中最为基础且重要的一步，一般需通过会议讨论、专家填表等方式进行。

②确定控制层权重

控制层权重的确定方法与 AHP 相同，具体步骤为：

a. 以某一层元素 B^k 作为准则，对下一层元素 $C_1, C_2, \cdots, C_n$ 构造两两判断矩阵：

$$\boldsymbol{B}^k = \begin{bmatrix} b_{11}^k & b_{12}^k & \cdots & b_{1n}^k \\ b_{21}^k & b_{22}^k & \cdots & b_{2n}^k \\ \vdots & \vdots & \ddots & \vdots \\ b_{n1}^k & b_{n2}^k & \cdots & b_{nn}^k \end{bmatrix} \tag{4-15}$$

式中，b^k表示在准则 B^k下，下层元素 C_i相对于 C_j的重要程度。b^k需满足：$b^k > 0$；$b^k = 1/b^k$；$b^k = 1$。

b^k的取值可采用常用的 1 ~ 9 标度方法，见表 4-3。

判断矩阵标度表　　表 4-3

含　义	b^k　取　值	含　义	b^k　取　值
i,j 元素同等重要	1	i 元素比 j 元素极端重要	9
i 元素比 j 元素稍重要	3	中间情况	2、4、6、8
i 元素比 j 元素明显重要	5	相反情况	1/3、1/5…
i 元素比 j 元素强烈重要	7		

b. 比较矩阵建立完成后，需进行一致性检验，满足 $CI < 2$ 且 $CR < 0.1$ 的一致性条件。

c. 当比较矩阵满足一致性要求时，矩阵最大特征值所对应的特征向量即为准则 B^k下各元素的权重向量。

③构造 ANP 超矩阵

设 ANP 网络层中共有 n 个元素组 $D_1, D_2, \cdots, D_n$；各元素组中分别有 $m_1, m_2, \cdots, m_n$ 个元素。则网络层总元素个数为：

$$N = \sum_{i=1}^{n} m_i \tag{4-16}$$

设以控制层中准则 C_k 为评价目标，可构建一 N 阶矩阵，称为 ANP 超矩阵，以分块矩阵形式表达如下：

$$\boldsymbol{W}^{(C_k)} = \begin{bmatrix} W_{11}^{(C_k)} & \cdots & W_{1n}^{(C_k)} \\ \vdots & \ddots & \vdots \\ W_{n1}^{(C_k)} & \cdots & W_{nn}^{(C_k)} \end{bmatrix} \tag{4-17}$$

式中，$W_{ij}^{(C_k)}$ 为：

$$W_{ij}^{(C_k)} = [\vec{w}_{ij}^{(C_k)1} \quad \cdots \quad \vec{w}_{ij}^{(C_k)m_j}]_{m_i \times m_j} \tag{4-18}$$

$w_{ij}^{(C_k)mj}$ 为在总准则 C_k 下，以元素组 D_j 中第 m_j 个元素 $e_{mj}^{(j)}$ 为次准则，元素组 D_i 中各元素 $e_1^{(i)}$，$e_2^{(i)}$，…，$e_{mi}^{(i)}$ 对 $e_{mj}^{(j)}$ 影响的权重向量。这一向量可通过以 $e_{mj}^{(j)}$ 为准则，对 D_i 中各元素构建比较矩阵，按前述方法计算得到。

④构建加权超矩阵

在总准则 C_k 下，分别以元素组 D_j 为次准则，对各元素组 D_1，D_2，…，D_n 构建比较矩阵，则可得 n 个 n 阶权向量：

$$\vec{\lambda}_j^{(C_k)} = \{\lambda_{1j}^{(C_k)}, \lambda_{2j}^{(C_k)}, \cdots, \lambda_{nj}^{(C_k)}\} \tag{4-19}$$

$\lambda_{ij}^{(C_k)}$ 的含义为在总准则 C_k 下，元素组 D_i 对元素组 D_j 影响程度的权重。将 n 个权向量按列向量组合，便可得到加权矩阵 $\Lambda^{(C_k)}$：

$$\Lambda^{(C_k)} = [(\vec{\lambda}_1^{(C_k)})^{\mathrm{T}} \quad \cdots \quad (\vec{\lambda}_n^{(C_k)})^{\mathrm{T}}] = \begin{bmatrix} \lambda_{11}^{(C_k)} & \cdots & \lambda_{1n}^{(C_k)} \\ \vdots & \ddots & \vdots \\ \lambda_{n1}^{(C_k)} & \cdots & \lambda_{nn}^{(C_k)} \end{bmatrix} \tag{4-20}$$

将矩阵 $\Lambda^{(C_k)}$ 与超矩阵 $\boldsymbol{W}^{(C_k)}$ 逐块相乘，便可得到列归一化的加权超矩阵 $\overline{\boldsymbol{W}}^{(C_k)}$：

$$\overline{W}_{ij}^{(C_k)} = \lambda_{ij}^{(C_k)} W_{ij}^{(C_k)} \tag{4-21}$$

⑤计算权重

加权超矩阵中的元素 $\overline{w}_{ab}^{(C_k)}$ 反映了在总准则 C_k 下，元素 a 对元素 b 的一步优势度。a 对 b 的优势度还可以用 $\sum_{g=1}^{n} \overline{w}_{ag}^{(C_k)} \overline{w}_{gb}^{(C_k)}$ 得到，称为二步优势度，它是 $[\overline{\boldsymbol{W}}^{(C_k)}]^2$ 的元素，且 $[\overline{\boldsymbol{W}}^{(C_k)}]^2$ 仍然是列归一化的。当 $[\overline{\boldsymbol{W}}^{(C_k)}]^{\infty}$ 存在时，$[\overline{\boldsymbol{W}}^{(C_k)}]^{\infty}$ 的任意一列便是各元素对总准则 C_k 的影响的权重向量。

(5)其他风险估计方法

城市地下工程施工中其他常见风险估计方法见表 4-4。

城市地下工程施工中常用风险估计方法 表 4-4

分类	名　称	适 用 范 围
定量估计方法	层次分析法	应用领域比较广阔，可以分析社会、经济以及科学管理领域中的问题。适用于任何领域的任何环节，但不适用于层次复杂的系统
	蒙特卡罗法	比较适合在大中型项目中应用。优点是可以解决许多复杂的概率运算问题，以及适合于不允许进行真实试验的场合。对于那些费用高的项目或费时长的试验，具有很好的优越性。 一般只在进行较精细的系统分析时才使用，适用于问题比较复杂，要求精度较高的场合，特别是对少数可行方案进行精选比较时更有效

续上表

分类	名　　称	适 用 范 围
定量估计方法	可靠度分析法	分析结构在规定的时间内、规定的条件下具备预定功能的安全概率,计算结构的可靠度指标,并可对已建成结构进行可靠度校核。该方法适用于对地下结构设计进行安全风险分析
	数值模拟法	采用数值计算软件对结构进行建模模拟,分析结构设计的受力与变形,并对结构进行风险评估。该方法适用于复杂结构计算,判定结构设计与施工风险信息
	模糊综合评判法	模糊综合评判法适用于任何系统的任何环节,其适用性比较广
	等风险图法	该方法适用于对结果精度要求不高,只需要进行粗略分析的项目。同时,如果只进行一个项目一个方案分析,该方法相对烦琐,所以该方法适用于多个类似项目同时分析或一个项目的多个方案比较分析时使用
	控制区间记忆模型	该模型适用于结果精度要求不高的项目,且只适用于变量间相互独立或相关性可以忽略的项目
	神经网络法	适用于预测问题,原因和结果的关系模糊的场合或模式识别及包含模糊信息的场合。 不一定非要得到最优解,主要是快速求得与之相近的次优解的场合;组合数量非常多,实际求解几乎不可能的场合;对非线性很高的系统进行控制的场合
	主成分分析法	该方法可适用于各个领域,但其结果只有在比较相对大小时才有意义
综合估计方法	专家信心指数法	同专家调查法
	模糊层次综合评估法	其使用范围与模糊综合评判法一致
	工程类比分析法	利用周边区域的类似工程建设经验或风险事故资料对待评估工程进行分析,该方法适用于对地下工程进行综合分析
	事故树法	该方法应用比较广,非常适合于重复性较大的系统。在工程设计阶段对事故查询时,都可以使用该方法对它们的安全性作出评价。 该方法经常用于直接经验较少的风险辨识
	事件树法	该方法可以用来分析系统故障、设备失效、工艺异常、人的失误等,应用比较广泛。 该方法不能分析平行产生的后果,不适用于详细分析
	影响图法	影响图方法与事件树法适用性类似,由于影响图方法比事件树法有更多的优点,因此,也可以应用于较大系统分析
	风险评价矩阵法	该方法可根据需求对风险等级划分进行修改,使其适用于不同的分析系统,但要有一定的工程经验和数据资料作依据。其既适用于整个系统,又适用于系统中的某一环节
	模糊事故树分析法	适用范围与事故树法相同,与事故树法相比,更适用于那些缺乏基本统计数据的项目

4.3 城市地下大空间施工风险特征及分类

4.3.1 城市地下大空间施工风险特征

根据上文对城市地下大空间工程的定义可知,相对一般地下工程,城市地下大空间的特点主要体现在空间规模大、平面尺寸大、结构跨度大、地下超深度、围护支护复杂、周边环境影响大(相互影响,建筑物,主动、被动影响,受影响对象,变成荷载,管线构筑物,破坏产生次生灾害)、开挖步序多等。城市地下大空间的上述特点决定了其施工是一个复杂的系统化工作,这使其施工风险除了具有风险的一般性质外,还具有如下独有的特征。

1)多元性

(1)地下工程施工的危险性随着其开挖深度、开挖宽度、结构复杂度的提升而呈现出非线性增加的趋势。城市地下大空间是体量最大、复杂度最高的一类地下工程,因此施工中的安全性必然受到极大的挑战,必须在同时具备合理的施工方法、先进的施工工艺、熟练的施工团队和完善的施工管理条件下,才能将施工中的安全风险控制在可以接受的水平内。对施工方法和工艺的高要求令城市地下大空间施工过程中发生诸如坍塌、滑坡等恶性工程事故的风险时刻存在,而对施工团队及施工管理的高要求也使得由于人的不确定因素导致的各类安全问题的出现频率较高,譬如因人员疏忽而导致的施工质量不达标、因误操作导致的机械伤害、因防护不到位导致的高空坠落或是由于材料保存操作不规范引起的火灾、爆炸等。

(2)根据现有工程的调研结果,大部分符合城市地下大空间定义的工程项目都是城市地下综合体、大型地下交通枢纽、大型地下人防工程等。受其功能要求的限制,这些工程项目的共同点是其建设位置多位于人口密集、地上地下建筑繁多的城市核心区域。由于历史原因,我国多数城市的核心区域在建设初期缺少科学、系统的长期规划,建筑物新老交替、参差不齐,地下管线盘根错节且部分存在年久失修的问题,加之早期地下工程的开发存在一定的盲目化、逐利化倾向,使得新建大型地下工程会面临一系列的周边环境问题,如邻近既有建筑的基底或近距离下穿、侧穿既有地下结构,既有市政管线的迁移及保护,地表道路、桥梁等的沉降控制等。

(3)许多城市地下大空间工程是由政府主导和出资并动员各方精锐力量建设的,可对城市发展起到关键性引领作用的重要里程碑工程,其建设过程多会在社会各界的关注下进行。可以说,在我国国情下,城市地下大空间工程不仅应是一项精品土建工程,还应是一项夺目的形象工程和一项先进的政治工程,这就意味着城市地下大空间工程是"不容许失败"的。在这样的聚光灯下,城市地下大空间施工过程中的任何问题都会被迅速放大,任何一个事故的发生都会为工程参与各方带来公共形象和社会信誉的损失,甚至发展为公共关系事件,造成极为不利的社会影响。

2)成险机理复杂性

(1)城市地下大空间工程结构自身多为大体量、多功能地下结构,其施工方法、结构形式往往具有较高的复杂度和独特性。对于这样的地下结构,其结构自身的承载力学机理已是十分复杂,难以通过传统理论模型进行分析。另外,城市地下大空间工程多需解决与其他地下或地上空间连通、接驳的问题,还有一部分城市地下大空间工程是在现有结构的基础上通过以小拓大、竖向增层、横向拓展等方式扩建而成的,这使得新建结构与既有结构之间的相互作用机理也成为需要研究的问题之一。对于如此复杂的多结构复合体系,设计者和建设者往往不容易从以往工程经验中得到充足的信息,因而难以对施工过程中的所有风险点及相应的成险机理进行透彻的、无遗漏的分析。

(2)城市地下大空间的施工需要多家单位、多个部门协同进行,这使得人的不安全因素和不确定因素所产生的影响十分复杂。通过事故调研的结论可以看出,每一起重大安全事故的背后都在组织机构、安全管理和人员意识等方面存在着普遍的问题。人的不安全因素不但在彼此间存在着复杂的内在联系，而且在某些客观状态或事件的加持之下，有可能成为诱发某些事故的导火索。例如在前文所述某盾构隧道透水坍塌重大事故中，由于施工单位未制订应急预案，加之施工单位在日常管理中对于工作人员安全意识的培训和考核不到位，导致现场人员在事故征兆出现之后未能对灾害的发展程度作出合理的估计，在事故已经事实上无法避免的情况下仍徒劳冒险补救，贻误了宝贵的撤离时机，这才造成了在隧道坍塌诱发的泥砂冲击下发生人员伤亡的严重事故。从这些案例中可以看出，人的不安全因素不但普遍存在、难以避免，而且在一般情况下这些不安全因素以十分隐蔽的状态蛰伏着，不会直接造成严重的结果，使得人们容易麻痹大意，忽视其危害。而当客观条件成熟时，人的不安全因素会迅速暴露出来，或作为事故的导火索，成为事故发生的直接原因；或成为事故的催化剂，使得事故后果的严重程度迅速增加。这类情境虽然屡见不鲜，但其终究是一种必然性和偶然性的对立统一：一方面，当人的不安全因素累积到一定程度时，必然导致质变，使得事故的发生成为一个大概率事件；另一方面，不论人的不安全因素累积到何种程度，都不足以独立地、确定地导致事故的发生，必须有某些外界因素或偶发事件的触发，才会最终诱发事故。那么，人的不安全因素在一个事故中究竟起到了怎样的一种作用，往往不存在一个统一的、绝对的结论，只有在结合具体事故具体分析时，才能明确人的不安全因素对事故的影响机理。

(3)城市地下大空间施工过程中的风险与风险因素间具有普遍的关联性和相对性。换言之，某一事件在一定的语境下被称为风险事件，但当语境发生变化时，这一事件可能会被作为另一事件的风险因素。譬如，杭州地铁1号线“11·15”坍塌事故是由于基坑基底失稳而导致地下连续墙发生“踢脚”破坏，进一步发展至地下连续墙在中段由于受力状态极为不利发生剪断，围护结构彻底失稳，坑边土体向基坑内坍塌涌入，最终导致基坑一侧的风情大道几乎完全坍塌。对于这一事件，若我们关注的仅仅是基坑工程自身，则“基底失稳”或“地下连续墙剪断”可能是最终的顶层风险事件。但是若把着眼点放在包括周边区域在内的更大范围，则“周边地层坍塌”亦成为了需要讨论的风险事件，而对于这一风险事件而言，“基底失稳”或“地下连续墙剪断”是诱发其发生的原因。换言之，若在较大的粒度上进行风险分析时，“基底失稳”及“地下连续墙剪断”是“周边地层坍塌”的风险因素。虽然风险因素和风险事件的相对性在任何风险分析中都存在，但在城市地下大空间施工风险系统中，这种关系是极其复杂的。在这种特性下，风险系统中的任一事件或一个事件序列都可能不是孤立的，而是构成一个“事件网络”，这使得风险分析变得十分复杂且难以把握分析的边界。

3)风险因素繁杂性

事实上，城市地下大空间施工风险系统在具备前述两项特点后，便可自然地导出其风险因素极其繁杂这一结论。一方面，风险因素与风险源挂钩，一个风险源的存在会自然地导出与之相关的一系列风险因素。例如，若存在一条既有地下隧道线路，那么近距离施工导致的地层变形、施工振动等便成了风险因素。显然，风险源与风险因素之间是一对多的关系，那么当风险源数量增加时，风险因素的数量自然会呈几何级别增加；另一方面，风险因素又与成险机理相关，成险机理越复杂，风险因素便越多。例如对于管线而言，其可能发生的风险事件无过于介质泄漏、管线断裂、介质发生爆炸等等数类，而每一类风险的致险路径或成险机理都较为简单,因此我们可以很容易地列举出这些风险的风险因素。然而若是一个分区、分步开挖的复杂基坑,首先其可能发生的风险事件的种类较多,加之每一类风险事件都有许多条可能的致险路径,有些路径甚至可能是无法简单地通过现有经验进行枚举或推演而发现的,那么,若要列举其全部风险因素则是一件十分困难的事。实际上,从风险分析的角度来讲,穷尽所有风险因素不仅是没有必要的,反而还可能会增加风险分析的逻辑复杂度,增加群体决策时的结论离散程度,起到某种意义上的反效果。因此,城市地下大空间施工风险系统的分析一定要把握好分析粒度(即将问题在逻辑上拆分至怎样的细节),以及分析边界(即哪些要素需要考虑,哪些要素不必考虑)等问题。

4)难预测性

前面已经说明城市地下空间风险有一定的规律可循,在数据库健全的情况,风险具有可测的特征没有争议,但随着城市地下空间修建规模越来越大,特别是在大空间工程自身风险和周边环境风险等级都很高的工程中,风险的规律和特征会跟以往数据库总结的一般空间有一定的出入,这也导致在大空间施工过程中风险是难以预测的,而目前城市地下大空间工程样本并不充分,这就导致虽然风险可测,但目前依旧难测,这是风险难测特性的第一层含义;另外,随着地下空间修建规模越来越大,以往在一般空间使用的工法工艺会表现出其局限性,随之配套的新工艺、新工法、新装备、新设备等就孕育产生,由于是之前没有的“新”,即使会针对性地进行风险分析评价和预测,但依旧难以面面俱到,这也就是城市地下大空间风险难测性的另一层含义。或许在将来随着社会工程修建水平的发展和城市地下大空间工程数据库的完善,城市地下大空间的风险会变得完全可测。

5)高危性

城市地下大空间最大的特点就是工程规模大,这也使得大空间的施工风险一旦发生则危害极大。城市地下大空间施工风险的高危性由三方面因素决定:一是风险因素众多,由于工程规模大,使得影响施工的因素比一般工程更多,例如施工过程会接触更多的地层、管线和周边建(构)筑物,这些因素都会影响施工的整个过程;二是风险事故类型多,以前一个工程频发的风险事故只有一种或者两种,大空间工程由于因素众多,具有耦合和动态演化的特征,工程施工过程可能会引发多种事故类型;三是相互影响更大,施工过程对周边环境的影响相较于一般空间工程影响程度更广、范围更大,而且城市地下大空间周围本就有相对重要的建、构筑物,因此一旦发生风险,将波及范围更广,影响更恶劣,后果更严重。

6)耦合放大性

从上节“典型城市地下大空间施工安全事故的分析”中可知,城市地下大空间施工过程影响的因素众多,牵一发而动全身,风险事件的形成,必然是多个风险因素同时出现,相互影响,相互促进所导致的结果。当独立地看待这些风险因素时,不难发现大多数风险因素都是一些危害程度极其有限的“小事件”,当风险因素独立出现时几乎难以对整体风险带来明显的改变。然而当若干个这种“小事件”恰巧同时发生时,可能就会发生一定的“化学反应”,导致严重的“大事故”。这一特点说明城市地下大空间施工风险因素间存在耦合放大效应,无形间增加了风险发生概率或扩大了风险损失。因此对于城市地下大空间施工风险而言,风险因素间的耦合放大性不容忽视。

7)动态演变性

由于城市地下大空间工程跨度和规模的增加,使得整个工程很难一次成型,由上文“对开挖方法的调研”可以看出,城市地下大空间工程施工过程中,柱洞法的使用次数最多,双侧壁导坑法的使用频率次之。因其核心思想是分段开挖,变大断面为中小断面。而多次开挖会对地层造成多次重复扰动,城市地下大空间工程施工开挖的过程,也是围岩卸载的过程,开挖步序多,使得风险的演变更加复杂,风险的发展规律更加杂乱;城市地下大空间工程施工周期往往较长,在孕险环境、承险体长期处于多个致险因素作用条件下,这也使得多次扰动下的风险随整个施工的全过程不断发生动态演变。

4.3.2 城市地下大空间风险分类

1)明挖单体地下大空间施工风险分类

明挖单体地下大空间施工风险事件表现形式及事件说明见表4-5。

明挖单体地下大空间工程风险统计表 表4-5

风险事件		事件表现形式	事件说明
工程自身风险	围护结构失稳	结构局部破坏、锚索锚杆失效、围护结构滑移失稳、围护结构倾覆失稳等	结构本身开裂渗漏、折断、剪断;结构底面压力过大引起踢脚破坏,土体中形成了滑动面;结构连同基坑外侧土体一起丧失稳定性等
	支撑体系失稳	结构局部破坏、支撑整体失稳	结构出现折断、弯曲,导致结构承载力不足,或支撑整体变形失效
	坑底变形破坏	坑底隆起变形过大破坏	当软弱地基隆起幅度超过一定范围,会造成基坑整体失稳
地质风险	土体滑塌	放坡开挖滑移、整体失稳等	基坑放坡开挖出现滑坡;土体形成滑移面,同围护结构一同丧失稳定性而滑塌
	突泥突水	坑壁流土流砂、坑底突涌、坑底管涌等	止水帷幕失效导致大量水、砂土涌入坑内,造成水土流失;承压水降水不当;未设置降水井或降水井失效导致坑底出现冒水翻砂等
周边环境风险	建(构)筑物破坏	地上建筑物倾斜、不均匀沉降、地下结构上浮、开裂等	基坑开挖、降水等导致周边土体出现不均匀沉降,致使建(构)筑出现破坏
	道路、铁路破坏	路面变形、开裂、塌陷等	基坑开挖、降水等导致周边土体出现不均匀沉降,致使周边道路出现破坏
	桥梁破坏	桥梁倾斜、沉降移位、垮塌等	基坑开挖、降水等导致周边土体出现不均匀沉降,致使邻近桥梁出现破坏
	管线破坏	管线破裂	管线受土体变形影响,出现结构性破裂,无法继续使用

2)暗挖单体地下大空间施工风险分类

暗挖单体地下大空间施工风险事件表现形式及事件说明见表4-6。

暗挖工程风险统计表　　表 4-6

风险事件		事件表现形式	事件说明
工程自身风险	支护体系失稳	结构变形过大或侵限、支撑结构破坏	拱顶下沉、钢支撑扭曲变形、支撑间混凝土开裂剥落、连接螺栓剪断等
地质风险	围岩失稳	片帮、掉块、溜坍、冒顶、坍塌	原先平衡的岩土压力遭到破坏，作业面在压力作用下变形、破坏而掉块垮塌的现象
	突泥突水	淹溺、掩埋	突发突水事件导致大量水体涌水工程内部，导致作业人员淹溺死亡，或大量泥砂涌入导致人员掩埋事件发生
周边环境风险	建(构)筑物破坏	建筑物倾斜、不均匀沉降、地下结构上浮、开裂等	施工导致周边土体出现不均匀沉降，致使建(构)筑出现破坏
	道路、铁路破坏	路面变形、开裂、塌陷等	施工导致周边土体出现不均匀沉降，致使周边道路出现破坏
	桥梁破坏	桥梁倾斜、沉降移位、垮塌等	施工导致周边土体出现不均匀沉降，致使周边桥梁出现破坏
	管线破坏	管线破裂	管线受土体变形影响，出现结构性破裂，无法继续使用
		管线渗漏	污水管、油气管等开裂，导致内部液、气体溢出，对工程造成影响，引发次生灾害

3）网络化拓建地下大空间施工风险分类

网络化拓建地下大空间施工风险事件表现形式及事件说明见表 4-7。

拓建工程风险统计表　　表 4-7

风险事件		事件表现形式	事件说明
工程自身风险	既有结构破坏	结构破坏、变形过大、失稳	既有结构受施工扰动作用出现不同程度的破坏
	新建结构破坏	结构开裂、不均匀变形等	既有结构的变形也会导致新建结构出现一定程度的破坏
地质风险	土体滑塌	放坡开挖滑移、整体失稳等	基坑放坡开挖出现滑坡；土体形成滑移面，同围护结构一同丧失稳定性而滑塌
	围岩失稳	片帮、掉块、溜坍、冒顶等	原先平衡的岩土压力遭到破坏，作业面在压力作用下变形、破坏而掉块垮塌的现象
	突泥突水	坑壁流土流砂、坑底突涌、坑底管涌、淹溺、掩埋等	大量水、砂土涌入坑内造成水土流失；承压水降水不当；未设置降水井导致坑底出现冒水翻砂等
周边环境风险	邻近建(构)筑物破坏	地上建筑物倾斜、不均匀沉降、地下结构上浮、开裂等	基坑开挖、降水等导致周边土体出现不均匀沉降，致使建(构)筑出现破坏
	邻近道路、铁路破坏	路面变形开裂、路面塌陷等	基坑开挖、降水等导致周边土体出现不均匀沉降，致使周边道路出现破坏
	邻近桥梁破坏	桥梁倾斜、沉降移位、垮塌等	基坑开挖、降水等导致周边土体出现不均匀沉降，致使邻近桥梁出现破坏
	邻近管线破坏	管线破裂	管线受土体变形影响，出现结构性破裂，无法继续使用
		管线渗漏	污水管、油气管等开裂，导致内部气体、液体溢出，引发次生影响

4.4 城市地下大空间施工安全风险分析方法

4.4.1 城市地下大空间施工风险系统划分

1)城市地下大空间施工风险系统划分方法

城市地下大空间施工风险分析的核心必然是施工力学问题。对于这一问题,目前有很多成熟的分析方法,譬如基于概率分析的各类事件序列模型,或是采用安全评估领域常用的有限元仿真,或是两者的结合等。之所以可以采用这些方法,是由于由力学机理所主导的系统具有如下的特点。

①系统的所有行为具有明确的物理机理,在排除所有外部因素影响的前提下,系统的行为理论上可以反复重现。

②系统中的变量具有明确的物理意义,且可通过计算或测量得出。

③系统的行为可以定义为一系列具体的事件,可以在事件之上定义概率。

④由于具备前述特点,系统内各层事件之间具有确定的因果关系,且这一因果关系多为单调的。因此,可以通过逻辑推演对系统的行为作出定性推断,也可结合概率对系统的行为进行量化分析。

然而,仅从力学的角度来描述城市地下大空间施工风险系统无疑是不完整的。通过事故案例分析不难发现,事故的发生过程虽然是一个纯粹的力学过程,但事故发生的根源以及孕育事故的环境中都或多或少的有着人的不确定性因素,甚至在很多情况下,人的不确定因素决定着系统的不确定性。而城市地下大空间施工风险系统的特点,决定了人的不确定性因素自身也是一个复杂的子系统,具有自身的结构、规律和特点。这种由人的不确定性因素构成的系统,具有以下与力学系统截然不同的特点:

①系统的行为仅存在逻辑上的联系,很难与物理机理挂钩。

②系统中的变量众多,且各变量的状态具有极大的不确定性。即便在相对一致的外部条件下,系统的行为也很难复现。

③系统的行为一般仅能以其宏观状态的变化来描述,难以采用事件的形式做出定义,因此也难以采用概率的方法去度量系统的响应。

④系统内各环节的相互关系错综复杂,因果关系交织,即便通过逻辑推演得出系统结构,也难以直观预测系统的行为。

综上所述,在城市地下大空间施工风险系统内存在两类具有截然不同特点而又不可或缺的组成部分:由施工力学机理主导的物理力学系统和由人的不确定性因素主导的组织管理系统。两类系统的不同特点决定了必须采用不同的方法对其进行分析,因此必须在将各系统进行划分的基础上进行建模。

根据以上特点,将城市地下大空间施工风险系统划分为如下三个子系统,如图4-10所示。

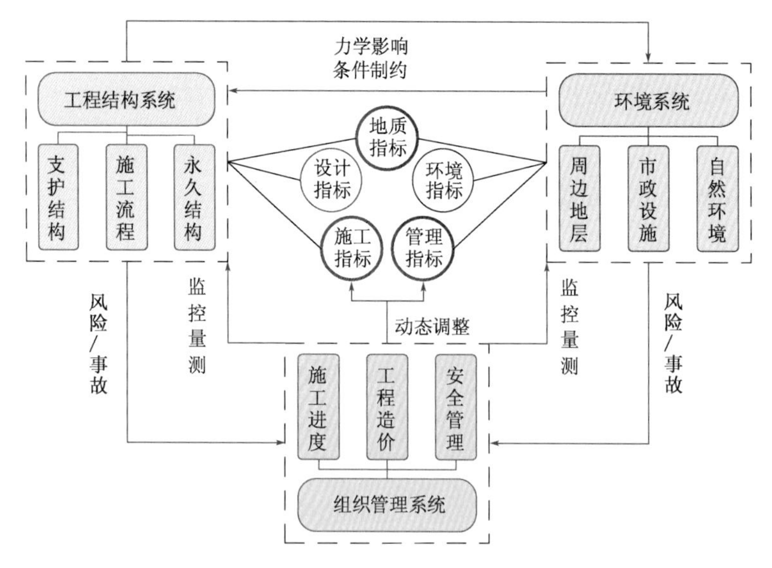

图4-10　城市地下大空间施工风险系统示意图

(1)工程结构子系统

工程结构子系统是城市地下大空间系统中的核心,包含以下几重内涵:

①以实现城市地下大空间功能为目的的永久结构物,例如地铁车站框架结构、暗挖大跨隧道的永久衬砌以及其他功能性附属结构。

②为在城市地下大空间施工过程中稳定地层、提供作业空间而修建的永久或临时支护结构,包括基坑的围护结构、内支撑、隧道的初期支护、临时仰拱及中隔壁、导洞等。

③施工流程,指为完成城市地下大空间永久结构而必需的一系列工法、工序,包括施工前期的降水及预加固、地层的开挖方法、支护结构的施工时机及施工顺序等。

(2)环境子系统

环境子系统是指在城市地下大空间工程的一定影响范围内,在工程施工之前就已经存在的既有存在物所组成的系统,包含以下几重内涵:

①周边地层,包括与城市地下大空间工程的施工具有力学联系的地层及水系。

②市政设施,包括环境子系统内的一切既有建筑物或构筑物,如地表建筑、地下建筑、市政管线、桥梁、电力及通信设施,以及其他特殊设施等。

③自然环境,包括环境子系统内的天然植被、野生动物、自然景观、水源及空气等实体,也包括工程区域内的气候、温度、湿度等自然状态。

④社会环境,指城市地下大空间工程所处的周边社区环境、社会舆论环境等抽象实体。

(3)组织管理子系统

组织管理子系统指与城市地下大空间施工管理相关的抽象实体所组成的系统,其中元素可根据实际需求变化,既可包含能够定量描述的物质变量,如材料要求,安装进度等;也可包含难以定量描述的软变量,如政策决策的影响,组织机构合理性等。组织管理子系统的状态最终会对工程的施工进度、造价和安全管理水平等方面产生影响,从而改变施工力学子系统的行为。

2)系统间的相互关系

(1)工程结构子系统—环境子系统

工程结构子系统与环境子系统之间在力学上存在着密不可分的关系,同时也以某些社会行为的方式影响着环境子系统。工程结构的施工是建立在对周边环境的改造的基础上的。在工程结构施工前,施工方需要占据一部分地表空间作为施工区域,同时可能伴随着管线迁移、交通导改等对周边环境的暂时改变动作。工程的施工是移除环境中的天然地层同时置入能与之相平衡的人造结构物的过程,这更是一种对周边环境的半永久性的改变。在此期间,天然地层的移除会使围护结构以外的地层不可避免地发生变形,进而对建筑物、管线等产生扰动。体现在风险方面,便是工程结构子系统中的风险事件往往作为环境子系统中的上级事件或风险因素而存在,例如隧道结构的破坏导致地表塌陷。

另一方面,环境子系统对工程结构子系统存在着制约作用。环境子系统的状态决定了工程结构子系统中的部分特性,例如在繁华城区中修建地下工程的施工方法会受到极大的限制,出于作业场地的限制或是地表交通的考虑,设计者会更倾向于采用暗挖法而尽可能缩小明挖部分的面积,这会使整个工程结构系统的风险类型和风险因素发生显著的改变;另外,在周边环境的限制下,设计者可能会采用一些非常规工程措施来避免对周边环境的影响,例如近距离侧穿既有地下结构时采用的横列双洞与上下双洞转换的设计,这种状况即是周边环境的制约导致工程自身风险增加的一个实例。这种制约作用表现在风险系统中,便是环境类因素也会对工程结构子系统产生影响。

(2)组织管理子系统—工程结构子系统与环境子系统

城市地下大空间的施工可以看作是一个由一系列基本控制过程组成的复杂过程。城市地下大空间施工流程从输入一定的几何参数、地质参数和施工参数开始,施工过程中按照一定的物理规律对周边土体环境输出一定的影响,这种影响通常通过布置监测点(如地下连续墙测斜、建筑物沉降)来观察,施工人员通过对监测数据进行分析和预测来调整下一步施工参数,此循环过程是一个动态控制的过程;城市地下大空间施工对周边环境造成的影响会传递输入给周边建(构)筑物、管线等,在这种影响和周边建(构)筑物、管线自身参数(如基础埋深、基础类型)的共同作用下,周边建(构)筑物、管线会产生一定的安全风险,组织在对安全风险进行评估后会采取相应的预防措施,而如果发生事故,则需要调整施工方案或进行补救活动,这两种措施均属于反馈控制。值得注意的是,这三种措施的执行都要通过组织,即对组织输入各种监测数据、风险分析结果和事故,而组织依据这些输入来执行相应的措施。

由此可见,组织管理系统是城市地下大空间施工系统的核心控制器,起到汇聚系统各方的反馈信息并对系统的行为进行动态修正的重要作用。

4.4.2　城市地下大空间施工风险系统模型

1)系统结构

(1)工程结构子系统与环境子系统(施工力学子系统)

如前所述,工程结构子系统与环境子系统均是以物理机理主导的事件驱动型系统。并且由于工程结构与周边环境界限间存在紧密的相互作用,二者间的界限较为模糊。因此在建立风险系统模型时,将此二系统作为一个整体看待,统称为"施工力学子系统"。城市地下大空间施工力学子系统是整个施工风险系统的核心,所有的风险事件和因素事件均定义在该子系统中。以典型城市地下空间事故案例分析得到的事故因果图为基础,在前文形成的"风险分析框架"内,结合城市地下大空间风险系统的特点,形成城市地下大空间施工力学子系统模型如图 4-11 所示。

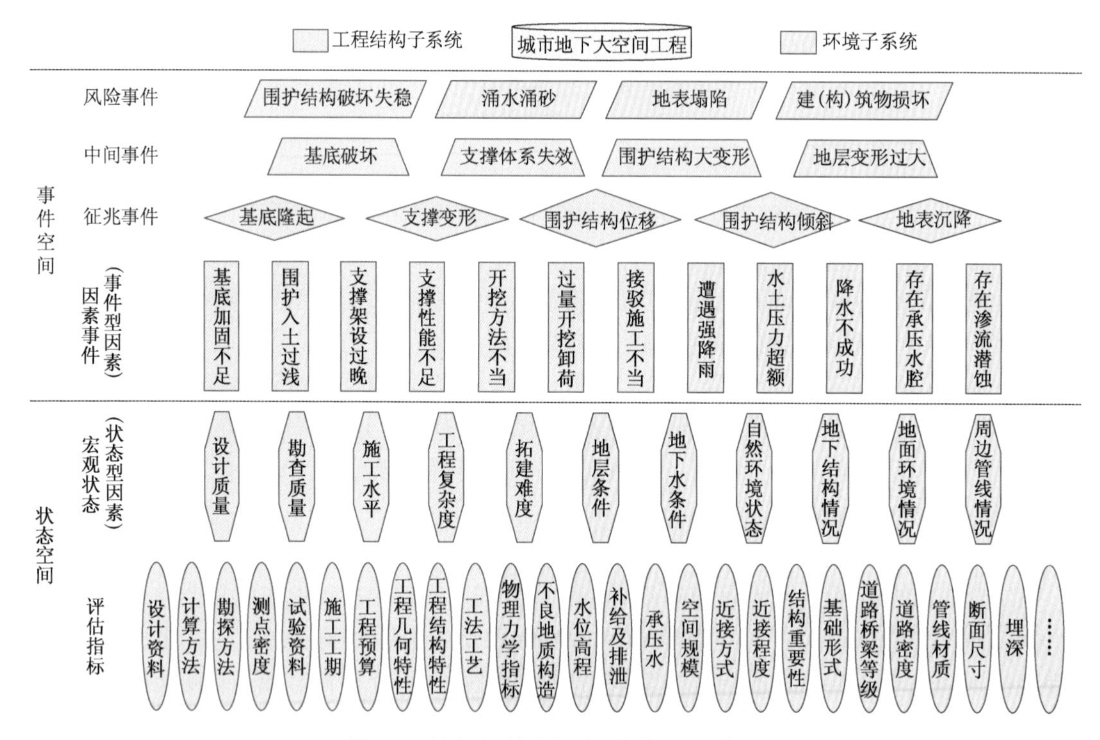

图 4-11　城市地下大空间施工力学子系统模型

城市地下大空间施工力学子系统模型从总体上分为事件空间和状态空间两部分。

①事件空间

顾名思义,事件空间中的元素是具有明确定义的事件(Event)。事件仅存在"发生"和"不发生"两种状态,其相关变量是事件发生的概率(p^E)。事件间由因果关系相联系。事件层中又包含风险事层、征兆事件层、中间事件层和因素事件层四级元素。

a. 风险事件层

风险事件层由风险事件构成,位于事件空间的顶层。风险事件在整个事件链中多作为"果"而存在,但一个风险事件有时也可以作为另一风险事件的"因"。一般而言,风险事件层中元素不宜过多,以免使风险分析工作过于烦琐。

b. 中间事件层

中间事件层位于风险事件层之下,在事件空间中起着承上启下的作用。中间事件是指那些在风险形成路径上可明确定义而又必不可少的事件节点。中间事件层可以具有任意层级数量和结构,各子层级之间应遵循"由下至上"的因果关系,但过多的中间事件层不仅会极大地增加模型的复杂性，还反而可能干扰评估者的逻辑，因此一般建议中间事件层为1~2层，以能够简明扼要地帮助分析者理清事件脉络为宜。

中间事件与风险事件之间可以是一对一、一对多或多对一的关系，但不应存在不作为任何风险事件原因的孤立中间事件。若必须要对这样的事件进行分析，则应该将其放入风险事件层中。

c. 征兆事件层

征兆事件层是事件空间中较为特殊的一层。从逻辑关系上来看，征兆事件与风险事件之间具有因果关系（征兆事件为风险事件的因），但这种因果关系的强度是较弱的。例如，“地表沉降”和“地表塌陷”之间显然存在因果联系，但无论是“地表沉降”还是“地表塌陷”都有着更为深层的原因，而这些深层原因才更符合人们观念中真正的“原因”的概念。征兆事件与风险事件之间的因果关系更多地体现为一种“相关性”，即征兆事件的发生无法直接导致风险事件发生，但征兆事件发生会使对应的风险事件发生的信度增加。如此一来，我们便可以通过观察征兆事件的状态来调整对风险的估计。

征兆事件与事件层中其他事件另一个显著不同点在于其定义的模糊性。风险事件与中间事件均有着区分其“发生”与“不发生”的明确概念边界，也就是说，在任何客观情况下，我们都能清晰地得出这些事件是否发生的判断。而征兆事件由其字面定义来看几乎都是一些必然事件，例如基坑的开挖必然会导致围护结构发生倾斜、地表产生沉降，哪怕这些变形和沉降的量值小到可以忽视。因此，若不给征兆事件赋予一个确定的程度界限，单纯讨论其发生与否是毫无意义的。

征兆事件的弱因果性和模糊性使其在对风险进行因果分析和推断时作用不大，但这些特性使其在对风险进行观测和度量时极其有用。很多时候，通过因果分析得到的风险事件链可以帮助我们在行动开始之前对风险的大致水平作出一个相对可靠的主观推断，但在行动开始之后，却很难通过实时获取的客观信息来验证这一推断是否准确。这是因为一个被正常定义的风险事件链中的多数事件往往都是小概率事件，而确定小概率事件所需的样本量在现实中是几乎无法被满足的。实际施工过程中，我们一般只能观测到部分表观物理指标的变化，如结构物及地表的变形、重要构件的受力、混凝土的裂缝等。对于庞大的风险系统而言，这一部分指标所代表的信息量是极为有限的，因此很难直接与风险事件产生明确的关联。但理论知识和工程经验告诉我们，这些指标的量值与施工安全风险之间必然存在着相关性。通过定义征兆事件，可以在这些可测物理指标和风险事件之间建立起一种合乎逻辑的关联，从而实现在行动进行过程中对风险的实时观测和度量。

d. 因素事件层

因素事件又称事件型因素，是事件空间中粒度最小的元素。所谓粒度最小，是指因素事件具有最为细分的定义和最为轻微的影响。因素事件一般是一些具有相对较高的发生概率，但发生后对系统安全造成不利影响程度较低的“小事件”。单个因素事件独立发生所产生的影响一般是可以忽略的，只有当多个因素同时发生时才会对系统安全造成显著影响。因为这些特性的存在，因素事件的选择需要进行审慎的考量。一方面，因素事件的定义应尽可能形象、具体，以方便决策者进行判断；另一方面，因素事件的覆盖范围又应尽可能充分、全面，以降低风险评估的偏差。然而这样一来，因素事件的数量可能会变得十分庞大，使得分析模型的复杂度过高，导致分析工作量成倍增加。因此，在选择因素事件时应做到“全面考虑、主次分明、有的放矢、粒度适中”。

②状态空间

状态空间中的元素是指标(Index)。指标的本质是表征系统状态的变量,因此其状态(取值)可以有任意多个,甚至可以采用连续的标度进行度量。指标与事件的关系类似于概率论中随机变量与随机事件之间的关系。状态空间中包含宏观状态层和评估指标层两级元素。

a. 宏观状态层

宏观状态层中包含“设计质量”“勘测质量”“施工水平”“工程复杂度”“拓建难度”“地层条件”“地下水条件”“自然环境状态”“地下结构情况”“地面环境情况”“周边管线情况”,共11个指标。这些指标基本涵盖了会对城市地下大空间施工安全风险产生影响的所有方面,因此与模型中其他层级不同的是,宏观状态层中元素的个数是有限的(可以根据实际情况简化,但一般无需增加)。宏观状态指标是风险系统中某一方面的状态对安全风险影响程度的度量,是一个抽象的概念,因此其取值范围可任意给定,且不具有量纲。为分析方便,一般对所有宏观状态指标给定一个统一的取值范围,如百分制。宏观状态指标中包含着大量信息,故不宜对其直接进行赋值,需要通过概念更具体、更具有可操作性的评估指标来对其间接赋值。宏观状态指标作为联系评估指标和因素事件的纽带,需要参与事件空间中的概率运算,因此需要建立宏观状态指标取值和因素事件发生概率之间的映射关系。

b. 评估指标层

评估指标层是服务于宏观状态层的。评估指标是一些可通过观测、计算或评价得出的具有明确具体含义的变量。评估指标的取值可以是无量纲数或是有量纲的具体物理量,但由于涉及向宏观状态指标的转化,一般会对评估指标进行统一的无量纲化处理。评估指标与宏观状态指标之间是多对一的关系,一个评估指标仅能对应一个宏观状态指标。有时,为使分析逻辑清晰化,一个宏观状态指标下的多个评估指标可以具有树状层级关系。类似于因素事件,评估指标的选择也应在粒度、广度和可操作性之间进行一定的权衡,一般建议每个宏观状态指标下属的评估指标不大于两层,每一级树状结构的分支数量不大于5个。同时,对于那些不具有物理意义或公认定义的评估指标,应给出具体的取值方法及依据。

(2)组织管理子系统

与工程结构子系统和环境子系统不同,组织管理子系统的显著特点即是其抽象性和主观性和因果关系的复杂性。这些特性使得组织管理子系统既可以在概念外延上进行弹性延伸,也可以在概念内涵上高度细化。所谓概念外延上的弹性延伸,是指系统的边界可以根据分析者的认知和需求在很大程度上自由调整,例如我们既可以认为组织管理子系统狭义地指对城市地下大空间施工起监督作用的组织机构,也可以认为管理文化、管理制度、工程合同及概预算、监管,以及执行情况等一系列概念均属于组织管理子系统;而概念内涵上的高度细化则是指系统的粒度有很大的调整空间,例如我们可以仅在粗粒度上对一个工程管理组织机构设置的合理性进行评价,也可以细化至对参与工程的每一个人员个体的技能水平、工作经验甚至心理状态进行评价。因此,组织管理子系统内涵的丰富程度和细致程度往往远大于工程结构子系统和环境子系统。若采用以事件为基本单元对组织管理子系统进行建模,势必会导出一个结构高度复杂、概念混乱交织、粒度难以把握、难以定量分析的不具有可操作性的模型,并且模型必然会受到建模者主观观念的极大影响。因此组织管理系统的建模必须站在实际决策者的角度上，把握系统的核心特点，对相关概念进行高度总结和抽象。

基于以上原因，组织管理子系统采用类似于施工力学子系统中状态空间的建模方法，以抽象的“指标”作为基本元素。组织管理子系统中的因果关系被概化为指标间的层次结构、反馈作用和约束关系。由于组织管理子系统中不涉及事件的概念，因此指标间的联系也不具有任何概率意义，因此也不会直接参与施工力学子系统中事件层的运算。

①组织管理子系统的总体结构

如前所述，由于组织管理子系统具有较强的主观性，组织管理子系统的外延、内涵和结构也不是唯一的。但无论具体的实现如何，组织管理子系统的建模应在一定的框架和原则下进行。对于城市地下大空间施工风险系统，其组织管理子系统建模的目的在于对一切由人的管理行为所产生的“安全绩效”进行度量。图4-12为一个组织管理子系统模型结构的示例。组织管理子系统状态的变化最终反映为“安全绩效”指标的变化，并进一步反映至“施工质量”“施工成本”和“施工进度”三个相互间具有约束关系的子指标，并通过这三个子指标实现与施工力学子系统的交互作用；为对安全绩效进行量化评价，组织管理子系统又可向下细分为组织机构、现场管理、人员素质及工程合同等若干状态集，各状态集可进一步细化至若干评价指标，形成逻辑上的树状结构。

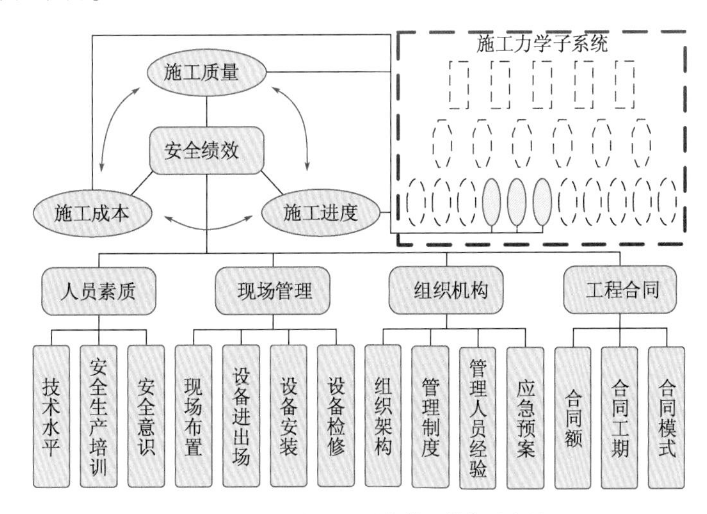

图4-12 组织管理子系统模型结构示意图

②组织管理子系统的输出端—安全绩效

“安全绩效”是组织管理子系统的核心节点，也是组织管理子系统的最终度量对象。安全绩效是指工程项目建设过程中各种管理行为对施工这一物理过程产生的影响，是衡量项目管理工作成果优劣性的抽象指标。安全绩效涉及以下三个方面的具体内容。

a. 施工质量

施工质量是安全绩效的直接体现。施工质量越高，代表着工程结构发生失效或无法满足使用功能要求的概率越低，即意味着安全性越高而风险越低。一般而言，管理组织越高效，管理制度越完善，管理措施落实得越好，施工质量便会越高。

b. 施工成本

施工成本虽然在概念上不直接与安全挂钩，但仍是安全绩效体系中不可缺少的一环。施工成本可以理解为安全绩效的一个制约因素:一方面,管理组织机构的建设、管理人员的雇佣和管理措施的执行都伴随着一定的成本,这一部分成本自然也是施工成本中的一环;另一方面,管理水平的提高带来施工质量的提高,而施工质量的提高往往伴随着更为严格的品质控制标准,进而可能带来更高的返工率、更高的材料废弃率,也有可能为提高施工质量而采购更为昂贵的设备和材料,从而间接地提高施工成本。

c. 施工进度

施工进度同施工成本类似,是安全绩效的另一个制约因素。施工进度由计划工期和施工速率共同决定。计划工期指在满足合同工期的前提下,由施工方设定的施工计划,取决于施工组织方案的合理性和施工团队的技术水平,是一个相对固定的指标。而施工速率则受多种不确定因素的动态影响,处于时刻的变化中。一般来说,计划工期影响施工质量,施工质量直接关系到各类施工质量问题发生的频率,进而影响到例如检查、整改等管理措施实施的频率。而管理措施的实施势必会令施工速率放缓,进而压缩计划工期的余量。因此,施工进度与施工质量之间不是一个简单的约束关系,而是存在复杂的反馈关系。

③组织管理子系统的输入端

为对管理绩效进行量化,需对安全绩效的影响因素进行进一步细化,将其向下细分为若干具有可操作性的评价指标。一般来说,安全绩效的影响因素可在第一层级上划分为以下几个状态集。

a. 组织机构

组织机构是组织管理子系统中的核心概念元素之一。组织机构作为一个指标时,其取值的含义是对项目管理机构各方面优劣性的综合评价。项目管理机构的优劣性主要可通过以下几个方面进行评定:(a)项目管理机构的组织架构的合理性;(b)项目管理机构中管理人员的资历、经验;(c)项目管理机构制定的管理制度的完善性;(d)项目管理机构是否有制定完备的应急预案等。

b. 人员素质

人员素质这一指标的取值是对直接参与现场一线作业的工人、技术员的综合素质的评价。人员素质是项目管理工作成效的重要体现,也是会对安全绩效产生直接影响的环节。一般来说,人员素质可通过以下方面进行评定:(a)施工人员的专业知识、技术水平的高低;(b)项目管理方对施工人员进行的安全生产培训的详细程度和落实情况;(c)施工人员安全意识的高低,以及项目管理方是否有采取提高施工人员安全意识的措施等。

c. 现场管理

现场管理是土建工程管理中特色鲜明并且十分重要的环节。现场管理可理解为施工组织方案中的部分内容的一种动态实现,换言之,现场管理的工作内容和流程虽然均为施工组织方案所规定,但在实际实施过程中需要面对诸多难以预料的不确定因素的影响,并且其实施效果也极大地取决于管理人员的主观选择。现场管理质量的高低一般通过以下几个方面进行评定:(a)现场布置的合理、合规程度;(b)设备进出场的调度情况;(c)设备安装及调试的情况;(d)设备检修是否按规定如期进行,以及检修后所反馈的设备实际情况以及调整对策等。

d. 工程合同

工程合同这一指标反映的是工程合同对项目管理工作的有利程度,主要包含以下几方面内容:(a)合同额,合同额会对工程预算及其分配情况产生影响;(b)合同工期,直接影响计划工期,进而影响对施工进度的评价;(c)合同模式,影响项目管理组织架构和权责范围。

2)城市地下大空间施工风险推理子模型

(1)模型要素及模型结构

城市地下大空间施工风险推理子模型,是以施工风险推理为目的,在城市地下大空间施工风险系统模型的基础上,引入贝叶斯网络和模糊综合评价法作为分析方法形成的模型。如图4-13所示,模型主要由贝叶斯网络、模糊综合评价体系两部分组成。

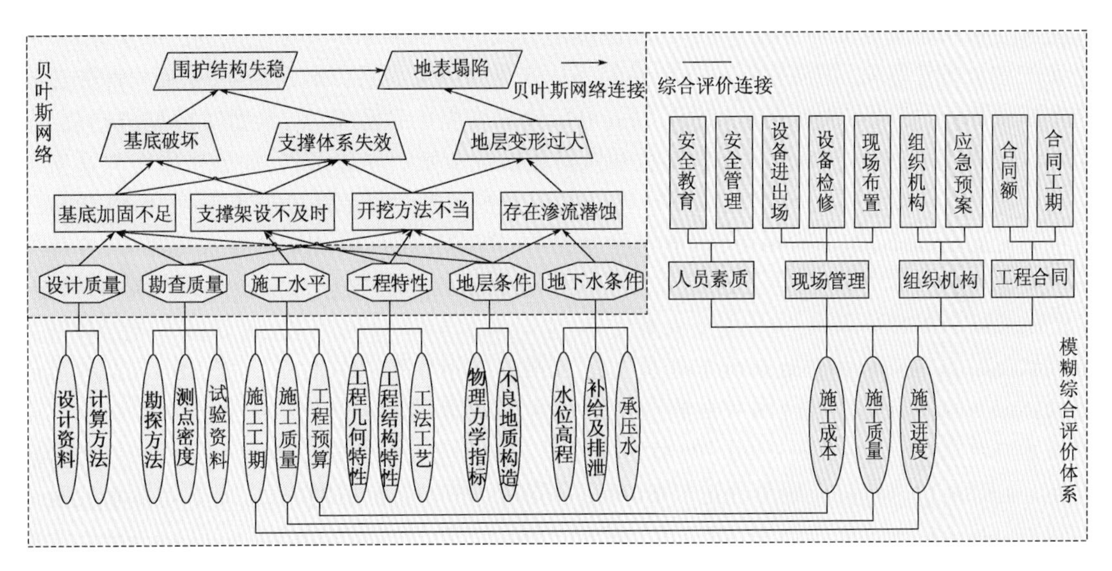

图4-13　城市地下大空间施工风险推理子模型

①贝叶斯网络

子模型中的贝叶斯网络包含城市地下大空间施工力学子系统的风险事件层、中间事件层、因素事件层和宏观状态指标层。其中,宏观状态指标为贝叶斯网络的叶节点,是贝叶斯网络部分的输入端;风险事件为贝叶斯网络的根节点,是贝叶斯网络推理的目标。贝叶斯网络连接代表着节点间的条件概率关系。

②模糊综合评价体系

子模型中的模糊综合评价体系包含城市地下大空间施工力学子系统的宏观状态指标层、评估指标层和整个组织管理子系统。其中,在施工力学子系统部分,宏观状态指标为模糊综合评价目标,其状态空间为模糊综合评价论域;评估指标即为模糊评价因素,每个宏观状态指标与其所属的评估指标构成的树状结构代表着一个模糊评价矩阵。而组织管理子系统在模糊综合评价体系中相当于一个子模型,组织管理子系统自身构成一个评价结构,三个安全绩效指标"施工成本""施工质量"和"施工进度"为子模型的评价目标,而其下属的组织管理子系统因素集是这三个评价目标的模糊评价因素。组织管理子系统可以有自己的评价论域,即可沿用施工力学子系统的模糊综合评价法,也可采用其他的评价方法。组织管理子系统的三个评价目标与施工力学子系统中的对应信息指标间存在某种转换关系。

(2)基础理论简介

①贝叶斯网络

贝叶斯网络(BBN)是对事件序列进行概率分析和条件推理的理想工具。贝叶斯网络是一个由若干节点构成的有向无环图。贝叶斯网络中的节点代表一个随机变量,节点上附有变量自身的概率分布;节点间的有向箭头代表变量间的因果关系,由一系列条件概率所刻画。一个贝叶斯网络在其结构已定的条件下,根据节点间的因果联系强弱,在各非根节点上构造条件概率表(CPT),即可完全确定一个贝叶斯网络。

在过去十几年中,使用BBN进行建模分析受到极大关注。BBN主要优点:a.能够将客观数据和专家知识整合到一个模型中;b.用图形的方式形象的表示出变量之间的因果关系;c.有坚实的数学理论基础,用概率的方式定量的表达变量间因果关系影响的传播,从而对问题进行推理或诊断;d.在获得新的信息(证据)后,可以计算变量的后验概率,从而对模型进行更新。BBN的这些特点使得它成为可靠性分析和风险建模等领域的理想工具,如分析组织对系统安全的影响,技术风险分析,人的可靠性分析(HRA)及模拟整个复杂社会技术系统;BBN也应用在项目风险管理中,如工期延误、成本风险分析等;RIVAS等人和ZHOU等人则将BBN作为一种数据挖掘技术分析变量间的因果关系或因果关系的强弱并作为安全管理策略的依据;SOUSA和EINSTEIN则将BBN用于决策支持,他们基于BBN分别建立了隧道施工开挖面前方地质状况的预测模型和在此基础上选择开挖方式的决策模型;RøED等人将BBN,FT和事件序列图(ESD)结合构建混合因果逻辑(HCL)模型来表示风险评估的组织和技术层面及其影响关系并开发了一个名为"Trilith"的辅助软件用于分析海上钻井平台的运行安全和航空管理安全,而REN等人则将模糊集理论与BBN结合构建了模糊贝叶斯网络,主要依靠专家经验进行建模分析。

②模糊综合评价法

模糊数学是1965年由美国控制论专家ZADEH提出的一类新的数学方法,其研究对象为人们"概念边界的不确定性",以隶属度的概念对传统集合论进行拓展,从而为采用数学方法研究定性问题开辟了新的途径。

模糊综合评价法是以模糊数学为基础提出的一种现代综合评价方法,它根据模糊数学的隶属度理论把定性评价转化为定量评价,即用模糊数学对受到多种因素制约的事物或对象做出一个总体的评价。它具有结果清晰,系统性强的特点,能较好地解决模糊的、难以量化的问题,适合各种非确定性问题的解决。模糊综合评价法的步骤如下:

a.确定评价因素和评价等级

设$U=\{u_1,u_2,\cdots,u_m\}$为刻画被评价对象的m种因素(即评价指标),称为因素集;

设$V=\{v_1,v_2,\cdots,v_n\}$为刻画每一因素所处的状态的n种评价结果(即评价等级),称为评语集。

这里,m为评价因素的个数,由具体指标体系决定;n为评语的个数,一般划分为3~5个等级。

b.构造评价矩阵

从因素u_i着眼,判断该因素对评价等级v_j的隶属度d_{ij},得出第i个因素的单因素评判向量为:$\overline{d_i}=\{d_{i1},d_{i2},\cdots,d_{in}\}$。

将 m 个因素的评价向量组合,形成总体评价矩阵 $\boldsymbol{D}$。总体评价矩阵确定了一个从 U 到 V 的模糊关系:

$$\boldsymbol{D}=[d_{ij}]_{m\times n}=\begin{bmatrix} d_{11} & d_{12} & \cdots & d_{1n} \\ d_{21} & d_{22} & \cdots & d_{2n} \\ \vdots & \vdots & \ddots & \vdots \\ d_{m1} & d_{m2} & \cdots & d_{mn} \end{bmatrix} \tag{4-22}$$

c. 确定权重

对于某一评价目标,评价因素集中的各个因素对评价目标的影响比重不同。因此需引入 U 上的一个模糊子集 A,$A=\{a_1,a_2,\cdots,a_m\}$,称为模糊权向量。其中 $a_i>>0$ 且 $\Sigma a_i=1$。模糊权向量反映了在给定的评价准则下各因素的重要程度。

d. 进行模糊合成

$\boldsymbol{D}$ 中不同的行反映了某个被评价事物从不同的单因素来看对评语集的隶属程度,用模糊权向量 A 与 $\boldsymbol{D}$ 进行综合,就可得到该被评事物从总体上来看对评语集的隶属程度,即模糊综合评价集 B。B 为 V 上的一个子集,$B=\{b_1,b_2,\cdots,b_n\}$。

模糊合成的一般形式为进行模糊变换 $B=A*\boldsymbol{D}$,其中"$*$"为模糊合成算子。模糊合成算子应根据评价事物的客观性质和主观评价取向选取。常用的模糊合成算子有以下几种:

(a)取小—取大 $*(\wedge,\vee)$:

$$b_j=\bigvee_{i=1}^{n}(a_i\wedge d_{ij}),j=1,2,\cdots,m \tag{4-23}$$

该算子着眼点是考虑主要因素,其他因素对结果影响不大,故称为主因素决定型算子。

(b)乘积—取大 $*(\cdot,\vee)$:

$$b_j=\bigvee_{i=1}^{n}(a_i\cdot d_{ij}),j=1,2,\cdots,m \tag{4-24}$$

与取大—取小算子较接近,考虑了多因素时 a_i 对 d_{ij} 的修正。该算子亦突出主要因素的影响,称为主因素突出型算子。

(c)取小—有界和 $*(\wedge,\oplus)$:

$$b_j=\bigoplus_{i=1}^{n}(a_i\wedge d_{ij})=\sum_{i=1}^{n}(a_i\wedge d_{ij})\quad j=1,2,\cdots,m \tag{4-25}$$

该算子亦为主因素突出型算子。

(d)加权平均 $*(\cdot,\oplus)$:

$$b_j=\bigoplus_{i=1}^{n}(a_i\cdot d_{ij})=\sum_{i=1}^{n}(a_i\cdot d_{ij})\quad j=1,2,\cdots,m \tag{4-26}$$

该算子对所有因素依权重大小均衡兼顾,适用于均衡考虑各因素作用的情况。

各算子的特点见表4-8。

模糊合成算子的特点　　表4-8

模糊合成算子	$*(\wedge,\vee)$	$*(\cdot,\vee)$	$*(\wedge,\oplus)$	$*(\cdot,\oplus)$
体现权数作用	不明显	明显	不明显	明显
综合程度	弱	弱	强	强
利用 R 的信息	不充分	不充分	比较充分	充分
类型	主因素决定型	主因素突出型	主因素突出型	均衡型

e. 对评价结果进行清晰化

由于模糊综合评价集 B 是一个模糊向量，考虑到实际的评价结果总是清晰的，所以还需对所得向量进行清晰化，以确定综合评价级别。常用的清晰化方法主要有以下三种：

(a)最大隶属度法：设 $b_p = \bigvee_{i=1}^{n} b_i$，则评价结果为 p 级；

(b)中位数法：设 $i_0 = \min\{i|1 \leqslant i \leqslant n, \sum_{j=1}^{n} b_j = 0.5\}$，则评价结果为 i_0 级；

(c)分段赋值法：对 $i=1,2,\cdots,n$，将 i 级赋值 $\nu_i(0<\nu_i<1)$，并取 $b=\Sigma\nu_i b_i$，b 所对应的级别即为评价等级。

(3)贝叶斯网络的构造

①事件—事件(E-E)连接条件概率赋值

事件节点代表某一具体的事件，其对应的随机变量为二值变量，仅存在“T”(True)和“F”(False)两个可能的取值。因此，定义一个事件节点所需的独立参量仅有事件发生的概率。为统一起见，对于事件节点 E，以加粗体符号“$\boldsymbol{E}$”表示代表事件的随机变量，事件发生记为“$\boldsymbol{E}=$T”或“E”，事件不发生记为“$\boldsymbol{E}=$F”或“$\overline{E}$”，相应的概率分别记为“$p_E = P(E)$”及“$p_{\overline{E}} = 1 - p_E = 1 - P(E) = P(\overline{E})$”。

贝叶斯网络中的 E-E 连接所代表的因果关系的强弱由一系列条件概率刻画，这些条件概率可以表格的形式表示，称为条件概率表(CPT)。一般来说，贝叶斯网络中 CPT 的构造需要借助观测样本进行训练。但城市地下大空间的施工过程具有不可重复性和独创性，是一个贫样本问题，一般仅能通过直接赋值法构造 CPT。

直接赋值法的理论基础是概率的主观解释。与概率的主观解释相对的是概率的频率解释。在概率论研究的早期，概率的频率解释占据着主导地位。一般来讲，对于一个可在同样条件下重复进行的行动，如果事件 A 在所有 N 次行动中共发生了 M 次，则它的概率 $P(A)$ 可以用其发生的频率来近似：

$$P(A) \approx \frac{M}{N} \tag{4-27}$$

由大数定律可知，当 N 趋于无穷大时，频率几乎处处趋于概率，这就是概率的频率解释。按照频率解释，概率只有当行动可以在同等条件下无限次重复时才有意义。然而在施工风险的研究中涉及的事件多数是一些无法多次重复或难以保证可以在同等条件下重复的一次性事件。对于这类事件，频率解释不仅在理论上无法成立，也会使概率在实际应用中变得几乎不可操作。

概率的主观解释又称贝叶斯解释。主观解释认为概率代表着对一个事件发生可能性的合理信度，反映的是个体的知识状态和主观信念。在这种意义下的概率称为主观概率。相对于频率解释，主观解释的长处是它允许对一次性事件也进行概率评估。例如对于“巴西队赢得下届世界杯足球赛冠军的概率是多大?”这一问题，频率解释认为此问题无意义，因为“下届世界杯决赛巴西队夺冠”不是一个可以重复的事件。但是，主观解释仍可以根据各种先验知识给出一个主观评估。概率轮法便是一个具体的可操作的主观概率评估方法。设想有一质地均匀的概率轮，其上仅包含黑白两个连续区域，转动后指针停在任一位置的概率相等(图 4-14)。当评估“巴西队赢得下届世界杯足球赛冠军的概率是多大?”这一问题时，评估者首先需回答

“巴西队夺冠的可能性大，还是指针停在黑区的可能性大？”若认为巴西队夺冠的可能性更大，则设想一个更大的黑区，反之设想一个较小的黑区，然后再次回答同样的问题，如此反复直至评估者认为无法区分巴西队夺冠的可能性和指针停在黑区的可能性何者更大。此时测量黑区所占圆心角并除360°，便可得到巴西队夺冠的主观概率。

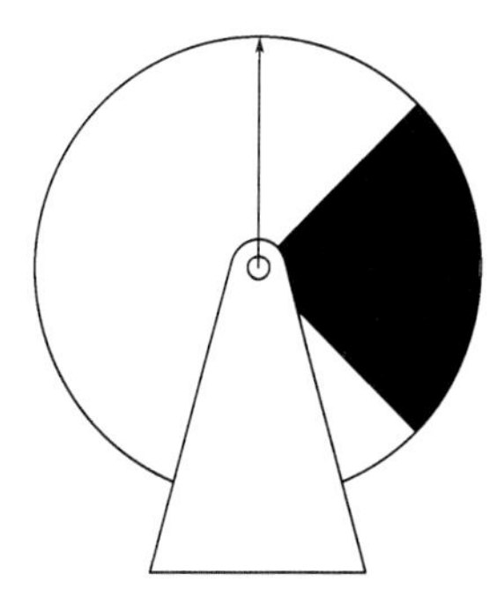
图4-14 用于主观概率评估的概率轮

采用概率轮进行主观概率评估在管理科学、心理学以及运筹学中被广泛使用。需要指出的是，由于人的主观概念的分辨率有限，主观概率评估的精度往往是有限的，例如一个事件发生概率是0.4或0.401在人的主观概念中是几乎没有区别的。所幸的是，在贝叶斯网络的应用中，这往往不是一个大问题，原因有三：a.概率值的微小差别对决策的影响一般不大；b.实际应用中，一般需要同时考虑多个事件的概率，由于概率必须满足Kolmogorov公理，因此不同事件的概率之间存在一定的关系，而这些关系限制了主观概率的任意性；c.在数据分析中，当数据量足够大时，主观概率的影响不大。

出于以上原因，贝叶斯网络事件—事件（*E-E*）连接条件概率可根据主观概率评估的理念，采用定性评价与定量评价相结合的方式进行直接赋值。一般来说，对于一个事件发生后引发另一事件的条件概率，直接给出其定量的概率值是较为困难的，但给出一个相对模糊的定性评价则是相对容易的。根据心理学原理和概率的性质，将*E-E*连接条件概率分为“罕见地”“偶尔地”“很可能地”“频繁地”“必然地”五个等级是较为合理且便于评估的。各等级评价对应的*E-E*连接条件概率的取值可参考表4-9。

事件—事件（*E-E*）连接条件概率评价表 表4-9

等　级	取值区间	描　述
1	(0.9, 1.0]	必然地
2	(0.6, 0.9]	频繁地
3	(0.3, 0.6]	很可能地
4	(0.1, 0.3]	偶尔地
5	[0, 0.1]	罕见地

②状态—事件连接条件概率赋值

状态节点代表某一具体存在的事物或抽象的概念所处的状态，定义一个存在n种可能状态的状态节点需要$n-1$个独立的概率参量。状态节点的每个状态对应着一定的定性评价，例如“好”“坏”“危险”“有利”“不利”等。虽然不同状态节点的状态数量和定性评价描述可能不同，但我们总是可以将这些定性描述按其对系统风险的贡献情况进行排序，例如“地层条件差”“工程规模大”“工程复杂度高”显然是比“地层条件好”“工程规模小”“工程复杂度低”更为不利的状态。在进行排序后，便可将各状态的定性描述出模型中抽离，以一个随机变量S代表其不同状态。为统一起见，在城市地下大空间施工风险贝叶斯网络中，定义状态节点的取值为自然数$S=1,2,\cdots,n$，并规定1代表状态节点处于对系统风险产生最不利影响的状态，取值越大，影响越有利。

在城市地下大空间施工风险系统模型中,因素事件的发生概率由宏观状态指标的水平决定。因此,在对应的贝叶斯网络中,亦需要建立因素事件节点与宏观状态指标节点间的 CPT,以此来计算因素事件的发生概率。由于事件节点都是二状态的,而宏观状态指标节点一般是多状态的,因此连接宏观状态指标层与因素事件层所需的条件概率数量会极为庞大,逐个决定这些条件概率往往是不现实的。为简化决策逻辑,需要一种以单一指标建立因素事件节点条件概率表的方法。

由于宏观状态指标是表征系统某一方面状态水平的抽象概念,因此可作出以下假定。

a. 宏观状态指标对因素事件发生概率的影响与该指标对事件的“贡献度”有关。贡献度越高,相应的因素事件发生概率越大。

b. 宏观状态指标的贡献度由“基础贡献度”和“连接强度”共同决定。基础贡献度对所有宏观状态指标均统一,且与指标和事件之间的连接关系无关;而连接强度则随宏观状态指标与因素事件之间因果关系强弱的不同而不同。

在以上假定下,设因素事件节点 E 有 n 个与之相关的宏观状态指标节点 $\vec{S} = S_i$,$i = 1,2,\cdots,n$,则当这些宏观状态指标节点取值为 $\vec{x} = x_i$, $i = 1,2,\cdots,n$ 时,因素事件发生的条件概率可表达为以下形式。

$$p_{\vec{x}}^{ES} = P(E \mid \vec{S} = \vec{x}) = f[\gamma_{S_i}^{E} \kappa_S(x_i)], i = 1,2,\cdots,n \tag{4-28}$$

式中,$\vec{S}$ 为与事件 E 相关的所有宏观状态指标节点对应的随机变量构成的向量;$\vec{x}$ 为 $\vec{S}$ 的取值构成的向量;$\gamma_{S_i}^{E}$ 为与事件 E 相关的第 i 个宏观状态指标节点的状态—事件连接强度;$\kappa_S(x_i)$ 为宏观状态指标节点的基础贡献度函数;n 为与事件 E 相关的宏观状态节点数。

状态—事件连接强度 $\gamma_{S_i}^{E}$ 是衡量宏观状态指标节点与因素事件节点之间的关联度强弱的参数。状态—事件连接强度可按表 4-10 取值。

状态—事件连接强度评价表 表 4-10

等　级	连接强度取值区间	描　述
1	(0.7, 1.0]	强连接
2	(0.4, 0.7]	中连接
3	[0.1, 0.4]	弱连接

宏观状态指标节点的基础贡献度函数 $\kappa_S(x_i)$ 值域定义为[-1, 1]。根据前述状态节点取值的定义,第 i 个宏观状态指标节点取值为 x_i 时,其基础贡献度 $\kappa_S(x_i)$ 按下式计算:

$$\kappa_S(x_i) = \kappa_{S_i} = \frac{m_i - x_i + 1}{m_i} \tag{4-29}$$

式中,m_i 为第 i 个宏观状态指标节点的状态数量。

根据基础贡献度和连接强度可计算出第 i 个宏观状态节点在处于不同状态时对因素事件发生概率的贡献度,记为 $\varepsilon_{S_i}^{E} = \gamma_{S_i}^{E} \kappa_{S_i}$。由式(4-29)可以看出,宏观状态指标的贡献度 $\varepsilon_{S_i}^{E}$ 与其取值 x_i 为线性关系,而 x_i 的取值为等差自然数列,这意味着状态指标的不同取值对应的 $\varepsilon_{S_i}^{E}$ 是一个等间距的、线性的关系。而在城市地下大空间施工风险推理模型中,宏观状态指标状态的概率分布是通过模糊综合评价法得到,这意味着宏观状态指标的取值是分析者主观判断的体现。根据韦柏-费希纳定律,人的主观经验判断与相应物理量的对数值成正比,即当判断量为线性增长时,物理量呈指数级增长。因此,状态指标对事件发生可能性的贡献度 $\varepsilon_{S_i}^E$ 与事件发生概率的增加量之间应呈指数关系。为此,引入概率转换函数 $p^\Gamma(\varepsilon_{S_i}^E)$ 描述这一关系,$p^\Gamma(\varepsilon_{S_i}^E)$ 应具有如下形式。

$$p^\Gamma(\varepsilon_{S_i}^E) = a^{b \cdot \varepsilon_{S_i}^E + c} \tag{4-30}$$

式中,a、b、c 为参数。

由于 $\varepsilon_{S_i}^E$ 的值域为[0,1],当某一因素事件节点仅与一个宏观状态节点相关时,$p^\Gamma(0)$ 与 $p^\Gamma(1)$ 分别对应着该因素事件发生概率的下限与上限。在给出这一概率的上下限后,欲确定式(4-30)中的参数还缺少一个方程,此时可采用先行给出底数 a 的方法。理论上讲,a 的取值可以为任意大于1的正实数,根据风险评估中的常见做法,一般假定相邻风险等级对应的概率间为10倍的关系,因此可取 $a=10$,进而可求出参数 b 和 c。

当确定某一因素事件节点上所有状态—事件连接的连接强度和概率转换函数后,类似于事件—事件连接,假定指向同一因素事件节点的所有状态—事件连接的因果机制独立,且宏观状态节点之间为逻辑“或”的关系,可以得到式(4-28)的具体表达。

$$p_x^{E|\bar{S}} = \sum_{i=1}^{n} p^\Gamma(\varepsilon_{S_i}^E) - \sum_{i \neq j} p^\Gamma(\varepsilon_{S_i}^E) \cdot p^\Gamma(\varepsilon_{S_j}^E) + \cdots + (-1)^{n-1} \prod_{i=1}^{n} p^\Gamma(\varepsilon_{S_i}^E) \tag{4-31}$$

通过式(4-31),便可构造因素事件节点的CPT。

(4)模糊综合评价隶属度的选取

评价因素的隶属度的含义为:当该评价因素为唯一因素时,评价目标对论域的隶属度。评价因素的隶属度反映了对于评价目标而言,该评价因素自身强度、等级、水平的高低。对于一些定性化指标或难以取得实测样本的指标,其隶属度可在传统打分评级方法的基础上,引入对指标状态的“确信度”这一概念来计算得出。采用确信度法时,需要对每一指标给出一个其所处状态的评级(极低风险、低风险、……)及对该判断的确信程度[很不确信(HS)、较不确信(NS)、确信(S)、较为确信(QS)、非常确信(VS)],由此给出隶属度函数的具体形式。确信度法的隶属度函数可通过如下步骤构造。

设论域为 U,$U=[u_0, u_1]$,F 为 U 上的一个模糊集,则根据确信度的概念,F 所需满足的条件为:

①$\mathrm{Supp}(F)=U$

②$\forall \delta>0, \forall u_i \in [u_0,u_1]$,使 $\mathrm{Ker}(F) \subset [u_i, u_i+\delta]$

条件②的含义为 F 的核为论域 U 上的一个点 u_i。在该点处 F 对 U 的隶属度为1,意即若 F 是一个经典集而非模糊集时,$F=u_i$。u_i 即是 F 在 U 上的传统评分。

设 $f(u)$ 为 F 的隶属度函数,则上述条件可表达为:

①$0<f(u) \leqslant 1, u \in [u_0, u_1]$

②存在唯一点 u_i,使 $f(u_i)=1$ 且 $f(u)|_{u \neq u_i}<1$

在上述条件约束下,构造如下形式的隶属度函数:

$$f(u) = \begin{cases} A(u-s)^n, u \leqslant u_i, A>0 \\ B(t-u)^n, u>u_i, B>0 \end{cases}, n>0, u \in [u_A, u_B] \supset [u_0, u_1] \tag{4-32}$$

式中,A、B、s、t 为待定参数。

根据约束条件,式(4-32)的边界条件为:

$$\begin{cases} f(u_{\mathrm{A}}) = f(u_{\mathrm{B}}) = 0 \\ f(u_i) = 1 \end{cases} \tag{4-33}$$

将式(4-33)代入式(4-32),可得:

$$\begin{cases} s = u_{\mathrm{A}} \\ t = u_{\mathrm{B}} \\ A = (u_i - u_{\mathrm{A}})^{-n} \\ B = (u_{\mathrm{B}} - u_i)^{-n} \end{cases} \tag{4-34}$$

令

$$\begin{cases} u_{\mathrm{A}} = u_0 - v \\ u_{\mathrm{B}} = u_1 + v \end{cases}, v > 0 \tag{4-35}$$

并将 $f(u)$ 的定义域限定在 $[u_0, u_1]$ 上,便可得到隶属度函数的具体形式:

$$f(u) = \begin{cases} \left(\dfrac{u - u_0 + v}{u_i - u_0 + v}\right)^n, u \leqslant u_i \\ \left(\dfrac{u_1 + v - u}{u_1 + v - u_i}\right)^n, u > u_i \end{cases}, n > 0, v > 0, u \in [u_0, u_1] \tag{4-36}$$

式中,n、v 为参数。n 体现着 F 的模糊性。当确信度级别分别为很不确信(HS)、较不确信(NS)、确信(S)、较为确信(QS)、非常确信(VS)时,n 的取值为 0.25、0.5、1、2 和 4;参数 v 决定隶属度函数在论域边界附近的形态,一般可取 0.01 ~ 0.05。

当论域 $U = [0, 1]$,$u_i = 0.5$ 时,式(4-36)的图像如图 4-15 所示($v = 0.01$)。

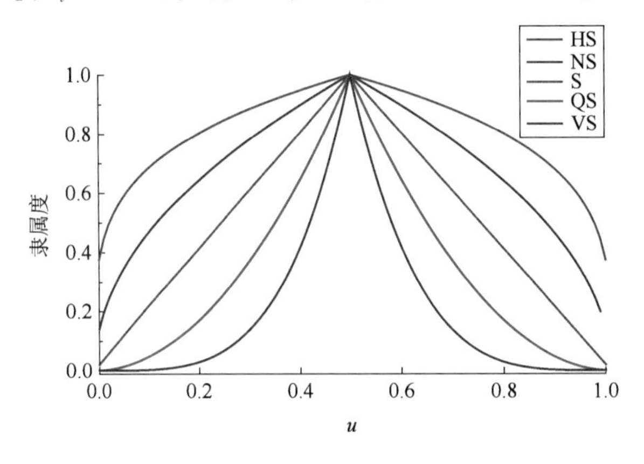

图 4-15 隶属度函数图像($v = 0.01$)

从图中可以发现，当确信度级别较低时，式(4-36)的隶属度函数在整个论域上的值均较大，这违反一般的逻辑规律，且在用于评估时容易导致“过模糊”现象。为此，需对上述隶属度函数进行进一步修正，引入修正系数 α。

$$f'(u) = \alpha f(u) \tag{4-37}$$

修正系数 α 的意义在于，当确信度级别较低时，对隶属度进行整体下调。因此可定义：

$$\alpha = \begin{pmatrix} 1 - \int_0^{u_i} A(u - u_0 + v)^n \mathrm{d}u - \int_{u_i}^1 B(u_1 + v - u)^n \mathrm{d}u + \\ \int_0^{u_i} A(u - u_0 + v)^4 \mathrm{d}u + \int_{u_i}^1 B(u_1 + v - u)^4 \mathrm{d}u \end{pmatrix}^{-k} \tag{4-38}$$

式中，k 为参数，一般可取 2～3。较小的 k 值代表着较大的下调幅度。α 可通过数值积分求得。$k=2$ 及 $k=3$ 时 α 的值见表 4-11（$v=0.01$）。

参数 α 的取值（$v=0.01$）　　表 4-11

确信度	HS	NS	S	QS	VS
$k=2$	0.628	0.725	0.833	0.93	1
$k=3$	0.733	0.807	0.885	0.952	1

修正后的隶属度函数（$v=0.01$，$k=3$）图像如图 4-16～图 4-20 所示。

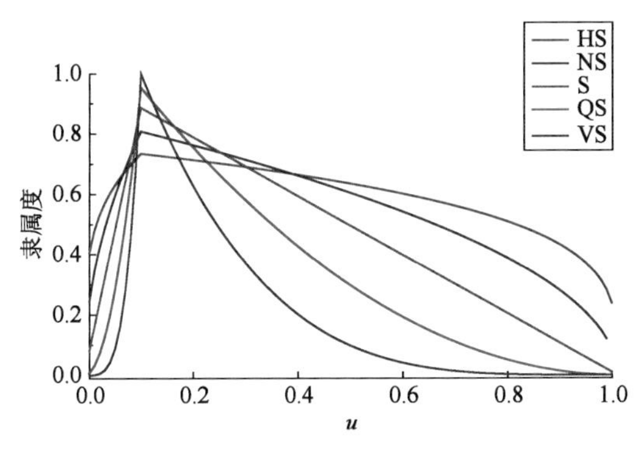

图 4-16　修正后的隶属度函数图像（$u_i=0.1$）

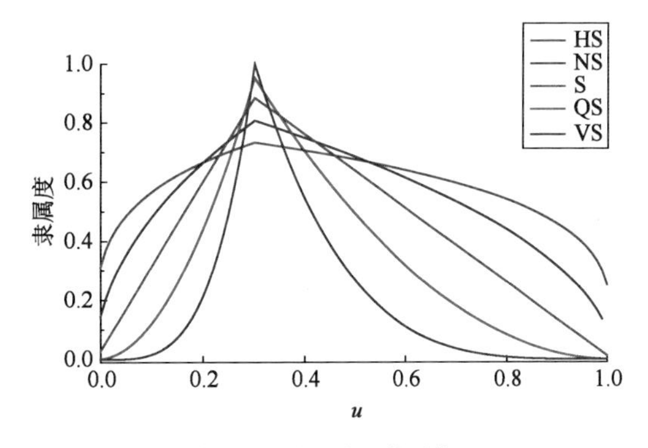

图 4-17　修正后的隶属度函数图像（$u_i=0.3$）

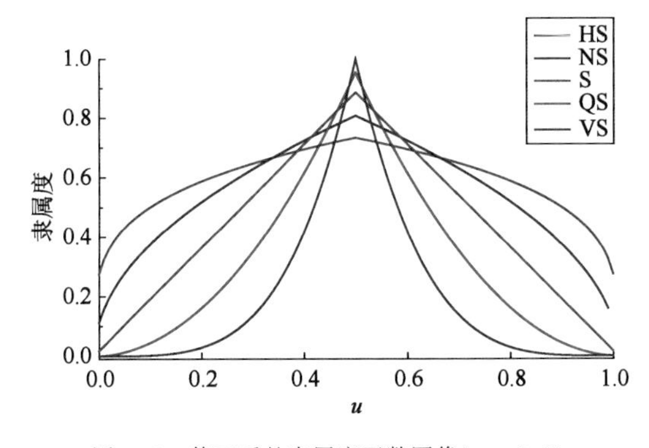

图 4-18　修正后的隶属度函数图像（$u_i=0.5$）

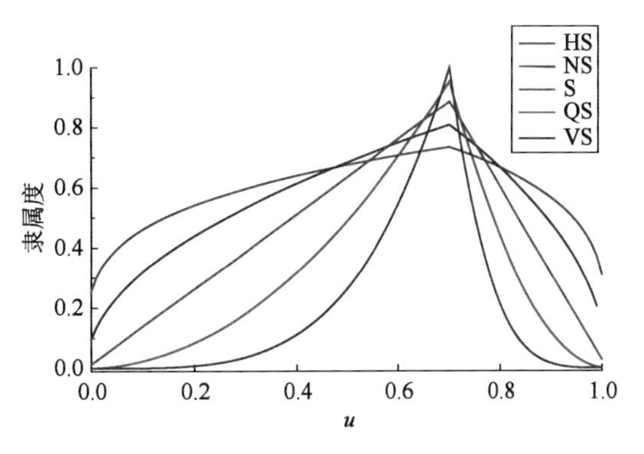

图 4-19　修正后的隶属度函数图像（$u_i=0.7$）

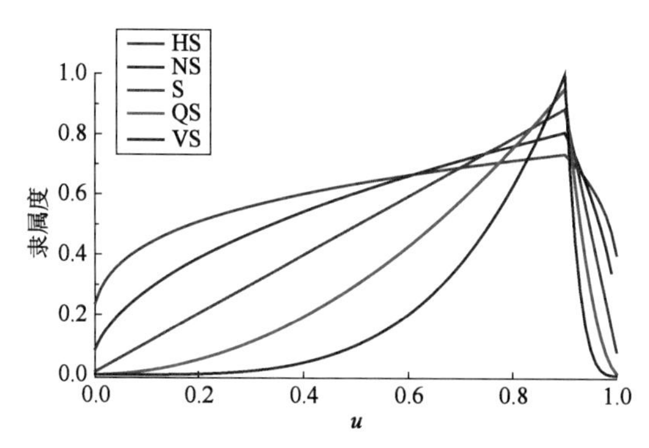

图4-20　修正后的隶属度函数图像($u_i=0.9$)

3)城市地下大空间施工风险测度子模型

施工风险测度是指在施工开始之后,通过对工程结构物、周边地层、周边环境设施等的力学响应进行监控量测,采集这些实测指标的数据,并借助施工风险系统模型对风险水平进行实时度量,以对风险评估结果进行验证和修正的过程。目前地下工程的施工过程中一般需要进行监控量测,以监控量测结果进行风险预警便是一种最朴素的风险测度过程。然而,目前的地下工程监控量测和风险预警方案往往具有过强的主观性和盲目性。地下工程是一个复杂的整体,有时个别测点达到报警状态并不一定意味着整体风险的激增,而有时即便所有测点的数值均处于正常范围内,风险发生的种子也已经被悄悄埋下。这种过度重视个别指标、测点的状态而缺少工程全局思维的风险测度方法无疑存在着较大的弊端。因此,需要提出一种更为科学、系统的地下工程风险测度方法。

(1)施工风险的"系统失效"解释

在进行某项行动之前,行动主体会在现有的知识、技术、环境等各方面因素背景下,对该项活动的预期目的、实现路径及操作方法进行初步的预测,确保该项活动的可行性。换言之,在行动进行的过程中,若一切因素均如行动主体预期,则该项行动必然会达到其预期目的,行动必然会成功。然而,万事万物都存在着不确定性。在这些不确定性的作用下,行动中某些环节所导致的结果会偏离预期,即某个环节出现了"误动作"或"失效"。这种误动作所导致的不利效应若超过一定的阈值,则会使行动本身所导致的结果大幅偏离预期。对于地下工程的施工这一行动,在众多偏离预期的可能结果中,有一部分结果会对施工主体或第三方带来人员生命损失以及伴生的巨大财产、声誉、环境等损失,这一类可能结果便是施工风险事件。毫无疑问,施工风险事件一旦发生,即代表着施工这一过程出现了某种程度的失败。根据以上分析,我们可以对施工过程及施工风险作出如下解释。

①施工过程是为实现工程结构的使用功能而进行的、包含一系列施工步骤和环节的行动。施工过程可类比为一具有特定功能的、广义的"机械",称这一广义的机械为"施工系统"。

②施工系统在实现结构功能的过程中需要保证安全性。一项工程的施工在不发生任何事故的前提下顺利完成可理解为施工系统处于正常运作的状态;而施工风险事件的发生可解释为施工系统发生了失效,导致了大幅偏离预期的结果,这类结果可能不唯一。

③施工风险事件的发生(施工系统的失效)源于系统中某些环节的"误动作"或"失效",一般来说,这是一个小概率事件。

④单个环节的失效不一定会导致施工风险事件的发生。施工系统的失效往往是若干环节失效所共同导致的不利效应累加的结果。

由于施工风险具有上述特点，我们可以从系统失效的角度去解释施工风险。系统失效这一现象的原型在客观世界中随处可见，如机器停转、计算机死机、灯丝熔断乃至人类的身体疾病，均可视为系统失效的一种实例。

(2)模型要素及结构

根据上文所述，施工风险测度是通过实际观测到的信息度量客观风险的过程。然而对于风险这样一种未知的、不确定的、抽象的概念，能在实际中获取到的信息是极其有限的。在施工风险推理子模型中，风险值是通过对评估指标进行评价，并通过一系列的主观评估和逻辑推导得出的。在这一过程中，评估指标的状态无疑是可观的信息，但向风险值转化的这一系列过程却带有极强的主观性，如此得出的风险值也必然是主观的。因此，施工风险测度模型必须跨过这层主观的壁垒，以更为直接、更为客观的信息作为模型输入。

通过本节第一小节关于施工风险测度的局限性分析可知，在实际的施工过程中，人们可以直观得到的客观信息多是诸如结构的变形、受力等一系列监测指标。这些监测指标的大小与风险事件之间的因果联系是直接的、客观的。遵循这一概念，城市地下大空间施工风险测度子模型的输入应是施工系统模型中的中间事件层和征兆事件层，而因素事件层以下元素的状态很难通过观测得到。另一方面，根据施工风险的系统失效解释，我们可以将城市地下大空间的施工过程比拟为一个“闭合电路”，从而通过计算中间事件的发生概率对施工风险进行测度。通过上述分析，城市地下大空间施工风险测度子模型可在施工力学子模型的基础上进行拓展，从而构建出如图4-21所示的模型。模型中各部分的含义如下所述。

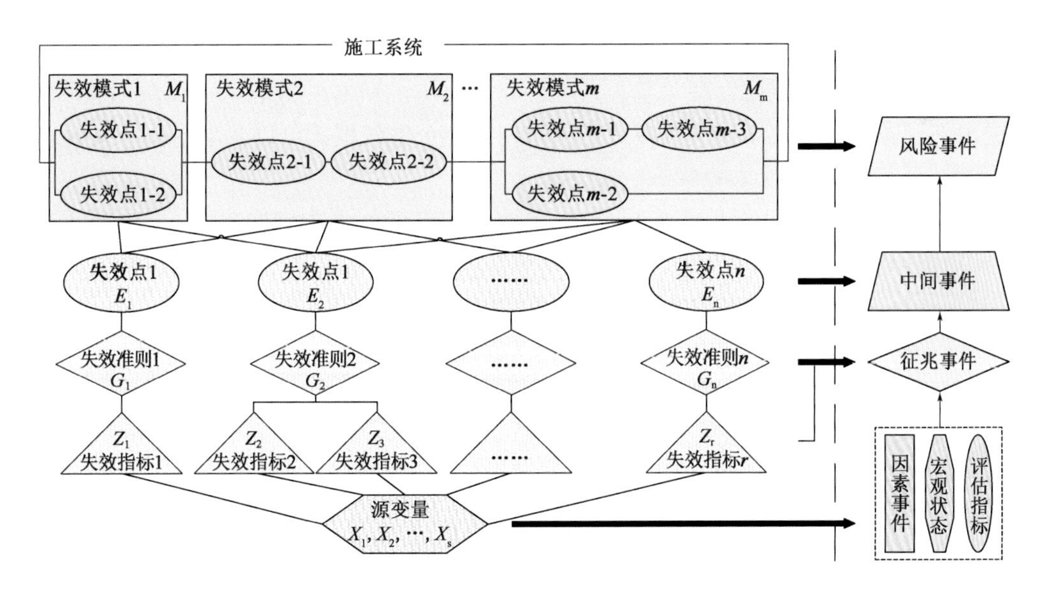

图4-21　城市地下大空间施工测度子模型

①施工系统

施工系统是对为实现结构功能而进行的施工行动的抽象，系统两侧延伸出的连线代表系统的工作回路。当回路闭合时，系统处于正常状态，反之则处于失效状态。在本模型中，“系统”“系统的功能”“系统无法完成功能（系统失效）”这三项事物或事件是三位一体的。也就是说，系统的内涵可以对应于某个工程结构、某项施工行动、某一功能目标或某一具体事件。系统的外延可随着建模者着眼点的不同而改变，既可以针对整个工程项目构建系统，也可以将工程中的某一具体风险事件视为一个系统。

②失效模式（M）

顾名思义，失效模式即是系统发生失效的一种模式。一个系统可以只有单一失效模式，例如混凝土柱在轴心受压时的失效模式只有压剪破坏；但更为一般的系统往往具有多个失效模式，如重力式挡土墙的失效模式有倾倒和滑移两种。当失效模式处于“未出现”状态时，连接其两端的回路处于导通状态，而当失效模式“出现”后，其连接的回路断开。失效模式可以理解为构成系统的一个功能模块，默认情况下该模块处于正常工作状态。系统正常工作的条件是所有功能模块均正常工作，因此失效模式之间为串联关系。当其中任一失效模式出现时，系统即宣告失效，此时无须考虑其余失效模式是否会发生。

在城市地下大空间风险系统中，失效模式可以理解为某一具体的风险事件。当某一安全事故发生后，施工方一般需要暂停施工并进行自查和整改。在整改过程中，势必会对原本的风险系统作出人为干涉，那么即便日后恢复施工，此时的风险系统已不再是原来的风险系统，从风险的角度来看，复工后的施工行动也由于具有了新的特性而变得不再是原来的施工行动。因此，由于安全事故导致的施工的暂停符合系统失效的定义，相应的风险事件亦符合失效模式的定义。

③失效点（E）

失效点是包含在各失效模式中的子事件，等价为风险事故树中的底层风险事件。与失效模式相同，失效点也可以视为一个开关元件。一个失效模式中包含至少一个失效点，各失效点之间可构成任意串联、并联或混联关系。一个失效模式中的所有失效点构成该失效模式的内部回路，内部回路的通断决定该失效模式是否出现。多个失效模式可以共享同一个失效点，一个失效点可以同时属于多个失效模式。

在城市地下大空间施工风险系统模型中，失效点的对应元素为中间事件。中间事件一般是工程结构中的某一局部或某些构件无法满足功能要求或损坏，在某些情况下，单一构件的损坏便可导致结构整体的损坏或结构无法满足功能要求，但一般情况下，触发结构失效的条件会更为复杂，例如基坑的坍塌往往是基底破坏、内支撑失效等多个条件同时满足时才会发生。通过合理地设计失效点及其之间的结构关系，可以刻画出各类风险事件的发生条件和逻辑关系。

④失效指标（Z）

失效指标是与失效点相关的随机变量。借助失效指标，可量化地计算失效点出现的概率p^{fE}。失效指标应满足以下条件。

a. 失效指标一般应选取与失效点具有紧密逻辑联系的物理量。例如，对于“土压力过大”这一失效点，对应的失效指标应是“土压力”。

b. 失效指标应是可通过测量、评估、计算等方法获得的物理量。

c. 失效指标不应是某种概率度量。

若失效点E_j对应一个失效指标，则该指标记为Z_j，指标的具体取值记为z_j。Z_j的概率密度函数记为$f_{Z_j}(z)$；若E_j对应s个指标，则各指标记为$\mathbf{Z}_j=(Z_{j-1},Z_{j-2},\cdots,Z_{j-s})$，$s$个指标的联合概率密度函数记为$f_{\mathbf{Z}_j}(z)$。

⑤失效准则(G)

类似于可靠度理论中的功能函数的作用，失效准则是联系失效指标与失效点的桥梁。失效准则定义了一个关于失效指标定义空间的子集，以此将失效指标的取值范围划分为“安全域”和“失效域”。通过失效准则，便可以通过失效指标的取值来判断失效点是否出现。一般而言，一个失效点对应一个失效指标，此时的失效准则一般可以是以下形式。

$$G_i=\begin{cases}(-\infty,z_i^f)\text{ 或 }(z_i^f,\infty)\\(z_i^f-\delta_i^f,z_i^f+\delta_i^f)\\(-\infty,z_i^f-\delta_i^f)\cup(z_i^f+\delta_i^f,\infty)\end{cases}\tag{4-39}$$

式中，z_i^f与δ_i^f分别称为失效指标Z_i的失效阈值和失效容差。“失效点出现”这一事件可表达为：

$$E_i=z_i\in G_i=\begin{cases}z_i<z_i^f,G_i=(-\infty,z_i^f),\\z_i>z_i^f,G_i=(z_i^f,\infty),\\z_i^f-\delta_i^f<z_i<z_i^f+\delta_i^f,G_i=(z_i^f-\delta_i^f,z_i^f+\delta_i^f),\\(z_i<z_i^f-\delta_i^f)\cup(z_i>z_i^f+\delta_i^f),G_i=(-\infty,z_i^f-\delta_i^f)\cup(z_i^f+\delta_i^f,\infty)\end{cases}\tag{4-40}$$

当一个失效点对应多个失效指标时，失效准则则是定义了一个关于各失效指标取值的多维空间中的一个区域。失效准则可根据失效指标之间的关系通过有限次数的交、并运算得到。

失效指标和失效准则是城市地下大空间施工风险系统模型中征兆事件的具体实现。失效指标为征兆事件定义了具体的计量标准和测量手段，失效准则完成了征兆事件的定量描述和中间事件的定性描述之间的转化。通过征兆事件(失效指标和失效准则)、中间事件(失效点)和风险事件(失效模式)之间多层的联系，可以通过对征兆事件进行测量来实现对系统风险的度量。

⑥源变量(X)

源变量是支配系统运行规律的根本变量，是系统存在不确定性的根源。源变量也是随机变量，但与失效指标不同，源变量可能是难以测量、难以计算甚至是难以被发现的“隐变量”。失效指标实质上都是源变量的函数，源变量和失效指标间一般都是多对多的关系。例如，对于“围护结构强度不足”和“围护结构刚度不足”两个失效点，其共有的源变量可能包括“围护结构形式”“围护结构厚度”等，但显然二者受更多已知或未知的其他源变量支配。

源变量可以看作是安全风险模型的输入，其地位等同于城市地下大空间施工风险系统模型中的因素事件及状态指标的集合。但二者的不同点在于因素事件及状态指标侧重于对风险系统的逻辑分析，其意义在于使风险分析逻辑清晰化，其本质仍是分析者的主观概念和经验。虽然评估指标也可以客观测量，但由于在宏观指标层和因素事件层中不可避免地需要引入大量的人为定义和判断，形成了对客观性的一种“阻断作用”，导致征兆事件成了客观度量风险时模型中可测的最底层元素。因此在城市地下大空间施工风险测度子模型中，将这些无法客观度量的因素统一归为源变量的范畴。实际风险系统中，源变量往往是难以穷尽的，且源变量与模型输出之间的关系极其复杂,因此在模型中源变量主要强调其概念上的地位。

(3)基础理论及计算方法

①系统失效概率计算方法

同事故树类似,上述安全系统失效模型亦是一系列事件间的逻辑关系的体现。实际上,按以上方式定义的概念模型是事故树的一个特例(顶层事件之下必然为“或门”的简单事故树),也适用于事故树的分析方法。记“系统失效”“第 i 个失效模式发生”和“第 j 个失效点出现”事件分别为“F”“M_i”和“E_j”,相应事件的发生概率记为“p^f”“p_i^{fM}”和“p_j^{fE}”,则可根据事件的运算法则导出以下公式:

$$p^f = P(\bigcup_{i=1}^{m} F_i^{fM}) = \breve{p}_{i_1,i_2,\cdots,i_m}^{fM} = \sum_{i=1}^{m} p_i^{fM} - \sum_{i \neq j} \hat{p}_{i,j}^{fM} + \sum_{i \neq j \neq k} \hat{p}_{i,j,k}^{fM} - \cdots + (-1)^{m-1} \hat{p}_{i_1,i_2,\cdots,i_m}^{fM} \quad (4\text{-}41)$$

式中,$\breve{p}_{i_1,i_2,\cdots i_m}$ 为 p_{i1}、p_{i2}、…、p_{im} 对应事件的和事件发生的概率,称为 m 阶总概率,定义为:

$$\breve{p}_{i_1,i_2,\cdots;i_m} = P(F_i \cup F_j \cup \cdots \cup F_m), P(F_k) = p_k \quad (4\text{-}42)$$

$\hat{p}_{i_1,i_2,\cdots,i_m}$ 为 p_{i1}、p_{i2}、…、p_{im} 对应事件的积事件发生的概率,称为 m 阶共概率,定义为:

$$\hat{p}_{i_1,i_2,\cdots,i_m} = P(F_i F_j \cdots F_m), P(F_k) = p_k \quad (4\text{-}43)$$

根据失效模式的定义,一个失效模式发生后,其他失效模式便不会再发生,因此失效模式间互斥,故有:

$$\hat{p}_{i,j}^{fM} = \hat{p}_{i,j,k}^{fM} = \cdots \hat{p}_{i_1,i_2,\cdots,i_m}^{fM} = 0 \quad (4\text{-}44)$$

因此:

$$p^f = \sum_{i=1}^{m} p_i^{fM} \quad (4\text{-}45)$$

即系统的失效概率等于各失效模式发生概率的和。上述分析说明,系统安全风险分析的关键是求出各失效模式的发生概率 p_i^{fM}。类似系统整体与失效模式间的关系,失效模式的发生概率亦可由其中包含的失效点的出现概率 p_j^{fE} 计算。但由于失效点之间可能存在复杂的混联结构,且各失效点的出现不存在互斥关系,导致失效模式发生概率 p_i^{fM} 的计算相比之下要复杂。对于一个包含 n_i 个串联的失效点的失效模式 M_i,有:

$$\breve{p}_i^{fM(n_i)} = P(F_i^M) = P(\bigcup_{j=1}^{n_i} F_j^E) = \sum_{j=1}^{n_i} p_j^{fE} - \sum_{j \neq k} \hat{p}_{j,k}^{fE} + \sum_{j \neq k \neq l} \hat{p}_{j,k,l}^{fE} - \cdots + (-1)^{n_i-1} \hat{p}_{j_1,j_2,\cdots,jn_i}^{fE} \quad (4\text{-}46)$$

式中,$\breve{p}_i^{fM(n_i)}$ 是第 i 个失效模式发生的概率;下注“⌣”表示该失效模式是一个串联系统,上标(n_i)表示其中含有 n_i 个失效点。假定各失效点的出现两两相互独立,则式(4-46)可由独立性条件进一步化为:

$$\breve{p}_i^{fM(n_i)} = \sum_{j=1}^{n_i} p_j^{fE} - \sum_{j \neq k} p_j^{fE} p_k^{fE} + \sum_{j \neq k \neq l} p_j^{fE} p_k^{fE} p_l^{fE} - \cdots + (-1)^{n_i-1} p_{j_1}^{fE} p_{j_2}^{fE} \cdots p_{jn_i}^{fE} \quad (4\text{-}47)$$

对于包含 n_i 个并联的失效点的失效模式 M_i,有:

$$\hat{p}_i^{fM(n_i)} = P(\bigcap_{j=1}^{n_i} F_j^E) = \hat{p}_{j_1,j_2,\cdots,jn_i}^{fE} = p_{j_1 \mid j_2,j_3,\cdots,jn_i}^{fE} p_{j_2 \mid j_3,\cdots,jn_i}^{fE} p_{j_3 \mid j_4\cdots,j,j_i}^{fE} \cdots p_{j_{n-1} \mid j'n_i}^{fE} p_{jn_i}^{fE} \quad (4\text{-}48)$$

式中，下注“⩘”表示该失效模式是一个并联系统；$p_{a|b,c}$ 表示在 p_b 和 p_c 对应事件的积事件发生的条件下 p_a 对应事件的条件概率，即：

$$p_{a|b,c} = P(a \mid bc), P(a) = p_a, P(b) = p_b, P(c) = p_c \tag{4-49}$$

当独立性假定成立时，式(4-48)化为：

$$p_i^{fM(n_i)} = \prod_{j=1}^{n_i} p_j^{fE} \tag{4-50}$$

式(4-46)和(4-47)，以及式(4-48)和式(4-50)分别为一般情况下和失效点相互独立情况下，串联和并联失效模式的发生概率的计算公式。对于混联的情况，可视为若干个串联和并联子系统的嵌套，相应失效模式的发生概率可以嵌套运用上述公式求得。

通过以上分析，系统失效概率的计算最终转化为了求解系统中各失效点出现概率及其共概率的问题。然而一般情况下，失效点的出现概率很难被准确给出，只能通过估算、评价等方法给出一个大致区间。这一做法虽然在实际工程的风险评估工作中十分常见，但这终究只是在信息有限和操作复杂程度的约束下的一种妥协，其计算结果过于粗糙，难以达到真正的量化风险评估的要求。借助安全系统失效模型，通过建立模型结构并选取适当的失效指标及失效准则，便可由下式计算失效点的出现概率：

$$p_i^{fE} = \int_{Z_i \in G_i} f_{Z_i}(z)\mathrm{d}z \tag{4-51}$$

式中，f_{Zi}是失效指标 Z_i 的概率密度函数。对于式(4-39)及式(4-40)所表示的失效条件 $z_i \in G_i$，总是可以找到一个函数 $g_i(z_i, z_i^f, \delta_i^f)$，使 $g_i(z_i, z_i^f, \delta_i^f) < 0$ 等价于 $z_i \in G_i$，例如：

$$z_i \in G_i \ g_i(z_i, z_i^f, \delta_i^f) < 0$$

$$g_i(z_i,z_i^f,\delta_i^f) = \begin{cases} z_i - z_i^f, G_i = (-\infty, z_i^f) \\ z_i^f - z_i, G_i = (z_i^f, \infty) \\ \max\{(z_i - z_i^f - \delta_i^f),(z_i^f - \delta_i^f - z_i)\}, G_i = (z_i^f - \delta_i^f, z_i^f + \delta_i^f) \\ \min\{(z_i - z_i^f + \delta_i^f),(z_i^f + \delta_i^f - z_i)\}, G_i = (-\infty, z_i^f - \delta_i^f) \cup (z_i^f + \delta_i^f, \infty) \end{cases} \tag{4-52}$$

如此，式(4-51)可进一步化为：

$$p_i^{fE} = \int_{z_i \in G_i} f_{Z_i}(z)\mathrm{d}z = \int_{g_i(z_i)<0} f_{Z_i}(z)\mathrm{d}z = \int_{\Omega_{z_i}} I_i^{fE}(z) f_{Z_i}(z)\mathrm{d}z \tag{4-53}$$

式中，Ω_{Zi}为 Z_i 的定义空间；$I_i^{fE}(z)$ 为失效点 E_i 的失效示性函数，其含义为：

$$I_i^{fE}(z) = \begin{cases} 1, g_i(z) < 0 \\ 0, g_i(z) \geqslant 0 \end{cases} \tag{4-54}$$

另一方面，由于 Z_i 是源变量 $\boldsymbol{X}$ 的函数，所以 g_i 也是源变量 $\boldsymbol{X}$ 的函数。如此，g_i 实质上便具备了可靠度理论中的功能函数的形式及内涵。设模型输入为 $\boldsymbol{X}(X_1, X_2, \cdots, X_r)$，其联合概率密度函数为 $f_X(\boldsymbol{X})$，则第 i 个失效点的失效概率为：

$$p_i^{fE} = P(E_i) = \int_{g_i<0} f_X(\boldsymbol{X})d\boldsymbol{X} = \int_{R^n} I_i^{fE} f_X(\boldsymbol{X})\mathrm{d}\boldsymbol{X} \tag{4-55}$$

式(4-55)表明，失效点的出现概率可由源变量的联合概率密度函数在失效域中积分求得。

②基于结构可靠度理论的失效点出现概率计算方法

通过以上分析可知,在定义了失效模式和失效点后,风险事件的发生概率便可通过求解式(4-55)计算得出。观察式(4-51)~式(4-55)可以发现,虽然上述理论的提出背景和概念不同,但核心思想与工程结构可靠度理论十分相似。因此,当模型中的源变量的概率分布已知,且失效指标与源变量之间具有较为明确的机理联系时,失效点的出现概率可借助结构可靠度理论计算。

a. 结构可靠度理论简介

结构可靠度理论是概率统计学在结构安全设计中的应用。1947 年,美国的 FREUDENTHAL 讨论结构安全性问题,首次提出了结构可靠性的数学模型分析方法。1954 年,苏联的尔然尼采提出了计算可靠度的一次二阶矩基本理论并给出了相应公式,随后在 1969 年,美国的 CORNELL 建立了结构可靠度的二阶矩模式,并将可靠指标的概念与结构的失效概率相联系,结构可靠度计算理论此时已初步成熟。结构可靠度理论的核心思想,便是将随机性引入结构的力学计算。客观来讲,在结构的力学分析中包含着许多的不确定性,如建筑材料、荷载、甚至结构的几何尺寸等,都不可能是一个完全确定的量。而传统的力学分析忽略了随机性,这使得分析结果从理论上讲仅仅是“以一定概率”成立的,但却无法给出这“一定概率”具体的量值。而结构可靠度理论考虑这些因素的不确定性,用不确定性分析代替确定性分析,从而可以给出结构在一定条件下“安全”或“失效”的概率。

结构可靠度理论认为,结构的功能以“可靠”与“失效”两种状态存在,这两种状态的界限即为结构的极限状态。结构的某项功能可以方程的形式表达为:

$$Z = g_X(X_1, X_2, \cdots, X_n) \tag{4-56}$$

式中,$g(\cdot)$为结构的功能函数;$X_i(i=1,2,\cdots,n)$为结构设计的随机变量。结构的状态与功能函数的对应关系为:

$$\begin{cases} Z>0, \text{结构处于可靠状态} \\ Z=0, \text{结构处于极限状态} \\ Z<0, \text{结构处于失效状态} \end{cases} \tag{4-57}$$

结构的功能函数定义了一个关于随机变量 $X_i(i=1,2,\cdots,n)$ 的 n 维空间中的超曲面,这个曲面将结构的基本参量空间分为安全域($Z>0$)和失效域($Z<0$)。设随机变量 $X_i(i=1,2,\cdots,n)$的联合概率密度函数为$f_X(x_1, x_2, \cdots, x_n)$,功能函数的概率密度为$f_Z(z)$,则结构的可靠度 P_s 和失效概率 P_f 可表示为:

$$\begin{cases} P_s = P(Z>0) = \int_{Z>0} f_X(x_1,x_2,\cdots x_n)\mathrm{d}x_1\,\mathrm{d}x_2\cdots\mathrm{d}x_n = \int_0^{\infty} f_Z(z)\mathrm{d}z \\ P_f = P(Z<0) = \int_{Z<0} f_X(x_1,x_2,\cdots x_n)\mathrm{d}x_1\,\mathrm{d}x_2\cdots\mathrm{d}x_n = \int_{-\infty}^{0} f_Z(z)\mathrm{d}z \end{cases} \tag{4-58}$$

当功能函数 Z 服从参数为(μ_Z, σ_Z)的正态分布时,失效概率可表达为:

$$P_f = \int_{-\infty}^{\frac{-\mu_z}{\sigma_z}} \varphi(t)\mathrm{d}t = \Phi\left(-\frac{\mu_Z}{\sigma_z}\right) \tag{4-59}$$

式中,$\varphi(\cdot)$为标准正态随机变量的概率密度函数;$\Phi(\cdot)$为标准正态分布函数。令可靠指标$\beta = \dfrac{\mu_z}{\sigma_z}$,则失效概率与可靠指标的关系为:

$$P_{\mathrm{f}} = \Phi\left(-\frac{\mu_Z}{\sigma_Z}\right) = \Phi(-\beta) \tag{4-60}$$

由此可知，可靠指标与失效概率之间是一一对应的关系。

b. 可靠度计算方法

设功能函数为 $g_X(X_1,X_2,\cdots,X_n)$，$\boldsymbol{X}=(X_1,X_2,\cdots,X_n)$ 为结构的设计变量，其平均值和标准差分别为 $\boldsymbol{\mu}_X=(\mu_{X1},\mu_{X2},\cdots,\mu_{Xn})$、$\boldsymbol{\sigma}_X=(\sigma_{X1},\sigma_{X2},\cdots,\sigma_{Xn})$。将功能函数在均值处泰勒展开，为线性化只保留一次项，则功能函数的近似表达式为：

$$Z \approx g_X(\mu_{X_1},\mu_{X_2},\cdots,\mu_{X_n}) + \sum_{i=1}^{n}\left.\frac{\partial g_X}{\partial X_i}\right|_{\mu_{X_i}}(X_i-\mu_{X_i}) \tag{4-61}$$

当各随机变量相互独立时，功能函数的均值和标准差分别为：

$$\begin{cases}\mu_Z \approx g_X(\mu_{X_1},\mu_{X_2},\cdots,\mu_{X_n})\\ \sigma_Z \approx \sqrt{\sum_{i=1}^{n}\left(\left.\frac{\partial g_X}{\partial X_i}\right|_{\mu_{X_i}}\sigma_{X_i}\right)^2}\end{cases} \tag{4-62}$$

由可靠指标的定义可得：

$$\beta = \frac{\mu_Z}{\sigma_z} \approx \frac{g_X(\mu_{X_1},\mu_{X_2},\cdots,\mu_{X_n})}{\sqrt{\sum_{i=1}^{n}\left(\left.\frac{\partial g_X}{\partial X_i}\right|_{\mu_{X_i}}\sigma_{X_i}\right)^2}} \tag{4-63}$$

当待求问题因边界条件或材料特性等原因无法求得显式功能函数时，可借助响应面法计算可靠度。响应面法(Response Surface Methodology，RSM)最早由 BOX 和 WILSON 与 1951 年提出，随着计算机技术的快速发展以及有限元分析软件的应用，响应面法在当今工程结构可靠度的计算中具有举足轻重的地位。响应面法是为了解决复杂问题边界下难以得到解析形式的功能函数这一问题。响应面法采用拟合的显式功能函数 $\hat{g}(\boldsymbol{X})$ 代替真实的功能函数 $g(\boldsymbol{X})$，从而使可靠度的计算成为可能。

在传统的响应面法中，拟合的显式功能函数 $\hat{g}(\boldsymbol{X})$ 一般选取二阶多项式模型：

$$\hat{g}(X) = a_0 + \sum_{i=1}^{n} a_i X_i + \sum_{i=1}^{n} a_{ii} X_i^2 + \sum_{1\leqslant i<j\leqslant n} a_{ij} X_i X_j \tag{4-64}$$

式中，$\boldsymbol{X}=(X_1,X_2,\cdots,X_n)$，$n$ 为随机变量的个数；a_i、a_{ii}、a_{ij} 为未知系数，个数分别为 n、n 和 $C_n^{\,2}$。

令向量 $\boldsymbol{A}$ 的元素由未知系数 a_0、a_i、a_{ii}、a_{ij} 组成，表示为：

$$\boldsymbol{A} = (a_0,a_1,\cdots,a_n,a_{11},a_{22},\cdots,a_m,a_{12},a_{13},\cdots a_{(n-1)n}) \tag{4-65}$$

显然，向量 $\boldsymbol{A}$ 中含有 $C_n^{\,2}+2n+1$ 个元素。为求得功能函数 $\hat{g}(X)$ 的确定表达式，需选取 N 个样本点(N 不小于 $C_n^{\,2}+2n+1$)，计算样本点对应的结构功能函数值，从而构造 N 个线性方程组，进而求得向量 $\boldsymbol{A}$ 中各元素的值。样本点一般是通过试验设计方法在中心点 $\boldsymbol{x}_{\mathrm{M}}$ 附近选取，一般可取为基变量均值点 $\boldsymbol{\mu}_X$。随后可通过如下中心复合试验设计方法进行抽样：

设中心点为 $\boldsymbol{x}_{\mathrm{M}}=(x_{\mathrm{M}1},x_{\mathrm{M}2},\cdots,x_{\mathrm{M}n})$，对每一个随机变量 $X_i(i=1,2,\cdots,n)$ 都在附近取两水平值，即 $x_{\mathrm{M}i}+f\sigma_i$，$f$ 值通常取 1。然后将各随机变量的水平值进行全析因设计，得到 2^n 个样本点，即$(x_{\mathrm{M}1}\pm f\sigma_1,x_{\mathrm{M}2}\pm f\sigma_2,\cdots,x_{\mathrm{M}n}\pm f\sigma_n)$。另外，在每个随机变量的方向轴上取两个点，对

应值为 $x_{Mi} \pm \alpha\sigma_i$，其中 α 为可调参数，如此组成 $2n$ 个样本点（$x_{M1},\cdots,x_{Mi} \pm \alpha\sigma_i,\cdots,x_{Mn}$）。最后再加上中心点，即构成了 2^n+2n+1 个样本点。以该 2^n+2n+1 个样本点的取值 $\boldsymbol{x}_j=(x_{j1},x_{j2},\cdots,x_{jn})(j=1,2,\cdots,2^n+2n+1)$ 及相应的 2^n+2n+1 个功能函数值 $g(\boldsymbol{X}_j)$ 构成线性方程组：

$$\begin{bmatrix} 1 & x_{11} & \cdots & x_{1n} & x_{11}^2 & \cdots & x_{1n}^2 & x_{11}x_{12} & \cdots & x_{1(n-1)}x_{1n} \\ 1 & x_{21} & \cdots & x_{2n} & x_{21}^2 & \cdots & x_{2n}^2 & x_{21}x_{22} & \cdots & x_{2(n-1)}x_{2n} \\ \vdots & \vdots & \vdots & \vdots & \vdots & \vdots & \vdots & \vdots & \vdots & \vdots \\ 1 & x_{N1} & \cdots & x_{Nn} & x_{N1}^2 & \cdots & x_{Nn}^2 & x_{N1}x_{N2} & \cdots & x_{N(n-1)}x_{Nn} \end{bmatrix} \begin{Bmatrix} a_0 \\ a_1 \\ \vdots \\ a_n \\ a_{11} \\ \vdots \\ a_{nn} \\ a_{12} \\ \vdots \\ a_{(n-1)n} \end{Bmatrix} = \begin{Bmatrix} g(\boldsymbol{X}_1) \\ g(\boldsymbol{X}_2) \\ \vdots \\ g(\boldsymbol{X}_N) \end{Bmatrix} \tag{4-66}$$

求解该方程组，即可求得 $\boldsymbol{A}$，即得到了近似功能函数 $\hat{g}(\boldsymbol{A})$ 的表达式，随后便可采用一阶或二阶可靠度方法求解失效概率。

③基于安全裕度函数的风险近似计算方法

工程结构可靠度理论为失效点出现概率的计算提供了一个科学的、理论上讲相对精确的方法。然而可靠度理论的弊端在于对于较为复杂的力学问题，其计算过程十分烦琐，计算代价较大。尤其是对于城市地下大空间工程，由于其工程结构、施工过程的复杂性，基于解析方法的传统可靠度计算方法会遇到无法构建功能函数的问题，仅能通过数值仿真配合蒙特卡洛法或响应面法求解。即便如此，由于地下工程所涉及的材料（主要指岩土材料）及结构本身具有比地上建筑更复杂的不确定性，其设计变量的概率分布特征也十分难以通过传统手段获取。此外，城市地下大空间施工安全风险的发生一般很难以单一的设计指标（如某一构件的受力或变形）作为判据，这使得其概率计算成为一个多指标、多模式结构可靠度问题，进一步增加了计算的困难。因此，采用工程结构可靠度理论计算城市地下大空间施工安全风险发生概率虽然在理论上可行，但缺乏实际可操作性，极大地限制了该理论的应用。针对这一问题，本节基于工程结构可靠度理论的基本思想和实际工程中总结出的经验，提出基于安全度函数的城市地下大空间施工安全风险发生概率计算方法。

a. 安全度函数的意义

上文所述施工风险测度子模型建立了风险事件的发生概率与结构力学响应指标之间的关系，而在实际的地下工程施工中，由于对结构的力学响应存在影响的诸多因素都具有随机性，导致这些力学响应指标，如结构的变形、受力等，其本质上都是一个随机变量。一般来说，对于一个随机变量 X，当给定其分布律 $F(x)$ 时，我们可以通过观测其取值 x 来得到某个与该随机变量相关的事件 $X \in G_E$ 的发生概率 P_E。一般而言，当该随机变量存在可重复观测的条件时，根据数理统计知识，我们可以通过随机变量 X 的观测样本并进行参数估计获得其概率密度函数 $f(x)$，进而通过下式求得 P_E。

$$P_E = \int_{G_E} f(x)\,\mathrm{d}x \tag{4-67}$$

然而,若该随机变量不具备重复观测的条件,我们便无法获得其分布律,也自然无法进行式(4-67)的计算。在观测样本极其有限的情况下,我们无法通过严格的概率论和统计学方法进行概率计算。但是即便在样本量极小的情况下,这些观测样本也毫无疑问会影响到我们对事件 $X \in G_E$ 发生与否主观信度。试想这样一种情况,有一枚我们不知其质量分布是否均匀的骰子,并且我们仅有一次掷骰子的机会,那么我们会很自然地认为这一次骰子掷出点数的出现概率要大于其他点数。换言之,在缺乏其他信息的支持并且不具备重复试验的条件时,我们更有理由相信少数几次试验呈现的结果可以代表该试验出现概率最高的一些情形。

实际上,类似以上所述的情况在土木工程领域是十分多见的。严格来讲,任何一项土木工程的施工都是一次独一无二的、无法在同样条件下重复进行的行动,因此我们也不可能得知施工过程中的各种力学指标所服从的概率分布。但是常识和工程经验告诉我们,在绝大多数情况下,结构的变形越大或受力越大,其发生破坏的可能性便越高。这一论断的实质即是我们根据实际观测结果做出的一种主观信度推断,其深层逻辑与前述掷骰子的情形是一致的。安全度函数提出的目的,即是为这一主观信度的推断过程提供数学上的描述。

b. 安全度函数的定义及基本假定

安全度函数定义了在不具备重复观测条件时某一物理量与其相关事件发生概率之间的映射关系,这种映射关系可表达为:

$$\begin{cases} f_m[x;F(x),G_E]:X \to P_E \\ P_E = P\{X \in G_E\} \end{cases} \tag{4-68}$$

式中,f_m 为安全度函数;X 为随机变量;x 为随机变量 X 的取值;$F(x)$ 为随机变量 X 的分布律;P_E 为事件 E 发生的概率;G_E 为事件 E 发生的准则域,是 X 值域的一个子集。

式(4-68)表达的意义是,由安全度函数定义的映射与随机变量 X 的分布律有关。而在贫样本的条件下这一分布律是无法获得的。因此,结合安全度函数的含义,需要作出以下基本假定。

(a)随机变量 X 的分布形式已知,但分布参数未知。一般而言,可假定随机变量 X 服从正态分布;

(b)当仅能对随机变量 X 进行一次观测时,该观测值 x 是对随机变量 X 的期望 μ_X 的无偏估计。

根据以上假定,安全度函数可定义如下:

$$f_m(x;\sigma,G_E) = \frac{1}{\sqrt{2\pi}\sigma}\int_{G_E} \exp \sim \left[\frac{-(t-x)^2}{2\sigma^2}\right]\mathrm{d}t \tag{4-69}$$

式中,σ 为随机变量 X 的标准差。

类似于式(4-52),在大部分情况下我们都可通过变量代换 $Z = g_X$ 将事件 $X \in G_E$ 表达为 $Z < 0$的形式。但大部分地下工程中可测的力学响应指标对应的准则域一般为如下形式:

$$G_E = (X_T, \infty) \tag{4-70}$$

式中,X_T 为准则阈值。

式(4-70)形式的准则域代表的含义是,当观测到随机变量 X 取值超过 X_T 时,事件 E 发生。在地下工程中,结构的位移、变形以及结构所受的各类荷载均适用于这一形式的准则域。在此前提下,式(4-69)可进一步化为如下形式。

$$f_m(x;\sigma,X_T) = \frac{1}{\sqrt{2\pi}\sigma}\int_{X_1}^{\infty}\exp \sim \left[\frac{-(t-x)^2}{2\sigma^2}\right]dt \tag{4-71}$$

安全度函数的概念示意图如图4-22所示。

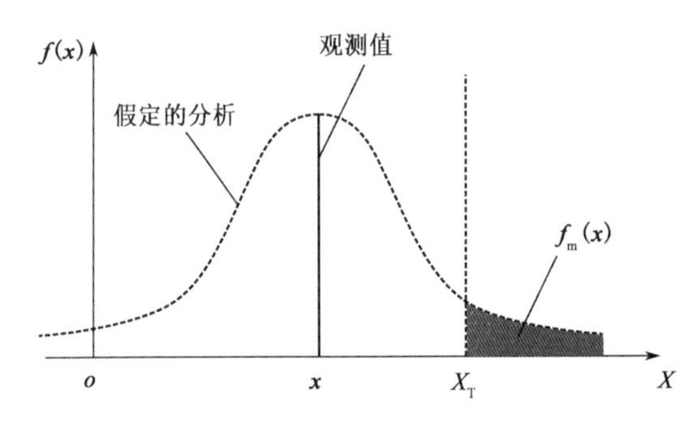

图4-22　安全度函数示意图

c. 基于安全度函数的经验关系

相较于工程结构可靠度理论,安全度函数提供了一种更便于实际应用的失效点出现概率计算方法。给定失效指标的标准差 σ 以及失效准则后,便可通过式(4-71)计算失效点概率。但由于不同的失效指标的概率分布参数不同,在实际应用安全度函数时,标准差 σ 和失效准则的确定是安全度函数计算的关键,但这两者却又恰好是较难确定的参数。此外,根据安全度函数的定义,式(4-71)右端的概率密度函数是在取得观测值 x 后假定出的概率分布。这也就是说,不同的观测值 x 对应的随机变量 X 实质上并非同一个随机变量,因此其概率分布也可能是不同的,即式(4-71)中的标准差 σ 与观测值 x 间存在一定的函数关系,而这一函数关系又是十分难以求得的。因此,直接采用安全度函数计算失效点出现概率亦存在一定的困难。

需要指出的是,安全度函数的本质是一种主观信度评判方法而非严格的概率计算方法,其计算过程中允许加入一些分析者的主观判断和经验。因此,从工程实际的角度考虑,在对施工中各种因素的随机性特征知之甚少的情况下,我们唯一能确定的只有两个方面的信息:一是施工中各力学响应指标的实际状态,即通过监控量测得到的这些指标的实时取值;二是在不影响工程结构正常工作的前提下这些指标的最大容许值,即在结构设计时所给出的指标控制值。根据施工现场的安全预警管理原则,当实测指标值到达控制值的一定比例时,将触发现场预警机制,现场将对发生预警的部位将强监测频率并重点进行关注。这种安全预警机制实际上体现着风险测度的思想。因此,借助安全度函数的基本概念,结合施工现场安全预警的思想,可给出实测指标与失效点出现概率之间的一种经验关系。

参考《城市轨道交通地下工程建设风险管理规范》(GB 50656—2011),将失效点出现概率划分为四个等级,即"非常可能""可能""偶尔"和"不太可能",每个等级对应一定的概率区间,且各等级概率区间为对数等距关系;另外,参考《建筑基坑工程监测技术规范》(GB 50497—2009)等相关标准,以指标实测值达到控制值的70%和90%作为划分预警级别的分界,并认为指标实测值超过控制值后风险达到最大。实测指标与失效点出现概率之间的经验关系与对应的安全度函数见表4-12。

实测指标与失效概率的经验关系与安全度函数　　表4-12

等级	概率区间	指标区间	描述	安全度函数
1	(0.03, 0.3]	$(X_T, \infty]$	非常可能	$f_m(x)=10^{-0.53+\frac{x-X_T}{0.5X_T}}$
2	(0.003, 0.03]	$(0.9X_T, X_T]$	可能	$f_m(x)=10^{-1.53+\frac{x-0.9X_T}{0.1X_T}}$
3	(0.0003, 0.003]	$(0.7X_T, 0.9X_T]$	偶尔	$f_m(x)=10^{-2.53+\frac{x-0.7X_T}{0.2X_T}}$
4	[0, 0.0003]	$[0, 0.7X_T]$	不太可能	$f_m(x)=10^{-3.53+\frac{x}{0.7X_T}}$

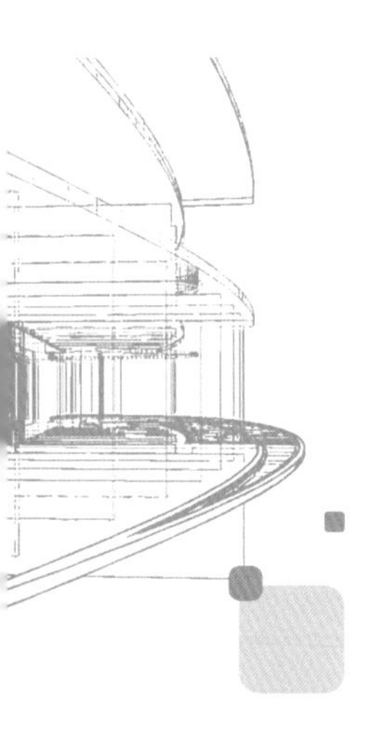

第5章 城市地下大空间施工安全风险耦合机理

5.1 多因素耦合风险的基本概念及形成机理

5.1.1 风险因素的耦合效应

众多工程实践表明，施工安全风险受众多因素影响，而这些因素有时又是相互交织、难以区分的。风险因素作为风险系统中的一部分，势必会与系统中其他部分产生联系和作用。沿着致险路径上行至更高层的风险因素或风险事件是风险因素对风险系统的作用，这种作用表现为一种逻辑上的递进，是一种演化和发展的过程。当风险系统中存在多个风险因素时，每个风险因素在演化发展过程中对风险系统产生的作用往往会受到其他风险因素的影响，从而使各风险因素的作用产生“不可分性”，无法再被独立地看待。从“耦合”这一名词的原始定义来看，风险因素在演化发展过程中对风险系统产生的这种联合作用效应即是一种耦合现象的体现。

从抽象的角度来看，风险是由于行动对某一原有的自然或社会系统产生扰动，从而为系统带来了原来不具备或不显著的不确定性而产生的。对于原系统而言，行动是一项外部作用作用于原系统时激发了系统中某些环节的随机变化，从而产生风险因素。风险因素与风险事件间存在因果关系，其中一部分风险因素的因果机制之间是相互独立的。例如，“高空坠落”和“机械伤害”都是“人员伤亡”这一风险事件的风险因素，显然“因高空坠落导致人员伤亡”与“因机械伤害导致人员伤亡”两者的条件概率间不存在相关性，即它们的因果机制独立。这一类风险因素同时发生时，风险事件的发生概率是各因素自身条件概率（即某一风险因素单独发生时风险事件发生的条件概率）的简单叠加。

然而多数情况下，不同风险因素的因果关系间存在着更为复杂的联系。例如，“软土地层”和“强降雨”都是“基坑坍塌”这一风险事件的风险因素，但根据土力学知识可知，越是软弱、松散的地层，其水理性质往往越差，因此我们在考虑“因强降雨导致基坑坍塌”的条件概率时还需考虑地层自身特性，而地层自身特性又会影响“因软土地层导致基坑坍塌”的条件概率。换言之，“因强降雨导致基坑坍塌”与“因软土地层导致基坑坍塌”的条件概率间存在一定的关系，它们的因果机制不独立。当此类因果机制彼此不独立的风险因素同时产生时，这些因素间会产生相互激励、相互放大的作用，进而发展为影响更大的风险因素。在这一过程中，相对于这些风险因素单独发生的情况，风险事件的发生概率会显著增加。增加的这一部分概率可分为两部分：①由各因素自身条件概率的叠加引起的叠加增量；②由于各风险因素与风险事件之间因果关系的相关性而导致的额外增量，由风险因素间的因果机制相关性导致的风险放大（或抑制）作用，称为风险因素的耦合效应（图5-1）。

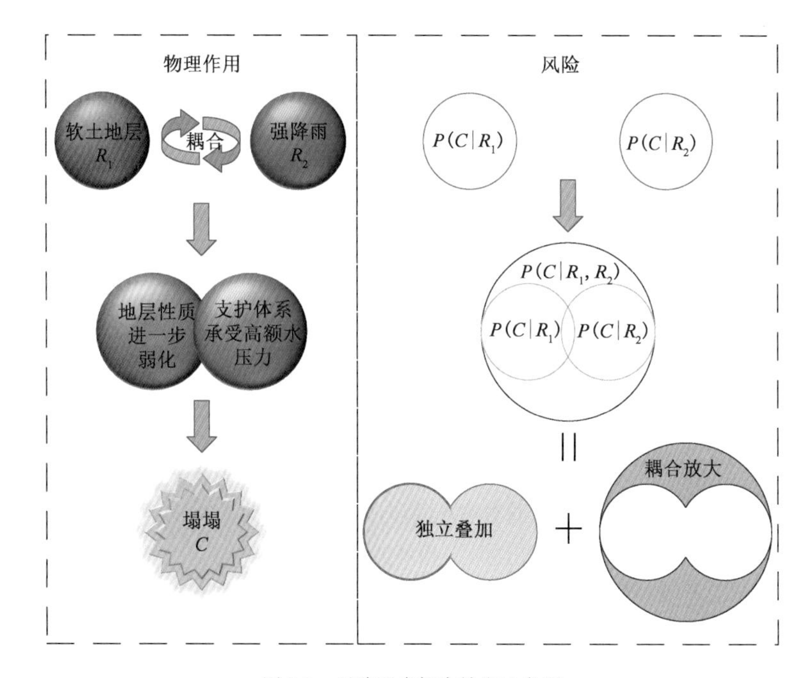

图5-1　风险因素耦合效应示意图

5.1.2　风险因素的耦合机理

风险因素的耦合源自风险发生的物理机理的复杂性，这种复杂性使得我们在进行风险因果分析时，无法将风险因素细分至彼此因果机制独立的最底层因素。换言之，耦合是由于“分不清”“分不彻底”而产生的。在城市地下大空间施工风险系统中，最常见的耦合风险因素是工程地质类因素（如地层物理力学参数）和水文地质类因素（如地下水或降雨等）。对于大多数地下工程，地层和水之间的关系都是一个核心问题。众所周知，大部分地层的力学特性与水都具有强烈的关联，水的存在会降低地层的强度，如降低 c、φ 等力学参数的取值；水的存在还会增加地层的整体密度，从而使作用在结构上的荷载增加；水还会使部分地层发生性质的改变，如干燥的天然黄土具有较好的性能，但遇水湿陷，性能急剧降低，或是砂土在含水率较高时会在动力作用下发生液化现象等。另一方面,由于水存在于土颗粒骨架中或岩石的孔隙、裂隙中,当地层发生变形时,孔隙率的改变又会反过来对水产生影响,对水压场造成扰动使得地下水流场发生进一步调整。由于这种强烈的相互关联性,在考虑水的作用时,通常不能简单地将水视为一个独立的荷载来源,而必须和地层作为一个整体来考虑。

从风险的角度来看,地层—水之间的相互作用机理便反映为与之相关的风险因素的耦合。如著名的兰渝铁路胡麻岭隧道,由于遭遇第三系富水粉细砂地层,导致隧道开挖后自稳能力极差,掌子面不稳定,易坍塌,经常出现底板冒水,掌子面涌砂、涌水,以及特殊水囊等现象,极大地提高了施工难度,严重制约施工进度,使得该隧道最终耗时 8 年才完成贯通,导致了巨大的施工安全风险和工期延误风险。复盘该工程可以发现,造成施工过程中一系列问题的核心因素在于粉细砂地层。粉细砂处于湿润状态时的内摩擦角约为 38°,且有微黏性,具有一定的直立性和抗剪强度。但和大部分砂质土类似,粉细砂的性质对含水量的变化极其敏感。当粉细砂由湿润状转为干燥时,伴随着基质吸力的消失,粉细砂的黏聚力会发生下降;而当粉细砂进入饱和状态后又会迅速软化、泥化,对地下工程的施工极为不利。

事实上,纵观该工程可以发现,最终导致这一困难局面的原因是多方面的。首先,在前期勘察选线阶段未能发现这一段特殊地层是导致这一状况的先决条件;其次,隧道采用矿山法施工,而矿山法最不擅长应对的便是此类富水软弱地层,这使得特殊地层的影响被急剧放大;此外,粉细砂地层在含水率较低时具有一定的自稳能力,不足以对隧道的掘进产生如此严重的恶劣影响,而一旦存在承压水,粉细砂地层便成了被称之为“不可能修筑隧道”的极恶劣地层。正是在多方作用下,原本不过数百米长的隧道成了一个世界级难题。

从风险分析的角度来看,该工程的主要风险因素间存在明显的耦合作用。若胡麻岭隧道的决策者们在施工之前即预料到会遭遇富水粉细砂地层,那么便很有可能事先采取各种方法去避免在如此极端的条件下修建隧道。例如,盾构法对于富水地层的适应性较好,若预先改变施工方法,则可能将这种不利条件转化为有利条件;或者可考虑采用冻结法进行预加固,如此便可在不对施工方案进行大幅调整的前提下极大地降低施工风险;或直接在规划阶段进行改线避让以根本性地解决这一问题。但正如前文分析,在实际的风险评估工作中,对风险因素进行过于细致、详尽的分析往往是难以实现且无必要的,因此在风险分析时很容易出现一种“边缘截断效应”,即分析者往往将主要精力放在较为常见、发生概率较高的普通事件或若干事件的常见组合上,而极少去关注那些罕见的偶发事件,也一般不去考虑那些极少出现的特殊事件组合。这种考虑方式多少会带有一定的“侥幸心理”,但在多数情况下不失为一种可行且经济的做法。在这一前提下,一部分单独作用时带来影响较小的风险因素便在分析中会被忽视甚至排除。

然而,一个必须要指出的问题是,对风险因素的筛选完全是建立在分析者的主观判断上,此时风险的主观性处于支配地位,但是风险还具有其客观的一面。人们可以通过合理的分析方法使主观风险尽可能趋近客观风险,即一个风险分析方法是否合理,取决于这种方法是否能合格地承担起联系主观与客观桥梁的作用。在胡麻岭隧道的案例中,我们有理由相信工程决策者们在施工开始之前对于可能存在的各种风险因素以及可能发生的风险有着较为全面的认知。但即便如此,隧道还是按原方案进行掘进并遭遇了意想不到的重大问题,这说明前期的风险评估与客观情况出现了偏差。那么,在前期风险分析工作没有明显疏漏的前提下,造成这一偏差的原因便很大可能在于风险分析方法的缺陷,尤其是对风险因素耦合效应的忽略。风险因素耦合效应的本质是力学的、物理的耦合,是一种不以人的认知为转移的客观现象,因此研究风险因素耦合效应的根本目的,在于帮助风险分析者能在面对实际问题时认识到耦合效应的存在,并能以一种合乎逻辑的、可操作的方法来度量这种耦合效应的大小。

5.1.3　多因素耦合风险形成机理

通过事故案例分析可知,风险因素的耦合效应对许多施工重大风险的形成起着显著的甚至是决定性的作用。施工行为必然伴随着风险因素的产生,大多数情况下,通过合理的规划、勘察、设计和施工专项方案,我们可以把风险因素对施工系统的不利影响控制在可以接受的范围内。然而,由于耦合效应的复杂性和隐蔽性,我们往往难以准确预计风险因素间可能存在的全部耦合效应。当施工行动付诸实施后,某些风险因素的不利影响可能在耦合效应作用下被急剧放大,从而使这种不利影响的"合力"超过系统的预期承受能力,突破系统防御屏障,导致风险事件的发生(图5-2)。

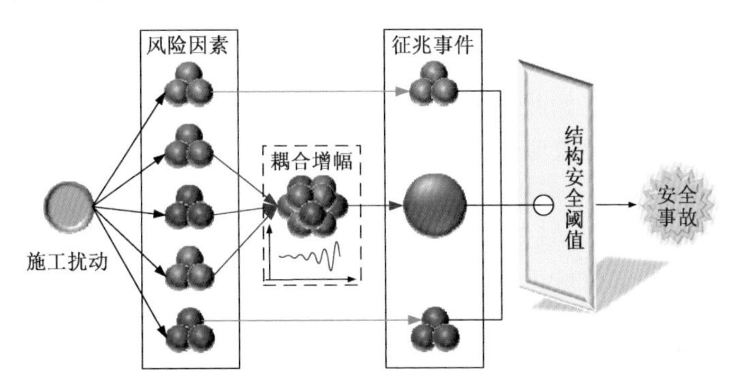

图5-2　多因素耦合风险形成机理示意图

通过分析不难发现,大部分事故的发生都源自对风险的错误估计,而风险的错误估计又很大程度上源自对风险因素耦合作用的忽视。事故的发生一般是系统的不安全状态积累到某一程度后的结果,若假定这种不安全状态存在某种量化基准,那么便可相应地度量各风险因素对系统不安全状态的"贡献度"。诚然,风险因素的出现会令系统的不安全程度增加,当风险因素足够多时,系统的不安全程度突破阈值几乎是必然情况。然而,在很多情况下,系统中风险因素的数量并未多到仅靠各因素贡献度的叠加便可使不安全程度突破阈值的程度,但事故仍然发生了。这种情况说明,独立地考虑各风险因素的贡献会不可避免地导致对系统风险的错误估计。在实际情况中,多个风险因素共同作用才是导致事故发生的根本原因,即风险因素的耦合作用会对系统的安全性产生更大的影响。从量化的角度来看,当多个风险因素共同存在时,除各因素自身对系统不安全性的"自我贡献度"外,还存在因耦合效应而产生的"耦合贡献度"。由于风险因素的耦合效应是客观存在的,那么如果一个风险分析方法未能考虑风险因素的耦合贡献度,那这种分析方法毫无疑问会造成主观与客观的割裂,从而使其分析结果偏离客观情况。

通过上一小节分析可以发现,风险因素的耦合效应并不是一个基于学术角度提出的全新概念,而是深植于每个人的逻辑、知识和经验中的客观现象。正因如此,风险因素耦合效应的概念反而会被掩藏在我们无意识的判断中——大多数人都会认为多个不利因素的共同作用会使一项行动变得更加危险,但却极少有人会单独分析每个不利因素所起到的作用究竟有多大,也不会去关注多个不利因素的作用仅仅是简单的叠加还是存在耦合效应。诚然,风险分析永远需要考虑客观实际与主观认知的局限性问题。考虑风险因素的耦合效应无疑会在增加风险分析的准确性,也会极大地增加风险分析工作的复杂性。风险因素的耦合效应存在一定的隐蔽性,且耦合效应背后的深层机理具有一定的复杂性,需要分析者具有相当程度的专业知识和实践经验。另一方面,风险因素的耦合效应目前尚无统一的公认定义,对其进行量化评价的难度较大。因此,在目前的风险分析方法中一般没有考虑风险因素的耦合效应。从分析成本和收益的角度来看,这一考量也是合理的,因为引入风险因素的耦合分析会在增加了分析成本的同时进一步加大风险分析的主观程度,而其带来的准确度的提高无疑也是一种"主观认知"的体现。在一些诸如如金融学、社会学等领域的风险分析中,以模型的主观性和复杂性均增加的代价换来少许准确性的提升有时是不必要的,但在安全风险领域则不同。俗话说"人命关天",安全事故发生后不仅会带来财产损失,还往往伴随着人员健康甚至是生命的损失,这在我国当今的社会环境下一般被视为不可接受的严重损失。因此,对安全风险的估计多采取一种较为保守的策略,即高估风险所带来的成本增加往往可以被接受,但低估风险所带来的安全隐患却是需要被竭力避免的。如此一来,在安全风险的分析中考虑耦合效应便是十分必要的,这不仅是因为多数情况下耦合效应带来的是风险的"放大"作用,忽略耦合效应会导致对风险的低估,更是因为在安全风险的形成过程中耦合效应有着决定性的影响。因此,风险因素耦合效应研究的最终目的,是阐明其概念,将这一效应从人们模糊的经验认知中清晰地剥离出来,并对风险因素的耦合效应给出量化度量,建立一套在实际风险评估工作中科学、合理且相对简便的考虑风险因素耦合效应的方法,提高风险评估的准确性和科学性。

5.2 风险因素耦合系数

5.2.1 风险因素耦合效应的属性

根据 5.1 节所述,风险因素的耦合是一种广义的相互作用,这是一种定性的描述。而为了更好地研究这种作用,需要对其属性进行进一步分析。一般而言,当讨论某种作用时,自然会涉及它的以下几类属性。

(1)作用主体:风险因素耦合的作用主体是风险因素,是某个具体的事件。耦合作用发生在至少两个对象之间,也可以在两个以上对象之间存在。根据耦合作用主体的数量可分为双因素耦合和多因素耦合。

(2)作用对象:根据风险因素耦合效应的定义,耦合体现为风险因素作用效应的"不可分性"。那么,耦合效应必然是针对某一作用对象而言的。在风险系统内,风险因素的作用对象是事件链中作为风险因素的"结果"而存在的,包括最终风险事件在内的一系列上层事件。对于不同的结果事件,同样一对或一组风险因素的耦合效应强弱可能存在差异。因此,只有在明确具体作用对象的前提下,风险因素的耦合效应才能被清晰地定义和度量。

(3)作用途径:风险因素可以是不同类型的,“降雨”是一个客观物理现象,“操作失误”则是一个带有主观性的行动,而“人员心理状态不稳定”则是一个难以被具象化的状态。因此,风险因素耦合的作用途径有时可能十分清晰,但有时也可能十分模糊。根据耦合作用途径的不同,风险因素耦合可分为同类因素耦合和异类因素耦合。但不论如何,风险因素的耦合最终必然反映为系统中某些物理状态的改变。对于施工安全风险而言,风险因素间通过一系列力学作用而相互耦合。

(4)表现形式:“风险因素”指某种可能会发生而又未发生的事件,因此风险因素耦合的影响只能从概率意义上描述,即风险因素的耦合效应会影响其作用对象的发生概率,也就是上层事件或最终风险事件的发生概率。

(5)作用极性:风险因素的耦合效应对风险的影响可能是正面的。即由于耦合效应的存在使风险产生增幅,称为正向耦合或正耦合。若风险因素的耦合效应使风险产生了抑制,则称为负向耦合或负耦合。大部分情况下,风险因素耦合效应的作用极性为正耦合。

(6)作用强度:任何一种作用都存在强弱之分,风险因素的耦合亦不例外。耦合作用的强弱一般采用“耦合度”或“耦合系数”进行衡量。风险因素间的联系越紧密,影响程度越大,则认为风险因素耦合度越大,反之,风险因素耦合度越小。

在上述属性中,风险因素间耦合作用强度的大小是唯一可以量化的属性,也是实际研究中最为关心的属性。而耦合系数如何定义,又很大程度上取决于度量耦合作用强度所用的参照系。因此在定义耦合系数之前,需要首先明确定义耦合系数的基本假定及其概念。

5.2.2　风险因素耦合系数的基本假定

1)显原因和隐原因假定

风险因素的耦合的概念与事件间的因果关系密不可分,尤其是“多因一果”情况下的因果关系。因果关系是客观存在的,而因果分析是分析者对事件间的联系进行观察、分析、推断从而提炼出事件间因果关系的主观过程。因此,一般情况下人们能洞察到的因果关系都是带有主观性的。例如,若通过因果分析得出“R为C的原因”这一结论,实质上是分析者对于R和C之间的关系做出的一种论断。由于从客观上来看,一个事件的原因往往是难以穷尽的,这种因果分析实际上只是揭示出R是C的众多原因中的一个。一般来讲,通过因果分析得出的原因都具有较为清晰的脉络,表明R对C有着确定性的影响,因此称这样的原因为“显原因”,其余未被分析得到的原因为“隐原因”。显然,显原因和隐原因是一对主观的相对概念,它取决于分析者的主观经验、分析能力和意愿。我们可以对显原因和隐原因做如下合乎逻辑的假定:

(1)显原因和隐原因是相对某一特定的结果事件和特定的语境而言的。

(2)在因果分析必要且充分的前提下,显原因对结果事件的影响是显著的、决定性的,即显原因与其结果之间具有强因果联系。而隐原因则是不显著的、次要的,即隐原因与其结果之间的因果联系较弱。

(3)显原因对结果事件的影响机理必须是明确的、已知的,而隐原因的作用机理可能是难以分析、难以察觉甚至是不确定的。

(4)显原因一般是有限的,且每个显原因都具有明确的概念边界,在主观上可区分,而隐原因往往难以穷尽且难以分辨。

(5)在进行分析的时间点上,显原因的状态或概率一般是较为确定的,而隐原因的状态或概率可能是模糊的。

由于隐原因的上述特性,在进行因果分析时一般将其视为某种固定不变的"背景条件"。例如,造成一起车祸的原因可能有"酒驾""疲劳驾驶""路面结冰""超速""机械故障""操作失误""路况差""注意力不集中"等。在这些原因中,"酒驾""疲劳驾驶""路面结冰""超速"显然相较其他原因有着更强烈的因果关系,一旦这些事件中的一个或多个发生,发生车祸的可能性必然十分显著,因此对于"车祸"而言它们是显原因;而其他原因虽然也与车祸存在因果关联,但这种联系明显较弱,即便其他原因同时出现,也不能断言车祸就一定会发生。换言之,这些原因的存在与否对结果事件发生概率的影响,在一般的观念中是极不显著的。基于上述分析,可认为隐原因对结果事件的影响是一种相对不变的"背景条件",这一关系可以表示为:

$$P(C) = f[P(R)] + f^0[P(O)] = f[P(R)] + P_c^0 \tag{5-1}$$

式中,f为代表原因事件对结果事件影响的抽象函数;O代表所有隐原因构成的复合事件。由于隐原因是难以分辨且难以穷尽的,因此在这里对其不做进一步的区分。式(5-1)表明,隐原因对于结果事件C的影响可以视为C发生的一个基础概率,记为P_c^0。基础概率的概念可以解释为:在排除了可能导致事件发生的所有显原因后(即保证这些显原因不会发生时),结果事件C的发生概率。

隐原因所导致的基础概率的大小应取决于隐原因在原因集合中占有的比重,而这一比重又取决于因果分析的完备程度。仍以前述车祸问题为例,设"酒驾""疲劳驾驶""路面结冰""超速""机械故障""操作失误""路况差""注意力不集中"是车祸的全部客观原因(实际的客观原因是无穷的,此处为叙述方便仅列举有限个)。若某次因果分析得出车祸的原因是"超速"和"路面结冰",则在这一分析的语境下其余6个原因便成了隐原因。显然,"超速"和"路面结冰"这两个显原因毫无疑问对车祸的发生概率有着显著的影响,但即便排除了这两个显原因,在其他隐原因的作用下,车祸发生的概率可能仍然很高,这说明本次因果分析的结论是不完备的;而若某次因果分析得出了除"路况差"之外的7个原因均是车祸原因的结论,则此时隐原因仅剩一个。在排除所有显原因后,在单独一个隐原因作用下车祸发生的概率相较前一种情况将大大降低。

2)风险因素耦合效应的假定

风险因素的耦合系数,是为了对风险因素的耦合效应强弱进行度量而引入的,因此耦合系数需要与前述风险因素耦合效应的定义相匹配。为表述方便,设有如图5-3所示的最小因果单元,事件C为结果(风险事件),事件R_1和R_2为C的原因(风险因素)。图5-3a)为仅存在R_1一个因素的情况,图5-3b)为存在两个因素的情况。

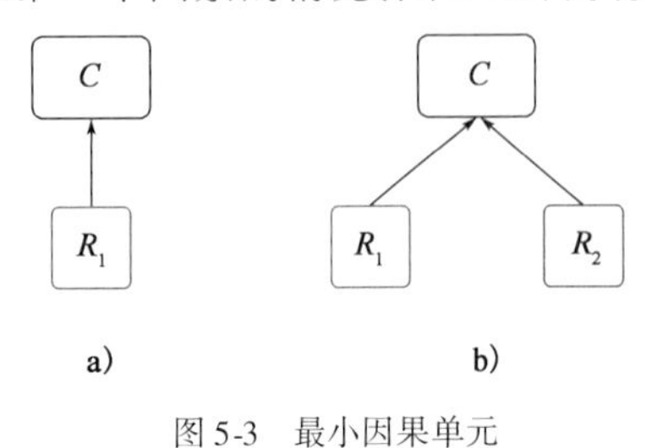

图5-3 最小因果单元

记图5-3a)的系统为S_C①,图5-3b)为S_C②,在此基础上,作出以下假定:

(1)基本假定1:当没有风险因素发生时,风险事件C发生可能性为0。

在进行风险分析时,根据所能获取到的信息量的不同,一个事件E可能处于"发生""未发生""不确定"三种状态,分别表达为:

$$
\begin{cases}
P(E)=0, E\text{ 未发生} \\
0<P(E)<1, E\text{ 不确定} \\
P(E)=1, E\text{ 发生}
\end{cases} \tag{5-2}
$$

当讨论 n 个事件的集合时,这个集合中的事件便可能存在 3^n 种可能的状态组合,现称这种状态组合为一种"情况"。"没有风险因素发生"指所有通过因果分析得出的显原因全部处于未发生状态的一种情况,表达为:

$$
\begin{cases}
S_C^{①}: P(\bar{R}_1)=1 \\
S_C^{②}: P(\bar{R}_1\bar{R}_2)=1
\end{cases} \tag{5-3}
$$

根据前述显原因与隐原因的概念,图5-3中所有的因素事件 R_i 都是结果事件 C 的显原因,故当所有因素事件均未发生时,结果事件 C 的发生概率应为由隐原因所决定的基础概率 $P_c{}^0$。然而在因果分析相对完备的条件下,基础概率 $P_c{}^0$ 一般较小,对结果事件发生可能性的影响十分有限。因此出于简化模型的考虑,可假定 $P_c{}^0=0$。由此,基本假定1可表达为:

$$
\begin{cases}
S_C^{①}: P(C)_{\bar{R}_1}^{①}=P(C|\bar{R}_1)=0 \\
S_C^{②}: P(C)_{\bar{R}_1\bar{R}_2}^{②}=P(C|\bar{R}_1\bar{R}_2)=0
\end{cases} \tag{5-4}
$$

(2)基本假定2:在不考虑耦合效应的情况下,某一风险因素由不发生转为发生时,风险事件发生可能性不减小。

通俗来讲,基本假定2的含义为,风险因素是对系统安全性产生不利影响的因素,在不考虑耦合效应的情况下,一个风险因素的发生不可能使系统变得更安全。换言之,对比风险因素发生时和不发生时的风险事件发生可能性,前者应大于后者,至少不应小于后者。在满足基本假定1的条件下,由于概率的性质,基本假定2在 $S_C{}^{①}$ 中自然成立,而在 $S_C{}^{②}$ 中可表达为:

$$
P(C)_{R_1R_2}^{②}=P(C|R_1R_2)\geqslant \max\{P(C|\bar{R}_1R_2), P(C|R_1\bar{R}_2)\} \tag{5-5}
$$

(3)基本假定3:同样的客观情况下风险事件发生可能性不变,与因果分析结果无关。

基本假定3与风险因素的客观存在性密切相关。对于同一个结果事件 C,不同的因果分析得出的原因可能不同,但这些不同的分析结果在客观上对应的事件是相同的,例如 $S_C{}^{①}$ 和 $S_C{}^{②}$ 即可视为对同一个事件的两个不同的因果分析,但两者中均出现了 R_1 这一因素,设在 $S_C{}^{①}$ 和 $S_C{}^{②}$ 中分别存在以下情况:

$$
\begin{cases}
S_C^{①}: P(R_1)=p_1^{①} \\
S_C^{②}: P(R_1R_2\cup R_1\bar{R}_2)=p_1^{②}
\end{cases} \tag{5-6}
$$

显然,$p_1^{①}=p_1^{②}$,并且根据隐原因的定义可知,对于任意因果分析实例,隐原因都处在不确定的状态。由于因素 R_2 在 $S_C{}^{②}$ 中是显原因,但在 $S_C{}^{①}$ 中是作为隐原因存在,因此式(5-6)所对应的是同一客观情况。那么,根据基本假定3,有下式成立:

$$
\begin{aligned}
P(C)_{R_1}^{①} &= P(C|R_1)p_1 \\
&= P(C)_{R_1R_2 \cup R_1\bar{R}_2}^{②} \\
&= P(C | R_1R_2 \cup R_1\bar{R}_2)p_1 \\
&= P(C|R_1R_2)P(R_2)p_1 + P(C|R_1\bar{R}_2)P(\bar{R}_2)p_1
\end{aligned} \tag{5-7}
$$

将式(5-5)代入式(5-7),得:

$$
P(C|R_1) \geqslant P(C|R_1\bar{R}_2)P(R_2) + P(C|R_1\bar{R}_2)P(\bar{R}_2) = P(C|R_1\bar{R}_2) \tag{5-8}
$$

同理,考虑由 R_2 和 C 构成的单因素系统,可得:

$$
P(C|R_2) \geqslant P(C|\bar{R}_1R_2)P(R_1) + P(C|\bar{R}_1R_2)P(\bar{R}_1) = P(C|\bar{R}_1R_2) \tag{5-9}
$$

式(5-8)和式(5-9)即为基本假定3导出的推论。

(4)基本假定4:当所有因素状态均未知时,在不考虑耦合效应的情况下,给一个风险事件增加风险因素后,该风险事件的发生可能性不减小。

基本假定4是由风险的客观性所自然导出的结论。根据前文分析,一个事件的原因总是客观存在且难以穷尽的,因果分析所做的工作仅仅是揭示并筛选出这些原因中的主导性因素。那么,给一个系统增加风险因素,实质上是对其进行了进一步的因果分析,这一行为仅仅是揭示出了系统中更多的信息而并未对系统本身进行任何干涉,因而这种情况下系统风险应保持不变。上述表述可表达为:

$$
\begin{aligned}
P(C)_{\Omega_R}^{①} &= P(C|R_1)P(R_1) + P(C|\bar{R}_1)P(\bar{R}_1) \\
&= P(C)_{\Omega_R}^{②} \\
&= P(C|R_1R_2)P(R_1)P(R_2) + P(C|R_1\bar{R}_2)P(R_1)P(\bar{R}_2) + \\
&\quad P(C|\bar{R}_1R_2)P(\bar{R}_1)P(R_2) + P(C|\bar{R}_1\bar{R}_2)P(\bar{R}_1)P(\bar{R}_2)
\end{aligned} \tag{5-10}
$$

式中,角标 Ω_R 代表系统处于任意情况。将式(5-4)和式(5-7)代入式(5-10)后,可得:

$$
P(C|\bar{R}_1R_2)P(\bar{R}_1)P(R_2) = 0 \tag{5-11}
$$

这一结果无疑是不合理的。通过分析可以发现,导致这一结果的原因在于基本假定1中对于基础概率做出了不符合客观情况的简化。式(5-11)中的这一项在 $S_C{}^{①}$ 作为基础概率的一部分被基本假定1所舍去,但在 $S_C{}^{②}$ 中,由于 $S_C{}^{②}$ 由隐原因变为显原因,这一部分概率被显式表达了出来,从而造成了这一不合理的结果。若在 $S_C{}^{①}$ 和 $S_C{}^{②}$ 中将被基本假定1所舍去的基础概率分别表达为 $P_C{}^{0①}$ 和 $P_C{}^{0②}$,则式(5-10)可改写为:

$$
\begin{aligned}
P(C)_{\Omega_R}^{①} &= P(C|R_1)P(R_1) + P_C^{0①} \\
&= P(C)_{\Omega_R}^{②} \\
&= P(C|R_1R_2)P(R_1)P(R_2) + P(C|R_1\bar{R}_2)P(R_1)P(\bar{R}_2) + \\
&\quad P(C|\bar{R}_1R_2)P(\bar{R}_1)P(R_2) + P_C^{0②}
\end{aligned} \tag{5-12}
$$

由基础概率和因果分析完备性的关系可知 $P_C{}^{0①} \geqslant P_C{}^{0②}$,同时将式(5-7)代入(5-12)并消项后,可得:

$$P_C^{0①} = P(C|\bar{R}_1R_2)P(\bar{R}_1)P(R_2) + P_C^{0②} \geqslant P_C^{0②} \tag{5-13}$$

从而可以推出：

$$P(C|\bar{R}_1R_2)P(\bar{R}_1)P(R_2) \geqslant 0 \tag{5-14}$$

这一结果是合理的。若要在令基本假定 1 成立的条件下解决式(5-11)中出现的逻辑问题，一个可行的方法便是令式(5-10)成为不等式，即：

$$\begin{aligned} P(C)_{\Omega_R}^{①} &= P(C|R_1)P(R_1) \\ &\leqslant P(C|R_1R_2)P(R_1)P(R_2) + P(C|R_1\bar{R}_2)P(R_1)P(\bar{R}_2) + P(C|\bar{R}_1R_2)P(\bar{R}_1)P(R_2) \\ &= P(C)_{\Omega_R}^{②} \end{aligned} \tag{5-15}$$

同理，考虑由 R_2 和 C 构成的单因素系统，可得：

$$\begin{aligned} &P(C|R_1R_2)P(R_1)P(R_2) + P(C|R_1\bar{R}_2)P(R_1)P(\bar{R}_2) + P(C|\bar{R}_1R_2)P(\bar{R}_1)P(R_2) \\ &\geqslant \max\{P(C|R_1)P(R_1), P(C|R_2)P(R_2)\} \end{aligned} \tag{5-16}$$

式(5-15)即基本假定 4 的数学表达。以上假定中除基本假定 1 外，其余假定均是基于因果关系的基本概念和概率论，通过合乎逻辑的推导而得出的。在以上基本假定的基础上，可对耦合系数作出定义。

5.2.3　风险因素耦合系数的定义

1)因果机制独立原理

根据前文所述，风险因素耦合系数是为了度量耦合效应的强弱而提出的。为建立这一度量，需要先对度量基准作出定义，即回答"不存在耦合效应时风险因素对风险产生的影响有多大"这一问题。

在城市地下大空间施工风险系统模型中，风险因素是事件空间中的底层事件，风险因素与风险事件之间由一系列因果关系组成的事件网络相联系，这一事件网络以及因果关系可由一个贝叶斯网络表示。贝叶斯网络的基本假定之一是网络节点间的条件独立关系。换言之，作为底层事件的风险因素之间不存在较为显著的因果关系，每一个因素事件是否发生与其他的风险因素无关。但需要注意的是，风险因素间的条件独立性与风险因素间是否存在耦合效应不是一个范畴的概念。风险因素的条件独立性仅是风险因素之间的关系，而根据耦合效应的定义，耦合效应是两个以上作用主体(即风险因素)对作用客体(即作为风险因素结果的上层事件)产生影响时存在的一种现象。因此，在贝叶斯网络中，风险因素的耦合效应的强弱与其结果事件的条件概率有关。根据这一论断，现建立如下模型对风险因素耦合系数进行研究。

如图 5-4a)所示，设事件节点 C 存在 n 个由指向它的 E-E 连接所连接的原因事件节点 R_i，$i=1,2,\cdots,n$。根据贝叶斯网络的定义，描述这一系列事件间的因果关系需要 2^n 个条件概率参数。假设通过某种方法能得到这 2^n 个条件概率的真实值，那么这 2^n 个条件概率便足以描述 C 和 R_i 之间的全部因果关系强弱和任一组因素 $(R_i, R_j, \cdots, R_k)$，$i,j,k \in \{1,\cdots,n\}$ 之间的耦合关系[图 5-4b)]。例如，对于以下一组条件概率：

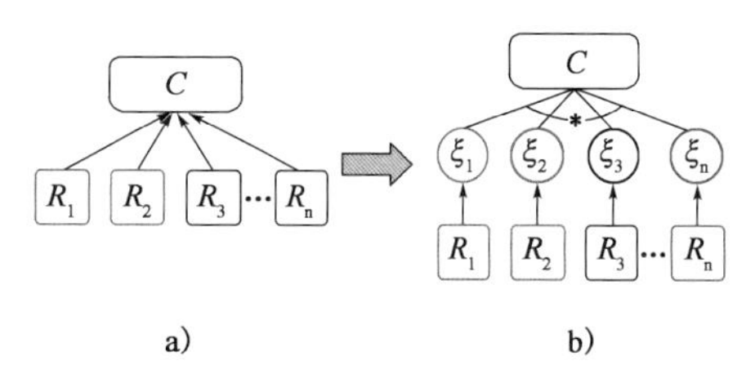

图 5-4　贝叶斯网络局部结构

$$\begin{cases}P[C\mid R_1R_2(\bigcap_{i\neq 1,i\neq 2}\bar{R}_i)]=0.9\\P[C\mid R_1(\bigcap_{i\neq 1}\bar{R}_i)]=0.1\\P[C\mid R_2(\bigcap_{i\neq 2}\bar{R}_i)]=0.2\end{cases}\tag{5-17}$$

式(5-17)表明:当 R_1 和 R_2 分别单独发生时,C 的发生可能性较低,概率分别为0.1和0.2,这说明 R_1 和 R_2 的发生对 C 是否发生产生的影响较小。根据风险因素耦合效应的定义,当 R_1 和 R_2 间不存在耦合效应时,两者对 C 发生的可能性产生的影响彼此独立,那么在 R_1 和 R_2 同时发生的情况下,C 发生的可能性不应明显高于0.2。而式(5-17)第一式表明,当 R_1 和 R_2 同时发生时,C 发生的概率增加到了0.9,远高于 R_1 或 R_2 单独发生时的情况,这说明 R_1 和 R_2 间存在耦合效应。然而,由于风险因素耦合效应的客观存在性,我们无法得到"R_1 和 R_2 间不存在耦合效应"这一假想情况下式(5-17)第一式中的条件概率值,因此无法将"由 R_1 和 R_2 的耦合效应而增加的概率值"从总概率值中分离出来,自然也无法实现对耦合效应强弱的度量。针对这一问题,现引入"因果机制独立"这一概念。

在贝叶斯网络的研究中,出于简化网络结构、减少参数个数等目的,常假定贝叶斯网络的条件分布具有某种规律,称为"局部结构"。"因果机制独立"是常见的局部结构之一。所谓因果机制独立,是指多个原因独立地影响同一个结果。例如若 C 代表"断电",R_1 代表"负载过高",R_2 代表"台风",则不难发现,由于负载过高导致断电与台风导致断电的因果机制不同,因此 R_1 发生导致 C 发生的条件概率与 R_1 发生导致 C 发生的条件概率间互不影响。在因果机制独立的前提下,事件 C 发生可分为两个成因不同的子事件:ξ_1 代表因负载过高而断电,ξ_2 代表因台风而断电。根据 R_1 和 R_2 之间的逻辑关系,当 R_1 和 R_2 其中之一发生时,C 发生,则可以记(符号记法仍遵循第3.4.2节的规定,事件节点 E 对应的布尔随机变量记为粗体符号 $\boldsymbol{E}$,事件发生记为"$\boldsymbol{E}=\mathrm{T}$"或"E",事件不发生记为"$\boldsymbol{E}=\mathrm{F}$"或"$\bar{E}$"):

$$C=\xi_1\cup\xi_2\tag{5-18}$$

ξ_1 和 ξ_2 发生的概率分别可表达为:

$$\begin{cases}P(\xi_1)=P(\xi_1\mid R_1)P(R_1)+P(\xi_1\mid\bar{R}_1)[1-P(R_1)]\\\triangleq p_{R_1}^{\xi_1}p_{R_1}+p_{\bar{R}_1}^{\xi_1}(1-p_{R_1})\\P(\xi_2)=P(\xi_2\mid R_2)P(R_2)+P(\xi_2\mid\bar{R}_2)[1-P(R_2)]\\\triangleq p_{R_2}^{\xi_2}p_{R_2}+p_{\bar{R}_2}^{\xi_2}(1-p_{R_2})\end{cases}\tag{5-19}$$

式(5-19)中,$P(\xi_i\mid R_i)$ 代表 R_i 发生时事件 ξ_i 发生的条件概率。显然,当因果机制独立时,$P(\xi_1\mid R_1)$ 与 $P(\xi_2\mid R_2)$ 无关,并且这两个条件概率可分别通过简化的模型进行赋值。由于 ξ_i 实质上代表的是同一事件 C,下标 i 仅为了区别导致其发生的原因,故当 R_1 和 R_2 同时作为事件 C 的原因时,$P(\xi_i\mid R_i)P(R_i)$ 可以理解为 R_i 发生对事件 C 发生概率的一种"贡献"。当 ξ_i 与 C 具有相同的状态空间且具有类似式(5-18)的逻辑关系时,称 $p_{R_i}^{\xi_i}=P(\xi_i\mid R_i)$ 为 R_i 对 C 的贡献概率分布。

由式(5-18),根据和事件的概率运算法则,C 的发生概率为:

$$P(C) = P(\xi_1) + P(\xi_2) - P(\xi_1)P(\xi_2) \tag{5-20}$$

将式(5-19)代入式(5-20)可得:

$$\begin{aligned} P(C) = & p_{R_1}p_{R_2}(-p_{R_1}^{\xi_1}p_{R_2}^{\xi_2} + p_{\bar{R}_1}^{\xi_1}p_{R_2}^{\xi_2} + p_{R_1}^{\xi_1}p_{\bar{R}_2}^{\xi_2} - p_{\bar{R}_1}^{\xi_1}p_{\bar{R}_2}^{\xi_2}) + \\ & p_{R_1}(p_{R_1}^{\xi_1} - p_{\bar{R}_1}^{\xi_1} - p_{R_1}^{\xi_1}p_{\bar{R}_2}^{\xi_2} + p_{\bar{R}_1}^{\xi_1}p_{\bar{R}_2}^{\xi_2}) + \\ & p_{R_2}(p_{R_2}^{\xi_2} - p_{\bar{R}_2}^{\xi_2} - p_{\bar{R}_1}^{\xi_1}p_{R_2}^{\xi_2} + p_{\bar{R}_1}^{\xi_1}p_{\bar{R}_2}^{\xi_2}) + \\ & (p_{\bar{R}_1}^{\xi_1} + p_{\bar{R}_2}^{\xi_2} - p_{\bar{R}_1}^{\xi_1}p_{\bar{R}_2}^{\xi_2}) \end{aligned} \tag{5-21}$$

另一方面,根据贝叶斯公式,C 的发生概率还可以表达为:

$$\begin{aligned} P(C) = & P(C|R_1,R_2)P(R_1)P(R_2) + \\ & P(C|R_1,\bar{R}_2)P(R_1)[1-P(R_2)] + \\ & P(C|\bar{R}_1,R_2)[1-P(R_1)]P(R_2) + \\ & P(C|\bar{R}_1,\bar{R}_2)[1-P(R_1)][1-P(R_2)] \\ \triangleq & p_{R_1R_2}^{C}p_{R_1}p_{R_2} + p_{R_1\bar{R}_2}^{C}p_{R_1}(1-p_{R_2}) + p_{\bar{R}_1R_2}^{C}(1-p_{R_1})p_{R_2} + p_{\bar{R}_1\bar{R}_2}^{C}(1-p_{R_1})(1-p_{R_2}) \end{aligned} \tag{5-22}$$

对式(5-22)进行变形,可得:

$$\begin{aligned} P(C) = & p_{R_1}p_{R_2}(p_{R_1R_2}^{C} - p_{R_1\bar{R}_2}^{C} - p_{\bar{R}_1R_2}^{C} + p_{\bar{R}_1\bar{R}_2}^{C}) + \\ & p_{R_1}(p_{R_1\bar{R}_2}^{C} - p_{\bar{R}_1\bar{R}_2}^{C}) + p_{R_2}(p_{\bar{R}_1R_2}^{C} - p_{\bar{R}_1\bar{R}_2}^{C}) + p_{\bar{R}_1\bar{R}_2}^{C} \end{aligned} \tag{5-23}$$

对比式(5-21)和式(5-23)中同系数项,可得一个四元方程组,解方程组可得:

$$\begin{cases} p_{R_1R_2}^{C} = p_{R_1}^{\xi_1} + p_{R_2}^{\xi_2} - p_{R_1}^{\xi_1}p_{R_2}^{\xi_2} \\ p_{R_1\bar{R}_2}^{C} = p_{R_1}^{\xi_1} + p_{\bar{R}_2}^{\xi_2} - p_{R_1}^{\xi_1}p_{\bar{R}_2}^{\xi_2} \\ p_{\bar{R}_1R_2}^{C} = p_{\bar{R}_1}^{\xi_1} + p_{R_2}^{\xi_2} - p_{\bar{R}_1}^{\xi_1}p_{R_2}^{\xi_2} \\ p_{\bar{R}_1\bar{R}_2}^{C} = p_{\bar{R}_1}^{\xi_1} + p_{\bar{R}_2}^{\xi_2} - p_{\bar{R}_1}^{\xi_1}p_{\bar{R}_2}^{\xi_2} \end{cases} \tag{5-24}$$

式(5-24)中各式可统一表达为:

$$P(C|\boldsymbol{R}_1,\boldsymbol{R}_2) = P(\xi_1|\boldsymbol{R}_1) + P(\xi_2|\boldsymbol{R}_2) - P(\xi_1|\boldsymbol{R}_1)P(\xi_2|\boldsymbol{R}_2) \tag{5-25}$$

对式(5-25)进一步变形,可得:

$$\begin{aligned} P(C|\boldsymbol{R}_1,\boldsymbol{R}_2) & = P(\xi_1|\boldsymbol{R}_1) + P(\xi_2|\boldsymbol{R}_2) - P(\xi_1|\boldsymbol{R}_1)P(\xi_2|\boldsymbol{R}_2) \\ & = P(\xi_1|\boldsymbol{R}_1)P(\xi_2|\boldsymbol{R}_2) + P(\xi_1|\boldsymbol{R}_1)[1-P(\xi_2|\boldsymbol{R}_2)] + [1-P(\xi_1|\boldsymbol{R}_1)]P(\xi_2|\boldsymbol{R}_2) \\ & = P(\xi_1|\boldsymbol{R}_1)P(\xi_2|\boldsymbol{R}_2) + P(\xi_1|\boldsymbol{R}_1)P(\bar{\xi}_2|\boldsymbol{R}_2) + P(\bar{\xi}_1|\boldsymbol{R}_1)P(\xi_2|\boldsymbol{R}_2) \\ & = P(\xi_1,\xi_2|\boldsymbol{R}_1,\boldsymbol{R}_2) + P(\xi_1,\bar{\xi}_2|\boldsymbol{R}_1,\boldsymbol{R}_2) + P(\bar{\xi}_1,\xi_2|\boldsymbol{R}_1,\boldsymbol{R}_2) \end{aligned} \tag{5-26}$$

另一方面,根据概率的性质,有:

$$
\begin{aligned}
P(\bar{C}|\boldsymbol{R}_1,\boldsymbol{R}_2) &= 1-P(C|\boldsymbol{R}_1,\boldsymbol{R}_2)\\
&=1-P(\xi_1|\boldsymbol{R}_1)-P(\xi_2|\boldsymbol{R}_2)+P(\xi_1|\boldsymbol{R}_1)P(\xi_2|\boldsymbol{R}_2)\\
&=P(\bar{\xi}_1|\boldsymbol{R}_1)P(\bar{\xi}_2|\boldsymbol{R}_2)\\
&=P(\bar{\xi}_1,\bar{\xi}_2|\boldsymbol{R}_1,\boldsymbol{R}_2)
\end{aligned}
\tag{5-27}
$$

考虑另一种情况,若 R_1 和 R_2 同时发生时 C 才会发生,则重复式(5-19)~式(5-27)的推导可得:

$$
\begin{cases}
P(C|\boldsymbol{R}_1,\boldsymbol{R}_2)=P(\xi_1|\boldsymbol{R}_1)P(\xi_2|\boldsymbol{R}_2)=P(\xi_1,\xi_2|\boldsymbol{R}_1,\boldsymbol{R}_2)\\
P(\bar{C}|\boldsymbol{R}_1,\boldsymbol{R}_2)=P(\xi_1|\boldsymbol{R}_1)P(\bar{\xi}_2|\boldsymbol{R}_2)+P(\bar{\xi}_1|\boldsymbol{R}_1)P(\xi_2|\boldsymbol{R}_2)+P(\bar{\xi}_1|\boldsymbol{R}_1)P(\bar{\xi}_2|\boldsymbol{R}_2)\\
\qquad =P(\xi_1,\bar{\xi}_2|\boldsymbol{R}_1,\boldsymbol{R}_2)+P(\bar{\xi}_1,\xi_2|\boldsymbol{R}_1,\boldsymbol{R}_2)+P(\bar{\xi}_1,\bar{\xi}_2|\boldsymbol{R}_1,\boldsymbol{R}_2)
\end{cases}
\tag{5-28}
$$

观察式(5-26)~式(5-28),可得到以下通式:

$$
P(\boldsymbol{C}=\gamma|\boldsymbol{R}_1,\boldsymbol{R}_2)=\sum_{\gamma_1*\gamma_2=\gamma}P(\xi_1=\gamma_1|\boldsymbol{R}_1)P(\xi_2=\gamma_2|\boldsymbol{R}_2)
\tag{5-29}
$$

式中,“ * ”为基本合成算符。当 $\boldsymbol{C}$ 为布尔随机变量时(此时 $\boldsymbol{\xi}_i$ 由于具有与 $\boldsymbol{C}$ 相同的状态空间所以也必为布尔随机变量),基本合成算子可以是“逻辑或(∪)”“逻辑且(∩)”“逻辑异或(⊕)”。当 $\boldsymbol{C}$ 为二值实随机变量时,作为布尔变量时的自然推广,基本合成算子可以是“最大(max)”“最小(min)”“相加(+)”。式(5-29)可推广至如图5-4b)所示的多个因素事件的情形:

$$
P(\boldsymbol{C}=\gamma|\boldsymbol{R}_1,\cdots,\boldsymbol{R}_n)=\sum_{\gamma_1*\cdots*\gamma_n=\gamma}P(\xi_1=\gamma_1|\boldsymbol{R}_1)\cdots P(\xi_n=\gamma_n|\boldsymbol{R}_n)
\tag{5-30}
$$

式(5-30)即为因果机制独立条件的一般表达式,有关证明可见文献(ZHANG N L;POOLE D, 1996)。通过该式,可以由满足因果机制独立条件的任意一组风险因素中各因素的贡献概率分布求得它们的条件概率分布。

2)耦合系数的定义

(1)双因素耦合

仍以图5-4所示的贝叶斯网络为例,该网络中存在的 2^n 个条件概率可统一表达为:

$$
P(C|\boldsymbol{R}_1,\cdots,\boldsymbol{R}_n)
\tag{5-31}
$$

在式(5-31)所代指的 2^n 个条件概率中,根据风险因素耦合效应的基本假定1,有:

$$
P(\boldsymbol{C}|\bigcap_{i=1}^{n}\bar{R}_i)=0
\tag{5-32}
$$

设各因素事件之间为“逻辑或”的关系,且 R_j、R_k 和 $\bigcap_{i\neq j,i\neq k}R_i$ 相互间因果机制独立,则当 R_i,$i=1,\cdots,n$ 中仅有 R_j 发生时,根据式(5-30),有:

$$P[C|R_j\bar{R}_k(\bigcap_{i\neq j,i\neq k}\bar{R}_i)] = \sum_{\gamma_j\cup\gamma_k\cup\gamma_i=T}P(\xi_j=\gamma_j|R_j)P(\xi_k=\gamma_k|\bar{R}_k)P(\bigcup_{i\neq j,i\neq k}\xi_i=\gamma_i|\bigcap_{i\neq j,i\neq k}\bar{R}_i)$$

$$= P(\xi_j|R_j)P(\xi_k|\bar{R}_k)P(\bigcup_{i\neq j,i\neq k}\xi_i|\bigcap_{i\neq j,i\neq k}\bar{R}_i) + P(\bar{\xi}_j|R_j)P(\xi_k|\bar{R}_k)P(\bigcup_{i\neq j,i\neq k}\xi_i|\bigcap_{i\neq j,i\neq k}\bar{R}_i) +$$

$$P(\xi_j|R_j)P(\bar{\xi}_k|\bar{R}_k)P(\bigcup_{i\neq j,i\neq k}\xi_i|\bigcap_{i\neq j,i\neq k}\bar{R}_i) + P(\xi_j|R_j)P(\xi_k|\bar{R}_k)P(\overline{\bigcup_{i\neq j,i\neq k}\xi_i}|\bigcap_{i\neq j,i\neq k}\bar{R}_i) +$$

$$P(\bar{\xi}_j|R_j)P(\bar{\xi}_k|\bar{R}_k)P(\bigcup_{i\neq j,i\neq k}\xi_i|\bigcap_{i\neq j,i\neq k}\bar{R}_i) + P(\bar{\xi}_j|R_j)P(\xi_k|\bar{R}_k)P(\overline{\bigcup_{i\neq j,i\neq k}\xi_i}|\bigcap_{i\neq j,i\neq k}\bar{R}_i) +$$

$$P(\xi_j|R_j)P(\bar{\xi}_k|\bar{R}_k)P(\overline{\bigcup_{i\neq j,i\neq k}\xi_i}|\bigcap_{i\neq j,i\neq k}\bar{R}_i) \tag{5-33}$$

由因果机制独立的概念可知,当一部分因素事件与其他因素事件的因果机制独立时,该部分因素事件与其结果事件可视为一个独立的因果系统,服从风险因素耦合系数的基本假定。因此有:

$$\begin{cases}P(\xi_k|\bar{R}_k) = P(\bigcup_{i\neq j,i\neq k}\xi_i|\bigcap_{i\neq j,i\neq k}\bar{R}_i) = 0\\P(\bar{\xi}_k|\bar{R}_k) = P(\overline{\bigcup_{i\neq j,i\neq k}\xi_i}|\bigcap_{i\neq j,i\neq k}\bar{R}_i) = 1\end{cases} \tag{5-34}$$

式(5-33)中等式右侧除最后一项以外均为零,即:

$$P[C|R_j\bar{R}_k(\bigcap_{i\neq j,i\neq k}\bar{R}_i)] = P(\xi_j|R_j) \tag{5-35}$$

当仅有 R_k 发生时,同理可得:

$$P[C|\bar{R}_jR_k(\bigcap_{i\neq j,i\neq k}\bar{R}_i)] = P(\xi_k|R_k) \tag{5-36}$$

当 R_j 和 R_k 同时发生时,有:

$$\begin{aligned}&P[C|R_jR_k(\bigcap_{i\neq j,i\neq k}\bar{R}_i)]\\&= P(\xi_j|R_j)P(\xi_k|R_k) + P(\bar{\xi}_j|R_j)P(\xi_k|R_k) + P(\xi_j|R_j)P(\bar{\xi}_k|R_k)\\&= P(\xi_j|R_j) + P(\xi_k|R_k) - P(\xi_j|R_j)P(\xi_k|R_k)\end{aligned} \tag{5-37}$$

将式(5-37)变形,可得:

$$\begin{aligned}P[C|R_jR_k(\bigcap_{i\neq j,i\neq k}\bar{R}_i)] &= P(\xi_j|R_j) + [1 - P(\xi_j|R_j)]P(\xi_k|R_k)\\&= P(\xi_k|R_k) + [1 - P(\xi_k|R_k)]P(\xi_j|R_j)\\&\geqslant \max\{P(\xi_j|R_j),P(\xi_k|R_k)\}\\&= \max\{P[C|R_j\bar{R}_k(\bigcap_{i\neq j,i\neq k}\bar{R}_i)],P[C|\bar{R}_jR_k(\bigcap_{i\neq j,i\neq k}\bar{R}_i)]\}\end{aligned} \tag{5-38}$$

式(5-38)表明,在 R_j 和 R_k 因果机制独立的条件下,他们的条件概率满足风险因素耦合的基本假定2。另一方面,有:

$$
\begin{aligned}
P(C|R_j) &= P[C|R_j(\bigcup_{i\neq j}R_i)]P(\bigcup_{i\neq j}R_i)+P[C|R_j(\bigcap_{i\neq j}\bar{R}_i)]P(\bigcap_{i\neq j}\bar{R}_i)\\
&=[P(\xi_j|R_j)P(\bigcup_{i\neq j}\xi_i|\bigcup_{i\neq j}R_i)+P(\xi_j|R_j)P(\overline{\bigcup_{i\neq j}\xi_i}|\bigcup_{i\neq j}R_i)+P(\bar{\xi}_j|R_j)P(\bigcup_{i\neq j}\xi_i|\bigcup_{i\neq j}R_i)]P(\bigcup_{i\neq j}R_i)+\\
&\quad[P(\xi_j|R_j)P(\bigcup_{i\neq j}\xi_i|\bigcap_{i\neq j}\bar{R}_i)+P(\xi_j|R_j)P(\overline{\bigcup_{i\neq j}\xi_i}|\bigcap_{i\neq j}\bar{R}_i)+P(\bar{\xi}_j|R_j)P(\bigcup_{i\neq j}\xi_i|\bigcap_{i\neq j}\bar{R}_i)]P(\bigcap_{i\neq j}\bar{R}_i)\\
&=P(\xi_j|R_j)+P(\bar{\xi}_j|R_j)P(\bigcup_{i\neq j}\xi_i|\bigcup_{i\neq j}R_i)P(\bigcup_{i\neq j}R_i)\geqslant P(\xi_j|R_j)\\
&=P[C|R_j\bar{R}_k(\bigcap_{i\neq j,i\neq k}\bar{R}_i)]
\end{aligned}
\tag{5-39}
$$

此外，设除 R_j 和 R_k 外所有因素事件皆未发生，则结果事件 C 的发生概率为：

$$
\begin{aligned}
P(C|\bigcap_{i\neq j,i\neq k}\bar{R}_i) &= P[C|R_jR_k(\bigcap_{i\neq j,i\neq k}\bar{R}_i)]P(R_j)P(R_k)+\\
&\quad P[C|R_j\bar{R}_k(\bigcap_{i\neq j,i\neq k}\bar{R}_i)]P(R_j)P(\bar{R}_k)+[C|\bar{R}_jR_k(\bigcap_{i\neq j,i\neq k}\bar{R}_i)]P(\bar{R}_j)P(R_k)\\
&=P[C|R_j(\bigcap_{i\neq j}\bar{R}_i)]P(R_j)+P[C|R_k(\bigcap_{i\neq k}\bar{R}_i)]P(R_k)-\\
&\quad P[C|R_j(\bigcap_{i\neq j}\bar{R}_i)][C|R_k(\bigcap_{i\neq k}\bar{R}_i)]P(R_j)P(R_k)\\
&=P[C|R_j(\bigcap_{i\neq j}\bar{R}_i)]P(R_j)+\{1-P[C|R_j(\bigcap_{i\neq j}\bar{R}_i)]P(R_j)\}P[C|R_k(\bigcap_{i\neq k}\bar{R}_i)]P(R_k)\\
&=P[C|R_k(\bigcap_{i\neq k}\bar{R}_i)]P(R_k)+\{1-P[C|R_k(\bigcap_{i\neq k}\bar{R}_i)]P(R_k)\}P[C|R_j(\bigcap_{i\neq j}\bar{R}_i)]P(R_j)\\
&\geqslant\max\{P[C|R_j(\bigcap_{i\neq j}\bar{R}_i)]P(R_j),P[C|R_k(\bigcap_{i\neq k}\bar{R}_i)]P(R_k)\}
\end{aligned}
\tag{5-40}
$$

式(5-39)和式(5-40)表明因果机制独立关系亦可使基本假定 3 和基本假定 4 得到满足。由式(5-35)~式(5-40)可知，当两个因素事件与同一结果事件下的其他因素事件间因果机制独立时，与这两个因素事件发生相关的条件概率(即其他因素事件均不发生的情况下)满足风险因素耦合的基本假定，且仅与这两个因素事件的贡献概率分布相关。可见，因果机制独立代表的含义实质上即是存在这一关系的风险因素间不存在耦合效应。通过因果机制独立这一局部结构，可以得到风险因素间不存在耦合效应时的条件概率，从而实现耦合效应的分离，进而定义双因素耦合系数。

仍以图 5-4 所示贝叶斯网络为背景，设 R_i 和 R_j 与其余因素事件因果机制独立。

①当 R_i 和 R_j 间不存在耦合关系(因果机制独立)时，仅 R_i(或 R_j)发生的条件下结果事件 C 的条件概率定义为“事件—事件连接强度 $\alpha_i|_C$”，表达为：

$$
\alpha_i|_C = P[C|R_i(\bigcap_{k\neq i}\bar{R}_k)] = P(\xi_i|R_i)
\tag{5-41}
$$

②当 R_i 和 R_j 间不存在耦合关系时，R_i 和 R_j 同时发生条件下 C 的条件概率定义为“基础条件概率 $\alpha_{ij}^U|_C$”，表达为：

$$
\alpha_{ij}^U|_C = P[C|R_iR_j(\bigcap_{k\neq i,k\neq j}\bar{R}_k)] = P(\xi_i|R_i)+P(\xi_j|R_j)-P(\xi_i|R_i)P(\xi_j|R_j)
\tag{5-42}
$$

③当 R_i 和 R_j 间存在耦合关系时，理论上来讲，单一因素发生的条件下结果事件 C 的条件概率不再能够根据因果机制独立原理求得。但从一般概念的角度来看，人们在判断单一因素

事件的因果关系强度时很少去考虑其他因素,也自然不会考虑与其他因素事件之间的耦合效应。另外,耦合系数的定义也需要一定的基准,即"不存在耦合效应时的情况是什么"这一问题。那么,以单一因素发生时结果事件的条件概率作为基准是较为合理的。因此,即便在 R_i 和 R_j 间存在耦合关系时,单一因素 R_i 或 R_j 发生时的条件概率仍以式(5-41)表示。

④当 R_i 和 R_j 间存在耦合关系时,根据耦合效应的定义,结果事件 C 的条件概率应与式(5-42)有所区别。定义存在耦合关系时 R_i 和 R_j 同时发生条件下 C 的条件概率为"耦合条件概率 $\alpha_{ij}^{P}\big|_C$",则耦合系数可按下式定义:

$$\beta_i^j\Big|_C=\beta_j^i\Big|_C=\begin{cases}\dfrac{\alpha_{ij}^{P}\Big|_C-\alpha_{ij}^{U}\Big|_C}{1-\alpha_{ij}^{U}\Big|_C},\alpha_{ij}^{P}\Big|_C\geqslant\alpha_{ij}^{U}\Big|_C\\[2ex]\dfrac{\alpha_{ij}^{P}\Big|_C-\alpha_{ij}^{U}\Big|_C}{\alpha_{ij}^{P}\Big|_C},\quad\alpha_{ij}^{P}\Big|_C<\alpha_{ij}^{U}\Big|_C\end{cases}\tag{5-43}$$

式中,$\beta_i^j|_C$ 为代号为 i 的因素事件和代号为 j 的因素事件对结果事件 C 的双因素耦合系数。由式(5-43)可知,双因素耦合系数 $\beta_i^j|_C$ 值域为[-1, 1]。当 $\beta_i^j|_C$ 取0时,条件概率 $P[C|R_iR_j(\bigcap_{k\neq i,k\neq j}\bar{R}_k)]$ 取基础条件概率,按式(5-42)计算。在这种情况下,因素事件 R_i 和 R_j 对 C 的影响相互独立,即 R_i 和 R_j 不存在耦合效应;当 $\beta_i^j|_C$ 取正值时,条件概率 $P[C|R_iR_j(\bigcap_{k\neq i,k\neq j}\bar{R}_k)]$ 大于基础条件概率(当 $\beta_i^j|_C$ 取1时,R_i 和 R_j 同时发生会令 C 成为必然事件),即 R_i 和 R_j 存在耦合放大效应,亦称为正耦合;同时,$\beta_i^j|_C$ 取负值时,条件概率 $P[C|R_iR_j(\bigcap_{k\neq i,k\neq j}\bar{R}_k)]$ 小于基础条件概率(当 $\beta_i^j|_C$ 取-1时,R_i 和 R_j 同时发生会令 C 成为不可能),即 R_i 和 R_j 存在耦合抑制效应,亦称为负耦合。当存在耦合效应时,耦合系数的作用对象(即结果事件 C)称为耦合节点。

(2)多因素耦合

如图5-5a)所示,当耦合节点 C 下存在多个相互具有耦合效应的因素事件 $R_1,R_2,\cdots,R_n$ 时,这些因素事件间便存在 C_n^2 个双因素耦合系数 $\beta_i^j(i,j=1,2,\cdots,n;i\neq j)$。根据定义,风险因素耦合效应是由内在物理机理决定的客观现象,因而当三个以上风险因素两两间存在耦合效应时,这些因素共同发生时的耦合作用强弱应是各因素间两两耦合效应的综合体现。

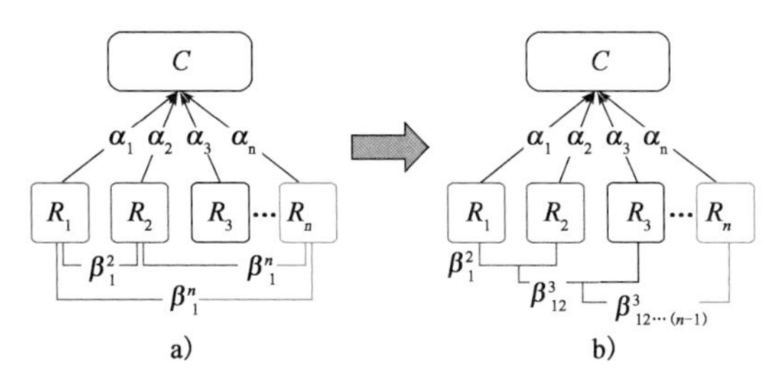

图5-5　多因素耦合模型示意图

设想在 C 下存在三个互相耦合的因素 R_1,R_2,R_3 的情况。假定这三个因素间均为正耦合,那么根据因果机制独立原理应有:

$$
\begin{aligned}
\alpha_{123}^{P}|_{C} = P(C|R_1R_2R_3) > \alpha_{123}^{U}|_{C} &= \sum_{\gamma_1\cup\gamma_2\cup\gamma_3=T} P(\xi_1=\gamma_1|R_1)P(\xi_2=\gamma_2|R_2)P(\xi_3=\gamma_3|R_3) \\
&= P(\xi_1|R_1)P(\xi_2|R_2)P(\xi_3|R_3) + P(\bar{\xi}_1|R_1)P(\xi_2|R_2)P(\xi_3|R_3) + \\
&\quad P(\xi_1|R_1)P(\bar{\xi}_2|R_2)P(\xi_3|R_3) + P(\xi_1|R_1)P(\xi_2|R_2)P(\bar{\xi}_3|R_3) + \\
&\quad P(\bar{\xi}_1|R_1)P(\bar{\xi}_2|R_2)P(\xi_3|R_3) + P(\bar{\xi}_1|R_1)P(\xi_2|R_2)P(\bar{\xi}_3|R_3) + \\
&\quad P(\xi_1|R_1)P(\bar{\xi}_2|R_2)P(\bar{\xi}_3|R_3) \\
&= P(\xi_1|R_1) + P(\xi_2|R_2) + P(\xi_3|R_3) - P(\xi_1|R_1)P(\xi_2|R_2) - \\
&\quad P(\xi_1|R_1)P(\xi_3|R_3) - P(\xi_2|R_2)P(\xi_3|R_3) + \\
&\quad P(\xi_1|R_1)P(\xi_2|R_2)P(\xi_3|R_3)
\end{aligned}
\tag{5-44}
$$

理论上来说,多个因素间的耦合作用应是同时存在的,即耦合作用与耦合的“顺序”无关,故在对式(5-42)和式(5-43)进行简单推广及变形后,可发现这种顺序无关性可表达为:

$$
\begin{aligned}
\alpha_{123} &= (1-\beta_{12}^{3})(\alpha_{12}+\alpha_3-\alpha_{12}\alpha_3)+\beta_{12}^{3} \\
&= (1-\beta_{13}^{2})(\alpha_{13}+\alpha_2-\alpha_{13}\alpha_2)+\beta_{13}^{2} \\
&= (1-\beta_{23}^{1})(\alpha_{23}+\alpha_1-\alpha_{23}\alpha_1)+\beta_{23}^{1}
\end{aligned}
\tag{5-45}
$$

式中,β_{ij}^{k}为三因素耦合系数,定义与(5-43)类似。如前所述,β_{ij}^{k}应与 β_{i}^{k} 和 β_{j}^{k} 具有某种函数关系。然而若要求式(5-44)和式(5-45)同时得到满足,会在 β_{i}^{k}、β_{j}^{k} 和 β_{i}^{j} 间引入极为严格的约束条件,而这一约束条件在多数情况下是不符合客观情况的。实际上,三个以上风险因素的耦合作用问题是一个“三体问题”,初始条件的任意微小改变都会对最终结果产生不可预料的影响,不存在通解。因此,我们无法在理论自洽的条件下给出多因素耦合系数。为解决这一问题,在处理多因素耦合的情况时假定耦合作用是以“耦合树”的形式,按一定顺序逐层作用的。如图 5-5b)所示,耦合作用首先在 R_1 和 R_2 间产生,随后逐个与 R_3 至 R_n 作用,表达为:

$$
\begin{aligned}
\alpha_{12\cdots n} &= f_n(\alpha_{12\ldots(n-1)},\alpha_n,\beta_{12\ldots(n-1)}^{n}) = f_n[f_{n-1}(\alpha_{12\ldots(n-2)},\alpha_{n-1},\beta_{12\ldots(n-2)}^{n-1},),\alpha_n,\beta_{12\ldots(n-1)}^{n}] = \cdots \\
&= f_n\{f_{n-1}\{f_{n-2}[\cdots,f_2(\alpha_1,\alpha_2,\beta_1^2),\cdots],\cdots\},\cdots\}
\end{aligned}
\tag{5-46}
$$

式(5-46)中多因素耦合系数 $\beta_{12\cdots(n-1)}^{n}$ 可取为:

$$
\beta_{12\ldots(n-1)}^{n} = \max_{i\neq n}\left\{\frac{\beta_i^n+|\beta_i^n|}{2}\right\} + \min_{i\neq n}\left\{\frac{\beta_i^n-|\beta_i^n|}{2}\right\}
\tag{5-47}
$$

需要指出的是,同一个问题中“耦合树”不是唯一的,耦合树的选取会对分析结果产生一定影响,在实际操作中应尽量将耦合效应强烈的因素对至于耦合树的下层。

5.2.4 风险因素耦合系数的作用

风险因素耦合系数的提出是为了定量度量风险因素耦合效应的强弱，然而由于风险因素耦合效应的客观性，在实际进行风险分析时，我们一般都能根据自身知识或经验下意识地考虑风险因素的耦合效应。但是，这种无意识的分析不仅可能在准确性上有所欠缺，当遭遇较为复杂或不明确的耦合关系时，直接考虑风险因素耦合效应是十分困难的。风险因素耦合系数的提出，不仅可以提高耦合效应分析的准确度，还可以极大地简化风险分析逻辑。

以贝叶斯网络条件概率表(Conditional Probability Table，CPT)的构建为例。根据贝叶斯网络的定义，描述一个含有 n 个因素事件节点的因果关系需要 2^n 个独立的条件概率参数，这使得采用直接赋值法构建中等规模以上的贝叶斯网络变得十分困难。风险因素耦合系数是在因果机制独立原理的基础上提出，当 n 个因素事件节点之间相互因果机制独立时，建立 CPT 所需独立参数个数会降至 $2n$ 个，但在实际问题中，因果机制独立一般只能在少数因素事件之间成立，其应用条件有限。而通过风险因素耦合理论，我们可以在保留因果机制独立原理所带来的优良数学性质的基础上，通过风险因素耦合系数考虑因素间的耦合效应。如此，一个含有 n 个因素事件节点的 CPT 可以通过 n 个连接强度参数和 C_n^2 个双因素耦合系数构造，所需参数由 2^n 减少至 $n(n+1)/2$ 个，在显著减少了赋值参数复杂度的同时提供了定量刻画风险因素耦合效应的方法。

5.2.5 风险因素耦合系数的计算方法

1)耦合系数的计算思路

如前文所述，风险具有客观性，但这种客观性一般只存在于理论层面上，人们只能通过主观风险分析来趋近客观风险，而永远无法完全把握客观风险的全貌。风险因素的耦合效应亦是一种客观存在的现象，是不以分析者的认知和风险分析的逻辑为转移的。然而风险因素的耦合系数的定义要求我们能准确求得有耦合效应时的风险与无耦合效应时的风险。那么，在待求的风险因素间客观上存在耦合效应的前提下，如果采用观测的方式去相对客观地度量风险，那么“无耦合效应”就仅仅是一种因主观的认知不足而虚构出来的情形，在实际中不可能存在，自然也无法度量；另一方面，若采用推理的方式去主观地度量风险，那么“有耦合效应”时的风险必然需要借助风险因素耦合系数来计算，从而形成一个逻辑上的死区。这种主观和客观的矛盾使风险因素耦合系数的计算变得十分困难。因此，风险因素耦合系数的计算必须采用主观和客观相结合的方法，即需要同时利用施工风险推理方法和施工风险测度方法。

2)耦合系数计算方法

图 5-6 所示为一存在两个因素事件节点 R_1、R_2 和一个结果事件节点(亦是 R_1 和 R_2 的耦合节点)C 的简化贝叶斯网络。

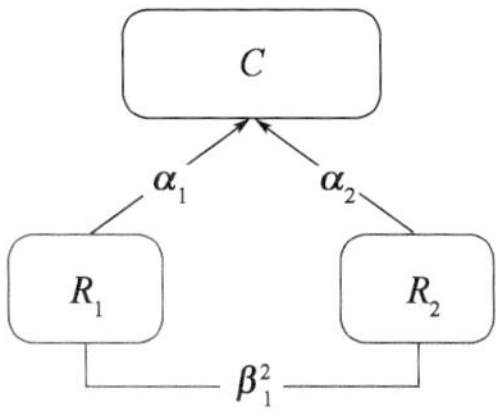

图 5-6　简化贝叶斯网络示意图

设两个因素事件之间的耦合系数为 $\beta_1^2|_C$。考虑以下四种情况。

(1)R_1、R_2 同时发生,根据耦合系数的定义,此时结果事件 C 的发生概率为:

$$P(C|R_1R_2) = p^{12} = \begin{cases} \beta_1^2|_C + (1-\beta_1^2|_C)(\alpha_1|_C + \alpha_2|_C - \alpha_1|_C + \alpha_2|_C), & \beta_1^2|_C \in [0,1] \\ (1+\beta_1^2|_C)(\alpha_1|_C + \alpha_2|_C - \alpha_1|_C + \alpha_2|_C), & \beta_1^2 \in [-1,0) \end{cases} \tag{5-48}$$

(2)R_1 发生,R_2 不发生,此时结果事件 C 的发生概率为:

$$P(C|R_1\bar{R}_2) = p_2^1 = \alpha_1|_C \tag{5-49}$$

(3)R_2 发生,R_1 不发生,此时结果事件 C 的发生概率为:

$$P(C|\bar{R}_1R_2) = p_1^2 = \alpha_2|_C \tag{5-50}$$

(4)R_1、R_2 均不发生,根据耦合系数的基本假定,此时结果事件 C 的发生概率为:

$$P(C|\bar{R}_1\bar{R}_2) = p_{12} = 0 \tag{5-51}$$

为求得式(5-48)~式(5-50)中的各条件概率,可利用城市地下大空间施工风险测度子模型,将贝叶斯网络进行拓展,为因素事件 R_1 和 R_2 分别定义一个"观测"节点 H_i,并且为每个观测节点分别给出相应的观测指标 η_i 及判定准则 G_i,并定义:

$$\xi_i = T \Leftrightarrow \eta_i \in G_i \tag{5-52}$$

式中,ξ_i 为因素事件 R_i 的贡献概率分布对应的结果事件。

由式(5-52)可知,观测节点与因素事件节点间的关系实质上与城市地下大空间施工风险测度模型中征兆事件节点与中间事件节点间的关系相同。通过这一定义,便可通过计算各种情况下观测指标 η_i 的量值来计算式(5-48)~式(5-51)中各条件概率的实际取值。假设计算结果为:

$$\begin{cases} \hat{P}(C|R_1R_2) = \hat{p}^{12} \\ \hat{P}(C|R_1\bar{R}_2) = \hat{p}_2^1 \\ \hat{P}(C|\bar{R}_1R_2) = \hat{p}_1^2 \\ \hat{P}(C|\bar{R}_1\bar{R}_2) = \hat{p}_{12} \end{cases} \tag{5-53}$$

为与理论值相区别,上标"^"表示通过测度模型计算出的实际概率值。一般来说,式(5-53)中计算出的 $\hat{p}_{12} \neq 0$,这与式(5-51)存在一定的矛盾。造成这一现象的原因,在于式(5-51)计算出的 $\hat{p}_{12}$ 在该例中是作为背景概率而存在。根据上文显原因和隐原因的分析,在因果分析相对完备的条件下,这一部分背景概率应非常小。但在许多实际问题中,一个耦合节点下往往具有 2 个以上的因素事件,这导致当我们取其中一对因素事件计算耦合系数时,该对因素事件相对其结果事件是一组不完备的原因,这可能会导致 $\hat{p}_{12}$ 的值偏大,甚至大于 $\hat{p}^{12}$ 相对于 $\hat{p}_{12}$ 的差值,不符合风险因素耦合系数的基本假定。为计算耦合系数,需要将其他因素事件(无论是显原因还是隐原因）对 R_1 和 R_2 计算概率值的影响从中剔除。为此，不妨设 C 之下存在其他与 R_1 和 R_2 因果机制独立的因素事件，以 R_3 表示它们的和事件，则根据因果机制独立原理，有：

$$\begin{cases}\hat{p}^{12} = \hat{P}(C|R_1R_2\bar{R}_3) = P(\xi_1 \cup \xi_2|R_1R_2) + P(\overline{\xi_1 \cup \xi_2}|R_1R_2)P(\xi_3|\bar{R}_3)\\ \hat{p}_2^1 = \hat{P}(C|R_1\bar{R}_2\bar{R}_3) = P(\xi_1 \cup \xi_2|R_1\bar{R}_2) + P(\overline{\xi_1 \cup \xi_2}|R_1\bar{R}_2)P(\xi_3|\bar{R}_3)\\ \hat{p}_1^2 = \hat{P}(C|\bar{R}_1R_2\bar{R}_3) = P(\xi_1 \cup \xi_2|\bar{R}_1R_2) + P(\overline{\xi_1 \cup \xi_2}|\bar{R}_1R_2)P(\xi_3|\bar{R}_3)\\ \hat{p}_{12} = \hat{P}(C|\bar{R}_1\bar{R}_2\bar{R}_3) = P(\xi_1 \cup \xi_2|\bar{R}_1\bar{R}_2) + P(\overline{\xi_1 \cup \xi_2}|\bar{R}_1\bar{R}_2)P(\xi_3|\bar{R}_3)\end{cases} \tag{5-54}$$

式(5-54)中各式等号右端第一项即为式(5-48)～式(5-51)表示的求解耦合系数所需的四个条件概率。根据风险因素耦合系数的基本假定可知，对于 $\xi_1 \cup \xi_2$ 而言，R_1 和 R_2 无疑构成了其完备的显原因，因此有 $P(\xi_1 \cup \xi_2|\bar{R}_1\bar{R}_2) = p_{12} = 0$，并且有：

$$\begin{cases}p^{12} = \hat{p}^{12} - (1 - p^{12})\hat{p}_{12} = \dfrac{\hat{p}^{12} - \hat{p}_{12}}{1 - \hat{p}_{12}}\\ p_2^1 = \hat{p}_2^1 - (1 - p_2^1)\hat{p}_{12} = \dfrac{\hat{p}_2^1 - \hat{p}_{12}}{1 - \hat{p}_{12}}\\ p_1^2 = \hat{p}_1^2 - (1 - p_1^2)\hat{p}_{12} = \dfrac{\hat{p}_1^2 - \hat{p}_{12}}{1 - \hat{p}_{12}}\end{cases} \tag{5-55}$$

将式(5-55)带入式(5-48)～式(5-51)后可得：

(1)当 $p^{12} \geqslant p_2^1 + p_1^2 - p_2^1p_1^2$（即 $\hat{p}^{12} \geqslant \hat{p}_2^1 + \hat{p}_1^2 - \hat{p}_2^1\hat{p}_1^2 - \hat{p}_{12}$）时：

$$\beta_1^2|_C = \frac{p^{12} - (p_2^1 + p_1^2 - p_2^1p_1^2)}{1 - (p_2^1 + p_1^2 - p_2^1p_1^2)} = 1 - \frac{1 - \hat{p}^{12} - \hat{p}_{12} + \hat{p}^{12}\hat{p}_{12}}{1 - \hat{p}_2^1 - \hat{p}_1^2 + \hat{p}_2^1\hat{p}_1^2} \tag{5-56}$$

(2)当 $p^{12} < p_2^1 + p_1^2 - p_2^1p_1^2$（即 $\hat{p}^{12} < \hat{p}_2^1 + \hat{p}_1^2 - \hat{p}_2^1\hat{p}_1^2 - \hat{p}_{12}$）时：

$$\beta_1^2|_C = \frac{p^{12} - (p_2^1 + p_1^2 - p_2^1p_1^2)}{p_2^1 + p_1^2 - p_2^1p_1^2} = \frac{\hat{p}^{12} - \hat{p}^{12}\hat{p}_{12}}{\hat{p}_2^1 + \hat{p}_1^2 - \hat{p}_2^1\hat{p}_1^2 - \hat{p}_{12}} - 1 \tag{5-57}$$

需注意：当 $p^{12} = p_2^1 + p_1^2 - p_2^1p_1^2$ 时，由于分子中 $\hat{p}^{12}\hat{p}_{12}$ 项的存在，式(5-56)及式(5-57)计算出的耦合系数不为0(但非常接近0)，这是由于耦合系数基本假定1所导致的偏差。因此，对式(5-56)及式(5-57)进行修正后得：

$$\beta_1^2|_C = \begin{cases}1 - \dfrac{1 - \hat{p}^{12} - \hat{p}_{12}}{1 - \hat{p}_2^1 - \hat{p}_1^2 + \hat{p}_2^1\hat{p}_1^2}, \hat{p}^{12} \geqslant \hat{p}_2^1 + \hat{p}_1^2 - \hat{p}_2^1\hat{p}_1^2 - \hat{p}_{12}\\ \dfrac{\hat{p}^{12}}{\hat{p}_2^1 + \hat{p}_1^2 - \hat{p}_2^1\hat{p}_1^2 - \hat{p}_{12}} - 1, \hat{p}^{12} < \hat{p}_2^1 + \hat{p}_1^2 - \hat{p}_2^1\hat{p}_1^2 - \hat{p}_{12}\end{cases} \tag{5-58}$$

5.3 城市地下大空间施工风险因素耦合强度研究

5.3.1 案例背景

1)工程概况

广州南站车站设计起终点里程为 CK0 + 133.900 ~ CK0 + 704.900,车站有效站台中心里程为 CK0 + 260.000。整站分为地下四层,站台为岛式结构,宽度为 15m。车站(明挖段)全长 571m,标准段宽为 25.54m。车站基坑开挖深度为 32.12 ~ 33.83m,顶板覆土厚度为 0.3 ~ 4.2m。车站总建筑面积 63117m^2,其中主体建筑面积 60985m^2,附属建筑面积 2132m^2,广州南站车站平面如图 5-7 所示。

图 5-7 广州南站车站总平面图

车站的施工方法为明挖顺作法,整体结构形式采用钢筋混凝土框架结构,地下一层为地下空间换乘区域、客运站部分、广佛环站厅层、荣耀地产地下室及车站预留开发空间,地下二层为地铁站厅、广佛环站厅层、荣耀地产地下室及车站预留开发空间,地下三层为公共换乘中转区域及地铁设备管理用房区,地下四层为地铁站台层。广州南站横断面如图 5-8 所示。

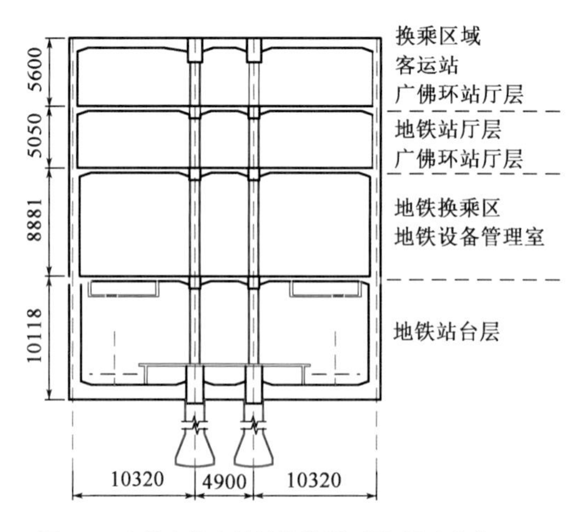

图 5-8 广州南站车站结构横断面图(尺寸单位:mm)

2)工程水文地质概况

(1)工程地质

根据地质资料和补勘,得到广州南站的岩土层分布情况,见表5-1,地质剖面图如图5-9所示。

广州南站车站岩土层分布情况　　表5-1

层　　号	岩土名称	主要工程地质特征	岩土施工工程分级
〈1〉	人工填土	松散~稍压实,富水性贫乏,透水性弱~中等	Ⅰ、Ⅱ
〈2-1B〉	淤泥质土	软塑,土质黏腻,为微透水层	Ⅱ
〈2-3〉	淤泥质中粗砂	松散~稍密,富水性较好,透水性中等	Ⅰ
〈4-2B〉	淤泥质土	软塑,富水性差,为微透水层	Ⅱ
〈5H-1〉	砂质黏性土	可塑,富水性差,透水性弱	Ⅱ
〈5H-2〉	砂质黏性土	硬塑,富水性差,透水性弱	Ⅱ
〈6H〉	全风化花岗岩	坚硬土状,富水性差,透水性弱	Ⅲ
〈6H-1〉	全风化安山岩	坚硬土状,富水性差,透水性弱	Ⅲ
〈7H〉	强风化花岗岩	碎块状,富水性差,透水性弱	Ⅲ、Ⅳ
〈7H-1〉	强风化安山岩	碎块状,富水性差,透水性弱	Ⅲ、Ⅳ
〈8H〉	中等风化花岗岩	岩体较破碎,局部较完整,富水性差,透水性弱	Ⅳ、Ⅴ
〈8H-1〉	中等风化安山岩	岩体较破碎,局部较完整,富水性差,透水性弱	Ⅳ、Ⅴ
〈9H〉	微风化花岗岩	岩体较完整,富水性差,透水性弱	Ⅴ
〈9H-1〉	微风化安山岩	岩体较完整,富水性差,透水性弱	Ⅴ

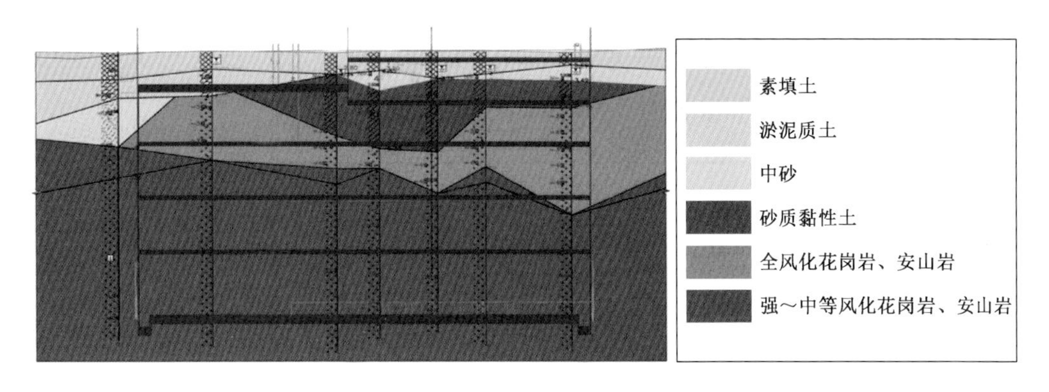

图5-9　广州南站车站地质剖面示意图

(2)水文地质

基坑范围内的地下水按赋存方式主要划分为第四系松散层孔隙水和基岩裂隙水。

第四系松散层孔隙水。主要赋存于海陆交互相的淤泥质中粗砂〈2-3〉中,其含水性能与砂的形状、大小、颗粒级配及黏粒含量等有密切关系。〈2-3〉透水性一般为中等~强透水层。第四系其他土层中的人工填土透水性一般,而淤泥质土、冲洪积、残积土层透水性最弱。一般而言,勘察区砂层中地下水具有统一的地下水面,局部地形变化稍大处略有起伏。根据本次勘察成果,本场地主要含水层上覆软土、黏性土。地下水水位通常在主要含水层顶板以上,综合判断,除局部地段为潜水,本场地第四系松散层孔隙水主要为承压水。人工填土中部分为上层滞水。第四系松散层孔隙水部分为上层滞水,赋存于填土层〈1〉,该层因组成成分不均匀,富水性一般,透水性弱~中等。

基岩裂隙水。主要赋存于花岗岩强风化带及中等风化带中,地下水的赋存不均一。在裂隙发育地段,水量较丰富,具承压性。根据地区经验,渗透系数一般为0.4~1.0m/d。基岩风化裂隙水为承压水,承压水水头高程为4.67~6.60m,从地质剖面图上来看,基岩裂隙水层和第四系含水层间联系较小。

3)车站施工方法

(1)竖向分层、纵向分段

根据广州南站深大基坑工程的基本资料,将其竖向开挖分成五部分,纵向分成三个区,各部分流水施工。

(2)纵向拉槽、横向扩边

土方开挖按"接力后退式"进行,如图5-10所示,按照"先中间成槽再两边扩展"的顺序进行开挖。基坑土方分层开挖,每层均开挖至下一道支撑以下0.5m,如图5-11所示。

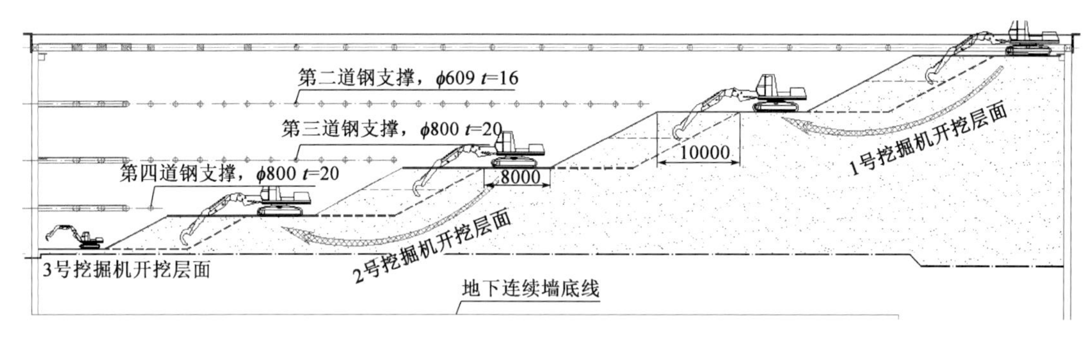

图5-10　土方纵向开挖示意图(尺寸单位:mm)

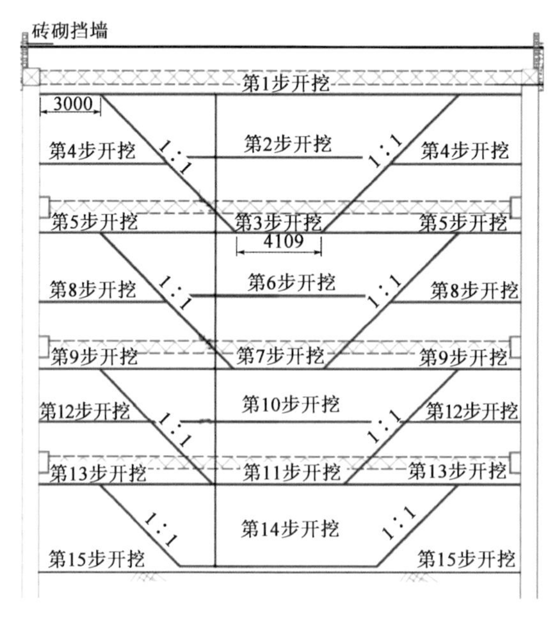

图5-11　土方竖向开挖示意图(尺寸单位:mm)

4)周边风险源清单

本工程属于明挖车站基坑工程,开挖深度及长度较大,且周边环境复杂。本工程的施工安全风险源主要包括自身风险源和周边环境风险源。由于基坑自身结构相对简单,没有其他附属结构,因此自身风险源就是地质和结构本身。周边环境风险源见表5-2。

周边环境风险源清单　　表5-2

序号	风险源名称	风险源情况	位置关系
1	路福联合广场	160m钢筋混凝土,桩基础4m,外观基本完好	位于基坑东侧,最近处净距约130m
2	办公楼	楼高25m,共10层,建筑的梁、板、柱子均为C30混凝土,重度为25kN/m^3	距离基坑最近距离50m
3	商厦	楼高15m,共3层,建筑的梁、板、柱子均为C30混凝土,重度为25kN/m^3	距离基坑最近距离36m
4	石浦大道南	双向单车道	距离基坑区最近距离30m
5	汉溪大道	双向四车道	距离基坑最近距离40m
6	广州南站	3层钢结构,地下连续墙30m,外观基本完好	位于基坑西侧,最近处净距约400m
7	地铁2号线、7号线	位于广州南站地下二层,设有A、B、C三个出口,外观基本完好	位于基坑西侧,最近处净距约370m
8	给水管	管径为500mm,埋深0.7m,管线材质为铸铁管	在基坑短边方向,最近处净距5m
9	给水管	管径为500mm,埋深0.8m,管线材质为铸铁管	在基坑短边方向,最近处净距6m
10	雨水管	管径为500mm,埋深2m,管线材质为水泥管	在基坑长边方向,最近处净距7m
11	给水管	管径为200mm,埋深0.7m,管线材质为铸铁管	在基坑长边方向,最近处净距9m

5.3.2　风险分析模型的建立

1)风险事件识别

根据工程背景条件和风险源情况,本工程的施工安全风险主要有以下几类。

(1)结构自身的破坏、失稳或变形超限风险

本工程开挖深度32.12~33.83m,属于超深基坑,结构在施工过程中必然承受较大的土压力。基坑为长条形结构,长边支承条件较差,若内支撑失效则将陷入十分不利的受力状态。工程位于密集城区,周边存在既有建筑和管线,若变形控制不当,易引发周边地层的连带变形,进而威胁周边建(构)筑物。

(2)周边建筑物及管线的破坏或丧失使用功能

本工程周边存在多座地面建(构)筑物,其中包含火车站等重要建筑以及高层建筑。建筑物距基坑最小净距不足 50m,处于基坑开挖的影响范围之内。基坑附近管线较密集且较为接近,其中净距最小者仅距基坑边缘 5m。管线材料为水泥、铸铁等脆性较大的材料,虽刚度及强度均较大,但若受地层位移牵动而发生强制位移,极易发生脆性断裂。

2)建立施工风险推理贝叶斯网络模型

参照城市地下大空间施工风险推理模型,建立广州南站施工风险推理贝叶斯网络模型如图 5-12 所示。贝叶斯网络中共包含 3 个风险事件节点,4 个中间事件节点和 5 个因素事件节点。

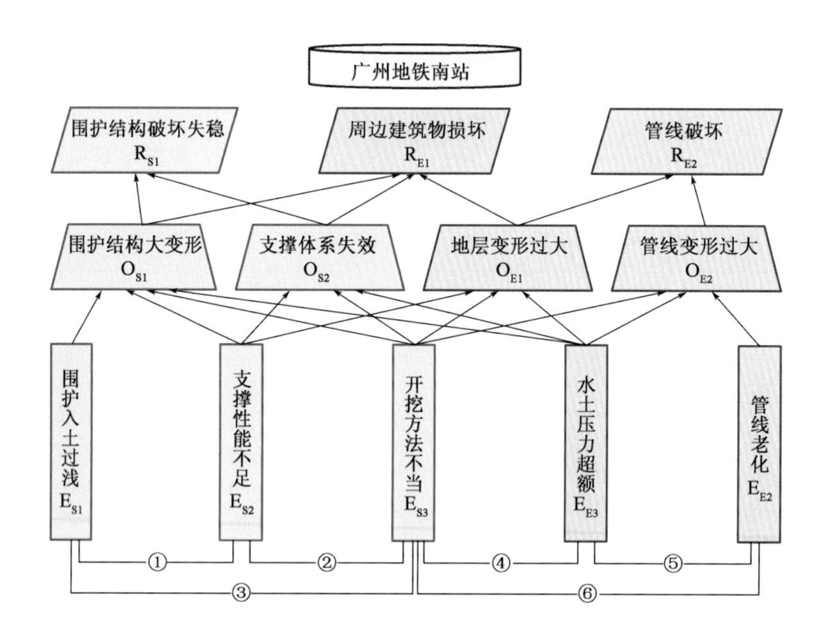

图 5-12 广州南站施工风险推理贝叶斯网络模型

3)耦合因素分析

模型中共有以下 6 个可能的耦合因素对:

(1)围护入土过浅—支撑性能不足($E_{S1}-E_{S2}$)

围护结构入土过浅会导致抗倾覆和抗"踢脚"破坏的能力不足。若在这种情况下支撑因性能不足无法提供足够的约束力,则会使围护结构失稳风险显著增加。

(2)支撑性能不足—开挖方法不当($E_{S2}-E_{S3}$)

开挖方法不当一般指不按设计方案分块、分层逐步开挖,如此会令先架设的支撑承担额外的荷载。此时若支撑性能不足,极易引发支撑失效破坏。

(3)围护入土过浅—开挖方法不当($E_{S1}-E_{S3}$)

围护入土过浅加之开挖方法不当,会导致围护结构的抗倾覆安全系数显著降低。

(4)开挖方法不当—水土压力超额($E_{S3}-E_{E1}$)

在开挖方法不当的情况下,基坑的支撑体系难以及时形成可靠的整体承载结构,导致基坑围护结构处于不利的受弯状态。若此时出现超额的水土压力,会导致围护结构存在较大的受弯或受剪破坏风险。

(5)水土压力超额—管线老化($E_{E1}-E_{E2}$)

超额的水土压力往往是由于坑边超载导致的,因此这一不利效应也有很大可能会对周边管线产生不利影响。管线老化后,其抗弯刚度下降、脆性增加,在额外的荷载下易出现开裂和破坏。

(6)开挖方法不当—管线老化($E_{S3}-E_{E2}$)

开挖方法不当的直接后果之一便是导致围护结构侧移量增加,进而牵动坑边地层产生较大位移。地层的位移会导致管线产生被动变形,而发生老化的管线很可能在这种被动变形下发生破坏。

4)建立与贝叶斯网络模型对应的施工风险测度模型

以广州南站施工风险推理贝叶斯网络模型中的风险事件为失效模式,中间事件为失效点,建立广州南站施工风险测度模型如图5-13所示。各失效点对应的失效指标和失效准则见表5-3。

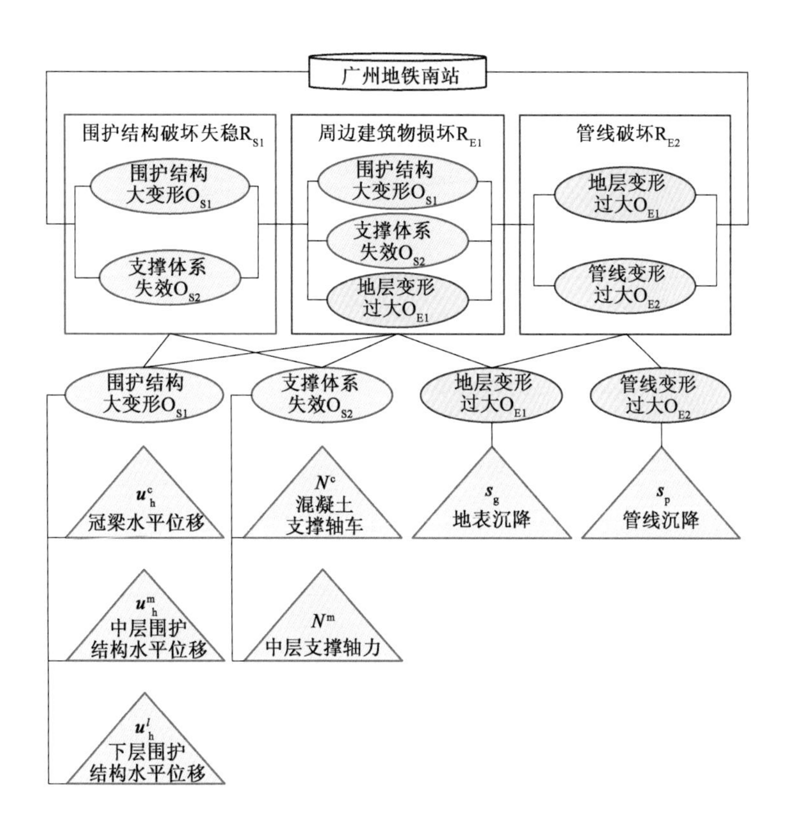

图5-13　广州地铁南站施工风险测度模型

失效指标及失效准则表　　表 5-3

失　效　点	失 效 指 标	失 效 准 则	功 能 函 数
围护结构大变形 O_{S1}	冠梁水平位移 u_h^c	$\max\{u_h^c, u_h^m, u_h^l\} \geq 10$(cm)	$g_{S1} = 10 - \max\{u_h^c, u_h^m, u_h^l\}$
	中层围护结构水平位移 u_h^m		
	下层围护结构水平位移 u_h^l		
支撑体系失效 O_{S2}	混凝土支撑轴力 N^c	$N^c \geq 5$(MN) 或 $N^m \geq 3$(MN)	$g_{S2} = \min\{5 - N^c, 3 - N^m\}$
	中层支撑轴力 N^m		
地层变形过大 O_{E1}	地表沉降 s_g	$s_g \geq 10$(cm)	$g_{E1} = 10 - s_g$
管线变形过大 O_{E2}	管线沉降 s_p	$s_p \geq 5$(cm)	$g_{E2} = 5 - s_p$

5.3.3 数值分析模型

1)模型几何

由于广州南站基坑纵向长度较长,若按实际尺寸建模会导致建模工作量及计算成本的极大增加,因此本模型在保留广州南站基坑的横断面结构形式、支护体系布置及开挖方法的基础上,取纵向 100m 长度作为抽象建立模型。根据工程经验,基坑开挖影响深度约为开挖深度的 2～4 倍,影响宽度约为开挖深度的 3～4 倍。另外由于基坑在结构形式及开挖工法上都在横断面上具有对称性,因此采用半模型进行计算。最终模型尺寸为 300m×112.5m×100m,其中基坑尺寸为 100m×12.5m×34m。

模型中对基坑周边环境进行了一定的简化,包括两个建筑物和两根水管,相关参数见表 5-4,与基坑的相对关系如图 5-14 所示。

基坑周边环境物参数表　　表 5-4

编　号	类　型	参 数 说 明
①	办公楼	楼高 25m、共 10 层,建筑的梁、板、柱子均为 C30 混凝土,重度为 25kN/m^3,距离基坑 50m
②	商厦	楼高 15m、共 3 层,建筑的梁、板、柱子均为 C30 混凝土,重度为 25kN/m^3,距离基坑 36m
③	给水管	铸铁管,管径 500mm,埋深 0.8m,离基坑最近 5m
④	雨水管	水泥管,管径 500mm,埋深 2m,离基坑最近 7m

2)单元及网格划分

广州南站基坑围护及支护体系由地下连续墙、混凝土支撑、钢支撑、临时立柱及柱下人工扩孔桩组成。地层、建筑物、地下连续墙、人工扩孔桩、临时立柱及立柱间的纵向联系梁采用六面体实体单元模拟;混凝土支撑、钢支撑及地下管线采用梁单元模拟;地下连续墙的导墙采用壳单元模拟。模型中共有 208713 个实体单元节点和 2110 个结构单元节点,共有 183922 个实体单元,1836 个梁单元和 132 个壳单元。模型网格示意如图 5-15 所示。

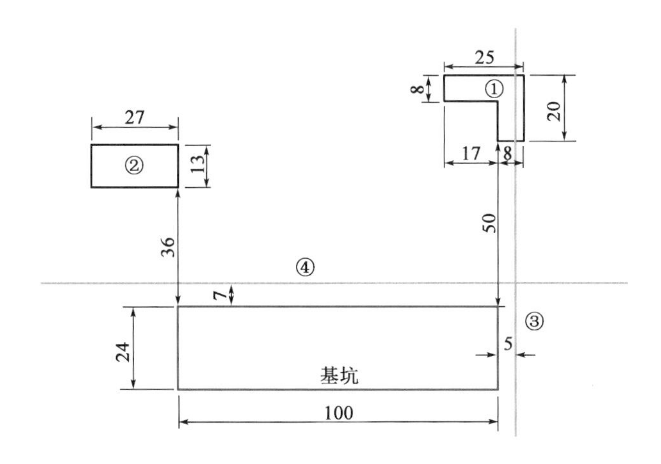

图 5-14　周边环境相对位置图(尺寸单位:m)

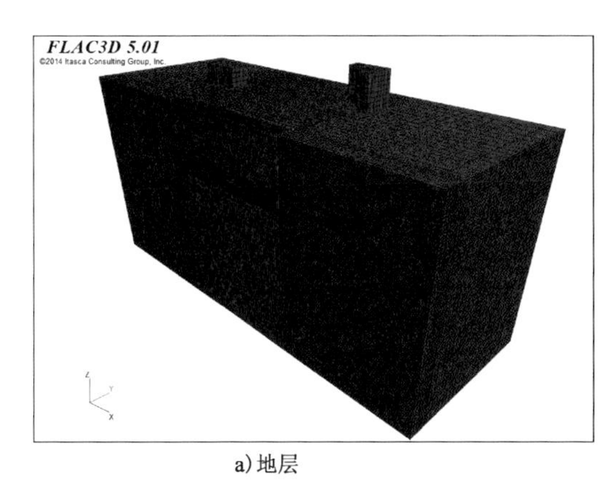

a)地层

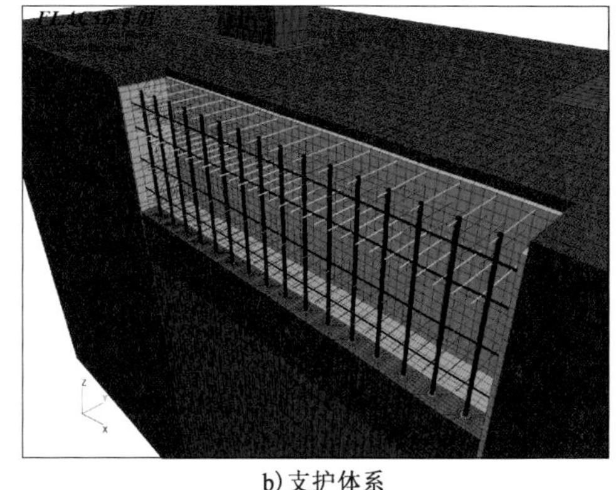

b)支护体系

图 5-15　模型网格示意图

3)本构模型及材料参数

(1)地层参数

为控制设计变量数量,模型对基坑工程涉及的地层进行了一定的简化,将原场地的素填土、粉质黏土、淤泥质土和砂质黏土层合并为黏土层,厚 19.4m;将全风化、强风化和中风化花岗岩、安山岩合并为风化岩层,厚 80.6m。根据工程的实地踏勘报告及文献调研,得到数值模拟的地层参数见表 5-5、表 5-6。其中,黏土层的摩擦常数 M,风化岩层的内摩擦角 φ 及黏聚力 c 为以随机变量输入的模型源变量,其中风化岩层的内摩擦角 φ 及黏聚力 c 的概率分布服从正态分布,黏土层的摩擦常数由服从正态分布的随机变量 φ^* 根据下式换算:

$$M = \frac{6\sin \varphi^*}{3 - \sin \varphi^*} \tag{5-59}$$

随机变量参数在表内以加“ * ”的形式显示,参数值以“均值 + 标准差”的形式标出。

砂质黏土地层参数表　　表5-5

土层名称	厚度 (m)	本构模型	γ (kN/m^3)	ν	λ	e_0	φ^* (°)	超固结比
砂质黏土	19.4	修正剑桥	20	0.25	0.0453	0.6	25.84 +5.68	1.2

注:1. 根据经验,修正剑桥模型参数 κ 可取为 λ 的1/10。
2. * 表示随机变量参数,参数值以"均值 + 标准差"的形式标出,下表同。

风化岩地层参数表　　表5-6

土层名称	厚度 (m)	本构模型	γ (kN/m^3)	E (MPa)	ν	c^* (kPa)	φ^* (°)
风化岩	80.6	莫尔—库仑	21	125	0.2	65 +9.42	32 +4.48

(2)支护结构参数

支护结构参数见表5-7,其中混凝土和钢材的弹性模量为随机变量。

支护结构力学参数表　　表5-7

支护结构	材料	本构模型	E^* (GPa)	γ (kN/m^3)	ν
地下连续墙	C30 混凝土	弹性	24 +1.36	25	0.167
冠梁	C30 混凝土	弹性	24 +1.36	25	0.167
混凝土撑	C30 混凝土	弹性	24 +1.36	25	0.167
钢支撑	Q235 钢	弹性	212 +10	78.5	0.31
立柱	Q235 钢	弹性	212 +10	78.5	0.31
连接梁	Q235 钢	弹性	212 +10	78.5	0.31

4)模拟施工步序

基坑开挖一般要做到"分层、分块、对称、均衡",尽快施作支撑体系,尽早完成底板施工,使结构形成一体,从而提高安全性。模型中基坑开挖及支护步骤与实际工程保持一致。为表述方便,将整个基坑分成一区(25m)、二区(50m)、三区(25m),模拟施工步序见表5-8。基坑横断面上的土方开挖方案示意如图5-16所示。

模拟施工步序表　　表5-8

编号	阶段	编号	阶段
0	地应力平衡完成	3	一区第三道撑
1	地下连续墙、圈梁	4	一区第四道撑
2	一区第二道撑(第一道钢支撑)	5	一区第五道撑、二区第二道撑

续上表

编　　号	阶　　段	编　　号	阶　　段
6	一区挖到底、二区第三道撑	10	三区第五道撑
7	二区第四道撑、三区第二道撑	11	土方开挖完成
8	二区第五道撑、三区第三道撑	12	车站底板
9	二区挖到底、三区第四道撑		

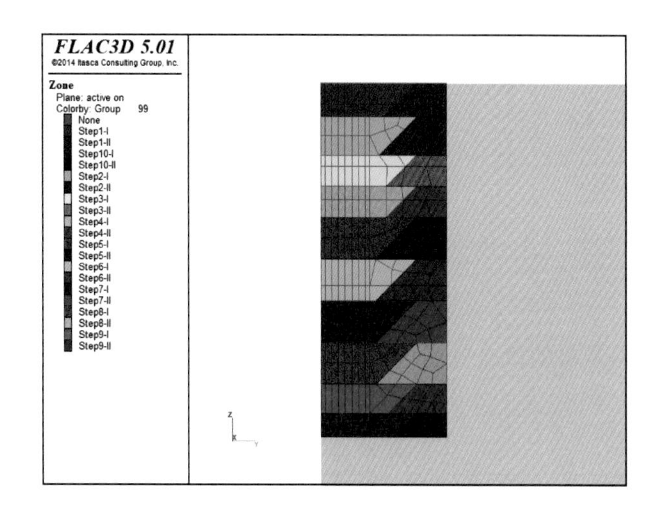

图5-16　横断面土方开挖方案示意图

5)测点布置

模型中测点布置如图5-17所示,具体内容如下所述。

(1)地表沉降测线:共设置 A、B、C、D、E 五条测线,测点位置由近到远的垂直距离依次为17.5m、22.5m、32.5m、52.5m、72.5m。其中,A、B、C 测线上距离基坑距离为17.5m、22.5m和32.5m的共计9个测点的平均值作为失效指标"地表沉降 s_g"。

(2)深层水平位移测线:共设置 a、b、c 三条测线,测点分别为0m、2m、3.2m、5.05m、6.9m、8m、9.9m、11.2m、12.9m、14.9m、16.9m、19.4m、20.9m、22.9m、24.9m、26.9m、28.9m、31.7m、32.85m、34m。其中,a 测线上位于9.9m、11.2m、12.9m、14.9m、16.9m和19.4m处的6个测点的平均值作为失效指标"中层围护结构水平位移 u_h^m";20.9m、22.9m、24.9m、26.9m、28.9m和31.7m处的6个测点的平均值作为失效指标"下层围护结构水平位移 u_h^l";a 测线上所有测点的平均值作为失效指标"围护结构水平位移 u_h"。

(3)冠梁水平位移测点:在连续墙周围共设置13个测点,每个点间距10m左右。其中,第4、5、6号测点的平均值作为失效指标"冠梁水平位移 u_h^c"。

(4)周边管线沉降测点:③、④是管线,③管线设置一个测点,④管线设置三个测点。四个测点的平均值作为失效指标"管线沉降 s_p"。

(5)支撑轴力测点:共设置五道支撑,每排16根支撑,每根支撑设置一个测点,距离基坑边 1m。其中,第一道支撑(混凝土支撑)中距离对称轴最近者的轴力作为失效指标"混凝土支撑轴力 N^c";第三道支撑中距离对称轴最近者的轴力作为失效指标"中层支撑轴力 N^m"。

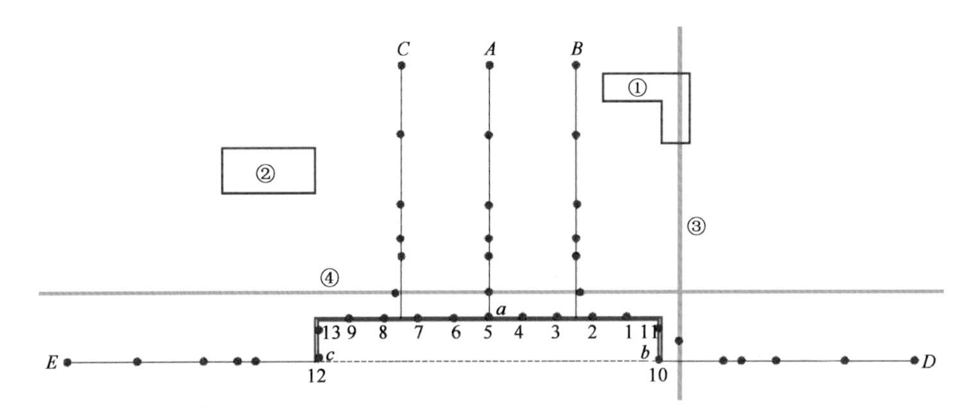

图 5-17　模型测点布置图
1～13-测点号;①～④-基坑周边环境物编号

6)模拟工况

为研究 6 组耦合因素对的耦合效应,本次模拟共设置 12 组模拟工况,见表 5-9。表中"T"代表该因素事件发生,"F"代表不发生。

模拟工况表　　表 5-9

工况编号	围护入土过浅 E_{S1}	支撑性能不足 E_{S2}	开挖方法不当 E_{S3}	水土压力超额 E_{E1}	管线老化 E_{E2}
1	F	F	F	F	F
2	T	F	F	F	F
3	F	T	F	F	F
4	F	F	T	F	F
5	F	F	F	T	F
6	F	F	F	F	T
7	T	T	F	F	F
8	F	T	T	F	F
9	T	F	T	F	F
10	F	F	T	T	F
11	F	F	F	T	T
12	F	F	T	F	T

各因素事件的模拟方法如下所述。

(1)围护入土过浅:将地下连续墙入土深度降低 0.2 倍的基坑深度,由 14m 降低至 7.2m。

(2)支撑性能不足:将混凝土支撑及钢支撑的材料弹性模量折减 30%。

(3)开挖方法不当:在原开挖方法的基础上,每次开挖超挖一层土体,延迟施作支撑。

(4)水土压力超额:在基坑外侧5~10m的范围施加5m土柱自重的等效竖向荷载。

(5)管线老化:将管线材料弹性模量折减30%。

7)中心复合试验设计

在本次计算中,设计变量共有5个,各变量的含义、单位、分布形式、均值及标准差汇总于表5-10。

设计变量信息汇总表　表5-10

设计变量	含义	单位	分布形式	均值	标准差
$\varphi^*(X_1)$	黏性土—内摩擦角	°	正态	25.84	5.68
$c(X_2)$	风化岩—黏聚力	kPa	正态	65	9.42
$\varphi(X_3)$	风化岩—内摩擦角	°	正态	32	4.48
$E_c(X_4)$	C30混凝土弹性模量	GPa	正态	24	1.36
$E_s(X_5)$	Q235钢弹性模量	GPa	正态	212	10

选择含有交叉二次项的近似功能函数:

$$\hat{g}_i(X)=a_0+\sum_{j=1}^{5}a_{ij}X_j+\sum_{j=1}^{5}a_{ijj}X_j^2+\sum_{1\leqslant j<k\leqslant 5}a_{ijk}X_jX_k \tag{5-60}$$

试验中心点选为均值点:$X^0=(25.84,65,32,24,212)$。采用参数$f=1,\alpha=0.5$的中心复合试验设计方案,得样本点见表5-11。

中心复合试验样本点　表5-11

样本点编号	X_1	X_2	X_3	X_4	X_5
1	20.16	55.58	27.52	22.64	202
2	20.16	55.58	27.52	22.64	222
3	20.16	55.58	27.52	25.36	202
4	20.16	55.58	36.48	22.64	202
5	20.16	74.42	27.52	25.36	202
6	31.52	55.58	36.48	22.64	202
7	20.16	55.58	27.52	25.36	222
8	20.16	55.58	36.48	25.36	202
9	20.16	74.42	36.48	22.64	202
10	31.52	74.42	27.52	22.64	202
11	20.16	55.58	36.48	25.36	222
12	20.16	74.42	36.48	25.36	202
13	31.52	74.42	36.48	22.64	202
14	20.16	74.42	36.48	25.36	222
15	31.52	74.42	36.48	25.36	202
16	31.52	74.42	36.48	25.36	222
17	31.52	55.58	36.48	22.64	202

续上表

样本点编号	X_1	X_2	X_3	X_4	X_5
18	31.52	55.58	27.52	25.36	202
19	31.52	55.58	27.52	22.64	222
…	…	…	…	…	…
37	25.84	65	34.24	24	212
38	25.84	65	29.76	24	212
39	25.84	65	32	24.68	212
40	25.84	65	32	23.32	212
41	25.84	65	32	24	217
42	25.84	65	32	24	207
43	25.84	65	32	24	212

5.3.4 计算结果

依次以各样本点作为模型输入，以工况1为例，各失效指标的计算结果如图5-18～图5-25所示。

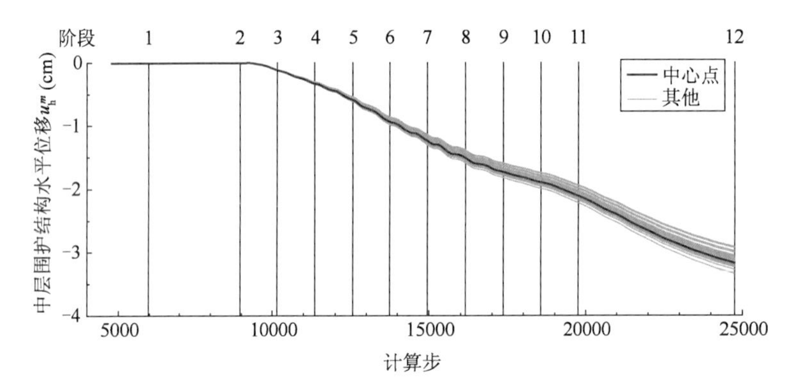

图5-18 中层围护结构水平位移 u_h^m 计算结果

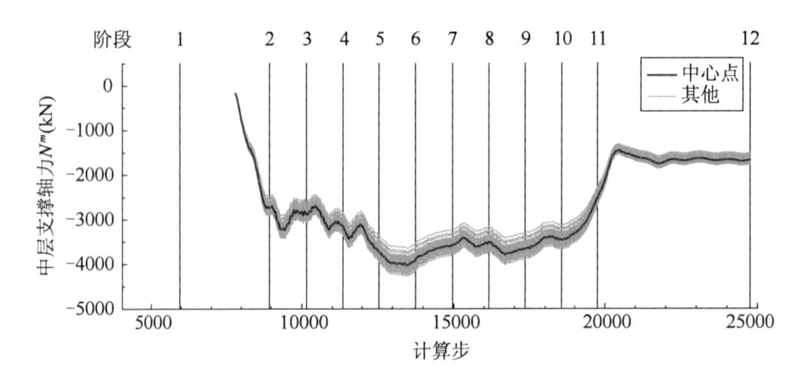

图5-19 中层支撑轴力 N^m 计算结果

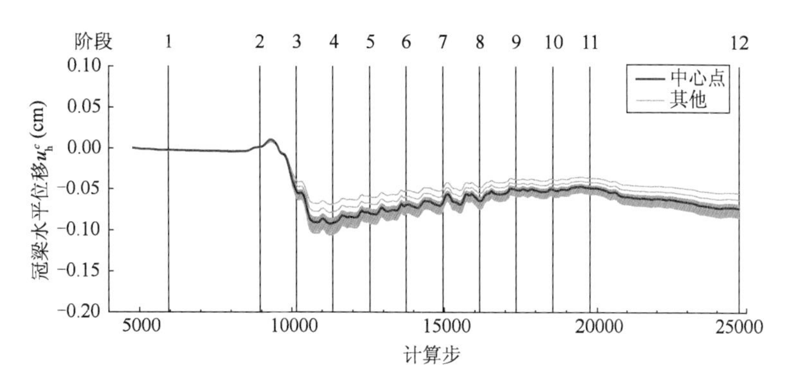

图5-20 冠梁水平位移 u_h^c 计算结果

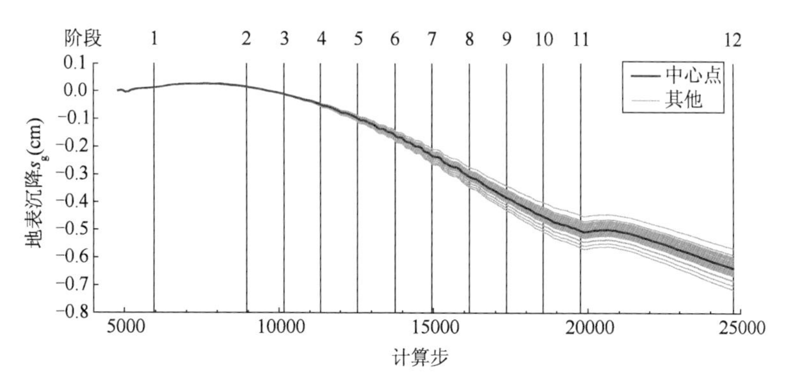

图5-21 地表沉降 s_g 计算结果

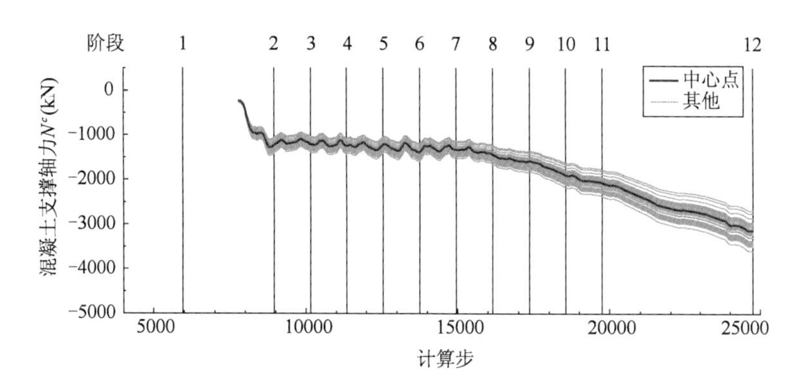

图5-22 混凝土支撑轴力 N^c 计算结果

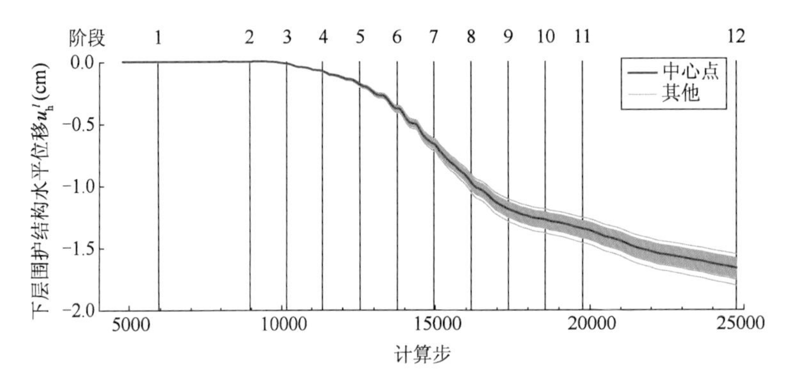

图 5-23　下层围护结构水平位移 u_h^l 计算结果

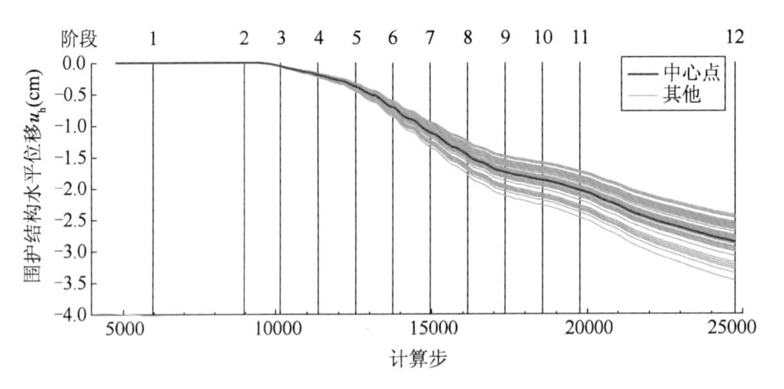

图 5-24　围护结构水平位移 u_h 计算结果

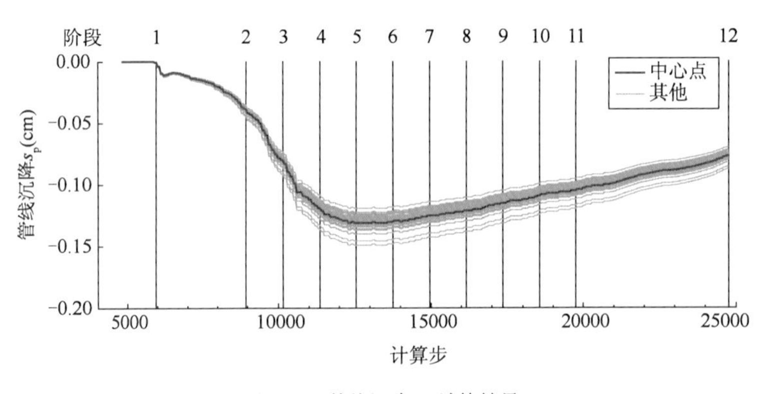

图 5-25　管线沉降 s_p 计算结果

各功能函数的计算值见表5-12。

功能函数计算值表　　表5-12

样　本　点	$g_{S1}(\boldsymbol{X})$	$g_{S2}(\boldsymbol{X})$	$g_{E1}(\boldsymbol{X})$	$g_{E2}(\boldsymbol{X})$
1	6.8370	1.3363	4.3610	1.8509
2	6.8487	1.3140	4.2988	1.9612
3	6.8276	1.2708	4.3528	1.7102
4	6.9070	1.2575	4.4099	2.3118
5	6.8647	1.3960	4.3502	1.5358
6	6.7816	1.3249	4.3758	1.5305
7	6.8735	1.3891	4.3591	2.2476
8	6.8307	1.3008	4.4021	1.4041
9	6.8133	1.3198	4.3800	1.6153
10	6.8008	1.3575	4.3983	1.8312
11	6.9266	1.2307	4.2843	1.7696
12	6.8507	1.4027	4.3396	1.5729
13	6.8857	1.3396	4.3619	1.8667
14	6.8943	1.4940	4.3368	2.0489
15	6.7881	1.3675	4.4329	1.8864
16	6.8451	1.3170	4.3766	1.5977
17	6.7958	1.2950	4.3905	1.9804
18	6.9030	1.3112	4.3157	1.7979
19	6.8370	1.3363	4.3610	1.8509
…	…	…	…	…
37	6.7667	1.3720	4.3933	2.0295
38	6.8646	1.4132	4.3514	1.7040
39	6.9099	1.4416	4.3667	1.6357
40	6.9235	1.3106	4.3715	1.6999
41	6.6646	1.3980	4.3834	2.1461
42	6.7987	1.2506	4.3791	1.7690
43	6.8583	1.4152	4.3430	2.0142

根据样本点和功能函数计算值拟合近似功能函数的表达式,并采用一次二阶矩法计算各失效点出现概率 p^{fE},结果见表5-13。

失效点出现概率计算结果　　表5-13

失效点	O_{S1}	O_{S2}	O_{E1}	O_{E2}
失效概率(%)	6.134	13.58	3.469	9.215

按照上述流程，依次计算各工况下的失效概率，并代回至贝叶斯网络进行反向推理，求出各工况下中间事件的发生概率见表 5-14。

各工况下中间事件发生概率（单位：%）　　表 5-14

工况编号	围护结构大变形 O_{S1}	支撑体系失效 O_{S2}	地层变形过大 O_{E1}	管线变形过大 O_{E2}
1	6.39	14.92	14.3	8.33
2	9.55	15.27	14.53	8.74
3	11.83	31.52	19.38	8.23
4	10.66	26.32	23.87	12.06
5	9.84	19.88	27.44	12.58
6	6.11	14.98	14.23	22.41
7	19.77	33.5	19.79	8.74
8	15.38	56.28	26.41	12.8
9	14.59	26.92	24.33	12.13
10	14.84	35.35	49.01	19.82
11	10.01	20.86	27.78	27.63
12	10.81	26.89	24.65	29.21

（1）围护入土过浅—支撑性能不足（$E_{S1}-E_{S2}$）的耦合系数为：

$$p_{O_{S1}}^{7}=0.1977>0.1386=p_{O_{S1}}^{2}+p_{O_{S1}}^{3}-p_{O_{S1}}^{2}p_{O_{S1}}^{3}-p_{O_{S1}}^{1} \tag{5-61}$$

$$\beta_{E_{S1}}^{E_{S2}}\mid_{O_{S1}}=1-\frac{1-p_{O_{S1}}^{7}-p_{O_{S1}}^{1}}{1-p_{O_{S1}}^{2}-p_{O_{S1}}^{3}+p_{O_{S1}}^{2}p_{O_{S1}}^{3}}=1-\frac{0.7384}{0.7975}=0.0741 \tag{5-62}$$

式中，$p_{O_{S1}}^{i}$ 代表第 i 个工况下中间事件 O_{S1} 的发生概率。

（2）支撑性能不足—开挖方法不当（$E_{S2}-E_{S3}$）的耦合系数为：

$$p_{O_{S2}}^{8}=0.5628>3462=p_{O_{S2}}^{3}+p_{O_{S2}}^{4}-p_{O_{S2}}^{3}p_{O_{S2}}^{4}-p_{O_{S2}}^{1} \tag{5-63}$$

$$\beta_{E_{S2}}^{E_{S3}}\mid_{O_{S2}}=1-\frac{1-p_{O_{S2}}^{8}-p_{O_{S2}}^{1}}{1-p_{O_{S2}}^{3}-p_{O_{S2}}^{4}+p_{O_{S2}}^{3}p_{O_{S2}}^{4}}=1-\frac{0.288}{0.5046}=0.4293 \tag{5-64}$$

（3）围护入土过浅—开挖方法不当（$E_{S1}-E_{S3}$）的耦合系数为：

$$p_{O_{S1}}^{9}=0.1459>0.128=p_{O_{S1}}^{2}+p_{O_{S1}}^{4}-p_{O_{S1}}^{2}p_{O_{S1}}^{4}-p_{O_{S1}}^{1} \tag{5-65}$$

$$\beta_{E_{S1}}^{E_{S3}}\mid_{O_{S1}}=1-\frac{1-p_{O_{S1}}^{9}-p_{O_{S1}}^{1}}{1-p_{O_{S1}}^{2}-p_{O_{S1}}^{4}+p_{O_{S1}}^{2}p_{O_{S1}}^{4}}=1-\frac{0.7902}{0.8081}=0.0222 \tag{5-66}$$

（4）开挖方法不当—水土压力超额（$E_{S3}-E_{E1}$）的耦合系数为：

$$p_{O_{E1}}^{10} = 0.4901 > 0.3406 = p_{O_{E1}}^{4} + p_{O_{E1}}^{5} - p_{O_{E1}}^{4}p_{O_{E1}}^{5} - p_{O_{E1}}^{1} \tag{5-67}$$

$$\beta_{E_{S3}}^{E_{E1}} \mid_{O_{E1}} = 1 - \frac{1 - p_{O_{E1}}^{10} - p_{O_{E1}}^{1}}{1 - p_{O_{E1}}^{4} - p_{O_{E1}}^{5} + p_{O_{E1}}^{4}p_{O_{E1}}^{5}} = 1 - \frac{0.3669}{0.5524} = 0.3358 \tag{5-68}$$

（5）水土压力超额—管线老化（$E_{E1} - E_{E2}$）的耦合系数为：

$$p_{O_{E2}}^{11} = 0.2763 > 0.2384 = p_{O_{E2}}^{5} + p_{O_{E2}}^{6} - p_{O_{E2}}^{5}p_{O_{E2}}^{6} - p_{O_{E2}}^{1} \tag{5-69}$$

$$\beta_{E_{E1}}^{E_{E2}} \mid_{O_{E2}} = 1 - \frac{1 - p_{O_{E2}}^{11} - p_{O_{E2}}^{1}}{1 - p_{O_{E2}}^{5} - p_{O_{E2}}^{6} + p_{O_{E2}}^{5}p_{O_{E2}}^{6}} = 1 - \frac{0.6404}{0.6783} = 0.0559 \tag{5-70}$$

（6）开挖方法不当—管线老化（$E_{S3} - E_{E2}$）的耦合系数为：

$$p_{O_{E2}}^{12} = 0.2921 > 0.2344 = p_{O_{E2}}^{4} + p_{O_{E2}}^{6} - p_{O_{E2}}^{4}p_{O_{E2}}^{6} - p_{O_{E2}}^{1} \tag{5-71}$$

$$\beta_{E_{S3}}^{E_{E2}} \mid_{O_{E2}} = 1 - \frac{1 - p_{O_{E2}}^{12} - p_{O_{E2}}^{1}}{1 - p_{O_{E2}}^{4} - p_{O_{E2}}^{6} + p_{O_{E2}}^{4}p_{O_{E2}}^{6}} = 1 - \frac{0.6246}{0.6823} = 0.0846 \tag{5-72}$$

计算结果表明，在本工程的6组耦合因素对中，"支撑性能不足—开挖方法不当"以及"开挖方法不当—水土压力超额"的耦合效应最强，耦合系数分别为略高于0.4和0.3；"围护入土过浅—支撑性能不足"和"开挖方法不当—管线老化"的耦合效应中等，耦合系数接近0.1；"围护入土过浅—开挖方法不当"和"水土压力超额—管线老化"耦合效应较弱，耦合系数约为0.02～0.05。

5.4 风险因素耦合效应分级标准

风险因素耦合系数虽然可通过数值仿真配合贝叶斯网络推理的方法计算，但由于数值仿真的局限性，如此计算得出的耦合系数难以避免地会与真实情况存在一定很差异。另一方面，由于计算过程较为烦琐，在实际分析工作中对风险因素耦合系数进行逐个计算也是不现实的。正如前文所指出，风险因素耦合效应的概念实际上存在于每个人的逻辑认知之中，而风险因素耦合系数是这一概念的量化形式。那么，只要能建立起人们头脑中对耦合效应强弱的认知和耦合系数取值之间的关联，在实际应用时就可以通过主观的分析和判断来确定耦合系数。

根据风险因素耦合系数的定义，当耦合方向一定时，耦合系数的取值下限（取值为0）和上限（取值为1）分别代表"没有耦合效应"和"耦合效应无穷大"两种极端情况。因此，当一个风险系统内风险因素的耦合效应普遍存在时，耦合系数取值的些许变化都会对最终风险值产生显著影响。因此，根据上一节城市地下大空间常见施工风险因素耦合效应的分析及耦合系数的计算结果，将耦合效应的强弱程度分为"极强耦合""强耦合""中耦合"和"弱耦合"四个等级。各等级下耦合系数的取值建议见表5-15。

城市地下大空间施工风险因素耦合系数分级标准及取值建议表　　表 5-15

等级	描述	耦合系数取值	备　　注
1	极强耦合	(0.5, 1.0]	特殊极端不利因素间的耦合
2	强耦合	(0.25, 0.5]	水—土地质因素耦合、设计缺陷与特殊外界环境的耦合等
3	中耦合	(0.1, 0.25]	不利荷载与轻微结构缺陷的耦合、施工质量问题与不利地质条件的耦合等
4	弱耦合	(0, 0.1]	管理疏漏与其他因素的耦合、非主要因素间的耦合等

注:表中所列为正向耦合情况下的取值,当耦合方向为负向时,耦合系数取相应值的相反数。

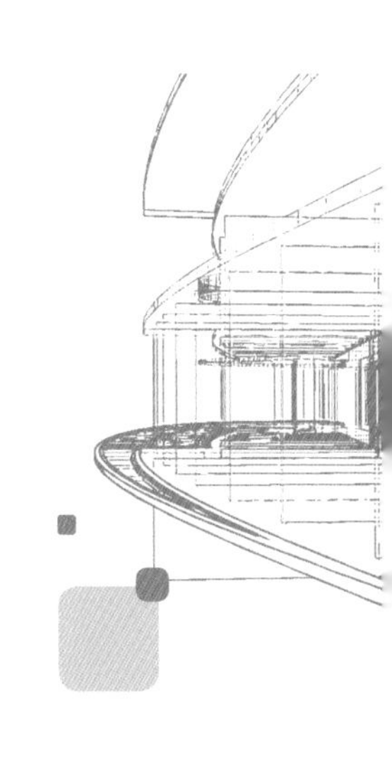

第6章 城市地下大空间施工安全风险动态演变机理

6.1 施工过程风险演变的基本概念

6.1.1 风险演变的概念及内涵

风险的演变,即风险随着时间变化的过程。风险演变的成因是多样的。一方面,风险所赋存的孕险环境处在时时刻刻的变化中,致险因素的改变不断累积,加之致险因素间错综复杂的相互关系作为催化剂,使得风险可能会出现量级的迁跃和突变。另一方面,随着承险主体状态的不断推进,致险路径也会随之发生改变,使某些原来位居次要地位的致险因素成为主要因素,导致风险发生急剧变化。因此,对于持续时间较长的活动,用演变的视角去应对风险是十分必要的。

风险的演变包含三重内涵(图6-1):

(1)从具体的风险事件来看,风险的演变体现为该事件发生概率的增减;

(2)从行动整体来看,风险的演变体现为关键风险事件的更替;

(3)从风险形成机理的角度来看,风险的演变是风险因素逐渐向因果网络中的上层事件跃迁,形成更高层的风险因素乃至风险事件的过程。

风险的演变是客观且普遍存在的。在一些规模较小的工程项目中,并无必要对风险的演变进行分析。但城市地下大空间工程在空间尺度和时间尺度两方面都与一般地下工程有着量级上的差异,这使得风险演变的影响不可忽视。

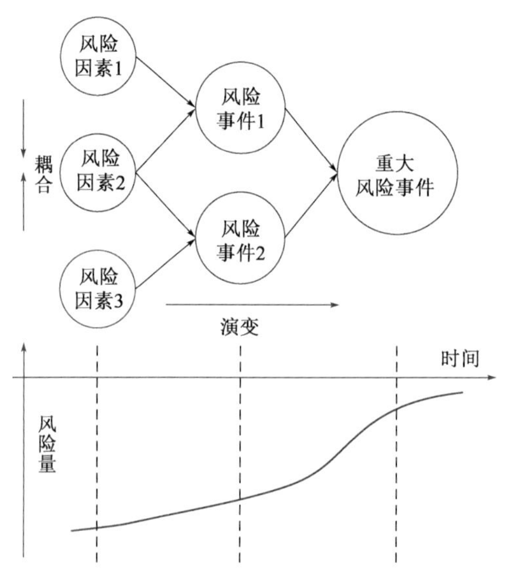

图6-1　施工风险演变的概念

6.1.2　施工风险的演变机理

根据前文分析,施工风险产生的根源是施工行为带来的扰动。施工扰动产生风险因素,风险因素的存在为施工行为带来了不确定性,进而使施工过程中结构的力学响应逐渐偏离预期,形成事故征兆,最终使风险事件(事故)发生。但需要强调的一点是,风险存在与否与风险事件是否发生是两个概念。风险是普遍存在的,在施工扰动发生的那一刻起,风险因素便随之产生,此时施工行为便具备了一定的风险,并且风险会伴随着施工全过程直至施工结束。在这一过程中,受到外界环境的改变、施工步序的推进或各类人为或自然原因导致的偶发事件的影响,施工风险水平也在随之改变,而当风险水平超过一定限度时,风险事件会变得极有可能甚至必然发生。从这一角度来看,任何一起施工事故的发生都不是一蹴而就的,而是在施工时空效应的作用下,由于风险因素状态的改变,经历一系列酝酿、发展的过程后发生的。换言之,风险的演变不仅是施工风险的一种固有性质和客观规律,更是风险转化为事故的必要过程。

1)施工风险演变的根本动因

从宏观上讲,风险的演变可以统一解释为风险随时间变化的过程,但导致风险演变的原因却是多种多样的。为对风险演变过程进行详细研究,首先有必要对导致风险演变的原因进行分析和总结。根据风险的定义,风险水平的高低主要取决于风险因素的状态和风险的具体形成机理(致险路径),那么以此为切入点,结合施工过程的特点和施工风险的性质,可以总结出施工风险演变的根本动因主要有以下几方面(图6-2)。

(1)风险因素状态的自然演变

风险因素状态的自然演变是导致风险演变的最为直接且常见的原因。在施工过程中会发生自然演变的风险因素主要有以下两类。

①自然环境类因素，如地下水位、降雨量、气象条件等。此类因素的演变与施工季节密切相关，其驱动因素为自然时间推移。

②工程规模类因素，如基坑深度、断面跨度等。此类因素的演变主要是由于城市地下大空间施工的多阶段性，其驱动因素为施工进度的推移和施工步序的转换。

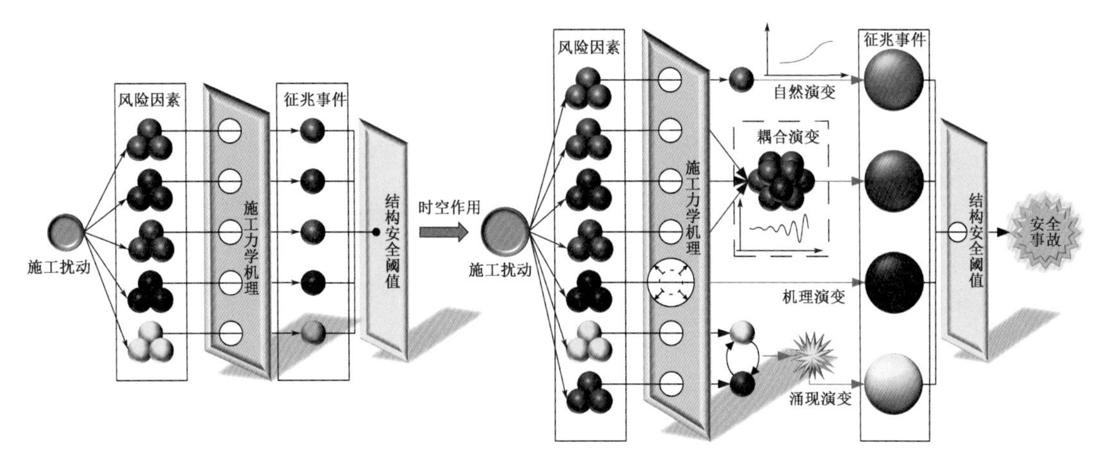

图6-2　施工风险演变机理示意图

(2)由施工步序推进导致的风险形成机理的改变

当施工由一个阶段进入下一个阶段时，施工行为的力学机理和施工对周边环境产生的扰动程度均有可能发生显著变化。例如浅埋暗挖洞桩法(PBA 法)的导洞开挖阶段是一个以地层卸载为主的墙扰动阶段，但在导洞开挖完毕进入洞内结构施工阶段后，施工对地层和周边环境的扰动会明显降低。施工力学机理所导致的直接结果是主要风险事件类型发生变化，而风险事件对应着风险形成机理，进而会影响到风险因素的作用大小。我们可以把风险形成机理理解为风险因素的一种“过滤器”，它决定着哪些风险因素可以“透过”这一过滤器而对风险系统产生影响，这种效应体现为同一个风险因素在不同的作用机理下对风险的实际影响程度不同。举例来说，在施工开挖阶段，主要风险事件一般为围岩失稳导致的塌方冒顶。对于这类风险事件，地层的性质起着支配性的作用；而到了永久结构施工阶段，围岩失稳一般会变得很难发生，此阶段的主要风险事件变为由于临时结构拆除而导致的结构破坏。相较于塌方冒顶而言，地层性质对此类风险事件的影响相对较小，而支护体系自身性能成了支配性因素。那么，即便在风险因素自身状态维持不变的情况下，风险形成机理的改变会导致原有风险因素更多地“穿透”这一过滤器，使得风险因素的实际作用效果被明显放大，从而导致风险发生演变。

(3)由施工系统内部的反馈控制关系导致的涌现现象

根据城市地下大空间施工风险系统分析可知，城市地下大空间施工是工程结构子系统、环境子系统和组织管理子系统相互作用、反馈控制的过程。系统论认为，即便在没有外部因素作用的情况下，一个系统也会由于其内部要素的复杂作用关系而处于不断的变化之中，从而引发许多难以预料的涌现性现象。城市地下大空间施工系统中的涌现性现象主要是由于施工过程中人的行为引起，例如不合理的工期导致施工方一味追赶工期导致施工质量降低，施工质量降低导致频繁返工，进一步增加了工期压力，形成一个负向循环反馈增幅系统。不难发现，此类涌现性现象虽然也会受到外部作用影响，但根本上还是取决于系统自身的结构和边界条件。

因此,由此类原因导致的风险演变又称为内生性涌现演变。

(4)由风险因素耦合效应导致的演变

如前文所述,当存在耦合效应风险因素的风险因素同时出现时,它们之间的相互激励作用会使它们发展为更大的风险因素,从而导致风险事件发生概率的改变,这一过程称为耦合演变。耦合演变可以独立发生,也可能由上述三类演变动因所触发或与其他类型的演变同时发生。因此,耦合演变的存在使风险的演变具备了更大的不稳定性和不确定性,使风险事件的发生概率具备了突变的可能。

2)施工风险演变的作用机理

城市地下大空间的施工风险主要取决于施工力学过程。因此,任意一类因素的改变最终都会在表观上体现为以下两方面变化,进而导致风险的演变。

(1)改变岩土等材料或结构的力学性能

会导致岩土等材料力学性能发生改变的因素很多,例如地下水位的升降、环境温度的高低、施工荷载导致的蠕变及疲劳以及材料自身的固化、徐变、锈蚀等。此外,施工质量也会受管理系统影响而动态变化,使得材料或结构的力学性能产生波动。

(2)改变结构的受力状态

结构受力状态的改变主要受施工步序推进而改变,例如暗挖支护结构在闭合前和闭合后的受力状态明显不同、基坑围护结构的受力状态也会随开挖深度和支撑架设情况而改变。此外,自然因素与管理因素也会影响到结构的受力状态,例如因降雨导致的水压力增加或因违规堆载导致的附加荷载等。

6.2 马尔科夫—模糊综合系统状态演变预测模型

6.2.1 模型原理及基本理论

1)对施工风险演变机理的进一步分析

一般来说,施工风险事件的发生,多数是由于工程结构无法满足预期功能而导致的。工程结构可靠度理论认为,结构失效可由功能函数判定,即:

$$\chi_f = \frac{\langle g_f(R,S) \rangle}{g_f(R,S)} \tag{6-1}$$

式中,χ_f 是风险事件 $\bar{f}$ 的示性函数;$\langle \cdot \rangle$ 为麦考利括号函数,定义为 $\langle x \rangle = (x + |x|)/2$;$g_f(R,S)$ 是风险事件 $\bar{f}$ 对应的结构功能函数,一般具有如下形式:

$$g_f(R,S) = R(\alpha_1, \alpha_2, \cdots, \alpha_n) - S(\beta_1, \beta_2, \cdots, \beta_m) \tag{6-2}$$

式中,R 为结构的抗力效应函数;α_1, α_2, $\cdots$, α_n 为 R 的参数;S 为结构的荷载效应函数;β_1, β_2, $\cdots$, β_m 为 S 的参数。如此,风险事件发生的概率可表达为:

$$P(\bar{f}) = P[g_f(R,S) < 0] \tag{6-3}$$

根据第4.1.1节风险的概率定义,结合式(6-1)、式(6-2)和式(6-3)不难发现,施工风险与以下因素有关。

（1）$C(\bar{\omega}_i)$的取值

$C(\bar{\omega}_i)$的取值由风险事件$\bar{f}$自身的特点所决定。若$\bar{f}$是一个相对简单的事件，则$C(\bar{\omega}_i)$的取值可被唯一确定。工程安全风险事件往往都是危害较大、影响较广、程度不一的，因此严格来说，工程安全风险事件的$C(\bar{\omega}_i)$往往是不确定、不固定的。但从风险分析的角度而言，工程师们更关心的是风险的相对大小而非绝对值，因此一般可认为$C(\bar{\omega}_i)$是一个随时间不变的确定数值。

（2）函数R和S的具体形式

函数R和S反映了工程施工的力学机理，这是由工程自身结构形式和周边地层结构等因素共同决定的。对于城市地下大空间工程，R和S的形式往往极为复杂，无法进行显式地表达。但可以肯定的是，在城市地下大空间施工过程中，由于工序的推进、工法的改变，这两个函数的具体形式必然会产生变化，从而影响f'发生的概率。

（3）R和S中参数$\alpha_1, \alpha_2, \cdots, \alpha_n, \beta_1, \beta_2, \cdots, \beta_m$的$n+m$维联合分布律

$g_{f'}$的取值与R和S中参数$\alpha_1, \alpha_2, \cdots, \alpha_n, \beta_1, \beta_2, \cdots, \beta_m$有关。若这些参数都是确定值，则$f'$是否发生这一结果便已确定，没有风险可言。因此，在对风险进行研究时，必然会将这些参数作为随机变量来看待。如此一来，$g_{f'}$的取值亦是一个随机变量，其分布由参数的分布决定。若参数的分布彼此相关，则$g_{f'}$取值的分布最多由$\alpha_1, \alpha_2, \cdots, \alpha_n, \beta_1, \beta_2, \cdots, \beta_m$的$n+m$维联合分布律决定。然而，部分参数的分布也会随时间改变，如不同月份降雨量的分布不同、不同季节环境温度的分布不同等。即便在R和S的具体形式保持不变的情况下，这些参数分布的改变也会令f'发生的概率产生改变。

通过以上分析可以发现，从力学角度来看，工程施工风险事件发生概率的改变是由两方面效应所驱动：一是工程结构形式及施工者与周边环境作用方式的改变，即前文所述的机理性演化，这一部分演化由施工时空效应驱动；二是部分风险因素自身发生概率随时间的变化，体现为与其相关的量化指标值在不同时间具有不同的概率分布，即前文所述的自然演化，这一部分演化由风险因素自身随机性的时变效应驱动。

如前所述，风险的演化体现为风险事件发生的概率随时间而改变，即：

$$P\{\bar{f}\} = P\{\bar{f};t\}, t \in T \tag{6-4}$$

式中，t为时间。

随机变量C的分布律与$P\{\bar{f}\}$相关，因此对于不同的t，随机变量C具有不同的分布律，即：

$$\{C(\omega;t), t \in T\} = \{C(t), t \in T\} \tag{6-5}$$

$\{C(t), t \in T\}$是一族定义在(Ω, F, P)上的随机变量。由随机过程的定义可知，$\{C(t), t \in T\}$是一个定义在概率空间(Ω, F, P)上的随机过程，因此可用随机变量C的期望定义风险的度量为：

$$R(\bar{f};t) = \sum_{\bar{\omega}_i \in \bar{f}} P\{\bar{\omega}_i;t\} \times C(\bar{\omega}_i) = \sum_{i,\bar{\omega}_i \in \bar{f}} p_i^{\bar{\omega}}(t) \times c_i^{\bar{\omega}} \tag{6-6}$$

式(6-6)表明，当事件(风险)固定后，随机变量C的取值不变，其概率测度是关于时间t的函数，由此定义的风险也是关于时间t的函数。

由以上分析可知,风险的演变可由一个随机过程来描述。对于一个或有限个随机变量来说,掌握了分布函数就能完全了解随机变量。类似地,对于随机过程$\{X(t),\ t\in T\}$,为了描述它的特征,自然要知道对于每个$t\in T$,$X(t)$的分布函数$F(t,\ x)=P\{X(t)\leqslant x\}$,以及它们在任意$n$个时间点的联合分布。它不再是有限个,而是一族联合分布。随机过程的n维分布定义为:

$$F_{t_1,t_2,\cdots,t_n}(x_1,x_2,\cdots x_n)=P\{X(t_1)\leqslant x_1,X(t_2)\leqslant x_2,\cdots,X(t_n)\leqslant x_n\} \tag{6-7}$$

随机过程的所有n维分布的全体为$\{F_{t_1,t_2,\cdots,t_n}(x_1,x_2,\cdots x_n),t_1,t_2,\cdots,t_n\in T,n\geqslant 1\}$被称为随机过程$\{X(t),\ t\in T\}$的有限维分布族。知道随机过程的有限维分布族就知道$\{X(t),\ t\in T\}$中任意$n$个随机变量的联合分布,也就掌握了这些随机变量之间的相互依赖关系。

由此可见,研究风险的演变,其实质上就是寻找风险损失的随机过程$\{C(t),\ t\in T\}$的有限维分布族问题。

2)建模思路

由风险的随机过程定义可知,若要对风险及其演变规律进行研究,需要回答以下两方面的问题。

(1)如何度量风险

根据风险的定义,若能给出某一风险事件发生的概率以及建立风险事件与风险损失之间映射的随机变量C,则可由该随机变量的数字特征来度量风险。然而在目前的技术水平下,采用传统的数学、力学方法准确给出风险事件的发生概率几乎是不可能的。然而,根据城市地下大空间施工风险系统模型,我们可以通过给出施工系统所处状态的半定量描述,由贝叶斯网络推理间接地度量风险。

(2)如何描述风险演变的随机过程

一个随机过程的完整描述需要给出其有限维分布族。然而仅有少数几类随机过程可给出明确的有限维分布族描述,其中一种便是马尔科夫过程。马尔科夫过程的有限分布族可由其转移概率完全确定,而转移概率又具有其明确的逻辑含义。这一特点使马尔科夫过程成为了最常用的一类随机过程,在诸多实际问题的研究中得到了广泛应用。

针对以上两方面问题,本节采用以下方法建立风险演变预测模型。

(1)采用模糊综合评价法给出施工风险系统宏观状态的度量

模糊数学是1965年由美国控制论专家ZADEH提出的一类新的数学方法,其研究对象为“概念边界的不确定性”,以隶属度的概念对传统集合论进行拓展,从而为采用数学方法研究定性问题开辟了新的途径。

模糊综合评价法是以模糊数学为基础提出的一种现代综合评价方法,它根据模糊数学的隶属度理论把定性评价转化为定量评价,即用模糊数学对受到多种因素制约的事物或对象做出一个总体的评价。它具有结果清晰、系统性强的特点,能较好地解决模糊的、难以量化的问题,适合各种非确定性问题的解决。模糊综合评价法非常契合风险评估问题的特点,因此本模型采用这一方法作为给出风险具体表达的手段。

(2)采用马尔科夫链作为描述风险因素演变的随机过程的工具

因为马尔科夫链与模糊综合评价法之间在形式上有相似性,很容易将两种方法相结合。所以,本模型采用马尔科夫链作为刻画风险因子自身状态演变的随机过程的工具。

(3)马尔科夫链和模糊综合评价法的结合

模糊综合评价法立足于模糊数学,模糊数学研究的是问题边界的不确定性,其核心概念是隶属度;马尔科夫链的数学背景是概率论,概率论研究的是结果出现的可能性的不确定性,核心概念是概率。严格来说,两者研究的是截然不同的概念,但两者也有着千丝万缕的联系。

模糊数学中核心问题之一是隶属度的客观实在性。为使隶属度这一联系主观和客观的概念取得令人信服的解释,隶属度的确定常通过模糊统计试验或借用客观尺度等方式获得。实际上,模糊统计模型与概率统计模型之间可以相互转换,概率分布律自身也可以作为隶属函数而使用。因此,隶属度具有其深刻的概率内涵,这将马尔科夫链引入模糊综合评价法奠定了理论基础。

3)马尔科夫链

马尔科夫链由俄国数学家安德雷·马尔科夫(Андрей Андреевич Марков)提出。马尔科夫在1906—1907年间发表的研究结果中,为了证明随机变量间的独立性不是弱大数定律(Weak Law of Large Numbers)和中心极限定理(Central Iimit Theorem)成立的必要条件,构造了一个按条件概率相互依赖的随机过程,该类过程称为马尔科夫过程。马尔科夫链是马尔科夫过程的特例,即在离散的状态空间中、离散时间指标下的马尔科夫过程。马尔科夫链建模简单,计算方便,且具有很多优良的数学性质。

(1)马尔科夫链定义

有一类随机过程,它具备所谓的“无后效性”,即要确定过程将来的状态,仅需知道它此刻的情况就足够了,并不需要对它以往状况的认识,这类过程称为马尔科夫过程。特别的,若这一随机过程的状态空间是有限可列的(即其对应的随机变量为离散型),且其在时间上也是离散的,则称这一随机过程为马尔科夫链。马尔科夫链的定义如下:

对于一个随机序列$\{X(n),n=0,1,\cdots\}$,若其仅取有限或可列个值(若不另外说明,以非负整数集$\{0,1,2,\cdots\}$来表示),并且对任意的$n\geqslant 0$,及任意状态$i,j,i_0,i_1,\cdots,i_{n-1}$,有:

$$P\{X_{n+1}=j|X_n=i,X_{n-1}=i_{n-1},\ldots,X_1=i_1,X_0=i_0\}=P\{X_{n+1}=j|X_n=i\} \tag{6-8}$$

则称该随机序列为马尔科夫链。式(6-8)即为离散指数集下马尔科夫性质的数学表达。式中,$X_n=i$表示过程在时刻n处于状态i,称$\{0,1,2,\cdots\}$为该过程的状态空间,记为S。

(2)马尔科夫链的转移概率和转移概率矩阵

称条件概率:

$$p_{ij}^{(n)}=P\{X_{m+n}=j|X_m=i\},i,j\in S;m\geqslant 0;n\geqslant 1 \tag{6-9}$$

为马尔科夫链的n步转移概率。当$n=1$时,$p_{ij}{}^{(1)}=p_{ij}$,此外规定:

$$p_{ij}^{(0)}=\begin{cases}0,i\neq j\\1,i=j\end{cases} \tag{6-10}$$

显然,n步转移概率$p_{ij}{}^{(n)}$代表处于状态i的过程在经过n步以后转移到状态j的概率,它对中间的$n-1$步转移经过的状态无要求。一般情况下,转移概率与状态i,j和时刻n有关。特别地,若马尔科夫链的转移概率仅与状态i,j有关而与时刻n无关时,称该马尔科夫链为“时间齐次的马尔科夫链”;否则,称为“非时间齐次的马尔科夫链”。

p_{ij}称为马尔科夫链的一步转移概率。对于时间齐次的马尔科夫链,一步转移概率p_{ij}与n步转移概率$p_{ij}{}^{(n)}$的关系由Chapman-Kolmogorov定理给出。即:

对一切 $n,m\geqslant 0,i,j\in S$,有：

①$p_{ij}^{(m+n)}=\sum_{k\in S}p_{ik}^{(m)}p_{kj}^{(n)}$

②$\boldsymbol{P}^{(n)}=\boldsymbol{P}\cdot\boldsymbol{P}^{(n-1)}=\boldsymbol{P}\cdot\boldsymbol{P}\cdot\boldsymbol{P}^{(n-2)}\cdots=\boldsymbol{P}^{n}$

该定理说明,时间齐次的马尔科夫链的所有 n 步转移概率均由其一步转移概率唯一决定。

当马尔科夫链的状态有限时,称为有限链,否则称为无限链。但无论状态有限还是无限,我们都可以将 $p_{ij}(i,j\in S)$ 排成一个矩阵的形式,令：

$$\boldsymbol{P}=[p_{ij}]=\begin{bmatrix} p_{00} & p_{01} & p_{02} & \cdots \\ p_{10} & p_{11} & p_{12} & \cdots \\ \vdots & \vdots & \vdots & \\ p_{i0} & p_{i1} & p_{i2} & \cdots \\ \vdots & \vdots & \vdots & \end{bmatrix} \tag{6-11}$$

称 $\boldsymbol{P}$ 为马尔科夫链的一步转移概率矩阵,简称转移矩阵。马尔科夫链完全决定转移矩阵,转移矩阵也完全决定马尔科夫链。由于概率是非负的,且过程必须转移到某种状态,所以 $p_{ij}(i,j\in S)$ 具有以下性质：

$$\begin{aligned} & p_{ij}\geqslant 0,\quad i,j\in S \\ & \sum_{j\in S}p_{ij}=1,\quad \forall\, i\in S \end{aligned} \tag{6-12}$$

具有以上两条性质的矩阵称为右随机矩阵。同理,若将式(6-12)中的第二条性质替换为按列求和为1,则这种矩阵称为左随机矩阵。同时满足行和、列和为1的矩阵称为双随机矩阵。

称 $q_i^{(0)}=P\{X_0=i\}$, $i\in S$ 为马尔科夫链 $\{X_n,n\geqslant 0\}$ 的初始分布,由初始分布构成的(行)向量 $\boldsymbol{Q}^{(0)}$ 为马尔科夫链的初始分布向量。对于时间齐次的马尔科夫链 $\{X_n,n\geqslant 0\}$ 的有限维分布可由其初始分布和转移矩阵所完全确定。

6.2.2 模型算法

设 U 为因素集,即评估指标构成的集合;V 为论域,即施工系统宏观状态指标 S 的所有可能状态构成的集合,则任一时刻该指标所处状态的概率分布向量 $\boldsymbol{p}_S(t)$ 可表达为：

$$\boldsymbol{p}_S(t)=A*\begin{bmatrix} \boldsymbol{d}_1^{(t)} \\ \boldsymbol{d}_2^{(t)} \\ \vdots \\ \boldsymbol{d}_m^{(t)} \end{bmatrix} \tag{6-13}$$

式中,“ * ”代表模糊合成算子;m 为评估指标的个数;$\boldsymbol{d}_i^{(t)}$ 为第 i 个评估指标在 t 时刻的状态对论域 V 的隶属度向量。

由于各评估指标的状态受马尔科夫链调控,式(6-13)可进一步写为：

$$\boldsymbol{p}_S(\boldsymbol{t})=\boldsymbol{A}*\begin{bmatrix} \boldsymbol{\alpha}_1\,\bar{\boldsymbol{d}}_1^{(0)}\boldsymbol{P}_1^t \\ \alpha_2\,\bar{\boldsymbol{d}}_2^{(0)}\boldsymbol{P}_2^t \\ \vdots \\ \alpha_m\,\bar{\boldsymbol{d}}_m^{(0)}\boldsymbol{P}_m^t \end{bmatrix} \tag{6-14}$$

式中，$\boldsymbol{d}_i^{(t)}$ 为第 i 个评估指标在第 t 步时的隶属度向量；$\bar{\boldsymbol{d}}_i^{(t)}$ 为归一化的隶属度向量；$\boldsymbol{P}_i^t$ 为第 i 个致险因子的转移矩阵的 t 次幂；α_i 为归一化系数，按下式计算：

$$\alpha_i = \sum_{j=1}^{n} d_{ij}^{(0)} \tag{6-15}$$

式中，$d_{ij}^{(0)}$ 为第 i 个评估指标在初始时刻对论域中第 j 个元素的隶属度。

将式(6-14)写为等价形式：

$$\boldsymbol{p}_S(t) = A * (\bar{\boldsymbol{D}}_\Lambda \times \boldsymbol{P}_\Lambda^t \times \boldsymbol{I}_\alpha) \tag{6-16}$$

$$\begin{cases} \bar{\boldsymbol{D}}_\Lambda = \mathrm{diag}(\bar{\boldsymbol{D}}_1^{(0)}, \bar{\boldsymbol{D}}_2^{(0)}, \cdots, \bar{\boldsymbol{D}}_m^{(0)}) \\ \boldsymbol{P}_\Lambda = \mathrm{diag}(\boldsymbol{P}_1, \boldsymbol{P}_1, \cdots, \boldsymbol{P}_m) \\ \boldsymbol{I}_\alpha = [\alpha_1 \boldsymbol{I}^{(n)}, \alpha_2 \boldsymbol{I}^{(n)}, \cdots, \alpha_m \boldsymbol{I}^{(n)}]^T \end{cases} \tag{6-17}$$

式中，diag(·)表示对角矩阵；$\bar{\boldsymbol{D}}_\Lambda$ 称为对角评价矩阵，为由 m 个因素的单因素评判向量作为子块构成的对角分块矩阵；$\boldsymbol{P}_\Lambda$ 称为马尔科夫超矩阵，为由 m 个因素的马尔科夫转移矩阵作为子块的对角分块矩阵；$\boldsymbol{I}^{(n)}$ 为 n 阶单位矩阵；上标“(0)”表示在第0时间步时的值，即为评价初始时刻的值。

6.2.3　马尔科夫转移矩阵的构造方法

在风险评估指标中，根据指标状态是否会随时间而变化，可将指标分为静态指标和动态指标。对于静态指标，其转移矩阵为单位矩阵。而对于动态指标，其随时间的演变规律由马尔科夫转移矩阵控制。

在本模型中，对风险评估指标的评分是以其对风险等级的隶属度形式给出的。因此，评估指标的马尔科夫转移矩阵中元素 p_{ij} 的含义，即为该指标所处的状态（评级）在一个时间步内由状态 i 转移至状态 j 的概率。这一概念所隐含的假定是，评估指标在某个时间点上的隶属度（归一化后的）即代表了该指标在当前时间所处状态的概率分布。评估指标的马尔科夫转移矩阵可通过以下方式得到。

1）频数统计法

频数统计法适用于可以通过已有类似工程或数值模拟等手段获得实测数据样本的评估指标。采用频数统计法计算马尔科夫转移矩阵的方法如下：

（1）提取与评估指标对应的监测数据，并进行归一化

监测数据是反映工程风险的最有代表性的数据，以监测数据作为生成马尔科夫转移矩阵的样本具有最佳的表征性。但由于监测数据测点的布设位置不同，其量值甚至量级可能存在差异，因此需先对监测数据按其最终预测值（或最大允许值）进行归一化。

（2）确定时间步长及分级阈值，计算监测数据的转移频数

时间步长是与马尔科夫链的一个时间步所对应的实际时间长度，其取值根据风险评估的时间跨度决定，一般可取为小时、天、周或月；分级阈值即为致险因子的分级标准，若将风险等级分为 n 级，则有 $n-1$ 个分级阈值。

确定了时间步长及分级阈值后，便可计算监测数据的转移频数。以一个时间步长为单位，根据分级阈值确定前一时间步与后一时间步中监测数据所处的风险分级。如前一时间步监测

数据处于 i 级,后一时间步处于 j 级,则将监测数据转移频数 F_{ij} 累加 1。如此对所有数据处理完毕后,便可得到转移频数矩阵 $[F_{ij}]_{n\times n}$。随后,马尔科夫矩阵可由下式计算:

$$P_{ij}=\frac{F_{ij}}{\sum_{j=1}^{n}F_{ij}} \tag{6-18}$$

2)指派法

指派法适用于那些难以取得实测样本的,或主观性较强的半定性评估指标。指派法是一种带有较强主观性的方法,其应用需要建立在评估人员对待评工程具有足够的了解,且具备充分的专业知识和经验的基础上。指派法的核心思想是通过对评估指标在一段时间内的变化趋势给出判断,进而从预先给出的某些形式的马尔科夫转移矩阵中选出一种恰当的形式,再为矩阵中的参数赋值,形成评估指标的马尔科夫矩阵。

在本模型中,评估指标的状态空间是风险等级,这是一个具有数量特征的有序集合。评估指标的状态在较短的时间内一般是逐级迁移,越级迁移的情况较少。因此,指派法可采用以下形式的矩阵。

(1)单调型

单调型马尔科夫矩阵的一般形式为:

$$\boldsymbol{P}=\begin{bmatrix}1-\beta & \beta & 0 & \cdots & 0 & 0\\ \alpha & 1-\alpha-\beta & \beta & \cdots & 0 & 0\\ 0 & \alpha & 1-\alpha-\beta & \cdots & 0 & 0\\ \vdots & \vdots & \vdots & \ddots & \vdots & \vdots\\ 0 & 0 & 0 & \cdots & 1-\alpha-\beta & \beta\\ 0 & 0 & 0 & \cdots & \alpha & 1-\alpha\end{bmatrix} \tag{6-19}$$

式中,α、β 为参数,需满足 $0\leqslant\alpha\leqslant1$、$0\leqslant\beta\leqslant1$ 且 $0\leqslant\alpha+\beta\leqslant1$。

当 $\alpha<\beta$ 时,该矩阵表示指标向高等级状态转移的概率大于向低等级状态转移的概率,因此可描述指标的预期量值具有单调增加且最终量值较高的情况,当 $\alpha>\beta$ 时则正相反。

参数 α 及 β 的大小与指标量值的预期变化速率及收敛速率相关,并且这一速率是相对于所选时间步长的。例如对于一个 3 阶矩阵,若取 $\alpha=0.1$,$\beta=0.2$,计算 $\boldsymbol{P}$ 的矩阵幂可得:

$$\boldsymbol{P}^2=\begin{bmatrix}0.66 & 0.3 & 0.04\\ 0.15 & 0.53 & 0.32\\ 0.01 & 0.16 & 0.83\end{bmatrix},\boldsymbol{P}^3=\begin{bmatrix}0.558 & 0.346 & 0.096\\ 0.173 & 0.433 & 0.394\\ 0.024 & 0.197 & 0.779\end{bmatrix},\cdots,$$

$$\boldsymbol{P}^{39}=\begin{bmatrix}0.144 & 0.286 & 0.57\\ 0.143 & 0.286 & 0.571\\ 0.142 & 0.286 & 0.572\end{bmatrix},\boldsymbol{P}^{40}=\begin{bmatrix}0.143 & 0.286 & 0.571\\ 0.143 & 0.286 & 0.571\\ 0.142 & 0.286 & 0.572\end{bmatrix},\cdots \tag{6-20}$$

可见,在第 40 个时间步时,该马尔科夫链已基本收敛于其极限分布[0.143, 0.286, 0.571]。由于单调型马尔科夫矩阵为不可约的,因此其极限分布即为其位移的平稳分布,亦即单调型马尔科夫矩阵所对应的指标的长期状态与其初始状态无关。

单调型马尔科夫矩阵适用于那些可预测其变化规律,却难以预测其在一定时间之后(一个评估单元的时长)所处状态的动态指标。

(2)吸收型

吸收型马尔科夫矩阵的一般形式为:

$$
\boldsymbol{P} = \begin{bmatrix} 1-\beta & \beta & 0 & 0 & 0 & 0 & 0 \\ \alpha & 1-\alpha-\beta & \beta & 0 & 0 & 0 & 0 \\ 0 & 0 & 1 & 0 & 0 & 0 & 0 \\ 0 & 0 & \beta & 1-\alpha-\beta & \alpha & 0 & 0 \\ 0 & 0 & 0 & \beta & 1-\alpha-\beta & \alpha & 0 \\ \vdots & \vdots & \vdots & \vdots & \vdots & \ddots & \vdots \\ 0 & 0 & 0 & 0 & 0 & \beta & 1-\beta \end{bmatrix} \tag{6-21}
$$

式中,α、β 为参数,需满足 $0 \leqslant \alpha \leqslant 1$、$0 < \beta \leqslant 1$ 且 $0 < \alpha + \beta \leqslant 1$。

该矩阵中,其中某一行或多行仅对角线上元素为1,其余元素为0。若第 i 行具有这种特征,则说明该马尔科夫链的第 i 个状态为吸收态。该矩阵表示指标有向其中某一个或多个状态变化并收敛于该状态的趋势。与单调型矩阵相同,参数 α 及 β 决定变化和收敛的速率。

在该类矩阵中,由于存在吸收态,各状态间并非连通的。换言之,该马尔科夫矩阵是一个可约的马尔科夫矩阵,其可视为由若干个具有单调型矩阵形式的矩阵块组合而来。吸收型矩阵不存在唯一的平稳分布,其极限分布与初始状态有关。

吸收型马尔科夫矩阵适用于可以对其在一定时间之后所处状态作出较为清晰预测的动态指标。

6.2.4 模型应用流程

采用马尔科夫—模糊综合系统状态演变预测模型的主要流程如图6-3所示。

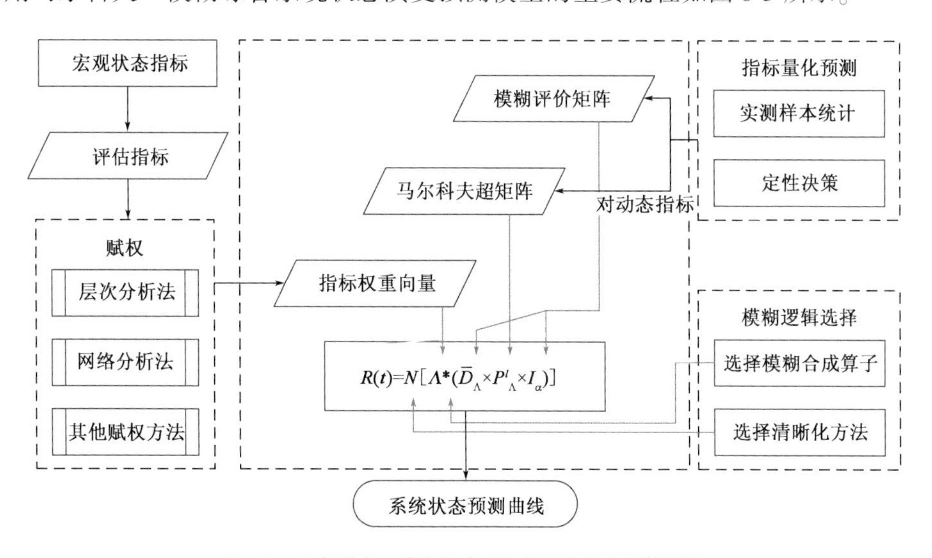

图6-3 马尔科夫—模糊综合系统状态演变预测流程图

1)建立动态评估指标体系

城市地下大空间施工风险系统状态预测采用动态评估指标体系。动态指标体系可在静态指标体系的基础上添加、替换部分动态指标得到,也可采用区别于静态指标体系的另一套指标。一般而言,动态指标可以是开挖深度、开挖长度等随施工进度而改变的指标,也可以是降水量、涌水量、气温等随时间推移而自然改变的指标。

2)指标体系权重向量 A

动态评估指标的权重,表征着各评估指标对风险的影响程度的相对大小,与风险的具体形成机理有关。因此,指标权重必须对不同类型的风险分别给出。

评估指标权重的确定方法并不唯一。权重的确定,本质上是一个决策问题,可通过各类主观或客观赋权法确定。理论上来说,任意一组满足以下要求的正实数$\{a_1, a_2, \cdots, a_n\}$均可作为权重:

$$\begin{cases} 0 \leqslant a_i \leqslant 1 \\ \sum_{i=1}^{n} a_i = 1 \end{cases}, i = 1,2,\cdots,n \tag{6-22}$$

根据城市地下大空间工程特点,评估指标权重推荐采用层次分析法(Analytic Hierarchy Process,AHP)或网络分析法(Analytic Network Process,ANP)获得。

3)确定动态信息指标的初始隶属度$\boldsymbol{d}^{(0)}$

动态指标的初始隶属度指在预测开始时刻(第 0 时间步)时的指标隶属度,可按第 4.4.2 节所述方法确定。

4)组装模糊评价矩阵$\boldsymbol{D}_\Lambda$

模糊评价矩阵 $\boldsymbol{D}_\Lambda$ 是由因素集中所有评估指标的隶属度行向量组成的分块对角矩阵。评估指标隶属度应分区域(各自独立地给出),并应在不同的评估单元内对动态指标的隶属度进行实时更新(通过动态指标的马尔科夫转移矩阵计算)。

当确定完所有指标的隶属度后,依次计算各指标的归一化系数 α_i 并将其隶属度向量归一化。利用 α_i 构造矩阵:

$$\boldsymbol{I}_\alpha = [\alpha_1 \boldsymbol{I}^{(n)}, \alpha_2 \boldsymbol{I}^{(n)}, \cdots, \alpha_m{}^{(n)}]^{\mathrm{T}} \tag{6-23}$$

式中,$\boldsymbol{I}^{(n)}$为 n 阶单位矩阵。

随后便可组装模糊评价矩阵 $\boldsymbol{D}_\Lambda$。模糊评价矩阵是一个 m 行 $m \times n$ 列的矩阵,m 为因素集中评估指标的个数,n 为论域的风险划分等级数。$\boldsymbol{D}_\Lambda$ 中元素为:

$$d_{ij}^{\Lambda} = \begin{cases} d_{ij}, (i-1)n+1 \leqslant j \leqslant in \\ 0, 其他, 1 \leqslant i \leqslant m, 1 \leqslant j \leqslant mn \end{cases} \tag{6-24}$$

式中,d_{ij}^{Λ}为 $\boldsymbol{D}_\Lambda$ 的第 i 行 j 列元素;d_{ij}为第 i 个评估指标的隶属度向量的第 j 个分量。

5)组装马尔科夫超矩阵$\boldsymbol{P}_\Lambda$

模糊评价矩阵 $\boldsymbol{P}_\Lambda$ 是由因素集中所有评估指标的马尔科夫转移矩阵组成的分块对角矩阵。评估指标的马尔科夫矩阵与不同评估单元的工程特点有关,例如在有土方开挖工程的评估单元内,诸如“平面尺寸”“高度”等指标会有较为显著的变化;而在包含临时支护结构拆除等工序的评估单元内,支护结构的“承载力”“刚度”等指标会有不同程度的下降。另一方面,马尔科夫矩阵还与工程分区自身的环境特点有关。因此,马尔科夫矩阵应以子评估单元为单位分别给出。

当所有动态评估指标的马尔科夫矩阵都确定后,便可按下式进行马尔科夫超矩阵 $\boldsymbol{P}_\Lambda$ 的组装:

$$p_{ij}^{\Lambda}=\begin{cases}p_{(i-1)\bmod n+1,(j-1)\bmod n+1}^{\langle(i-1)/n\rangle+1}, & \langle(i-1)/n\rangle=\langle(j-1)/n\rangle\\0, & 其他\end{cases} \tag{6-25}$$

式中，$p_{ij}{}^{\Lambda}$ 为 $\boldsymbol{P}_{\Lambda}$ 的第 i 行 j 列元素；p_{ij}^{k} 为第 k 个评估指标的马尔科夫矩阵的第 i 行第 j 个元素；mod 为取余运算符；〈　〉为取整运算符。

6）进行系统状态预测

当每个评估单元的权重向量 A、模糊评价矩阵 $\boldsymbol{D}_{\Lambda}$、马尔科夫超矩阵 $\boldsymbol{P}_{\Lambda}$ 以及归一化系数矩阵 $\boldsymbol{I}_{\alpha}$ 都给出后，便可通过式（6-16）进行系统宏观状态指标演变预测。

在运用式（6-16）时，还需对两方面内容进行考量。

（1）模糊合成算子的选择

模糊综合算子对应一定的决策逻辑。模糊合成算子应在考虑评价目标的特点、指标体系的构成以及评估者的决策倾向的基础上进行选择。对于城市地下大空间施工风险的评估，推荐选取加权平均算子与取小—有界和算子。

（2）清晰化方法的选择

严格来讲，模糊综合评价法真正的输出结果是一个隶属度向量，清晰化的步骤仅仅是提供一个便于直观理解评估结果的视角，并不会改变评估结果，因此清晰化方法的选择可带有一定的自由性和主观性。在本模型中，推荐使用分段赋值法进行结果的清晰化。

6.3　基于系统动力学的城市地下大空间施工风险动态传导模型

6.3.1　系统动力学概述

1）系统动力学简介

系统动力学（System Dynamics，SD）是系统科学和管理科学的分支，基于系统论、控制论与信息论，从系统内部控制机制和结构出发，对系统进行剖析，着重研究系统机构与其功能行为的动态关系，它是定性分析与定量分析的统一，是分析研究高阶复杂非线性、高阶次、多变量、多重反馈复杂系统和进行科学决策的有效的理论、方法和手段。

系统动力学提供了一种自上而下的，从战略层面描述项目进展、估计项目时间、成本风险的方法，有助于项目管理者理解项目过程对项目表现的影响，从宏观上对项目进行估计和把握。系统动力学从系统的微观结构出发建立系统的结构模型，用回路图描述系统结构框架，用因果关系图和流图描述系统要素之间的逻辑关系，用方程描述系统要素之间的数量关系，用专门的仿真软件进行模拟分析。整个分析过程从定性、半定量到定量，最后又把定量的数学模型简单地转换成计算机程序，利用计算机进行最终仿真分析。

系统动力学被广泛运用于经济发展、企业经营管理、宏观经济规划、区域经济、能源规划、工程系统等许多领域。系统动力学从动态的角度出发，构建系统模型，显示和掌控各类具有客观实体的物理系统或基于逻辑概念的抽象系统的行为模式和变化发展的规律，进而回馈系统对其进行优化和控制。

2)模型与系统的关系

美国系统学家GORDEN G为系统给出的定义是：

“所谓系统是指相互作用、互相依靠的所有事物，按照某些规律结合起来的综合。”

上述定义较为准确地描述了系统的基本性质、特征和目的。进一步细化来看，系统应具有以下三个方面的含义：①一系列有组织的对象的集合，如太阳系；②一种组织和规划对象的方法；③不同对象之间的关系汇总。

简单而言，系统是对客观或抽象的多个对象的性质进行研究，并对它们之间的相互关系进行分析的一门学问。系统具有以下四个方面的基本特征：①系统的结构由其所述的对象和流程定义；②系统是对现实的一种归纳；③对于系统的观察可以通过输入和输出来进行，输入通过系统内部的处理和加工后形成输出并离开系统；④系统的不同部分之间也相互作用。

总之，大到一个社会、一个国家，小到一个家庭、一台机器，都是具有一定特点的系统。在对一个系统进行考察时，不仅要对系统内部的静态对象及其动态运行规律进行考察，更为重要的是，需要对它们之间的相互作用进行分析。大量的事实和经验告诉我们，现实中的系统往往是具有复杂结构的大系统。对于这种系统，其总体的动态行为特征由系统各部分之间的相互作用决定，而不是由各部分自身的运行机制决定。

系统动力学模型是现实系统或客观实体的特征和变化规律的一种抽象的表述，是研究者根据自己的问题需要对系统完成的映射，因此，模型会因研究者及其研究问题的不同，建立出不同的模型。在建模过程中，要遵循尽量简化的原则，即在不影响模型对所需研究的系统行为模仿的前提下，尽量简化。例如，对于全国宏观经济系统的国内生产总值(GDP)进行预测，可以建立计量经济模型来进行，所考虑的关键因素可以有总人口、总投资、总消费等，而可以忽略如青岛市工资水平、全国农业补贴等细节因素。因为总的来说，在考虑GDP这么大尺度的指标时，细节因素的影响几乎可以忽略不计。再如，对一个企业的财务运行情况进行分析时，也可以适当忽略其他因素的营销，如人力资源、生产流水线等。

建立模型并不是要完全重构原现实系统，研究者需要根据研究问题出发选择合适的变量，建立一个适当复杂的模型。既然模型必然是对系统的简化和抽象，因此在建模过程中，必须仔细评估模型的效果。一般从以下三方面进行考虑：①近似性，即模型和所模仿的现实系统的相似程度；②可靠性，即模型对现实系统的数据复制的精度；③目的适度，即说明模型和建模目的间的符合程度，这通常反映了模型构建者对模型分析理解的合理程度。

上述三个方面分别强调了建模时所需侧重的三个重点，在满足这三个方面要求的前提下，所建模型应该越简化越好：一是简化后的模型结构更加简洁，涵盖元素更少，相互之间的关系相对简单，使模型更便于理解和分析；二是简化后模型减少不必要地复杂化，便于后续的分析和理解，同时也说明研究者把握住了解决问题所需的现实系统中的关键要素；三是简化的模型意味着建模的成本更加低。

3)系统动力学建模过程

在多数情况下，面临的分析系统十分庞大而难以直接分析，像施工安全系统十分庞大，所涉及的因素和对象众多，很难直接进行分析，同时，有些因素对其进行控制和调整也可能存在造成巨大损失或事故风险的可能，因此，无论从提高分析水平的角度还是从降低控制成本的角度出发，都需要对所研究的系统建立适合简化的模型。

建模的过程分为以下几个步骤，首先是对现实系统进行观测，并提炼出具有代表性的数据和信息，然后根据问题假设得到模型结构框架。这个步骤，可以视为建立基本的“定性”模型。进一步，就需要对问题进行细化，即对系统的约束和边界条件进行界定，并采集必要的数据，实现具体的模型。这时的模型已经具有实际的数据支撑，可以分析得到其相应的模型演化动态结果。这个步骤，可以视为建立“定量”模型。在这个步骤中，由于可以分析和观测得到模型的演化动态结果，就可以与现实系统进行对照和比较。并根据比较结果，对模型进行相应的调整。整个建模的过程是一个不断往复螺旋前进的过程。

6.3.2　系统动力学的适用性

1）系统动力学的应用特点

系统动力学作为一种系统理论研究方法，具有显著的应用特点，概括起来有以下几点。

（1）擅长处理周期性问题

在西方经济经常出现各种周期性经济危机，如短周期5年左右、中周期15年左右及长周期40～80年等。现在已经有很多的系统动力学模型对各种周期形成的原因做出了解释。

（2）擅长处理长期性问题

系统动力学是一种因果机理性模型，系统内部机制是它主要强调系统行为，因此它的仿真时间可以比较长。这一点对于研究具有大惯性的社会经济系统是十分必要的。著名的世界模型、城市动力学模型的仿真时间均在百年以上。特别要说明的是系统动力学方法可在模型中引入潜在的制约因素，在长期的仿真中的过程中，可以显示出症结。

（3）在数据缺少的条件下仍可进行研究

数据不足及某些参数或关系难以量化是研究社会经济问题时经常遇到的一个棘手的问题。但是，在这种条件下，系统动力学模型仍可进行一些工作。这是因为系统动力学模型的结构是以反馈环为基础的。动态系统的理论与实践表明，当多重反馈环结构存在时，系统行为模式对大多参数是不敏感的。这样，虽然数据缺乏对参数估计带来困难，但是只要估计的参数是落在其宽度之内，系统行为仍显示出相同的模式。在这种条件下，用系统动力学方法仍可研究系统行为的趋势、行为模式、波动周期、相位超前与滞后等问题。

（4）擅长处理高阶、非线性时变的问题

社会经济系统是复杂的，因而描述它的方程往往是高阶、非线性的，因此我们再用常规的数学手段很难从求解方程中获得完整的信息。采用数理统计的降阶、线性近似等方法，虽然在方程求解上来说，使求解变得容易，但是在实际上得到的答案，可能很不可靠，很可能丢掉了非常重要的部分。像系统动力学这样以数字计算机仿真为技术手段的方法对以高阶、非线性时变为特征的复杂系统的处理是相当重要的。虽然工作量较大，处理方式上未必有许多创新，但是它总能够给出某些方面的信息，在相当长的时间内还是基本手段。

（5）对预测的态度强调条件

系统动力学模型预测的态度是强调产生结果的条件，因而可以采用“if…then…”的形式做有条件的预测。

2)适用性分析

系统动力学作为用于复杂社会技术系统的风险建模理论之一,能够基于宏观角度,全面描述系统的各种行为和特征。对于施工安全系统而言,将系统动力学理论运用到施工安全系统,能更好地反映不同因素扰动下安全系统的变化与恢复情况。

组织管理子系统各变量作为影响施工安全的远端因素,多是基于宏观角度对施工安全事故致因的描述,如安全监督检查、施工单位安全培训等,且各变量间存在一定因果关系与反馈机制,不仅符合SD模型变量的选取准则,而且适用于其模拟机制。同时在安全领域,安全措施的效果往往需要滞后一段时间才能被观测到,系统动力学建模也能应对此类问题。这对解决施工全过程安全风险动态演化系统中此类影响路径的演化趋势,如通过安全培训提高工人的安全价值观,进而改善工人的安全操作等,具有重要意义。

(1)地下大空间风险系统中的大多数因素具有非线性特质,很多行为都表现出非线性的特征,因此用线性方法不足以描述这类系统。系统动力学系统一般可以完整地描述系统内各子系统之间相互作用的非线性关系、复杂的因果反馈关系。

(2)地下大空间风险系统是不稳定、非平衡的,因此不能采用解决稳定系统的方法去处理地下大空间风险系统问题。系统动力学模型可以“预测”地下空间未来安全水平的发展趋势、行为特性,也可以按照需求规划某些子系统和整个系统。

(3)地下大空间风险系统的而每一个决策总是与系统中相对少量的几个关键因素联系着,选定关键因素后,只要紧紧抓住并加以系统剖析,就能够确定产生决策的缘由。系统动力学模型可以通过关键变量模拟影响系统水平的变化程度。

地下大空间风险系统是以地下空间生产过程中影响安全的各种主要因素为研究对象,将其划分为若干个子系统,并建立各子系统之间的因果关系,确定其因果反馈环,通过系统分析、科学推理,建立地下大空间风险系统动力学模型。再利用计算机模拟出系统在不同初始状态下的执行效果,并对影响系统发展的主要因素进行灵敏性分析;通过系统分析和模拟结果比较,提出有利于系统改进的建议,为制定科学的安全管理决策提供参考依据。

6.3.3 系统结构分析

前文中提到,建立系统动力学模型不论是从哪个角度出发,一定要对所研究的系统建立适合简化的模型。建模是一个反馈的过程,不是步骤的线性排列。模型要经历反复、持续进行质疑、测试和精炼。

1)系统边界的确定

基于系统动力学创建施工管理因素的模型,主要是为了预测与监控施工过程中费用、质量、进度的动态变化趋势,研究各个影响因素对于施工管理的影响程度,找到成本控制的关键因素,并输入与技术、环境系统相关联、相影响的指标变化曲线,以对整个风险分析形成动态正反馈评估。

风险演化模型路线如图6-4所示,通过系统动力学原理和施工组织管理知识作为理论基础建立系统动力学模型,以费用、质量和工期三大项目管理目标为主线开展影响因素分析,确立主要影响因素间的因果关系,建立控制模型,通过模拟仿真,得到风险指标变化曲线,以实现对整个风险分析形成动态正反馈评估。

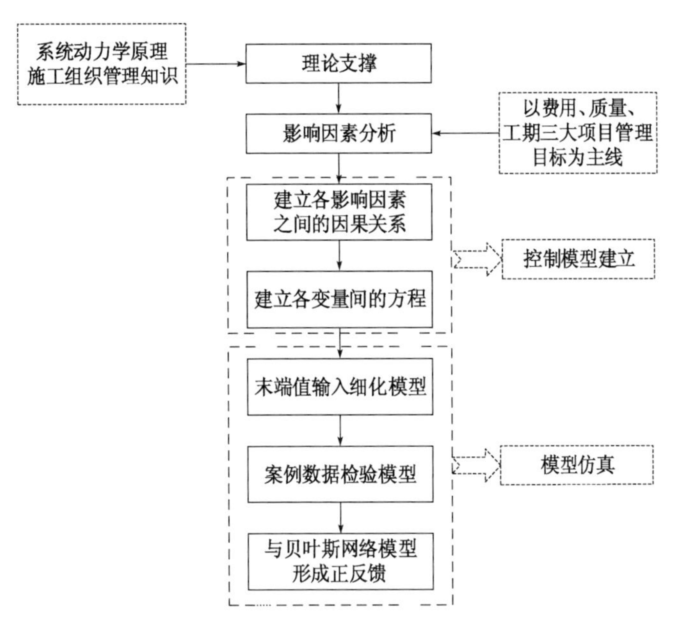

图6-4　风险演化模型路线图

系统边界的确定根据建模目的,将与模型关系密切、变量值对系统特性较为重要的要素划入施工安全系统内部,从而研究施工安全系统内部的结构问题。系统边界点即本系统与外部环境的交换点,此类元素仅受外界环境而不受系统内部的影响。

2)系统核心要素及其动态制约关系

安全、成本和进度是一个工程项目施工过程中起主导作用的三种组织绩效指标,其中安全绩效是研究的重点。组织安全绩效主要取决于组织自身结构,而安全绩效又会受到成本、进度等生产绩效的制约,三者之间存在相互作用、相互影响的关系,因此将基于系统动力学分别对三种组织目标(绩效)进行定性分析,识别组织因素间的因果关系、反馈回路和系统延迟。

在实际的工程中,项目的进度和成本对于安全绩效的影响是非常大的,但是在实际施工中这种作用效应还是很容易被忽视,反而导致由进度滞后或安全隐患带来的成本增加。安全绩效的产生是一个博弈的过程,在质量控制的过程中,要求不高容易产生返工,要求苛刻则会导致更多的资源和时间的投入,两种情况下都会使得成本增加而且都会造成一定的工期拖延。工期成本的产生往往是由于工期产生拖延,需要赶工来弥补进度,赶工就会造成更多的资源投入,增加了成本;同时由于赶工导致工作量的增加,一方面使得管理人员的监督力不够,一方面劳务人员长时间的工作产生疲劳而导致施工质量下降,从而造成了大量的返工而增加了工程成本。从上面的分析可以看出,在成本控制的过程中工期、质量、成本的控制是密不可分,它们之间存在的很多的内在联系,而在当前的成本控制方法中,还没有将这三者联系起来进行系统的分析,目前还是处于分离的控制状态,各个责任部门、管理人员各司其职,这最终还是会对成本控制的效果造成很大的影响。

在图6-5中,三大目标之间的关系是用箭线来连接表示的,每条箭线末尾的箭头都标有"+""-"的标记,这是基于系统动力学的因果关系来标记分析的,"+"表示表示两者之间的因果关系是正向的,即原因的增加会引起结果的增加,"-"表示两者之间的因果关系是负向的,即原因的增加会引起结果的减少。工期、质量、费用这三者之间的关系可以看出只要其中的一个目标的变化,势必会引起另外两个目标的变化,如质量要求增加,那么就会引起费用的增加以及工期的拖延,工期的拖延则会引起费用的增加以及质量的降低,而费用的增加等同于成本的增加,即这三大目标的相应的变化都会引起成本的变化。

基于以上分析,可以得出质量、工期要求的变化,会引起工程费用的变化、进而引起工程成本的变化。所以在一定程度上,工程项目施工成本的控制就是对工程项目质量的控制和工期的控制,当然质量和工期也受到了成本的制约(图6-6)。

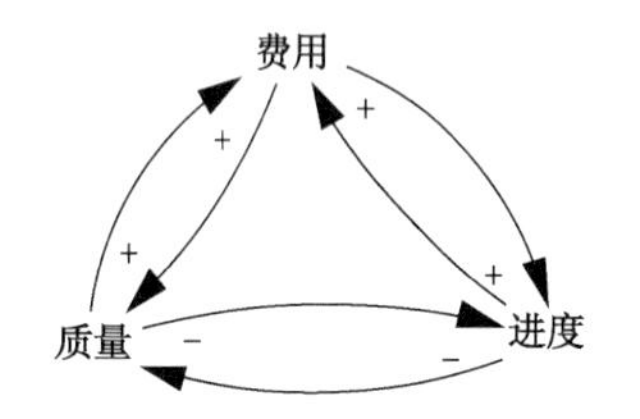

图6-5　工程项目控制三大目标关系

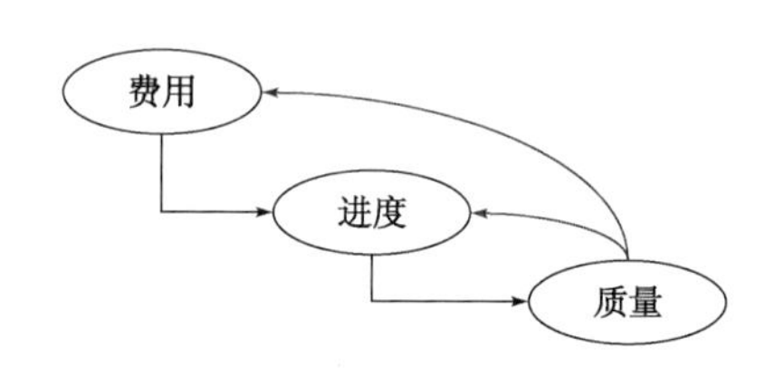

图6-6　费用、进度、质量关系图

因此,因质量问题引起的成本增加,增加的部分可以以质量成本的形式存在;因工期问题引起成本增加,增加的部分可以以工期成本的形式存在;而因工程本身实际费用引起的成本增加,如原材料价格的上涨或劳动力工资的上涨也将引起成本的增加。

系统动力学针对单个建设工程项目控制体系进行宏观系统性的研究,侧重于在项目宏观层面研究项目管理过程,重点在于与人有关的软因素和管理策略;系统动力学便于对难定量的决策变量、环境变量等进行量化,适应项目管理动态系统的要求,从而解决了仅靠传统的网络计划技术不能全面反映和控制所有变量的问题。

3)系统的演化驱动模式

系统动力学认为,一个系统在内生因素间的相互作用和循环反馈的主导下会呈现出多种不同的表观行为。虽然某些外生因素也会对系统产生干涉,但这种干涉应该是与系统的自身行为关系较不密切的,即不存在复杂的循环反馈的,否则系统的边界应进行延伸以将这些因素纳入系统内部来。通过前文分析,在城市地下大空间施工过程中,组织管理子系统是一个相对独立且完整的系统。那么在不考虑更高层面上各子系统间的相互作用时,组织管理子系统也应具有自身的动态行为。因此,组织管理子系统的建模需要明确其演化驱动模式,即在外界条件不变的情况下,系统中的哪些环节是会自发改变的,以及哪些环节先发生改变而哪些环节又是受其影响的。

如前所述,组织管理子系统的三大要素是进度、成本和安全绩效。在这三大要素中,成本是受外界因素影响最大的要素。工程建设的成本主要取决于工程项目所需达到的功能目标,而功能目标又与工程类型、建设环境、建设方法等密切相关。因此,在组织管理子系统的角度上看,成本是一个相对静态的要素——它很少受组织管理子系统内部因素的影响。因此,成本作为组织管理子系统的驱动要素是很难被想象的。而安全绩效是组织管理子系统的关注重心和最终落脚点,即安全绩效在组织管理子系统中虽然是诸多反馈回路中的一环,但在系统整体的因果网络中更偏向于“果”的一方。那么,根据建模的目的和基本逻辑原则,安全绩效应该是动态性最强、最难以预测的要素,因此不应作为整个子系统的驱动环节。如此一来,组织管理子系统的演化驱动模式应是以进度为主导的。

以进度作为组织管理子系统的驱动环节具有以下优点:

(1)进度的变化是自发的、易于理解的过程。除极端情况外(停工、假期、自然灾害等),工程项目的建设进度必然是随着时间自然增长的。在外界条件保持理想状况时,建设进度可视为随时间线性增加的(当然,这还取决于如何度量建设进度),这使得进度非常适合作为系统演化的驱动力。

(2)进度的流入流出率可用施工速度、返工率等指标控制,概念明确且易于度量。此外,对施工速度能够产生影响的因素也十分易于分析,可迅速构建起相应的因果关系图。

(3)施工进度是组织管理子系统的纽带。施工进度与施工质量之间具有显著的相关性,且存在着明显的反馈回路。当施工进度滞后时,施工方便会采取措施加快施工进度,但随之又会带来因赶工而导致的施工质量降低,进而影响安全绩效,使得施工速度降低,施工成本增加;而合理或超前的施工进度则易形成正向激励,使得施工质量提升的同时进一步加快施工速度。

6.3.4　城市地下大空间施工风险动态传导模型建模

1)系统动力学基模

系统动力学基模(Archetype)是分析复杂系统的一个基础工具,它是一系列具有现实意义的最小系统动力学模型。在系统动力学发展过程中,研究者们建立起了许多十分经典的基模,涵盖人类大部分的动态性复杂问题:小至个人、家庭,大至组织、产业、都市、社会、国家和世界,甚至民族、历史及生态环境的种种活动。系统动力学基模是由不断增强的回馈(“+”反馈环)、反复调节的回馈(“-”反馈环)和时间滞延等三个基本元件建立起来的。系统动力学基模揭示了在管理复杂现象背后的单纯之美,使我们更能看清结构的运作,寻找结构中的杠杆点。与安全风险相关的系统动力学基模主要有以下几类。

(1)安全意识基模

安全意识基模如图6-7所示,描述的是组织采取的各种安全措施其效果可能存在极限的情况。各种安全措施在项目开始时可以有效地预防事故的发生,然而随着各种安全隐患的减少,组织管理者的安全意识也会下降,并导致系统的安全性下降。施工单位在地下空间施工开始阶段有较多的资源和精力重点强调施工安全,如盾构始发阶段采取加固土体、加强监测密度和频率等措施来保障始发阶段的安全,但随着盾构掘进逐步进入正常开挖阶段,如果没有新的安全隐患暴露出来,管理者的注意力或安全意识会无意识地下降,并反映在一系列安全措施中,从而使得隧道开挖的危险性增强。

(2)安全目标基模

安全目标基模如图6-8所示,描述的是安全目标是如何遭到侵蚀的。安全目标与系统实际安全之间的差别会激励组织采取措施改善安全,但是措施的效果往往需要经过一段时间才能体现;而另一方面,这种差别有可能在面临其他压力的情况下降低安全目标。地铁隧道施工中施工方为了保证施工安全会采取许多安全措施,如加强工人安全培训等,但是这些措施的效果可能并不是立竿见影的,因此虽然组织做了努力,但由于在短时间内没有产生效果而导致安全目标与系统实际安全之间的差别仍然较大,此时在生产压力的作用下容易使得组织对安全的要求降低,把更多的资源、注意力转移到安全之外的地方以做出妥协。

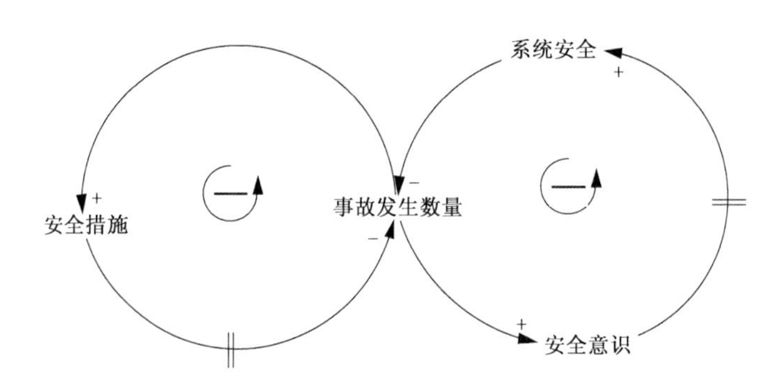

图 6-7 安全意识基模

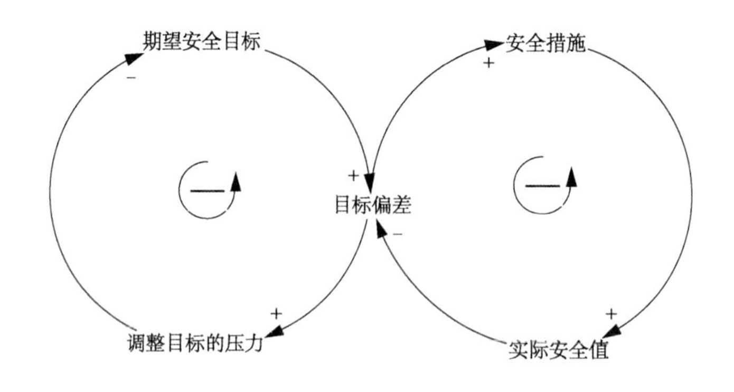

图 6-8 安全目标基模

(3)组织自满基模

组织自满基模如图 6-9 所示,描述的是组织在没有经历事故的情况下如何产生自满情绪,在对系统持续的监督和改进下,系统发生事故的数量会逐渐减少,随着事故不再出现,这些监督或改进措施会被认为过于严苛,加上可能存在的预算压力,投入到监督或措施上的投入会被逐渐削减,而这些会反映在降低安全培训或监督检查的力度上,从而使得事故发生的风险不断增加。

2)城市地下大空间施工组织管理子系统因果回路图

以工程进度和费用之间的关系为例,在组织自满基模的基础上,建立系统动力学模型对工程进度和费用之间的关系进行分析,解释二者之间的相互影响,并得到成本控制状态下量化的进度控制强度(图 6-10)。

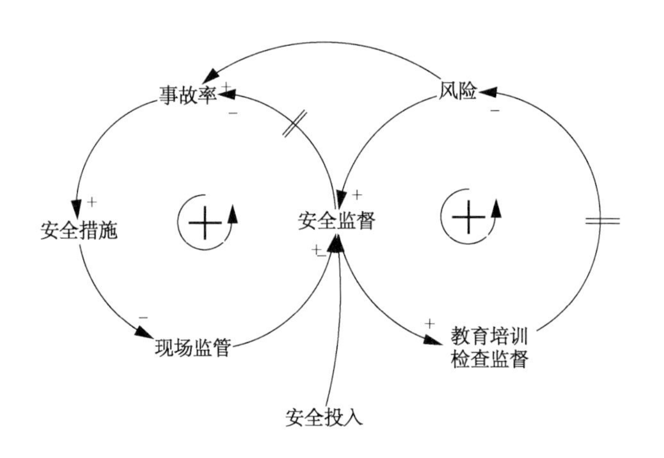

图6-9　组织自满基模

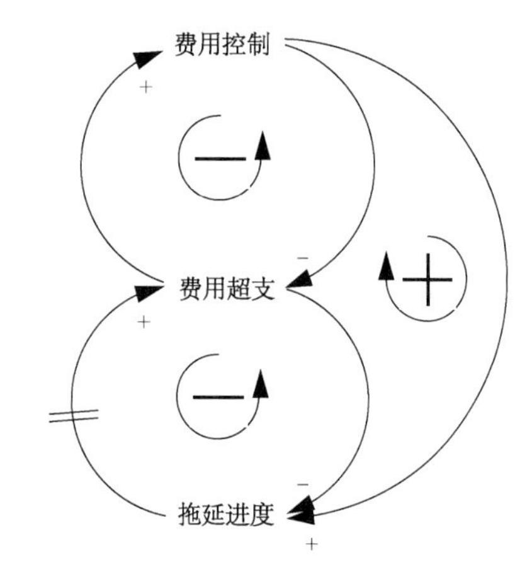

图6-10　工程进度—费用因果关系及改进基模

工程进度—费用关系模型中,苛刻的费用控制措施往往会损害施工方的利益,引起施工单位有意拖延进度希望得到合理报酬,该矛盾解决不善很可能会导致工期的严重拖延。通过采用进度控制手段对成本费用进行调节,形成调节型闭环是问题的改进思路。

工程项目管理的核心是目标控制,即通过各种被动或是主动措施去达到或超出项目目标的要求,如范围、时间、费用、质量以及项目的其他目标。而费用控制则是主动措施的重要手段之一。对建设工程项目而言,由于工程项目本身的不可逆转性,费用越来越受到决策人员和工程项目管理人员的重视和认可。

延迟在动态的产生过程中非常重要。延迟使系统产生惰性,可能导致动荡,并且往往使政策的短期效果和长期效果刚好相反,在模型中我们需要根据工程经验、专家意见等明确哪些因素之间的滞后响应无法忽略。在输入模型中时将延迟时间表示出来。如工期压力对施工进度的响应缺乏即时性,几天内的延迟不会造成工期压力的急剧上升,事故征兆出现频率对工程质量的响应也存在长时间的延迟,工程质量不佳不会出现或立即出现安全问题,反馈到事故征兆出现频率上存在延迟。

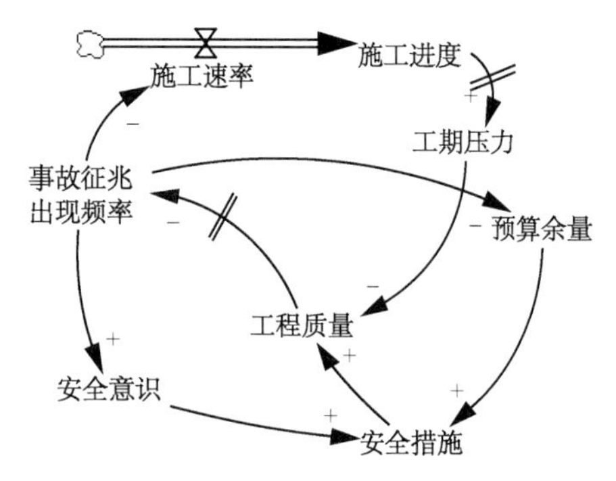

图6-11　城市地下大空间施工组织管理子系统因果回路图

对项目进行风险识别,从工期、质量和费用角度,根据系统动力学的反馈原理,应用系统动力学仿真软件 Vensim PLE 建立项系统动力学因果回路图,如图6-11所示。

简化后的地下大空间施工安全管理过程有以下三个反馈回路。

(1)事故征兆出现频率↓→施工速率↑→施工进度↑→工期压力↓→安全余量↑→事故征兆出现频率↓。

(2)事故征兆出现频率↓→预算余量↑→安全措施↑→安全余量↑→事故征兆出现频率↓。

(3)事故征兆出现频率↓→安全意识↓→安全措施↓→安全余量↓→事故征兆出现频率↑。

从因果关系图可以看出,风险因素形成正、负循环。事故征兆出现频率作为初始数值,随着事故征兆出现频率下降,施工速率上升,施工进度随之上升,施工进度加快,工期压力就会降低,当工期压力不紧张时,施工质量会上升,事故征兆出现频率就会下降,形成正循环。随着事故征兆出现频率下降,预算余量升高,安全措施升高,安全余量上升,事故征兆出现频率下降,形成正循环。事故征兆出现频率下降,安全意识保持一段时间高度紧张后,会有所放松警惕,安全措施会有所下降,导致安全质量降低,事故征兆出现频率就会升高,形成负循环。同时,多种因素之间存在延迟反应时间。

3)系统细化因素分析

施工项目管理涉及的因素很多,可以把它看作一个系统,在工程项目管理系统中任务规模所需要的人力以及项目进度等因素相互关系复杂,各因素之间都存在各种各样直接或间接地联系。从设计到施工,调试包含了大量的相互依赖的工序。项目管理系统中包含了大量非线性、不可逆的联系。因此,实际工作中往往难于做到对所有活动进行优化管理。项目管理系统中既包含可以定量描述的物质变量,如材料要求、安装进度等,同时也包含大量不容易定量描述的软变量,如政策决策、组织机构等。

(1)人员素质

如果现场管理组织混乱、安全管理人员不足、作业人员分配不当,这些不良的劳动组织管理因子会直接影响施工人员的生理状况。如果施工作业人员的安全意识不高,疏忽大意、自满、自以为是,或是企业的监督管理水平低,监督不充分、监督人员失职、监督制度不合理,施工人员的安全心理会直接受到影响。而且当操作人员缺乏安全知识、不了解安全规程、不具备完成任务的能力时会直接影响其安全意识。当施工项目管理层未对新进场人员组织安全教育培训或安全教育培训力度不够时,施工作业人员的安全知识水平会处于一个较低的层次。

(2)现场管理

设备安全子系统受到设备状态、设备可行性、设备适用性等的影响。在施工前,设计方案的完整性及设计计算的合理性会直接影响到设备选型的适用性,如由于未进行二次衬砌模板台车的稳定性验算、未进行盾构运输设备牵引力计算而选择了不满足要求的设备。当机械设备存在安全隐患,缺少安全验收许可,在开机前未进行检查防护等会直接影响设备使用的可行性和适用性。当设备可行性不良、设备适用性差以及作业人员存在不良习惯行为时,设备的状态会直接受到影响,设备磨损严重,检修不到位,影响到设备安全状态。

(3)组织机构

组织机构受到应急预案管理、劳动组织管理、安全管理制度、安全监督管理的影响。施工企业未按要求建立健全的安全生产管理体制,或安全检查制度的建立与实施不符合要求等情况直接影响施工项目的应急预案管理水平、安全教育培训水平和安全监督管理水平。完善的安全管理制度有利于加强劳动组织管理,规范劳动用工安全行为。当企业的监督管理不到位、项目管理人员或作业人员的安全知识缺乏时,会直接影响机械设备管理水平。如果施工技术方法不切实际、未根据外部条件变化及时更改,安全技术交底的可行性会受影响,不满足施工需求。这8个因子共同作用,影响地下空间施工安全管理状态。

4)城市地下大空间施工组织管理子系统SD存量流量图

系统动力学的流位流率系是确定流位变量和流率变量的基础。基于地下大空间施工管理安全因果反馈关系分析和建立的变量集,应用系统动力学基本的建模方法,绘制系统的流图来反映系统内部各因素间的影响关系。

在对地下大空间施工组织管理系统的充分认识和理解的基础上,按照质量、进度、费用三大指标用存量流量图构建描述系统,即将管理子系统划分为三个子系统,确定辅助变量、外生变量和参数,辅助变量是用来描述流位和流率之间依赖关系的变量,外生变量和参数的设立是为了描述环境对系统的影响等,在上述流位、流率、辅助、外生变量和常量等确定以后,整个流图也就相应确定了,如图6-12～图6-14所示。

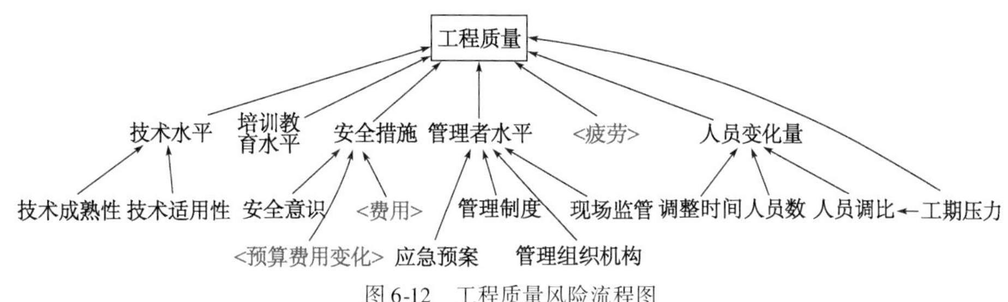

图6-12　工程质量风险流程图

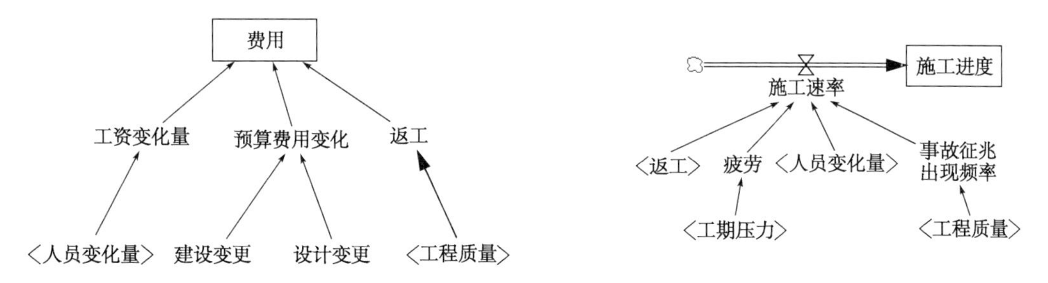

图6-13　费用风险流程图

图6-14　施工进度风险流程图

基于地下大空间施工管理安全因果反馈关系分析和建立的变量集,即可构建地下空间施工系统安全SD存量流量图。

5)方程及参数赋值

建立模型除了要构建地下大空间施工管理系统水平的流图,还要为流图中的变量附上合适的参数或者方程关系式。部分参数的赋值需要广泛搜集数据,通过回归分析法、取算术平均值法、表函数法、专家估计法等方法确定。部分关键参数,需要通过研究予以准确估值。另外,运用所建模型进行现实系统的仿真应用时,需依据地下大空间工程项目的实际情况,确定仿真模拟期水平变量的初值。因素量化及方程计算,可依照因果关系图和建立的系统动力学流图构建系统变量表达式。变量函数的确定,需要在最终确定之前进行反复调试和检验。

根据系统动力学原理及风险因素变量集,结合实地调研,对系统动力学模型中各变量数量关系进行回归分析,得到系统动力学方程,以图6-14为例,方程一般从上层往下层方向建立,同时在构建模型时,秉承简化原则,对模型运行结果没有很大影响的变量尽量删除,只保留关键因素。

(1)积累变量

施工进度是积累变量值,施工效率是该积累变量变化的速率,写成离散方程,即:

$$L_t = L_{t-1} + \mathrm{d}t \times (I_{t-1}^t - O_{t-1}^t) \tag{6-26}$$

式中,L_t 为积累变量的当前值;L_{t-1} 为积累变量在上一时间步的值;$\mathrm{d}t$ 为时间步长;I_{t-1}^t 为积累变量的入流速率;O_{t-1}^t 为积累变量的出流速率。

在施工中,我们认为只有施工速率会影响到施工进度,则计算施工进度有:

$$C_S(t) = C_S(t_0) + \int_{t_0}^{t} [C_{\mathrm{Rate}}] \mathrm{d}t \tag{6-27}$$

式中,C_S 为施工进度(Construction Schedule);C_{Rate} 为施工速率(Construction Rate)。

(2)速率方程

速率变量是积累变量变化的速率,方程表示为:

$$\mathrm{rate}S(t) = g[L(t), \mathrm{aux}(t), \mathrm{exo}(t), \mathrm{const}] \tag{6-28}$$

式中,$L(t)$ 为 t 时刻积累变量值;$\mathrm{aux}(t)$、$\mathrm{exo}(t)$ 分别是 t 时刻辅助变量和外生变量值;const 是常数。

在施工过程中,施工速率也受其他许多因素影响而不是一成不变的,因此 $C_{\mathrm{Rate}}(t)$ 也是一个与时间相关的变量,其方程如下:

$$C_{\mathrm{Rate}}(t) = QM_1 \times ZP_1(t) + QM_2 \times ZP_2(t) + QM_3 \times ZP_3(t) + QM_4 \times ZP_4(t) \tag{6-29}$$

式中,ZP_1、ZP_2、ZP_3、ZP_4 分别为表征返工、疲劳、人员变化量和事故征兆出现频率的辅助变量;QM_1、QM_2、QM_3、QM_4 为相关变量的参数,定义为对事故速率的贡献率,取值 0~1。且有:

$$QM_1 + QM_2 + QM_3 + QM_4 = 1 \tag{6-30}$$

(3)辅助方程

辅助方程是在反馈系统中描述信息的运算方程,其方程如下:

$$\mathrm{aux}(t) = f[L(t), \mathrm{aux}^*(t), \mathrm{exo}(t), \mathrm{const}] \tag{6-31}$$

式中,$\mathrm{aux}^*(t)$ 是除了待求辅助变量之外的其他辅助变量。

在模型中,ZP_2 疲劳为辅助变量,有:

$$ZP_2 = QF_2 \times ZM_2 \tag{6-32}$$

式中,QF_2 为相关变量的参数,定义为工期压力作用于疲劳致使疲劳提升或减弱的系数。

(4)表函数

在流程图中,各因素除了边界点和线性函数之间的关系外还有表函数关系,如进度压力和工作压力、工期压力和人员调比等之间的关系。很难通过简单的变量之间运算组合来实现,比较方便的是能够以图形方式给出这种非线性关系。下面以人员调比为例详细介绍具有表函数关系的因素的数值估计方法。

人员调比依赖于工期压力，通过实际分析，其依赖关系是在还需要 12 个月以上完成工程时，主要根据工程一线期望人员数增减人员。当还需完成时间在 2～10 个月之间时，需同时考虑工程一线与现有人员两方面意见。当只需 2 个月就要完工时，就再不增减人数，依据原有人员完成工程。

人员调比与工期压力这种关联关系很难用显函数表示，故可依据统计规律建立相应表函数来描述。表函数具体内容见表 6-1 及图 6-15。

人员调比表函数　　表 6-1

工期压力	0	2	4	8	10	12	14	16
人员调比	1	0.8	0.6	0.4	0.2	0	0	0

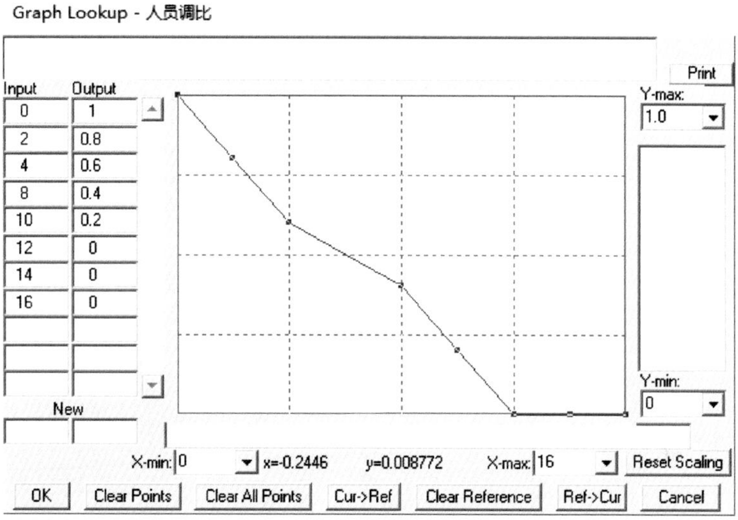

图 6-15　人员调比影响因子图

(5)常量

不随时间而变化的参数为常量，一般边界点参数为常量，此类元素仅受外界环境而不受系统内部的影响。

本研究构建的 SD 模型变量集包括了水平变量、速率变量、辅助变量和常量。状态变量即因素的累积状态，描述了系统要素的过去或未来的发展趋势；速率变量即状态变量的变化过程，决定了状态变量随时间变化的趋势；辅助变量则有利于提供速率变量与状态变量之间复杂关系的辅助信息；常量是表示系统中近似不变动的因素。定义的变量集中包括水平变量 3 个、速率变量 1 个、辅助变量 14 个、常量 13 个，共计 31 个，具体的变量含义见表 6-2，对所有变量进行无量纲处理，数值越大，代表变量越往好的方向发展。

基于系统动力学理论与方法对城市地下大空间组织管理系统进行分析后，可以借助系统动力学软件 Vensim，建立一个描述系统动力学模型的结构，模拟一个连续变化的反馈系统，并对模型模拟结果进行分析和优化。

SD 模型变量含义表

表 6-2

变量		变量名称	变量含义	方程式
水平变量	L_1	工程质量安全水平	无量纲处理，表示地下空间施工工程质量安全指标，分值越大施工质量水平越高	$L_1 = QP_1 \times ZM_1 + QP_2 \times ZM_2 + QP_3 \times ZM_3 + QP_4 \times ZM_4 + QP_5 \times ZM_5 + QP_6 \times ZP_2 + QP_7 \times ZP_3$
	L_2	费用水平	无量纲处理，表示地下空间施工费用指标，分值越大费用水平越高	$L_2 = QN_1 \times ZN_1 + QN_2 \times ZN_2 + QN_3 \times ZP_1$
	C_S	施工进度水平	无量纲处理，表示地下空间施工进度水平，分值越大施工进度水平越高	$C_S(t) = C_S(t_0) + \int_{t_0}^{t} [C_{Rate}] dt$
速率变量	C_{Rate}	施工速率	单位时间施工进度变化量	$C_{Rate} = QM_1 \times ZP_1 + QM_2 \times ZP_2 + QM_3 \times ZP_3 + QM_4 \times ZP_4$
辅助变量	ZM_1	技术水平	施工技术整体水平	$ZM_1 = QS_1 \times CM_1 + QS_2 \times CM_2$
	ZM_2	工期压力	工期压力水平	$ZM_2 = QT_1 \times CS + QT_2 \times CN_2 + QT_3 \times CM_{13}$
	ZM_4	管理者水平	管理者对施工现场的管理水平	$ZM_4 = QS_6 \times CM_5 + QS_7 \times CM_6 + QS_8 \times CM_7 + QS_9 \times CM_8$
	ZM_5	安全措施	安全措施完备性水平	$ZM_5 = QS_3 \times L_2 + QS_4 \times CM_3 + QS_5 \times ZN_2$
	ZP_1	返工	返工水平，分值越大返工的可能性越小	$ZP_1 = < L_1 \text{ TO } ZP_1 > \times L_1$
	ZP_3	人员变化量	施工人员变化量	$ZP_3 = QS_{10} \times CM_9 + QS_{11} \times CM_{10} + QS_{12} \times CM_{11}$
	ZP_4	事故征兆出现频率	事故征兆出现的频率，分值越大事故征兆出现的频率越低	$ZP_4 = < L_1 \text{ TO } ZP_4 > \times L_1$
	ZN_1	工资变化量	人员工资的变化量	$ZN_1 = < ZP_3 \text{ TO } ZP_1 > \times ZP_3$
	ZN_2	预算费用变化	施工算费用变化水平	$ZN_2 = QR_1 \times CN_1 + QR_2 \times CN_2$
	CN_2	设计变更	设计变更水平	$CN_2 = QR_3 \times CM_{14} + QR_4 \times CM_{15}$
	CM_3	安全意识	施工现场人员的整体安全意识水平	$CM_3 = < ZP_4 \text{ TO } CM_3 > \times ZP_4$
	CM_{11}	人员调比	人员调整量	$CM_{11} = < ZM_2 \text{ TO } CM_{11} > \times ZM_2$
	CM_{12}	一线期望人员	一线期望施工人员数量水平	$CM_{12} = < ZM_2 \text{ TO } CM_{12} > \times ZM_2$
常量	ZM_3	培训教育水平	人员培训教育水平	

续上表

变量		变量名称	变量含义	方程式
常量	ZP_2	疲劳	施工人员疲劳水平，分值越小施工人员疲惫感越高	
	CM_1	技术成熟性	技术成熟性水平	
	CM_2	技术适用性	技术适用性及匹配度水平	
	CM_5	管理制度	管理制度的完备性水平	
	CM_6	现场监管	现场监管水平	
	CM_7	应急预案	应急预案完备性水平	
	CM_8	管理组织机构	管理组织机构完备性水平	
	CM_9	调整时间	人员数量变化的调整时间	
	CM_{10}	人员数	施工人员总数	
	CN_1	建设变更	建设变更水平	
	CM_{13}	自然灾害	由地震、大风、滑坡等引起的自然灾害水平	
	CM_{14}	勘察不准确	由于地质勘察不准确的变化水平	
	CM_{15}	设计失误	由于设计失误造成的变化水平	
	QP_1	技术水平对工程质量的影响系数	技术水平作用于工程质量致使工程质量提升或减弱的系数	
	QP_2	工期压力对工程质量的影响系数	工期压力作用于工程质量致使工程质量提升或减弱的系数	
	QP_3	培训教育水平对工程质量的影响系数	培训教育水平作用于工程质量致使工程质量提升或减弱的系数	
	QP_4	管理者水平对工程质量的影响系数	管理者水平作用于工程质量致使工程质量提升或减弱的系数	
	QP_5	安全措施对工程质量的影响系数	安全措施作用于工程质量致使工程质量提升或减弱的系数	
	QP_6	疲劳对工程质量的影响系数	疲劳作用于工程质量致使工程质量提升或减弱的系数	

续上表

变量		变量名称	变量含义	方程式
常量	QP_7	技术水平对工程质量的影响系数	技术水平作用于工程质量致使工程质量提升或减弱的系数	
	QS_1	技术成熟性对技术水平的影响系数	技术成熟性作用于技术水平致使技术水平提升或减弱的系数	
	QS_2	技术适用性对技术水平的影响系数	技术适用性作用于技术水平致使技术水平提升或减弱的系数	
	QS_3	费用对安全措施的影响系数	技术水平作用于安全措施致使安全措施提升或减弱的系数	
	QS_4	安全意识对安全措施的影响系数	安全意识作用于安全措施致使安全措施提升或减弱的系数	
	QS_5	费用对安全措施的影响系数	费用作用于安全措施致使安全措施提升或减弱的系数	
	QS_6	管理制度对管理者水平的影响系数	管理制度作用于管理者水平致使管理者水平提升或减弱的系数	
	QS_7	现场监督对管理者水平的影响系数	现场监督作用于管理者水平致使管理者水平提升或减弱的系数	
	QS_8	应急预案对管理者水平的影响系数	应急预案作用于管理者水平致使管理者水平提升或减弱的系数	
	QS_9	管理组织机构对管理者水平的影响系数	管理组织机构作用于管理者水平致使管理者水平提升或减弱的系数	
	QS_{10}	调整时间对人员变化量的影响系数	技术水平作用于人员变化量致使人员变化量提升或减弱的系数	
	QS_{11}	人员数对人员变化量的影响系数	人员数作用于人员变化量致使人员变化量提升或减弱的系数	
	QS_{12}	人员调比对人员变化量的影响系数	人员调比作用于人员变化量致使人员变化量提升或减弱的系数	

续上表

变量		变量名称	变量含义	方程式
常量	QN_1	工资变化量对费用的影响系数	工资变化量作用于费用致使费用提升或减弱的系数	
	QN_2	预算费用变化对费用的影响系数	预算费用变化作用于费用致使费用提升或减弱的系数	
	QN_3	返工对费用的影响系数	返工作用于费用致使费用提升或减弱的系数	
	QR_1	建设变更对预算费用变化的影响系数	建设变更作用于预算费用变化致使预算费用变化提升或减弱的系数	
	QR_2	设计变更对预算费用变化的影响系数	设计变更作用于预算费用变化致使预算费用变化提升或减弱的系数	
	QR_3	设计失误对设计变更的影响系数	设计失误作用于设计变更致使设计变更提升或减弱的系数	
	QR_4	勘察不准确对设计变更的影响系数	勘察不准确出现频率作用于设计变更致使设计变更提升或减弱的系数	
	QM_1	返工对施工速率的贡献率	返工引起施工速率变化所占权重	取值 0 ~ 1，$QM_1 + QM_2 + QM_3 + QM_4 = 1$
	QM_2	疲劳对施工速率的贡献率	疲劳引起施工速率变化所占权重	
	QM_3	人员变化量对施工速率的贡献率	人员变化量引起施工速率变化所占权重	
	QM_4	事故征兆出现频率对施工速率的贡献率	事故征兆出现频率引起施工速率变化所占权重	
	QT_1	施工进度对工期压力的影响系数	施工进度作用于工期压力致使工期压力提升或减弱的系数	
	QT_2	设计变更对工期压力的影响系数	施工进度作用于工期压力致使工期压力提升或减弱的系数	
	QT_3	自然灾害对工期压力的影响系数	施工进度作用于工期压力致使工期压力提升或减弱的系数	
	$< QF_2$ TO $ZP_2 >$	工期压力对疲劳的影响系数	工期压力作用于疲劳致使疲劳提升或减弱的系数	

续上表

变量		变量名称	变量含义	方程式
常量	$<L_l\ \text{TO}\ ZP_4>$	工程质量对事故征兆出现频率的影响系数	工期压力作用于疲劳致使疲劳提升或减弱的系数	
	$<ZM_2\ \text{TO}\ CM_{12}>$	工期压力对一线期望人员的影响系数	工期压力作用于疲劳致使疲劳提升或减弱的系数	
	$<CM_{12}\ \text{TO}\ ZP_3>$	一线期望人员对人员变化量的影响系数	一线期望人员作用于人员变化量致使人员变化量提升或减弱的系数	
	$<ZM_2\ \text{TO}\ CM_{11}>$	工期压力对人员调比的影响系数	工期压力作用于人员调比致使人员调比提升或减弱的系数	
	$<ZM_2\ \text{TO}\ ZP_2>$	工期压力对疲劳的影响系数	工期压力作用于疲劳致使疲劳提升或减弱的系数	
	$<ZP_4\ \text{TO}\ CM_3>$	事故征兆出现频率对安全意识的影响系数	事故征兆出现频率作用于安全意识致使安全意识提升或减弱的系数	
	$<ZP_3\ \text{TO}\ ZN_1>$	人员变化量对工资变化量的影响系数	人员变化量作用于工资变化量致使工资变化量提升或减弱的系数	
	$<L_1\ \text{TO}\ ZP_1>$	工程质量对返工的影响系数	工程质量作用于返工致使返工提升或减弱的系数	

6.4 网络化地下大空间工程施工过程风险耦合演变分析

6.4.1　工程概况

本节以新建北京地铁17号线东大桥站为例，应用风险演变评估模型，对东大桥站施工全过程中的坍塌风险进行评估，验证模型适用性，对典型城市地下网络化拓建工程施工风险演变规律进行分析。

1）工程背景

东大桥站为17号线的换乘站，与既有6号线东大桥站呈“T”形通道换乘，预留与规划28号线换乘接入条件。东大桥站平面位置及结构形式详见2.3.8节。

2）工程地质及水文地质

东大桥站位于北京市区朝阳区，属平原地貌，地形较为平坦，地面高程为39.2～38.4m。地质剖面如图6-16所示。各地层物理力学参数见表6-3。

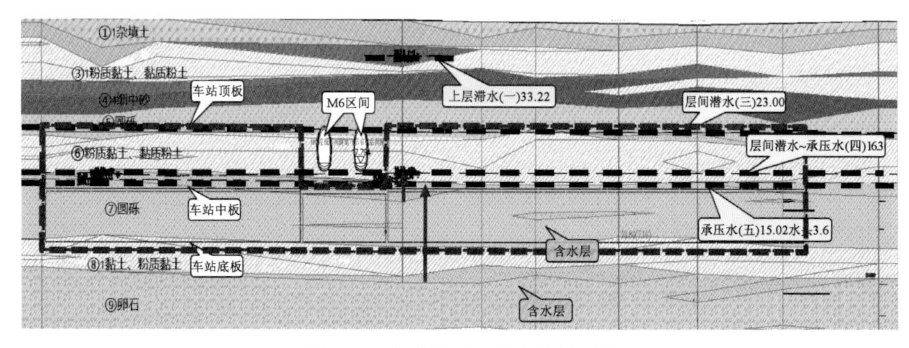

图6-16　东大桥站工程地质剖面图

地层物理力学参数表　　表6-3

岩土分层	岩土名称	重度 γ (kN/m³)	黏聚力（固结快剪）c(kPa)	内摩擦角（固结快剪）φ(°)	压缩模量 E_s (MPa)	静止侧压力系数 ξ	基床系数 K_v (MPa/m)	基床系数 K_h (MPa/m)	水平抗力系数的比例系数 m (MN/m⁴)	地基承载力特征值 f_{ak} (kPa)
①1	杂填土	19.5	0	10	—	—	—	—	—	—
③	黏质粉土	20	12	33	5.5	0.36	34	28	25	140
③1	粉质黏土	19.8	25	16	5.5	0.39	30	28	10	140
④3	粉细砂	20.5	0	25	20	0.39	42	38	20	200
④4	细中砂	21	0	28	23	0.37	45	40	25	240
⑤	圆砾	22	0	35	50	0.35	55	60	40	320
⑥	粉质黏土	20.2	45	20	12	0.38	36	30	20	200
⑥2	黏质粉土	20.6	16	27	15	0.34	55	32	35	220

续上表

岩土分层	岩土名称	重度 γ (kN/m^3)	黏聚力(固结快剪) c(kPa)	内摩擦角(固结快剪) φ(°)	压缩模量 E_s (MPa)	静止侧压力系数 ξ	基床系数 K_v (MPa/m)	基床系数 K_h (MPa/m)	水平抗力系数的比例系数 m (MN/m^4)	地基承载力特征值 f_{ak} (kPa)
⑦	圆砾	23	0	40	60	0.31	70	65	80	350
⑧	粉质黏土	20	40	10	12	0.36	40	32	20	220
⑨	卵石	24	0	45	70	0.3	75	70	—	500

本工点地层中的地下水,根据埋藏深度、动态变化特征和对工程建设的影响,可划分为上层滞水(一)、层间潜水(三)、层间潜水～承压水(四)和承压水(五)。各层地下水特征见表6-4。

地下水特征一览表 表6-4

地下水性质	稳定水位(承压水测压水位)			观测时间(年.月)	含水层
	埋深(m)	高程(m)	水头(m)		
上层滞水	5.2	33.22	—	2015.11	表层填土和粉砂
层间潜水	14.61～15.88	23.03～23.62	—	2008.4—2010.5	$④_3$、$④_4$、$⑤_1$、⑤、$⑥_3$、$⑥_2$层
	16.2～16.5	22.7～23.0	—	2015.1	
	16.2	22.22	—	2015.11	
层间潜水～承压水	19.5～22.78	15.82～19.28	—	2008.4—2010.5	$⑥_2$、$⑦_1$、⑦、$⑧_2$
	23.2～22.5	16.3	—	2015.1	
	22.1	16.32	1.2	2015.11	
承压水	24.1	15.4	11.6	2015.1	$⑧_2$、$⑨_1$、$⑨_2$、⑨、$⑨_4$
	23.4	15.02	13.6	2015.11	

3)场地及周边情况

东大桥站位于东大桥路、工人体育场东路与朝阳门外大街、朝阳北路相交的五岔路口,车站主体沿东大桥路、工人体育场东路南北向设置。西北象限为工人体育场东路小区,西南象限为蓝岛大厦,东北象限有百富国际大厦、公交站场,东南象限为东大桥东里小区。车站周边为成熟社区和商业、商务区,道路基本实现规划。车站除A、B、D乘客出入口占用道路红线外地块用地外,其他风亭、安全出口及冷却塔均位于规划道路红线内。

车站站位南端所在的东大桥路主路现状为双向五车道,东、西两侧辅路现状为单向一条机动车道+非机动车道。车站站位北端所在的工人体育场东路现状为双向六车道,东、西两侧辅路现状为单向一条机动车道+非机动车道。车站东侧为单向四车道的朝阳门外大街和单向六车道的朝阳北路,西侧为双向八车道的朝阳门外大街,南、北两侧辅路现状为单向一条机动车道+非机动车道。东大桥路、工人体育场东路、朝阳门外大街和朝阳北路现状车流量大,交通繁忙。

新建东大桥站与既有6号线东大桥站通过换乘通道连接。6号线东大桥站为已运营车站,于2012年竣工通车。该站位于朝阳北路与东大桥路交叉口,沿朝阳北路东西向布置,西端为两层暗挖,东端暗挖单层,岛式站台,站台宽度13m,车站全长255m。

新建东大桥站主体导洞邻近既6号线朝阳门站~东大桥站区间,距离隧道水平净距约为3.14~5.28m。该区间线路西起朝阳门内大街与东二环路相交路口西侧的6号线朝阳门站,线路出站后下穿东二环路,后沿朝外大街路中向东敷设,止于朝外大街与工人体育场东路、朝阳北路交叉路口东北侧的东大桥站。

车站附近市政管理密集,所涉各条市政管线的情况见表6-5。

车站与市政管线的关系　表6-5

近接对象	近接方式	管线尺寸(mm)	管底埋深(m)
电力隧道	垂直下穿	2000×2350	11.6
热力方沟	垂直下穿	4500×2800	10.96
污水管	垂直下穿	D1050	5
雨水方沟	垂直下穿	4500×3000	4.6
上水管	垂直下穿	D1750	6.15
热力方沟	垂直下穿	2600×2300	5
次高压天然气管	垂直下穿	D500	2.3
雨水方沟	水平侧穿	4500×3000	5
电力隧道	水平侧穿	2000×2350	11.6
低压燃气管	水平侧穿	D300、D400	约2
次高压燃气管	水平侧穿	D406	约2
中压燃气管	水平侧穿	D508	约2
上水管	水平侧穿	D600	2.2
污水管	水平侧穿	D1350~1550	5.2

4)施工组织方案

17号线东大桥站的施工区段划分见表6-6。施工组织横道图如图6-17所示。

东大桥站施工区段划分　表6-6

车站名称	施工范围		长度(m)	里程
东大桥站	1号竖井	1号横通道	68	
		向北施工PBA主体	87	K23+353.737~K23+440.737
	2号竖井	2号横通道	38	
		向南施工PBA主体	87	K23+527.047~K23+440.737
		向北施工PBA主体	39	K23+533.747~K23+572.747
	3号竖井	3号横通道	37	
		向南施工PBA主体	39	K23+572.747~K23+611.747
		向北施工PBA主体	74	K23+616.447~K23+690.539
	4号竖井	施工换乘通道	185	
附属工程	施工剩余风亭、安全出口通道、无障碍口及出入口			

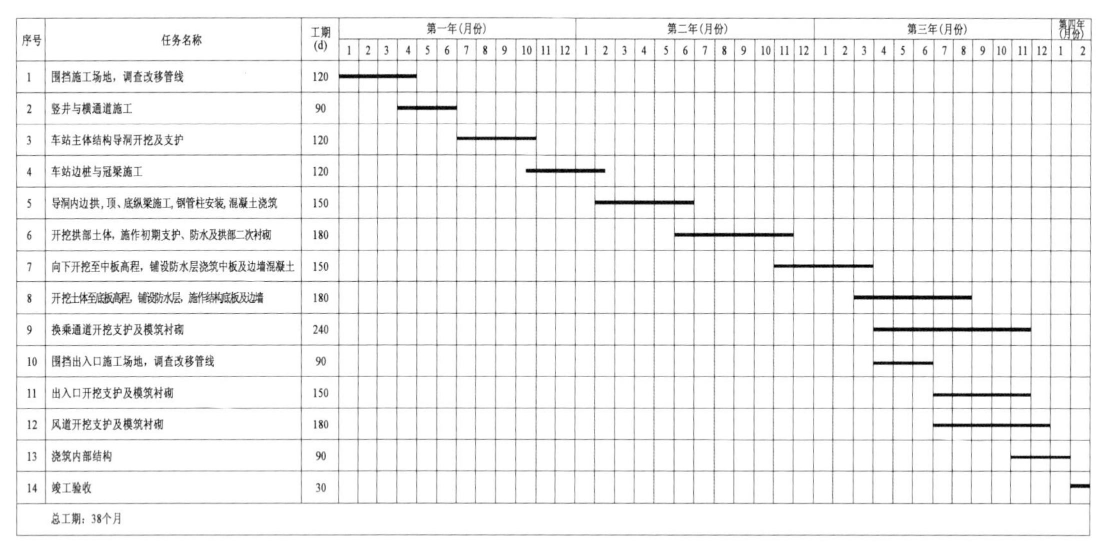

序号	任务名称	工期(d)
1	围挡施工场地，调查改移管线	120
2	竖井与横通道施工	90
3	车站主体结构导洞开挖及支护	120
4	车站边桩与冠梁施工	120
5	导洞内边拱，顶、底纵梁施工，钢管柱安装，混凝土浇筑	150
6	开挖拱部土体，施作初期支护、防水及拱部二次衬砌	180
7	向下开挖至中板高程，铺设防水层浇筑中板及边墙混凝土	150
8	开挖土体至底板高程，铺设防水层，施作结构底板及边墙	180
9	换乘通道开挖支护及模筑衬砌	240
10	围挡出入口施工场地，调查改移管线	90
11	出入口开挖支护及模筑衬砌	150
12	风道开挖支护及模筑衬砌	180
13	浇筑内部结构	90
14	竣工验收	30
	总工期：38个月	

图 6-17　东大桥站施工组织横道图

6.4.2　风险分析模型建立

1) 工程分区

北京地铁 17 号线东大桥站总长约 330m，最大宽度约 33m，工程体量较大。因此在进行风险评估工作之前，需先对整个工程进行区域划分。根据东大桥站的结构特点，将车站在其水平投影上划分为东南(SE)、东北(NE)、西南(SW)、西北(NW)和中央(C)五大区域，如图 6-18 所示。

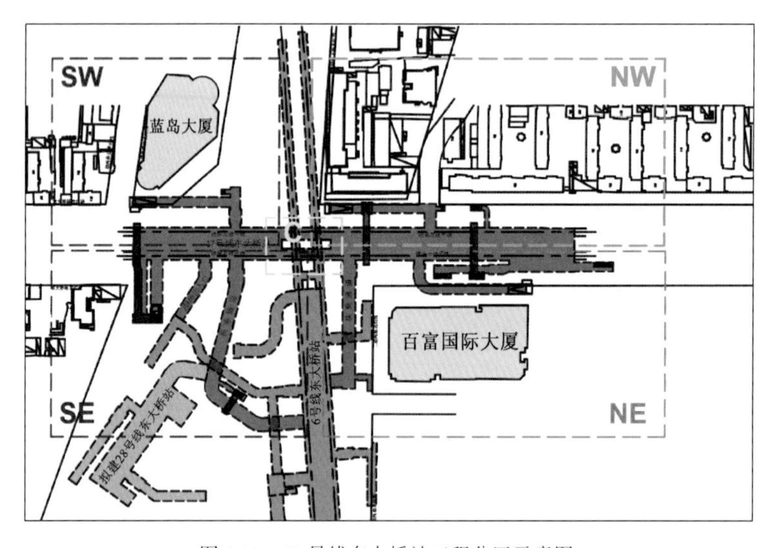

图 6-18　17 号线东大桥站工程分区示意图

2) 风险源清单

(1) 东南区(SE)

17 号线东大桥站东南区为车站邻近既有 6 号线东大桥站与规划 28 号线东大桥站的区

域，如图 6-19 所示。本区域主要风险源见表 6-7、表 6-8。

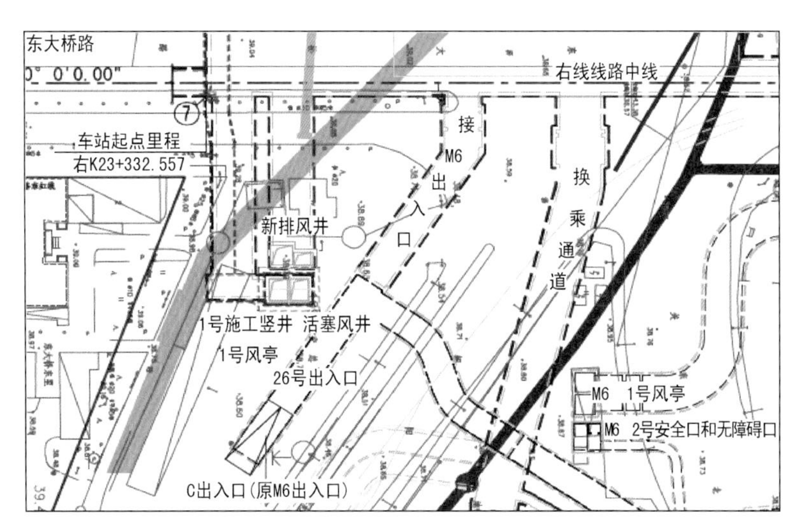

图 6-19　车站东南区详图

东南区工程自身风险源清单　　表 6-7

编　　号	风险源名称	风险源情况
SE-S-1	车站暗挖主体结构	双层双柱三跨标准断面，宽 24.5m，高 16.87m，PBA 工法施工
SE-S-2	1 号活塞风道	总长 51m，双层单跨结构，采用 CRD 法施工，开挖宽度 10.2m，高度 14.8m，覆土 17.1m
SE-S-3	南换乘通道	总长 182m，标准段开挖宽度为 10.9m，高度 7.2m，采用 CRD 法施工
SE-S-4	1 号施工竖井	开挖尺寸为 7.9m × 10.4m，深约 34.5m，采用倒挂井壁法施工
SE-S-5	C 出入口	开挖宽度 8.3m，高 6.8 ~ 10m。覆土厚 4.5 ~ 19.5m，最大埋深约 28.5m，采用 4 导洞的 CD 法开挖，在断面较高时采用 6 导洞的 CRD 法施工

东南区周边环境风险源清单　　表 6-8

编号	风险源名称	风险源情况	相 关 工 程	位 置 关 系
SE-E-1	既有 6 号线东大桥站	双层双柱三跨结构，宽约 22.1m，高约 16m，底板埋深 22.9m	南换乘通道	接驳，需在既有结构侧墙上开高 4.2m，宽 10.2m 的洞口
SE-E-2	既有 6 号线 3 号出入口	拱顶直墙结构，宽 7.1m，高 5.4m	南换乘通道	下穿，垂直距离最小约 3.0m
			C 出入口	接驳，与既有结构预留接口连接
SE-E-3	既有 6 号线 1 号风道		南换乘通道	邻近，水平距离最小 6.1m
SE-E-4	2000mm × 2350mm 电力隧道	埋深约 11.7m	南换乘通道	斜下穿，垂直距离约 8.5m
			车站主体	斜穿/平行侧下穿，垂直距离约 7.0m ~ 3.5m

续上表

编号	风险源名称	风险源情况	相 关 工 程	位 置 关 系
SE-E-5	4500mm × 3000mm 雨水方沟	埋深约 5.0m	南换乘通道	垂直下穿,垂直距离约 4.0m
			车站主体	平行侧下穿,水平距离约 20m,垂直距离约为 10m
SE-E-6	D500mm 天然气管	2 根,高压,埋深约 2.2m	南换乘通道	下穿,垂直距离约 18.2m
			车站主体	垂直下穿,垂直距离约 12.8m
SE-E-7	D300mm 上水管	埋深约 1.73m	南换乘通道	垂直下穿,垂直距离约 7.7m
SE-E-8	D600mm 雨水管	埋深约 3.53m	南换乘通道	垂直下穿,垂直距离约 16.7m
SE-E-9	1800mm × 1600mm 雨水方沟	埋深约 3.5m	南换乘通道	斜下穿,垂直距离最小约 9.8m
SE-E-10	4500mm × 2800mm 热力方沟	埋深约 10.96m	1 号竖井横通道	下穿,垂直距离约 1.8m
			1 号活塞风道	下穿,垂直距离约 1.8m
			车站主体	斜下穿,垂直距离约 4.1m
SE-E-11	D600mm 上水管 1	埋深约 2.5m	1 号活塞风道	下穿,垂直距离约 10.3m
			1 号风道新排风	下穿,垂直距离约 14.6m
			1 号竖井横通道	下穿,垂直距离约 10.3m
SE-E-12	D600mm 上水管 2	埋深约 1.6m	C 出入口	垂直下穿,垂直距离约 16m
SE-E-13	D1750mm 上水管沟	埋深约 4.4m	车站主体	垂直下穿,垂直距离约 10.8m

(2)东北区(NE)

17 号线东大桥站东北区为车站北换乘通道及 B 出入口所在的区域,如图 6-20 所示。本区域主要风险源见表 6-9、表 6-10。

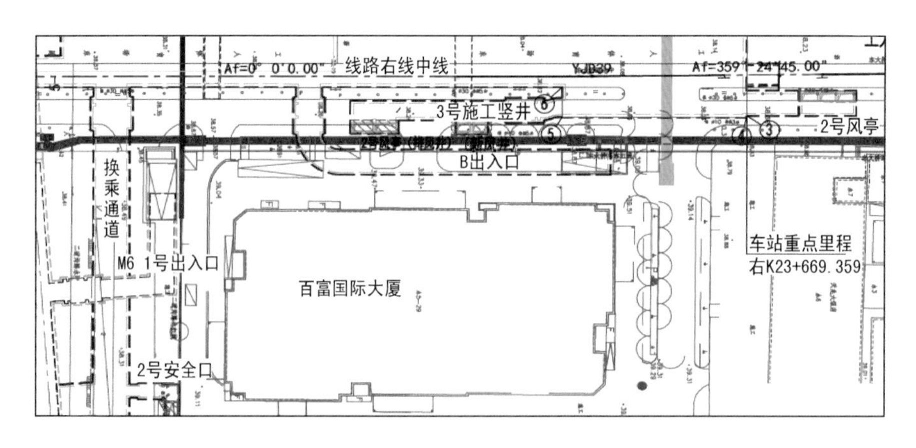

图 6-20 车站东北区详图

东北区工程自身风险源清单 表6-9

编 号	风险源名称	风险源情况
NE-S-1	车站暗挖主体结构	双层双柱三跨标准断面,宽24.5m,高16.87m,PBA工法施工
NE-S-2	车站暗挖主体结构	双层三柱四跨标准断面,宽33.05m,高16.87m,PBA工法施工
NE-S-3	北侧换乘通道	总长105m,开挖宽度10.9m,高7.2m,采用CRD法施工
NE-S-4	3号施工竖井	开挖尺寸为5.3m×10.7m,深36.5m,采用倒挂井壁法施工
NE-S-5	B出入口	开挖宽度8.3m,高6.8~10m,覆土厚3.7~19m,最大埋深28.3m,采用4导洞的CD法开挖,在断面较高时采用6导洞的CRD法施工
NE-S-6	2号风道	总长51m,双层单跨结构,采用CRD法施工,开挖宽度10.2m,高14.8m,覆土17.1m

东北区周边环境风险源清单 表6-10

编号	风险源名称	风险源情况	相关工程	位置关系
NE-E-1	百富国际大厦	地下4层,地上29层,框架剪力墙结构	车站主体	邻近,水平距离最小约32.9m
			B出入口	邻近,水平距离最小约9.2m
NE-E-2	既有6号线东大桥站	双层双柱三跨结构,宽约22.1m,高约16m,底板埋深22.9m	北换乘通道	邻近/接驳,水平距离最小为8.5m,需在既有结构侧墙上开高4.2m,宽10.2m的洞口
NE-E-3	既有6号线1号出入口	拱顶直墙结构,宽7.1m,高约5.4m	北换乘通道	垂直下穿,垂直距离最小约2.0m
NE-E-4	2000mm×2350mm电力隧道	埋深约8.2m	3号竖井	邻近,最小水平距离为0.2m
			车站主体	斜穿,垂直距离为7.0~3.5m
			B出入口	平行下穿,水平距离最小约1.2m
NE-E-5	D600mm上水管	埋深约1.6m	B出入口	平行下穿,水平距离最小约5.0m
NE-E-6	D400mm雨水管	埋深约2.2m	B出入口	平行下穿,水平距离最小约3.2m
NE-E-7	D600mm雨水管	埋深约2.0m	北换乘通道	垂直/平行下穿,垂直距离最小7.1m,水平距离最小1.5m
NE-E-8	D300mm污水管	埋深约2.5m	B出入口	平行下穿,水平距离为0.4~1.7m
NE-E-9	D1050mm污水管	埋深约5.0m	车站主体	垂直下穿,垂直距离约9.8m
NE-E-10	2600mm×2300mm热力方沟	埋深约9.12m	车站主体	垂直下穿,垂直距离约4.6m

(3)西南区(SW)

17号线东大桥站西南区为车站D出入口所在的区域,如图6-21所示。本区域主要风险源见表6-11、表6-12。

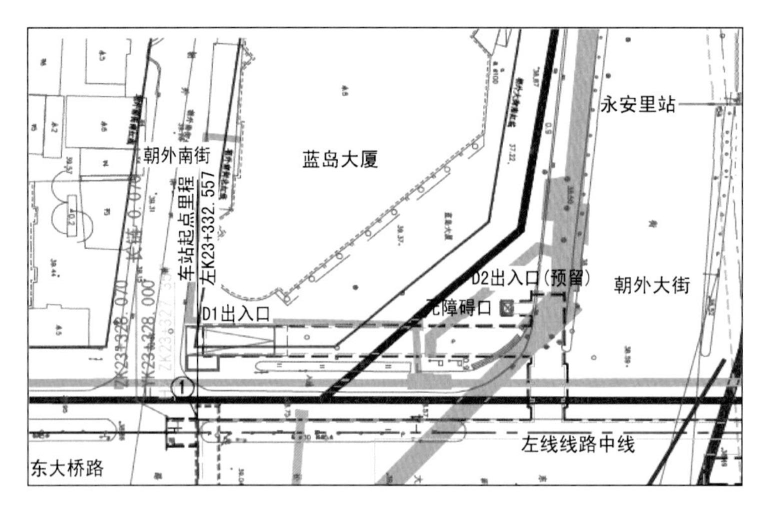

图6-21 车站西南区详图

西南区工程自身风险源清单 表6-11

编号	风险源名称	风险源情况
SW-S-1	车站暗挖主体结构	基本情况同东南区
SW-S-2	D出入口	开挖宽度8.3m,高6.8~10m,覆土厚3.7~19m,最大埋深28.3m,采用4导洞的CD法开挖,在断面较高时采用6导洞的CRD法施工

西南区周边环境风险源清单 表6-12

编号	风险源名称	风险源情况	相关工程	位置关系
SW-E-1	蓝岛大厦	框架剪力墙结构,地上8层,地下2层,箱筏基础	车站主体	邻近,水平距离最小5.5m
SW-E-2	4500mm×2800mm热力方沟	埋深约10.96m	D出入口	下穿,垂直距离约6.5m
			车站主体	斜穿,垂直距离约4.1m
SW-E-3	D1550mm污水管1	埋深约5.0m	D出入口	垂直下穿,垂直距离最小约13.0m
SW-E-4	D1550mm污水管2	埋深约4.8m	D出入口	垂直下穿,垂直距离最小约3.4m
SW-E-5	D600mm上水管	埋深约3.0m	D出入口	斜下穿,垂直距离最小约3.5m
SW-E-6	1600mm×950mm热力方沟	埋深约2.4m	D出入口	平行侧穿,水平距离4.8m
			车站主体	平行下穿,水平距离约7.5m,结垂直距离约12.6m
SW-E-7	2000mm×2350mm电力隧道	埋深8.2~11.7m	车站主体	斜穿/平行侧下穿,垂直距离约7.0~3.5m,水平距离约14.1m
SW-E-8	D300mm污水管	埋深约2.5m	D出入口	平行下穿,水平距离最小约0.4~1.7m

续上表

编号	风险源名称	风险源情况	相关工程	位置关系
SW-E-9	D400mm 燃气管	埋深约 5.0m	车站主体	垂直下穿,垂直距离约 9.8m
SE-E-10	D1350 ~ 1550 污水管	埋深约 5.2m	车站主体	平行下穿,水平距离约 0.65 ~ 3.8m,垂直距离约 9.7m
SW-E-11	D1750mm 上水管	埋深约 9.12m	车站主体	垂直下穿,垂直距离约 4.6m
SW-E-12	D500mm 天然气管	2 根,高压,埋深约 2.2m	车站主体	垂直下穿,垂直距离约 12.8m

(4)西北区(NW)

17 号线东大桥站西北区为车站 A 出入口所在的区域,如图 6-22 所示。本区域主要风险源见表 6-13、表 6-14。

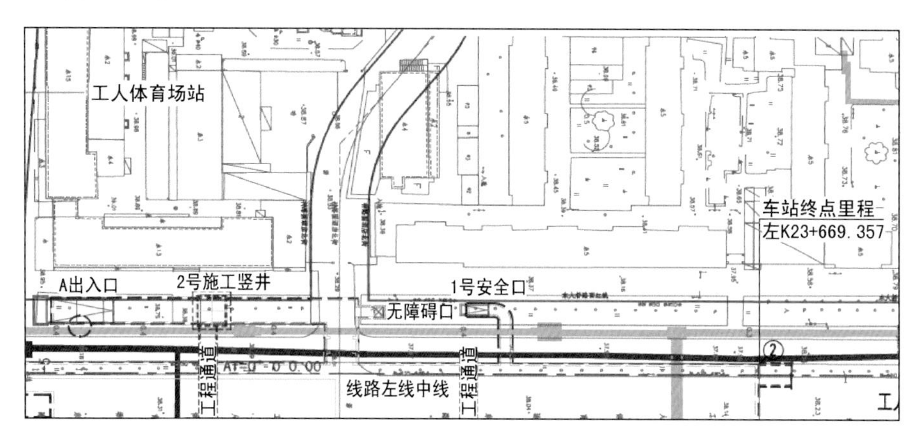

图 6-22　车站西北区详图

西北区工程自身风险源清单　表 6-13

编　号	风险源名称	风险源情况
NW-S-1	车站暗挖主体结构	基本情况同东北区
NW-S-2	车站暗挖主体结构	基本情况同东北区
NW-S-3	2 号施工竖井	开挖尺寸为 9.4m × 11.7m,深约 36.7m,采用倒挂井壁法施工
NW-S-4	A 出入口	开挖宽度 8.3m,高 6.8 ~ 10m,覆土厚 4.5 ~ 19.5m,最大埋深 28.5m,采用 4 导洞的 CD 法开挖,在断面较高时采用 6 导洞的 CRD 法施工

西北区周边环境风险源清单　表 6-14

编号	风险源名称	风险源情况	相关工程	位置关系
NW-E-1	4000mm × 3020mm 雨水方沟	埋深约 5.0m	2 号竖井	邻近,水平距离 1.0m
			A 出入口	平行下穿,水平距离最小约 1.8m
NW-E-2	1600mm × 950mm 热力方沟	埋深约 2.4m	2 号竖井	邻近,水平距离约 0.1m
			A 出入口	下穿,水平距离最小约 0.75m
			车站主体	平行下穿,水平距离约 7.5m,垂直距离约 12.6m

续上表

编号	风险源名称	风险源情况	相关工程	位置关系
NW-E-3	工体东路小区住宅楼	框架结构,15层	A出入口	邻近,水平距离最小7.4m
NW-E-4	D1550mm污水管	埋深约5.0m	A出入口	平行下穿,水平距离最小约5.8m
NW-E-5	D400mm燃气管	埋深约2.0m	A出入口	平行下穿,水平距离最小约4.0m
NW-E-6	D406mm燃气管	埋深约2.0m	A出入口	平行下穿,水平距离最小约8.5m
NW-E-7	D508mm燃气管	埋深约2.0m	A出入口	平行下穿,水平距离最小约9.8m
NW-E-8	4500mm×3000mm雨水方沟	埋深约5.0m	车站主体	平行侧下穿,水平距离约20m,垂直距离约10m
NW-E-9	2600mm×2300mm热力方沟	埋深约9.12m	车站主体	垂直下穿,垂直距离约4.6m

(5)中央区(C)

17号线东大桥站中央区为车站与既有6号线交叉的区域,如图6-23所示。本区域主要风险源见表6-15、表6-16。

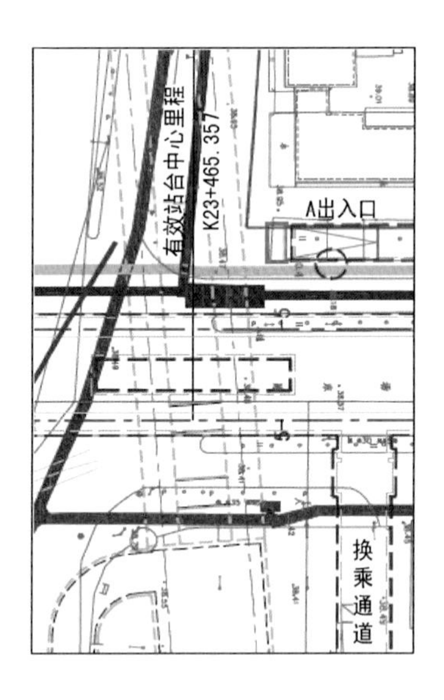

图6-23　车站中央区详图

中央区工程自身风险源清单　　表6-15

编　号	风险源名称	风险源情况
C-S-1	车站暗挖主体结构	分离式单洞隧道,单洞宽9.9m,高9.52m,间距5.2m,CRD法施工

中央区周边环境风险源清单　　表 6-16

编号	风险源名称	风险源情况	相关工程	位置关系
C-E-1	既有 6 号线东大桥站	双层双柱三跨结构，宽约 22.1m，高约 16m，底板埋深 22.9m	分离式单洞隧道	邻近，最小水平距离约 20.5m
C-E-2	既有 6 号线区间隧道	—	分离式单洞隧道	垂直下穿，净距约 2.0m
C-E-3	2000mm×2300mm 电力隧道	埋深 8.2～11.7m	分离式单洞隧道	斜穿/平行下穿，垂直距离 7.0～3.5m，水平距离约 14.1m
C-E-4	4500mm×3000mm 雨水方沟	埋深约 5.0m	分离式单洞隧道	平行侧下穿，水平距离约 20m，垂直距离约 10m

3）风险评估单元划分

北京地铁 17 号东大桥站是与既有 6 号线以及规划 28 号线的换乘站。车站除主体结构之外，还附属有 2 条换乘通道及 4 个出入口，未来还将在现有结构基础上新建联络通道与 28 号线东大桥站接驳。17 号线东大桥站属于典型的网络化拓建工程。根据工程特点，将工程按工程分项和主要工序划分为 13 个基本风险评估单元，如图 6-24 所示。

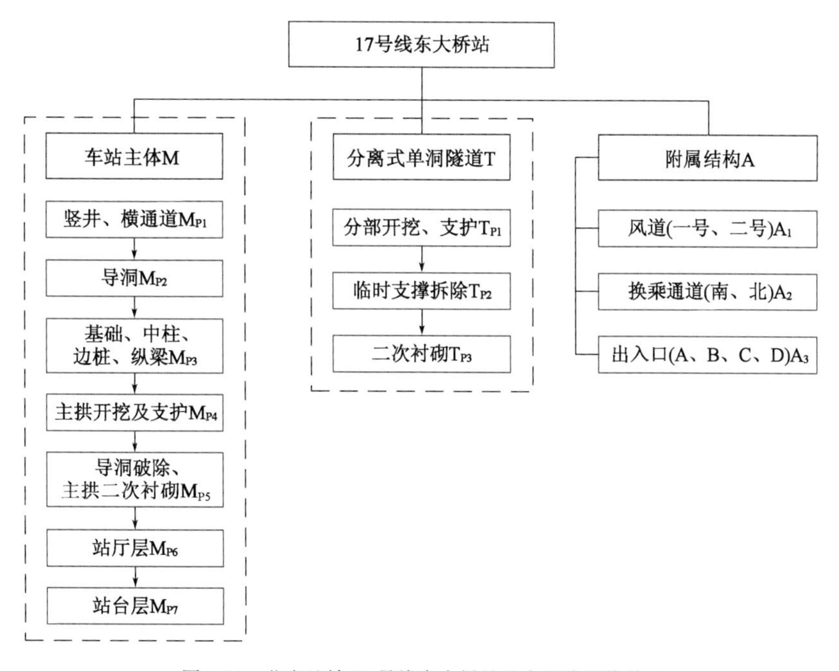

图 6-24　北京地铁 17 号线东大桥站基本风险评估单元

根据各基本风险评估单元占据的空间位置，基本评估单元可进一步细分为子评估单元，结果见表 6-17。

风险评估单元细分表　　表 6-17

单元	SE	NE	SW	NW	C
M_{P1}	M_{P1}^{SE}	M_{P1}^{NE}		M_{P1}^{NW}	
M_{P2}	M_{P2}^{SE}	M_{P2}^{NE}	M_{P2}^{SW}	M_{P2}^{NW}	
M_{P3}	M_{P3}^{SE}	M_{P3}^{NE}	M_{P3}^{SW}	M_{P3}^{NW}	
M_{P4}	M_{P4}^{SE}	M_{P4}^{NE}	M_{P4}^{SW}	M_{P4}^{NW}	
M_{P5}	M_{P5}^{SE}	M_{P5}^{NE}	M_{P5}^{SW}	M_{P5}^{NW}	
M_{P6}	M_{P6}^{SE}	M_{P6}^{NE}	M_{P6}^{SW}	M_{P6}^{NW}	
M_{P7}	M_{P7}^{SE}	M_{P7}^{NE}	M_{P7}^{SW}	M_{P7}^{NW}	
T_{P1}					T_{P1}^{C}
T_{P2}					T_{P2}^{C}
T_{P3}					T_{P3}^{C}
A_1	A_1^{SE}	A_1^{NE}			
A_2	A_2^{SE}	A_2^{NE}			
A_3	A_3^{SE}	A_3^{NE}	A_3^{SW}	A_3^{NW}	

4）风险识别

通过专家咨询和会议讨论，按风险分解结构（RBS）总结出 17 号线东大桥站所涉及的施工重大风险如图 6-25 所示。

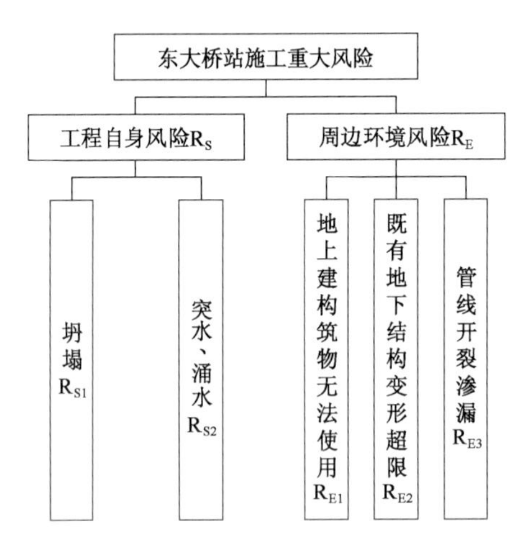

图 6-25　北京地铁 17 号线东大桥站施工重大风险分解结构

5）贝叶斯网络建模

本工程属于网络化拓建工程，根据本工程特点，建立贝叶斯网络，如图6-26所示。模型中共有33个节点，其中包含5个顶层风险事件节点，4个中间事件节点，13个因素事件节点和11个系统状态节点。

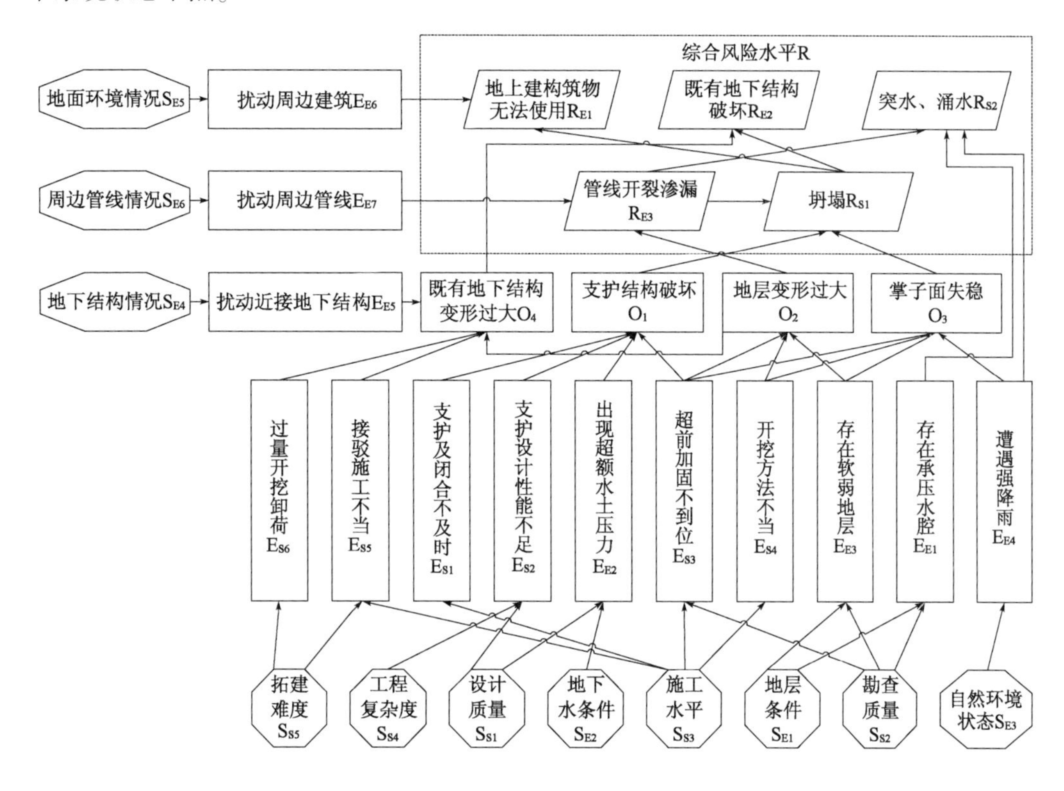

图6-26　北京地铁17号线东大桥站施工风险系统贝叶斯网络图

6）风险评估指标

图6-26中各系统状态节点的风险评估指标分别如图6-27～图6-37所示。图中蓝色外框代表该指标由组织管理子系统调控，红色外框代表该指标为动态指标，由马尔科夫链调控或由历程曲线直接赋值。

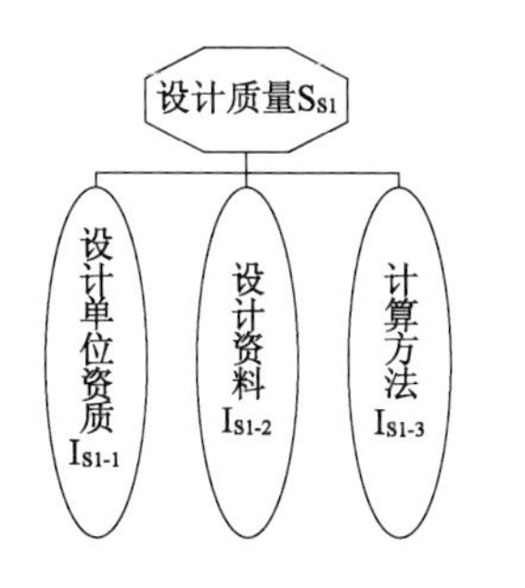

图6-27　设计质量（S_{S1}）风险评估指标

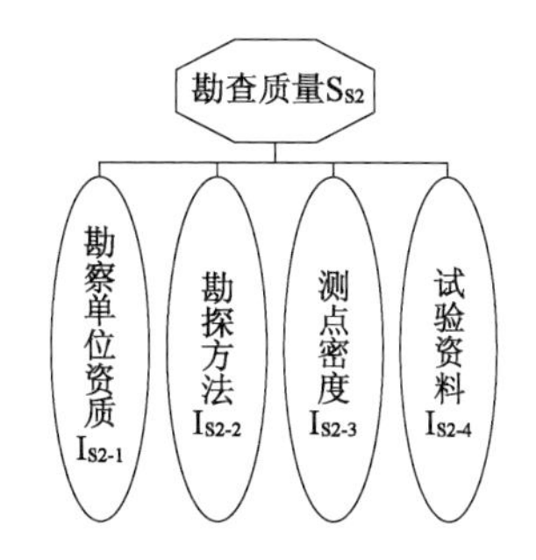

图6-28　勘察质量（S_{S2}）风险评估指标

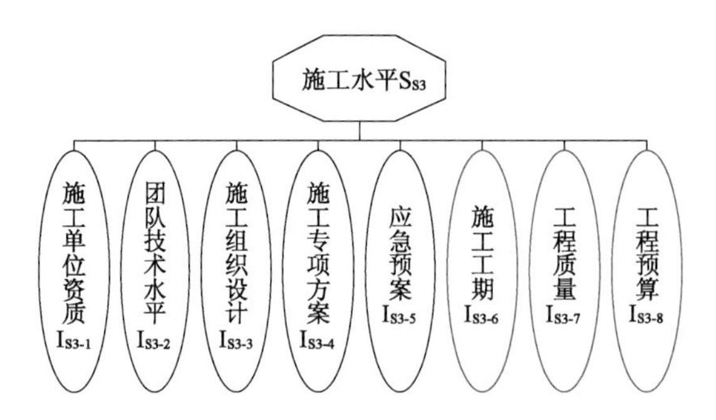

图 6-29 施工水平(S_{S3})风险评估指标

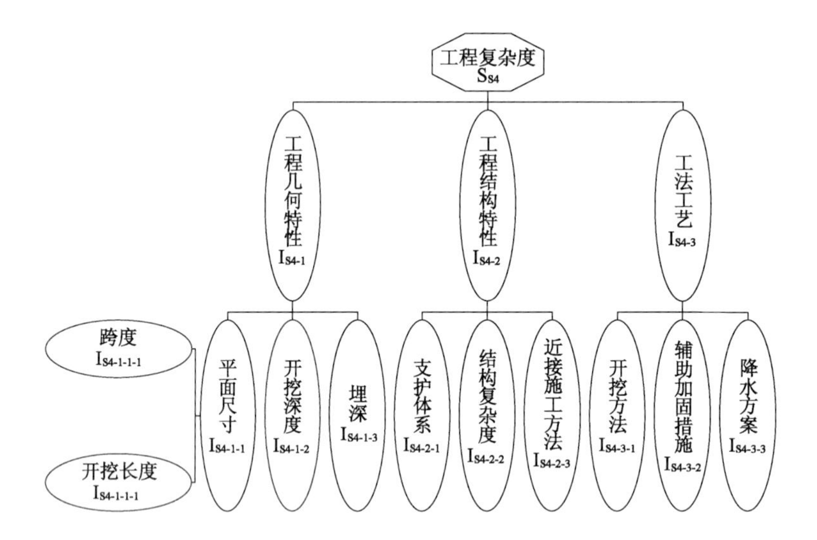

图 6-30 工程复杂度(S_{S4})风险评估指标

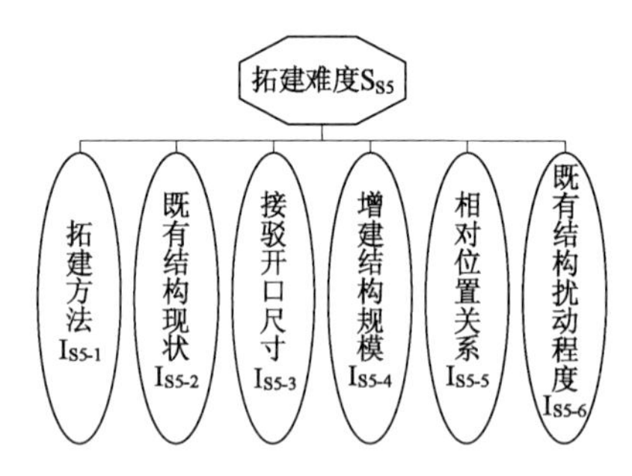

图 6-31 拓建难度(S_{S5})风险评估指标

7)耦合因素分析

通过会议讨论和专家咨询,确定东大桥站施工风险系统中存在以下 4 组耦合风险因素对。

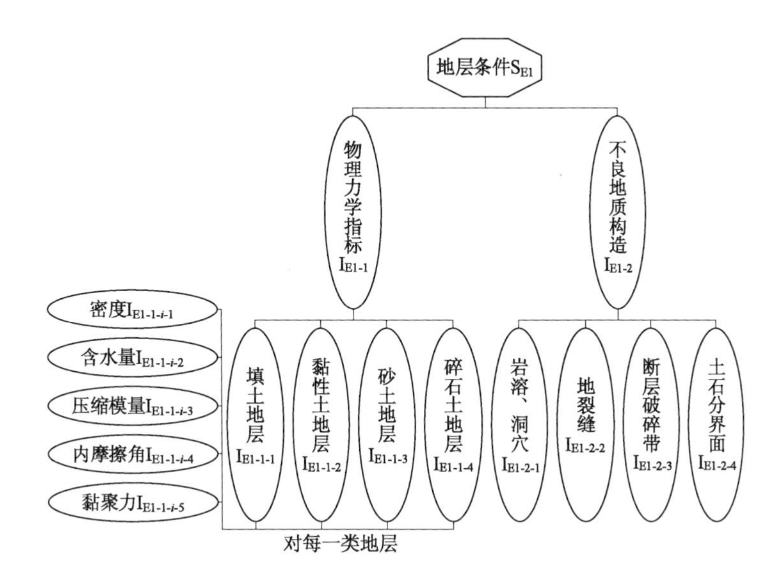

图6-32　地层条件(S_{E1})风险评估指标

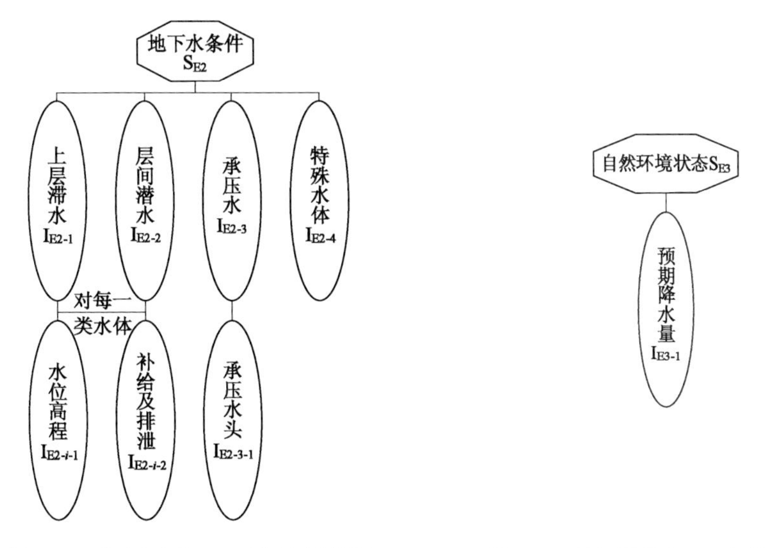

图6-33　地下水条件(S_{E2})风险评估指标　　　　图6-34　自然环境状态(S_{E3})风险评估指标

(1)超前加固不到位—存在软弱地层($E_{S3}-E_{E3}$)

超前加固指通过超前锚杆、超前小导管等方式配合注浆对待开挖地层进行力学性质改善的措施或采用管棚、水平旋喷等手段对待开挖区段进行预支护的措施。超前加固措施为隐蔽性工程,其施工质量和效果难以直观评价,加固效果不确定性较高。当地层性质较差、开挖面自稳时间极短时,不合格的超前加固极易导致开挖面在支护结构架设之前即发生失稳,造成灾难性后果。因此在软弱地层中进行浅埋暗挖法施工时,合格的超前加固对于保持开挖面稳定性的意义尤其重大,甚至可能会成为决定性因素。综上所述,可认为“超前加固不到位”和“存在软弱地层”间存在显著的正向耦合效应。

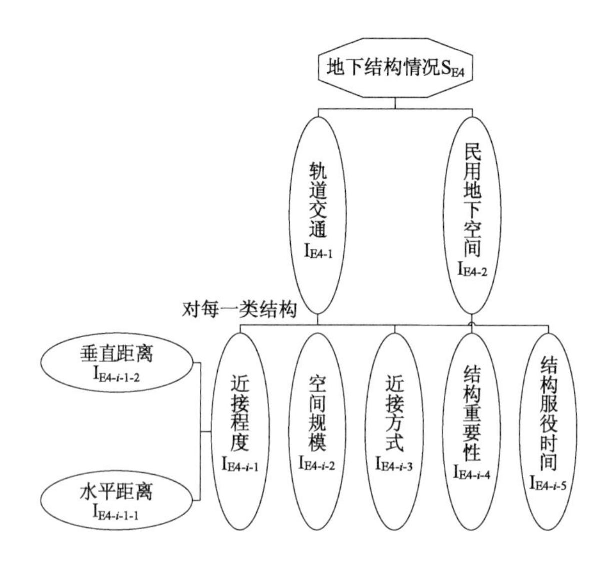

图 6-35　地下结构情况(S_{E4})风险评估指标

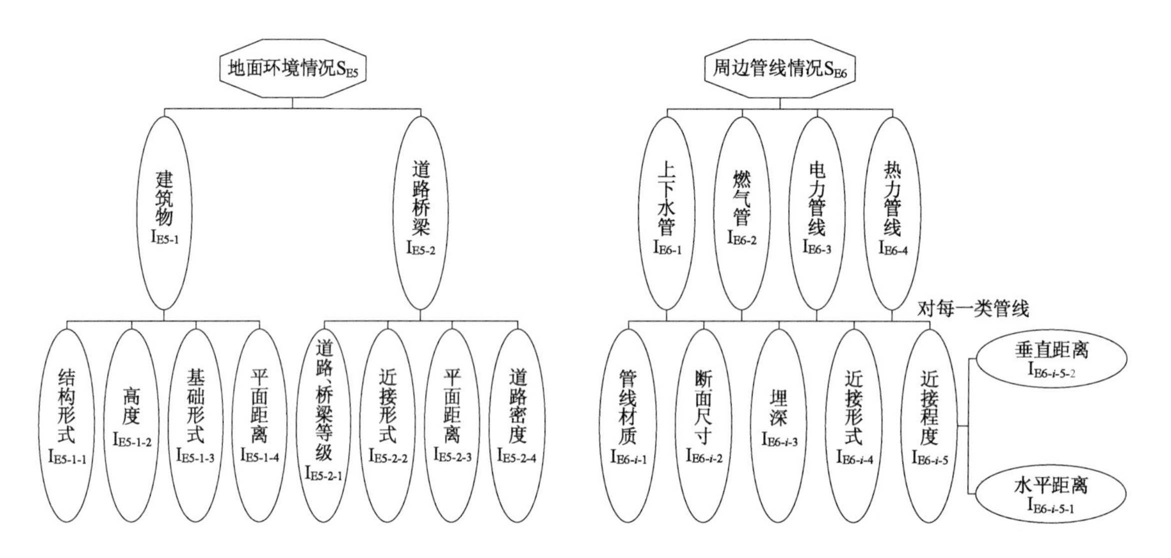

图 6-36　地面环境情况(S_{E5})风险评估指标

图 6-37　周边管线情况(S_{E6})风险评估指标

(2)支护设计性能不足—存在软弱地层($E_{S2}-E_{E3}$)

支护—地层联合承载体理论是现代地下工程设计的基本理念之一。一般来讲,地层的自承效应是保证地下结构稳定性的核心,支护结构的作用是辅助并引导地层形成稳定的承载体。但在软弱地层中,由于地层自承能力低下,支护结构必须成为承载的主体,这要求支护结构具有足够的强度和刚度。因此,在软弱地层中,支护性能不足所带来的风险势必显著大于在一般地层中的情况,故而可认为“支护设计性能不足”和“存在软弱地层”这一对风险因素间存在正向耦合效应。

(3)遭遇强降雨—存在软弱地层($E_{E4}-E_{E3}$)

岩土介质的力学性能受其含水量影响显著,特别是在软弱地层中,岩土体结构往往较为疏松、孔隙率高、固态颗粒间的结合力较弱，因此也往往具有相对更差的水理特性。在正常的补给和排泄条件下，通过各类降水、堵水、排水措施，一般可保证施工区域岩土体的含水量在允许范围内。但当遇到强降雨等情况时，地下水的入渗和补给往往会超过降排水措施所能疏干的水量上限，导致岩土体含水量迅速增加。当这一情况发生在软弱地层中时，往往会导致灾难性的后果。既往事故案例说明，“强降雨＋软弱地层”是城市地下空间工程的头号致灾原因，因此“遭遇强降雨”和“存在软弱地层”也是一对具有显著正向耦合效应的风险因素。

(4)支护设计性能不足—支护闭合不及时($E_{S2}-E_{S1}$)

“强支护、快封闭”作为浅埋暗挖法十八字方针中的重要部分常被一同提及，这说明当同时满足这两点要求时可起到“1＋1＞2”的效果。反之，支护闭合的不及时也必然会放大支护性能方面的缺陷，两者的不利影响存在叠加放大作用。根据风险因素耦合的定义，“支护设计性能不足”和“支护闭合不及时”亦存在正向耦合效应。

东大桥站风险因素的耦合关系及耦合树如图6-38所示。各对因素间耦合效应的评价及耦合系数的取值见表6-18。

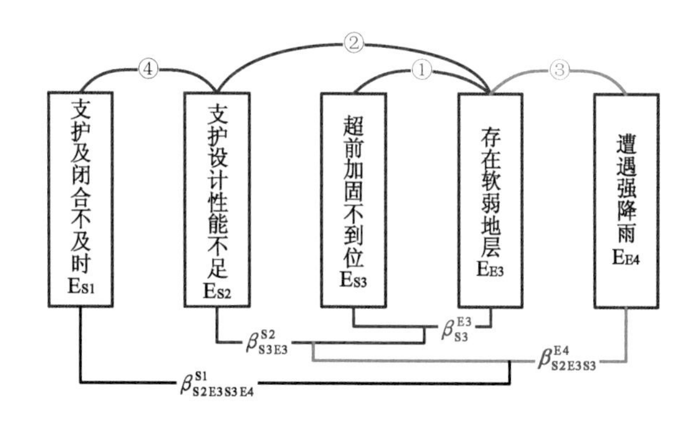

图6-38 北京地铁17号线东大桥站风险因素耦合树示意图

北京地铁17号线东大桥站风险因素耦合效应评价表 表6-18

编号	耦合因素对	耦合节点	耦合极性	耦合效应强弱	双因素耦合系数
①	$E_{S3}-E_{E3}$	O_1、O_2	正耦合	中耦合	0.15
②	$E_{S2}-E_{E3}$	R_{S1}	正耦合	中耦合～强耦合	0.25
③	$E_{E3}-E_{E4}$	O_3	正耦合	强耦合	0.4
④	$E_{S1}-E_{S2}$	O_1	正耦合	强耦合	0.35

8)贝叶斯网络参数选取

(1)连接强度评估及概率转换函数的确定

模型中共有27条事件节点间的连接和20条状态—事件连接。事件—事件连接的连接强度见表6-19，状态—事件连接的连接强度见表6-20。

东大桥站事件—事件连接强度表　　表 6-19

序号	连接对象	评价	连接强度	序号	连接对象	评价	连接强度
1	$E_{S1}-O_1$	偶尔地	0.2	15	O_2-O_4	频繁地	0.8
2	$E_{S2}-O_1$	很可能地	0.5	16	$E_{E6}-R_{E1}$	偶尔地	0.2
3	$E_{S3}-O_1$	偶尔地	0.15	17	$E_{E7}-R_{E3}$	很可能地	0.5
4	$E_{E2}-O_1$	频繁地	0.7	18	$E_{E1}-R_{S2}$	频繁地	0.8
5	$E_{S3}-O_2$	很可能地	0.6	19	$E_{E4}-R_{S2}$	很可能地	0.6
6	$E_{S4}-O_2$	频繁地	0.7	20	O_1-R_{S1}	必然地	1.0
7	$E_{E3}-O_2$	偶尔地	0.2	21	O_3-R_{S1}	必然地	1.0
8	$E_{S3}-O_3$	很可能地	0.5	22	O_2-R_{E3}	频繁地	0.8
9	$E_{S4}-O_3$	很可能地	0.6	23	O_4-R_{E2}	很可能地	0.4
10	$E_{E3}-O_3$	偶尔地	0.2	24	$R_{E3}-R_{S1}$	偶尔地	0.3
11	$E_{E4}-O_3$	很可能地	0.5	25	$R_{E3}-R_{S2}$	很可能地	0.4
12	$E_{S5}-O_4$	偶尔地	0.2	26	$R_{S1}-R_{E1}$	频繁地	0.7
13	$E_{S6}-O_4$	很可能地	0.4	27	$R_{S1}-R_{E2}$	频繁地	0.85
14	$E_{E5}-O_4$	很可能地	0.35				

东大桥站状态—事件连接强度表　　表 6-20

序号	连接对象	评价	连接强度	序号	连接对象	评价	连接强度
1	$S_{S1}-E_{S2}$	强连接	1.0	11	$S_{S4}-E_{S2}$	弱连接	0.3
2	$S_{S1}-E_{E2}$	中连接	0.6	12	$S_{S5}-E_{S5}$	强烈接	0.7
3	$S_{S2}-E_{S3}$	弱连接	0.2	13	$S_{S5}-E_{S6}$	强连接	1.0
4	$S_{S2}-E_{E1}$	强连接	1.0	14	$S_{E1}-E_{E1}$	中连接	0.5
5	$S_{S2}-E_{E3}$	强连接	0.8	15	$S_{E1}-E_{E3}$	强连接	1.0
6	$S_{S3}-E_{S1}$	强连接	1.0	16	$S_{E2}-E_{E2}$	强连接	0.75
7	$S_{S3}-E_{S3}$	强连接	1.0	17	$S_{E3}-E_{E4}$	强连接	1.0
8	$S_{S3}-Es_4$	强连接	1.0	18	$S_{E4}-E_{E5}$	强连接	1.0
9	$S_{S3}-E_{S5}$	强连接	0.8	19	$S_{E5}-E_{E6}$	强连接	1.0
10	$S_{S4}-E_{S1}$	弱连接	0.3	20	$S_{E6}-E_{E7}$	强连接	1.0

根据风险评估的一般观念和方法，状态—事件连接的概率转换函数采用10作为底数，并取受单一状态指标影响的因素事件发生概率的区间为[0.003,0.3]，代入式(4-30)后可求出概率转换函数为：

$$p^{\Gamma}(\varepsilon_{S_i}^{E}) = 10^{2\varepsilon_{S_i}^{E}-2.522878} \tag{6-33}$$

(2)建立条件概率表

根据连接强度评估结果，可建立东大桥站施工力学子系统贝叶斯网络中各非根节点的

CPT,见表6-21～表6-25。模型中宏观状态指标节点的状态数统一为4个,其中状态1代表最不利的情况,状态4代表最有利的情况。

具有2个父节点的贝叶斯网络顶层节点CPT　　表6-21

E_{E1}	R_{E3}	R_{S2}	E_{E6}	R_{S1}	R_{E1}	E_{E5}	R_{S1}	R_{E2}	E_{E7}	O_2	R_{E3}
T	T	0.8	T	T	0.7	T	T	0.85	T	T	0.8
	F	0.8		F	0.2		F	0.35		F	0.5
F	T	0.4	F	T	0.7	F	T	0.85	F	T	0.8
	F	0		F	0		F	0		F	0

具有3个父节点的贝叶斯网络顶层节点CPT　　表6-22

O_1	O_3	R_{E3}	R_{S1}	E_{S3}	E_{S4}	E_{E3}	O_2
T	T	T	1	T	T	T	0.74
		F	1			F	0.7
	F	T	1		F	T	0.74
		F	1			F	0.6
F	T	T	1	T	T	T	0.7
		F	1			F	0.7
	F	T	0.3		F	T	0.2
		F	0			F	0

具有4个父节点的贝叶斯网络顶层节点CPT　　表6-23

E_{S1}	E_{S2}	E_{S3}	E_{E2}	O_1	E_{S3}	E_{S4}	E_{E3}	E_{E4}	O_3
T	T	T	T	0.85	T	T	T	T	0.92
			F	0.85				F	0.74
		F	T	0.85			F	T	0.6
			F	0.85				F	0.6
	F	T	T	0.7		F	T	T	0.92
			F	0.2				F	0.675
		F	T	0.7			F	T	0.6
			F	0.2				F	0.5
F	T	T	T	0.7	F	T	T	T	0.92
			F	0.5				F	0.6
		F	T	0.7			F	T	0.6
			F	0.5				F	0.6
	F	T	T	0.7		F	T	T	0.92
			F	0.15				F	0.2
		F	T	0.7			F	T	0.16
			F	0				F	0

具有 2 个父节点的贝叶斯网络因素事件节点 CPT　　表 6-24

S_{S3}	E_{S1}	S_{S3}	E_{S4}	S_{E3}	E_{E4}	S_{E4}	E_{E5}	S_{E5}	E_{E6}	S_{E6}	E_{E7}
1	0.3	1	0.3	1	0.3	1	0.3	1	0.3	1	0.3
2	0.095	2	0.095	2	0.095	2	0.095	2	0.095	2	0.095
3	0.03	3	0.03	3	0.03	3	0.03	3	0.03	3	0.03
4	0.009	4	0.009	4	0.009	4	0.009	4	0.009	4	0.009

具有 3 个父节点的贝叶斯网络因素事件节点 CPT　　表 6-25

S_{E1}	S_{S2}	E_{E1}	S_{S4}	S_{S1}	E_{S2}	S_{S1}	S_{E2}	E_{E2}	S_{S2}	S_{S3}	E_{S3}	S_{S2}	S_{E1}	E_{E3}
1	1	0.321	1	1	0.308	1	1	0.138	1	1	0.305	1	1	0.384
	2	0.122		2	0.106		2	0.086		2	0.102		2	0.203
	3	0.059		3	0.042		3	0.064		3	0.037		3	0.146
	4	0.039		4	0.021		4	0.054		4	0.017		4	0.128
2	1	0.312	2	1	0.306	2	1	0.116	2	1	0.304	2	1	0.333
	2	0.110		2	0.103		2	0.063		2	0.100		2	0.138
	3	0.046		3	0.038		3	0.040		3	0.036		3	0.076
	4	0.026		4	0.018		4	0.031		4	0.015		4	0.057
3	1	0.307	3	1	0.304	3	1	0.106	3	1	0.303	3	1	0.313
	2	0.103		2	0.100		2	0.051		2	0.099		2	0.112
	3	0.039		3	0.036		3	0.029		3	0.035		3	0.048
	4	0.019		4	0.015		4	0.019		4	0.014		4	0.028
4	1	0.304	4	1	0.303	4	1	0.100	4	1	0.303	4	1	0.305
	2	0.100		2	0.099		2	0.046		2	0.098		2	0.102
	3	0.035		3	0.034		3	0.023		3	0.034		3	0.037
	4	0.015		4	0.014		4	0.013		4	0.013		4	0.017

9)评估指标隶属度及权重

模型中共有 11 大类共 65 个底层评估指标。其中,隶属于“设计质量 S_{S1}”“勘查质量 S_{S2}”“地层条件 S_{E1}”地下水条件“S_{E2}”“自然环境状态 S_{E3}”下的指标为全局指标,与评估单元及工程分区无关;隶属于“工程复杂度 S_{S4}”和“拓建难度 S_{S5}”下的指标与风险评估单元有关,按不同单元分别赋值;隶属于“地下结构情况 S_{E4}”“地面环境情况 S_{E5}”“周边管线情况 S_{E6}”下的指标与工程分区有关,按不同分区分别赋值;隶属于“施工水平 S_{S3}”下的指标“施工工期 I_{S3-6}”“工程质量 I_{S3-7}”“工程预算 I_{S3-8}”为受组织管理子系统控制的动态指标,其隶属度由组织管理子系统仿真结果自动计算,其余指标均为全局指标。采用确信度法对各评估指标赋值,评估论域与宏观状态指标节点保持一致的等级划分数量(4 级)和含义(1 级为最不利),结果见表 6-26 ~ 表 6-32。

全局指标评价结果　　表 6-26

评估指标	评价等级	确信度	评估指标	评价等级	确信度	评估指标	评价等级	确信度	评估指标	评价等级	确信度
I_{S1-1}	4	VS	I_{S3-5}	2	S	$I_{E1-1-3-1}$	2	QS	I_{E1-2-2}	4	VS
I_{S1-2}	4	QS	$I_{E1-1-1-1}$	3	QS	$I_{E1-1-3-2}$	4	S	I_{E1-2-3}	4	VS
I_{S1-3}	3	QS	$I_{E1-1-1-2}$	4	VS	$I_{E1-1-3-3}$	2	QS	I_{E1-2-4}	4	VS
I_{S2-1}	4	VS	$I_{E1-1-1-3}$	1	S	$I_{E1-1-3-4}$	3	S	I_{E2-1-1}	1	S
I_{S2-2}	4	VS	$I_{E1-1-1-4}$	1	VS	$I_{E1-1-3-5}$	3	HS	I_{E2-1-2}	2	NS
I_{S2-3}	4	QS	$I_{E1-1-1-5}$	1	VS	$I_{E1-1-4-1}$	2	QS	I_{E2-2-1}	2	QS
I_{S2-4}	3	QS	$I_{E1-1-2-1}$	2	QS	$I_{E1-1-4-2}$	1	QS	I_{E2-2-2}	3	S
I_{S3-1}	4	VS	$I_{E1-1-2-2}$	3	QS	$I_{E1-1-4-3}$	3	QS	I_{E2-3-1}	1	QS
I_{S3-2}	4	QS	$I_{E1-1-2-3}$	1	VS	$I_{E1-1-4-4}$	3	QS	I_{E2-4}	4	VS
I_{S3-3}	4	VS	$I_{E1-1-2-4}$	1	VS	$I_{E1-1-4-5}$	2	NS	I_{E3-1}	4	VS
I_{S3-4}	4	VS	$I_{E1-1-2-5}$	2	QS	I_{E1-2-1}	4	VS	—	—	—

评估单元相关指标评价结果　　表 6-27

指标		$I_{S4-1-1-1}$	$I_{S4-1-1-2}$	I_{S4-1-2}	I_{S4-1-3}	I_{S4-2-1}	I_{S4-2-2}	I_{S4-2-3}	I_{S4-3-1}	I_{S4-3-2}	I_{S4-3-3}	I_{S5-1}	I_{S5-2}	I_{S5-3}	I_{S5-4}	I_{S5-5}	I_{S5-6}
M_{P1}	评价等级	4	4	4	3	3	4	4	4	4	3	4	4	4	4	4	4
	确信度	VS	VS	VS	S	QS	VS	VS	S	QS	QS	VS	VS	VS	VS	VS	VS
M_{P2}	评价等级	—	—	—	3	2	4	3	3	4	3	4	4	4	4	4	4
	确信度	—	—	—	QS	VS	QS	S	S	QS	QS	VS	VS	VS	VS	VS	VS
M_{P3}	评价等级	—	—	—	3	3	2	4	4	4	4	4	4	4	4	4	4
	确信度	—	—	—	QS	QS	S	VS	VS	VS	VS	VS	VS	VS	VS	VS	VS
M_{P4}	评价等级	—	—	—	1	1	1	4	2	3	3	4	4	4	4	4	4
	确信度	—	—	—	QS	QS	VS	VS	S	QS	QS	VS	VS	VS	VS	VS	VS
M_{P5}	评价等级	—	—	—	1	2	1	4	4	4	4	4	4	4	4	4	4
	确信度	—	—	—	QS	S	VS	VS	VS	VS	VS	VS	VS	VS	VS	VS	VS
M_{P6}	评价等级	—	—	—	1	2	1	4	2	4	3	4	4	4	4	4	4
	确信度	—	—	—	QS	S	VS	VS	SS	VS	QS	VS	VS	VS	VS	VS	VS
M_{P7}	评价等级	—	—	—	1	2	1	4	2	4	2	4	4	4	4	4	4
	确信度	—	—	—	QS	S	VS	VS	SS	VS	QS	VS	VS	VS	VS	VS	VS

续上表

指标		$I_{S4\text{-}1\text{-}1\text{-}1}$	$I_{S4\text{-}1\text{-}1\text{-}2}$	$I_{S4\text{-}1\text{-}2}$	$I_{S4\text{-}1\text{-}3}$	$I_{S4\text{-}2\text{-}1}$	$I_{S4\text{-}2\text{-}2}$	$I_{S4\text{-}2\text{-}3}$	$I_{S4\text{-}3\text{-}1}$	$I_{S4\text{-}3\text{-}2}$	$I_{S4\text{-}3\text{-}3}$	$I_{S5\text{-}1}$	$I_{S5\text{-}2}$	$I_{S5\text{-}3}$	$I_{S5\text{-}4}$	$I_{S5\text{-}5}$	$I_{S5\text{-}6}$
T_{P1}	评价等级	4	4	4	3	3	4	1	3	2	2						
	确信度	VS	VS	VS	QS	QS	VS	QS	QS	S	QS						
T_{P2}	评价等级	—	—	—	3	1	4	4	4	4	4						
	确信度	—	—	—	QS	S	S	QS	VS	VS	VS						
T_{P3}	评价等级	—	—	—	3	3	4	4	4	4	4						
	确信度	—	—	—	QS	QS	S	VS	VS	VS	VS						
A_1	评价等级	4	4	4	4	2	2	4	2	4	2						
	确信度	VS	VS	VS	VS	S	QS	VS	S	VS	QS						
A_2	评价等级	4	4	4	1	2	4	2	3	3	4						
	确信度	VS	VS	VS	QS	QS	QS	QS	QS	S	S						
A_3	评价等级	4	4	4	1	3	4	3	4	2	4						
	确信度	VS	VS	VS	QS	QS	VS	QS	QS	S	S						

工程分区相关指标评价结果(东南区) 表 6-28

评估指标	评价等级	确信度	评估指标	评价等级	确信度	评估指标	评价等级	确信度	评估指标	评价等级	确信度
$I_{E4\text{-}1\text{-}1\text{-}1}$	1	QS	$I_{E4\text{-}2\text{-}5}$	4	VS	$I_{E6\text{-}1\text{-}3}$	3	S	$I_{E6\text{-}3\text{-}2}$	1	QS
$I_{E4\text{-}1\text{-}1\text{-}2}$	2	QS	$I_{E5\text{-}1\text{-}1}$	4	VS	$I_{E6\text{-}1\text{-}4}$	2	QS	$I_{E6\text{-}3\text{-}3}$	2	S
$I_{E4\text{-}1\text{-}2}$	4	S	$I_{E5\text{-}1\text{-}2}$	4	VS	$I_{E6\text{-}1\text{-}5\text{-}1}$	1	VS	$I_{E6\text{-}3\text{-}4}$	1	QS
$I_{E4\text{-}1\text{-}3}$	1	QS	$I_{E5\text{-}1\text{-}3}$	4	VS	$I_{E6\text{-}1\text{-}5\text{-}2}$	3	S	$I_{E6\text{-}3\text{-}5\text{-}1}$	1	QS
$I_{E4\text{-}1\text{-}4}$	3	S	$I_{E5\text{-}1\text{-}4}$	4	VS	$I_{E6\text{-}2\text{-}1}$	3	QS	$I_{E6\text{-}3\text{-}5\text{-}2}$	1	QS
$I_{E4\text{-}1\text{-}5}$	3	QS	$I_{E5\text{-}2\text{-}1}$	1	VS	$I_{E6\text{-}2\text{-}2}$	4	QS	$I_{E6\text{-}4\text{-}1}$	2	QS
$I_{E4\text{-}2\text{-}1\text{-}1}$	4	VS	$I_{E5\text{-}2\text{-}2}$	1	QS	$I_{E6\text{-}2\text{-}3}$	1	S	$I_{E6\text{-}4\text{-}2}$	1	VS
$I_{E4\text{-}2\text{-}1\text{-}2}$	4	VS	$I_{E5\text{-}2\text{-}3}$	1	VS	$I_{E6\text{-}2\text{-}4}$	2	QS	$I_{E6\text{-}4\text{-}3}$	3	S
$I_{E4\text{-}2\text{-}2}$	4	VS	$I_{E5\text{-}2\text{-}4}$	1	VS	$I_{E6\text{-}2\text{-}5\text{-}1}$	1	QS	$I_{E6\text{-}4\text{-}4}$	2	QS
$I_{E4\text{-}2\text{-}3}$	4	VS	$I_{E6\text{-}1\text{-}1}$	2	S	$I_{E6\text{-}2\text{-}5\text{-}2}$	3	QS	$I_{E6\text{-}4\text{-}5\text{-}1}$	1	QS
$I_{E4\text{-}2\text{-}4}$	4	VS	$I_{E6\text{-}1\text{-}2}$	1	VS	$I_{E6\text{-}3\text{-}1}$	2	QS	$I_{E6\text{-}4\text{-}5\text{-}2}$	1	VS

工程分区相关指标评价结果(东北区) 表6-29

评估指标	评价等级	确信度	评估指标	评价等级	确信度	评估指标	评价等级	确信度	评估指标	评价等级	确信度
$I_{E4\text{-}1\text{-}1\text{-}1}$	2	NS	$I_{E4\text{-}2\text{-}5}$	2	NS	$I_{E6\text{-}1\text{-}3}$	1	S	$I_{E6\text{-}3\text{-}2}$	1	QS
$I_{E4\text{-}1\text{-}1\text{-}2}$	1	QS	$I_{E5\text{-}1\text{-}1}$	3	QS	$I_{E6\text{-}1\text{-}4}$	1	QS	$I_{E6\text{-}3\text{-}3}$	2	S
$I_{E4\text{-}1\text{-}2}$	1	QS	$I_{E5\text{-}1\text{-}2}$	2	QS	$I_{E6\text{-}1\text{-}5\text{-}1}$	2	S	$I_{E6\text{-}3\text{-}4}$	1	VS
$I_{E4\text{-}1\text{-}3}$	2	S	$I_{E5\text{-}1\text{-}3}$	3	S	$I_{E6\text{-}1\text{-}5\text{-}2}$	3	HS	$I_{E6\text{-}3\text{-}5\text{-}1}$	1	VS
$I_{E4\text{-}1\text{-}4}$	1	S	$I_{E5\text{-}1\text{-}4}$	2	QS	$I_{E6\text{-}2\text{-}1}$	4	VS	$I_{E6\text{-}3\text{-}5\text{-}2}$	1	QS
$I_{E4\text{-}1\text{-}5}$	3	QS	$I_{E5\text{-}2\text{-}1}$	1	VS	$I_{E6\text{-}2\text{-}2}$	4	VS	$I_{E6\text{-}4\text{-}1}$	2	QS
$I_{E4\text{-}2\text{-}1\text{-}1}$	2	QS	$I_{E5\text{-}2\text{-}2}$	1	QS	$I_{E6\text{-}2\text{-}3}$	4	VS	$I_{E6\text{-}4\text{-}2}$	1	QS
$I_{E4\text{-}2\text{-}1\text{-}2}$	4	VS	$I_{E5\text{-}2\text{-}3}$	2	S	$I_{E6\text{-}2\text{-}4}$	4	VS	$I_{E6\text{-}4\text{-}3}$	2	S
$I_{E4\text{-}2\text{-}2}$	2	S	$I_{E5\text{-}2\text{-}4}$	2	QS	$I_{E6\text{-}2\text{-}5\text{-}1}$	4	VS	$I_{E6\text{-}4\text{-}4}$	2	QS
$I_{E4\text{-}2\text{-}3}$	3	S	$I_{E6\text{-}1\text{-}1}$	3	S	$I_{E6\text{-}2\text{-}5\text{-}2}$	4	VS	$I_{E6\text{-}4\text{-}5\text{-}1}$	1	QS
$I_{E4\text{-}2\text{-}4}$	3	S	$I_{E6\text{-}1\text{-}2}$	4	S	$I_{E6\text{-}3\text{-}1}$	2	QS	$I_{E6\text{-}4\text{-}5\text{-}2}$	1	QS

工程分区相关指标评价结果(西南区) 表6-30

评估指标	评价等级	确信度	评估指标	评价等级	确信度	评估指标	评价等级	确信度	评估指标	评价等级	确信度
$I_{E4\text{-}1\text{-}1\text{-}1}$	4	VS	$I_{E4\text{-}2\text{-}5}$	2	NS	$I_{E6\text{-}1\text{-}3}$	2	S	$I_{E6\text{-}3\text{-}2}$	1	QS
$I_{E4\text{-}1\text{-}1\text{-}2}$	4	VS	$I_{E5\text{-}1\text{-}1}$	3	QS	$I_{E6\text{-}1\text{-}4}$	2	QS	$I_{E6\text{-}3\text{-}3}$	2	S
$I_{E4\text{-}1\text{-}2}$	4	VS	$I_{E5\text{-}1\text{-}2}$	3	QS	$I_{E6\text{-}1\text{-}5\text{-}1}$	1	VS	$I_{E6\text{-}3\text{-}4}$	1	QS
$I_{E4\text{-}1\text{-}3}$	4	VS	$I_{E5\text{-}1\text{-}3}$	3	S	$I_{E6\text{-}1\text{-}5\text{-}2}$	1	QS	$I_{E6\text{-}3\text{-}5\text{-}1}$	2	QS
$I_{E4\text{-}1\text{-}4}$	4	VS	$I_{E5\text{-}1\text{-}4}$	1	S	$I_{E6\text{-}2\text{-}1}$	3	QS	$I_{E6\text{-}3\text{-}5\text{-}2}$	1	QS
$I_{E4\text{-}1\text{-}5}$	4	VS	$I_{E5\text{-}2\text{-}1}$	1	VS	$I_{E6\text{-}2\text{-}2}$	4	QS	$I_{E6\text{-}4\text{-}1}$	2	QS
$I_{E4\text{-}2\text{-}1\text{-}1}$	1	S	$I_{E5\text{-}2\text{-}2}$	1	QS	$I_{E6\text{-}2\text{-}3}$	1	S	$I_{E6\text{-}4\text{-}2}$	1	VS
$I_{E4\text{-}2\text{-}1\text{-}2}$	4	VS	$I_{E5\text{-}2\text{-}3}$	1	VS	$I_{E6\text{-}2\text{-}4}$	2	QS	$I_{E6\text{-}4\text{-}3}$	1	S
$I_{E4\text{-}2\text{-}2}$	3	S	$I_{E5\text{-}2\text{-}4}$	1	VS	$I_{E6\text{-}2\text{-}5\text{-}1}$	1	QS	$I_{E6\text{-}4\text{-}4}$	1	VS
$I_{E4\text{-}2\text{-}3}$	3	S	$I_{E6\text{-}1\text{-}1}$	2	QS	$I_{E6\text{-}2\text{-}5\text{-}2}$	3	QS	$I_{E6\text{-}4\text{-}5\text{-}1}$	2	QS
$I_{E4\text{-}2\text{-}4}$	3	S	$I_{E6\text{-}1\text{-}2}$	1	VS	$I_{E6\text{-}3\text{-}1}$	2	QS	$I_{E6\text{-}4\text{-}5\text{-}2}$	2	QS

工程分区相关指标评价结果(西北区) 表6-31

评估指标	评价等级	确信度	评估指标	评价等级	确信度	评估指标	评价等级	确信度	评估指标	评价等级	确信度
$I_{E4\text{-}1\text{-}1\text{-}1}$	4	VS	$I_{E4\text{-}2\text{-}5}$	2	NS	$I_{E6\text{-}1\text{-}3}$	2	QS	$I_{E6\text{-}3\text{-}2}$	4	VS
$I_{E4\text{-}1\text{-}1\text{-}2}$	4	VS	$I_{E5\text{-}1\text{-}1}$	2	QS	$I_{E6\text{-}1\text{-}4}$	1	VS	$I_{E6\text{-}3\text{-}3}$	4	VS
$I_{E4\text{-}1\text{-}2}$	4	VS	$I_{E5\text{-}1\text{-}2}$	3	QS	$I_{E6\text{-}1\text{-}5\text{-}1}$	1	QS	$I_{E6\text{-}3\text{-}4}$	4	VS
$I_{E4\text{-}1\text{-}3}$	4	VS	$I_{E5\text{-}1\text{-}3}$	1	HS	$I_{E6\text{-}1\text{-}5\text{-}2}$	3	NS	$I_{E6\text{-}3\text{-}5\text{-}1}$	4	VS
$I_{E4\text{-}1\text{-}4}$	4	VS	$I_{E5\text{-}1\text{-}4}$	2	S	$I_{E6\text{-}2\text{-}1}$	3	QS	$I_{E6\text{-}3\text{-}5\text{-}2}$	4	VS
$I_{E4\text{-}1\text{-}5}$	4	VS	$I_{E5\text{-}2\text{-}1}$	1	VS	$I_{E6\text{-}2\text{-}2}$	3	QS	$I_{E6\text{-}4\text{-}1}$	2	QS
$I_{E4\text{-}2\text{-}1\text{-}1}$	2	S	$I_{E5\text{-}2\text{-}2}$	1	QS	$I_{E6\text{-}2\text{-}3}$	1	QS	$I_{E6\text{-}4\text{-}2}$	1	VS
$I_{E4\text{-}2\text{-}1\text{-}2}$	4	VS	$I_{E5\text{-}2\text{-}3}$	2	S	$I_{E6\text{-}2\text{-}4}$	1	VS	$I_{E6\text{-}4\text{-}3}$	1	S
$I_{E4\text{-}2\text{-}2}$	4	QS	$I_{E5\text{-}2\text{-}4}$	2	QS	$I_{E6\text{-}2\text{-}5\text{-}1}$	2	S	$I_{E6\text{-}4\text{-}4}$	1	QS
$I_{E4\text{-}2\text{-}3}$	3	S	$I_{E6\text{-}1\text{-}1}$	2	QS	$I_{E6\text{-}2\text{-}5\text{-}2}$	3	NS	$I_{E6\text{-}4\text{-}5\text{-}1}$	1	VS
$I_{E4\text{-}2\text{-}4}$	3	S	$I_{E6\text{-}1\text{-}2}$	1	VS	$I_{E6\text{-}3\text{-}1}$	4	VS	$I_{E6\text{-}4\text{-}5\text{-}2}$	2	QS

工程分区相关指标评价结果(中央区)　　表 6-32

评估指标	评价等级	确信度	评估指标	评价等级	确信度	评估指标	评价等级	确信度	评估指标	评价等级	确信度
$I_{E4-1-1-1}$	1	VS	I_{E4-2-5}	4	VS	I_{E6-1-3}	2	S	I_{E6-3-2}	1	QS
$I_{E4-1-1-2}$	1	VS	I_{E5-1-1}	4	VS	I_{E6-1-4}	1	QS	I_{E6-3-3}	2	S
I_{E4-1-2}	3	QS	I_{E5-1-2}	4	VS	$I_{E6-1-5-1}$	4	QS	I_{E6-3-4}	1	VS
I_{E4-1-3}	1	QS	I_{E5-1-3}	4	VS	$I_{E6-1-5-2}$	2	QS	$I_{E6-3-5-1}$	3	S
I_{E4-1-4}	2	S	I_{E5-1-4}	4	VS	I_{E6-2-1}	4	VS	$I_{E6-3-5-2}$	1	QS
I_{E4-1-5}	3	QS	I_{E5-2-1}	1	VS	I_{E6-2-2}	4	VS	I_{E6-4-1}	4	VS
$I_{E4-2-1-1}$	4	VS	I_{E5-2-2}	1	QS	I_{E6-2-3}	4	VS	I_{E6-4-2}	4	VS
$I_{E4-2-1-2}$	4	VS	I_{E5-2-3}	1	VS	I_{E6-2-4}	4	VS	I_{E6-4-3}	4	VS
I_{E4-2-2}	4	VS	I_{E5-2-4}	1	VS	$I_{E6-2-5-1}$	4	VS	I_{E6-4-4}	4	VS
I_{E4-2-3}	4	VS	I_{E6-1-1}	2	QS	$I_{E6-2-5-2}$	4	VS	$I_{E6-4-5-1}$	4	VS
I_{E4-2-4}	4	VS	I_{E6-1-2}	1	VS	I_{E6-3-1}	2	QS	$I_{E6-4-5-2}$	4	VS

评估指标权重采用层次分析法计算,结果见表 6-33。

评估指标权重计算结果　　表 6-33

状态指标	评估指标	权重	状态指标	评估指标	权重	状态指标	评估指标	权重	状态指标	评估指标	权重
设计质量 S_{S1}	I_{S1-1}	0.193	地层条件 S_{E1}	$I_{E1-1-1-1}$	0.035	地下水条件 S_{E2}	I_{E2-1-1}	0.113	周边管线情况 S_{E6}	I_{E6-1-1}	0.047
	I_{S1-2}	0.083		$I_{E1-1-1-2}$	0.054		I_{E2-1-2}	0.371		I_{E6-1-2}	0.049
	I_{S1-3}	0.724		$I_{E1-1-1-3}$	0.061		I_{E2-2-1}	0.074		I_{E6-1-3}	0.038
勘查质量 S_{S2}	I_{S2-1}	0.079		$I_{E1-1-1-4}$	0.046		I_{E2-2-2}	0.039		I_{E6-1-4}	0.006
	I_{S2-2}	0.201		$I_{E1-1-1-5}$	0.077		I_{E2-3-1}	0.345		$I_{E6-1-5-1}$	0.036
	I_{S2-3}	0.519		$I_{E1-1-2-1}$	0.015		I_{E2-4}	0.058		$I_{E6-1-5-2}$	0.054
	I_{S2-4}	0.201		$I_{E1-1-2-2}$	0.037	地下结构情况 S_{E4}	$I_{E4-1-1-1}$	0.069		I_{E6-2-1}	0.059
施工水平 S_{S3}	I_{S3-1}	0.032		$I_{E1-1-2-3}$	0.065		$I_{E4-1-1-2}$	0.004		I_{E6-2-2}	0.010
	I_{S3-2}	0.075		$I_{E1-1-2-4}$	0.040		I_{E4-1-2}	0.095		I_{E6-2-3}	0.013
	I_{S3-3}	0.075		$I_{E1-1-2-5}$	0.050		I_{E4-1-3}	0.116		I_{E6-2-4}	0.008
	I_{S3-4}	0.075		$I_{E1-1-3-1}$	0.022		I_{E4-1-4}	0.079		$I_{E6-2-5-1}$	0.078
	I_{S3-5}	0.032		$I_{E1-1-3-2}$	0.059		I_{E4-1-5}	0.117		$I_{E6-2-5-2}$	0.050
	I_{S3-6}	0.177		$I_{E1-1-3-3}$	0.060		$I_{E4-2-1-1}$	0.028		I_{E6-3-1}	0.079
	I_{S3-7}	0.357		$I_{E1-1-3-4}$	0.026		$I_{E4-2-1-2}$	0.117		I_{E6-3-2}	0.012
	I_{S3-8}	0.177		$I_{E1-1-3-5}$	0.089		I_{E4-2-2}	0.133		I_{E6-3-3}	0.070
工程特性 S_{S4}	$I_{S4-1-1-1}$	0.12		$I_{E1-1-4-1}$	0.055	地面环境情况 S_{E5}	I_{E4-2-3}	0.044		I_{E6-3-4}	0.066
	$I_{S4-1-1-2}$	0.06		$I_{E1-1-4-2}$	0.030		I_{E4-2-4}	0.074		$I_{E6-3-5-1}$	0.031
	I_{S4-1-2}	0.099		$I_{E1-1-4-3}$	0.039		I_{E4-2-5}	0.125		$I_{E6-3-5-2}$	0.065
	I_{S4-1-3}	0.055		$I_{E1-1-4-4}$	0.050		I_{E5-1-1}	0.153		I_{E6-4-1}	0.011
	I_{S4-2-1}	0.08		$I_{E1-1-4-5}$	0.000		I_{E5-1-2}	0.184		I_{E6-4-2}	0.060
	I_{S4-2-2}	0.208		I_{E1-2-1}	0.050		I_{E5-1-3}	0.005		I_{E6-4-3}	0.024
	I_{S4-2-3}	0.046		I_{E1-2-2}	0.030		I_{E5-1-4}	0.161		I_{E6-4-4}	0.042
	I_{S4-3-1}	0.111		I_{E1-2-3}	0.005		I_{E5-2-1}	0.165		$I_{E6-4-5-1}$	0.061
	I_{S4-3-2}	0.111		I_{E1-2-4}	0.003		I_{E5-2-2}	0.099		$I_{E6-4-5-2}$	0.029
	I_{S4-3-3}	0.111	—				I_{E5-2-3}	0.173	—		
—							I_{E5-2-4}	0.062			

10)评估时间标度及动态指标马尔科夫矩阵

由于北京地铁 17 号线东大桥站施工总工期为 3 年 2 个月,在综合考虑评估精度和计算量后,本次评估时间步长定为“1 个星期”。本次评估工作采用指派法为马尔科夫矩阵赋值。由于评估所采用的动态指标在每个评估单元内的预期变化趋势较为简单,故采用指派法确定马尔科夫矩阵。各风险评估单元的马尔科夫矩阵取值见表 6-34。

马尔科夫矩阵取值表　　表 6-34

评估单元	指　标	类　型	参　数			起止时间(周)	
			α	β	吸收态	开始	结束
M_{P1}	跨度 $I_{S4\text{-}1\text{-}1\text{-}1}$	静态型	—	—	—	0	12
	开挖长度 $I_{S4\text{-}1\text{-}1\text{-}2}$	吸收型	0	0.2	3		
	开挖深度 $I_{S4\text{-}1\text{-}2}$	单调型	0	0.08	-		
	预期降水量 $I_{E3\text{-}1}$	静态型	—	—	—		
M_{P2}	跨度 $I_{S4\text{-}1\text{-}1\text{-}1}$	吸收型	0	0.2	3	12	28
	开挖长度 $I_{S4\text{-}1\text{-}1\text{-}2}$	静态型	—	—	—		
	开挖深度 $I_{S4\text{-}1\text{-}2}$	单调型	0	0.14	—		
	预期降水量 $I_{E3\text{-}1}$	单调型	0	0.08	—		
M_{P3}	跨度 $I_{S4\text{-}1\text{-}1\text{-}1}$	静态型	—	—	—	28	62
	开挖长度 $I_{S4\text{-}1\text{-}1\text{-}2}$	静态型	—	—	—		
	开挖深度 $I_{S4\text{-}1\text{-}2}$	静态型	—	—	—		
	预期降水量 $I_{E3\text{-}1}$	单调型	0.12	0.1	—		
M_{P4}/M_{P5}	跨度 $I_{S4\text{-}1\text{-}1\text{-}1}$	单调型	0	0.18	—	62	86
	开挖长度 $I_{S4\text{-}1\text{-}1\text{-}2}$	吸收型	0	0.05	4		
	开挖深度 $I_{S4\text{-}1\text{-}2}$	单调型	0	0.15	—		
	预期降水量 $I_{E3\text{-}1}$	单调型	0	0.08	—		
M_{P6}	跨度 $I_{S4\text{-}1\text{-}1\text{-}1}$	静态型	—	—	—	86	106
	开挖长度 $I_{S4\text{-}1\text{-}1\text{-}2}$	单调型	0	0.12	—		
	开挖深度 $I_{S4\text{-}1\text{-}2}$	单调型	0	0.03	—		
	预期降水量 $I_{E3\text{-}1}$	单调型	0.04	0	—		

续上表

评估单元	指　　标	类　　型	参　　数			起止时间(周)	
			α	β	吸收态	开始	结束
M_{P7}	跨度 $I_{S4\text{-}1\text{-}1\text{-}1}$	静态型	—	—	—	106	132
	开挖长度 $I_{S4\text{-}1\text{-}1\text{-}2}$	静态型	—	—	—		
	开挖深度 $I_{S4\text{-}1\text{-}2}$	静态型	—	—	—		
	预期降水量 $I_{E3\text{-}1}$	单调型	0	0.05	—		
T_{P1}	跨度 $I_{S4\text{-}1\text{-}1\text{-}1}$	单调型	0	0.12	—	28	44
	开挖长度 $I_{S4\text{-}1\text{-}1\text{-}2}$	单调型	0	0.07	—		
	开挖深度 $I_{S4\text{-}1\text{-}2}$	单调型	0	0.06	—		
	预期降水量 $I_{E3\text{-}1}$	单调型	0.06	0.1	—		
T_{P2}	跨度 $I_{S4\text{-}1\text{-}1\text{-}1}$	静态型	—	—	—	44	52
	开挖长度 $I_{S4\text{-}1\text{-}1\text{-}2}$	静态型	—	—	—		
	开挖深度 $I_{S4\text{-}1\text{-}2}$	单调型	0	0.08	—		
	预期降水量 $I_{E3\text{-}1}$	单调型	0.08	0	—		
T_{P3}	跨度 $I_{S4\text{-}1\text{-}1\text{-}1}$	静态型	—	—	—	52	62
	开挖长度 $I_{S4\text{-}1\text{-}1\text{-}2}$	静态型	—	—	—		
	开挖深度 $I_{S4\text{-}1\text{-}2}$	静态型	—	—	—		
	预期降水量 $I_{E3\text{-}1}$	静态型	—	—	—		
A_1	跨度 $I_{S4\text{-}1\text{-}1\text{-}1}$	单调型	0	0.11	—	106	132
	开挖长度 $I_{S4\text{-}1\text{-}1\text{-}2}$	单调型	0	0.03	—		
	开挖深度 $I_{S4\text{-}1\text{-}2}$	单调型	0	0.04	—		
	预期降水量 $I_{E3\text{-}1}$	单调型	0	0.05	—		
A_2	跨度 $I_{S4\text{-}1\text{-}1\text{-}1}$	单调型	0	0.14	—	106	132
	开挖长度 $I_{S4\text{-}1\text{-}1\text{-}2}$	静态型	—	—	—		
	开挖深度 $I_{S4\text{-}1\text{-}2}$	单调型	0	0.08	—		
	预期降水量 $I_{E3\text{-}1}$	单调型	0	0.05	—		
A_3	跨度 $I_{S4\text{-}1\text{-}1\text{-}1}$	单调型	0	0.1	—	112	132
	开挖长度 $I_{S4\text{-}1\text{-}1\text{-}2}$	静态型	—	—	—		
	开挖深度 $I_{S4\text{-}1\text{-}2}$	单调型	0	0.06	—		
	预期降水量 $I_{E3\text{-}1}$	静态型	—	—	—		

11)组织管理子系统建模

(1)模型结构

采用系统动力学软件 Venisim-PLE 建立北京地铁 17 号线东大桥站组织管理子系统模型如图 6-39 所示。

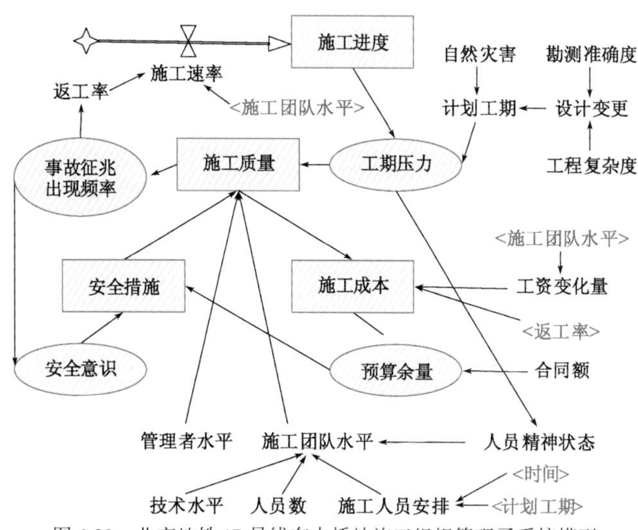

图 6-39　北京地铁 17 号线东大桥站施工组织管理子系统模型

(2)系统动力学仿真结果

采用 VensimPLE 软件对东大桥站组织管理子系统 SD 模型进行仿真,得到以各主要因素的演变曲线如图 6-40 所示。

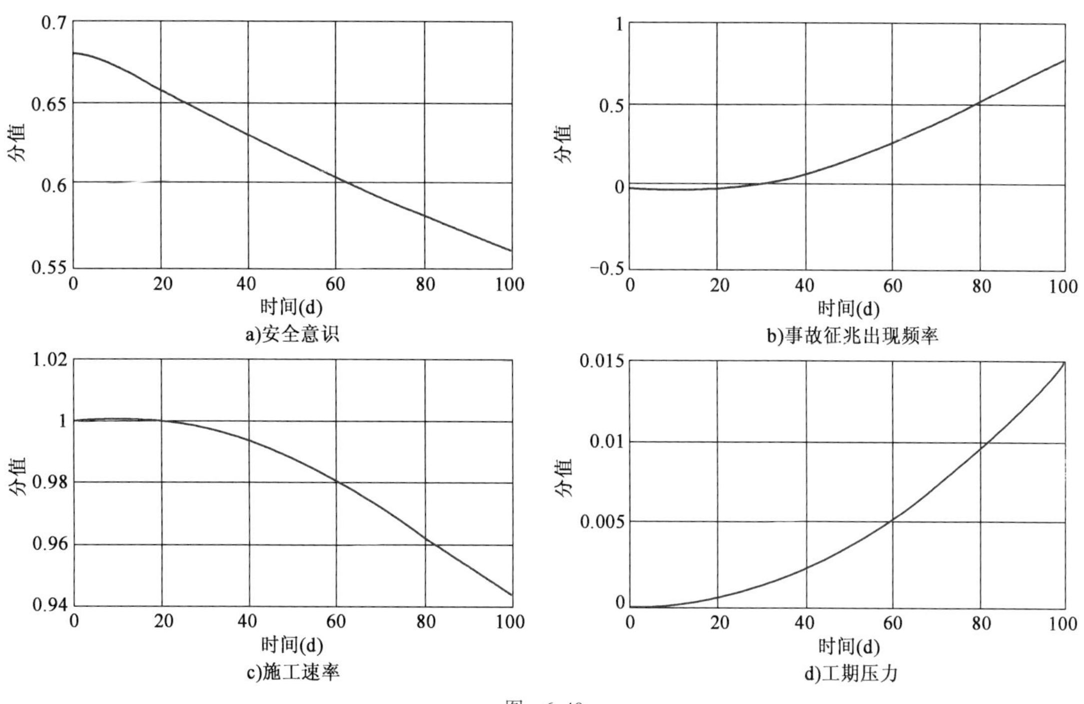

图　6-40

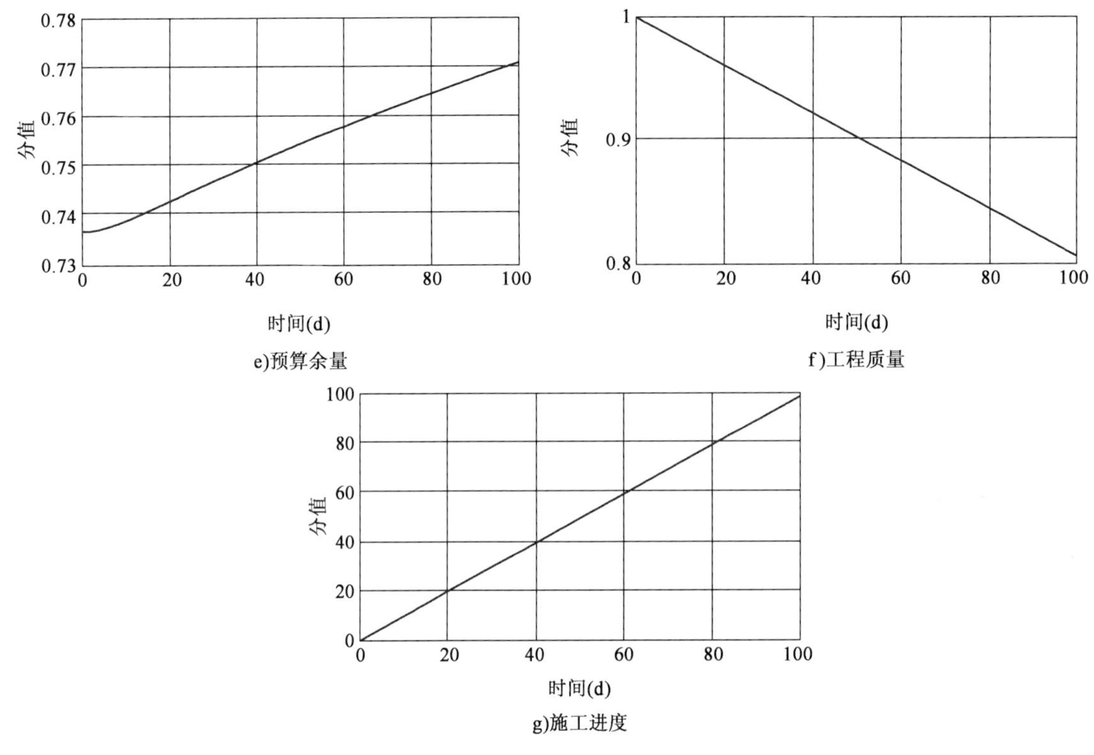

图 6-40　各主要因素变化曲线

6.4.3　施工过程风险耦合演变分析结果

根据施组计划,东大桥站自施工竖井开挖至内部结构浇筑完毕计划工期为 2 年 10 个月。本次分析时间跨度按 132 周考虑(一个月按 4 周考虑),分析时间步长为 1 个自然周。通过马尔科夫—模糊综合评价和系统动力学仿真得到评估指标的时间历程数据后,导入贝叶斯网络进行分析,结果如下。

1) 各单元风险分析

各评估单元施工过程风险分析结果如图 6-41 ~ 图 6-52 所示。

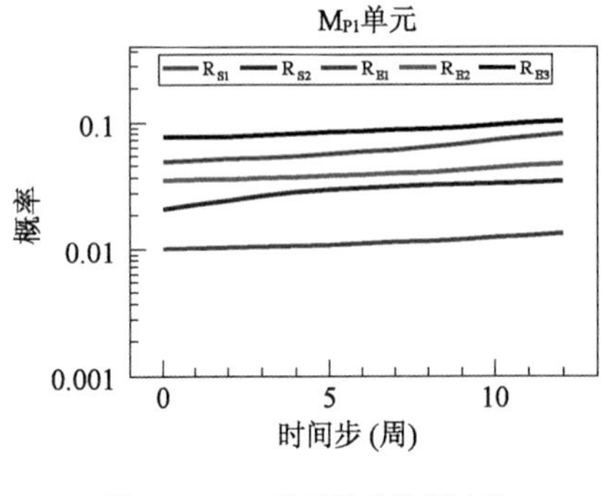

图 6-41　M_{P1} 单元风险分析结果

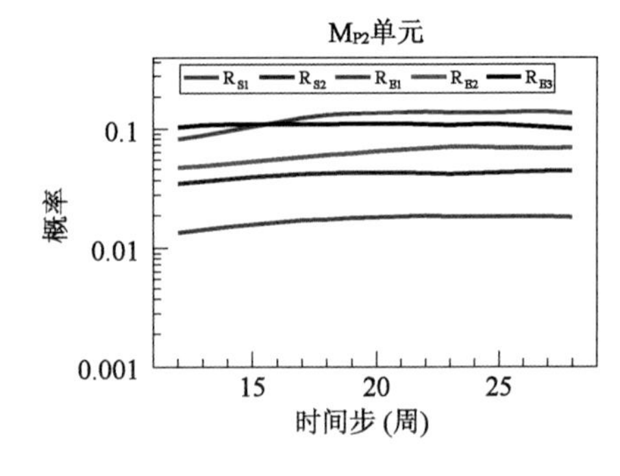

图 6-42　M_{P2} 单元风险分析结果

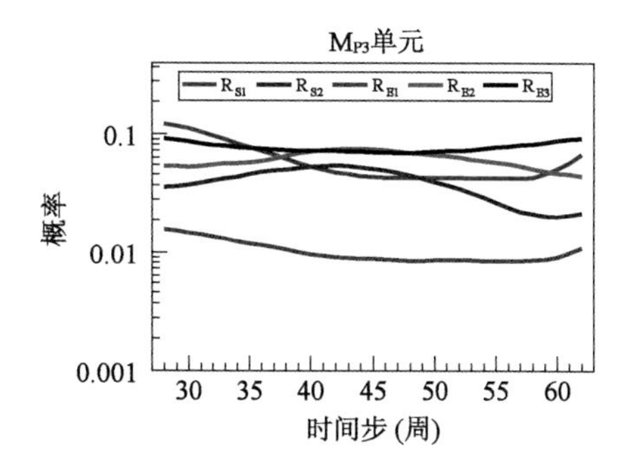

图 6-43　M_{P3} 单元风险分析结果

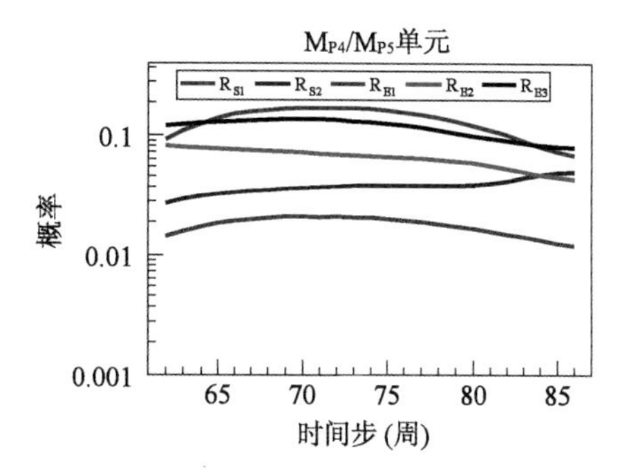

图 6-44　M_{P4}/M_{P5} 单元风险分析结果

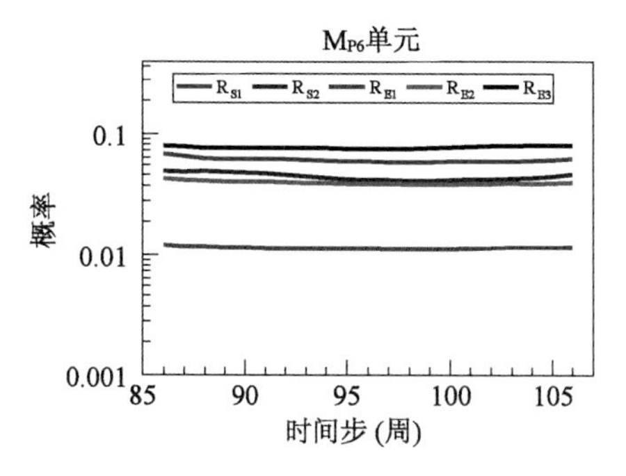

图 6-45　M_{P6} 单元风险分析结果

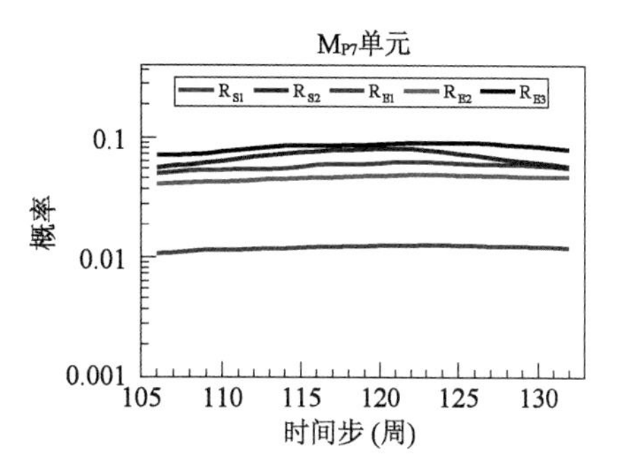

图 6-46　M_{P7} 单元风险分析结果

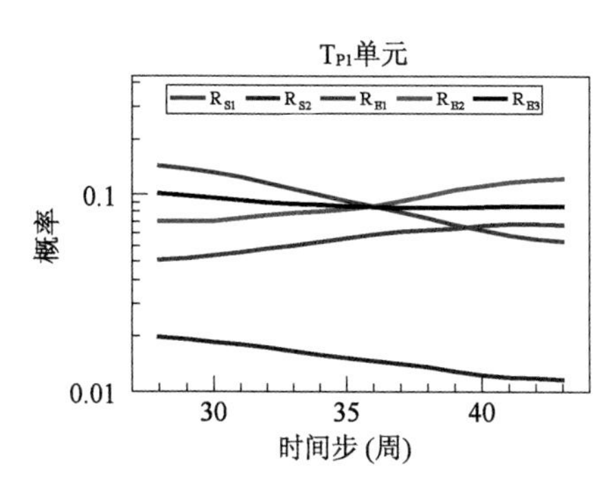

图 6-47　T_{P1} 单元风险分析结果

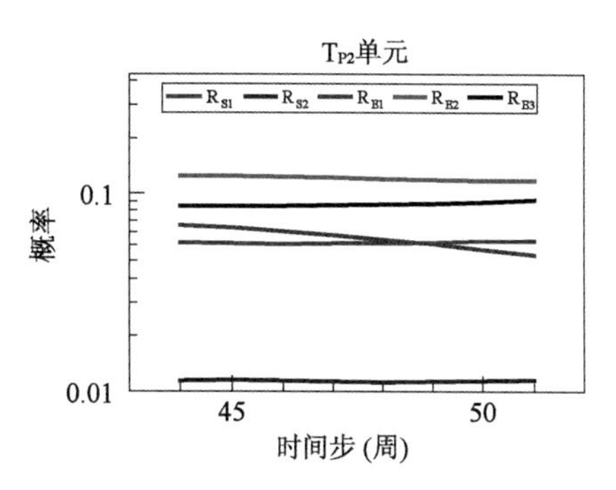

图 6-48　T_{P2} 单元风险分析结果

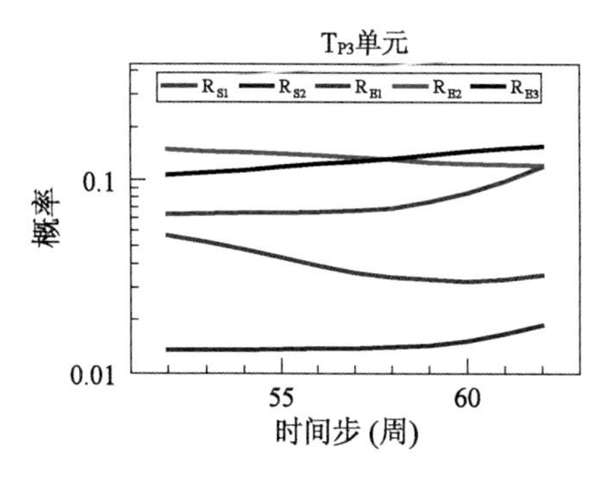

图 6-49　T_{P3} 单元风险分析结果

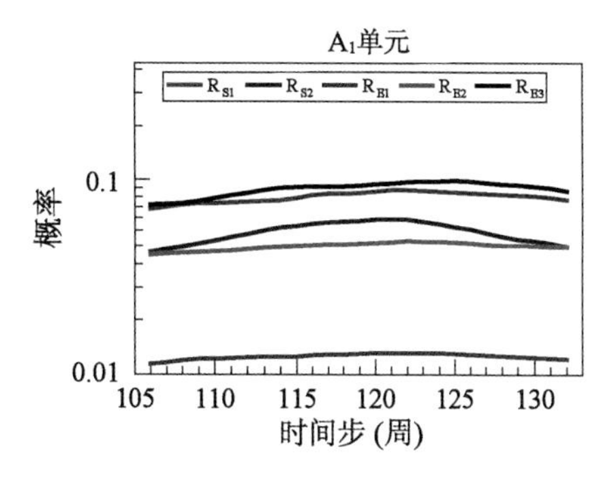

图 6-50　A_1 单元风险分析结果

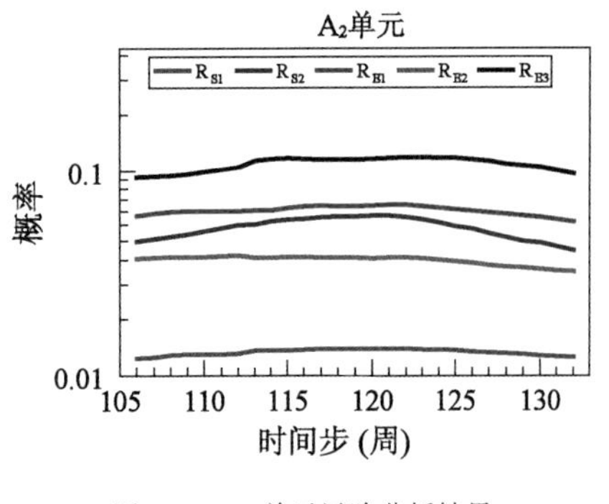

图 6-51 A_2单元风险分析结果

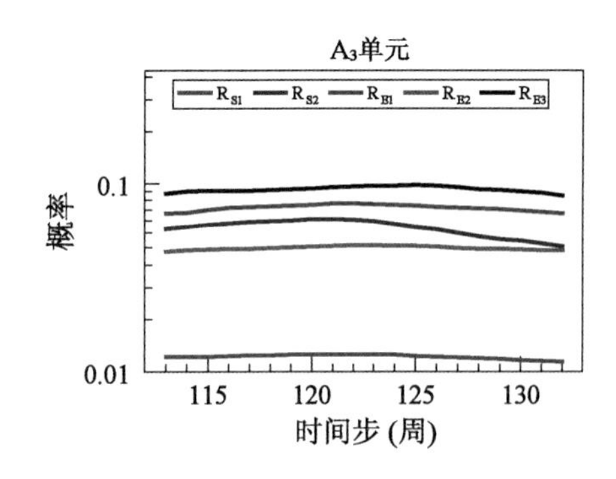

图 6-52 A_3单元风险分析结果

2）总体施工过程风险分析

根据表6-34中的各单元起止时间，将时间上相互重合的各单元评估结果进行合并，形成总体施工过程风险分析结果如图6-53～图6-57所示。

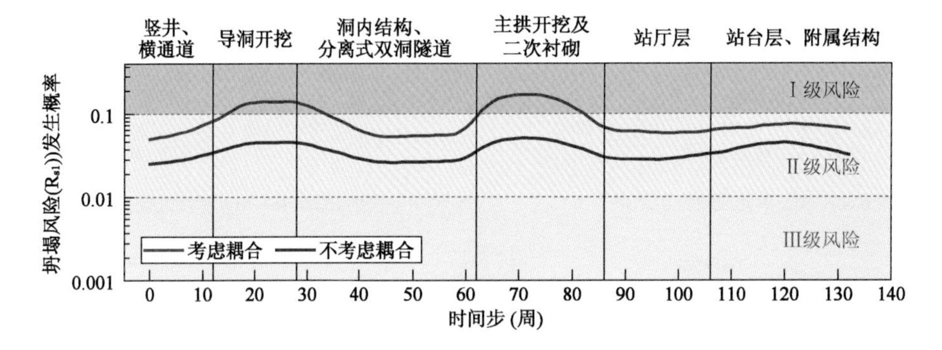

图 6-53 坍塌风险（R_{S1}）分析结果

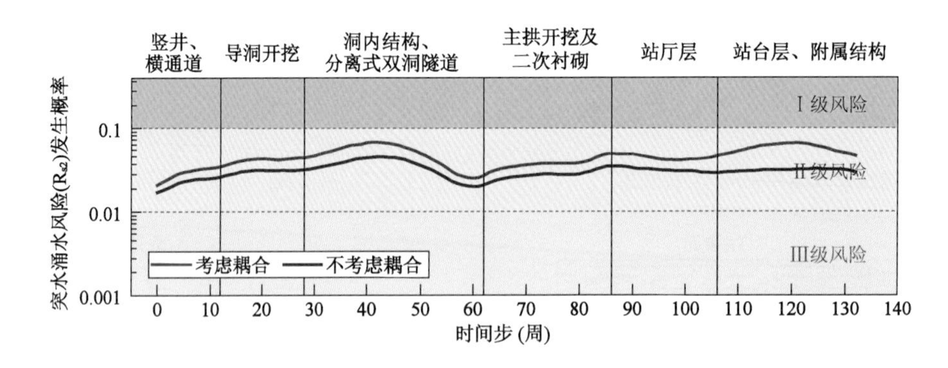

图 6-54 突水涌水风险（R_{S2}）分析结果

从图中可以发现：

（1）在考虑风险因素耦合效应的情况下，东大桥站施工过程主要风险事件发生概率约在0.006～0.2之间。根据《城市轨道交通地下工程建设风险管理规范》（GB 50652—2011）中的风险事件发生可能性分级标准，总体来看，东大桥站施工风险水平为Ⅱ级。

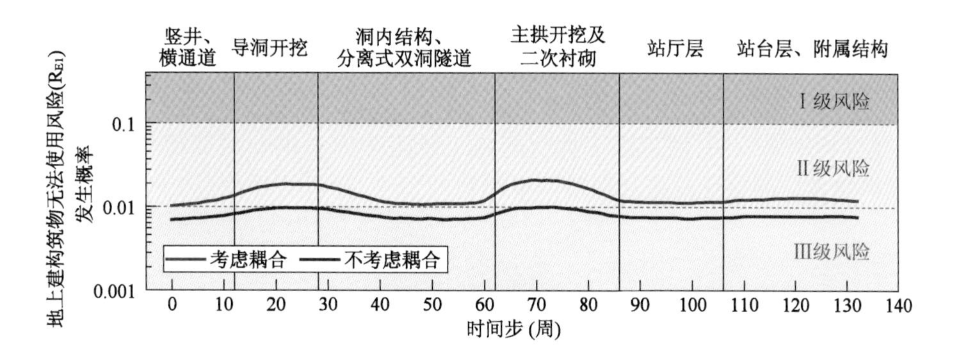

图 6-55　地上建构筑物无法使用风险（R_{E1}）分析结果

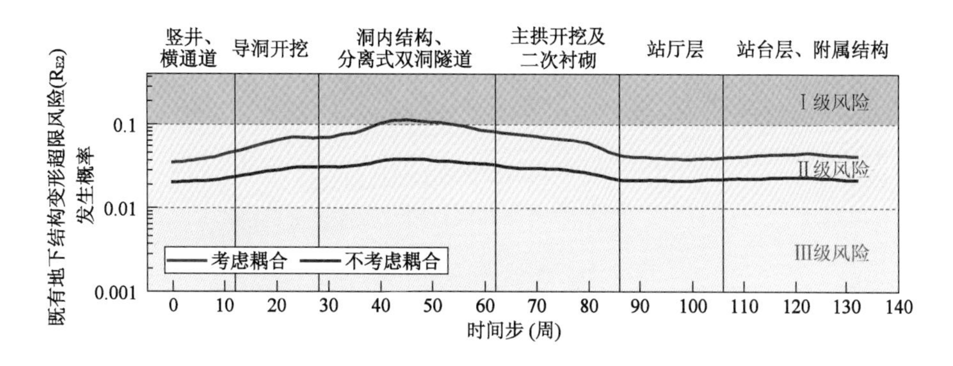

图 6-56　既有地下结构变形超限风险（R_{E2}）分析结果

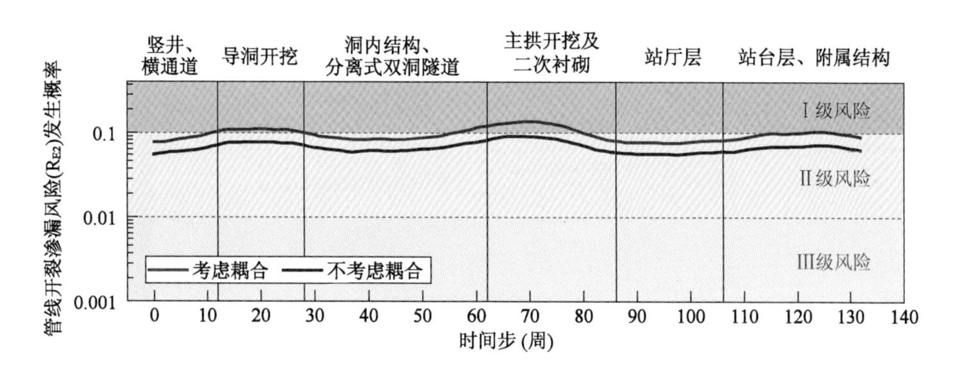

图 6-57　管线开裂渗漏风险（R_{E3}）分析结果

（2）东大桥站施工风险具有明显的阶段演变性。在导洞及主拱开挖阶段，坍塌风险和地上建构筑物无法使用风险明显高于其他阶段，且在分离式双洞隧道施工阶段，由于施工部位与既有 6 号线东大桥站区间隧道处于不利的相对位置关系（下穿），既有地下结构变形超限风险明显增加。

（3）风险因素耦合效应对于风险水平有着显著的影响。相较于不考虑风险因素耦合效应的情况，考虑风险因素耦合时的风险事件发生概率提高了 1% ~15% 不等，在某些特定时间段内，风险因素的耦合效应会导致风险事件可能性发生等级跃迁。此外可以发现，坍塌风险受风险因素耦合效应的影响明显较大,结合风险分析贝叶斯网络和风险因素耦合关系分析可知,对风险有直接因果关系的风险因素中,存在耦合效应的风险因素越多,风险的耦合效应越为显著。

(4)上述分析结果表明,城市地下大空间施工风险多因素耦合演变模型可以实现对施工风险多因素耦合效应的量化分析和风险演变趋势的预测,分析结果符合工程经验认知。

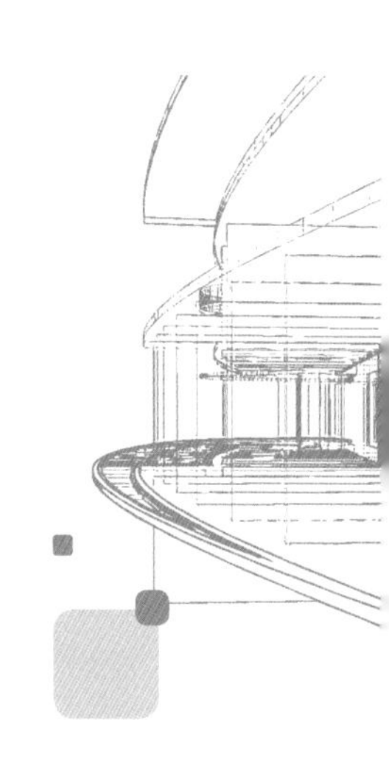

第7章 城市地下大空间施工安全风险动态评价体系

7.1 概述

7.1.1 城市地下大空间施工安全风险动态评价体系的构成

1)城市地下大空间施工安全风险评估方法

城市地下大空间施工安全风险评估方法是动态评价体系的核心。风险评估方法是风险分析方法和风险度量方法的统一,决定着风险评价的逻辑,承担着将评估人员的知识、经验、判断或其他客观信息转化为对风险的定性或定量评价的重要作用。

风险评估方法应与风险评估目标相匹配。具体来说,风险评估方法应考虑到获取风险评估所需信息的难易度、风险评估逻辑是否符合相关领域的一般经验,以及风险评估结果的类型是否能对行动起到足够的指导作用等。例如,金融风险的评估应以客观数据为基础,通过数学计算给出定量的评估结果;而安全风险的评估一般以风险源为主要关注对象,通过逻辑推理对与风险源相关的风险事件给出定性或半定量的评估结果。风险评估方法与风险分析方法是有关联但彼此区别的概念。风险分析方法侧重于对风险发生机理的细致分析,因此其计算过程相对繁琐,但结果也相对精确;风险评估方法脱胎于风险分析方法,但风险评估更重视在实际工作中的可操作性,其计算结果较为粗略,计算过程相对简单。

2)城市地下大空间施工安全风险评估指标体系及量化标准

城市地下大空间施工安全风险评估指标体系及量化标准是联系城市地下大空间施工的力学过程和风险分析的桥梁。风险评估指标体系是风险评估方法中的输入端,其作用是为风险评估所需信息划定边界,从众多与风险相关的信息中筛选出最为关键的、对风险影响最大的那一部分信息;风险评估指标量化标准的作用是将各类的信息转化为评估方法所要求的输入形式,提供转化的依据、方法和标准。风险评估指标体系与风险因素密切相关,而风险因素又取决于风险事件类型及风险事件发生机理,因此风险评估指标体系必须与相关领域的专业知识紧密联系,并且与待评的风险事件具有明确的对应关系。

3)城市地下大空间施工安全风险分级标准及接受准则

城市地下大空间施工安全风险分级标准及接受准则的作用是将定量化的风险评估将结果转化为半定性的判断,从而形成直接指导施工过程的风险控制及应对方案。

4)城市地下大空间施工安全风险评估流程

城市地下大空间施工安全风险评估流程规定了施工风险评价的人员构成、组织结构、工作步骤及每一步工作所需达到的目的和成果形式。风险评价的一般流程主要有风险辨识、风险分析、风险评估和风险决策。城市地下大空间的施工风险评价是要多角度综合分析、多单位协同合作、多时间动态进行的,因此其评价流程更加特殊和复杂。

5)城市地下大空间施工安全风险动态评估系统

城市地下大空间施工安全风险动态评估系统是为实际工程风险管理工作量身定做的一套应用软件。风险动态评估系统是风险评价体系研究成果的凝结和提炼,是风险评价工作的实现工具。

城市地下大空间施工安全风险动态评价体系中各组成部分间的关系如图 7-1 所示。

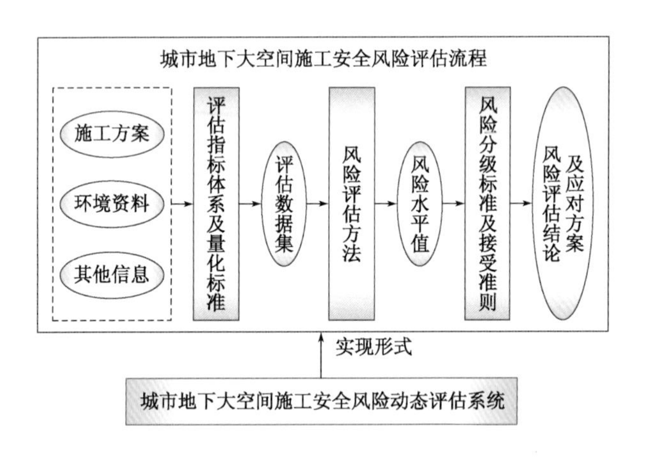

图 7-1 城市地下大空间施工风险动态评价体系

7.1.2 城市地下大空间施工安全风险评估的原则及内容

1)城市地下大空间施工安全风险评估的原则

城市地下大空间施工安全风险评估应遵循的原则如下所述。

(1)分类分区原则

城市地下大空间施工安全风险应针对某一施工区域内的具体风险事件进行评估。由于城市地下大空间工程体量大、涉及空间范围广、施工步序繁多、风险事件类型多样,采用分类分区的评估策略可增强指标体系和量化标准的针对性,有助于评估逻辑的梳理和指标分值的精确赋值,提高风险评估的准确性。

(2)总体专项原则

城市地下大空间施工安全风险评估应分为总体风险评估和专项风险评估两个阶段。总体风险评估的作用是帮助评估人员和施工人员对工程施工风险建立宏观认识,同时对总体风险较低、无须进行专项风险评估的工程进行筛选。专项风险评估的作用是帮助施工方确定主控风险事件和风险源,为制订专项施工方案提供参考。

(3)静态动态原则

城市地下大空间施工安全风险评估不仅应包含施工前的静态风险评估,还应跟踪施工中遭遇的实际情况,对评估结果进行实时调整,并在必要时进行风险再辨识、再评估。地下工程的施工具有极高的不确定性,施工中揭露出的地质情况与原地质勘察报告不符的情况较为多见,设计变更及施工方案调整时常发生,因此进行施工安全风险的动态评估是十分必要的。

2)城市地下大空间施工安全风险评估的内容

根据施工风险分类研究结果,城市地下大空间施工风险评价对象主要有:

(1)总体安全风险

总体风险指整个城市地下大空间工程区域内在施工全过程中各类风险事件发生的总体可能性。换言之,总体风险是一系列非确定、不具体的风险事件的发生可能性及后果的综合。由于不同风险事件的形成机理、影响因素及危害程度不同,故无论是从逻辑性角度还是可操作性角度而言,总体风险评价指标的评价对象不再是风险事件,而是相对抽象的、概化的“总体风险水平”。

(2)工程自身风险

工程自身风险是指工程结构或与工程结构直接发生相互作用的地层可能发生的各类可能产生严重危害的风险事件,包括工程结构风险和地质风险。城市地下大空间施工工程自身风险主要有以下几种。

①基坑失稳(明挖)。

基坑围护结构倾覆、围护结构剪断、“踢脚”破坏、放坡开挖时的边坡失稳等均属于基坑失稳。

②基底突涌(明挖)。

基坑底板或围护结构发生突水、管涌、流砂等由于水力作用导致的破坏均属于基底突涌。

③塌方冒顶(暗挖)。

掌子面溜塌、“关门”、大规模片帮、掉块等均属于塌方冒顶。

④突泥涌水(暗挖)。

矿山法开挖时的掌子面突水、突泥、涌砂或盾构法开挖时的透水涌泥等均属于突泥涌水。

⑤接驳开口导致既有结构变形过大或破坏(拓建)。

接驳开口导致的既有结构开口部位局部破坏或既有结构整体无法满足正常使用要求均属于既有结构变形过大或破坏。

⑥开挖卸载导致既有结构上浮(拓建)。开挖卸载导致的既有结构上浮包括由于地下水浮力导致的上浮和由于地层弹性反力导致的上浮。

(3)周边环境风险

周边环境风险指由于施工引发周边城市设施及自然环境遭到损害的风险事件。城市地下大空间施工周边环境风险主要有以下几种。

①地面建构筑物破坏。

地面建构筑物由于发生过大变形、不均匀沉降、开裂导致无法满足正常使用功能要求的情况属于地面建构筑物破坏。

②地下建构筑物破坏。

地下建构筑物由于发生过大变形、渗水、照明及通风条件破坏导致无法满足正常使用功能要求的情况属于地下建构筑物破坏。

③管线破坏。

管线开裂、渗漏、燃气管线爆炸等均属于管线破坏。

7.1.3 城市地下大空间施工安全风险评估流程

由于城市地下大空间施工安全风险具有动态演变性,因此其风险评估应当是动态的、贯穿施工全过程的。总体来看,城市地下大空间施工安全风险评估可分为施工前评估和施工过程评估两部分。

1)施工前评估

施工前评估包括总体风险评估和施工准备阶段专项风险评估,具体评估流程如下所述。

(1)成立评估小组

评估小组成员包括行业专家、施工单位、设计单位、监管单位、业主单位等,负责整个评估过程的实施、监管以及最终评估结果报告的审核。

(2)收集工程资料,明确评估对象

施工单位和设计单位负责工程资料的收集整理,将评估涉及的工程资料进行汇总,明确风险工程及工程的施工方案等信息,便于下一步评估工作的开展。应收集的相关资料包括:

①工程地质、水文地质、周边自然及社会环境资料等;

②类似工程施工经验及典型事故案例;

③工程规划、工程勘察、设计与咨询文件等;

④工程周边建构筑物(含地铁、地下管线、民防设施、道路等)资料;

⑤工程施工组织设计、专项施工方案等相关文件;

⑥设施产权单位、运营管理单位及相关方诉求;

⑦其他相关资料。

(3)风险源识别

根据收集到的资料,结合城市地下大空间施工风险源库进行风险源识别,编制风险源清单。风险源清单应包含工程结构设计、地质条件、施工方案、周边管线、地面建构筑物、地下建构筑物、道路桥梁、河流湖泊等方面的详细信息。风险源清单的编制目的之一是筛选并整理出风险评估过程需要的所有信息,为评估单元划分提供参考,并使评估者仅通过风险源清单中记录的信息便可完成评估指标分值的选取。因此,在编制风险源清单的过程中,可将各风险源之间的相互关系一并整理列出。

(4)总体风险评估

对于已在设计阶段开展了安全风险评估的城市地下大空间,可将设计阶段的安全风险评估结论作为开展施工安全专项风险评估的依据,并可不再进行施工安全总体风险评估。但对于施工工艺较为复杂、施工工序较多、周边环境风险源较多的城市地下大空间,建议开展施工安全总体风险评估作为补充。进行城市地下大空间施工总体风险评估主要包括以下步骤。

①建立总体风险评估指标体系。

施工安全总体风险评估是前置的、全局性的、宏观性的、概化的评估,因此评估所考虑的因素亦是总体性的、关键性的,且一般无须考虑施工方案方面的因素。总体风险评估指标体系可直接采用本书中推荐的指标体系或根据实际情况在其基础上调整,但应遵循指标体系建立的基本原则。

②问卷评分。

根据风险评估指标体系设计评估问卷,并向参评人员发放。评估问卷包括工程基本信息、风险源清单、指标分值评分表以及指标权重评分表。

③总体风险评估。

收集调查问卷,根据返回结果计算总体风险分值,并根据总体风险等级标准确定总体风险等级。在计算总体风险分值时,可采用各问卷分值的算数平均值,也可在考虑参评人员权重的基础上采用加权平均值。

④编制总体风险评估报告

总体风险评估报告包括以下内容。

a.编制依据:包括行业相关风险管理的法律法规及制度文件、相关的国家和行业标准及规范、项目立项批复文件、项目可行性研究报告、工程地质勘察报告、初步设计文件、现场调查资料等。

b.工程概况。

c.评估过程和评估方法。

d.评估结论和建议:包括总体风险等级、建议开展专项风险评估的对象、风险管理方案建议、评估结果自我评价及遗留问题说明等。

e.附件:包括评估计算过程、评估人员信息表等。

⑤报告评审。

召集行业内专家对风险评估报告进行评审。若评审未通过,则需要根据专家意见重新进行评估。

(5)施工准备阶段专项风险评估

对于总体风险等级较高(原则上为Ⅱ级及以上)的城市地下大空间工程,应进一步开展专项风险评估。专项风险评估是施工安全风险评估的核心,分为施工准备阶段评估和施工过程评估,旨在对具体风险事件的发生可能性和风险损失做出估测和跟踪,并以此制订风险应对措施和专项施工方案。施工准备阶段专项风险评估主要包括以下步骤。

①风险评估单元划分。

城市地下大空间施工安全专项风险评估单元划分的目的是梳理评估逻辑、明确风险事件、筛选风险因素、降低指标评分的模糊性。专项风险评估单元应根据分项工程、施工工序、周边环境、地质条件划分。评估单元的划分以方便风险评估为宗旨,具体可采用以下划分方法。

a. 对于与工程自身相关的风险事件(明挖基坑失稳、明挖基底突涌、暗挖塌方冒顶、暗挖突泥涌水),可根据分部工程划分风险评估单元,以评估单元内的关键施工环节(分项工程或施工作业步)作为风险源,根据风险源特点筛选相应的重大风险事件作为评估对象,并列出与评估对象相关的环境风险源(如影响区内的雨污水管)作为风险因素。

b. 对于与环境设施相关的风险事件(管线破坏、地面建构筑物破坏、地下建构筑物破坏、接驳开口导致既有结构变形过大或破坏、开挖卸载导致既有结构上浮),可根据环境设施类型划分风险评估单元,以评估单元内具体的重要环境设施作为风险源,并列出会对风险源产生显著扰动的施工作业环节(如开挖施工、接驳开口等)作为风险因素。

c. 城市地下大空间施工的空间效应、时间效应主要体现在施工过程的时序性和施工扰动范围的有限性。在进行风险评估单元划分时可考虑这种时空效应,对于时间上存在先后关系的不同施工环节,或空间上存在显著界限的不同施工部位,可作为不同的风险评估单元或风险源对待。

d. 对于重要性较高、涉及空间范围较大或施工危险性较高的评估单元(如工程主体结构),可根据工程分区等进一步细分风险评估单元。

②建立专项风险评估指标体系。

施工安全专项风险评估的对象是具体的风险事件,因此专项风险评估指标体系应根据不同风险事件的发生机理分别建立。专项风险评估指标体系分为静态指标体系和动态指标体系,前者用于施工准备阶段专项风险评估,后者用于施工过程专项风险评估。专项风险评估指标体系可直接采用本书中推荐的指标体系或根据实际情况在其基础上调整,但应遵循指标体系建立的基本原则。

③问卷评分。

专项风险评估问卷与总体风险评估问卷类似,但指标体系评分表应对不同的风险评估单元分别给出。

④风险发生可能性评估。

计算风险发生可能性分值,根据城市地下大空间施工风险事件发生可能性等级标准确定可能性等级。

⑤风险损失评估。

根据风险损失计算公式计算风险损失分值,并根据城市地下大空间施工风险损失等级标准确定风险损失等级。

⑥确定专项风险等级。

根据风险事件发生可能性等级和风险损失等级，通过城市地下大空间专项风险分级标准（风险等级矩阵）确定专项风险等级。

⑦制订风险应对措施。

确定专项风险等级后，需要根据风险接受准则制订相应的风险应对措施。常用的风险应对措施有风险拒绝、风险处置、风险转移和风险自留等。根据土建工程领域普遍采用的风险接受准则，当存在专项风险等级为Ⅰ级的风险事件时，不可进行施工，需要调整施工方案后重新进行施工专项风险评估，直至专项风险等级降至Ⅱ级以下。

⑧编制施工准备阶段专项风险评估报告。

施工准备阶段专项风险评估报告包含：

a. 编制依据。包括行业相关风险管理的法律法规及制度文件、相关的国家和行业标准及规范、工程地质勘察报告、初步设计文件、施工图设计文件及审查意见等、总体风险评估成果及工程前期的风险评估成果、现场调查资料、现场检测监测资料。

b. 工程概况。

c. 评估过程和评估方法。

d. 评估内容。包括风险源清单、风险评估单元划分、风险事件列表、评价指标体系、评估打分详表等。

e. 评估结论。包括评估对象风险等级汇总、风险预控措施建议、评估结果自我评价及遗留问题说明等。

f. 附件。包括评估计算过程、评估人员信息表等。

当总体风险评估与施工准备阶段专项风险评估同时开展时，两者的风险评估报告可合并编制。

⑨报告评审。

专项风险评估报告评审的要求与总体风险评估相同。

⑩建立风险跟踪表。

风险跟踪表的作用是跟踪风险事件、风险因素、评估指标、风险源的变化情况和过程中采取的风险预控措施及落实时间，主要包括如下内容。

a. 初始状态记录：主要记录施工准备阶段风险评估时的状态，包括风险等级、风险主控因素、风险评价指标值等信息。

b. 当前状态记录：主要记录风险事件跟踪过程中的阶段状态，包括风险等级、重大风险源变更记录、风险因素变化情况、风险评价指标值变化量等信息。

2）施工过程评估

（1）施工过程专项风险动态评估的条件

施工过程评估仅针对专项风险评估，又称为施工过程专项风险动态评估，是根据施工期间收集到的最新信息，对已有风险评估结果进行验证和再评估的过程。施工过程中出现如下情况之一，影响施工安全的，应进行施工过程专项风险动态评估。

①出现新的重大风险源或已有风险源出现重大变化。可能出现的新的重大风险源包括未勘明的地下障碍物、不良地质、地下水系等。已有风险源的重大变化包括风险源消失、风险源特征发生显著改变或风险源性质发生了转化(如在特定情况下一般风险源转化为重大风险源)。

②揭示的地质、水文条件等与勘察设计文件严重不符。

③发生重大设计变更、施工工艺变化,包括开挖方法变更、支护参数变更、辅助工法变更等。

④施工过程出现灾害预兆或发生事故险情。

(2)施工过程专项风险动态评估流程

①更新工程资料及风险源信息

由于地下工程的施工存在极大的不确定性,在施工过程中时常由于实际揭示地质情况与前期勘察资料存在差异、施工工法难以达到预定的质量控制标准等原因进行设计变更。因此对于重大节点工程,需在进行动态评估前对工程资料及风险源信息进行更新。

②建立动态评价指标体系

专项风险评估动态指标体系可在静态指标体系基础上拓充而成,也可以更具即时性的实测指标替换相应的静态指标。动态评价指标一般是与施工监测项目相关的指标,反映着施工风险的实时状态。

③更新评估指标信息

对于动态指标,例如支护变形、管线变形、地面沉降、周边建筑物变形等,需要通过监测仪器获得实时的状态;某些静态指标的状态也可能会随施工进度推进而有所改变,因此还需对相关的信息进行更新。

④进行风险动态评估

以最新的信息生成评估问卷,重复问卷评分、风险事件发生可能性评价、风险损失评价和专项风险分级步骤,得到动态专项风险等级。

⑤动态风险预警

根据动态专项风险等级,根据专项风险接受准则决定应对措施。若出现专项风险等级为Ⅰ级或风险等级相较上一次评估上升两级以上的风险事件,则需要启动应急预案程序,将风险降低至可接受的水平方可继续施工。

⑥编制动态风险评估报告

施工过程专项风险动态评估报告除包含施工准备阶段专项风险评估报告相同形式的内容外,还应包括以下内容:

a. 重大风险源变化情况。

b. 重新评估的风险等级及计算过程。

c. 已有风险控制措施效果评价。

d. 调整后的风险控制措施建议。

3)评估流程图

城市地下大空间施工安全风险评估流程图,如图7-2所示。

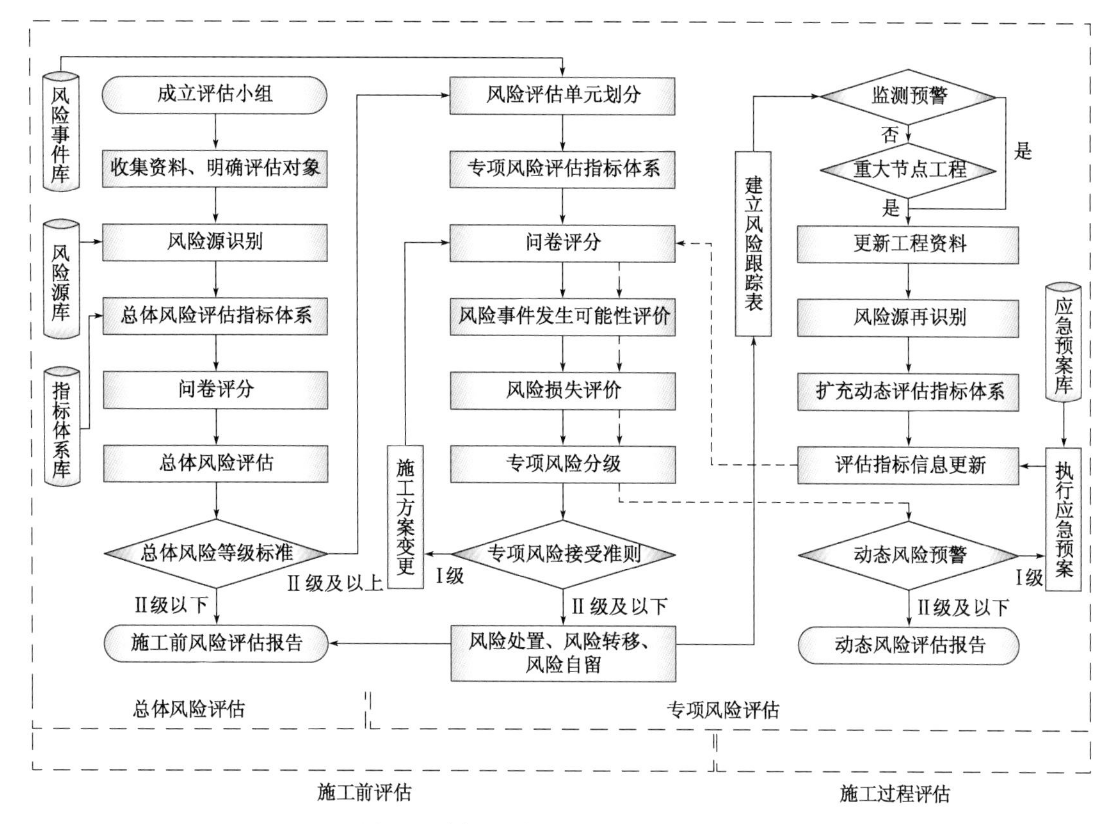

图7-2　城市地下大空间施工风险评估流程图

7.2 指标体系法简介

7.2.1 指标体系法

指标体系法,是根据待评估对象的主要影响因素,建立体现评估对象特征的评估指标体系,对各评估指标进行数值区间量化分级,并综合考虑各评估指标的权重系数,对评估对象作出量化分值评判的一种方法。

1)指标和指标体系

指标(Index)是某一对象的某方面状态或特性的数值度量。一个完整的指标一般由指标名称和指标数值两部分组成,它体现了事物质的规定性和量的规定性两个方面的特点。指标体系(Index System)是由针对同一度量对象的复数指标按一定逻辑结构组成的综合度量体系,一般为层次树状结构,也可以是链状、网络状或扁平状。指标体系可以对对象的多角度、多方面、多层次特征进行综合度量和定量评价,避免单一指标度量的片面性和局限性,但也会面对指标之间概念矛盾、边界不清、粒度不一等问题,因此指标体系的构建要求设计者具有丰富全面的相关专业知识、明晰的逻辑分析能力和一定的简化问题的艺术。当采用指标体系时,一般为每一指标设定一个“权重系数”以表征各指标相对于度量对象的相对影响程度或相对重要性大小。

2)风险评估指标与风险因素的关系

(1)风险因素的定义和特点

风险评估指标是与风险因素有所关联而又不同的概念。风险因素的定义和特点为:

①风险因素是指会直接或间接对风险发生的概率或风险发生后所会导致的后果产生影响的因素,其本质仍为一个事件。

②风险因素与风险之间可以相互转化,就某一事件来说,如果它是造成损失的直接原因,那么它就是风险;而在其他条件下,如果它是造成损失的间接原因,那么它便是风险因素。

③风险因素与风险形成的机理密切相关,不同类型的风险,其风险因素不尽相同。

④风险因素是一个事件,因此其有着自己的产生概率。不同风险因素产生后,对风险的贡献程度不同。

(2)风险评估指标的特点

①风险评估指标是某一可测或可评的量,其具有明确的客观含义。

②风险评估指标不是一个事件,因此无法将其和风险的发生直接挂钩。但通过确定风险评估指标的大小,可形成对风险因素的性质及产生概率的评价和判断,进而确定风险的大小。

③风险评估指标与风险因素之间存在对应关系,但这种对应关系不一定是一对一的。一对多、多对一或多对多都是有可能出现的情况。

④风险评估指标是为风险评估决策而制定的。其应有明确的取值原则、取值标准和取值方法。

一般来说,风险评估指标的确定应根据风险因素的分析结果而定。风险评估指标可根据风险因素,对其进行内涵的拓充、划分或归并整理而制定。为方便风险评估者进行指标赋权等决策行为,风险评估指标应按逻辑层次划分为若干层级,形成一个指标体系。

3)指标体系法评估公式

指标体系法评估的基本思想是“加权平均”,其一般评估公式为:

$$T = \sum_i \gamma_i X_i \tag{7-1}$$

式中,T 为评价目标分值;γ_i为第 i 个评估指标的权重;X_i为第 i 个评估指标的分值。

在指标体系法评估中,指标分值 X_i和评价目标分值 T 应具有相同的定义域及一致的逻辑映射关系。指标分值和评价目标分值一般可采用百分制、五分制或归一化分值体系,并规定分值越高代表指标或评价目标处于越不利(有利)的状态。在上述要求约束下,指标权重 γ_i必须满足$\sum \gamma_i = 1$ 的条件,并且由于指标权重代表的是指标的“相对重要性”,故指标权重取值必须为正数。

当指标体系含有超过1个层次时,父指标分值 X_i应由隶属于其下的子指标分值计算,公式为:

$$\begin{cases} X_i = \sum_j \gamma_{ij} X_{ij} \\ X_{ij} = \sum_k \gamma_{ijk} X_{ijk} \\ \quad \cdots \\ X_{\underbrace{ij\cdots m}_{s级}} = \sum_n \gamma_{\underbrace{ij\cdots mn}_{(s+1)级}} X_{\underbrace{ij\cdots mn}_{(s+1)级}} \end{cases} \tag{7-2}$$

式中，γ_{ij}和X_{ij}分别为第i个一级指标下第j个二级指标的权重和分值。同理，$\gamma_{\underbrace{ij\cdots mn}_{(s+1)级}}$和$X_{\underbrace{ij\cdots mn}_{(s+1)级}}$分别为第$s$级指标$X_{\underbrace{ij\cdots m}_{s级}}$下第$n$个$(s+1)$级指标的权重和分值。各级评估指标下的子指标权重亦需满足加合为1和非负条件。

当指标体系层次较多时，按式(7-2)逐层计算指标分值十分烦琐，此时可采用式(7-3)计算。

$$T = \sum_t \overline{\gamma}_t \overline{X}_t \tag{7-3}$$

式中，$\overline{\gamma}_t$为第t个底层指标的全局权重；$\overline{X}_t$为第t个底层指标的分值。

此处的“底层指标”并非指指标体系中最深层级的指标，而是指不包含子指标的所有评估指标。例如指标体系中含有两个一级指标X_1和X_2，X_2又包含三个二级指标X_{21}、X_{22}和X_{23}，则此时指标体系中的底层指标为X_1、X_{21}、X_{22}和X_{23}。而评估指标的全局权重指某一指标对于评估目标的权重，对于一级指标，其指标权重即为全局权重；二级及以下指标的全局权重可由其自身指标权重以及其上各级父指标的指标权重计算。设第t个底层指标为第s级指标$X_{\underbrace{ij\cdots m}_{s级}}$下第$n$个$(s+1)$级指标，则可按式(7-4)计算其全局权重$\overline{\gamma}_t$。

$$\overline{\gamma}_t = \gamma_i \gamma_{ij} \cdots \gamma_{ij\cdots m} \gamma_{ij\cdots mn} \tag{7-4}$$

4）指标体系法的特点

（1）指标体系法具有的优点

①计算形式简洁。

指标体系法的基本计算公式仅涉及加法和乘法，通过简单的程序或手工计算便可实现，使用门槛较低且不容易出现错误，分析效率较高。

②概念清晰。

指标体系法中的变量仅有指标分值和权重系数。指标分值体现对象某一方面特征的绝对量值，权重系数体现特征间的相对重要程度，两者之间界限明确又相互补充，符合一般人的分析逻辑。

③灵活性高、可操作性强。

指标体系可以根据评价对象的特点、考虑因素的覆盖面和对评价细致程度的要求自由扩展或简化，并且可以采用一套统一的、标准的逻辑和流程处理各类问题。

（2）指标体系法存在的劣势

①指标体系法需要对评价对象的特征进行大幅的简化，使得评价结果受操作者主观影响较为显著，不同操作者的评价结果之间离散性较大。因此，指标体系法的应用效果与指标体系的优劣密切相关，对指标体系设计者的经验、知识和设计水平要求较高。

②指标体系法对评价对象的各方面特征采用统一的简单数字度量，在处理某些难以量化的、难以客观取值的特征时存在较大的局限性。此外，指标分值的量化标准的确定较为困难，需要多方面的综合研究进行配合。

③指标体系法默认指标之间是相互独立的关系，而这一点在许多实际问题中并非普遍恰当。当指标之间存在影响效应上的耦合或叠加关系时，采用指标体系法难以得到合理的结果。

综上所述，指标体系法虽然对于指标体系设计者要求较高，但对于使用者十分友好，适合在工程一线推广使用。并且，得益于其灵活性，指标体系法可以通过与其他计算方法结合或引入修正系数等方法考虑城市地下大空间施工风险的多风险源叠加、多因素耦合效应，因此适合作为城市地下大空间施工安全风险评估方法。

7.2.2 城市地下大空间施工安全风险评估指标选取及评分原则

1）城市地下大空间施工安全风险评估指标选取原则

风险评价指标体系的合理性对于风险评估结果的准确性及风险评估过程的难易性都有着至关重要的影响。下列评估指标选取原则对于建立一个合理的风险评价指标体系是十分有帮助的。

（1）科学性原则

在指标体系的建立过程中，必须遵守基本的科学原则。城市地下大空间的施工从本质上讲是一个力学过程，因此指标的选择必须符合施工力学机理，不可随意选取。

（2）实用性原则

指标体系的建立不仅是为了得到数据化的评价结果，也应当利于有关决策部门据此采取适当的措施，或者为现场监测提供指标依据。为此，指标体系的选取应该具有一定的经济、社会及管理的现实意义。

（3）简明性原则

指标体系的选取目的是真实的反映工程风险状况，在保证信息量完整的前提下，尽量简化指标结构，以避免重复信息造成评价结果的偏差。因此，在进行不同准则层的指标选取时，应当有针对性地选取具有代表性的指标。

（4）可操作性原则

在确定评价指标量化标准时，应对指标分值的具体含义及取值原则、取值依据和取值方法做出说明，尽可能避免由于概念不清而导致评价者无法基于客观事实作出评价的情况。

（5）多元性原则

为了最大程度符合现实的工程状况，指标的选取应该不局限于某一单一的评价指标，而应该从多元化的角度考虑问题。进行风险评估时，工程具有高度复杂性和不确定性，由于自身经验的限制和工程的多变性，很难用一个完美的指标来反映多个方面的情况，这时应从多个角度指标进行灵活选择。

2）城市地下大空间施工安全风险评估指标评分原则

采用本书给出的指标体系及量化标准进行城市地下大空间施工安全风险评估时，评估指标的分值选取应采用以下策略。

（1）评价指标分值可按“除分值上限100分外，各档评分依据对应的取值范围的下限可取，上限不可取”的基本思路进行选取。

（2）当评估指标同时满足两档以上评分依据的要求，或存在无法清晰确定的情况时，按取值较大一档的标准取值。

(3)当评估对象的实际状态无法以评分依据中给出的情况作出判断时,可根据评估者的知识和经验,参照本研究给出的评分标准取值。

(4)当评估对象的实际状态远劣于(优于)最低档(最高档)评分依据中给出的情况时,指标分值可取0分(100分)。

(5)当有条件组织多名评估者进行评估时,则尽可能采用群体决策进行分值选取。最终分值可对各评估者给出分值进行算数平均,或考虑专家权重进行加权平均求得。

7.2.3　权重系数确定方法

评估指标权重体现着各风险评估指标所对应的风险因素对风险的贡献程度的大小。评估指标权重与具体风险的形成机理相关,因此评估指标权重应对不同的评估对象(风险事件)分别给出。评估指标权重可由各类主观或客观赋权法确定,根据城市地下大空间施工风险评估指标体系的特点,推荐采用层次分析法(AHP)进行赋权。

层次分析法属于运筹学范畴,基本思想是首先提出复杂系统的各主要影响因素,并将这些因素按其相互关系以及隶属关系构造递阶层次分析结构模型,然后对各因素间相对重要性进行判断,通过排序计算对问题进行处理。层次分析法的实施流程为:

(1)建立层次结构模型

层次结构模型包含一个评价目标和若干以树状结构组合的评价指标构成,评价指标的树状结构体现着指标间的从属关系及逻辑层次。对于城市地下大空间施工风险可能性评估,评价目标即为某一风险事件的发生可能性,而指标的树状结构可直接参照城市地下大空间施工风险评价指标体系的层次关系建立。

(2)构造判断矩阵

层次分析法需要构造判断矩阵,判断矩阵是以上一级某一因素作为评判准则,对本级的因素进行比较。本层级的所有因素排在矩阵的第一行,然后将其转置,即为第一列的因素。上一级指标,即判断准则,位于判断矩阵的左上角。判断矩阵是将本级各个因素进行两两比较,而不是一起进行比较,而且同一层级的因素进行比较时,要用同样的标准去衡量。

心理学家认为成对比较的因素不宜超过9个,即每层不要超过9个因素。采用1~9比例标度评价集(表7-1),按照评价集给出的含义构成一个判断矩阵。

比例标度评价集　　表7-1

标　　度	含　　义
1	表示两个因素相比,具有同样重要性
3	表示两个因素相比,一个因素比另一个因素稍微重要
5	表示两个因素相比,一个因素比另一个因素明显重要
7	表示两个因素相比,一个因素比另一个因素强烈重要
9	表示两个因素相比,一个因素比另一个因素极端重要
2,4,6,8	上述两相邻判断的中值
倒数	表示两因素顺序对调

判断矩阵通常用式(7-5)来描述。

$$A = \begin{bmatrix} a_{11} & \cdots & a_{1n} \\ \vdots & \ddots & \vdots \\ a_{n1} & \cdots & a_{nn} \end{bmatrix} \tag{7-5}$$

判断矩阵 A 中的 a_{ij} 表示因素 a_i 相对于 a_j 的重要程度。矩阵 A 为正互反逆矩阵,其中 $a_{ii} = 1, a_{ij} > 0, a_{ij} = 1/a_{ji}$。

(3)层次单排序及一致性检验

判断矩阵 A 对应于最大特征值 λ_{max} 的特征向量 W,经归一化后即为该层次因素对于上一层次某因素的相对重要性的权向量(相对权向量),这一过程称为层次单排序。

一致性检验是为了确保判断矩阵在逻辑上的一致性。层次分析法的创始人 SAATY 定义的一致性指标为:

$$\mathrm{CI} = \frac{\lambda_{max} - n}{n - 1} \tag{7-6}$$

若 $CI = 0$,有完全的一致性;CI 接近于 0,有满意的一致性;CI 越大,不一致越严重。

因为区别判断不同阶的矩阵的满意度,还需引入随机一致性指标 RI。SAATY 随机构造了 500 个成对比较矩阵,计算其一致性指标然后进行平均,最终计算结果统计见表 7-2。

平均随机一致性指标 *RI* 表 表 7-2

矩阵阶数	1	2	3	4	5	6	7	8
RI	0	0	0.52	0.89	1.12	1.26	1.36	1.41
矩阵阶数	9	10	11	12	13	14	15	—
RI	1.46	1.49	1.52	1.54	1.56	1.58	1.59	—

随机一致性比率定义为:

$$CR = \frac{CI}{RI} \tag{7-7}$$

当 $CR < 0.1$ 时,即认为判断矩阵具有满意的一致性,否则就需要调整判断矩阵,并使之具有满意的一致性。

(4)层次总排序及一致性检验

以上得到的是一组因素对其上一层中某因素的权重向量,我们最终希望得到某层所有因素(特别是最低层中各因素)对目标的排序权重,从而进行选择判断和选择。

对于多层次计算,各层相对于目标层(最上层)的权重计算采用从上而下的方法,逐层合成。

假定已经算出第 $k-1$ 层 m 个因素相对于总目标的权重向量 $W^{k-1} = (w_1^{k-1}, w_2^{k-1}, \cdots, w_m^{k-1})^{\mathrm{T}}$,第 k 层 n 个元素对于上一层(第 $k-1$ 层)的第 j 个因素的单排序权重向量是 $p_j^k = (p_{1j}^k, p_{2j}^k, \cdots, p_{nj}^k)^{\mathrm{T}}$,其中不受 j 支配的因素的权重为零。令 $P^k = (P_1^k, P_2^k, \cdots, P_m^k)$,则第 k 层因素对于总目标的组合排序权重向量为:

$$W^k = (w_1^k, w_2^k, \cdots, w_n^k)^{\mathrm{T}} = P^k W^{k-1} = \begin{bmatrix} p_{11}^k & p_{12}^k & \cdots & p_{1m}^k \\ p_{21}^k & p_{22}^k & \cdots & p_{2m}^k \\ \vdots & \vdots & \ddots & \vdots \\ p_{n1}^k & p_{n2}^k & \cdots & p_{nm}^k \end{bmatrix} \begin{bmatrix} w_1^{k-1} \\ w_2^{k-1} \\ \vdots \\ w_m^{k-1} \end{bmatrix} \tag{7-8}$$

在进行因素的总排序时，也必须对其一致性进行检验。假定已经算出第 k 层因素以第 $k-1$层第 j 个因素为准则的 CI_j^k 和 RI_j^k，$j=1,2,\cdots,m$，则第 k 层的综合检验指标为：

$$\begin{aligned} CI^k &= (CI_1^k, CI_2^k, \cdots, CI_m^k) w^{k-1} \\ RI^k &= (RI_1^k, RI_2^k, \cdots, RI_m^k) w^{k-1} \\ CR^k &= \frac{CI^k}{CR^k} \end{aligned} \tag{7-9}$$

当 $CR^k < 0.1$ 时，认为判断矩阵的整体一致性是可以接受的。

7.3 总体风险评估

7.3.1 指标体系及量化标准

根据总体风险水平的概念，施工总体风险评估是前置的、全局性的、宏观性的、概化的评估，因此评估所考虑的因素亦是总体性的、关键性的，且一般无须考虑施工方案方面的因素。因此，总体风险评估应主要综合考虑工程规模、地质、环境、技术难度等因素。城市地下大空间施工总体风险评价指标体系及量化标准见表7-3。

总体风险评价指标体系　　表7-3

一级指标	二级和三级指标	评分依据	取值范围
设计条件 G_1	工程规模 G_{11}	明挖深度超过35m、暗挖开挖断面面积大于650m^2、五层及以上地铁车站或同等规模	80～100
		明挖深度30～35m、暗挖开挖断面面积500～650m^2、四层地铁车站或同等规模	60～80
		明挖深度25～30m、暗挖单跨宽度大于18m、暗挖开挖断面面积300～500m^2、三层地铁车站或同等规模	40～60
地质条件 G_2	工程地质 G_{21}	特殊性岩土(人工填土、软土、富水砂层等)	80～100
		不良地质(岩溶、断层等)	50～80
		复杂地层(复合地层等)	20～50
	水文地质 G_{22}	承压水	80～100
		潜水、裂隙水、岩溶水	60～80
		上层滞水	40～60

续上表

一级指标	二级和三级指标		评分依据	取值范围
环境条件 G_3	地面建构筑物位置 G_{31}		位于主要影响区	80～100
			位于次要影响区	60～80
			位于一般影响区	40～60
	地下建构筑物位置 G_{32}		位于主要影响区	80～100
			位于次要影响区	60～80
			位于一般影响区	40～60
	道路位置 G_{33}		位于主要影响区	80～100
			位于次要影响区	60～80
			位于一般影响区	40～60
	管线 G_{34}	管线位置 G_{341}	位于主要影响区	80～100
			位于次要影响区	60～80
			位于一般影响区	40～60
		管线脆弱性 G_{342}	砌体、石棉水泥或陶质等易损材料	80～100
			塑料等强度较小的材料	60～80
			灰口铸铁等可靠性较低的材料	40～60
			钢管、混凝土、球磨铸铁等可靠性较高的材料	20～40
		服役年限 G_{343}	30年以上	90～100
			5～30年	70～90
			5年以下	50～70
	地表水体 G_{35}		与工程距离≤30m	80～100
			与工程距离>30m且强透水地层	50～80
			与工程距离>30m且弱透水地层	20～50
施工条件 G_4	施工工艺成熟度 G_{41}		新技术、新工艺、新材料、新设备应用	70～100
			工艺成熟、有相关应用	20～70

7.3.2 评估方法

1)总体风险分值计算方法

城市地下大空间施工总体风险分值按式(7-10)计算。

$$G = K\sum_{i=1}^{4}\omega_i G_i \tag{7-10}$$

式中，G为总体风险分值，当$G \geqslant 100$时，按100计；K为地下大空间类型系数，明挖单体地下大空间取1.0，暗挖单体地下大空间取1.1，拓建地下大空间取1.2；ω_i为总体风险评估一级指标权重；G_i为总体风险评估一级指标分值。地质条件、设计条件、施工条件一级指标分值按式(7-11)计算。

$$G_i = \sum_{j}\omega_{ij}G_{ij} \tag{7-11}$$

式中，ω_{ij}为总体风险评估二级指标权重；G_{ij}为总体风险评估二级指标分值。

环境条件一级指标下各二级指标代表不同类型环境风险源对总体风险的影响。当多类环境风险源同时存在时，这些环境风险源对总体风险的影响存在叠加效应，不适宜采用加权求和的方式计算一级指标分值。因此，环境条件一级指标分值按式(7-12)计算。

$$G_3 = \max(G_{3i}) + 0.1\left[\sum_{i=1}^{5} G_{3i} - \max(G_{3i})\right];i = 1,2,\cdots,5 \tag{7-12}$$

2)总体风险指标评分时的注意事项

(1)二级指标"工程规模 G_{11}"分值评定时，若评估对象的工程规模不适合采用明挖深度、暗挖断面面积或车站层数衡量时，可根据开挖体积进行评分(以 100000m^3 和 150000m^3 为界分为三级)。

(2)二级指标"管线 G_{34}"分值评定，可选择以下方法之一。

①以预期危险性最大的一根管线为代表，进行下属三级指标的评分。预期危险性的判定可根据管线与工程的近接程度、管线的断面尺寸、管线的脆弱性或结合上述方面进行综合判定。

②对工程影响区内的所有管线分别进行下属三级指标的评分，并分别计算每根管线二级指标"管线 G_{34}"分值，以各管线的分值的算术平均值或加权平均值作为最终分值。

7.3.3　总体风险分级标准

城市地下大空间施工总体风险等级分为四级。求得总体风险分值后，根据表 7-4 确定总体风险等级。

总体风险等级标准　　表 7-4

总体风险等级	Ⅰ	Ⅱ	Ⅲ	Ⅳ
风险等级描述	极高风险	高风险	中风险	低风险
总体风险分值	$75 \leqslant G \leqslant 100$	$50 \leqslant G < 75$	$25 \leqslant G < 50$	$0 \leqslant G < 25$

城市地下大空间施工安全总体风险评估结论是判断专项风险评估必要性，以及制订专项风险评估方案的依据，并可为相关单位的人员安排、资源配置等方面提供决策支持。原则上来说，总体风险等级为Ⅱ级及以上的城市地下大空间必然在工程规模、地质条件、周边环境三方面中的某一方面处于较为不利的情况，需要进行更加细致的专项风险评估。专项风险评估的开展方式可参考表 7-5。

总体风险等级与专项风险评估方案的关系　　表 7-5

总体风险等级	专项风险评估方案
Ⅰ	必须进行专项风险评估，应划分风险评估单元
Ⅱ	应进行专项风险评估，可划分风险评估单元
Ⅲ	宜进行专项风险评估
Ⅳ	可进行专项风险评估

7.4 专项风险评估

7.4.1 明挖施工风险事件发生可能性评价指标体系及量化标准

1)指标体系及量化标准

城市地下大空间明挖施工风险评价指标体系及量化标准见表7-6～表7-10。

明挖施工基坑失稳发生可能性评价指标体系　表7-6

一级指标	二级指标	评分依据	取值范围
设计条件 R_1	基坑深度 R_{11}	深度超过35m	80～100
		深度30～35m	60～80
		深度25～30m	40～60
	基坑围护结构类型 R_{12}	排桩	80～100
		咬合桩	60～80
		地下连续墙	40～60
	基坑支撑体系 R_{13}	钢管支撑、型钢支撑、锚杆(索)	80～100
		钢管、钢筋混凝土组合支撑	60～80
		钢筋混凝土支撑	40～60
地质条件 R_2	工程地质 R_{21}	人工填土、软土、富水砂层、可液化地层等	80～100
		风化岩、复合地层、岩溶、采空区、水囊等	60～80
		卵石层、基岩凸起、风化深槽、断裂带、地裂缝等	40～60
		湿陷性黄土、膨胀土、硬质岩脉等	20～40
	水文地质 R_{22}	承压水	80～100
		潜水、裂隙水、岩溶水	60～80
		上层滞水	40～60
环境条件 R_3	管径 R_{31}	2000mm(含)以上	80～100
		600(含)～2000mm	60～80
		200(含)～600mm	40～60
		200mm以下	20～40
	管线状态 R_{32}	管线破损、有明显渗漏	80～100
		管线有裂痕、有渗漏迹象	60～80
		管线良好、无渗漏迹象	40～60
	气象条件 R_{33}	基坑开挖周期内预计出现暴雨	80～100
		基坑开挖周期内预计出现大雨	60～80
		基坑开挖周期内预计出现中雨	40～60
		旱季基坑开挖	0～40

续上表

一级指标	二级指标	评分依据	取值范围
施工条件 R_4	坑底加固 R_{41}	无加固措施	70～100
		有加固措施	40～70
	地层降水 R_{42}	无降水措施	70～100
		有降水措施	40～70
	土方开挖 R_{43}	整体顺序开挖	70～100
		分区分块间隔开挖	20～70
	岩石开挖 R_{44}	爆破开挖	60～100
		机械开挖	20～60
	工序衔接 R_{45}	工序衔接不紧密	80～100
		工序衔接基本紧密	40～80
		工序衔接紧密	0～40
	围护结构水平位移 R_{46}	$U>0.85U_0$或$u>3\mathrm{mm/d}$	80～100
		$0.7U_0\leq U\leq 0.85U_0$或$2\mathrm{mm/d}\leq u\leq 3\mathrm{mm/d}$	40～80
		$U<0.7U_0$或$u<2\mathrm{mm/d}$	0～40
	基坑浸泡情况 R_{47}	长时间浸泡	60～100
		短时间浸泡	20～60
		未遭受浸泡	0～20
	坑边超载 R_{48}	坑边大量超载	60～100
		坑边少量超载	20～60
		无坑边超载	0～20
	降排水效果 R_{49}	效果较差	80～100
		效果一般	40～80
		效果良好	20～40

注：U-实测位移值；U_0-允许位移控制值；u-位移速率。

明挖施工基底突涌发生可能性评价指标体系 表7-7

一级指标	二级指标	评分依据	取值范围
地质条件 R_1	工程地质 R_{11}	软土、富水砂层、可液化地层等	80～100
		富水岩溶、采空区、水囊等	60～80
		风化深槽、断裂带、地裂缝等	40～60
	水文地质 R_{12}	承压水	80～100
		岩溶水	60～80
		裂隙水	40～60
环境条件 R_2	地表水体 R_{21}	与工程距离≤30m	80～100
		与工程距离>30m且强透水地层	50～80
		与工程距离>30m且弱透水地层	20～50

续上表

一级指标	二 级 指 标	评 分 依 据	取值范围
施工条件 R_3	地层降水 R_{31}	无降水措施	60~100
		有降水措施	20~60
	基底隔水 R_{32}	无隔水措施	70~100
		有隔水措施	40~70
	承压水处理效果 R_{33}	未隔断承压水	80~100
		部分隔断承压水	40~80
		完全隔断承压水	20~40
	基底加固处理 R_{34}	未做基底加固处理	80~100
		基底加固处理效果较差	40~80
		基底加固处理效果较好	20~40

明挖施工管线破坏发生可能性评价指标体系　　表 7-8

一级指标	二 级 指 标	评 分 依 据	取值范围
环境条件 R_1	管线脆弱性 R_{11}	砌体、石棉水泥或陶质材料	80~100
		塑料等强度较小的材料	60~80
		灰口铸铁等可靠性较低的材料	40~60
		钢管、混凝土、球磨铸铁等可靠性较高的材料	20~40
	管线接头形式 R_{12}	承插口、平口等	80~100
		企口等	60~80
		法兰或焊接等	40~60
	管线位置 R_{13}	位于主要影响区	80~100
		位于次要影响区	60~80
		位于一般影响区	40~60
	使用年限 R_{14}	30 年以上	90~100
		5~30 年	70~90
		5 年以下	50~70
设计条件 R_2	基坑深度 R_{21}	深度超过 35m	80~100
		深度 30~35m	60~80
		深度 25~30m	40~60
地质条件 R_3	工程地质 R_{31}	人工填土、软土、富水砂层、卵石层等	80~100
		风化岩、复合地层、岩溶、采空区等	60~80
		基岩凸起、风化深槽、断裂带、地裂缝等	40~60
		湿陷性黄土、膨胀土、硬质岩脉等	20~40
	水文地质 R_{32}	承压水	80~100
		潜水、裂隙水、岩溶水	60~80
		上层滞水	40~60

续上表

一级指标	二级指标	评分依据	取值范围
施工条件 R_4	管线加固 R_{41}	无专项加固	60 ~ 100
		有专项加固	20 ~ 60
	地层降水 R_{42}	有降水措施	60 ~ 100
		无降水措施	20 ~ 60
	土方开挖 R_{43}	整体顺序开挖	70 ~ 100
		分区分块间隔开挖	20 ~ 70
	岩石开挖 R_{44}	爆破开挖	60 ~ 100
		机械开挖	20 ~ 60
	工序衔接 R_{45}	工序衔接不紧密	80 ~ 100
		工序衔接基本紧密	40 ~ 80
		工序衔接紧密	0 ~ 40
	管线沉降 R_{46}	$S>0.85S_0$ 或 $s>2$mm/d	80 ~ 100
		$0.7S_0 \leqslant S \leqslant 0.85S_0$ 或 1mm/d$\leqslant s \leqslant$2mm/d	40 ~ 80
		$S<0.7S_0$ 或 $s<1$mm/d	0 ~ 40

注：S-实测沉降值；S_0-允许沉降控制值；s-沉降速率。

明挖施工地面建构筑物破坏发生可能性评价指标体系　　表 7-9

一级指标	二级指标	评分依据	取值范围
环境条件 R_1	建构筑物高度、桥梁规模、道路等级 R_{11}	超高层、特大桥、快速路	80 ~ 100
		高层、大桥、主干路	60 ~ 80
		小高层、中桥、次干路	40 ~ 60
		多层、小桥、支路	20 ~ 40
	基础形式 R_{12}	独立基础、条形基础、井格式基础	80 ~ 100
		筏板基础、箱型基础	60 ~ 80
		桩基础	40 ~ 60
	建构筑物位置 R_{13}	位于主要影响区	80 ~ 100
		位于次要影响区	60 ~ 80
		位于一般影响区	40 ~ 60
设计条件 R_2	基坑深度 R_{21}	深度超过 35m	80 ~ 100
		深度 30 ~ 35m	60 ~ 80
		深度 25 ~ 30m	40 ~ 60
地质条件 R_3	工程地质 R_{31}	人工填土、软土、富水砂层、可液化地层等	80 ~ 100
		风化岩、复合地层、岩溶、采空区、水囊等	60 ~ 80
		卵石层、基岩凸起、风化深槽、断裂带、地裂缝等	40 ~ 60
		湿陷性黄土、膨胀土、硬质岩脉等	20 ~ 40

续上表

一级指标	二级指标	评分依据	取值范围
地质条件 R_3	水文地质 R_{32}	承压水	80～100
		潜水、裂隙水、岩溶水	60～80
		上层滞水	40～60
施工条件 R_4	建构筑物加固 R_{41}	无专项加固	60～100
		有专项加固	20～60
	地层降水 R_{42}	有降水措施	60～100
		无降水措施	20～60
	土方开挖 R_{43}	整体顺序开挖	70～100
		分区分块间隔开挖	20～70
	岩石开挖 R_{44}	爆破开挖	60～100
		机械开挖	20～60
	工序衔接 R_{45}	工序衔接不紧密	80～100
		工序衔接基本紧密	40～80
		工序衔接紧密	0～40
	建构筑物差异沉降 R_{46}	$S_D > 0.002L$	80～100
		$0.001L \leqslant S_D \leqslant 0.002L$	40～80
		$S_D < 0.001L$	0～40

注：S_D-实测差异沉降值；L-差异沉降测点间的水平距离。

明挖施工地下建构筑物破坏发生可能性评价指标体系 表7-10

一级指标	二级指标	评分依据	取值范围
环境条件 R_1	地下建构筑物尺寸 R_{11}	大型地下室、大断面隧道(管廊)	80～100
		中型地下室、中等断面隧道(管廊)	60～80
		小型地下室、小断面隧道(管廊)	40～60
	结构形式 R_{12}	砖混地下室、预制拼装隧道	70～100
		框架结构地下室、复合衬砌隧道	40～70
	地下建构筑物位置 R_{13}	位于主要影响区	80～100
		位于次要影响区	60～80
		位于一般影响区	40～60
设计条件 R_2	基坑深度 R_{21}	深度超过35m	80～100
		深度30～35m	60～80
		深度25～30m	40～60
地质条件 R_3	工程地质 R_{31}	人工填土、软土、富水砂层、可液化地层等	80～100
		风化岩、复合地层、岩溶、采空区、水囊等	60～80
		卵石层、基岩凸起、风化深槽、断裂带、地裂缝等	40～60
		湿陷性黄土、膨胀土、硬质岩脉等	20～40

续上表

一级指标	二级指标	评分依据	取值范围
地质条件 R_3	水文地质 R_{32}	承压水	80～100
		潜水、裂隙水、岩溶水	60～80
		上层滞水	40～60
施工条件 R_4	建构筑物加固 R_{41}	无专项加固	60～100
		有专项加固	20～60
	地层降水 R_{42}	有降水措施	60～100
		无降水措施	20～60
	土方开挖 R_{43}	整体顺序开挖	70～100
		分区分块间隔开挖	20～70
	岩石开挖 R_{44}	爆破开挖	60～100
		机械开挖	20～60
	工序衔接 R_{45}	工序衔接不紧密	80～100
		工序衔接基本紧密	40～80
		工序衔接紧密	0～40
	建构筑物水平位移 R_{46}	$U>0.85U_0$ 或 $u>3$mm/d	80～100
		$0.7U_0 \leqslant U \leqslant 0.85U_0$ 或 2mm/d$\leqslant u \leqslant$3mm/d	40～80
		$U<0.7U_0$ 或 $u<2$mm/d	0～40

注：U-实测位移值；U_0-允许位移控制值；u-位移速率。

2）评分时的注意事项

（1）明挖施工基坑失稳风险评价二级指标“基坑围护结构类型 R_{12}”的评分依据仅列出了在城市地下大空间工程中可能采用的基坑围护结构类型。

（2）明挖施工基坑失稳风险评价二级指标“基坑支撑体系 R_{13}”的评分依据中，锚杆（索）严格来讲不属于基坑支撑体系，但由于其作用与基坑支撑相近，故列于其中。

（3）二级指标“工序衔接 R_{51}”的评分依据中，工序衔接的紧密性指支撑与开挖工序衔接的及时性、开挖至坑底后封底的及时性以及拆撑后永久结构施作的及时性。

（4）二级指标“围护结构水平位移 R_{52}”“管线沉降 R_{52}”“建构筑物差异沉降 R_{52}”“建构筑物水平位移 R_{52}”的评分依据中，位移、沉降控制值可参照《城市轨道交通工程监测技术规范》（GB 50911—2013）、《建筑地基基础设计规范》（GB 50007—2011）、《建筑基坑工程监测技术标准》（GB 50497—2019）等标准中的相关规定或参照设计文件确定。

7.4.2 暗挖施工风险事件发生可能性评价指标体系及量化标准

1）指标体系及量化标准

城市地下大空间暗挖施工风险评价指标体系及量化标准见表7-11～表7-15。

暗挖施工塌方冒顶发生可能性评价指标体系　　表7-11

一级指标	二级指标	评分依据	取值范围
设计条件 R_1	覆跨比 R_{11}	覆跨比≤0.4	80 ~ 100
		0.4 < 覆跨比 < 1	60 ~ 80
		覆跨比≥1	40 ~ 60
地质条件 R_2	工程地质 R_{21}	人工填土、软土、富水砂层、卵石层、复合地层、采空区等	80 ~ 100
		断裂带、岩溶、可液化地层、风化岩等	60 ~ 80
		地裂缝、风化深槽等	40 ~ 60
		湿陷性黄土、膨胀土、基岩凸起等	20 ~ 40
	水文地质 R_{22}	地下水位高于开挖顶面	80 ~ 100
		地下水位位于开挖范围内	60 ~ 80
		地下水位低于开挖底面	40 ~ 60
环境条件 R_3	管径 R_{31}	2000mm(含)以上	80 ~ 100
		600(含) ~ 2000mm	60 ~ 80
		200(含) ~ 600mm	40 ~ 60
		200mm 以下	20 ~ 40
	管线状态 R_{32}	管线破损、有明显渗漏	80 ~ 100
		管线有裂痕、有渗漏迹象	60 ~ 80
		管线良好、无渗漏迹象	40 ~ 60
施工条件 R_4	超前加固 R_{41}	无专项加固	60 ~ 100
		有专项加固	20 ~ 60
	地层降水 R_{42}	无降水措施	70 ~ 100
		有降水措施	40 ~ 70
	开挖工法 R_{43}	CD 法、CRD 法、双侧壁导坑法	80 ~ 100
		中洞法、侧洞法	60 ~ 80
		PBA 法、多分层多分部开挖法	40 ~ 60
	岩石开挖 R_{44}	爆破开挖	60 ~ 100
		机械开挖	20 ~ 60
	工序衔接 R_{45}	工序衔接不紧密	80 ~ 100
		工序衔接基本紧密	40 ~ 80
		工序衔接紧密	0 ~ 40
	围岩变形 R_{46}	$U > 2/3U_0$ 或 $u > 5$mm/d	80 ~ 100
		$1/3U_0 \leq U \leq 2/3U_0$ 或 2mm/d $\leq u \leq$ 5mm/d	40 ~ 80
		$U < 1/3U_0$ 或 $u < 2$mm/d	0 ~ 40
	地质符合性 R_{47}	地质条件与设计文件相比较差	70 ~ 100
		地质条件与设计文件基本一致	30 ~ 70
		地质条件与设计文件完全一致	0 ~ 30

注:U-实测位移值;U_0-允许位移控制值;u-位移速率。

暗挖施工突泥涌水发生可能性评价指标体系　　表7-12

一级指标	二级指标	评分依据	取值范围
地质条件 R_1	工程地质 R_{11}	空洞、水囊、富水砂层等	80～100
		风化岩、卵石层、岩溶、采空区、断裂带等	60～80
		风化深槽、地裂缝、复合地层等	40～60
	富水程度 R_{12}	强富水[涌水量＞10000m³/(d·10m)]	80～100
		中等富水[5000m³/(d·10m)≤涌水量≤10000m³/(d·10m)]	60～80
		弱富水[涌水量＜5000m³/(d·10m)]	40～60
环境条件 R_2	周边水体 R_{21}	上方存在湖泊、水库、河流等	80～100
		侧方存在湖泊、水库、河流等	60～80
		附近存在水塘、水沟等	40～60
施工条件 R_3	超前加固 R_{31}	无专项加固	60～100
		有专项加固	20～60
	地层降水 R_{32}	无降水措施	60～100
		有降水措施	20～60
	地质符合性 R_{33}	地质条件与设计文件相比较差	70～100
		地质条件与设计文件基本一致	30～70
		地质条件与设计文件完全一致	0～30
	超前加固效果 R_{34}	较差	70～100
		中等	40～70
		良好	20～40
	地层降水效果 R_{35}	较差	70～100
		中等	40～70
		良好	20～40

暗挖施工管线破坏发生可能性评价指标体系　　表7-13

一级指标	二级指标	评分依据	取值范围
环境条件 R_1	管线脆弱性 R_{11}	砌体、石棉水泥或陶质材料	80～100
		塑料等强度较小的材料	60～80
		灰口铸铁等可靠性较低的材料	40～60
		钢管、混凝土、球磨铸铁等可靠性较高的材料	20～40
	管线接头形式 R_{12}	承插口、平口等	80～100
		企口等	60～80
		法兰或焊接等	40～60
	管线位置 R_{13}	位于主要影响区	80～100
		位于次要影响区	60～80
		位于一般影响区	40～60

续上表

一级指标	二级指标	评分依据	取值范围
环境条件 R_1	使用年限 R_{14}	30年以上	90~100
		5~30年	70~90
		5年以下	50~70
设计条件 R_2	断面尺寸 R_{21}	断面面积大于650m^2或五层及以上地铁车站或相当规模	80~100
		开挖断面面积500~650m^2或四层地铁车站或相当规模	60~80
		开挖断面面积300~500m^2或三层地铁车站或相当规模	40~60
	覆跨比 R_{22}	覆跨比≤0.4	80~100
		0.4<覆跨比<1	60~80
		覆跨比≥1	40~60
地质条件 R_3	工程地质 R_{31}	人工填土、软土、富水砂层、卵石层等	80~100
		风化岩、复合地层、岩溶、采空区等	60~80
		基岩凸起、风化深槽、断裂带、地裂缝等	40~60
		湿陷性黄土、膨胀土、硬质岩脉等	20~40
	水文地质 R_{32}	承压水	80~100
		潜水、裂隙水、岩溶水	60~80
		上层滞水	40~60
施工条件 R_4	管线加固 R_{41}	无专项加固	60~100
		有专项加固	20~60
	地层降水 R_{42}	有降水措施	60~100
		无降水措施	20~60
	开挖工法 R_{43}	CD法、CRD法、双侧壁导坑法	80~100
		中洞法、侧洞法	60~80
		PBA法、多分层多分部开挖法	40~60
	岩石开挖 R_{44}	爆破开挖	60~100
		机械开挖	20~60
	工序衔接 R_{45}	工序衔接不紧密	80~100
		工序衔接基本紧密	40~80
		工序衔接紧密	0~40
	管线沉降 R_{46}	$S>0.85S_0$或$s>2$mm/d	80~100
		$0.7S_0 \leq S \leq 0.85S_0$或1mm/d≤$s$≤2mm/d	40~80
		$S<0.7S_0$或$s<1$mm/d	0~40

注：S-实测沉降值；S_0-允许沉降控制值；s-沉降速率。

暗挖施工地面建构筑物破坏发生可能性评价指标体系 表7-14

一级指标	二级指标	评分依据	取值范围
环境条件 R_1	建构筑物高度、桥梁规模、道路等级 R_{11}	超高层、特大桥、快速路	80~100
		高层、大桥、主干路	60~80
		小高层、中桥、次干路	40~60
		多层、小桥、支路	20~40
	基础形式 R_{12}	独立基础、条形基础、井格式基础	80~100
		筏板基础、箱形基础	60~80
		桩基础	40~60
	建构筑物位置 R_{13}	位于主要影响区	80~100
		位于次要影响区	60~80
		位于一般影响区	40~60
设计条件 R_2	断面尺寸 R_{21}	断面面积大于650m^2或五层及以上地铁车站或相当规模	80~100
		开挖断面面积500~650m^2或四层地铁车站或相当规模	60~80
		开挖断面面积300~500m^2或三层地铁车站或相当规模	40~60
	覆跨比 R_{22}	覆跨比≤0.4	80~100
		0.4<覆跨比<1	60~80
		覆跨比≥1	40~60
地质条件 R_3	工程地质 R_{31}	人工填土、软土、富水砂层、卵石层、复合地层、采空区等	80~100
		断裂带、岩溶、可液化地层、风化岩等	60~80
		地裂缝、风化深槽等	40~60
		湿陷性黄土、膨胀土、基岩凸起等	20~40
	水文地质 R_{32}	承压水	80~100
		潜水、裂隙水、岩溶水	60~80
		上层滞水	40~60
施工条件 R_4	建构筑物加固 R_{41}	无专项加固	60~100
		有专项加固	20~60
	地层降水 R_{42}	有降水措施	60~100
		无降水措施	20~60
	开挖工法 R_{43}	CD法、CRD法、双侧壁导坑法	80~100
		中洞法、侧洞法	60~80
		PBA法、多分层多分部开挖法	40~60
	岩石开挖 R_{44}	爆破开挖	60~100
		机械开挖	20~60

续上表

一级指标	二级指标	评分依据	取值范围
施工条件 R_4	工序衔接 R_{51}	工序衔接不紧密	80～100
		工序衔接基本紧密	40～80
		工序衔接紧密	0～40
	建构筑物差异沉降 R_{52}	$S_D > 0.002L$	80～100
		$0.001L \leq S_D \leq 0.002L$	40～80
		$S_D < 0.001L$	0～40

注：S_D-实测差异沉降值；L-差异沉降测点间的水平距离。

暗挖施工地下建构筑物破坏发生可能性评价指标体系 表 7-15

一级指标	二级指标	评分依据	取值范围
环境条件 R_1	地下建构筑物尺寸 R_{11}	大型地下室、大断面隧道（管廊）	80～100
		中型地下室、中等断面隧道（管廊）	60～80
		小型地下室、小断面隧道（管廊）	40～60
	结构形式 R_{12}	砖混地下室、预制拼装隧道	70～100
		框架结构地下室、复合衬砌隧道	40～70
	建构筑物位置 R_{13}	位于主要影响区	80～100
		位于次要影响区	60～80
		位于一般影响区	40～60
设计条件 R_2	断面尺寸 R_{21}	断面面积大于 $650m^2$ 或五层及以上地铁车站或相当规模	80～100
		开挖断面面积 500～$650m^2$ 或四层地铁车站或相当规模	60～80
		开挖断面面积 300～$500m^2$ 或三层地铁车站或相当规模	40～60
	覆跨比 R_{22}	覆跨比≤0.4	80～100
		0.4＜覆跨比＜1	60～80
		覆跨比≥1	40～60
地质条件 R_3	工程地质 R_{31}	人工填土、软土、富水砂层、可液化地层等	80～100
		风化岩、复合地层、岩溶、采空区、水囊等	60～80
		卵石层、基岩凸起、风化深槽、断裂带、地裂缝等	40～60
		湿陷性黄土、膨胀土、硬质岩脉等	20～40
	水文地质 R_{32}	承压水	80～100
		潜水、裂隙水、岩溶水	60～80
		上层滞水	40～60
施工条件 R_4	建构筑物加固 R_{41}	无专项加固	60～100
		有专项加固	20～60
	地层降水 R_{42}	有降水措施	60～100
		无降水措施	20～60

续上表

一级指标	二 级 指 标	评 分 依 据	取值范围
施工条件 R_4	开挖工法 R_{43}	CD 法、CRD 法、双侧壁导坑法	80 ~ 100
		中洞法、侧洞法	60 ~ 80
		PBA 法、多分层多分部开挖法	40 ~ 60
	岩石开挖 R_{44}	爆破开挖	60 ~ 100
		机械开挖	20 ~ 60
	工序衔接 R_{45}	工序衔接不紧密	80 ~ 100
		工序衔接基本紧密	40 ~ 80
		工序衔接紧密	0 ~ 40
	建构筑物沉降 R_{46}	$S > 0.85S_0$ 或 $s > 3$mm/d	80 ~ 100
		$0.7S_0 \leqslant S \leqslant 0.85S_0$ 或 2mm/d $\leqslant s \leqslant$ 3mm/d	40 ~ 80
		$S < 0.7S_0$ 或 $s < 2$mm/d	0 ~ 40

注:S-实测沉降值;S_0-允许沉降控制值;s-沉降速率。

2)评分时的注意事项

(1)对于小导洞群开挖的情况,在暗挖施工塌方冒顶风险评价指标体系中,二级指标“覆跨比 R_{11}”的取值可按单洞覆跨比计算;在管线破坏、地面建构筑物破坏和地下建构筑物破坏风险评价指标体系中,二级指标“覆跨比 R_{11}”可按导洞群总跨度计算,并在此基础上进行一定下调。

(2)暗挖施工塌方冒顶评价二级指标“超前加固 R_{41}”的评分依据中,超前小导管注浆、地表注浆、冻结、水平旋喷、管棚等辅助工法均属于超前加固。

(3)对于暗挖施工塌方冒顶风险评价,当超前加固工法为冻结法时,不应采用二级指标“地层降水 R_{42}”。

(4)二级指标“工序衔接 R_{51}”的评分依据中,工序衔接的紧密性指掌子面开挖后掌子面封闭或加固的及时性、开挖后支护施作的及时性以及支护闭合的及时性。

(5)二级指标“围岩变形 R_{52}”“管线沉降 R_{52}”“建构筑物差异沉降 R_{52}”“建构筑物沉降 R_{52}”的评分依据中,变形、沉降控制值可参照《城市轨道交通工程监测技术规范》(GB 50911—2013)、《建筑地基基础设计规范》(GB 50007—2011)等标准中的相关规定或参照设计文件确定。

7.4.3　拓建施工风险事件发生可能性评价指标体系及量化标准

1)指标体系及量化标准

城市地下大空间拓建施工风险评价指标体系及量化标准见表 7-16、表 7-17。

接驳开口导致既有结构变形过大或破坏发生可能性评价指标体系　　表 7-16

一 级 指 标	评 分 依 据	取 值 范 围
既有结构现状 R_1	严重病害	80 ~ 100
	轻微病害	60 ~ 80
	基本完好	40 ~ 60

续上表

一级指标	评分依据	取值范围
开口尺寸 R_2	大型(总面积大于 $30m^2$)	80~100
	中型(总面积 $15 \sim 30m^2$)	40~80
	小型(总面积小于 $15m^2$)	20~40
开口位置 R_3	侧墙开口	80~100
	顶板开口	60~80
	底板开口	40~60
开口方法 R_4	爆破开口	80~100
	静态爆破开口	60~80
	机械或人工切割开口	40~60
既有结构扰动程度 R_5	破坏既有结构主要受力构件	70~100
	不破坏既有结构主要受力构件	40~70

开挖卸载导致既有结构上浮发生可能性评价指标体系 表7-17

一级指标	评分依据	取值范围
既有结构现状 R_1	严重病害	80~100
	轻微病害	60~80
	基本完好	40~60
卸载量 R_2	大量(开挖体积大于既有结构体积)	80~100
	中等(开挖体积与既有结构体积相近)	40~80
	少量(开挖体积小于既有结构体积的一半)	20~40
相对位置关系 R_3	上部卸载	80~100
	侧方卸载	40~80
土层情况 R_4	软土、膨胀土	70~100
	人工填土、富水砂层	40~70

2)评分时的注意事项

拓建工程施工可能涉及多次开挖对环境风险源(管线、地面建构筑物、地下建构筑物)反复扰动的情况,可按以下方法考虑。

(1)若多次扰动部位不同,则环境风险源破坏风险可按单次扰动风险中最大者考虑。

(2)若多次扰动部位相同,但扰动非同时发生,且先发生扰动产生的不利效应与后发生扰动的叠加效应不明显(如振动的影响),则环境风险源破坏风险可按单次扰动风险中最大者考虑。

(3)若多次扰动部位相同,但扰动非同时发生,且先发生扰动产生的不利效应与后发生扰动的叠加效应明显(如位移的影响),则在环境风险源破坏风险评估中可考虑多次扰动的叠加效应。

(4)若多次扰动部位相同,且扰动几乎同时发生,则在环境风险源破坏风险评估中可考虑多次扰动的叠加效应。

(5)多次扰动的叠加效应可按以下方式考虑:

①当各扰动源采用同一种施工方法时(明挖或暗挖),可将与扰动源相关的评价指标(如“管线位置 R_{13}”“建构筑物位置 R_{13}”“土方开挖 R_{43}”)进行合并,随后按相应公式计算环境风险源破坏风险发生可能性分值。

②当多个扰动源采用施工方法不同时,二级指标“断面尺寸 R_{21}”“覆跨比 R_{22}”“基坑深度 R_{21}”之间无法直接合并,需先对每个扰动源分别计算出一级指标“开挖断面条件 R_2”和“基坑条件 R_2”分值后,将上述一级指标进行合并。

7.4.4　风险事件发生可能性评价

城市地下大空间施工风险事件发生可能性分值按式(7-13)计算。

$$R = \sum_{i=1}^{n} \gamma_i R_i \tag{7-13}$$

式中,R 为风险事件发生可能性分值,当 $R \geqslant 100$ 时,按 100 计;γ_i 为一级指标权重;R_i 为一级指标分值;n 为参与计算的一级指标数量。

风险事件发生可能性评价一级指标分值按式(7-14)计算。

$$R_i = \frac{\sum_{j=1}^{m_i} \gamma_{ij} R_{ij}}{\sum_{j=1}^{m_i} \gamma_{ij}} \tag{7-14}$$

式中,γ_{ij} 为一级指标 R_i 下第 j 个二级指标的权重;R_{ij} 为一级指标 R_i 下第 j 个二级指标的分值;m_i 为一级指标 R_i 下参与计算的二级指标数量。

城市地下大空间施工风险事件发生可能性评估可考虑风险因素耦合效应对风险的放大或抑制作用。考虑风险因素耦合效应时,城市地下大空间施工风险事件发生可能性分值应按式(7-15)计算。

$$R^{C} = \beta R \tag{7-15}$$

式中,R^{C} 为考虑风险因素耦合时的施工安全风险事件发生可能性分值,当 $R^{C} \geqslant 100$ 时按 100 计;β 为风险因素耦合系数;R 为施工安全风险事件发生可能性基本分值,按式(7-13)计算。

风险因素耦合系数 β 按式(7-16)计算。

$$\beta = \frac{1}{n} \sum_{i=1}^{n} \sum_{j=1}^{n} c_{ij} \tag{7-16}$$

式中,c_{ij} 为相应风险事件评估指标体系中第 i 个二级指标和第 j 个二级指标的评估指标相对耦合系数;n 为相应风险事件评估指标体系中二级指标的数量。

评估指标相对耦合系数 c_{ij} 按下式计算。

$$c_{ij} = \begin{cases} 1, i = j \\ \dfrac{\kappa_{ij}}{n-1}, i \neq j \end{cases} \tag{7-17}$$

$$\kappa_{ij} = \xi_{ij} \eta_{ij}, \xi_{ij} \in \{-1, 1\}, \eta_{ij} \in [0, 1] \tag{7-18}$$

式中，κ_{ij}为第 i 个二级指标和第 j 个二级指标的评估指标耦合系数；ξ_{ij}为第 i 个二级指标和第 j 个二级指标的耦合极性系数，正耦合时取 1，负耦合时取 -1；η_{ij}为第 i 个二级指标和第 j 个二级指标的耦合强度系数，参照表 7-18 取值。

评估指标耦合强度系数的取值 表 7-18

描述	弱耦合	中耦合	强耦合	极强耦合
取值	0.1	0.25	0.5	1

评估指标耦合极性系数 ξ_{ij}和评估指标耦合强度系数 η_{ij}可通过调查问卷确定。调查问卷可采用表 7-19、表 7-20 所示的形式。

评估指标耦合情况问卷 表 7-19

一级指标	R_1			…	R_m
二级指标	R_{11}	…	$R_{1,n1}$	…	$R_{m,nm}$
耦合情况	□参与耦合 □不参与耦合	□参与耦合 □不参与耦合	□参与耦合 □不参与耦合	…	□参与耦合 □不参与耦合

注：表中仅需列出相应风险事件发生可能性评估指标体系中的所有二级指标。

评估指标耦合强度问卷 表 7-20

耦合指标	耦合参数	R_{11}	R_{13}	…	R_{42}	R_{44}
R_{11}	耦合极性		□正耦合 □负耦合	…	…	…
	耦合强度		□弱耦合 □中耦合 …	…	…	…
R_{13}	耦合极性			…	…	…
	耦合强度			…	…	…
…	耦合极性				…	…
	耦合强度				…	…
R_{42}	耦合极性					…
	耦合强度					…

注：表中仅需列出相应风险事件发生可能性评估指标体系中参与耦合的二级指标。

7.4.5 风险损失评价

1）指标体系及量化标准

风险损失较为难以量化，一般只能采用“定性评价 + 定量调整”的评价策略。参考工程施工风险评估相关规范及指南，风险损失评价根据人员伤亡、经济损失、工期损失、社会和环境影响等因素综合评定。城市地下大空间施工风险损失评价指标体系及量化标准见表 7-21。

风险损失评价指标体系　　表7-21

一级指标	评分依据	取值范围	说明
人员伤亡 C_1	导致30人以上死亡或100人以上重伤	75~100	人员伤亡包括工程建设人员和第三方人员伤亡
	导致10~30人死亡或50~100人重伤	50~75	
	导致3~10人死亡或10~50人重伤	25~50	
	导致3人以下死亡或10人以下重伤	0~25	
经济损失 C_2	导致10000万元以上或相当于原工程造价100%以上的经济损失	75~100	经济损失包括工程建设方的直接经济损失和第三方经济损失
	导致5000万~10000万元或相当于原工程造价50%~100%的经济损失	50~75	
	导致1000万~5000万元或相当于原工程造价20%~50%的经济损失	25~50	
	导致1000万元以下或相当于原工程造价20%以下的经济损失	0~25	
工期损失 C_3	导致12个月以上或相当于原工程工期50%以上的工期延误	75~100	表中评价依据仅适用于控制工期工程，非控制工期工程的评价依据宜按控制工期工程的2倍延误时长考虑。如非控制工期工程因延误转变为控制工期工程，应按控制工期工程进行管理
	导致6~12个月或相当于原工程工期20%~50%的工期延误	50~75	
	导致3~6个月或相当于原工程工期10%~20%的工期延误	25~50	
	导致3个月以下或相当于原工程工期10%以下的工期延误	0~25	
社会影响 C_4	恶劣的，或需转移安置1000人以上	75~100	社会影响包括风险事件发生导致的负面舆论压力和对正常的经济、社会活动产生的影响
	严重的，或需转移安置500~1000人	50~75	
	较严重的，或需转移安置100~500人	25~50	
	需考虑的，或需转移安置100人以下	0~25	
环境影响 C_5	涉及范围非常大，周边城市环境发生严重污染或破坏	75~100	周边城市环境包括居民的生产、生活环境和自然生态环境
	涉及范围很大，周边城市环境发生较重污染或破坏	50~75	
	涉及范围较大，周边城市环境发生污染或破坏	25~50	
	涉及范围较小，周边城市环境发生轻度污染或破坏	0~25	

2）评价方法

城市地下大空间施工安全风险损失分值 C 按式(7-19)计算。

$$C = \sum_{i=1}^{5} W_i C_i \tag{7-19}$$

式中，C 为风险损失分值；C_i 为风险损失评价指标分值；W_i 为风险损失评价指标权重。

7.4.6 专项风险分级标准

1）风险事件发生可能性等级标准

城市地下大空间施工风险事件发生可能性采用概率值或可能性分值表示，等级划分为1～4级。求得风险事件发生可能性分值后，根据表7-22确定风险事件发生可能性等级。

风险事件发生可能性等级标准　表7-22

可能性等级	1	2	3	4
描述	非常可能	可能	偶尔	不太可能
概率值	$0.1 \leq P \leq 1$	$0.01 \leq P < 0.1$	$0.001 \leq P < 0.01$	$0 \leq P < 0.001$
可能性分值	$75 \leq R \leq 100$	$50 \leq R < 75$	$25 \leq R < 50$	$0 \leq R < 25$

2）风险损失等级标准

城市地下大空间施工风险损失等级按损失的严重程度表示，划分为一～四级。确定风险损失分值后，根据表7-23确定风险损失等级。

风险损失分级　表7-23

等级	一	二	三	四
风险损失程度	重大	较大	一般	较小
风险损失分值	$75 \leq C \leq 100$	$50 \leq C < 75$	$25 \leq C < 50$	$0 \leq C < 25$

3）专项风险分级标准

城市地下大空间施工风险分级宜综合考虑风险发生的可能性及风险产生的损失后果，最终进行综合评级。根据城市地下大空间施工风险接受准则，参考现行风险评估相关规范和标准，将城市地下大空间施工风险分为Ⅰ～Ⅳ级，见表7-24。

城市地下大空间施工风险等级矩阵　表7-24

风险等级		风险损失等级			
		一	二	三	四
风险事件发生可能性等级	1	Ⅰ	Ⅰ	Ⅱ	Ⅱ
	2	Ⅰ	Ⅱ	Ⅱ	Ⅲ
	3	Ⅱ	Ⅱ	Ⅲ	Ⅲ
	4	Ⅱ	Ⅲ	Ⅲ	Ⅳ

4）专项风险接受准则

（1）风险接受准则的概念

风险接受准则主要是指划分各级各类风险等级和制定控制等级的基准值，也是风险管理和风险控制的基准值。它表示在规定的时间内或系统的某一行为阶段内可接受的风险水平，它反映了社会、公众或个人等主体对风险的接受程度。风险接受准则可以直接为风险评价、风险应对与决策提供参考依据。各国家和行业的风险接受准则往往不同，但大多数情况下应遵循以下两个基本原则。

①ALARP 原则

ALARP（As Low As Reasonably Practical）原则即最低合理可行原则，其含义是：任何活动都具有风险，不可能通过预防措施来彻底消除风险，并且当系统的风险水平很低时，想要进一步降低风险水平很困难，其成本往往呈指数曲线上升。因此，必须在系统的风险水平和成本之间做出平衡，既在不同的风险水平采取不同的风险决策，但风险等级的划分和风险对策的制定应尽可能合理可行，风险成本尽可能低。由于 ALARP 原则广泛适用于个人、社会及环境风险接受准则，所以在风险管理中得到了广泛应用。

②ALARA 原则

ALARA（As Low As Reasonably Achievable）原则即最低合理可实现原则，其含义与 ALARP 原则基本相同，所不同之处就是在确定风险对策所对应的措施时，其所采取的措施必须是可实现的。

一般的施工风险接受准则的概念如图 7-3 所示。

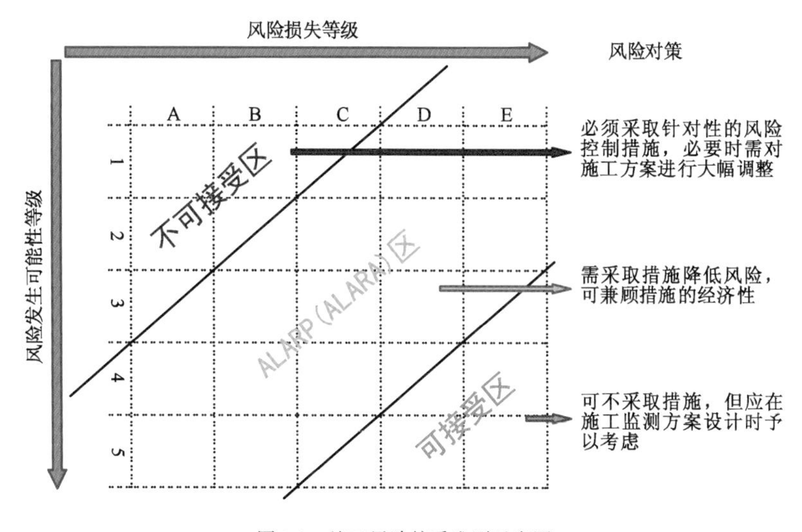

图 7-3　施工风险接受准则示意图

（2）城市地下大空间施工风险接受准则

针对城市地下大空间施工风险的特点和我国工程建设的理念及时代发展的需求，在确立风险评估接受准则时，首先考虑以下两个最基本的原则。

①安全优先原则：城市地下大空间工程的建设必须以保证人员安全为优先原则。

②经济性原则：在满足安全性要求的前提下，才能遵循 ALARP 或 ALARA 原则，尽可能地使工程风险所造成的经济损失或为规避风险所投入的资金最少的经济性原则。

根据以上原则,城市地下大空间施工风险接受准则见表7-25。

城市地下大空间施工专项风险接受准则　　表7-25

专项风险等级	接受准则	风险控制原则
Ⅰ	不可接受	必须高度重视,并采取有效措施规避或降低风险后方可进行施工
Ⅱ	不愿接受	应重视并采取有效措施处理,加强风险监测
Ⅲ	可接受	宜采取有效措施处理,并进行风险监测
Ⅳ	接受	可不采取措施,但需关注,防止风险等级上升

7.5 城市地下大空间施工安全风险动态评估系统

7.5.1 系统设计

1)系统总体架构

城市地下大空间施工风险动态评估系统主要是采集各种风险因素,利用模型算法,对当前风险和未来风险进行评估,给出风险评价及控制措施,通过手机端和Web端进行数据同步操作。

该系统的整体框架设计方案如图7-4所示。系统设计是根据系统分析的结果,运用系统科学的思想和方法,使设计结果最大限度满足目标。

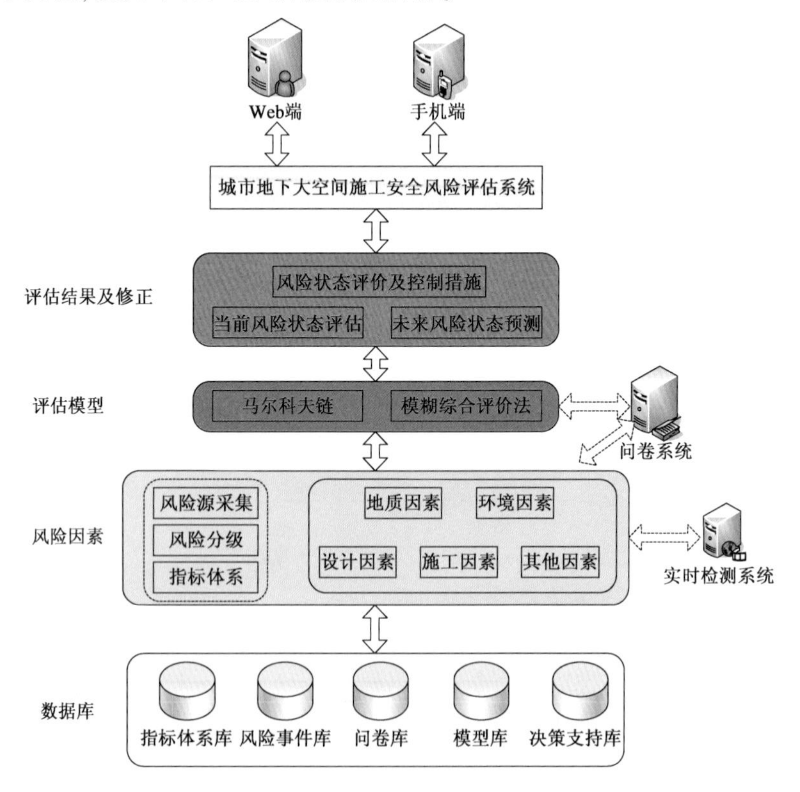

图7-4　系统整体框架规划

2)应用体系方案

由于城市地下大空间施工风险评估系统会涉及多个业务部门,例如施工方、监理及其他第三方用户,系统的数据量会随时间慢慢地增多,而且有些数据是多个部门共享的,具有很强的交叉性,考虑到后期系统性能问题,因此采用三层 B/S 体系结构较为合理,这对于实现系统的可扩展性是非常必要的。

第一层为客户层:提供信息交互界面,是用户直接操作的表示层;第二层为应用服务器层:主要进行业务处理的商业逻辑层;第三层为数据/资源层:主要进行数据的读写。

三层 B/S 体系结构的优点如下:

(1)系统的可扩展性增强

当发现因系统的客户端增加导致业务处理的速度变慢时,可以再购买一台中间层服务器挂接到原系统上就可以改善性能。

(2)信息系统容易集成

在三层体系结构中,应用程序客户端只需将对数据库请求提交给中间层即可。通过中间层实现对各数据库系统的交互,完成应用系统集成。

(3)很高的系统整体性能

通过连接缓冲、减少数据库并发用户;减少网络开销,系统负载合理分摊,通过数据缓冲和系统体系的改变消除对数据库访问的瓶颈。

城市地下大空间施工安全风险评估系统的应用体系如图 7-5 所示。

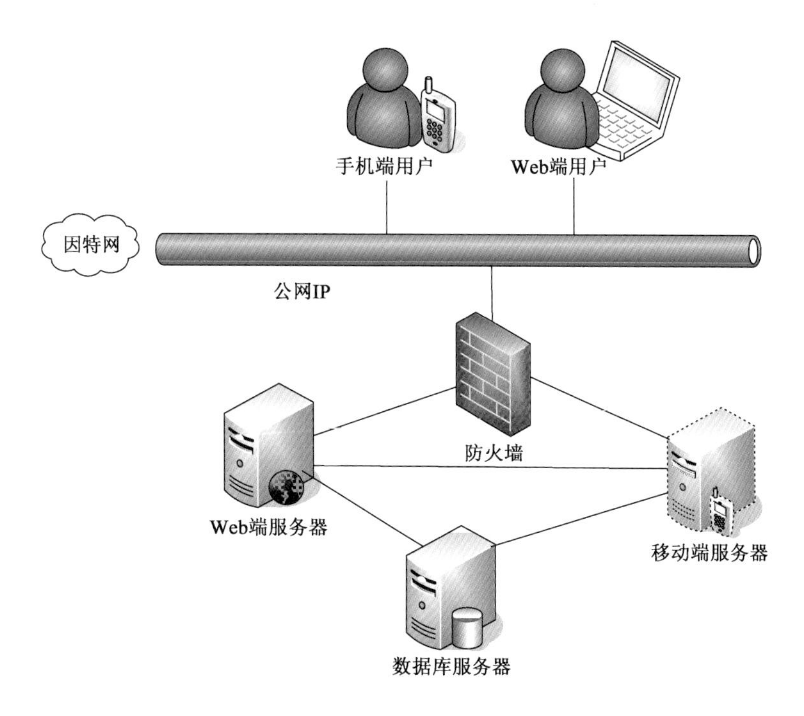

图 7-5 软件应用体系结构

本系统整体采用 Java 2 平台企业版(Java 2 Platform Enterprise Edition,J2EE)体系结构,基于 J2EE 的多层技术是应用体系的核心,大部分业务系统的实现采用 J2EE 技术构建,为人员提供简单方便的 WEB 应用。

(1)在数据库端,根据多个数据库系统的对比,我们选择 MySQL 作为数据库服务器的支撑软件。

(2)在应用服务器端,我们选择 J2EE 应用服务器(如:BEA Weblogic、WebSphere、JBoss 等),实现业务服务支撑。通过使用这些中间件,实现业务负载自动均衡,保证业务的完整性。

(3)在客户端,采用纯粹的浏览器的 B/S 模式实现业务界面。

7.5.2 系统界面及功能

1)系统功能布局

该系统由首页、工程信息管理、监测管理、风险工程管理、基础信息管理、工程进度管理、风险评估管理、工程进度管理、基础信息管理、权限管理等模块组成,其中每个模块下面有具体的分项功能,根据功能分类及使用习惯(后期根据要求),可以重新组合菜单功能,如图 7-6 所示。

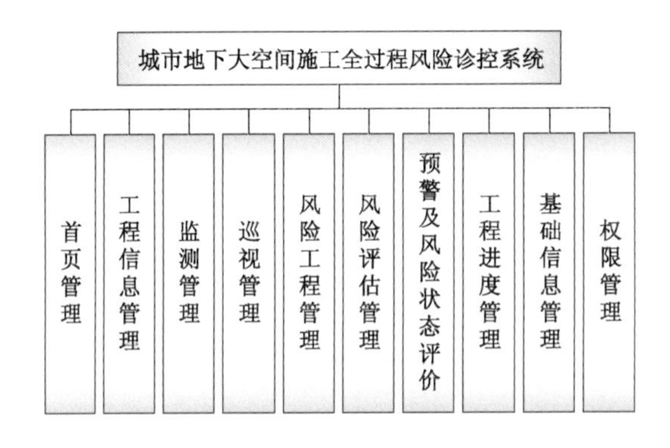

图 7-6 系统整体功能布局

2)系统主界面

系统界面采用 html 语言编写,适用于市面上各大主流浏览器,并且支持电脑端/移动端界面自动识别及切换,方便用户在各类使用场景下访问。系统登录后,左边为功能菜单,右边为功能展示,电脑端主界面如图 7-7 所示。

3)工程管理界面

工程管理界面如图 7-8 所示,其功能主要有以下几点。

(1)查看工程详细信息

显示出该工点的参建单位基本信息、工点概况、工作面情况(工作面施工状态,包括在施、临时停工、完成、合计)、风险工程情况(包括未开工风险工程数量、已开工风险工程数量、已完工风险工程数量、风险工程总量)测点预警情况、工程重要节点时间树(图 7-9)。

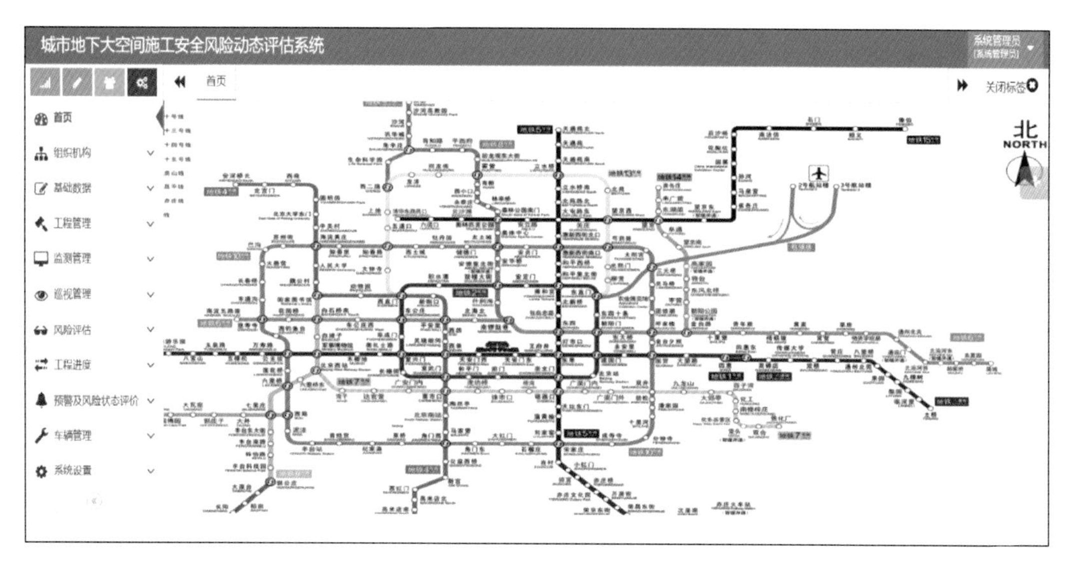

图 7-7　电脑端系统主界面

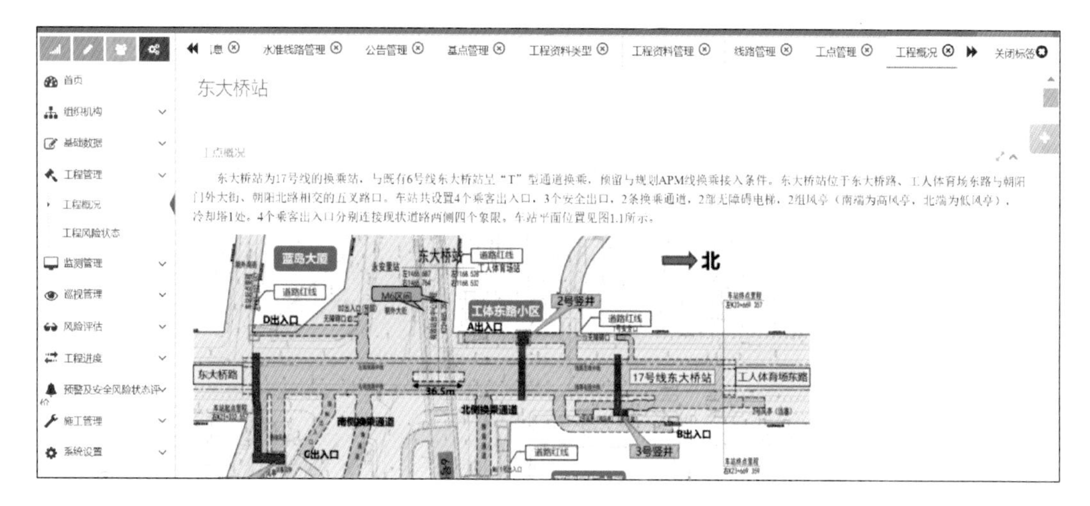

图 7-8　工程概况界面

本工点参建单位信息

单位名称	单位类型

作业面情况

在施	临时停工	完成	合计

风险工程

未开工风险工程	已开工风险工程	已完工风险工程	风险工程总量
10	1		11

监测预警

测点名称	测点类型	安全状态	本次累计变化值	最后测量时间	本次变形速率
RQG-01-01	燃气管线				
RQG-01-02	燃气管线				

图 7-9　工程详细信息界面

(2)工程资料管理

对工程所有相关资料,进行分类统一管理,包括资料名称、施工部位、资料类型、编制单位、编制时间、上传单位、上传时间、关联的风险工程、文件状态,其中第三方监测总体方案、第三方监测实施方案、GIS 图三类资料均需审批。

(3)工作面管理

工作面管理界面可以查看当前工程的工作面分配、工作面位置、施工进度、施工方法等信息(图 7-10)。

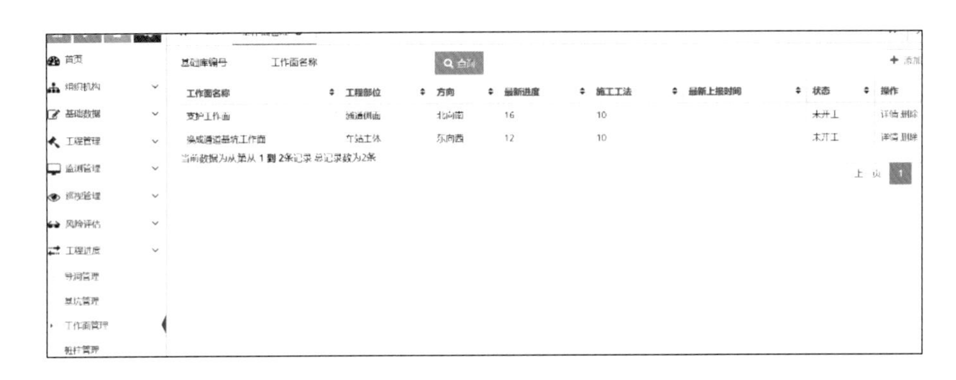

图 7-10 工作面管理界面

(4)工程仪器管理

对工点使用的仪器进行管理(图 7-11),包括仪器设备名称、规格型号、所属单位、生产厂家、出厂编号、检定开始日期、检定截止日期、检定证书编号、检定单位、设备状态、所使用仪器的工点。对需要检定的仪器,记录每次检定情况,包括检定单位、检定开始日期、检定截止日期、检定证书编号、检定扫描件。

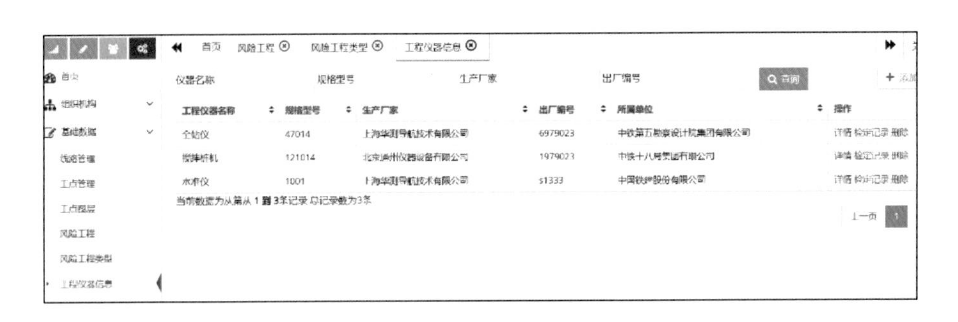

图 7-11 仪器管理界面

(5)用户管理

用户管理界面的功能是对平台的所有用户进行统一管理,并对用户权限进行管理。用户可以访问的功能由其角色所规定(例如施工方、第三方监测、管理员等角色),亦可通过直接授权为某一特定用户开放某些额外功能(图 7-12)。

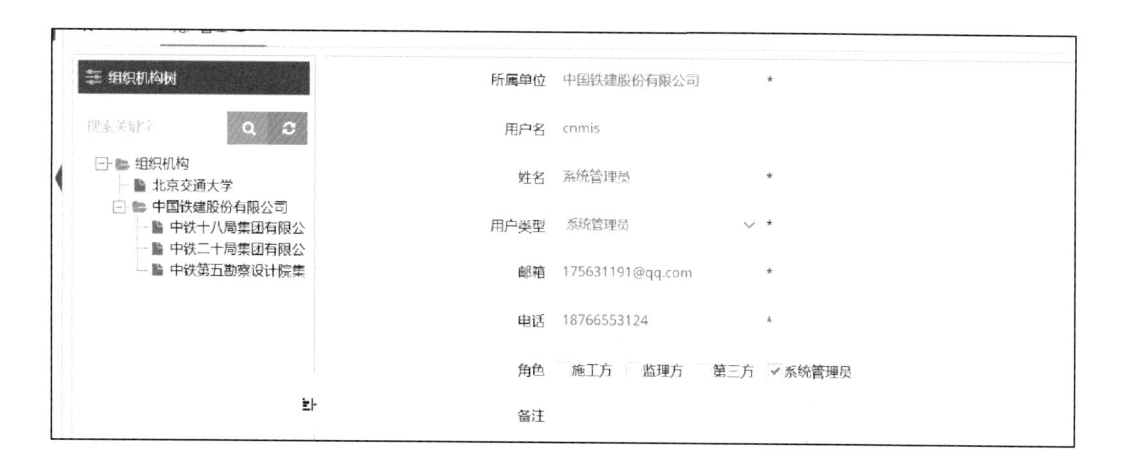

图7-12　用户管理界面

4）测点管理界面

测点管理界面的功能主要有以下几点。

（1）查看工程测点布局

根据地理信息系统（Geographic Information System，GIS）底图（CAD设计图纸）上标注的测点（测点名称、类型、坐标位置等），系统自动获取所有测点信息，并存储到数据库中，生成测点布局图（图7-13）。用户可直接在图中单击任意测点查看测点状态。

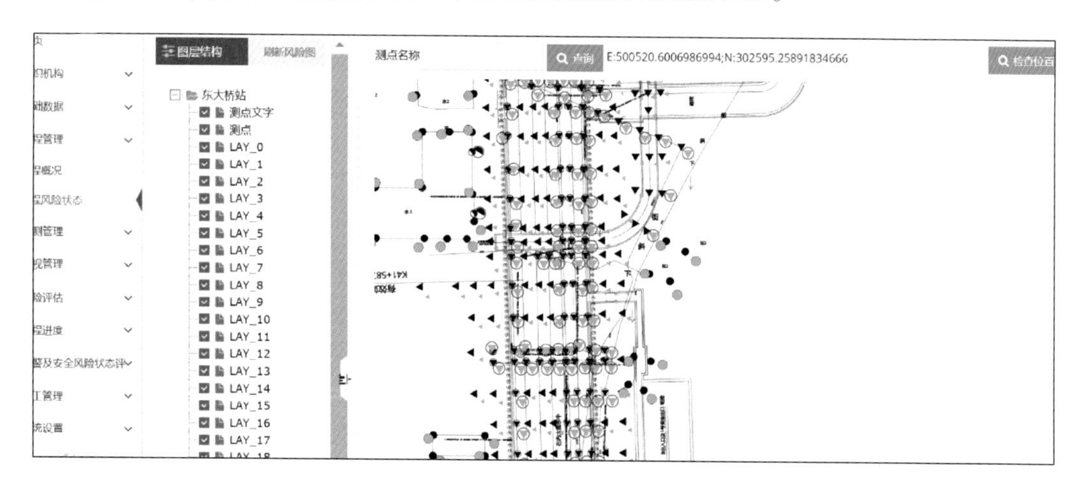

图7-13　测点布局界面

（2）查看各测点信息

该界面可查看测点的基本信息，包括测点名称、测点分类、测点类型、对应风险工程、测点坐标、测点里程、监测用户类型、初测时间、最新测量时间、测次、数据量纲、基准值、监测频率等（图7-14）。

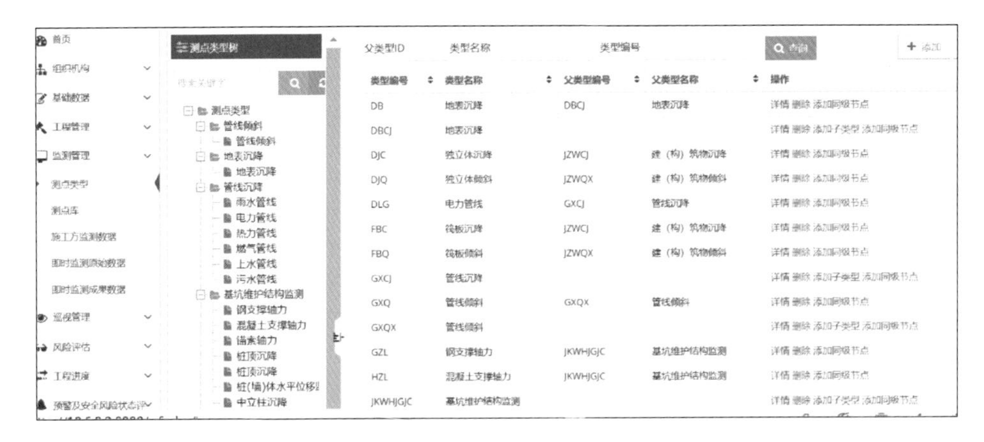

图 7-14　测点详细信息界面

(3)查看监测预警情况

监测预警管理界面可查看由系统根据上传数据自动计算的测点当前累计监测值、监测值的变化速率、双控指标值(累计值、变化速率),以及当前的预警等级等信息(图 7-15)。

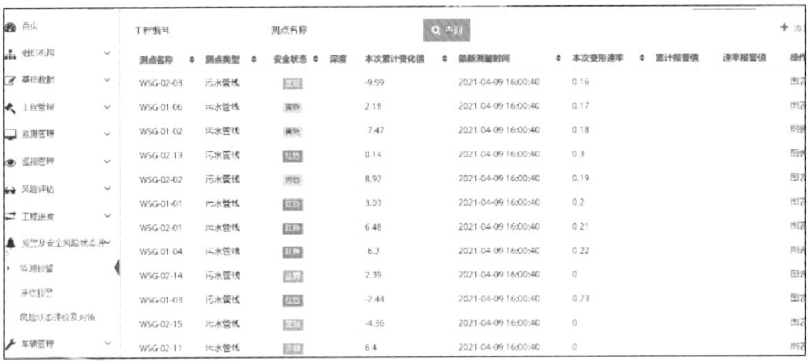

图 7-15　监测预警界面

5)风险评估界面

风险评估界面的功能主要有以下几点。

(1)风险工程管理

风险工程管理界面可以录入风险工程信息,包括风险工程对应的工程分项、风险事件列表、风险源列表等与风险评估有关的资料,并且可以将风险工程与测点相关联,使系统可以根据监测数据自动进行实时风险评估。在某一风险工程项目下,可以添加、修改或删除风险评估实例。

(2)风险评估管理

风险评估管理包括工程信息管理、风险评估指标体系管理、风险评估实例管理、评估问卷管理、评估结果管理。

①工程信息管理

工程信息包括工程类型、平面特征尺寸、施工方法等。系统可根据输入的基本信息,通过风险事件库和指标数据库识别，自动生成该工程的风险事件列表及风险评估指标体系。

②风险评估指标体系管理

风险评估指标体系管理界面可进行基础指标体系及其量化标准的查看、修改和删除。在一个新的工程项目建立后，系统会自动生成默认的基础指标体系。用户可根据需求新增或删除风险事件及相应的基础指标体系（图7-16）。

编号	名称	操作
tt-001	总体风险评估指标体系	详情 指标体系
ming-001	明挖施工基坑失稳风险事件发生可能性评价指标体系	详情 指标体系
ming-002	明挖施工基底突涌风险事件发生可能性评价指标体系	详情 指标体系
ming-003	明挖施工管线破坏风险事件发生可能性评价指标体系	详情 指标体系
ming-004	明挖施工地面建构筑物破坏风险事件发生可能性评价指标体系	详情 指标体系
ming-005	明挖施工地下建构筑物破坏风险发生可能性评价指标体系	详情 指标体系
an-001	暗挖施工塌方冒顶风险事件发生可能性评价指标体系	详情 指标体系
an-002	暗挖施工突泥涌水风险事件发生可能性评价指标体系	详情 指标体系
an-003	暗挖施工管线破坏风险事件发生可能性评价指标体系	详情 指标体系
an-004	暗挖施工地面建构筑物破坏发生可能性评价指标体系	详情 指标体系
an-005	暗挖施工地下建构筑物破坏风险发生可能性评价指标体系	详情 指标体系
ot-001	接驳开口导致既有结构变形过大或破坏风险发生可能性评价指标体系	详情 指标体系
ot-002	开挖卸载导致既有结构上浮风险发生可能性评价指标体系	详情 指标体系

图7-16　指标体系管理界面

③风险评估实例管理

本系统中的风险评估工作分解为若干风险评估实例进行管理。风险评估实例代表一次总体风险评估或一次针对某一风险事件的专项风险评估工作。在建立风险评估实例时，系统会根据用户选择的风险事件自动调用系统当前的基础指标体系作为该实例的评估指标体系。用户可以对实例中的指标体系进行任意修改，且该修改不会影响基础指标体系以及其他实例中的指标体系。风险评估实例提交后，便可进行评估问卷的生成、发放及风险评估工作（图7-17、图7-18）。

工点名称	实例名称	指标体系	总体风险分值	地下大空间类型系数	总体风险等级	评估日期	状态	操作
东大桥站	17号线东大桥站总体风险评估	总体风险评估指标体系	100	网络化拓建大空间(1.2)	Ⅰ(极高风险)	2021-07-28	已提交	操作
牛街站	19号线牛街站总体风险评估	总体风险评估指标体系	84.26	暗挖单体地下大空间(1.1)	Ⅰ(极高风险)	2021-07-30	已提交	操作
拱北隧道暗挖段	拱北隧道暗挖段施工总体风险评估	总体风险评估指标体系	93.28	暗挖单体地下大空间(1.1)	Ⅰ(极高风险)	2021-08-10	已提交	操作
二里沟车站	16号线二里沟站施工总体风险评估	总体风险评估指标体系	90.86	暗挖单体地下大空间(1.1)	Ⅰ(极高风险)	2021-08-10	已提交	操作

当前数据为从第从 1 到 4条记录 总记录数为4条

图7-17　总体风险评估界面

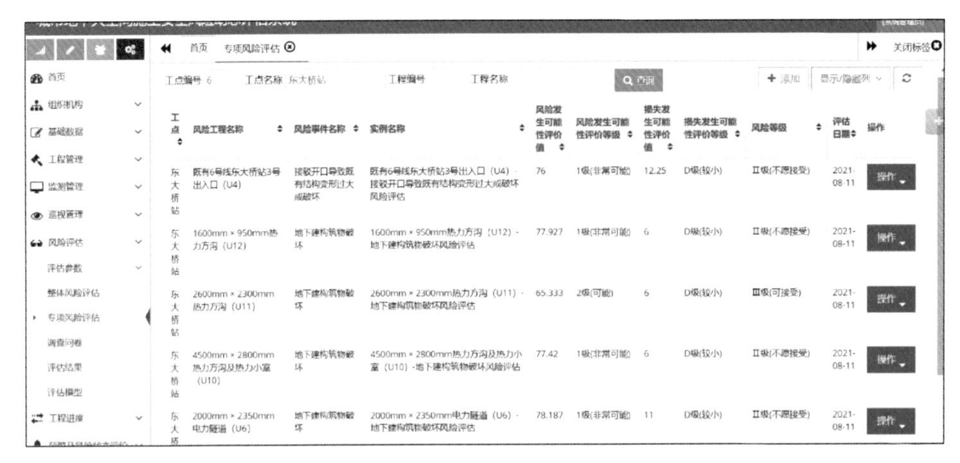

图 7-18　专项风险评估界面

(3)评估问卷管理

评估问卷管理界面的功能是生成和发放调查问卷。在一个风险评估实例提交后,便可通过问卷系统自动生成问卷。评价者可通过其个人专用链接访问问卷页面,填写完毕后,进行提交,系统会自动对问卷结果进行汇总、统计,并输出相应问卷结果(图 7-19、图 7-20)。

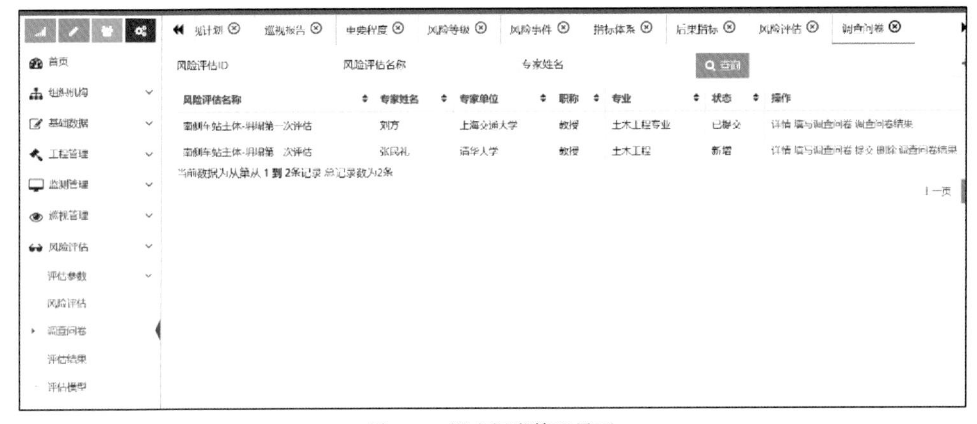

图 7-19　调查问卷管理界面

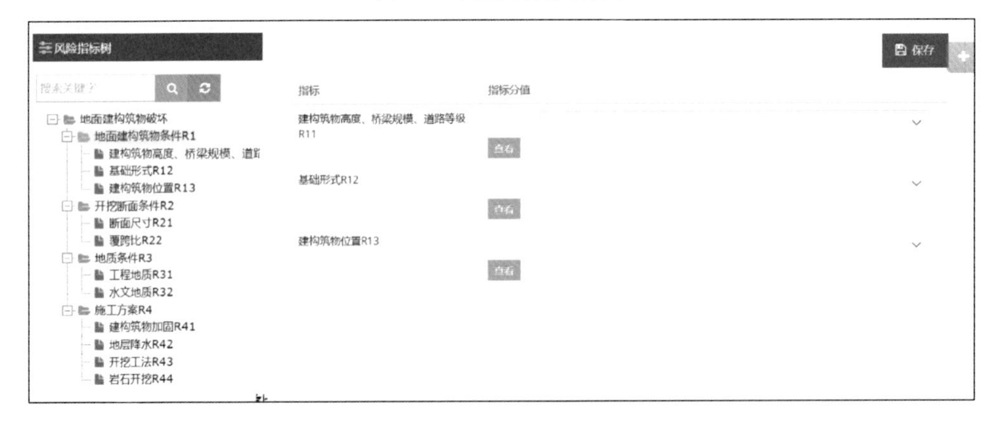

图 7-20　调查问卷详情界面

(4)评估结果管理

包含当前工程评估预警、风险状态评价及对策,实现对各分项工程的安全评估及预测,查看风险变化曲线趋势图形,并针对存在的风险提出相应的控制措施,提供决策支持信息(图7-21)。

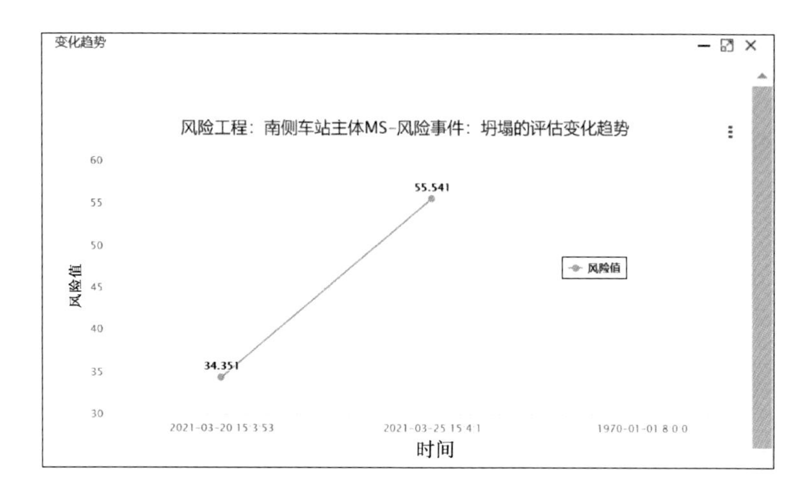

图7-21　风险评估结果界面

7.6 北京地铁宣武门站改造工程施工安全风险评估案例

7.6.1　工程概况

1)工程背景

地铁宣武门站位于北京市二环以内的中心老城区,宣武门东、西大街与宣武门内、外大街的交叉路口处,宣武门站是4号线与2号线的换乘车站。宣武门站平面布局、结构形式及施工方法详见2.3.6节。

2)既有结构情况

(1)地铁2号线宣武门站

地铁2号线宣武门站修建于1967年为三跨双柱矩形框架结构,二次衬砌结构顶板厚1000mm、底板厚900mm、侧墙厚800mm,中柱为1100mm×900mm,边跨跨度6500mm,中跨跨度5900mm,结构净高6050mm。2号线宣武门站横断面如图7-22所示。

①地铁2号线宣武门站出入口结构

地铁2号线宣武门站设置A、B、C、D共4个出入口,出入口的断面形式为矩形框架断面+U形槽断面,二次衬砌顶板厚度为600~700mm,底板厚度为500~550mm,侧墙厚度为500mm。结构纵剖面如图7-23所示,横剖面如图7-24所示。

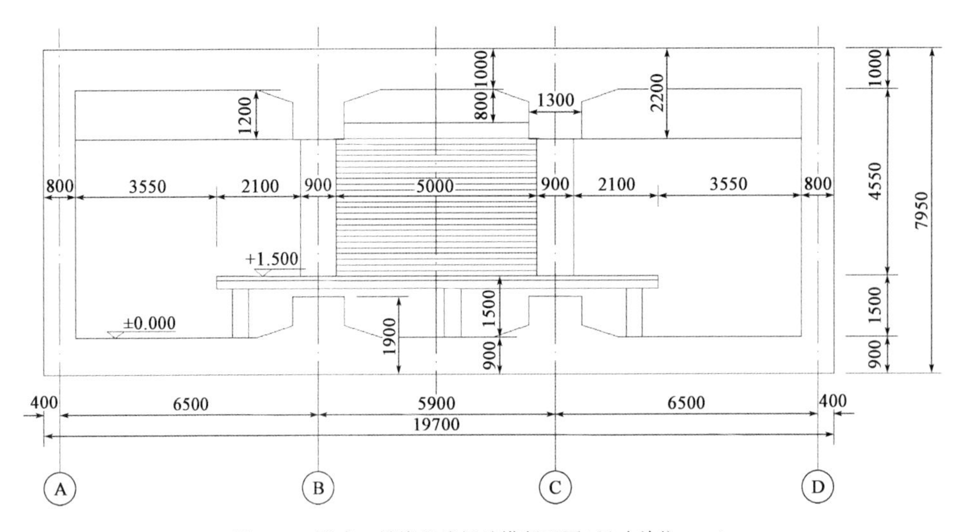

图 7-22　既有 2 号线宣武门站横断面图(尺寸单位:mm)

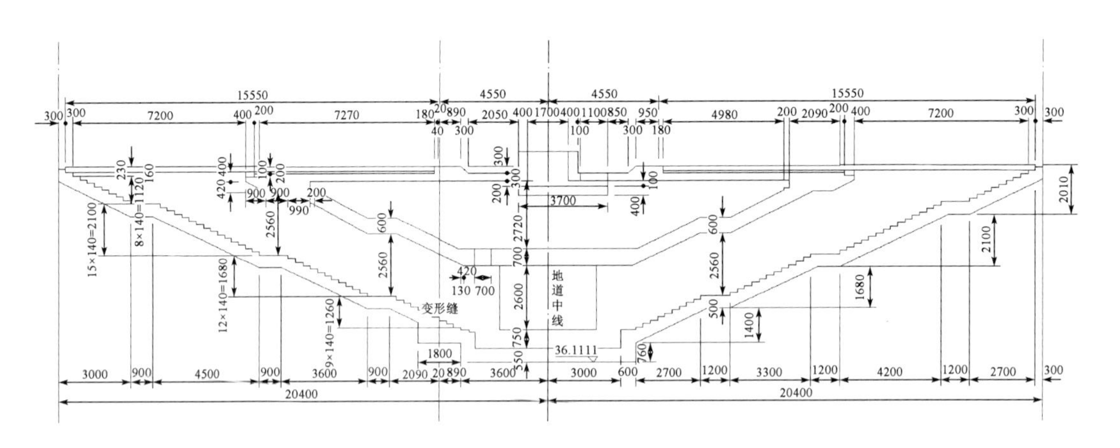

图 7-23　2 号线宣武门站出入口纵剖面图(尺寸单位:mm)

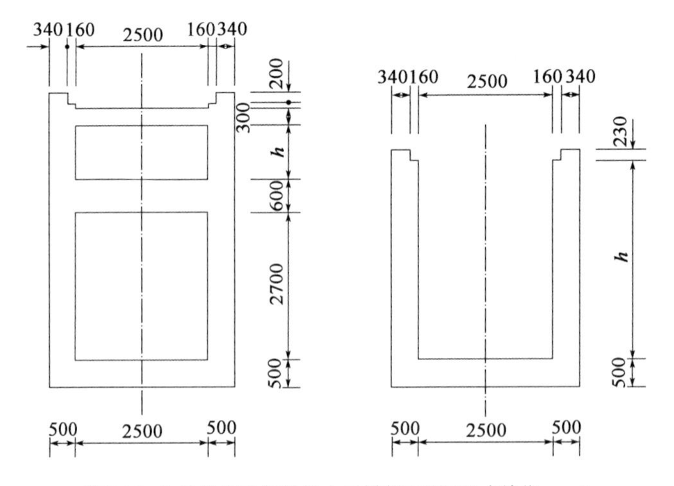

图 7-24　2 号线宣武门站出入口横剖面图(尺寸单位:mm)

②地铁 2 号线宣武门站西南风道

地铁 2 号线宣武门站西南风道为单跨矩形框架结构，标准段顶板厚度 600mm，底板厚度 550mm，侧墙厚 550mm，结构净高 3400mm；爬升段顶板厚度 600 ~ 700mm，底板 550mm，侧墙厚度 550mm，结构净高 3400 ~ 4130mm。结构横剖面如图 7-25 所示。

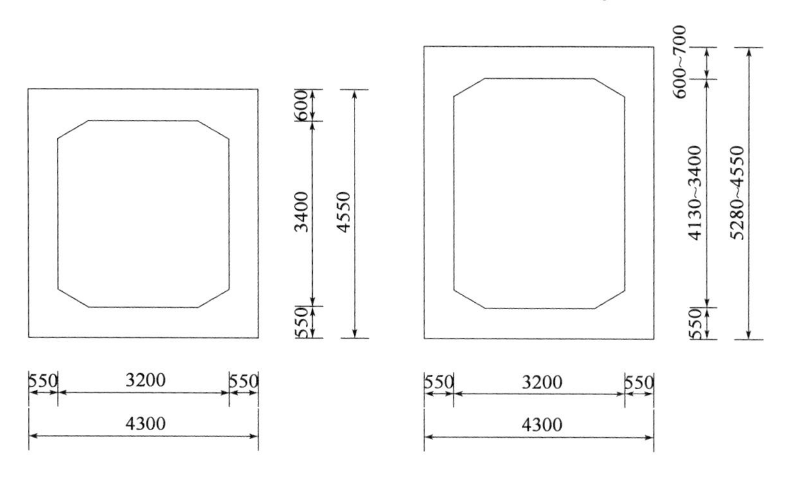

图 7-25　2 号线宣武门站西南风道横剖面图（尺寸单位：mm）

（2）地铁 4 号线宣武门站

既有地铁 4 号线宣武门站修建于 2006 年，标准段为三跨双柱拱顶直墙框架结构，二次衬砌结构顶板厚 700mm、底板厚 1200mm、侧墙厚 700mm，中柱为 ϕ800mm 钢管柱，边跨跨度 6750mm，中跨跨度 6400mm，结构净高 12800mm。地铁 4 号线宣武门站横断面如图 7-26所示。

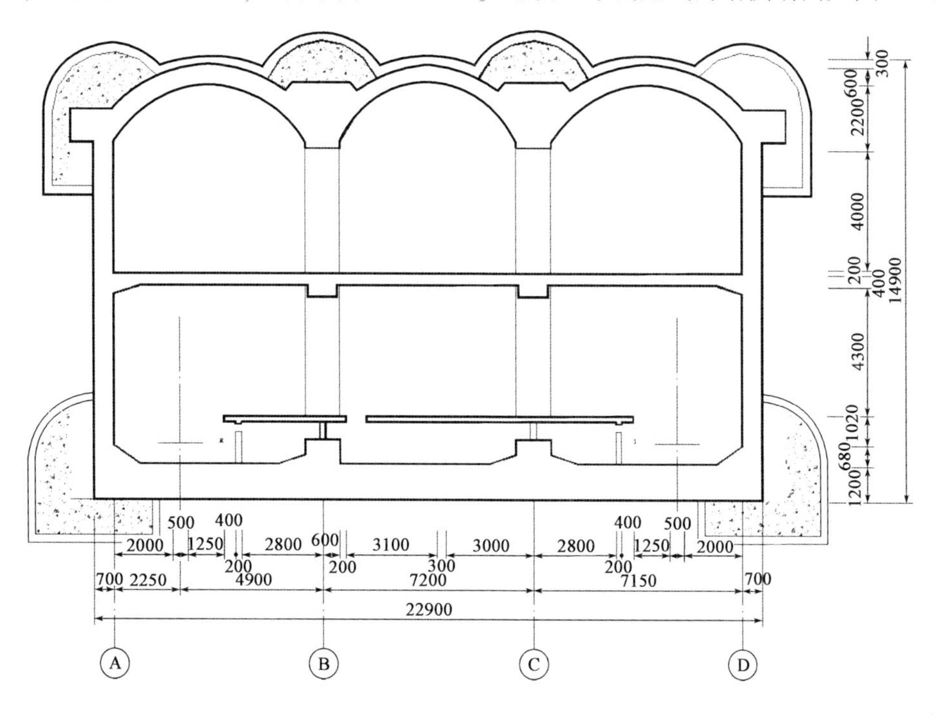

图 7-26　既有 4 号线宣武门站横断面图（尺寸单位：mm）

①4 号线西北出入口及西北风道

既有 4 号线宣武门站 E 号出入口出 4 号线宣武门车站后分两次爬升上跨西北风道到地面,E 号出入口标准断面为单跨马蹄形断面,二次衬砌顶板厚 500mm,底板厚 650mm,侧墙 500mm,结构净跨 5100mm、净高 4950mm;爬升段为单跨矩形断面 + U 形槽断面,二次衬砌顶板厚 500mm,底板厚 500mm,侧墙 500mm,结构净跨 6800mm、净高 1950 ~ 6450mm;西北风道为单跨双层拱顶直墙框架结构,结构二次衬砌顶板厚度为 600mm,底板厚度为 650mm,侧墙厚度为 600mm,结构净跨 8000mm、净高 11250mm。E 号出入口与西北风道平面关系如图 7-27 所示,剖面关系如图 7-28 所示。

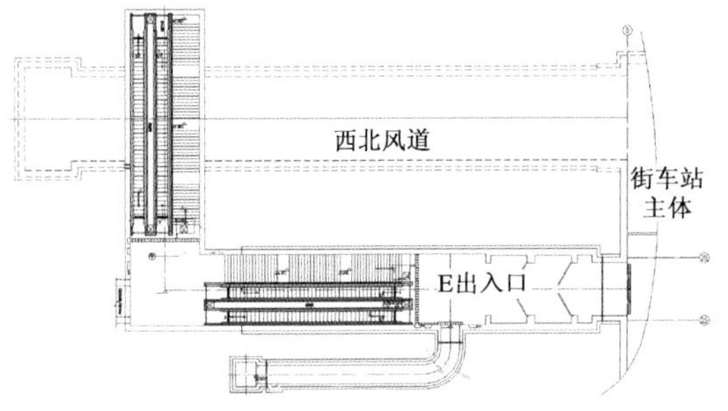

图 7-27　西北出入口与西北风道平面关系图

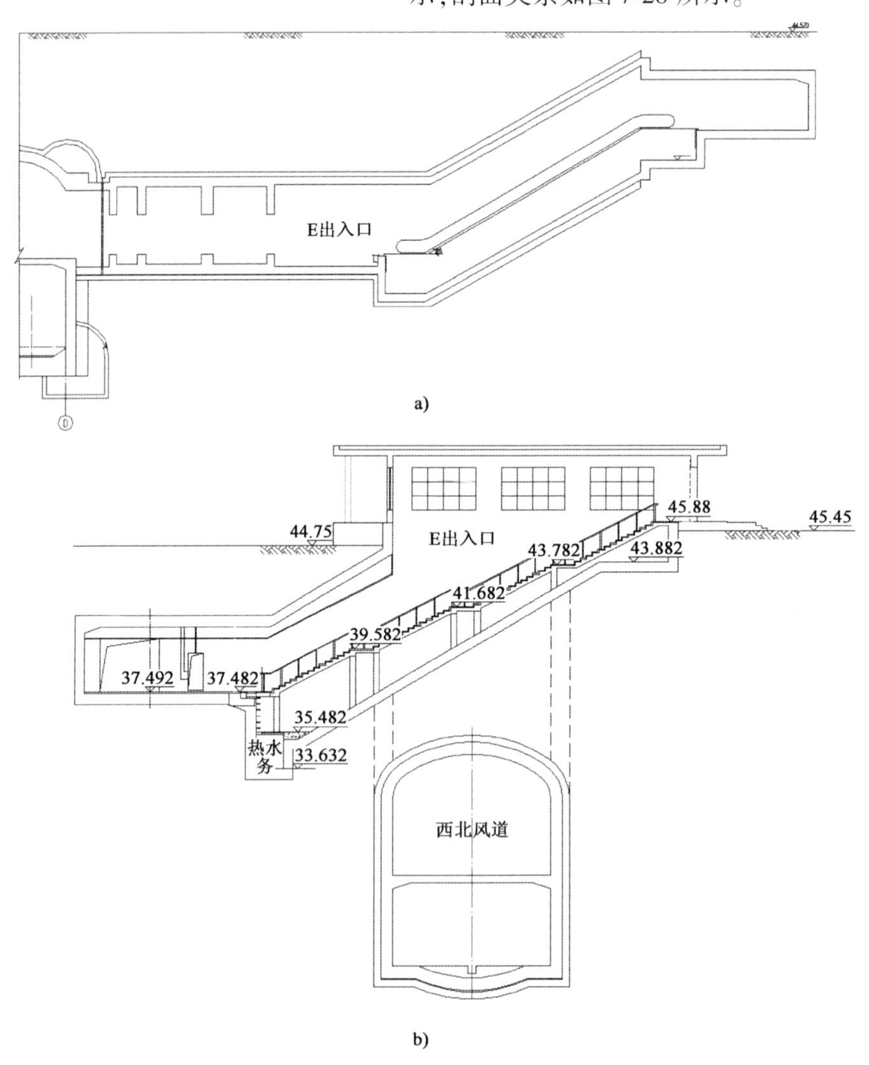

图 7-28　西北出入口与西北风道剖面关系图(尺寸单位:mm)

②地铁4号线宣武门站—西单站区间

地铁4号线宣武门站—西单站区间出4号线宣武门站后，由南向北敷设，线间距约17m，区间结构断面形式为单跨马蹄形断面，结构厚度为300mm，顶板覆土16.3m，底板埋深22.4m，结构净宽5.20m、净高5.25m，洞身主要穿越的地层为卵石⑦及粉土⑥$_2$层。结构横断面如图7-29所示。

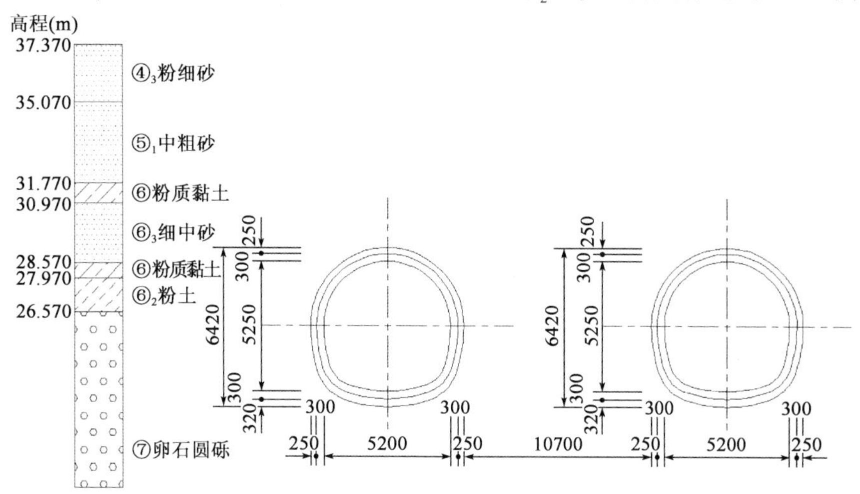

图7-29　宣武门站—西单站区间横剖面图(尺寸单位：mm)

3）工程地质情况

(1)区域构造

拟建工程位于永定河冲洪积扇的中上部，微地貌上处于古金沟河古河道与古漯河古河道交叉部位，如图7-30所示。

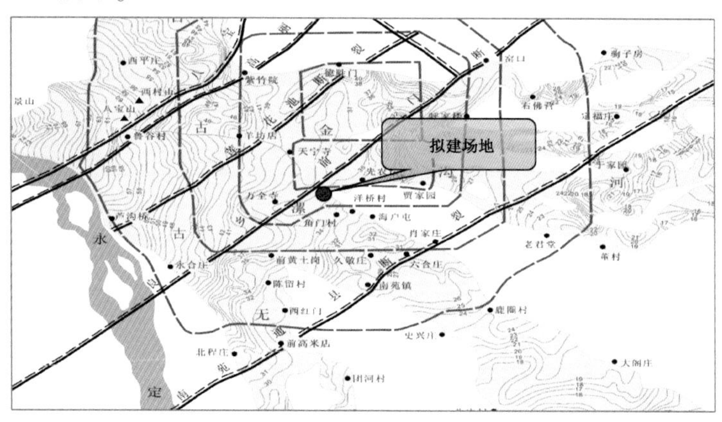

图7-30　北京平原区断裂及古河道分布图

根据场地实测地面高程数据，场地地形总体基本平坦，本次勘察钻孔地面高程在43.93～45.40m之间。

(2)地层岩性特征

本次利用勘察资料揭露地层最大深度为50m，根据利用钻探资料及室内土工试验结果，按地层沉积年代、成因类型，将本工程场地勘探范围内的土层划分为人工堆积层、第四纪冲洪积层，拟建工程范围内地层由上至下地层见表7-26。

表 7-26

地层岩性特征一览表

沉积年代	地层代号	岩性名称	颜色	状态	密实度	湿度	压缩性	含有物	底层高程(m)	分布情况
人工填土层(Q^{ml})	①$_1$	杂填土	杂色		稍密	稍湿		砖渣、白灰渣、树根	37.50～42.44	连续分布
	①	粉土填土	褐黄色		稍密	稍湿		少量灰渣、树根		连续分布
第四纪全新世冲洪积层(Q_4^{al+pl})	③	粉土	褐黄色		密实	稍湿	低压缩性	云母、氧化铁	35.40～38.84	连续分布
	③$_1$	粉质黏土	褐黄色—棕黄色	软塑			高压缩性	云母、氧化铁、姜石		薄层分布
	③$_2$	黏土	褐黄色—棕黄色	可局部软塑			高压缩性	云母、氧化铁、姜石		透镜体分布
	③$_3$	粉细砂	褐黄色		中密	稍湿	低压缩性	云母、氧化铁		透镜体分布
	④$_3$	粉细砂	褐黄色		密实	湿	低压缩性	云母、氧化铁	33.41～36.23	连续分布
	④$_4$	中粗砂	褐黄色		密实	湿	低压缩性	云母、少量姜石		薄层分布
第四纪晚更新世冲洪积层(Q_3^{al+pl})	⑤	卵石圆砾	杂色		密实	湿	低压缩性	卵石主要成分为辉绿岩、砂岩等,中粗砂充填	30.21～32.30	连续分布,局部呈透镜体分布
	⑤$_1$	中粗砂	褐黄色		密实	湿	低压缩性	云母、少量砾石		连续分布
	⑤$_2$	粉细砂	褐黄色		密实	湿	低压缩性	云母、氧化铁		薄层分布
	⑥	粉质黏土	褐黄色—棕黄色	可塑为主局部软塑			中压缩性	云母、氧化铁、姜石	26.01～28.00	连续分布
	⑥$_1$	黏土	褐黄色—棕黄色	硬塑			中压缩性	云母、氧化铁、姜石		薄层或透镜体分布
	⑥$_2$	粉土	褐黄色		密实	湿	低压缩性	云母、氧化铁、少量砾粒		连续分布
	⑥$_3$	细中砂	褐黄色		密实	湿	低压缩性	云母、氧化铁		薄层分布
	⑦	卵石圆砾	杂色		密实	饱和	低压缩性	卵石主要成分为辉绿岩、砂岩等,中粗砂充填	13.50～15.88	连续分布
	⑦$_1$	中粗砂	褐黄色		密实	饱和	低压缩性	云母、少量砾石		薄层或透镜体分布
	⑦$_2$	粉细砂	褐黄色		密实	饱和	低压缩性	云母、氧化铁、个别砾石		薄层或透镜体分布
	⑧	粉质黏土	褐黄色—棕黄色	可塑			中压缩性	云母、氧化铁	13.33～15.00	透镜体分布
	⑧$_2$	粉土	褐黄色		密实	很湿	低压缩性	云母、氧化铁、少量砂粒		透镜体分布

续上表

沉积年代	地层代号	岩性名称	颜色	状态	密实度	湿度	压缩性	含有物	底层高程(m)	分布情况
第四纪晚更新世冲洪积层(Q_3^{al+pl})	⑨	卵石圆砾	杂色		密实	饱和	低压缩性	卵石主要成分为辉绿岩、砂岩等,中粗砂充填	8.82~12.38	连续分布
	⑨$_1$	中粗砂	褐黄色		密实	饱和	低压缩性	云母、少量砾石		透镜体分布
	⑨$_2$	粉细砂	褐黄色		密实	饱和	低压缩性	云母、个别砾石		透镜体分布
	⑩	粉质黏土	褐黄色—棕黄色	可塑			低压缩性	云母、氧化铁	3.28~9.71	连续分布
	⑩$_2$	粉土	褐黄色		密实	很湿	低压缩性	云母、氧化铁		薄层或透镜体分布
	⑪	卵石圆砾	杂色		密实	饱和	低压缩性	卵石主要成分为辉绿岩、砂岩等,中粗砂充填	-5.83 仍为此层	连续分布
	⑫$_1$	中粗砂	褐黄色		密实	饱和	低压缩性	云母、少量砾石		透镜体分布
	⑬$_2$	粉细砂	褐黄色		密实	饱和	低压缩性	云母、个别砾石		透镜体分布
	⑭$_3$	粉土	褐黄色		密实	很湿	低压缩性	云母、氧化铁		透镜体分布

(3)土的腐蚀性评价

本工程场地土的腐蚀性判别结果见表7-27。

土的腐蚀性评价表 表7-27

层号	岩性名称	钻孔编号	取样深度(m)	湿度	地层渗透性	按环境类型		按地层渗透性	Cl^- (mg/kg)	对建筑材料的腐蚀性评价	
						SO_4^{2-} (mg/kg)	Mg^{2+} (mg/kg)	pH		混凝土	钢筋
③	粉土	IV6	8.0	湿	弱	89.87	36.84	8.15	144.17	微	微
$③_1$	粉质黏土	IV6	6.0	湿	弱	124.08	154.50	8.12	40.97	微	微
$③_1$	黏质粉土	IV12	5.0	湿	弱	59	9	8.68	27	微	微
$③_1$	粉质黏土	IV5	8.0	湿	弱	42.02	154.50	8.59	81.61	微	微
$④_3$	粉细砂	4	15.0	湿	强	41.64	14.55	7.83	42.15	微	微
⑤	卵石圆砾	32-1	12.8	湿	强	64.37	21.12	7.86	42.24	微	微
	卵石圆砾	34-1	15.3			59.81	14.07	7.93	37.70	微	微
$⑥_2$	粉土	IV6	15.8	湿	弱	17.19	6.14	8.05	54.06	微	微
$⑥_2$	黏质粉土、砂质粉土	57	15.5	湿	弱	61	13	8.98	104	微	微
		57	16.0			64	11	8.77	59	微	微
⑥	重粉质黏土	IV12	17.3	湿	弱	52	14	8.63	25	微	微

4)水文地质情况

(1)地下水位概况

结合本次勘察与利用的钻孔,拟建场地在勘察钻探深度30m范围内,实测到三层地下水,地下水类型分别为上层滞水(一)、潜水(二)、层间水(三),地下水详细情况见表7-28。

地下水特征表 表7-28

地下水类型	稳定水位埋深(m)	稳定水位高程(m)	观测时间(年、月)	含水层	备注
上层滞水(一)	3.0	43.93	2015.10	黏质粉土填土①层、杂填土$①_1$层,水量不大	搜集附近工程资料
潜水(二)	16.0~17.50	29.43~31.61	2015.10—2016.3	细中砂$⑥_3$层,为粉质黏土⑥层上部滞水,水量不大	搜集附近工程资料
层间水(三)	25.12	19.71	2017.7	卵石圆砾⑦层,中粗砂充填	本次勘察
	25.90	21.01	2017.8	卵石圆砾⑦层,中粗砂充填	本次勘察
	26.24	20.71	2017.8	卵石圆砾⑦层,中粗砂充填	本次勘察
	26.30~27.60	19.68~20.63	2015.10—2016.3	卵石圆碌⑦层,中粗砂充填	搜集附近工程资料
	19.86~22.31	22.60~24.41	2003.7	卵石圆碌⑦层,中粗砂充填	本场地收集资料

由于初勘条件限制,本次设计地下水位以本场地搜集的最高地下水位为准,主要考虑一层层间谁,水位高程按24.41m考虑。

(2)地下水动态

地下水的动态是地下水补给量和排泄量随时间动态均衡的反映。当地下水的补给量大于排泄量时,地下水位上升;反之,当地下水的补给量小于排泄量时,地下水位就下降。各层地下水的动态各有其特点。

上层滞水的动态随季节、大气降水及地表水的补给变化而变化。

潜水的动态与大气降水关系密切。每年7—9月为大气降水的丰水期,地下水位自7月开始上升,9—10月达到当年最高水位,随后逐渐下降,至次年的6月达到当年的最低水位,平均年变幅为2~3m。一般情况下,潜水的动态受农田供水开采的影响,不直接受城市供水开采的影响,但由于潜水与承压水具有密切的水力联系,当承压水头降低时,越流补给量增大,潜水水位也随之下降。

层间水的动态主要接受侧向径流及越流补给,以侧向径流的方式排泄。层间水的动态比潜水稍有滞后,当年最高水位出现在9—11月,最低水位出现在6—7月,年变幅为1~2m。

(3)历年最高水位调查

根据"勘察报告"附近的水文地质资料,拟建场区内历年最高水位高程见表7-29。

拟建场区历年最高水位高程　　表7-29

年　份	水位高程(m)	年　份	水位高程(m)
1959	44.00	2014—2019	30.00m(潜水)
1971—1973	37.00		

建议抗浮设防水位高程37.00m。

(4)地下水的腐蚀性评价

本工程场地地下水的腐蚀性判别结果见表7-30。

水的腐蚀性评价表　　表7-30

地下水类型	钻孔编号	取样深度(m)	含水层湿度	土层渗透性	试验指标						对建筑材料的腐蚀性评价		
					SO_4^{2-}	Mg^{2+}(mg/L)	总矿化度(mg/L)	pH	HCO_3^-(mg/L)	Cl^-(mg/L)	混凝土	钢筋	
												长期浸水	干湿交替
上层滞水(一)	3	3.0	湿	强	136.7	28.8	464	7.66	3.22	73.0	微	微	微
潜水(二)	3	17.5	饱和	强	89.2	25.2	452	7.74	4.44	66.0	微	微	微
	36-1	16.5			82.7	24.7	430	7.66	4.28	63.6	微	微	微
层间水(三)	3	26.5	饱和	强	88.6	36.0	440	7.82	4.33	68.3	微	微	微
	36-1	26.3			92.9	36.6	446	7.84	4.33	68.3	微	微	微
	2	28.0			207.8	42.6	912	7.73	8.57	109.3	微	微	弱
	IV12	25.12			99.09	19.01	342	8.56	3.16	73.87	微	微	微
	IV5	25.90			89.16	26.7	644	7.82	4.71	84.24	微	微	微

5)工程地质条件评价

(1)不良地质作用

根据区域地质资料,拟建场地不存在断裂、滑坡、泥石流、崩塌、沉降、砂化、液化等不良地质作用。

(2)特殊性岩土

拟建场地内的特殊性岩土主要为填土层,无湿陷性黄土、膨胀土及残积土等特殊性岩土分布。

根据本次钻探及搜集的资料,拟建场地内填土层普遍分布,主要为粉质黏土填土①层、杂填土$①_1$层,厚度2.4~5.0m,但此场地近年城市改造活动频繁,填土厚度可能有所增加,填土土体固结差,地铁深基础工程的建设对场地的扰动不容忽视,尤其是地铁2号线,明挖放坡施工,拟建结构与2号线车站通道部位将可能遇厚层填土,填土力学性质差异较大,稳定性差,未经处理不宜作为地基直接持力层。

(3)场地稳定性和适宜性评价

拟建场地附近的地质资料,拟建场地不存在影响场地整体稳定性的不良地质作用,基本适宜本工程建设。

6)周边环境情况

(1)现状周边建筑情况

宣武门站位于北京市二环以内的中心老城区,宣武门东、西大街与宣武门内、外大街的交叉路口处。站址环境按四个象限分述如下:

东北象限为天主教爱国会的南堂,该建筑为国家文物保护单位,南堂以东为市西城区长安幼儿园,南堂以北的象牙胡同与大方胡同之间有宽约50m的绿化休闲广场;沿宣武门东大街方向,南堂南侧有宽约20m市政绿化;沿宣武门内大街方向,南堂西侧有部分临街商铺,进入宣内大街东红线16m。

西北象限为地铁4号线车站的西北出入口、风亭和部分绿化广场;以西为新华社及其住宅小区,以北为低矮平房。

西南象限为地铁4号线车站的西南出入口、风亭和部分绿化广场;以西为北汽宣武门加油站,以南为环球财讯中心大厦。

东南象限为商业办公区,依次为宣武门商务酒店停车场、宣武门商务酒店、宣武门饭店、庄胜崇光百货等。

(2)地面道路及交通现状

宣武门东、西大街道路红线宽为90m,为城市主干道,双向8车道(路口处为双向9车道),主路两侧设有非机动车道和右拐车道,交通很繁忙,在路口东南角的机非隔离带(距路口约60m)设有公交站台,公交线路有15路、22路、332路、44路、67路、7路、等14条。

宣武门内大街道路红线宽为70m,宣武门外大街道路红线宽70m,均为城市主干道,双向8车道,两侧设有非机动车道,交通很繁忙。公交线路有102路、105路、109路、70路、83路等

9条。

地面过街目前主要是地面斑马线过街形式,乘客进出2号线地铁需通过机动车道进入机非隔离带,才能乘坐地铁。宣武门内大街设有过街天桥一座,但距离路口较约300m,乘客绕行意愿不高。除此之外,周围无其他过街设施。

(3)现状地下管线

本工程项目位于城市主干道的交叉路口,地下管线十分密集,根据工程项目特点,地下控制性的重大管线按路口四个象限分别叙述如下。

东北象限,宣武门东大街侧:2000mm×2350mm电力隧道(内底埋深约8.88m)、D1250mm污水管(内底埋深约6.12m)、D500mm雨水管(内底埋深约4.1m)、D600mm上水管(管顶埋深约1.8m);宣武门内大街侧:2000mm×2350mm电力隧道(内底埋深约7.56m)、D1150mm污水管(内底埋深约4.3m)、D600mm上水管(管顶埋深约2.1m)、D500mm高压燃气管(管顶埋深约1.95m)。

西北象限:2000mm×2350mm电力隧道(内底埋深约8.1m)、2×D600mm热力管(管顶埋深1.6m)、D600mm上水管(管顶埋深约1.1m)、D1250mm污水管(内底埋深约5.56m)、720mm×520mm电信管(管顶埋深约42.44m)、360mm×250mm电线管(管顶埋深42.44m)、740mm×790mm电线管(管顶埋深42.02m)、300mm×200mm(管顶埋深43.69m)。

西南象限:2600mm×1500mm热力管沟(内底埋深约5.25m)、D1000mm上水管(管顶埋深约3.47m)、D720mm上水管(管顶埋深约1.8m)、D500mm燃气管(管顶埋深约1.9m)、2000mm×2000mm电力沟(内底埋深约3.45m)。

东南象限:2000mm×2200mm电力隧道(内底埋深4.6m)、D1800mm上水管(管顶埋深2.37m)、2700mm×1400mm热力管沟(内底埋深约2.7m)。

D1000mm上水管管顶高程43.060m,埋深约1.3m,沿宣武门内外大街西侧辅路布置,管材、接口形式不明。

D1000mm上水管覆土厚度3.22m,管顶高程40.03m,沿宣武门东西大街南侧辅路布置,管材、接口形式不明。

D720mm上水管覆土厚度1.52m,管顶高程42.01m,管线斜穿4号线宣武门站西南口站前广场,随后垂直下穿宣武门内外大街汇入2号线宣武门站C号口南侧主管道,管材、接口形式不明。

2000mm×2350mm电力隧道覆土约为6.03m,隧道内底高程约为36.920m,该管线在西南、东北、东南及西南象限均有分布。

D1250mm污水管线覆土约为5.1m,隧道内底高程约为38.900m,该管线沿宣武门东西大街北侧辅路布置。

2000mm×1000mm热力隧道覆土厚度3.22m,隧道内底高程39.23m,该隧道沿宣武门内外大街西侧与宣武门东西大街南侧十字布置。

1800mm×1500mm雨水管沟覆土厚度2.22m,管顶高程40.02m,沿宣武门内外大街东侧辅路布置。

新建工程周边主要管线布置如图7-31所示。

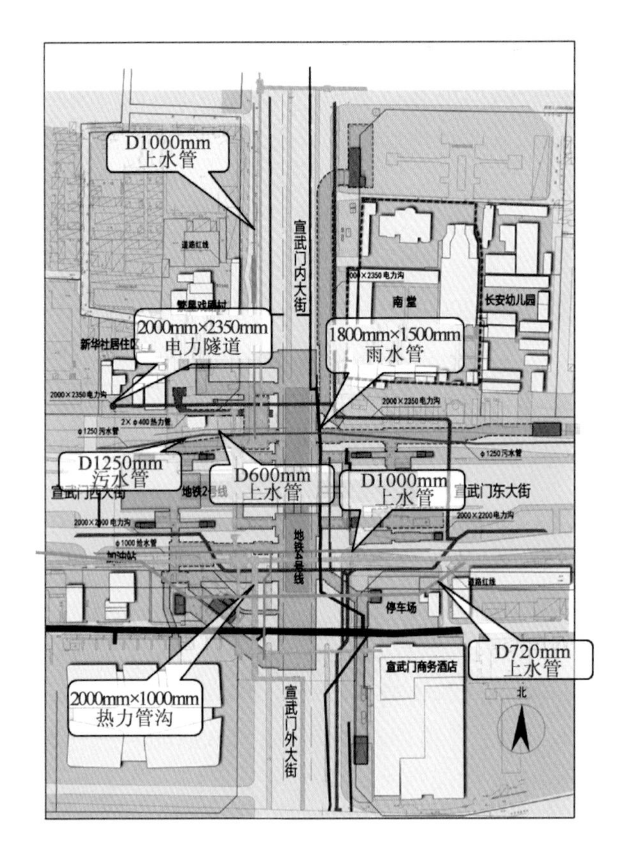

图 7-31　新建工程周边主要管线(沟、隧道)布置图

7.6.2　风险识别

1)风险源清单

宣武门站改造工程主要施工风险源见表 7-31 ~ 表 7-34。

宣武门站改造工程自身风险源清单　表 7-31

编号	风险源名称	风险源情况
S1	西北暗挖售检票厅	该地下售检票厅开挖宽度为 14.9m,开挖高度为 7.2m,覆土厚度约 9.7m,采用多导洞法分三层三列洞体开挖;结构拱顶位于粉细砂④层,结构所在土层主要为粉细砂④层、中粗砂⑤层、粉质黏土⑥层、细中砂⑥层、粉土⑥层,结构持力层位于卵石圆砾⑦层
S2	西北新增暗挖出入口(接 4 号线换乘通道)	该出入口通道断面为接 4 号线的通道,内部施作人防,开挖宽度 6.8 ~ 8.3m,开挖高度 5.7m,覆土厚度约 11m,为平顶直墙结构,采用 CRD 工法施工;结构拱顶位于粉细砂④层,结构所在土层主要为粉细砂④层、中粗砂⑤层、粉质黏土⑥层、细中砂⑥层、粉土⑥层,结构持力层位于粉质黏土⑥层

续上表

编号	风险源名称	风险源情况
S3	西北新增暗挖出入口(接2号线换乘通道)	该出入口通道为接既有2号线的通道,为爬坡段,爬坡角度为30°,开挖宽度6.4~7.6m,开挖高度5.93~8.87m,覆土厚度3.1~11.2m,拱顶直墙结构,采用CRD工法施工;埋深较深段结构拱顶为粉细砂④层,结构持力层为粉质黏土⑥层;埋深较浅段结构拱顶为粉土③层,结构持力层为粉细砂④层
S4	东北北明挖售检票厅	东北北明挖基坑开挖宽度15.9m,开挖长度37.5m,基坑最深处约17.7m,采用ϕ800钻孔灌注桩+ϕ609钢管内支撑围护体系施工;基坑侧壁土层由上至下主要为杂填土①层、粉质填土①层、粉土③层、粉质黏土③层、粉细砂④层、中粗砂⑤层、粉质黏土⑥层、细中砂⑥层、粉质黏土⑥层、粉土⑥层、卵石圆砾⑦层
S5	东北北新增出入口	东北北换乘通道暗挖段开挖宽度7.2~9.9m,开挖高度4.92~7.17m,覆土厚土约为11.3m,拱顶直墙结构,采用CRD工法施工;结构拱顶土层主要为粉细砂④层,结构所在土层主要为粉细砂④层、中粗砂⑤层、粉质黏土⑥层、细中砂⑥层、粉质黏土⑥层,结构持力层主要位于卵石圆砾⑦层
S6	东北东明挖售检票厅	该明挖基坑采用两期:一期围护结构基坑开挖宽度9.4m,开挖长度49.4m,基坑开挖深度5.7~9.6m,基坑侧壁主要土层从上至下为杂填土①层、粉质填土①层、粉土③层、粉质黏土③层、粉细砂④层、中粗砂⑤层,基坑嵌固段主要位于细中砂⑥层;二期围护结构基坑开挖宽度5.5m,开挖长度57.1m,基坑开挖深度6~10m,基坑侧壁主要土层从上至下为杂填土①层、粉质填土①层、粉土③层、粉质黏土③层、粉细砂④层,基坑嵌固段主要位于粉细砂④层
S7	东北东新增暗挖出入口(接4号线换乘通道)	东南明挖基坑开挖宽度12.2m,开挖长度33.3m,基坑最深处约8m,采用ϕ800钻孔灌注桩+800mm×1000mm混凝土支撑围护体系施工。基坑侧壁主要土层主要为杂填土①层、粉质填土①层、粉土③层、粉质黏土③层、粉细砂④层、中粗砂⑤层、粉质黏土⑥层、细中砂⑥层、粉质黏土⑥层、粉土⑥层、卵石圆砾⑦层
S8	东南明挖售检票厅	3号竖井开挖尺寸为5.3m×10.7m,深36.5m,竖井开挖支护采用钢格栅+双层网片+锚管注浆,采用倒挂井壁法施工。竖井所在地层从上往下依次为杂填土$①_1$层、黏质粉土③层、粉质黏土$③_1$层、细砂$④_3$层、卵石⑤层、粉质黏土⑥层、黏质粉土$⑥_2$层、卵石⑦层、中砂$⑦_1$层,地下水在底板以上
S9	西南暗挖售检票厅	该地下厅为三跨中柱地下厅,地下厅长21.5m,宽14.9m,高度6.22m,拱顶直墙,采用中洞法施工
S10	西南暗挖出入口(接4号线)	西南象限换乘通道(接4号线)开挖宽度为6.1~7.2m,开挖高度为4.9~8.5m,采用CRD法施工

续上表

编号	风险源名称	风险源情况
S11	西北施工竖井	该施工竖井开挖尺寸为5.1m×7.2m,开挖深度约为20.41m,采用“倒挂井壁法”施工;结构所在土层主要为杂填土①层、粉质填土①层、粉土③层、粉质黏土③层、粉细砂④层、中粗砂⑤层、粉质黏土⑥层、细中砂⑥层、粉质黏土⑥层、粉土⑥层、卵石圆砾⑦层
S12	西北施工横通道	施工横通道开挖宽度4.1m,开挖高度7.55~10.6m,覆土厚度为7.3~10.35m,采用台阶法开挖;结构拱顶位于粉细砂④层,结构所在土层主要为粉细砂④层、中粗砂⑤层、粉质黏土⑥层、细中砂⑥层、粉土⑥层,结构持力层位于卵石圆砾⑦层
S13	西南施工竖井	该施工竖井开挖尺寸为7.3m×16m,开挖深度约为15.2m,采用“倒挂井壁法”施工
S14	西南施工横通道	施工横通道开挖宽度为5.8m,开挖高度为8.35~9.1m,采用CRD法开挖

宣武门站改造工程周边环境风险源清单(地下建构筑物)　表7-32

编号	风险源名称	风险源情况	相关工程	位置关系
U1	既有4号线车站主体结构	三跨双柱拱顶直墙框架结构,边跨跨度6750mm,中跨跨度6400mm,结构净高12800mm	西北暗挖售检票厅	邻近,与4号线车站主体结构水平净距约5.4m
			东北北新增出入口	邻近,与车站主体结构的水平净距约1.7m。接驳,洞口形式为矩形断面,孔口尺寸7200mm×4150mm
			西北换乘通道	接驳,洞口形式为矩形断面,孔口尺寸6200mm×5000mm
			东北东新增出入口	接驳,洞口形式为矩形断面,孔口尺寸7200mm×4850mm
			西南换乘通道	接驳,洞口形式为矩形断面,孔口尺寸5500mm×4250mm
			西南暗挖售检票厅	需凿除破除4号线车站侧墙5400mm×4500mm范围

续上表

编号	风险源名称	风险源情况	相关工程	位置关系
U2	既有4号线区间主体结构	顶板覆土16.3m，底板埋深22.4m，结构净宽5.20m、净高5.25m	东北北新增出入口	平行上穿，与出入口净距约为2.3m
U3	既有4号线西北出入口	标准断面为单跨马蹄形断面，结构净跨5100mm、净高4950mm	西北施工竖井	邻近，与既有4号线出入口净距约为5.45m
			西北暗挖售检票厅	邻近，与既有4号线宣武门站西北出入口结构的净距约0.2m。施工需凿除6200mm×4350mm范围的既有结构
U4	既有4号线西南出入口	—	西南暗挖售检票厅	邻近，与4号线出入口的净距约1.8m
			西南新增出入口	邻近，与出入口通道人防段初期支护外皮的水平净距约8.9m
U5	既有4号线西北风道	单跨双层拱顶直墙框架结构，结构净跨8000mm、净高11250mm	西北施工竖井	邻近，与既有4号线风井净距约为8.05m
U6	既有4号线换乘通道	—	西北暗挖售检票厅	邻近，与既有4号线宣武门站换乘通道结构的净距约为0.5m
			东北东新增出入口	邻近，与出入口通道人防段初期支护外皮的水平净距约为3.93m
			西南新增出入口	邻近，与出入口通道人防段初期支护外皮的水平净距约为7.9m
U7	既有2号线车站主体结构	三跨双柱矩形框架结构，边跨跨度6500mm，中跨跨度5900mm，结构净高6050mm	东南明挖售检票厅	邻近，与既有2号线风道及主体结构净距约1m
			东北东新增出入口	接驳，洞口形式为矩形断面，孔口尺寸5000mm×3950mm
U8	既有2号线西北出入口	断面形式为矩形框架断面+U形槽断面，跨度3500mm，矩形断面净高4300mm	西北换乘通道	邻近，爬升段与出入口的水平净距1.5~2.3m，竖向净距3.0~5.6m；通道平直段邻近该出入口水平净距0.1~1.3m。接驳，洞口形式为矩形断面，孔口尺寸5300mm×4200mm

续上表

编号	风险源名称	风险源情况	相关工程	位置关系
U9	既有2号线东北出入口	断面形式为矩形框架断面+U形槽断面,跨度3500mm,矩形断面净高4300mm	东北东新增出入口	邻近,与新增暗挖出入口初期支护外皮的水平净距约5.5m
			东北冬明挖售检票厅	邻近,与2号线D出入口的水平净距约4.4m
U10	既有2号线西南出入口	断面形式为矩形框架断面+U形槽断面,跨度3500mm,矩形断面净高4300mm	西南暗挖售检票厅	邻近,与2号线出入口的净距约8.3m
			西南换乘通道	接驳,洞口形式为矩形断面,孔口尺寸5100mm×4250mm
U11	新华社通道	—	西南换乘厅	凿除长度15m
U12	3300mm×4300mm热力小室	热力小室底板埋深6.3m	西北施工横通道	垂直下穿,小室底板与横通道顶净距约为4.1m
U13	2600mm×1500mm热力隧道	热力管覆土厚度3.22m,管内底高程39.23m	西南施工横通道	垂直下穿,与施工横通道密贴通过
			西南暗挖售检票厅	平行下穿,与西南地下厅净距为1.1m
U14	2000×1000mm热力隧道	热力管覆土厚度1.07m,隧道底高程42.18m	西南新增出入口	垂直下穿,与西南象限换乘通道净距为8.11m
U15	1900mm×900mm热力隧道	热力隧道覆土约为5.0m	西北暗挖售检票厅	平行下穿,与出入口水平净距约为2m,隧道底与新建结构初期支护外皮斜向净距约5.1m
U16	2000mm×2350mm电力隧道	电力隧道埋深6.0m,管内底高程约为36.920m	西北施工横通道	平行下穿,沟底与横通道初期支护外皮斜向净距约为3.1m
			西北暗挖售检票厅	垂直下穿,净距约为1.8m
			东北北新增出入口	平行下穿,管底与暗挖结构净距约为2.0m
			东北北明挖售检票厅	邻近,与基坑水平净距约为5.6m
U17	2000mm×2200mm电力隧道	电力隧道覆土厚度7.8m,管顶高程36.12m	东北东新增出入口	上跨,管顶与基坑基底密贴
			东北东明挖售检票厅	上跨,结构底板垫层密贴隧道顶板
			东南明挖售票厅	邻近,与明挖基坑净距为1.89m

续上表

编号	风险源名称	风险源情况	相关工程	位置关系
U18	2000mm × 2000mm 电力隧道	电力隧道覆土厚度0.86m，管底高程41.09m	西南暗挖售检票厅	垂直下穿，与西南象限地下厅净距为3.14m
			西南出新增入口	垂直下穿，与施工横通道净距为1.54m
U19	800m × 1200mm 电力隧道	电力隧道覆土厚度1.4m，电力隧道管底高程41.94m	东北东新增出入口	垂直下穿，与暗挖通道净距为7.34m
U20	1800mm × 1500mm 雨水管沟	雨水管沟覆土约为3.68m，管内底高程40.050m	东北北新增出入口	平行下穿，紧临出入口通道初期支护外皮，管底与暗挖结构净距约为6.3m
			东北东新增出入口	垂直下穿，与暗挖通道净距为5.62m

宣武门站改造工程周边环境风险源清单(地面建构筑物) 表7-33

编号	风险源名称	风险源情况	相关工程	位置关系
B1	天主教爱国会南堂	该建筑为国家文物保护单位	东北北新增出入口	平行下穿，与出入口水平净距约15.0～17.5m
B2	一层及两层住宅	—	西北施工竖井	邻近，与该平房净距约为5.8m

宣武门站改造工程周边环境风险源清单(管线) 表7-34

编号	风险源名称	风险源情况	相关工程	位置关系
P1	2根D400mm热力管线	热力管覆土约为1.67m，管顶高程约为43.580m	西北施工横通道	平行下穿，管底与横通道顶净距约为8.3m
P2	2根D600mm热力管线	热力管覆土约为4.43m，管顶高程约为40.820m	西北施工横通道	垂直下穿，管底与横通道顶净距约为2.3m
			西北暗挖售检票厅	平行下穿，净距约为5.33m
P3	D600mm上水管	上水管覆土约为1.18m，管顶高程约为42.04m	东北北新增出入口	平行下穿，管底与暗挖结构净距约为7.8m
			东北北明挖售检票厅	邻近，与基坑水平净距约为15.0m
P4	D720mm上水管	上水管覆土厚度1.52m，管顶高程42.01m	西南施工横通道	垂直下穿，与施工横通道净距为2.33m
			西南暗挖售检票厅	平行下穿，与西南象限地下厅净距为4.5m；该管线直径大于0.6m
P5	D1000mm上水管	上水管覆土厚度约为2.19m，管顶高程43.060m	西北施工横通道	垂直下穿，管底与横通道顶净距约为4.1m

续上表

编号	风险源名称	风险源情况	相关工程	位置关系
P5	D1000mm 上水管	上水管覆土厚度约为 2.19m,管顶高程 43.060m	西北暗挖售检票厅	平行下穿,净距约为 6.6m
			西北换乘通道	垂直下穿,与出入口拱顶净距为 5.4m
			西南施工横通道	垂直下穿,与施工横通道净距 0.35m
			西南暗挖售检票厅	平行下穿,与西南象限地下厅净距 2.06m
			西南新增出入口	平行下穿,与西南象限地下厅净距 2.06m
P6	D1250mm 污水管	污水管覆土约为 5.1m,管内底高程约为 38.900m	西北暗挖售检票厅	垂直下穿,净距约为 3.4m
			西北换乘通道	接 4 号线段平行下穿,与出入口拱顶净距为 0 ~ 6m;接 2 号线段垂直下穿,与出入口拱顶净距为 5.2m
			东北东新增出入口	邻近,基坑与该污水管的水平净距约 7.0m
P7	D400mm 雨水管	雨水管覆土厚度 2.38m,管底高程为 42.47m	西北换乘通道	平行下穿,管底与通道净距为 0.77m
			西南新增出入口	垂直下穿,与施工横通道净距为 2.57m
P8	D600mm 雨水管	雨水管覆土厚度 2.22m,管顶高程 40.02m	东北东新增出入口	平行下穿,与暗挖通道净距为 1.4 ~ 2.5m
P9	D500mm 燃气管	燃气管覆土约为 0.39m,管顶高程约为 42.9m	东北北新增出入口	平行下穿,管底与暗挖结构净距约为 6.3m
			东北北明挖售检票厅	邻近,与基坑水平净距约为 13.0m
			西南施工横通道	垂直下穿,与施工横通道净距为 2.84m
			西南暗挖售检票厅	平行下穿,与西南象限地下厅净距为 5.04m
			西南新增出入口	垂直下穿,与西南象限换乘通道最小净距为 4.48m
P10	70mm × 98mm 通信管	通信管覆土厚度 0.96m,管顶高程 42.31m	西南施工横通道	垂直下穿,与施工横通道净距为 3.27m
			西南暗挖售检票厅	平行下穿,与西南象限地下厅净距为 4.63m

2)风险评估单元划分

对宣武门站改造工程施工风险源进行筛选,针对重大风险源划分风险评估单元,结果见表 7-35。

宣武门站改造工程风险评估单元划分　表7-35

评估单元	风险源	主要风险因素
工程自身开挖	西南暗挖售检票厅(S9)	中洞法开挖
周边管线	2根D400mm热力管线(P1)	西北施工横通道开挖(S12)
	2根D600mm热力管线(P2)	西北施工横通道开挖(S12)
		西北暗挖售检票厅开挖(S1)
	D1250mm污水管线(P6)	西北暗挖售检票厅开挖(S1)
		西北换乘通道开挖(S2、S3)
		东北东新增出入口开挖(S7)
	D500mm燃气管(P9)	东北北新增出入口开挖(S5)
		东北北明挖售检票厅开挖(S4)
		西南施工横通道开挖(S14)
		西南暗挖售检票厅开挖(S9)
		西南换乘通道开挖(S10)
地面建构筑物	天主教爱国会南堂(B1)	东北北新增出入口开挖(S5)
地下建构筑物	既有4号线车站主体结构(U1)	西北暗挖售检票厅开挖(S1)
		东北北新增出入口开挖(S5)
		西北换乘通道开挖(S2、S3)
		东北东新增出入口开挖(S7)
		西南换乘通道开挖(S10)
		西南暗挖售检票厅开挖(S9)
	既有4号线区间主体结构(U2)	东北北新增出入口开挖(S5)
	既有2号线主体结构(U7)	东南明挖售票厅开挖(S8)
		东北东新增出入口开挖(S7)
	3300mm×4300mm热力小室(U12)	西北施工横通道开挖(S12)
	2600mm×1500mm热力隧道(U13)	西南施工横通道开挖(S14)
		西南暗挖售检票厅开挖(S9)
	2000mm×1000mm热力隧道(U14)	西南新增出入口开挖(S10)
	2000mm×2350mm电力隧道(U16)	西北施工横通道开挖(S12)
		西北暗挖售检票厅开挖(S1)
		东北北新增出入口开挖(S5)
		东北北明挖售检票厅开挖(S4)
	2000mm×2200mm电力隧道(U17)	东北东出新增入口开挖(S7)
		东北东明挖售检票厅开挖(S6)
		东南明挖售检票厅开挖(S8)
	2000mm×2000mm电力隧道(U18)	西南暗挖售检票厅开挖(S9)
		西南新增出入口开挖(S10)

续上表

评估单元	风险源	主要风险因素
拓建接驳开口	既有4号线车站主体结构(U1)	东北北新增出入口开挖(S5)
		西北换乘通道开挖(S2、S3)
		东北东新增出入口开挖(S7)
		西南换乘通道开挖(S10)
		西南暗挖售检票厅开挖(S9)
	既有4号线西北出入口(U3)	西北暗挖售检票厅开挖(S1)
	既有2号线车站主体结构(U7)	东北东新增出入口开挖(S7)
	既有2号线西北出入口(U8)	西北换乘通道开挖(S3)
	既有2号线西南出入口(U10)	西南换乘通道开挖(S10)
拓建开挖卸载	既有4号线车站主体结构(U1)	西北暗挖售检票厅开挖(S1)
		西南暗挖售检票厅开挖(S9)
	既有2号线主体结构(U7)	东南明挖售票厅开挖(S8)
		东北东新增出入口开挖(S7)

7.6.3 总体风险评估

宣武门站改造工程总体风险评估指标打分及计算结果见表7-36。工程规模 G_1 指标权重取0.2,地质条件 G_2 指标权重取0.3,环境条件 G_3 指标权重取0.4,技术难度 G_4 指标权重取0.1。

宣武门站改造工程总体风险评估结果　　表7-36

一级指标	二级和三级指标		分值	说明	
工程规模 G_1	工程规模 G_{11}		80	改造后形成四层地铁车站同等规模网络化地下大空间	
地质条件 G_2	工程地质 G_{21}		90	新建结构主要位于粉土、粉质黏土、粉细砂层	
	水文地质 G_{22}		60	新建结构主要涉及潜水和上层滞水	
环境条件 G_3	地面建构筑物位置 G_{31}		40	较重要地面建构筑物与工程最小水平距离约为15.0m	
	地下建构筑物位置 G_{32}		100	本工程涉及较多连通接驳和近距离增建	
	道路位置 G_{33}		100	位于城区主干道下方	
	管线 G_{34}	管线位置 G_{341}	100	按D1250mm污水管取值,新建工程垂直下穿该管线,管线为混凝土管,服役年限推断为5~30年	
		管线脆弱性 G_{342}	80		
		服役年限 G_{343}	80		
	地表水体 G_{35}		0	附近无地表水体	
技术难度 G_4	施工工艺成熟度 G_{41}		40	新建结构多采用CRD法、倒挂井壁法、中洞法施工,工艺成熟	
地下大空间类型系数 K			1.2	网络化拓建大空间,取1.2	
总分 G			100	总体风险等级	Ⅰ

根据表7-39，宣武门站改造工程施工总体风险等级为Ⅰ级，需进行专项风险评估。

7.6.4　专项风险评估

1）专项评估指标权重

本次专项评估所用一级指标权重取值见表7-37。

宣武门站改造工程专项风险评估权重　　表7-37

评估对象	指标名称/权重				
明挖管线破坏	管线条件 R_1	基坑条件 R_2	地质条件 R_3	施工方案 R_4	
	$\gamma_1=0.4$	$\gamma_2=0.1$	$\gamma_3=0.3$	$\gamma_4=0.2$	
明挖地下建构筑物破坏	地下建构筑物条件 R_1	基坑条件 R_2	地质条件 R_3	施工方案 R_4	
	$\gamma_1=0.4$	$\gamma_2=0.2$	$\gamma_3=0.2$	$\gamma_4=0.2$	
暗挖塌方冒顶	覆跨比 R_1	地质条件 R_2	影响区内雨污水管 R_3	施工方案 R_4	
	$\gamma_1=0.25$	$\gamma_2=0.35$	$\gamma_3=0.25$	$\gamma_4=0.15$	
暗挖突泥涌水	地质条件 R_1	环境条件 R_2			
	$\gamma_1=0.8$	$\gamma_2=0.2$			
暗挖管线破坏	管线条件 R_1	开挖断面条件 R_2	地质条件 R_3	施工方案 R_4	
	$\gamma_1=0.4$	$\gamma_2=0.1$	$\gamma_3=0.3$	$\gamma_4=0.2$	
暗挖地面建构筑物破坏	地面建构筑物条件 R_1	开挖断面条件 R_2	地质条件 R_3	施工方案 R_4	
	$\gamma_1=0.4$	$\gamma_2=0.2$	$\gamma_3=0.2$	$\gamma_4=0.2$	
暗挖地下建构筑物破坏	地下建构筑物条件 R_1	开挖断面条件 R_2	地质条件 R_3	施工方案 R_4	
	$\gamma_1=0.4$	$\gamma_2=0.2$	$\gamma_3=0.2$	$\gamma_4=0.2$	
接驳开口导致既有结构变形过大或破坏	既有结构现状 R_1	开口尺寸 R_2	开口位置 R_3	开口方法 R_4	既有结构扰动程度 R_5
	$\gamma_1=0.2$	$\gamma_2=0.3$	$\gamma_3=0.1$	$\gamma_4=0.2$	$\gamma_5=0.2$
开挖卸载导致既有结构上浮	既有结构现状 R_1	卸载量 R_2	相对位置关系 R_3	土层情况 R_4	
	$\gamma_1=0.1$	$\gamma_2=0.35$	$\gamma_3=0.2$	$\gamma_4=0.35$	
风险损失	人员伤亡 C_1	经济损失 C_2	工期损失 C_3	社会影响 C_4	环境影响 C_5
	$W_1=0.4$	$W_2=0.2$	$W_3=0.15$	$W_4=0.15$	$W_5=0.1$

2）塌方冒顶风险评估

西南暗挖售检票厅（S9）塌方冒顶风险评估指标体系、指标分值及评分说明见表7-38。

塌方冒顶风险评估结果　　　　表 7-38

<table>
<tr><th>一级指标</th><th>一级指标权重</th><th>二级指标</th><th>二级指标权重</th><th>指标分值</th><th colspan="2">说　明</th></tr>
<tr><td>覆跨比 R_1</td><td>$\gamma_1=0.25$</td><td>覆跨比 R_{11}</td><td>$\gamma_{11}=1.0$</td><td>62</td><td colspan="2">西南暗挖售检票厅跨度为 14.9m，覆土厚度为 6.7m，覆跨比为 0.45</td></tr>
<tr><td rowspan="2">地质条件 R_2</td><td rowspan="2">$\gamma_2=0.35$</td><td>工程地质 R_{21}</td><td>$\gamma_{21}=0.6$</td><td>80</td><td colspan="2">缺少资料，推测位于粉质黏土、细中砂层</td></tr>
<tr><td>水文地质 R_{22}</td><td>$\gamma_{22}=0.4$</td><td>70</td><td colspan="2">地下水位位于开挖范围内</td></tr>
<tr><td rowspan="2">影响区内雨污水管 R_3</td><td rowspan="2">$\gamma_3=0.15$</td><td>管径 R_{31}</td><td>$\gamma_{31}=0.4$</td><td>0</td><td colspan="2" rowspan="2">影响区内无雨污水管</td></tr>
<tr><td>管线状态 R_{32}</td><td>$\gamma_{32}=0.6$</td><td>0</td></tr>
<tr><td rowspan="3">施工方案 R_4</td><td rowspan="3">$\gamma_4=0.25$</td><td>超前加固 R_{41}</td><td>$\gamma_{41}=0.25$</td><td>20</td><td colspan="2">采用小导管超前注浆</td></tr>
<tr><td>地层降水 R_{42}</td><td>$\gamma_{42}=0.25$</td><td>70</td><td colspan="2">无降水施工，由于水量较小，下调分值</td></tr>
<tr><td>开挖工法 R_{43}</td><td>$\gamma_{43}=0.25$</td><td>70</td><td colspan="2">西南暗挖售检票厅采用中洞法施工。</td></tr>
<tr><td colspan="4">风险发生可能性分值</td><td>55.4</td><td>风险发生可能性等级</td><td>2</td></tr>
<tr><td colspan="2">人员损失 C_1</td><td colspan="2">$W_1=0.4$</td><td>60</td><td colspan="2">中洞法施工，开挖阶段掌子面作业人数较多，存在造成 10 人以上死亡的可能性</td></tr>
<tr><td colspan="2">经济损失 C_2</td><td colspan="2">$W_2=0.2$</td><td>40</td><td colspan="2">售检票厅塌方冒顶，需要进行大规模搜救、清渣、回填和加固，并可能造成一系列次生灾害，预期造成 1000 万元以上的经济损失</td></tr>
<tr><td colspan="2">工期损失 C_3</td><td colspan="2">$W_3=0.15$</td><td>50</td><td colspan="2">控制工期工程，塌方冒顶预期造成 6 个月左右的工期损失</td></tr>
<tr><td colspan="2">社会影响 C_4</td><td colspan="2">$W_4=0.15$</td><td>50</td><td colspan="2">售检票厅上方为繁华城区主干道下方，塌方冒顶会不可避免地导致道路瘫痪，社会影响较严重</td></tr>
<tr><td colspan="2">环境影响 C_5</td><td colspan="2">$W_5=0.1$</td><td>50</td><td colspan="2">塌方冒顶会导致上方地层发生大范围整体沉降，涉及范围很大</td></tr>
<tr><td colspan="4">风险损失分值</td><td>52.0</td><td>风险损失等级</td><td>B</td></tr>
<tr><td colspan="5">风险等级</td><td colspan="2">Ⅱ</td></tr>
</table>

3）突泥涌水风险评估

西南暗挖售检票厅（S9）突泥涌水风险评估指标体系、指标分值及评分说明见表 7-39。

突泥涌水风险评估结果 表7-39

一级指标	一级指标权重	二级指标	二级指标权重	指标分值	说明	
地质条件 R_1	$\gamma_1=0.5$	工程地质 R_{11}	$\gamma_{11}=0.4$	40	缺少资料，推测位于粉质黏土、细中砂层	
		富水程度 R_{12}	$\gamma_{12}=0.6$	40	缺少涌水量预测结果，根据地勘报告判定为弱富水	
环境条件 R_2	$\gamma_2=0.2$	周边水体 R_{21}	$\gamma_{21}=1.0$	0	无周边水体	
施工方案 R_3	$\gamma_3=0.3$	超前加固 R_{31}	$\gamma_{31}=0.4$	20	同塌方冒顶风险评估	
		地层降水 R_{32}	$\gamma_{32}=0.6$	60	同塌方冒顶风险评估	
风险发生可能性分值				33.2	风险发生可能性等级	3
人员损失 C_1		$W_1=0.4$		50	中洞法施工，开挖阶段掌子面作业人数较多，存在造成10人以上死亡的可能性	
经济损失 C_2		$W_2=0.2$		35	售检票厅发生突泥涌水，需要进行大规模清淤、回填和加固，预期造成1000万元以上的经济损失	
工期损失 C_3		$W_3=0.15$		30	控制工期工程，突泥涌水预期造成3个月左右的工期损失	
社会影响 C_4		$W_4=0.15$		10	突泥涌水造成社会影响较小	
环境影响 C_5		$W_5=0.1$		35	突泥涌水会导致上方地层发生局部沉降，涉及范围较大	
风险损失分值				36.5	风险损失等级	C
风险等级					Ⅲ	

4）管线破坏风险评估

以2根D400mm热力管线（P1）为例，管线破坏风险评估指标体系、指标分值及评分说明见表7-40。评估结果汇总见表7-41。重大风险因素（工程开挖）具体评分见表7-42。

管线破坏风险评估结果　　表 7-40

<table>
<tr><th>一级指标</th><th>一级指标权重</th><th>二级指标</th><th>二级指标权重</th><th>指标分值</th><th colspan="2">说　明</th></tr>
<tr><td rowspan="4">管线条件 R_1</td><td rowspan="4">$\gamma_1=0.4$</td><td>管线脆弱性 R_{11}</td><td>$\gamma_{11}=0.3$</td><td>40</td><td colspan="2">缺少资料，推断 D400 热力管线为不锈钢材质</td></tr>
<tr><td>管线接头形式 R_{12}</td><td>$\gamma_{12}=0.2$</td><td>50</td><td colspan="2">缺少资料，推断 D400 热力管线为法兰接头</td></tr>
<tr><td>管线位置 R_{13}</td><td>$\gamma_{13}=0.3$</td><td>90</td><td colspan="2">西北施工横通道平行下穿管线，管底与暗挖结构净距约为 7.8m，横通道底板埋深约 17.9m</td></tr>
<tr><td>使用年限 R_{14}</td><td>$\gamma_{14}=0.2$</td><td>80</td><td colspan="2">缺少资料，推断为 5～30 年</td></tr>
<tr><td rowspan="2">开挖断面条件 R_2</td><td rowspan="2">$\gamma_2=0.1$</td><td>断面尺寸 R_{21}</td><td>$\gamma_{21}=0.5$</td><td>0</td><td colspan="2">西北施工横通道开挖度断面面积为 $36.72m^2$，远小于最低档评分依据，取 0</td></tr>
<tr><td>覆跨比 R_{22}</td><td>$\gamma_{22}=0.5$</td><td>40</td><td colspan="2">西北施工横通道覆土厚度最小为 7.3m，跨度为 4.1m，覆跨比为 1.78</td></tr>
<tr><td rowspan="2">地质条件 R_3</td><td rowspan="2">$\gamma_3=0.3$</td><td>工程地质 R_{31}</td><td>$\gamma_{31}=0.6$</td><td>80</td><td colspan="2">同塌方冒顶风险评估</td></tr>
<tr><td>水文地质 R_{32}</td><td>$\gamma_{32}=0.4$</td><td>70</td><td colspan="2">同塌方冒顶风险评估</td></tr>
<tr><td rowspan="3">施工方案 R_4</td><td rowspan="3">$\gamma_4=0.2$</td><td>管线加固 R_{41}</td><td>$\gamma_{41}=0.3$</td><td>80</td><td colspan="2">无管线加固</td></tr>
<tr><td>地层降水 R_{42}</td><td>$\gamma_{42}=0.2$</td><td>20</td><td colspan="2">无降水施工</td></tr>
<tr><td>开挖工法 R_{43}</td><td>$\gamma_{43}=0.25$</td><td>100</td><td colspan="2">西北施工横通道采用台阶法开挖</td></tr>
<tr><td colspan="4">风险发生可能性分值</td><td>64.9</td><td>风险发生可能性等级</td><td>2</td></tr>
<tr><td colspan="2">人员损失 C_1</td><td colspan="2">$W_1=0.4$</td><td>0</td><td colspan="2">热力管线破坏几乎不会导致人员伤亡</td></tr>
<tr><td colspan="2">经济损失 C_2</td><td colspan="2">$W_2=0.2$</td><td>10</td><td colspan="2">热力管线破坏预期造成经济损失额不超过 1000 万</td></tr>
<tr><td colspan="2">工期损失 C_3</td><td colspan="2">$W_3=0.15$</td><td>10</td><td colspan="2">热力管线破坏对工期影响较小</td></tr>
<tr><td colspan="2">社会影响 C_4</td><td colspan="2">$W_4=0.15$</td><td>30</td><td colspan="2">热力管线破坏会导致局部区域供暖中断，有一定社会影响</td></tr>
<tr><td colspan="2">环境影响 C_5</td><td colspan="2">$W_5=0.1$</td><td>10</td><td colspan="2">热力管线破坏对周围环境影响较小</td></tr>
<tr><td colspan="4">风险损失分值</td><td>9.0</td><td>风险损失等级</td><td>D</td></tr>
<tr><td colspan="5">风险等级</td><td colspan="2">Ⅲ</td></tr>
</table>

管线破坏风险评估结果汇总　　表 7-41

风险源	管线条件				开挖断面条件	地层条件		施工方案			风险损失					可能性总分	损失总分	可能性等级	损失等级	风险等级
	管线脆弱性	管线接头形式	管线位置	使用年限		工程地质	水文地质	管线加固	地层降水	开挖工法	人员伤亡	经济损失	工期损失	社会影响	环境影响					
2 根 D400mm 热力管线(P1)	40	50	90.0	80	20.0	80	70	80	20	100.0	0	10	10	30	10	64.9	9.0	2	D	Ⅲ
2 根 D600mm 热力管线(P2)	40	50	109.5	80	47.5	90	70	80	20	88.0	20	10	10	25	25	71.0	17.8	2	D	Ⅲ
D1250mm 污水管线(P6)	40	50	76.5	80	58.3	90	70	80	20	96.0	20	10	10	30	30	68.7	19.0	2	D	Ⅲ
D500mm 燃气管(P9)	40	50	129.5	80	62.0	90	70	80	20	131.0	20	10	10	50	50	77.7	24.0	1	D	Ⅱ

管线破坏重大风险因素评分表　　表 7-42

风险源	风险因素	管线位置	断面尺寸/基坑深度	覆跨比	开挖工法	管线位置总分	开挖断面条件/基坑条件总分	开挖工法总分
2 根 D400mm 热力管线(P1)	西北施工横通道开挖(S12)	90	0	40	100	90.0	20.0	100.0
2 根 D600mm 热力管线(P2)	西北施工横通道开挖(S12)	95	0	50	80	109.5	47.5	88.0
	西北暗挖售检票厅开挖(S1)	100	40	50	80			
D1250mm 污水管线(P6)	西北暗挖售检票厅开挖(S1)	95	40	65	80	76.5	58.3	96.0
	西北换乘通道开挖(S2、S3)	85	0	65	80			
	东北东新增出入口开挖(S7)	88	0	50	80			
D500mm 燃气管(P9)	东北北新增出入口开挖(S5)	85	0	40	80	129.5	62.0	131.0
	东北北明挖售检票厅开挖(S4)	80	40	—	80			
	西南施工横通道开挖(S14)	90	0	50	100			
	西南暗挖售检票厅开挖(S9)	90	40	60	70			
	西南换乘通道开挖(S10)	95	0	70	80			

5)地面建构筑物破坏风险评估

天主教爱国会南堂(B1)地面建构筑物破坏风险评估指标体系、指标分值及评分说明见表7-43。

地面建构筑物破坏风险评估结果　　表7-43

一级指标	一级指标权重	二级指标	二级指标权重	指标分值	说　明	
地面建构筑物条件 R_1	$\gamma_1=0.4$	建构筑物规模 R_{11}	$\gamma_{11}=0.2$	0	特殊低层建筑	
		基础形式 R_{12}	$\gamma_{12}=0.3$	100	缺乏资料,按独立基础考虑	
		建构筑物位置 R_{13}	$\gamma_{13}=0.5$	50	东北北新增出入口平行下穿该建筑,与出入口水平净距约为15.0~17.5m	
开挖断面条件 R_2	$\gamma_2=0.2$	断面尺寸 R_{21}	$\gamma_{21}=0.5$	0	东北北新增出入口开挖断面面积约为36m²,远小于最低档评分依据,取0	
		覆跨比 R_{22}	$\gamma_{22}=0.5$	70	东北北新增出入口覆土厚度约为5.4m,跨度7.2m,覆跨比为0.75	
地质条件 R_3	$\gamma_3=0.2$	工程地质 R_{31}	$\gamma_{31}=0.6$	90	同塌方冒顶风险评估	
		水文地质 R_{32}	$\gamma_{32}=0.4$	70	同塌方冒顶风险评估	
施工方案 R_4	$\gamma_4=0.2$	建构筑物加固 R_{41}	$\gamma_{41}=0.3$	40	开挖过程中对拱部初支轮廓线外侧1.5m内侧0.5m范围土体进行深孔注浆加固	
		地层降水 R_{42}	$\gamma_{42}=0.2$	20	无降水施工	
		开挖工法 R_{43}	$\gamma_{43}=0.25$	90	东北北新增出入口采用CRD法施工	
风险发生可能性分值				55.7	风险发生可能性等级	2
人员损失 C_1		$W_1=0.4$		60	天主教爱国会南堂发生破坏存在造成10人以上死亡的可能性	
经济损失 C_2		$W_2=0.2$		50	天主教爱国会南堂为保护文物,其修复工作预期需耗费1000万元以上	
工期损失 C_3		$W_3=0.15$		60	天主教爱国会南堂发生破坏,预期造成6个月以上的工期损失	
社会影响 C_4		$W_4=0.15$		80	天主教爱国会南堂为保护文物,发生破坏后社会影响恶劣	
环境影响 C_5		$W_5=0.1$		10	除非极端情况,地上建筑破坏对环境影响有限	
风险损失分值				57.0	风险损失等级	B
风险等级					Ⅱ	

6）地下建构筑物破坏风险评估

以既有4号线区间主体结构（U2）为例，地下建构筑物破坏风险评估指标体系、指标分值及评分说明见表7-44。评估结果汇总见表7-45。重大风险因素（工程开挖）具体评分见表7-46。

地下建构筑物破坏风险评估结果 表7-44

<table>
<tr><th>一级指标</th><th>一级指标权重</th><th>二级指标</th><th>二级指标权重</th><th>指标分值</th><th colspan="2">说明</th></tr>
<tr><td rowspan="3">地下建构筑物条件 R_1</td><td rowspan="3">$\gamma_1=0.4$</td><td>地下建构筑物尺寸 R_{11}</td><td>$\gamma_{11}=0.2$</td><td>50</td><td colspan="2">既有4号线区间主体结构净宽为5.20m，净高为5.25m，属于小断面隧道</td></tr>
<tr><td>结构形式 R_{12}</td><td>$\gamma_{12}=0.3$</td><td>70</td><td colspan="2">既有4号线区间主体结构为预制拼装隧道</td></tr>
<tr><td>建构筑物位置 R_{13}</td><td>$\gamma_{13}=0.5$</td><td>40</td><td colspan="2">东北北新增出入口平行上穿既有4号线区间隧道，与处于口净距约为2.3m</td></tr>
<tr><td rowspan="2">开挖断面条件 R_2</td><td rowspan="2">$\gamma_2=0.2$</td><td>断面尺寸 R_{21}</td><td>$\gamma_{21}=0.5$</td><td>0</td><td colspan="2">东北北新增出入口开挖断面面积约为$36m^2$，远小于最低档评分依据，取0</td></tr>
<tr><td>覆跨比 R_{22}</td><td>$\gamma_{22}=0.5$</td><td>70</td><td colspan="2">东北北新增出入口覆土厚度约为5.4m，跨度为7.2m，覆跨比为0.75</td></tr>
<tr><td rowspan="2">地质条件 R_3</td><td rowspan="2">$\gamma_3=0.2$</td><td>工程地质 R_{31}</td><td>$\gamma_{31}=0.6$</td><td>90</td><td colspan="2">同塌方冒顶风险评估</td></tr>
<tr><td>水文地质 R_{32}</td><td>$\gamma_{32}=0.4$</td><td>70</td><td colspan="2">同塌方冒顶风险评估</td></tr>
<tr><td rowspan="3">施工方案 R_4</td><td rowspan="3">$\gamma_4=0.2$</td><td>建构筑物加固 R_{41}</td><td>$\gamma_{41}=0.3$</td><td>20</td><td colspan="2">出入口结构靠区间结构一侧进行深孔注浆，加固土体</td></tr>
<tr><td>地层降水 R_{42}</td><td>$\gamma_{42}=0.2$</td><td>20</td><td colspan="2">无降水施工</td></tr>
<tr><td>开挖工法 R_{43}</td><td>$\gamma_{43}=0.25$</td><td>90</td><td colspan="2">东北北新增出入口采用CRD法施工</td></tr>
<tr><td colspan="4">风险发生可能性分值</td><td>51.5</td><td>风险发生可能性等级</td><td>2</td></tr>
<tr><td>人员损失 C_1</td><td colspan="3">$W_1=0.4$</td><td>70</td><td colspan="2">既有线区间隧道发生破坏可能造成10人以上死亡</td></tr>
<tr><td>经济损失 C_2</td><td colspan="3">$W_2=0.2$</td><td>30</td><td colspan="2">既有线区间隧道发生破坏，影响地铁运营导致的经济损失外加修复工作花费预期在1000万元以上</td></tr>
<tr><td>工期损失 C_3</td><td colspan="3">$W_3=0.15$</td><td>50</td><td colspan="2">既有线区间隧道发生破坏，预期造成6个月以上的工期损失</td></tr>
<tr><td>社会影响 C_4</td><td colspan="3">$W_4=0.15$</td><td>30</td><td colspan="2">既有线车站发生破坏，社会影响较严重</td></tr>
<tr><td>环境影响 C_5</td><td colspan="3">$W_5=0.1$</td><td>40</td><td colspan="2">既有线区间隧道发生破坏，可能会对附近一定范围的地层结构产生严重影响</td></tr>
<tr><td colspan="4">风险损失分值</td><td>50.0</td><td>风险损失等级</td><td>B</td></tr>
<tr><td colspan="5">风险等级</td><td colspan="2">Ⅱ</td></tr>
</table>

地下建构筑物破坏风险评估结果汇总 表 7-45

评估单元	地下建构筑物条件			开挖断面条件	地质条件		施工方案			风险损失					可能性总分	损失总分	可能性等级	损失等级	风险等级
	地下建构筑物尺寸	结构形式	建构筑物位置		工程地质	水文地质	建构筑物加固	地层降水	开挖工法	人员伤亡	经济损失	工期损失	社会影响	环境影响					
既有4号线车站主体结构(U1)	100	40	140	61.4	90	70	20	20	119	80	50	50	50	60	74.1	63.0	2	B	Ⅱ
既有4号线区间主体结构(U2)	50	70	40	16.0	90	70	20	20	90	70	30	50	30	40	48.7	50.0	3	C	Ⅲ
既有2号线车站主体结构(U7)	100	40	88	51.6	90	70	20	20	88	80	50	50	50	60	65.7	63.0	2	B	Ⅱ
3300mm×4300mm热力小室(U12)	55	40	90	20.0	90	70	70	20	80	0	10	10	20	10	59.6	7.5	2	D	Ⅲ
2600mm×1500mm热力隧道(U13)	40	40	86	50.0	90	70	70	20	107	0	10	10	20	10	65.4	7.5	2	D	Ⅲ
2000mm×1000mm热力隧道(U14)	40	40	70	28.0	90	70	70	20	80	0	10	10	20	10	56.0	7.5	2	D	Ⅲ
2000mm×2350mm电力隧道(U16)	40	40	127	51.6	90	70	70	20	104	0	10	10	40	10	73.7	10.5	2	D	Ⅲ
2000mm×2200mm电力隧道(U17)	40	40	116	86.0	90	70	70	20	96	0	10	10	40	10	77.9	10.5	1	D	Ⅱ
2000mm×2000mm电力隧道(U18)	40	40	99	50.8	90	70	70	20	87	0	10	10	40	10	66.8	10.5	2	D	Ⅲ

地下建构筑物破坏重大风险因素评分表　　表 7-46

风　险　源	主要风险因素	建构筑物位置	断面尺寸/基坑深度	覆跨比	开挖工法/土方开挖	建构筑物位置总分	开挖断面条件/基坑条件总分	开挖工法/土方开挖总分
既有4号线车站主体结构(U1)	西北暗挖售检票厅开挖(S1)	80	40	50	80	140.0	61.4	119.0
	东北北新增出入口开挖(S5)	100	0	40	80			
	西北换乘通道开挖(S2、S3)	100	0	65	80			
	东北东新增出入口开挖(S7)	60	0	50	80			
	西南换乘通道开挖(S10)	70	0	70	80			
	西南暗挖售检票厅开挖(S9)	90	40	60	70			
既有4号线区间主体结构(U2)	东北北新增出入口开挖(S5)	40	0	40	90	40.0	16.0	90.0
既有2号线主体结构(U7)	东南明挖售票厅开挖(S8)*	80	50	—	80	88.0	51.6	88.0
	东北东新增出入口开挖(S7)	80	0	40	80			
3300mm×4300mm热力小室(U12)	西北施工横通道开挖(S12)	90	0	50	80	90.0	20.0	80.0
2600mm×1500mm热力隧道(U13)	西南施工横通道开挖(S14)	80	0	50	100	86.0	50.0	107.0
	西南暗挖售检票厅开挖(S9)	60	40	60	70			
2000mm×1000mm热力隧道(U14)	西南新增出入口开挖(S10)	70	0	70	80	70.0	28.0	80.0
2000mm×2350mm电力隧道(U16)	西北施工横通道开挖(S12)	100	0	50	80	127.0	51.6	104.0
	西北暗挖售检票厅开挖(S1)	90	40	50	80			
	东北北新增出入口开挖(S5)	100	0	40	80			
	东北北明挖售检票厅开挖(S4)*	80	40	—	80			

续上表

风险源	主要风险因素	建构筑物位置	断面尺寸/基坑深度	覆跨比	开挖工法/土方开挖	建构筑物位置总分	开挖断面条件/基坑条件总分	开挖工法/土方开挖总分
2000mm×2200mm电力隧道(U17)	东北东出新增入口开挖(S7)	100	0	50	80	116.0	86.0	96.0
	东北东明挖售检票厅开挖(S6)*	80	40	—	80			
	东南明挖售检票厅开挖(S8)*	80	80	—	80			
2000mm×2000mm电力隧道(U18)	西南暗挖售检票厅开挖(S9)	90	40	60	70	99.0	50.8	87.0
	西南新增出入口开挖(S10)	90	0	70	80			

注：* 标示风险源为明挖施工。

7)接驳开口导致既有结构变形过大或破坏风险评估

以既有2号线车站主体结构(U7)为例，接驳开口导致既有结构变形过大或破坏风险评估指标体系、指标分值及评分说明见表7-47。评估结果汇总见表7-48。重大风险因素(工程开挖)具体评分见表7-49。

接驳开口导致既有结构变形过大或破坏风险评估结果　　表7-47

一级指标	一级指标权重	指标分值	说明	
既有结构现状 R_1	$\gamma_1=0.2$	50	既有2号线宣武门站结构完好	
开口尺寸 R_2	$\gamma_2=0.3$	50	洞口尺寸5000mm×3950mm，面积19.75m^2	
开口位置 R_3	$\gamma_3=0.1$	90	东北东新增出入口在既有车站侧墙开洞	
开口方法 R_4	$\gamma_4=0.2$	50	东北东新增出入口采用人工或机械开洞	
既有结构扰动程度 R_5	$\gamma_5=0.2$	70	接驳开口过程会破坏既有结构侧墙	
风险发生可能性分值		58.0	风险发生可能性等级	2
人员损失 C_1	$W_1=0.4$	30	因接驳开口导致既有车站破坏可能造成3人以上死亡	
经济损失 C_2	$W_2=0.2$	40	接驳开口不当可能导致既有车站楼板及顶板破坏，修复难度较大，预期造成1000万元以上损失	
工期损失 C_3	$W_3=0.15$	30	因接驳开口导致既有车站破坏导致的工期延误预期在3个月以上	
社会影响 C_4	$W_4=0.15$	20	因接驳开口导致既有车站破坏会影响到地铁运营，具有一定的社会影响	
环境影响 C_5	$W_5=0.1$	20	因接驳开口导致既有车站破坏对周边环境影响较小	
风险损失分值		29.5	风险损失等级	C
风险等级			Ⅱ	

接驳开口导致既有结构变形过大或破坏风险评估结果汇总表 表 7-48

风险源	既有结构现状	开口尺寸	开口位置	开口方法	既有结构扰动程度	风险损失					可能性总分	损失总分	可能性等级	损失等级	风险等级
						人员伤亡	经济损失	工期损失	社会影响	环境影响					
既有 4 号线车站主体结构（U1）	50	121	126	70	98	30	40	30	20	20	92.5	29.5	1	C	Ⅱ
既有 4 号线西北出入口（U3）	50	80	90	50	70	10	10	15	20	10	67.0	12.3	2	D	Ⅲ
既有 2 号线主体结构（U7）	50	50	90	50	70	30	40	30	20	20	58.0	29.5	2	C	Ⅱ
既有 2 号线西北出入口（U8）	50	50	90	50	70	10	10	15	20	10	58.0	12.3	2	D	Ⅲ
既有 2 号线西南出入口（U10）	50	50	90	50	70	10	10	15	20	10	58.0	12.3	2	D	Ⅲ

接驳开口导致既有结构变形过大或破坏重大风险因素评分表 表 7-49

风险源	主要风险因素	开口尺寸	开口位置	开口方法	既有结构扰动程度	开口尺寸总分	开口位置总分	开口方法总分	既有结构扰动程度总分
既有 6 号线东大桥站（U1）	东北北新增出入口开挖（S5）	75	90	50	70	121.0	126.0	70.0	98.0
	西北换乘通道开挖（S2、S3）	80	90	50	70				
	东北东新增出入口开挖（S7）	85	90	50	70				
	西南换乘通道开挖（S10）	70	90	50	70				
	西南暗挖售检票厅开挖（S9）	90	90	50	70				
既有 4 号线西北出入口（U3）	西北暗挖售检票厅开挖（S1）	80	90	50	70	80.0	90.0	50.0	70.0
既有 2 号线主体结构（U7）	东北东新增出入口开挖（S7）	50	90	50	70	50.0	90.0	50.0	70.0
既有 2 号线西北出入口（U8）	西北换乘通道开挖（S3）	50	90	50	70	50.0	90.0	50.0	70.0
既有 2 号线西南出入口（U10）	西南换乘通道开挖（S10）	50	90	50	70	50.0	90.0	50.0	70.0

8）开挖卸载导致既有结构上浮风险评估

以既有 4 号线车站主体结构（U1）为例，开挖卸载导致既有结构上浮风险评估指标体系、指标分值及评分说明见表 7-50。评估结果汇总见表 7-51。重大风险因素（工程开挖）具体评分见表 7-52。

开挖卸载导致既有结构上浮风险评估结果　　表 7-50

<table>
<tr><th>一级指标</th><th>一级指标权重</th><th colspan="2">指标分值</th><th colspan="2">说　明</th></tr>
<tr><td>既有结构现状 R_1</td><td>$\gamma_1=0.2$</td><td colspan="2">50</td><td colspan="2">既有 2 号线宣武门站结构完好</td></tr>
<tr><td rowspan="3">卸载量 R_2</td><td rowspan="3">$\gamma_2=0.3$</td><td>S1</td><td>40</td><td colspan="2" rowspan="3">S1 为西北暗挖售检票厅开挖,开挖体积小于既有结构一半;
S9 为西南暗挖售检票厅开挖,开挖体积小于既有结构一半;
多风险因素合成分值根据公式:
$R_i=\max(R_{ij})+0.1[\Sigma R_{ij}-\max(R_{ij})]$计算</td></tr>
<tr><td>S9</td><td>40</td></tr>
<tr><td>总分</td><td>44.0</td></tr>
<tr><td rowspan="3">相对位置关系 R_3</td><td rowspan="3">$\gamma_3=0.1$</td><td>S1</td><td>60</td><td colspan="2" rowspan="3">S1、S9 开挖均位于既有结构侧方</td></tr>
<tr><td>S9</td><td>60</td></tr>
<tr><td>总分</td><td>66.0</td></tr>
<tr><td>土层情况 R_4</td><td>$\gamma_4=0.2$</td><td colspan="2">0</td><td colspan="2">既有 2 号线宣武门站底板位于卵石层,回弹性较低,取 0</td></tr>
<tr><td colspan="2">风险发生可能性分值</td><td colspan="2">33.6</td><td>风险发生可能性等级</td><td>3</td></tr>
<tr><td>人员损失 C_1</td><td>$W_1=0.4$</td><td colspan="2">0</td><td colspan="2">开挖卸载导致既有车站上浮几乎不会导致人员伤亡</td></tr>
<tr><td>经济损失 C_2</td><td>$W_2=0.2$</td><td colspan="2">45</td><td colspan="2">开挖卸载导致既有车站上浮,修复难度较大,预期造成 3000 万元以上损失</td></tr>
<tr><td>工期损失 C_3</td><td>$W_3=0.15$</td><td colspan="2">60</td><td colspan="2">开挖卸载导致既有车站上浮修复耗时较长,导致的工期延误预期在 9 个月以上</td></tr>
<tr><td>社会影响 C_4</td><td>$W_4=0.15$</td><td colspan="2">60</td><td colspan="2">开挖卸载导致既有车站上浮会使既有线暂停运营,社会影响严重</td></tr>
<tr><td>环境影响 C_5</td><td>$W_5=0.1$</td><td colspan="2">20</td><td colspan="2">开挖卸载导致既有车站上浮对周边环境影响较小</td></tr>
<tr><td colspan="2">风险损失分值</td><td colspan="2">29.0</td><td>风险损失等级</td><td>C</td></tr>
<tr><td colspan="2">风险等级</td><td colspan="4">Ⅲ</td></tr>
</table>

开挖卸载导致既有结构上浮风险评估结果汇总表　　表 7-51

风险源	既有结构现状	卸载量	相对位置关系	土层情况	风险损失					可能性总分	损失总分	可能性等级	损失等级	风险等级
					人员伤亡	经济损失	工期损失	社会影响	环境影响					
既有 4 号线车站主体结构(U1)	50	44	66	0	0	45	60	60	20	33.6	29.0	3	C	Ⅲ
既有 2 号线主体结构(U7)	50	64	66	0	10	10	15	20	10	40.6	12.3	3	D	Ⅲ

开挖卸载导致既有结构上浮重大风险因素评分表　　表 7-52

风险源	主要风险因素	卸载量	相对位置关系	卸载量总分	相对位置关系总分
既有 4 号线车站主体结构(U1)	西北暗挖售检票厅开挖(S1)	40	60	44.0	66.0
	西南暗挖售检票厅开挖(S9)	40	60		
既有 2 号线主体结构(U7)	东南明挖售票厅开挖(S8)	60	60	64.0	66.0
	东北东新增出入口开挖(S7)	40	60		

7.6.5　结论

(1)总体风险评估结论显示,宣武门站改造工程施工总体风险等级为Ⅰ级,施工风险源较多,风险管理难度较大,需要进行专项风险评估。

(2)专项风险评估结论显示,北宣武门站改造工程施工中各重大风险事件的风险等级多为Ⅱ级或Ⅲ级。由于本次专项评估基于实际施工中采用的施工方案,且在风险辨识环节已将一些风险较低的风险源筛除,故该结论较为合理。

(3)既有4号线车站主体结构(U1)由于涉及多次拓建开口扰动,发生变形或破坏的可能性等级均较高,需要重点予以关注,采取有效措施降低多次拓建带来的不利效应的叠加。2000mm×2200mm电力隧道(U17)发生破坏的可能性等级为1级。在施工过程中应特别注重对上述重要风险源的加固和监测。

7.7　天津地铁5号线思源道站施工安全风险评估案例

7.7.1　工程背景

1)工程概况

天津地铁5号线思源道站位于河北区思源道、群芳路、白杨道与红星路相交的地块内,思源道站的平面位置及结构形式详见2.3.3节。

2)工程水文地质

(1)地质条件

经勘查,拟建车站地层从上至下为杂填土、粉土、淤泥质黏土、粉质黏土、粉砂为主的复合地层,基坑位于第$⑧_1$粉质黏土层和第$⑧_2$粉土层中,弱透水性。

本段地层主要为第四系全新统人工填土层(人工堆积Q^{ml}),新近组沉积层(第四系全新统新近组坑底淤积和古河道、洼淀冲积Q_{43N}^{al}),第Ⅰ陆相层(第四系全新统上组河床～河漫滩相沉积Q_{43}^{al}),第Ⅰ海相层(第四系全新统中组浅海相沉积Q_{42}^{m})、第Ⅱ陆相层(第四系全新统下组沼泽相沉积Q_{41}^{h})、第Ⅱ陆相层(第四系全新统下组河床～河漫滩相沉积Q_{41}^{al})、第Ⅲ陆相层(第四系上更新统五组河床～河漫滩相沉积Q_{3e}^{al})、第Ⅱ海相层(第四系上更新统四组滨海～潮汐带相沉积Q_{3d}^{mc})、第Ⅳ陆相层(第四系上更新统三组河床～河漫滩相沉积Q_{3c}^{al})、第Ⅲ海相层(第四系上更新统二组浅海～滨海相沉积Q_{3b}^{m})、第Ⅴ陆相层(第四系上更新统一河床～河漫滩相沉积Q_{3a}^{al}),第Ⅳ海相层(第四系中更新统上组滨海三角洲相沉积Q_{23}^{mc}),第Ⅵ陆相层(第四系中更新统中组河床～河漫滩相沉积Q_{23}^{al})详见表7-53及图7-32。

(2)水文条件

本场地内表层地下水类型为第四系孔隙潜水,赋存于第Ⅱ陆相层中及其以下粉砂及粉土层中的地下水具有承压性。

思源道站结建工程地质特性　　表 7-53

土层编号	岩土名称	土层厚度（m）	底层高程（m）	室内渗透试验		渗透系数建议值（m/d）	透水性	标贯基数（击）
				水平渗透系数 K_h（cm/s）	竖向渗透系数 K_y（cm/s）			
①$_1$	杂填土	0.50~3.60	-1.35~1.62	—	—	—	—	—
①$_2$	素填土	0.75~1.10	-0.85~0.82	—	—	—	—	—
④$_1$	黏土	1.10~4.90	-4.78~-0.58	1.50×10^{-7}	5.10×10^{-7}	0.1	弱透水	—
④$_2$	粉土	0.00~3.70	-5.27~-4.60	3.65×10^{-5}	9.70×10^{-5}	0.5	弱透水	8.5
⑤$_1$	黏土	0.50~1.00	-5.12~-4.90	1.90×10^{-7}	1.30×10^{-7}	0.05	弱透水	—
⑤$_2$	淤泥质黏土	0.00~1.10	-4.4	1.00×10^{-7}	1.00×10^{-7}	0.008	微透水层	—
⑥$_1$	粉质黏土	2.60~3.30	-8.00~-7.75	8.20×10^{-5}	1.50×10^{-6}	0.4	弱透水	9.3
⑥$_4$	粉质黏土	3.50~4.50	-12.33~-11.26	3.40×10^{-6}	1.40×10^{-6}	0.3	弱透水	8.9
⑦	粉质黏土	1.00~1.90	-13.89~-12.57	4.90×10^{-7}	1.00×10^{-7}	0.2	弱透水	10.0
⑧$_1$	粉质黏土	1.80~6.50	-20.00~-15.00	5.70×10^{-7}	3.00×10^{-7}	0.2	弱透水	12.5
⑧$_2$	粉土	1.00~4.70	-20.06~-18.25	—	—	—	—	23.3
⑨$_1$	粉质黏土	2.50~5.40	-25.18~-22.45	7.60×10^{-7}	6.50×10^{-7}	0.2	弱透水	21.4
⑨$_2$	粉土	3.00~5.70	-28.30~-27.26	1.30×10^{-4}	6.40×10^{-5}	0.8	弱透水	27.5
⑩$_1$	粉质黏土	0.90~2.90	-31.00~-28.99	4.90×10^{-7}	9.00×10^{-8}	0.2	弱透水	16.0
⑩$_2$	粉土	0.70~3.00	-32.51~-31.45	2.00×10^{-6}	1.00×10^{-6}	0.8	弱透水	—
⑪$_1$	粉质黏土	1.90~9.90	-40.40~-32.75	1.00×10^{-6}	1.60×10^{-7}	0.2	弱透水	—
⑪$_2$	粉土	0.60~5.70	-41.56~-35.22	1.20×10^{-5}	2.50×10^{-5}	1	中等透水	—
⑪$_3$	粉质黏土	0.80~7.50	-43.34~-39.98	7.40×10^{-7}	4.00×10^{-7}	0.2	弱透水	—
⑪$_4$	粉砂	1.70~6.20	-47.12~-44.00	3.00×10^{-4}	7.50×10^{-6}	2	中等透水	—

场地内第Ⅱ陆相层及其以下的粉土、粉砂层为承压水含水层，被黏性土分隔为多层含水层。⑧$_2$ 粉土为第一承压含水层，以⑦黏土层和⑧$_1$ 粉质黏土为主要隔水层顶板；⑨$_2$ 层粉土、⑩$_2$ 层粉土为第二承压含水层，以⑨$_1$ 粉质黏土层为主要隔水顶板。两个承压含水层主要接受上层潜水的渗透补给，与上层潜水水力联系紧密，以地下径流方式排泄，同时以渗透方式为下部含水层补水。承压水水位受季节影响较小，第二承压含水层稳定水位埋深为 3.50~4.00m，水位高程为 -0.68~-0.18m。

①第一承压含水层

⑧$_2$ 粉土为第一承压含水层，以⑦黏土层和⑧$_1$ 粉质黏土为主要隔水层顶板，层顶埋深为 16.9~20.4m，场区内止水帷幕已隔断第一承压含水层。

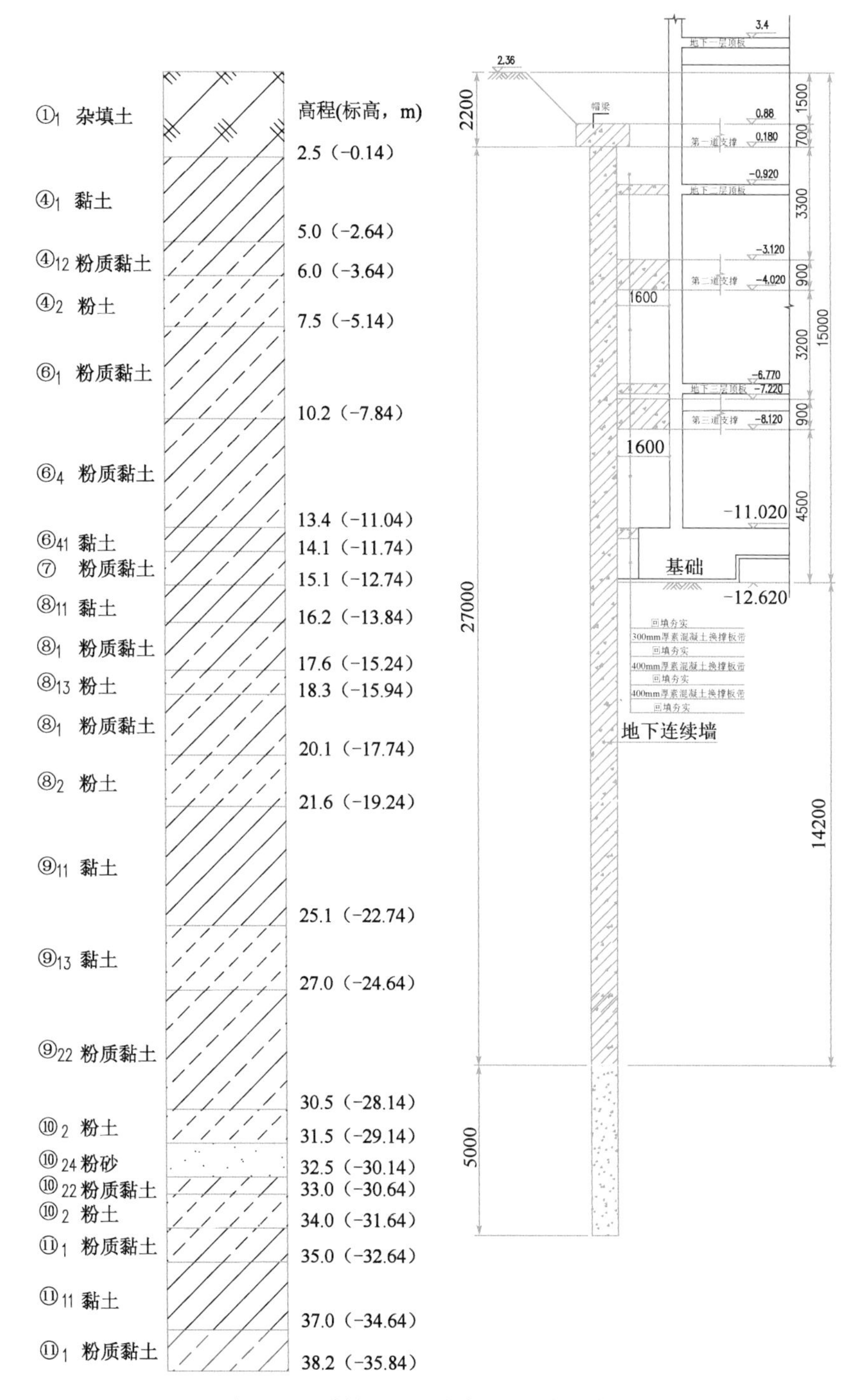

图7-32 地质剖面图(尺寸单位:mm;高程单位:m)

②第二承压含水层

⑨$_2$ 层粉土、⑩$_2$ 层粉土粉砂为第二承压含水层,以⑨$_1$ 粉质黏土层为主要隔水顶板。层顶埋深为24.0~27.8m,局部以透镜体形式存在,场区内止水帷幕已隔断第一承压含水层。

各土层的渗透系数及渗透性能见表7-54。

各土层的渗透系数及渗透性能表 表7-54

土层编号	岩土名称	室内渗透试验		现场抽水试验渗透系数 k（m/d）	渗透系数建议值（m/d）	透水性
		水平渗透系数 K_h（cm/s）	竖向渗透系数 K_v（cm/s）			
④$_{1}$	黏土	1.50×10^{-7}	5.10×10^{-7}		0.10	弱透水
④$_{12}$	粉质黏土	1.15×10^{-6}	1.90×10^{-7}		0.20	弱透水
④$_{2}$	粉土	3.65×10^{-5}	9.70×10^{-5}		0.50	弱透水
⑤$_{1}$	黏土	1.90×10^{-7}	1.30×10^{-7}		0.05	弱透水
⑤$_{2}$	淤泥质土	1.00×10^{-7}	1.00×10^{-7}	0.29～0.36	0.008	微透水
⑥$_{1}$	粉质黏土	8.20×10^{-5}	1.50×10^{-6}		0.40	弱透水
⑥$_{4}$	粉质黏土	3.40×10^{-6}	1.40×10^{-6}		0.30	弱透水
⑦	黏土	4.90×10^{-7}	1.00×10^{-7}		0.20	弱透水
⑧$_{1}$	粉质黏土	5.70×10^{-7}	3.00×10^{-7}		0.20	弱透水
⑧$_{13}$	粉土	8.20×10^{-5}	4.60×10^{-5}		0.50	弱透水
⑧$_{2}$	粉土	9.40×10^{-6}	2.90×10^{-6}		0.80	弱透水
⑧$_{22}$	粉质黏土	4.60×10^{-7}	1.30×10^{-7}		0.50	弱透水
⑧$_{24}$	粉砂	1.60×10^{-4}	1.35×10^{-4}		2.00	中等透水
⑨$_{1}$	粉质黏土	7.60×10^{-7}	6.50×10^{-7}		0.20	弱透水
⑨$_{13}$	粉土	2.20×10^{-5}	2.60×10^{-6}		0.80	弱透水
⑨$_{2}$	粉土	1.30×10^{-4}	6.40×10^{-5}		0.80	弱透水
⑨$_{22}$	粉质黏土	5.00×10^{-7}	3.00×10^{-7}		0.50	弱透水
⑨$_{24}$	粉砂	4.00×10^{-4}	1.10×10^{-4}		2.00	中等透水
⑩$_{1}$	粉质黏土	4.90×10^{-7}	9.00×10^{-8}		0.20	弱透水
⑩$_{2}$	粉土	2.00×10^{-6}	1.00×10^{-6}		0.80	弱透水
⑩$_{24}$	粉砂	1.70×10^{-4}	8.30×10^{-5}	3.87～5.53	2.00	中等透水
⑪$_{1}$	粉质黏土	1.00×10^{-6}	1.60×10^{-7}		0.20	弱透水
⑪$_{13}$	粉土	1.50×10^{-5}	1.40×10^{-6}		0.80	弱透水
⑪$_{2}$	粉土	1.20×10^{-5}	2.50×10^{-5}		1.00	中等透水
⑪$_{24}$	粉砂	3.00×10^{-4}	7.80×10^{-5}		2.00	中等透水
⑪$_{3}$	粉质黏土	7.40×10^{-7}	4.00×10^{-7}		0.20	弱透水
⑪$_{4}$	粉土	7.20×10^{-5}	3.90×10^{-5}		2.00	中等透水
⑪$_{44}$	粉砂	3.00×10^{-4}	7.50×10^{-6}		1.00	中等透水
⑪$_{5}$	粉质黏土	1.20×10^{-6}	8.40×10^{-7}		0.20	弱透水

3）基坑周边环境

（1）周边建筑物

红星支路中石化加油站（图7-33），思源道站结建地下空间工程基坑最大开挖深度为

20.15m,3倍基坑开挖深度范围内建筑物为红星支路中石化加油站,该加油站为一层砖砌平房距离基坑21m,加油棚为立柱棚式结构,距离基坑最近处为21m,该加油站地下油库埋深2~3m,距离基坑45m。

图7-33 红星支路中石化加油站

(2)周边既有地铁车站

天津地铁5号线思源道站位于河北区思源道、群芳路、白杨道与红星路相交的地块内。车站主体东侧为市轧钢厂三厂型钢一分厂,车站计算站台中心里程为DK12+303,起讫里程为DK12+148.450~DK12+382.350,车站线间距为15m,站台宽12m;车站总建筑面积14655m^2,长度191.08m,标准段总宽20.7m,基坑深16.811m,盾构井段宽24.7m,基坑深18.431m,思源道站基坑底高出结建基坑1.99m,结合上部物业开发结构,车站小里程端基坑为不规则形状。

车站结构明细见表7-55,平面位置如图7-34所示。

车站结构明细表 表7-55

建筑物名称	修建年代	层高	结构形式	基础形式	与基坑关系
思源道站	2014年	地下两层	框架	灌注桩	斜穿

图7-34 思源道站平面位置图

车站围护结构为地下连续墙,墙厚800mm,有效长度28m,素混凝土段5m,隔断第二承压含水层⑨$_2$粉土层,车站主体地下室外墙厚700mm。车站第一道支撑为混凝土支撑,除盾构井及出土口位置由于盾构施工破除外,其余支撑仍保留,现盾构井及出土口位置破除部分支撑已采用ϕ800mm钢支撑进行恢复。

车站为地下双层岛式站台车站,地下一层为站厅层,地下二层为站台层,地下一层层高5.85m,地下二层层高6.74m;本工程位于思源道车站主体东西两侧,本工程地下室结构地下一层底板与思源道站地下一层顶板为同一高程,地下二层底板与思源道站地下二层顶板为同一高程,如图7-35所示。

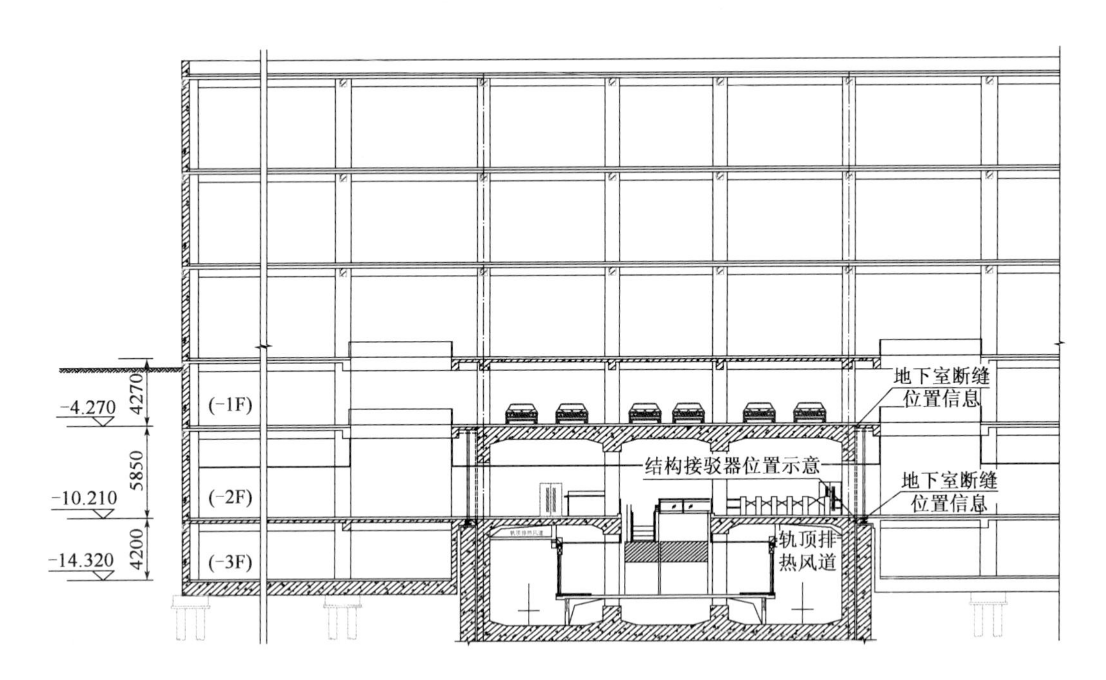

图7-35　地下室与车站主体剖面图(尺寸单位:mm,高程单位:m)

(3)周边管线

①自来水管

思源道站结建基坑东侧附近有一条自来水管线,该管线距结建地下连续墙最近距离6.21m,该自来水管为D300mm球墨铸铁管,埋深3.5m。

②高压电线

本工程基坑南侧,距离基坑28m,有一条10kV高压输电线路,沿红星支路人行便道南北走向,线路高度12m,该高压电缆距离基坑北侧最近处约7m。

7.7.2　风险识别

1)风险源清单

思源道基坑施工风险源清单见表7-56~表7-59。

基坑自身风险源　　表7-56

序号	风险工程名称	风险基本状况描述
S1	西侧基坑	圆形基坑,半径36m,开挖深度19.95m,基坑位于第⑧$_1$粉质黏土层和第⑧$_2$粉土层中,弱透水性
S2	东侧1号基坑	圆形基坑,半径41m,开挖深度20.15m,基坑位于第⑧$_1$粉质黏土层和第⑧$_2$粉土层中,弱透水性
S3	东侧2号基坑	圆形基坑,半径20m,开挖深度15m,基坑位于第⑧$_1$粉质黏土层和第⑧$_2$粉土层中,弱透水性

管 线 风 险 源　　表7-57

编号	风险源名称	风险源情况	相关工程	位 置 关 系
P1	自来水管	该自来水管为D300mm球墨铸铁管,埋深3.5m	东侧1号基坑	该管线距结建地下连续墙最近距离6.21m

地面建筑物风险源　　表7-58

编号	风险源名称	风险源情况	相关工程	位 置 关 系
B1	红星支路中石化加油站	该加油站为一层砖砌平房距离基坑21m,加油棚为立柱棚式结构	东侧1号基坑	距离基坑最近处为21m

地下建筑物风险源　　表7-59

编号	风险源名称	风险源情况	相关工程	位 置 关 系
U1	地铁5号线思源道站	既有7号线广—莱区间为盾构法区间,区间结构外轮廓6m,结构厚度300mm,线间距15m	西侧基坑	车站为地下双层岛式站台车站,本工程位于思源道车站主体东西两侧,本工程地下室结构地下一层底板与思源道站地下一层顶板为同一高程,地下二层底板与思源道站地下二层顶板为同一高程
			东侧1号基坑	
			东侧2号基坑	

2)风险评估单元划分

对思源道基坑施工风险源进行筛选,针对重大风险源划分风险评估单元,结果见表7-60。

思源道基坑施工风险评估单元划分　　表7-60

评 估 单 元	风　险　源	主要风险因素
基坑开挖	西侧基坑(S1)	明挖施工
	东侧1号基坑(S2)	明挖施工
	东侧2号基坑(S3)	明挖施工
周边管线	自来水管(P1)	东侧1号基坑施工
地面建构筑物	红星支路中石化加油站(B1)	东侧1号基坑施工
地下建构筑物	地铁5号线思源道站(U1)	西侧基坑施工
		东侧1号基坑施工
		东侧2号基坑施工

7.7.3 总体风险评估

思源道基坑施工总体风险评估指标打分及计算结果见表7-61。工程规模 G_1 指标权重取0.2，地质 G_2 指标权重取0.3，环境 G_3 指标权重取0.4，技术难度 G_4 指标权重取0.1。

思源道基坑施工总体风险评估结果　表7-61

一级指标	二级和三级指标		分值	说明
工程规模 G_1	工程规模 G_{11}		40	开挖深度最大约为20.15m
地质条件 G_2	工程地质 G_{21}		80	地层为黏土、粉土层
	水文地质 G_{22}		80	潜水、承压水
环境条件 G_3	地面建构筑物位置 G_{31}		50	距离基坑最近处为21m
	地下建构筑物位置 G_{32}		95	紧邻思源道地铁站
	道路位置 G_{33}		0	—
	管线 G_{34}	管线位置 G_{341}	90	铸铁自来水管距结建地下连续墙最近距离6.21m，服役年限推断为5～30年
		管线脆弱 G_{342}	30	
		服役年限 G_{343}	70	
	地表水体 G_{35}		0	附近无地表水体
技术难度 G_4	施工工艺成熟度 G_{41}		20	明挖法施工
总分 G			74	—

根据计算结果，思源道基坑施工总体施工安全风险等级为Ⅱ级，需进行专项风险评估。

7.7.4 专项风险评估

1）专项评估指标权重

本次专项评估采用指标权重见表7-62。

思源道基坑施工专项风险评估权重　表7-62

评估对象	指标名称/权重			
明挖基坑失稳	基坑条件 R_1	地质与气象条件 R_2	影响区内雨污水管 R_3	施工方案 R_4
	$\gamma_1=0.2$	$\gamma_2=0.5$	$\gamma_3=0.1$	$\gamma_4=0.2$
明挖基底突涌	地质条件 R_1	环境条件 R_2	施工方案 R_3	—
	$\gamma_1=0.4$	$\gamma_2=0.2$	$\gamma_3=0.4$	—
明挖管线破坏	管线条件 R_1	开挖断面条件 R_2	地质条件 R_3	施工方案 R_4
	$\gamma_1=0.5$	$\gamma_2=0.2$	$\gamma_3=0.1$	$\gamma_4=0.2$
明挖地面建构筑物破坏	地面建构筑物条件 R_1	开挖断面条件 R_2	地质条件 R_3	施工方案 R_4
	$\gamma_1=0.4$	$\gamma_2=0.2$	$\gamma_3=0.2$	$\gamma_4=0.2$
明挖地下建构筑物破坏	地下建构筑物条件 R_1	开挖断面条件 R_2	地质条件 R_3	施工方案 R_4
	$\gamma_1=0.4$	$\gamma_2=0.2$	$\gamma_3=0.2$	$\gamma_4=0.2$
风险损失	人员伤亡 C_1	经济损失 C_2	工期损失 C_3	社会影响 C_4
	$W_1=0.4$	$W_2=0.2$	$W_3=0.15$	$W_4=0.25$

2)基坑失稳风险评估

思源道站基坑施工基坑失稳专项风险评估结果汇总见表 7-63。

基坑失稳风险评估结果汇总　　表 7-63

评估单元	风险源	基坑条件			地质与气象条件			影响区内雨污水管		施工方案				风险损失				可能性总分	损失总分	可能性等级	损失等级	风险等级
		基坑深度	基坑围护结构类型	基坑支撑体系	工程地质	水文地质	气象条件	管径	管线状态	坑底加固	地层降水	土方开挖	岩石开挖	人员伤亡	经济损失	工期损失	社会影响					
西侧基坑	明挖施工	30	40	40	80	80	40	20	40	0	40	25	0	0	15	20	10	44.6	8.5	3	D	Ⅲ
东侧 1 号基坑	明挖施工	40	40	40	80	80	40	20	40	0	40	30	0	0	15	20	10	46.6	8.5	3	D	Ⅲ
东侧 2 号基坑	明挖施工	20	40	40	80	80	40	20	40	0	40	20	0	0	15	20	10	42.6	8.5	3	D	Ⅲ

3)基底突涌风险评估

思源道站基坑施工基底突涌专项风险评估结果汇总见表 7-64。

基底突涌风险评估结果汇总　　表 7-64

评估单元	风险源	地质条件		环境条件	施工方案		风险损失				可能性总分	损失总分	可能性等级	损失等级	风险等级
		工程地质	水文地质	地表水体	地层降水	基底隔水	人员伤亡	经济损失	工期损失	社会影响					
西侧基坑	明挖施工	80	80	0	30	40	0	25	30	10	46.4	12.0	3	D	Ⅲ
东侧 1 号基坑	明挖施工	80	80	0	40	42	0	23	25	10	48.5	10.9	3	D	Ⅲ
东侧 2 号基坑	明挖施工	80	80	0	35	40	0	25	30	10	47.2	12.0	3	D	Ⅲ

4)管线破坏风险评估

思源道站东侧 1 号基坑附近自来水管破坏风险评估结果见表 7-65。

管线破坏风险评估结果 表 7-65

风险源	管线条件				基坑条件	地层条件		施工方案			风险损失				可能性总分	损失总分	可能性等级	损失等级	风险等级
	管线脆弱性	管线接头形式	管线位置	使用年限	开挖深度	工程地质	水文地质	管线加固	地层降水	开挖工法	人员伤亡	经济损失	工期损失	社会影响					
自来水管	20	40	80	60	40	80	80	0	60	20	0	15	10	10	49	7	3	D	Ⅲ

5)地面建构筑物破坏风险评估

红星支路中石化加油站破坏风险评估结果见表 7-66。

地面建构筑物差异沉降过大风险评估结果 表 7-66

评估单元	风险源	地面建构筑物条件			基坑条件	地质条件		施工方案			风险损失				可能性总分	损失总分	可能性等级	损失等级	风险等级
		建构筑物高度、桥梁规模、道路等级	基础形式	建构筑物位置	开挖深度	工程地质	水文地质	建构筑物加固	地层降水	开挖工法	人员伤亡	经济损失	工期损失	社会影响					
东侧 1 号基坑开挖	红星支路中石化加油站	20	40	60	40	80	80	0	60	20	0	15	10	10	46.9	7	3	D	Ⅲ

6)地下建构筑物破坏风险评估

思源道站基坑施工对既有地铁 5 号线思源道站的影响评估见表 7-67,既有地铁 5 号线思源道站破坏风险评估结果见表 7-68。

基坑分区开挖对既有车站的影响评估 表 7-67

评估单元	风险源	建构筑物位置	基坑深度	建构筑物位置总分	基坑深度总分
地铁 5 号线思源道站(U1)	西侧基坑施工	95	30	118.5	45
	东侧 1 号基坑施工	100	40		
	东侧 2 号基坑施工	90	20		

地下建构筑物破坏风险评估结果 表 7-68

评估单元	风险源	地下建构筑物条件			基坑条件	地质条件		施工方案			风险损失				可能性总分	损失总分	可能性等级	损失等级	风险等级
		地下建构筑物尺寸	结构形式	建构筑物位置	基坑深度	工程地质	水文地质	建构筑物加固	地层降水	开挖工法	人员伤亡	经济损失	工期损失	社会影响					
基坑开挖	地铁 5 号线思源道站(U1)	50	40	118.5	45	80	80	0	60	35	0	30	40	60	63	27.0	2	C	Ⅱ

7.7.5 结论

天津地铁5号线思源道基坑工程施工总体风险为Ⅱ级,施工风险专项评估结果为:西侧基坑、东侧1号基坑、东侧2号基坑施工失稳风险可能性施工前评估为3级,基底突涌风险可能性为3级;自来水管破坏风险可能性施工前评估为3级;红星支路中石化加油站破坏风险事件发生可能性施工前评估为3级;基坑开挖引起地铁5号线思源道站破坏风险事件发生可能性施工前评估为2级。

7.8 港珠澳大桥拱北隧道施工安全风险评估案例

7.8.1 工程背景

1)工程概况

拱北隧道是港珠澳大桥珠海连接线的控制性工程,拱北隧道暗挖段为双向六车道上下层叠层隧道,下穿拱北口岸限定区域。拱北隧道的平面位置、结构形式及施工方法见2.3.10节,设计参数见表7-69。

口岸暗挖段隧道设计参数表　　表7-69

支护类型		设计参数
管幕		直径1620mm,共36根,间距35.5~35.8cm,奇数管填充C30微膨胀混凝土
冻结止水帷幕		奇数管为积极冻结管,偶数为加强冻结管;全长整环积极冻结,分段分区维护冻结;上层冻土厚度:2~2.3m,下层冻土厚度:2~2.6m
开挖		开挖面积:336.8m^2;结构周长:66m 开挖宽度:18.8m;开挖高度:21.0m
洞内土体注浆加固		暗挖段隧道内部土体采用后退式水平预注浆,注浆材料采用水泥浆液,并在砂质地层中设置泄压孔,具体施工参数根据现场试验结果确定
初期支护	钢筋网	Φ8mm钢筋,双层布置
	型钢	I22b工字钢,间距0.40m,与管幕焊接
	喷射混凝土	C25喷射混凝土,厚30cm
	临时支撑	HN 400×200×8×13型钢,间距1.2m,竖撑四拼设置,第一台阶横撑采用四拼设置,其余横撑采用双拼设置
二次衬砌	格栅钢架	采用ϕ25mm钢筋焊接而成,截面尺寸为19.16cm×14.38cm
	混凝土	拱顶采用喷射混凝土,其余模筑C35混凝土,结构层厚度30cm
三次衬砌	仰拱	64.5~218.6cm厚防腐蚀钢筋混凝土,混凝土等级C45

2）工程地质概况

（1）工程地质

暗挖段隧道所穿越的土体主要为第①层、第③$_1$层、第③$_2$层、第③$_3$层，其次为第④$_3$层、第⑤$_2$层、第⑤$_3$层，第③$_1$层土体主要为淤泥，如图7-36所示。灰黑色～深黑色，流塑状，饱和，略有腥臭味，含大量腐殖物及有机物，含少量贝壳及砂，手捏滑腻，黏手；力学强度低，属高压缩性、高触变、高灵敏、高含水率、大孔隙比、低强度等软土特征，工程地质极差，第④$_3$层、第⑤$_3$层土体主要为淤泥质粉质黏土、淤泥质黏土，一般呈灰黑色，流塑状，手捏滑腻，含砂及贝壳碎屑物及砂，局部相对富集、具高压缩性，工程地质及差。第⑤$_2$层主要以粗、砾砂为主，中砂次之，偶见粉、细砂层，含较多黏性土，局部夹少量淤泥土，工程地质条件差异较大。

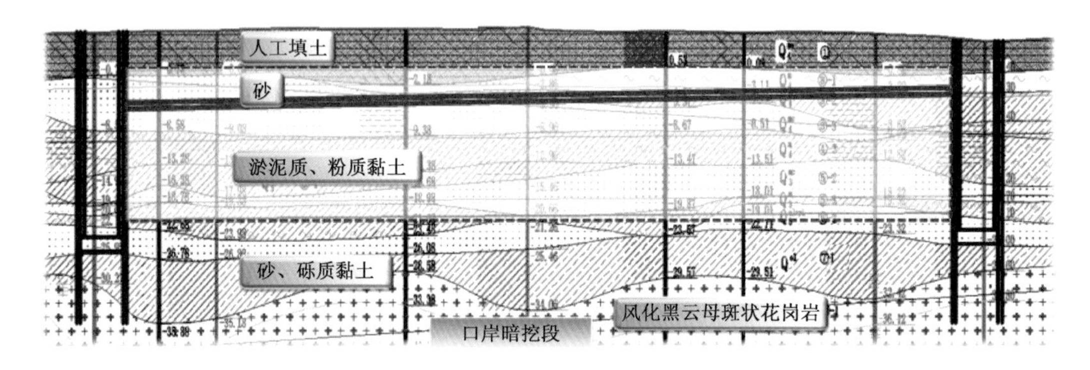

图7-36　暗挖段地质纵断面图

（2）水文地质

隧道内地表水主要是海水，地下水主要赋存于③$_1$层软土层、③$_3$砂层，其次为④$_1$粗、砾砂，再次为③$_2$、④$_3$黏性土或黏性土夹杂砂及更新统残积层等土层和基岩裂隙中，其中砂类土特别是相对松散的粗粒类沙土为强透水层，其次如淤泥或淤泥质土、一般性黏性土、残积土为相对弱透水层。

3）施工环境

口岸暗挖段下穿拱北口岸和澳门关闸口岸之间的狭长地带，隧道管幕工程距结构桩基的距离最近只有0.46m，管幕顶部覆土厚度4～5m。口岸每天出入境车辆平均10000辆，每天出入境的人流总量约30万人次。要求施工对口岸通关不能产生任何影响。

7.8.2　风险识别

1）风险源清单

港珠澳大桥拱北隧道施工风险源清单见表7-70～表7-72。

隧道自身风险源　　表 7-70

序号	风险工程名称	风险基本状况描述
S1	冻结法施工	(1)暗挖段隧道位于拱北口岸处,属于高度敏感区域,周围有重要建筑和地下管线,在冻结法施工中必须确保封水的安全与可靠;同时应积极减小冻结和解冻期的冻胀和融沉量,以保护附近建(构)筑物。 (2)工程地质条件较差,含水丰富,在解冻期易产生较大的融沉。 (3)暗挖段隧道属于近海区域,地下水主要为海水,水中的含盐量将降低土体的冻结温度。 (4)地区气温较高、雨水多,对冻结效果产生不利效果
S2	暗挖隧道施工	隧道施工区域潜水水位较高,潜水水头下部土体强度低,砂层砾石层透水性强,加之在海陆相交替沉积地层中暗挖施工难度较高,地下水对地层强度影响较大;地层以淤泥质黏土为主,围岩稳定性差;隧道采用多台阶法分步开挖,开挖宽度 18.8m;开挖高度 21.0m,开挖断面面积 336.8m^2

管线风险源　　表 7-71

编号	风险源名称	管线位置	相关工程	位置关系
P1	D1400mm 污水管	管内底高程 4.7m	隧道开挖	暗挖隧道下穿多条管线,采用多台阶法分步开挖,开挖宽度 18.8m;开挖高度 21.0m,开挖断面面积 336.8m^2
P2	D1000mm 对澳门供水管	管顶高程 5.2m		
P3	D500mm 污水管	管内底高程 2.55m		
P4	D400mm 污水管	管内底高程 4.12~4.25m		
P5	D200mm 污水管	管内底高程 4.07m		

地面建筑物风险源　　表 7-72

编号	风险源名称	风险源情况	相关工程	位置关系	安全风险等级
B1	澳门联检大楼	多层框架结构,基础形式为高强预应力混凝土管桩	隧道开挖	位于隧道南侧 3m	一级
B2	出入境风雨廊	单层结构、玻璃顶棚、扩大基础	隧道开挖	位于隧道上方	二级
B3	边防五支队宿舍楼	多层框架结构、锤击式沉管灌注桩	隧道开挖	隧道北侧约 14m	二级

2)风险评估单元划分

对拱北隧道暗挖段施工风险源进行筛选,针对重大风险源划分风险评估单元,结果见表 7-73。

暗挖隧道风险评估单元划分　　表 7-73

评估单元	风险源	主要风险因素
隧道开挖	暗挖车站主体(S2)	多台阶法分步开挖
		D1400mm 污水管
		D1000mm 对澳供水管
		D500mm 污水管

续上表

评估单元	风险源	主要风险因素
隧道开挖	暗挖车站主体(S2)	D400mm 污水管
		D200mm 污水管
周边管线	D1400mm 污水管(P1)	冻结法施工(S1)
		暗挖隧道施工(S2)
	D1000mm 对澳供水管(P2)	冻结法施工(S1)
		暗挖隧道施工(S2)
	D500mm 污水管(P3)	冻结法施工(S1)
		暗挖隧道施工(S2)
	D400mm 污水管(P4)	冻结法施工(S1)
		暗挖隧道施工(S2)
	D200mm 污水管(P5)	冻结法施工(S1)
		暗挖隧道施工(S2)
地面建构筑物	澳门联检大楼	隧道开挖(S2)
	出入境风雨廊	隧道开挖(S2)
	边防五支队宿舍楼	隧道开挖(S2)

7.8.3 总体风险评估

拱北隧道暗挖段施工总体风险评估指标打分及计算结果见表7-74。工程规模 G_1 指标权重取0.2,地质 G_2 指标权重取0.3,环境 G_3 指标权重取0.4,技术难度 G_4 指标权重取0.1。

拱北隧道暗挖段总体风险评估结果　　表7-74

一级指标	二级和三级指标		分值	说明
工程规模 G_1	工程规模 G_{11}		60	开挖断面面积336.8m^2
地质条件 G_2	工程地质 G_{21}		90	隧道位于淤泥质粉土层
	水文地质 G_{22}		80	隧道位于潜水层
环境条件 G_3	地面建构筑物位置 G_{31}		90	地面建构筑物与工程最小竖直距离约3m
	地下建构筑物位置 G_{32}		0	—
	道路位置 G_{33}		90	位于城区主干道下方
	管线 G_{34}	管线位置 G_{341}	90	D1400mm 污水管管内底高程4.7m,管线为混凝土管,服役年限推断为5~30年
		管线脆弱 G_{342}	60	
		服役年限 G_{343}	70	
	地表水体 G_{35}		90	地表有大量海水
技术难度 G_4	施工工艺成熟度 G_{41}		70	采用管幕法+冻结法支护,多台阶法分步开挖
总分 G			93.28	—

根据计算结果,拱北隧道暗挖段总体施工安全风险等级为Ⅰ级,需进行专项风险评估。

7.8.4　专项风险评估

1）专项评估指标权重

本次专项评估采用指标权重见表7-75。

拱北隧道暗挖段专项风险评估权重　　表7-75

评估对象	指标名称/权重			
暗挖塌方冒顶	覆跨比 R_1	地质条件 R_2	影响区内雨污水管 R_3	施工方案 R_4
	$\gamma_1=0.3$	$\gamma_2=0.4$	$\gamma_3=0.1$	$\gamma_4=0.2$
暗挖突泥涌水	地质条件 R_1	环境条件 R_2	施工方案 R_3	
	$\gamma_1=0.4$	$\gamma_2=0.2$	$\gamma_3=0.4$	
暗挖管线破坏	管线条件 R_1	开挖断面条件 R_2	地质条件 R_3	施工方案 R_4
	$\gamma_1=0.4$	$\gamma_2=0.1$	$\gamma_3=0.3$	$\gamma_4=0.2$
暗挖地面建构筑物破坏	地面建构筑物条件 R_1	开挖断面条件 R_2	地质条件 R_3	施工方案 R_4
	$\gamma_1=0.3$	$\gamma_2=0.2$	$\gamma_3=0.3$	$\gamma_4=0.2$
风险损失	人员伤亡 C_1	经济损失 C_2	工期损失 C_3	社会影响 C_4
	$W_1=0.4$	$W_2=0.2$	$W_3=0.15$	$W_4=0.25$

2）塌方冒顶风险评估

港珠澳大桥拱北隧道周边管线对施工塌方冒顶风险的影响评估见表7-76，施工塌方冒顶风险评估结果见表7-77。

塌方冒顶风险管线因素评估　　表7-76

风险源	风险因素	管径	管线状态	管径总分	管线状态总分
隧道开挖（S1）	D1400mm污水管（P1）	65	40	80.5	52
	D1000mm对澳供水管（P2）	60	40		
	D500mm污水管（P3）	50	40		
	D400mm污水管（P4）	45	40		

塌方冒顶风险评估结果　　表7-77

评估单元	风险源	覆跨比	地质条件		影响区内雨污水管		施工方案			风险损失				可能性总分	损失总分	可能性等级	损失等级	风险等级
		覆跨比	工程地质	水文地质	管径	管线状态	超前加固	地层降水	开挖工法	人员伤亡	经济损失	工期损失	社会影响					
隧道开挖	暗挖隧道开挖	90	90	80	80.5	52	20	0	40	55	30	60	40	63.34	47.0	2	C	Ⅱ

3）突泥涌水风险评估

港珠澳大桥拱北隧道施工突泥涌水风险评估结果见表7-78。

突泥涌水风险评估结果 表7-78

评估单元	风险源	地质条件		环境条件	施工方案		风险损失				可能性总分	损失总分	可能性等级	损失等级	风险等级
		工程地质	富水程度	周边水体	超前加固	地层降水	人员伤亡	经济损失	工期损失	社会影响					
隧道开挖	暗挖隧道开挖	90	90	90	20	0	50	35	30	10	57.2	34	2	C	Ⅱ

4)管线破坏风险评估

港珠澳大桥拱北隧道施工导致周边管线破坏风险评估结果见表7-79。

管线破坏风险评估结果汇总 表7-79

风险源	管线条件				开挖断面条件		地层条件		施工方案			风险损失				可能性总分	损失总分	可能性等级	损失等级	风险等级
	管线脆弱性	管线接头形式	管线位置	使用年限	断面尺寸	覆跨比	工程地质	水文地质	管线加固	地层降水	开挖工法	人员伤亡	经济损失	工期损失	社会影响					
D1400mm污水管	40	45	90	70	60	90	90	90	0	0	40	20	10	10	30	62.0	19.0	2	D	Ⅲ
D1000mm对澳门供水管	35	50	90	80	60	90	90	90	0	0	40	20	10	10	25	62.6	17.8	2	D	Ⅲ
D500mm污水管	30	60	90	70	60	90	90	90	0	0	40	20	10	10	30	62.0	19.0	2	D	Ⅲ
D400mm污水管	25	50	90	80	60	90	90	90	0	0	40	20	10	10	50	61.4	24.0	2	D	Ⅲ
D200mm污水管	20	55	90	80	60	90	90	90	0	0	40	20	10	10	40	61.2	21.5	2	D	Ⅲ

5)地面建构筑物破坏风险评估

港珠澳大桥拱北隧道施工导致地面建构筑物破坏风险评估结果见表7-80。

地面建构筑物破坏风险评估结果 表7-80

评估单元	风险源	地面建构筑物条件			开挖断面条件		地质条件		施工方案			风险损失				可能性总分	损失总分	可能性等级	损失等级	风险等级
		建构筑物高度、桥梁规模、道路等级	基础形式	建构筑物位置	断面尺寸	覆跨比	工程地质	水文地质	建构筑物加固	地层降水	开挖工法	人员伤亡	经济损失	工期损失	社会影响					
隧道开挖	澳门联检大楼	40	70	100	60	90	90	90	95	0	40	70	50	60	50	76.0	59.5	1	B	Ⅰ
	出入境风雨廊	20	65	90	60	90	90	90	75	0	40	60	35	60	25	71.2	46.3	2	C	Ⅱ
	边防五支队宿舍楼	40	40	80	60	90	90	90	80	0	40	55	30	60	40	69.1	47.0	2	C	Ⅱ

7.8.5　结论

拱北隧道暗挖段施工总体风险为Ⅰ级，施工风险专项评估结果为：暗挖隧道开挖塌方冒顶风险可能性为2级，突泥涌水风险可能性为3级；D1400mm污水管、D1000mm对澳门供水管、D500mm污水管、D400mm污水管等管线破坏风险可能性为2级；澳门联检大楼差异沉降变形过大风险可能性为1级；出入境风雨廊、边防五支队宿舍楼差异沉降变形过大风险可能性为2级。

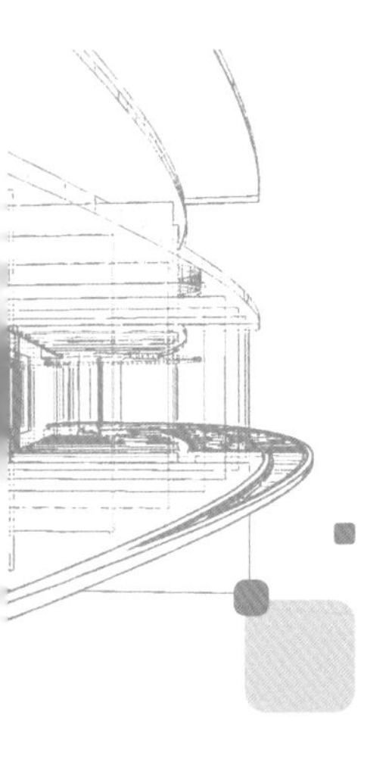

第8章 总结与展望

8.1 总结

本书针对当代城市地下空间开发呈现出的新特点和面临的新问题，提出了城市地下大空间这一新概念，并通过工程实例调研、概率统计分析、数值模拟、专家咨询等方法，对其施工安全风险形成机理及风险评估关键理论进行了深入研究，建立了适用于城市地下大空间施工安全风险评估的技术体系。本书的主要内容总结如下：

(1)分析了目前城市地下空间的发展现状和发展趋势，指出目前城市地下空间的发展呈现出“上下统筹、科学布局、功能综合、互联互通、智能融入、空间多维”的趋势。在此基础上提出了城市地下大空间的概念，并根据修建方法的不同，将城市地下大空间工程分为明挖单体大空间工程、暗挖单体大空间工程和网络化拓建地下大空间工程三类。本书对我国城市地下大空间工程案例进行了统计，并通过城市地下大空间案例分析，总结了城市地下大空间工程特征。

(2)调研了2004—2019年间全国范围内包括北京、上海、深圳、广州在内的二十多个城市的295起城市地下空间施工安全事故和数例国外地下空间施工重大安全事故，对事故类型、事故发生区域的地质条件和事故风险源指向进行了统计分析。详细分析了数例城市地下空间施工重大安全事故的发生脉络，以事故因果图的形式总结了事故发生机理。

(3)介绍了城市地下空间施工安全风险评估的基本理论，以工程案例分析和事故案例分析为基础，总结了城市地下大空间施工安全风险的特征及分类，建立了以子系统划分和交互控制作用为核心的城市地下大空间施工风险系统模型，基于贝叶斯网络、模糊综合评价法和工程结构可靠度理论构建了城市地下大空间施工安全风险分析方法，实现了风险因果分析和观测度量的结合。

(4)明确了风险因素耦合的定义,揭示了城市地下大空间施工多因素耦合风险的形成机理,即当某些特定风险因素同时产生时,这些因素间的耦合放大效应会使其发展为影响更大的风险因素,导致其不利影响超过了系统的承受能力,最终诱发风险事件的发生。根据因果机制独立原理提出了风险因素耦合系数的定义,实现了风险因素耦合效应的定量描述,并提出了采用数值仿真或物理模拟结合贝叶斯网络推理计算风险因素耦合系数的方法。通过数值模拟研究了城市地下大空间施工关键风险因素的耦合效应,给出了风险因素耦合效应分级标准及耦合系数取值建议。

(5)揭示了城市地下大空间施工风险演变机理,分析得出施工风险演变的根本动因(①风险因素的自然演变;②施工力学机理的演变;③施工管理过程中的涌现性现象导致的演变;④风险因素耦合效应导致的耦合演变)、作用途径(①改变岩土的力学性能;②改变结构的受力状态)和表现形式(风险事件发生概率随时间而改变)。建立了以马尔科夫—模糊综合预测模型描述风险因素自然演变,动态贝叶斯网络描述力学机理的演变,系统动力学传导模型描述涌现性演变,风险因素耦合系数描述耦合演变的城市地下大空间施工风险多因素耦合演变模型,实现了城市地下大空间施工全过程风险预测,并以实际工程案例为背景验证了模型的有效性。

(6)基于指标体系法提出了风险耦合评价系数,建立了适用于城市地下大空间施工安全风险的分级评估方法;建立了包含地质、设计、施工、环境4大类3层级56个因子的风险评估指标体系。依据围岩级别、环境近接程度、设计规范标准、施工工法及技术,提出了评估指标的量化标准。参考现行规范,从人员伤亡数量和类型、经济损失、工期影响、社会影响等方面提出了城市地下空间施工风险损失评估方法和量化标准;在此基础上,构建了包括风险评估方法、评估指标体系、评估流程、风险接受准则及分级标准、风险评估系统的城市地下大空间施工动态安全评价体系,开发了城市地下大空间施工安全风险动态评估系统。

8.2 展望

作为可与领土、领空、领海并行的“第四国土”,地下空间既是未来城市建设所需的重要资源,也是为城市地表腾挪更为舒适宜人的空间环境的必要补充,并将成为解决“大城市病”的关键载体。在城市地下空间开发与利用的进程中,城市地下大空间应是未来的主要发展趋势,在探索城市地下空间开发理念和模式、推进城市地下空间先进建造技术的发展、提升城市地下空间品质等方面应起到“先锋队”“排头军”的作用。

城市地下大空间不仅应是宽敞舒适、交通便捷、功能综合的地下空间,更应是安全、绿色、环保、智能的地下空间。在城市地下大空间的建设过程中,我们必须秉承“胆大心细”的作风,既要敢于尝试,乐于创新,也要时刻将生产安全和城市环境保护放在首位,将风险意识深植于内心。对于风险我们要建立一种辩证的认知,既要把风险作为高悬于头顶的达摩克利斯之剑,也要把风险视为生产安全的第一道防线,因为只有认识到风险的存在,才可以在工作中时刻警醒,防微杜渐。因此,施工安全风险管理方法和风险分析理论是城市地下大空间发展的重要保障,我们要始终如一地坚持风险研究的重要性,确保相关理论和方法与时俱进,与规划、设计、施工水平相匹配。

风险研究的最终目的,在于建立一套科学、成熟、高效的风险管控体系,提高风险管控能力。本书所做研究偏重于风险评估基础理论,是构建城市地下大空间施工安全风险管理体系的“万里长征第一步”。在今后的工作中,我们应一如既往地重视风险评估基础科学理论的研究,完善风险耦合演变理论,深化内涵和拓展外延并进,推进理论的应用落地,形成一套普适、实用的风险耦合演变分析方法。在此基础上,结合工程实践不断完善风险评估方法、优化评估指标及量化标准、拓展评估内容的覆盖面,并积极探索模糊数学理论、粗糙集理论和证据理论等新型不确定性数学理论在风险评估中的应用。此外,风险评估的自动化、实时化亦是未来的研究重点之一,如何将风险评估与施工监测相结合,建立局部监测预警和全局动态风险预警相结合的施工安全控制体系,是值得每一位风险与安全研究者思考的问题。另一方面,我们应注重与理论相关的技术开发、示范应用和成果转化,在施工安全风险的可视化管理、标准化评估、智能化决策等方面深化研究。未来的城市地下大空间必将进一步摆脱传统结构形式和修建方法框架的束缚,呈现出诸如网络化拓建地下大空间等更加复杂多变的形态。为此,施工安全风险评估也应因时制宜、与时俱进,结合各类地下大空间特点不断细化评估策略和评估内容,形成多目标、多视角、多层次的城市地下大空间施工安全风险评估技术体系。

风险代表着无穷的不确定性,因此风险的研究也是一条不断求索的艰难之路。期待今后的地下工程人能够不忘初心,牢记使命,将城市地下大空间施工安全风险研究的理论和技术水平推到时代的新高度!

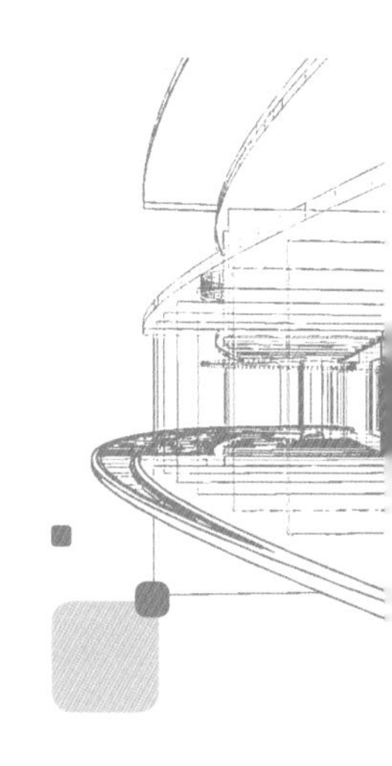

参考文献

REFERENCES

[1] WIKIPEDIA. List of metro systems[EB/OL]. https://en. wikipedia. org/wiki/List_of_metro _ systems,2017-04-12/2017-7-28.

[2] HECKERMAN D. Causal independence for knowledge acquisition and inference[M]//Uncertainty in Artificial Intelligence San Francisco: Morgan Kaufmann,1993:122-127.

[3] ZHANG N L, POOLE D. Exploiting causal independence in Bayesian network inference[J]. Journal of Artificial Intelligence Research,1996,5:301-328.

[4] EINSTEIN H H, Vick S G. Geological model for a tunnel cost model[J]. Proc RETC 2nd, II, 1974:1701-1720.

[5] EINSTEIN H H. Risk and risk analysis in rock engineering[J]. Tunnelling and Underground Space Technology,1996,11(2):141-155.

[6] EINSTEIN H H, INDERMITTE C, SINFIELD J, et al. Decision aids for tunneling[J]. Transportation research record,1999,1656(1):6-13.

[7] KAMPMANN J, ESKESEN S, SUMMERS J. Risk assessment helps select the contractor for the Copenhagen metro System[C]// Proceedings of the World Tunnel Congress, Sao Paulo: Cowi, 1998:123-128.

[8] REILLY J. J. The management process for complex underground and tunneling projects[J]. Tunnelling & Underground Space Technology,2000,15(1):31-44.

[9] SMITH, DAVID J. Reliability, Maintainability and Risk Practical Methods for Engineers[M]. Oxford: Butterworth-Heinemann,2017:37-49.

[10] STURK R, OLSSON L, JOHANSSON J. Risk and decision analysis for large underground projects, as applied to the Stockholm Ring Road tunnels[J]. Tunnelling & Underground Space Technology,1996,11(2):157-164.

[11] MOLAG M, TEIJSSENAAR-BUHRE IJM. Risk Assessment Guidelines for Tunnels [J], Safe&Reliable Tunnels, Lausanne, 2006: 17-32.

[12] SEJNOHA J, JARUSKOVA J, et al. Risk Quantification for Tunnel Excavation Process[J]. World Academy of Science, Engineering and Technology, 2009, (58): 383-401.

[13] BU-QAMMAZ, Amani S, et al. Risk Management Model for International Public Construction Joint Venture Projects in Kuwait[D]. The Ohio State University, 2015.

[14] Al-BAHAR J F. Risk management in construction projects: A systematic analytical approach for contractors[D]. University of California, Berkeley. 1988.

[15] CHOI H H, CHO H N, SEO J W. Risk Assessment Methodology for Underground Construction Projects [J]. Journal of Construction Engineering & Management, 2004, 130 (2): 258-272.

[16] TAH J, CARR V. A proposal for construction project risk assessment using fuzzy logic[J]. Construction Management & Economics, 2000, 18(4): 491-500.

[17] FORTEZA F J, CARRETERO-GóMEZ, JOSE M, et al. Effects of organizational complexity and resources on construction site risk [J]. Journal of Safety Research, 2017, 62 (9): 185-198.

[18] CHIDIEBERE E E. Analysis of Rework Risk Triggers in the Nigerian Construction Industry [J]. Organization Technology & Management in Construction, 2018, 10.

[19] BROOKER P. Aircraft Collision Risk in the North Atlantic Region[J]. Journal of the Operational Research Society, 1984, 35(8): 695-703.

[20] WELLE T, BIRKMANN J. Measuring the Unmeasurable: CoMParative Assessment of Urban Vulnerability for Coastal Megacities-New York, London, Tokyo, Kolkata and Lagos[J]. Journal of Extreme Events, 2017, 03(03): 33.

[21] GOMATHI S, LINDA P E. Interaction Coupling: A Modern Coupling Extractor[M]// Computational Intelligence, Cyber Security and Computational Models. 2014.

[22] BURENJIRIGALA, ALATANTUYA, GUO C. The Analysis on the Coupling Characteristics of Ecological Environment, Natural Disasters and Poverty in Inner Mongolia Autonomous Region [J]. Communications in Computer & Information Science, 2013, 399: 454-465.

[23] SATYAVANI Ch V V, VENKATESWARARAO B, RAJU P M. Physicochemical and Microbial Analysis of Ground Water Near Municipal Dump Site for Quality Evaluation[J]. International Journal of Bioassays, 2013, 2(08): 1139-1144.

[24] MERCAT-ROMMENS C, CHAKHAR S, CHOJNACKI E, et al. Coupling GIS and Multi-Criteria Modeling to Support Post-Accident Nuclear Risk Evaluation[M]// Evaluation and Decision Models with Multiple Criteria. 2015.

[25] YODZIS M. Examining the Role of Social Feedbacks and Misperception in a Model of Fish-Borne Pollution Illness[J]. Springer Intenational Publishing, 2016.

[26] CHINKULKIJNIWAT A, HORPIBULSUK S, SEMPRICH S. Modeling of Coupled Mechanical-Hydrological Processes in Compressed-Air-Assisted Tunneling in Unconsolidated Sediments

[J]. Transport in Porous Media,2015,108(1):105-129.

[27] SAHIN O,MOHAMED S. Coastal vulnerability to Sea Level Rise:A spatio-temporal decision making tool[C]// IEEE International Conference on Industrial Engineering & Engineering Management. IEEE,2010.

[28] 雷升祥. 未来城市地下空间开发与利用[M]. 北京: 人民交通出版社股份有限公司, 2020.

[29] 雷升祥. 地铁施工手册[M]. 北京: 人民交通出版社股份有限公司, 2020.

[30] 雷升祥, 肖清华, 邓勇. 城市地下四色快速交通[M]. 北京: 科学出版社, 2017.

[31] 雷升祥. 综合管廊与管道盾构[M]. 北京: 中国铁道出版社, 2015.

[32] 雷升祥, 李文胜, 周彪, 等. 城市网络化地下空间品质提升及评价指标体系[J]. 地下空间与工程学报, 2021, 17(4): 987-1007.

[33] 申艳军, 张欢, 雷升祥, 等. 新形势下我国地下人防工程特色及发展理念[J]. 地下空间与工程学报, 2019, 15(6): 1599-1608.

[34] 雷升祥,申艳军,肖清华,等.城市地下空间开发利用现状及未来发展理念[J]. 地下空间与工程学报,2019,15(04):965-979.

[35] 谭卓英.地下空间规划与设计[M]. 北京:科学出版社,2015.

[36] 束昱,路姗,阮叶菁.城市地下空间规划与设计[M].上海:同济大学出版社,2015.

[37] 杉江功.日本综合管廊的建设状况及其特征[J].中国市政工程,2016(增1):87-90,120.

[38] 于晨龙,张作慧.国内外城市地下综合管廊的发展历程及现状[J].建设科技,2015(17):49-51.

[39] 何智龙.城市人防工程项目与地下空间开发利用相结合的研究[D].长沙:湖南大学,2009.

[40] 中商情报网.2017年中国已有31城市开通地铁:上海运行里程最高[EB/OL]. http://www.askci.com/news/chanye/20170512/14532497916_2.shtml. 2017-05-12/2017-08-10.

[41] 搜狐新闻.中国城市轨道交通发展现状分析[EB/OL]. http://www.sohu.com/a/76178744_115559. 2016-05-19/2017-08-10.

[42] 新民晚报.20条通道枢纽串虹桥地下空间媲美蒙特利尔地下城[EB/OL]. http://shanghai.xinmin.cn/xmsq/2015/07/07/28061538.html. 2015-07-07/2017-08-10.

[43] 乔永康,张明洋,刘洋,等.古都型历史文化名城地下空间总体规划策略研究[J].地下空间与工程学报,2017,13(4):859-867.

[44] 杭州本地宝.杭州规划18大地下综合体居然还有地下医院[EB/OL]. http://hz.bendibao.com/news/2015724/58195.shtm. 2015-07-24/2017-08-11.

[45] 国务院办公厅.国务院办公厅关于推进城市地下综合管廊建设的指导意见[J].安装,2015(9):10-13.

[46] 钱七虎.建设城市地下综合管廊,转变城市发展方式[J].隧道建设,2017,37(6):647-654.

[47] 陈志龙,刘宏.2015中国城市地下空间发展蓝皮书[M].上海:同济大学出版社,2016.

[48] 林坚,黄菲,赵星烁.加快地下空间利用立法,提高城市可持续发展能力[J].城市规划,

2015,39(3):24-28.

[49] 杜峰. 隧道工程设计施工风险评估与实践[M]. 北京:中国建材工业出版社,2017.

[50] 郭仲伟. 风险分析与决策[M]. 北京. 机械工业出版社,1987.

[51] 吴贤国,吴刚,骆汉宾. 武汉长江隧道工程盾构施工风险研究[J]. 中国市政工程,2007(1):51-53.

[52] 丁烈云,吴贤国,骆汉宾,等. 地铁工程施工安全评价标准研究[J]. 土木工程学报,2011,44(11):121-127.

[53] 丁烈云,周诚,叶肖伟,等. 长江地铁联络通道施工安全风险实时感知预警研究[J]. 土木工程学报,2013,46(07):141-150.

[54] 黄宏伟. 隧道及地下工程建设中的风险管理研究进展[J]. 地下空间与工程学报,2006,2(1):13-20.

[55] 陈桂香,黄宏伟,尤建新. 对地铁项目全寿命周期风险管理的研究[J]. 地下空间与工程学报,2006,2(1):47-51.

[56] 黄宏伟,胡群芳. 工程风险分析与保险研究现状与进展[C]// 水利水电工程风险分析及可靠度设计技术进展. 中国水利水电勘测设计协会,2010:12.

[57] 王明卓,黄宏伟. 土木工程风险可视化的监测预警方法[J]. 防灾减灾工程学报,2015,35(05):612-616.

[58] 黄宏伟,张东明. 长大隧道工程结构安全风险精细化感控研究进展[J]. 中国公路学报,2020,33(12):46-61.

[59] 周红波,姚浩,卢剑华. 上海某轨道交通深基坑工程施工风险评估[J]. 岩土工程学报,2006,28(s1):1902-1906.

[60] 廖伟权,邓思泉. 施工进度的风险分析[J]. 东北水利水电,2004,22(5):32-34.

[61] 袁勇,王胜辉,彭定超. 盾构隧道全寿命防水风险模糊评价[J]. 自然灾害学报,2005,14(2):81-88.

[62] 李锋. 翔安隧道强风化层施工的风险管理[D]. 上海:同济大学,2007.

[63] 李兵,徐明新,陆景慧. 地铁车站土建工程施工风险分析与对策[J]. 山西建筑,2007(05):269-270.

[64] 陈太红,王明洋,解东升,等. 地铁车站基坑工程建设风险识别与预控[J]. 防灾减灾工程学报,2008,28(003):375-381.

[65] 王华伟. 地铁车站施工现场安全管理研究[D]. 成都: 西南交通大学,2008.

[66] 陈中. 成都地铁盾构隧道施工风险分析及策略[D]. 成都: 西南交通大学,2008.

[67] 郑知斌. 城市浅埋暗挖法隧道风险辨识及控制技术研究[D]. 北京:北京市市政工程研究院,2009.

[68] 张博. 地铁盾构法施工风险管理与应用研究[D]. 长沙: 中南大学,2009.

[69] 侯艳娟,张顶立,李鹏飞. 北京地铁施工安全事故分析及防治对策[J]. 北京交通大学学报,2009,33(003):52-59.

[70] 翟志刚. 北京地铁施工阶段安全风险技术管理[J]. 施工技术,2011,40(355):86-88.

[71] 杨乾辉. 地铁深基坑工程安全风险辨识和评价研究[D]. 长沙: 中南大学,2013.

[72] 黄宏伟,曾明,陈亮,等.基于风险数据库的盾构隧道施工风险管理软件(TRM1.0)开发[J].地下空间与工程学报,2001,01:36-41.

[73] 任强,黄宏伟.北京地铁盾构施工风险评价与控制技术研究[D].北京:中国地质大学,2010.

[74] 吴贤国,吴克宝,沈梅芳,等.基于N-K模型的地铁施工安全风险耦合研究[J].中国安全科学学报,2016,26(4):96-101.

[75] 张福庆,胡海胜.区域产业生态化耦合度评价模型及其实证研究——以鄱阳湖生态经济区为例[J].江西社会科学,2010(4):219-224.

[76] 许奎.新建地铁隧道密贴下穿既有地铁车站风险控制研究[D].北京:北京交通大学,2012.

[77] 胡兴俊,严小丽.基于风险耦合机理的建设项目施工安全评价[J].安全与环境工程,2015,22(6):134-138.

[78] 徐涛.多因素耦合作用下的水下隧道盾构施工安全风险控制研究[D].重庆:重庆交通大学,2016.

[79] 陈梦捷,潘海泽,贺建,等.模糊熵理论在地铁隧道渗漏水中的应用[J].地下空间与工程学报,2016(S1):62-65.

[80] 乔万冠,李新春.多因素耦合作用下煤矿企业风险评价[J].煤炭工程,2014,46(4):145-148.

[81] 任振.地铁车站深基坑施工风险耦合模型研究[D].武汉:华中科技大学,2013.

[82] 王慧,黄宏伟.软土地铁盾构隧道环间接头可靠度评价方法[J].岩土工程学报,2011,33(s1):278-283.

[83] 张成平,岳跃敬,王梦恕.隧道施工扰动下管线渗漏水对地面塌陷的影响及控制[J].土木工程学报,2015(S1):351-356.

[84] 郑刚,戴轩,张晓双.地下工程漏水漏砂灾害发展过程的试验研究及数值模拟[J].岩石力学与工程学报,2014(12):2458-2471.

[85] 程雪松.地下工程中若干失稳破坏问题的机理和冗余度研究[D].天津:天津大学,2013.

[86] 汪成兵,朱合华.隧道围岩渐进性破坏机理模型试验方法研究[J].铁道工程学报,2009,26(3):48-53.

[87] 汪成兵.均质岩体中隧道围岩破坏过程的试验与数值模拟[J].岩土力学,2012(1):103-108.

[88] 张志强,阚呈,孙飞,等.碎屑流地层隧道发生灾变的模型试验研究[J].岩石力学与工程学报,2014(12):2451-2457.

[89] 陈立平.砂性隧道围岩宏细观破坏机理及控制[D].北京:北京交通大学,2015.

[90] 李术才,周宗青,李利平,等.岩溶隧道突水风险评价理论与方法及工程应用[J].岩石力学与工程学报,2013,32(9):1858-1867.

[91] 郭健,钱劲斗,陈健,等.地铁车站深基坑施工风险识别与评价[J].土木工程与管理学报,2017,034(005):32-38.

[92] 吴贤国,沈梅芳,覃亚伟,等.基于变权和物元原理的地铁基坑施工安全风险评价[J].武汉大学学报(工学版)(6),2016.
[93] 陈蓉芳,姜安民,董彦辰,等.基于熵权可拓模型的深大基坑施工风险评估[J].数学的实践与认识,2019,49(02):313-322.
[94] 王建波,牛发阳,赵佳,等.基于 DEA-AHP-BP 神经网络的地铁深基坑施工风险评估[J].建筑技术,2019(3).
[95] 张勇.邻近既有地铁隧道的深基坑施工安全风险评估与控制研究[D].西安:西安建筑科技大学,2017.
[96] 杨会军,雷崇红.浅埋暗挖隧道工作面施工安全风险控制探讨[C]//全国工程安全与防护学术会议,2010.
[97] 王成汤,王浩,覃卫民,等.基于多态模糊贝叶斯网络的地铁车站深基坑坍塌可能性评价.岩土力学,2020,41(05):1670-1679+1689.
[98] 徐甜.基于改进模糊综合评判法的地铁深基坑施工风险研究[D].西安:西安工业大学 2018.
[99] 李宜城,薛亚东,李彦杰.一种基于动态权重的施工安全风险评估新方法[J].地下空间与工程学报,2017,13(S1):209-215.
[100] 何美丽,刘霁,刘浪,等.隧道坍方风险评价的未确知测度模型及工程应用[J].中南大学学报:自然科学版.2012,43(9):3665-3671.
[101] 王龚.城市地铁隧道事故案例统计分析与风险评价方法研究[D].北京:北京交通大学,2018.
[102] 王勇胜,冷亚军.基于贝叶斯网络推理的项目群风险及其演化研究[J].东北电力大学学报.2011,31(z1):104-109.
[103] 王帆.地铁施工安全风险建模及演化研究[D].武汉:华中科技大学,2013.
[104] 游鹏飞.地铁隧道施工风险机理研究[D].成都:西南交通大学,2013.
[105] 赵贤利,罗帆.基于复杂网络理论的机场飞行区风险演化模型研究[J].电子科技大学学报(社会科学版).2013,15(4):31-34.
[106] 江新,吴园莉.水电工程项目群交叉作业风险演化机理研究[J].中国安全科学学报.2015,25(12):157-163.
[107] 刘清,韩丹丹,陈艳清,等.基于系统动力学的三峡大坝通航风险演化研究[J].中国安全科学学报.2016,26(4):19-23.
[108] 孟祥坤,陈国明,朱红卫,等.海底管道泄漏风险演化复杂网络分析[J].中国安全生产科学技术.2017,13(4):26-31.
[109] 覃盼,冯志涛,张杰,等.三峡坝区船舶通航安全风险演化研究[J].中国安全科学学报.2018,28(12):140-147.
[110] 朱雁飞.上海地铁 4 号线南浦大桥站—浦东南路站区间隧道修复方案评述[D].上海:同济大学,2008.
[111] 张连文,郭海鹏.贝叶斯网引论[M].北京:科学出版社,2006.
[112] 黄昌乾,张建青,陈昌彦.人工填土的勘察与评价[J].工程勘察,2010(S1):187-191.

[113] 余侃柱.西北地区残积淤泥类土的工程地质特性[J].水利水电科技进展,2000(05):41-43+52.
[114] 李振团.花岗岩球状风化体分布特征及工程影响[J].黑龙江交通科技,2017,40(04):4-5.
[115] 肖晓春,袁金荣,朱雁飞.新加坡地铁环线C824标段失事原因分析(一)——工程总体情况及事故发生过程[J].现代隧道技术,2009,46(05):66-72.
[116] 肖晓春,袁金荣,朱雁飞.新加坡地铁环线C824标段失事原因分析(二)——围扩体系设计中的错误[J].现代隧道技术,2009,46(06):28-34.
[117] 肖晓春,袁金荣,朱雁飞.新加坡地铁环线C824标段失事原因分析(三)——反分析的瑕疵与施工监测不力[J].现代隧道技术,2010,47(01):22-28.